21 世纪数学教育信息化精品教材

大学数学立体化教材

# 高等数学（上册）

## （理工类·第五版）

⊙ 吴赣昌　主编

U0338060

中国人民大学出版社
·北京·

## 内容简介

　　本书根据高等院校普通本科理工类专业高等数学课程的最新教学大纲及考研大纲编写而成，并在第四版的基础上进行了重大修订和完善（详见本书前言）。本书包含函数与极限、一元微分学、一元积分学、微分方程等内容模块，并特别加强了数学建模与数学实验教学环节。

　　本"书"远非传统意义上的书，作为立体化教材，它包含线下的"书"和线上的"服务"两部分。其中线上的"服务"用以下两种形式提供：一是书中各处的二维码，用户通过手机或平板电脑等移动端扫码即可使用；二是在本书的封面上提供的网络账号，用户通过它即可登录与本书配套建设的网络学习空间。

　　网络学习空间中包含与本书配套的在线学习系统，该系统在内容结构上包含教材中每节的教学内容及相关知识扩展、教学例题及综合进阶典型题详解、数学实验及其详解、习题及其详解等，并为每章增加了综合训练，其中包含每章的总结、题型分析及其详解、历届考研真题及其详解等。该系统采用交互式多媒体化建设，并支持用户间在线求助与答疑，为用户自主式高效率地学习奠定基础。

　　本书可作为高等院校理工科及技术学科等非数学专业的高等数学教材，并可作为上述各专业领域读者的教学参考书。

# 前　　言

大学数学是自然科学的基本语言，是应用模式探索现实世界物质运动机理的主要手段．对于大学非数学专业的学生而言，大学数学的教育，其意义则远不仅仅是学习一种专业的工具而已．中外大量的教育实践事实充分显示了：优秀的数学教育，乃是一种人的理性的思维品格和思辨能力的培育，是聪明智慧的启迪，是潜在的能动性与创造力的开发，其价值是远非一般的专业技术教育所能相提并论的．

随着我国高等教育自1999年开始迅速扩大招生规模，至2009年的短短十年间，我国高等教育实现了从精英教育到大众化教育的过渡，走完了其他国家需要三五十年甚至更长时间才能走完的道路．教育规模的迅速扩张，给我国的高等教育带来了一系列的变化、问题与挑战．大学数学的教育问题首当其冲受到影响．大学数学教育过去是面向少数精英的教育，由于学科的特点，数学教育呈现几十年甚至上百年一贯制，仍处于经典状态．当前大学数学课程的教学效果不尽如人意，概括起来主要表现在以下两方面：一是教材建设仍然停留在传统模式上，未能适应新的社会需求．传统的大学数学教材过分追求逻辑的严密性和理论体系的完整性，重理论而轻实践，剥离了概念、原理和范例的几何背景与现实意义，导致教学内容过于抽象，也不利于与后续课程教学的衔接，进而造成了学生"学不会，用不了"的尴尬局面．二是在信息技术及其终端产品迅猛发展的今天，在大学数学教育领域，信息技术的应用远没有在其他领域活跃，其主要原因是：在教材和教学建设中没能把信息技术及其终端产品与大学数学教学的内容特点有效地整合起来．

作者主编的"大学数学立体化教材"，最初脱胎于作者在2000—2004年研发的"大学数学多媒体教学系统"．2006年，作者与中国人民大学出版社达成合作，出版了该系列教材的第一版，合作期间，该系列教材经历多次改版，并于2011年出版了第四版，具体包括：面向普通本科理工类、经管类与纯文科类的完整版系列教材；面向普通本科部分专业和三本院校理工类与经管类的简明版系列教材；面向高职高专院校理工类与经管类的高职高专版系列教材．在上述第四版及相关系列教材中，作者加强了对大学数学相关教学内容中重要概念的引入、重要数学方法的应用、典型数学模型的建立、著名数学家及其贡献等方面的介绍，丰富了教材内涵，初步形成了该系列教材的特色．令人感到欣慰的是，自2006年以来，"大学数学立体化教材"已先后被国内数百所高等院校广泛采用，并对大学数学的教育改革起到了积极的推动作用．

2017年，距2011年的改版又过去了6年．而在这6年时间里，随着移动无线通信技术(如3G、4G等)、宽带无线接入技术(如Wi-Fi等)和移动终端设备(如智能手机、平板电脑等)的飞速发展，那些以往必须在电脑上安装运行的计算软件，如今在普通的智能手机和平板电脑上通过移动互联网接入即可流畅运行，这为各类教育信息化产品的服务向前延伸奠定了基础.

作者本次启动的"大学数学立体化教材"(第五版)的改版工作，旨在充分利用移动互联网、移动终端设备与相关信息技术软件为教材用户提供更优质的学习内容、实验案例与交互环境. 顺利实现这一宗旨，还得益于作者主持的数苑团队的另一项工作成果：公式图形可视化在线编辑计算软件. 该软件于 2010 年研发成功时，仅支持在 Win 系统电脑中通过 IE 类浏览器运行. 2014 年 10 月底，万维网联盟(W3C)组织正式发布并推荐了跨系统与跨浏览器的 HTML5.0 标准. 为此，数苑团队通过最近几年的努力，也实现了相关技术突破. 如今，数苑团队研发的公式图形可视化在线编辑计算软件已支持在各类操作系统的电脑和移动终端(包括智能手机、平板电脑等)上运行于不同的浏览器中，这为我们接下来的教材改版工作奠定了基础.

作者本次"大学数学立体化教材"(第五版)的改版具体包括：面向普通本科院校的"理工类·第五版""经管类·第五版"与"纯文科类·第四版"；面向普通本科少学时或三本院校的"理工类·简明版·第五版""经管类·简明版·第五版"与"综合类·应用型本科版"合订本；面向高职高专院校的"理工类·高职高专版·第四版""经管类·高职高专版·第四版"与"综合类·高职高专版·第三版".

本次改版的指导思想是：为帮助教材用户更好地理解教材中的重要概念、定理、方法及其应用，设计了大量相应的数学实验. 实验内容包括：数值计算实验、函数计算实验、符号计算实验、2D 函数图形实验、3D 函数图形实验、矩阵运算实验、随机数生成实验、统计分布实验、线性回归实验、数学建模实验等. 相比教材正文所举示例，这些实验设计的复杂程度更高、数据规模更大、实用意义也更大. 本系列教材于 2017 年改版修订的各个版本均包含了针对相应课程内容的数学实验，其中的大部分都在教材内容页面上提供了对应的二维码，用户通过微信扫码功能扫描指定的二维码，即可进行相应的数学实验，而完整的数学实验内容则呈现在教材配套的网络学习空间中.

大学数学按课程模块分为高等数学(微积分)、线性代数、概率论与数理统计三大模块，各课程的改版情况简介如下：

**高等数学课程**：函数是高等数学的主要研究对象，函数的表示法包括解析法、图像法与表格法. 以往受计算分析工具的限制，人们对函数的解析表示、图像表示与数表表示之间的关系往往难以把握，大大影响了学习者对函数概念的理解. 为了弥补这方面的缺失，欧美发达国家的大学数学教材一般都补充了大量流程分析式的图像说明，因而其教材的厚度与内涵也远较国内的厚重. 有鉴于此，在高等数学课程的数学实验中，我们首先就函数计算与函数图形计算方面设计了一系列的数学实验，包括函数值计算实验、不同坐标系下 2D 函数的图形计算实验和 3D 函数的图形计算实验等，实验中的函数模型较教材正文中的示例更复杂，但借助微信扫码功能可即时实现重复实验与修改实验. 其次，针对定积分、重积分与级数的教学内容设计了一系列求和、多重求和、级数展开与逼近的数学实验. 此外，还根据相应教学内容的需求，设计了一系列数值计算实验、符号计算实验与数学建模实验. 这些数学实验有助于用户加深对高等数学中基本概念、定理与思想方法的理解，让他们通过对量变到质变过程的观察，更深刻地理解数学中近似与精确、量变与质变之间的辩证关系.

**线性代数课程**：矩阵实质上就是一张长方形数表，它是研究线性变换、向量组线性相关性、线性方程组的解、二次型以及线性空间的不可替代的工具. 因此，在线性代数课程的数学实验设计中，首先就矩阵基于行(列)向量组的初等变换运算设计了一系列数学实验，其中矩阵的规模大多为6~10阶的，有助于帮助用户更好地理解矩阵与其行阶梯形、行最简形和标准形矩阵间的关系. 进而为矩阵的秩、向量组线性相关性、线性方程组及其应用、矩阵的特征值及其应用、二次型等教学内容分别设计了一系列相应的数学实验. 此外，还根据教学的需要设计了部分数值计算实验和符号计算实验，加强用户对线性代数核心内容的理解，拓展用户解决相关实际应用问题的能力.

**概率论与数理统计课程**：本课程是从数量化的角度来研究现实世界中的随机现象及其统计规律性的一门学科. 因此，在概率论与数理统计课程的数学实验中，我们首先设计了一系列服从均匀分布、正态分布、0-1分布与二项分布的随机试验，让用户通过软件的仿真模拟试验更好地理解随机现象及其统计规律性. 其次，基于计算软件设计了常用统计分布表查表实验，包括泊松分布查表、标准正态分布函数查表、标准正态分布查表、$t$分布查表、$F$分布查表与卡方分布查表等. 再次，还设计了针对数组的排序、分组、直方图与经验分布图的一系列数学实验. 最后，针对经验数据的散点图与线性回归设计了一系列数学实验. 这些数学实验将会在帮助用户加深对概率论与数理统计课程核心内容的理解、拓展解决相关实际应用问题的能力上起到积极作用.

## 致用户

作者主编的"大学数学立体化教材"(第五版)及2017年改版的每本教材，均包含了与相应教材配套的网络学习空间服务. 用户通过教材封面下方提供的网络学习空间的网址、账号和密码，即可登录相应的网络学习空间. 网络学习空间提供了远较纸质教材更为丰富的教学内容、教学动画以及教学内容间的交互链接，提供了教材中所有习题的解答过程. 在所有内容与习题页面的下方，均提供了用户间的在线交互讨论功能，作者主持的数苑团队也将在该网络学习空间中为你服务. 使用微信扫码功能扫描教材封面提供的二维码，绑定微信号，你即可通过扫描教材内容页面提供的二维码进行相关的数学实验.

在你进入高校后即将学习的所有大学课程中，就提高你的学习基础、提升你的学习能力、培养你的科学素质和创新能力而言，大学数学是最有用且最值得你努力的课程. 事实上，像微积分、线性代数、概率论与数理统计这些大学数学基础课程，你无论怎样评价其重要性都不为过，而学好这些大学数学基础课程，你将终生受益.

主动把握好从"学数学"到"做数学"的转变，这一点在大学数学的学习中尤为重要，不要以为你在课堂教学过程中听懂了就等于学到了，事实上，你需要在课后花更多的时间去主动学习、训练与实验，才能真正掌握所学知识.

## 致教师

使用本系列教材的教师，请登录数苑网"大学数学立体化教材"栏目：

http://www.math168.com/dxsx

作者主持的数苑团队在那里为你免费提供与本系列教材配套的教学课件系统及相关的备课资源，它们是作者团队十余年积累与提升的成果. 与本系列教材配套建设的信息化系统平台包括在线学习平台、试题库系统、在线考试及其预约管理系统等，感兴趣和有需要的用户可进一步通过数苑网的在线客服联系咨询.

正如美国《托马斯微积分》的作者 G.B.Thomas 教授指出的，"一套教材不能构成一门课；教师和学生在一起才能构成一门课"，教材只是支持这门课程的信息资源. 教材是死的，课程是活的. 课程是教师和学生共同组成的一个相互作用的整体，只有真正做到以学生为中心，处处为学生着想，并充分发挥教师的核心指导作用，才能使之成为富有成效的课程 . 而本系列教材及其配套的信息化建设将为教学双方在教、学、考各方面提供充分的支持，帮助教师在教学过程中发挥其才华，帮助学生富有成效地学习.

**作 者**
**2017 年 3 月 28 日**

# 目　　录

# 附　录

# 习题答案

# 绪　　言

考虑到数学有无穷多的主题内容，数学，甚至是现代数学也是处于婴儿时期的一门科学. 如果文明继续发展，那么在今后两千年，人类思维中压倒一切的新特点就是数学悟性要占统治地位.

—— **A.N. 怀海德**

## 一、为什么学数学

大学数学（包括高等数学、线性代数、概率论与数理统计）是高等院校理工类、经管类、农林类与医药类等各专业的公共基础课程. 如今，即使以往一般不学数学的纯文科类专业也普遍开设了大学数学课程. 为什么现在对它的学习受到如此大的重视？具体来说，大致有以下两方面的原因：

首先是因为当代数学及其应用的发展. 进入 20 世纪以后，数学向更加抽象的方向发展，各个学科更加系统化和结构化，数学的各个分支学科之间交叉渗透，彼此的界限已经逐渐模糊. 时至今日，数学学科的所有分支都或多或少地联系在一起，形成了一个复杂的、相互关联的网络. 纯粹数学和应用数学一度存在的分歧在更高的层面上趋于缓和，并走向协调发展. 总而言之，数学科学日益走向综合，现在已经形成了一个包含上百个分支学科、各学科相互交融渗透的庞大的科学体系，这充分显示了数学科学的统一性.

数学与其他学科之间的交叉、渗透与相互作用，既使得数学领域在深度和广度上进一步扩大，又促进了众多新兴的交叉学科与边缘学科的蓬勃发展，如金融数学、生物数学、控制数学、定量社会学、数理语言学、计量史学、军事运筹学,等等. 这种交融大大促进了各相关学科的发展，使得数学的应用无处不在. 20 世纪下半叶，数学与计算机技术的结合产生了数学技术. 数学技术的迅速兴起，使得数学对社会进步所起的作用从幕后走向台前. 计算机的迅速发展和普及，不仅为数学提供了强大的技术手段，也极大地改变了数学的研究方法和思维模式. 所谓数学技术，就是数学的思想方法与当代计算机技术相结合而成的一种高级的、可实现的技术. 数学的思想方法是数学技术的灵魂，拿掉它，数学技术就只剩下一个空壳. 数学技术对于人类社会的现代化起着极大的推动作用. 正是在这个意义上，联合国教科文组织把 21 世纪的第一年定为"世界数学年"，并指出"纯粹数学与应用数学是理解世界及其发展的一把主要钥匙".

其次是因为数学能够很好地培养人的理性思维．数学除了是科学的基础和工具外，还是一种十分重要的思维方式与文化精神．美国国家研究委员会在一份题为《人人关心数学教育的未来》的研究报告中指出："除了定理和理论外，数学提供了有特色的思考方式，包括建立模型、抽象化、最优化、逻辑分析、由数据进行推断以及符号运算等．它们是普遍适用的、强有力的思考方式．应用这些数学思考方式的经验构成了数学能力 —— 在当今这个技术时代里日益重要的一种智力．它使人们能批判地阅读，能识别谬误，能探索偏见，能估计风险，能提出变通办法．数学能使我们更好地了解我们生活在其中的充满信息的世界．"数学在形成人类的理性思维方面起着核心作用，而我国的传统文化教育在这方面恰恰是不足的．一位西方数学史家曾说过："我们讲授数学不只是要教涉及量的推理，不只是把它作为科学的语言来讲授 —— 虽然这些都很重要 —— 而且要让人们知道，如果不从数学在西方思想史上所起的重要作用方面来了解它，就不可能完全理解人文科学、自然科学、人的所有创造和人类世界．"

## 二、数学是什么

《数学是什么》是 20 世纪著名数学家柯朗 (R. Courant) 的名著．每一个受过教育的人都不会认为自己不知道数学是什么，但是每个读过这本书的人都受益匪浅．人们了解数学是通过阅读有关算术、代数、几何与微积分等方面的教材和著作，知道数学的一些内容．但这只是数学极小的一部分．柯朗认为，数学教育应该使人了解数学在人类认识自己和认识自然中所起的作用，而不只是一些数学理论和公式．

凡是学过数学的人都能领略到它的特点——理论抽象、逻辑严密，从而显示出一种其他学科无法比拟的精确和可靠．但人们更需要了解的是数学对整个人类文明的重要影响．回顾人类的文明史，2 500 年来，人们一直在利用数学追求真理，而且成就辉煌．数学使人类充满自信，因为由此能够俯视世界、探索宇宙．人类改变世界和自身所依赖的是科学，而科学之所以能实现人的意志是因为**科学的数学化**．马克思曾说过："一门科学，只有当它成功地运用数学时，才能达到真正完善的地步．"一百多年前，成功地由数学完善其理论的不过是力学、天文学和某些物理学的分支，化学很少用到数学，生物学与数学毫无关系．而现在就完全不同了，几乎所有科学，不仅是自然科学，而且包括社会科学和人文科学的各个领域，都正在大量应用数学理论．这正是 20 世纪人类社会和自然面貌迅速改变的原因．我们还可以回顾一下，在人类进入近代文明之前，对于现实世界的认识和描述大多是定性的，诸如"日月星辰绕地球旋转""重的物体比轻的物体下落得快"，等等．而现在的科学则要求定量地知道，一个物体以什么速度沿什么轨道运行，怎样准确无误地把人送到月球上指定的地点，等等．一个科学理论必须经得起反复的观察验证，而且可以精确地预言即将出现的事物和现象，只有这样才能按照人的意志改造客观世界．不论是验证还是预言，都需要有定量的标准，这就要求科学数学化．现在，数学化了的科学已经渗透到社会所有领域的各个层面，人类可以在大范围内预报中长期的气象，可以预测一个地区、一个国家甚至全世界的经济前景．这是因为现在对于这些看似纷乱的现象已经可以建立数学模型，然后经过演算和推理就能得出人们想知道的结论．金融、保险、教育、人口、资源、遗传，甚至语言、历史、文学都不同程度地采用数学方法，许多领域的科学论文都以它所使用的数学工具作为重要的评估标准之一．电视、通信、摄影技术正在数字化，其目的在于通过计算机技术更准确细微地反映图像、声音．甚至计算歌星与球队的排名都有许多方法．因此有人说："一个国家的科学水平可以用它消耗的数学来度量．"

20 世纪初期，科学的深刻变化促使人们从哲学高度进行反思，从整个文明发展进程的角度来加以总结，并认识到：数学是一种语言，它精确地描述着自然界和人类自身；数学是一种工具，它普遍地适用于所有科学领域；数学是一种精神，它理性地促使人类的思维日臻完善；数学是一种文化，它决定性地影响着人类的物质文明和精神文明的各个方面．

## 三、数学科学的形成与发展

当人类试图按照自己的意志来支配和改造自然界时，就需要用数学的方法来构想、描述和落实，因此，在人类文明之初就诞生了数学．古代的巴比伦、埃及、中国、希腊和印度在数学上都有重要的创新，不过从现代意义上说，数学形成于古希腊．著名的欧几里得几何学是第一个成熟的数学分支．相比于欧几里得几何学，其他文明中的数学并未形成一个独立的体系，也没有形成一套方法，而是表现为一系列相互无关的、用于解决日常问题的规则，诸如历法推算和用于农业与商业的数学法则等．这些法则如同人类的其他知识一样是源于经验归纳，因此往往只是近似正确的．例如，有许多像"径一周三"这样以三表示圆周率的命题．欧几里得几何学则完全不同，它是一个逻辑严密的庞大体系，仅从 10 条公理出发，就推导出 487 个命题，采用的是与归纳思维法相反的演绎推理法．归纳法是由特殊现象归纳出一般规律的思维方法，而演绎法则正好相反，它从已有的一般结论推导出特殊命题．例如，假定有"一个运用数学的学科是成熟的学科"这样一个公认正确的一般结论，即所谓的大前提；"物理学运用了数学"是一个特殊的命题，即所谓的小前提；由以上两点可以得出结论："物理学是成熟的学科"．这就是常说的"三段论"逻辑．演绎法就运用了这样的逻辑，其主要特征是在前提正确的情况下，结论一定正确．意识到逻辑推理的作用是古希腊文明对人类的一项巨大贡献．

在希腊被罗马帝国统治之后，希腊的数学研究中断了将近 2 000 年．在与罗马的历史平行的 1 100 年间，希腊没有出现过一位数学家．他们夸耀自己讲究实际，兴建过许多庞大的工程．但是过于务实的文化不能产生深刻的数学．在那之后统治欧洲的基督教提倡为心灵作好准备，以便死后去天国，对于现实的物理世界缺乏兴趣．这一时期，数学在中国、印度和阿拉伯地区继续发展，也有许多重要的创新．但是这些古代文明不像希腊文明那样追求绝对可靠的真理，因此没有形成大规模的理论结构体系. 例如, 著名的数学家祖冲之提出的圆周密率领先欧洲 1 000 多年, 但是他没有给出推导密率的理论依据.

被罗马帝国和基督教逐出的希腊文明, 在 1 000 多年后重返欧洲. 当时, 教会仍然主宰一切, 真理只存在于《圣经》之中. 饱受压抑而善于思索的学者们看清了希腊文明远比教会高明, 于是他们立即接受了这份遗产, 特别是 "世界按数学设计" 的信念. 哥白尼经过多年的观察和计算, 创立了日心说, 认定太阳才是宇宙的中心, 而不是地球. 日心说不仅改变了那个时代人类对宇宙的认识, 而且动摇了宗教的基本教义: 上帝把最珍爱的创造物 —— 人类安置在宇宙的中心 —— 地球. 日心说是近代科学的开端, 而科学正是现代社会的标志. 科学使处于低水平的西欧文明迅速崛起, 短短两三百年后领先于全世界.

在这之后, 科学发展具有决定性意义的一步是由伽利略 (G. Galileo) 迈出、由牛顿完成的, 这就是**科学的数学化**. 伽利略认为, 基本原理必须源于经验和实验, 而不是智慧的大脑. 这是革命性的关键的一步, **它开辟了近代实验科学的新纪元**. 人脑可以提供假设, 但假设和猜想必须通过检验. 哥白尼的日心说如此, 牛顿的万有引力定律如此, 爱因斯坦的相对论也是如此. 为了使科学理论得以反复验证, 伽利略认为科学必须数学化, 他要求人们不要用定性的模糊的命题来解释现象, 而要追求定量的数学描述, 因为数量是可以反复验证和精确测定的. **追求数学描述而不顾物理原因是现代科学的特征**.

17 世纪 60 年代, 牛顿用这种新的方法论取得了辉煌的成功, 以至几乎所有科学家都立即接受了这种方法, 并取得了丰硕的成果. 这种方法称为西欧工业革命的科学基础. 牛顿决心找出宇宙的一般法则, 他提出了著名的力学三定律和万有引力定律. 然后用他发明的微积分方法, 经过复杂的计算和演绎, 既导出了地球上物体的运动规律, 也导出了太空中物体的运动规律, 统一了宇宙中的各种运动, 而这些都是由数学推导完成的, 从而引起了巨大的轰动. 17 世纪的伟大学者们发现了一个量化了的世界, 这就是繁荣至今的科学数学化的开始.

牛顿的广泛的研究方向, 以及他和莱布尼茨 (G. W. Leibniz) 共同创造的微积分, 成为从那以后的 100 多年间科学家研究的课题. 由于追求量化的结论, 当时的科学家都是数学家, 而伟大的数学家也毫无例外地都是科学家. 科学家寻求一个量化的世界的努力一直延续至今, 他们的主要目标不再是解释自然, 而是为了作出预测, 以便实现各种理想和愿望. 在这个过程中, 以几何为基础的数学, 重心转移到了代数、微积分及其各种数量关系的后续分支上.

代数成为一门学科可以认为开始于韦达 (F. Viète) 的研究. 在此之前, 代数是用文字表示的一些应用问题, 只不过是一些实用的方法和计算的 "艺术", 没有自己的理论. 韦达的功绩是用一整套符号表示代数中的已知量、未知量和运算. 这使得代数问题可以抽象归结为符号算式, 这样就脱离了它的具体背景, 然后根据一整套规定的法则作恒等变形, 直至求出答案. 后来, 笛卡儿 (R. Descartes) 用坐标方法把点表示为坐标，把曲线表示为方程，实现了几何对象的代数化．传统的几何问题都可以量化为代数方程来求解．

代数方法是机械的，思路明确简单，不像几何问题那样需要机智巧妙的处理．那个时期，笛卡儿实际上已经洞察到了代数将使数学机械化，使得数学创造变成一项几乎自动化的工作．等到牛顿，尤其是莱布尼茨把微积分也像代数一样形式化并解决了大量科学问题之后，符号化的定量数学终于取代了几何学，成为数学的基础．20世纪中叶计算机出现以后，数学机械化的思想得以广泛应用于解决各个领域的实际问题，而借助于计算机工具，数学也越来越深入社会生活的各个领域．

## 四、结语

古往今来对数学做了开创性工作的大数学家，其创造动机都不是追求物质，而是追求一种理想，或是为了揭开自然的奥秘，或是出于某种哲学信念．数学是一种理想，为理想而奋斗才有力量．数学是人类智慧的杰出结晶，是人脑最富创造性的产物．与文学、艺术、音乐等创造有共同之处的是，指引数学创造的是数学家的一种审美直觉．数学是介于自然科学与人文科学之间的一种特殊学科，是影响人类文化全局的一种文化现象．每一个时代的总的特征与这个时代的数学活动密切相关．著名的数学史家克莱因(M. Klein)曾以抒情的笔调写道："音乐能激起或平静人的心灵，绘画能愉悦人的视觉，诗歌能激发人的感情，哲学能使思想得到满足，工程技术能改善人的物质生活，而数学则能做到所有这一切．"

# 第1章　函数、极限与连续

函数是现代数学的基本概念之一，是高等数学的主要研究对象．极限概念是微积分的理论基础，极限方法是微积分的基本分析方法．因此，掌握、运用好极限方法是学好微积分的关键．连续是函数的一个重要性态．本章将介绍函数、极限与连续的基本知识和有关的基本方法，为今后的学习打下必要的基础．

## §1.1　函　　数

在现实世界中，一切事物都在一定的空间中运动着．17世纪初，数学首先从对运动(如天文、航海等问题)的研究中引出了函数这个基本概念．在那以后的200多年里，这个概念几乎在所有的科学研究工作中占据了中心位置．

本节将介绍函数的概念、函数关系的构建与函数的特性．

### 一、实数与区间

公元前3 000年以前，人类的祖先最先认识的数是自然数1, 2, 3, ….从那以后，伴随着人类文明的发展，数的范围不断扩展，这种扩展一方面与社会实践的需要有关，另一方面与数的运算需要有关．这里我们仅就数的运算需要做些解释，例如，在自然数的范围内，对于加法和乘法运算是封闭的，即两个自然数的和与积仍是自然数．然而，两个自然数的差就不一定是自然数了．为使自然数对于减法运算封闭，就引进了负数和零，这样，人类对数的认识就从自然数扩展到了整数．在整数范围内，加法运算、乘法运算与减法运算都是封闭的，但两个整数的商又不一定是整数了．探索使整数对于除法运算也封闭的数的集合，导致了整数集向有理数集的扩展．

任意一个有理数均可表示成 $\dfrac{p}{q}$ (其中 $p$, $q$ 为整数，且 $q \neq 0$)，与整数相比较，有理数具有整数所不具有的良好性质，例如，任意两个有理数之间都包含着无穷多个有理数，此即所谓的有理数集的**稠密性**；又如，任一有理数均可在数轴上找到唯一的对应点(称其为**有理点**)，而在数轴上有理点是从左到右按大小次序排列的，此即所谓的有理数集的**有序性**．

虽然有理点在数轴上是稠密的，但它并没有充满整个数轴．例如，对于边长为1

的正方形，假设其对角线长为 $x$（见图 1-1-1），则由勾股定理，有 $x^2 = 2$，解此方程，得 $x = \sqrt{2}$，虽然这个点确定地落在数轴上，但在数轴上却找不到一个有理点与它相对应，这说明在数轴上除了有理点外还有许多空隙，同时也说明了有理数尽管很稠密，但是并不具有连续性.

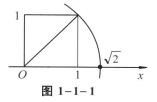

图 1-1-1

我们把这些空隙处的点称为**无理点**，把无理点对应的数称为**无理数**. 无理数是无限不循环的小数，如 $\sqrt{2}$，$\pi$，等等.

有理数与无理数的全体称为**实数**，这样就把有理数集扩展到了实数集. 实数集不仅对于四则运算是封闭的，而且对于开方运算也是封闭的. 可以证明，实数点能铺满整个数轴，而不会留下任何空隙，此即所谓的实数的**连续性**. 数学家完全弄清实数及其相关理论，已是 19 世纪的事情了.

由于任给一个实数，在数轴上就有唯一的点与它相对应；反之，数轴上任意的一个点也对应着唯一的实数，可见实数集等价于整个数轴上的点集，因此，在本书今后的讨论中，对实数与数轴上的点就不加区分. 今后如无特别说明，本课程中提到的数均为实数，用到的集合主要是实数集. 此外，为后面的叙述方便，我们重申中学学过的几个特殊实数集的记号：自然数集记为 **N**，整数集记为 **Z**，有理数集记为 **Q**，实数集记为 **R**，这些数集间的关系如下：

$$\mathbf{N} \subset \mathbf{Z} \subset \mathbf{Q} \subset \mathbf{R}.$$

区间是高等数学中常用的实数集，分为**有限区间**和**无限区间**两类.

**有限区间**

设 $a, b$ 为两个实数，且 $a < b$，数集 $\{x \mid a < x < b\}$ 称为开区间，记为 $(a, b)$，即

$$(a, b) = \{x \mid a < x < b\}.$$

类似地，有闭区间和半开半闭区间：

$$[a, b] = \{x \mid a \le x \le b\}, \quad [a, b) = \{x \mid a \le x < b\}, \quad (a, b] = \{x \mid a < x \le b\}.$$

**无限区间**

引入记号 $+\infty$（读作"正无穷大"）及 $-\infty$（读作"负无穷大"），则可类似地表示无限区间. 例如

$$[a, +\infty) = \{x \mid a \le x\}, \quad (-\infty, b) = \{x \mid x < b\}.$$

特别地，全体实数的集合 **R** 也可表示为无限区间 $(-\infty, +\infty)$.

**注**：在本教程中，当不需要特别辨明区间是否包含端点、是有限还是无限时，常将其简称为"区间"，并常用 $I$ 表示.

## 二、邻域

**定义 1**　设 $a$ 与 $\delta$ 是两个实数，且 $\delta > 0$，数集 $\{x \mid a - \delta < x < a + \delta\}$ 称为点 $a$ 的 $\delta$ **邻域**，记为

$$U(a,\delta) = \{x \mid a - \delta < x < a + \delta\}.$$

其中, 点 $a$ 称为该**邻域的中心**, $\delta$ 称为该**邻域的半径** (见图 1-1-2).

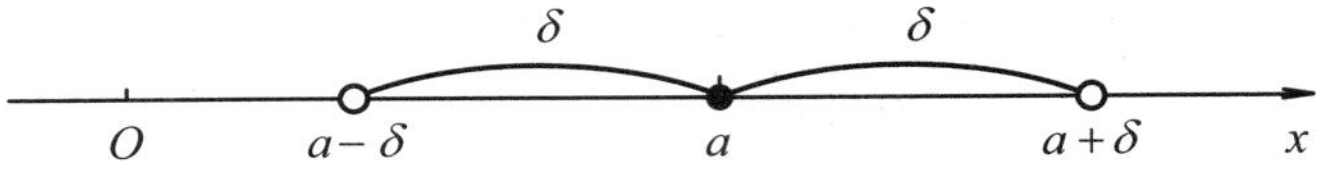

$$U(a,\delta) = \{x \mid a - \delta < x < a + \delta\}$$

**图 1-1-2**

由于 $a - \delta < x < a + \delta$ 相当于 $|x - a| < \delta$, 因此

$$U(a,\delta) = \{x \mid |x - a| < \delta\}.$$

若把邻域 $U(a,\delta)$ 的中心去掉, 所得到的邻域称为点 $a$ 的**去心**的 $\delta$ 邻域, 记为 $\overset{\circ}{U}(a,\delta)$, 即

$$\overset{\circ}{U}(a,\delta) = \{x \mid 0 < |x - a| < \delta\}.$$

更一般地, 以 $a$ 为中心的任何开区间均是点 $a$ 的邻域, 当不需要特别辨明邻域的半径时, 可简记为 $U(a)$.

在实际应用中, 有时还会用到左邻域与右邻域, 此处一并引入如下:

记点 $a$ 的左邻域: $U_-(a,\delta) = \{x \mid a - \delta < x \leq a\}$;

记点 $a$ 的右邻域: $U_+(a,\delta) = \{x \mid a \leq x < a + \delta\}$.

## 三、函数的概念

函数是描述变量间相互依赖关系的一种数学模型.

在某一自然现象或社会现象中, 往往同时存在多个不断变化的量, 即变量, 这些变量并不是孤立变化的, 而是相互联系并遵循一定的规律. 函数就是描述这种联系的一个法则. 本节我们先讨论两个变量的情形 (多于两个变量的情形将在第 8 章中讨论).

例如, 在自由落体运动中, 设物体下落的时间为 $t$, 落下的距离为 $s$. 假定开始下落的时刻为 $t = 0$, 则变量 $s$ 与 $t$ 之间的相依关系由数学模型

$$s = \frac{1}{2}gt^2$$

给定, 其中 $g$ 是重力加速度.

**定义 2** 设 $x$ 和 $y$ 是两个变量, $D$ 是一个给定的非空实数集. 如果对于每个数 $x \in D$, 按照一定法则 $f$, 总有确定的数值与变量 $y$ 对应, 则称 $y$ 是 $x$ 的**函数**, 记作

$$y = f(x), \quad x \in D,$$

其中, $x$ 称为**自变量**, $y$ 称为**因变量**, 数集 $D$ 称为这个函数的**定义域**, 也记为 $D_f$, 即 $D_f = D$.

对 $x_0 \in D$, 按照对应法则 $f$, 总有确定的值 $y_0$ (记为 $f(x_0)$) 与之对应, 称 $f(x_0)$

为函数在点 $x_0$ 处的**函数值**. 因变量与自变量的这种相依关系通常称为**函数关系**.

当自变量 $x$ 遍取 $D$ 的所有数值时, 对应的函数值 $f(x)$ 的全体构成的集合称为函数 $f$ 的**值域**, 记为 $R_f$ 或 $f(D)$, 即

$$R_f = f(D) = \{y \mid y = f(x), x \in D\}.$$

**注**: 函数的定义域与对应法则称为函数的两个要素. 两个函数相等的充分必要条件是它们的定义域和对应法则均相同.

关于函数的定义域, 在实际问题中应根据问题的实际意义具体确定. 如果讨论的是纯数学问题, 则往往取使函数的表达式有意义的一切实数所构成的集合作为该函数的定义域, 这种定义域又称为函数的**自然定义域**.

例如, 函数 $y = \dfrac{1}{\sqrt{1-x^2}}$ 的(自然)定义域即为开区间 $(-1, 1)$.

#### 函数的图形

对于函数 $y = f(x)(x \in D)$, 若取自变量 $x$ 为横坐标, 因变量 $y$ 为纵坐标, 则在平面直角坐标系 $xOy$ 中就确定了一个点 $(x, y)$. 当 $x$ 遍取定义域 $D$ 中的每个数值时, 平面上的点集

$$C = \{(x, y) \mid y = f(x), x \in D\}$$

称为函数 $y = f(x)$ 的**图形** (见图 1–1–3).

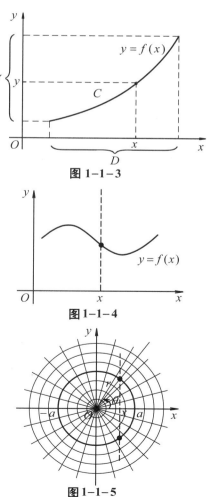

图 1–1–3

若自变量在定义域内任取一个数值, 对应的函数值总是只有一个, 这种函数称为**单值函数**. 从几何上看, 即: 任意一条垂直于 $x$ 轴的直线与函数的图形最多相交于一点 (见图 1–1–4).

图 1–1–4

例如, 方程 $x^2 + y^2 = a^2$ 在闭区间 $[-a, a]$ 上确定了一个以 $x$ 为自变量、$y$ 为因变量的函数, 其几何上即为圆心在原点且半径为 $a$ 的圆. 易见, 对于每个 $x \in (-a, a)$, 都有两个 $y$ 值 $(\pm\sqrt{a^2-x^2})$ 与之对应 (见图 1–1–5), 因而 $y$ 不是单值函数. 但在附加条件 $y \geq 0$ 或 $y \leq 0$ 后, 可分别得到单值函数

$$y = \sqrt{a^2-x^2} \quad \text{或} \quad y = -\sqrt{a^2-x^2}.$$

但上述圆方程在极坐标系下的形式为

$$r = a \ (0 \leq \theta \leq 2\pi),$$

故在极坐标系下其显然是单值函数.

图 1–1–5

**注**: 今后, 若无特别声明, 函数均指单值函数.

**函数的常用表示法**

(1) **表格法**　将自变量的值与对应的函数值列成表格的方法.

(2) **图像法**　在坐标系中用图形来表示函数关系的方法.

(3) **公式法(解析法)**　将自变量和因变量之间的关系用数学表达式(又称为解析表达式)来表示的方法. 根据函数的解析表达式的形式不同, 函数也可分为**显函数**、**隐函数**和**分段函数**三种:

(i) **显函数**: 函数 $y$ 由 $x$ 的解析表达式直接表示. 例如, $y = x^2 + 1$.

(ii) **隐函数**: 函数的自变量 $x$ 与因变量 $y$ 的对应关系由方程

$$F(x, y) = 0$$

来确定. 例如, $\ln y = \sin(x + y)$, $x^3 + y^3 = 1$, 但后者的显函数表示为 $y = \sqrt[3]{1 - x^3}$.

(iii) **分段函数**: 函数在其定义域的不同范围内具有不同的解析表达式. 以下是几个分段函数的例子.

**例1**　绝对值函数

$$y = |x| = \begin{cases} x, & x \geq 0 \\ -x, & x < 0 \end{cases}$$

的定义域 $D = (-\infty, +\infty)$, 值域 $R_f = [0, +\infty)$, 图形如图 1-1-6 所示. ■

**例2**　符号函数

$$y = \operatorname{sgn} x = \begin{cases} 1, & x > 0 \\ 0, & x = 0 \\ -1, & x < 0 \end{cases}$$

的定义域 $D = (-\infty, +\infty)$, 值域 $R_f = \{-1, 0, 1\}$, 图形如图 1-1-7 所示. ■

**例3**　取整函数

$$y = [x],$$

其中, $[x]$ 表示不超过 $x$ 的最大整数. 例如,

$$[\pi] = 3, \quad [-2.3] = -3, \quad [\sqrt{3}] = 1.$$

易见, 取整函数的定义域

$$D = (-\infty, +\infty),$$

值域 $R_f = \mathbf{Z}$, 图形如图 1-1-8 所示. ■

**例4**　狄利克雷 (Dirichlet) 函数

$$y = D(x) = \begin{cases} 1, & \text{当 } x \text{ 是有理数时} \\ 0, & \text{当 } x \text{ 是无理数时} \end{cases}$$

易见, 该函数的定义域 $D = (-\infty, +\infty)$, 值

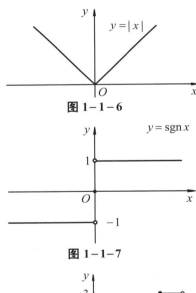

图 1-1-6

图 1-1-7

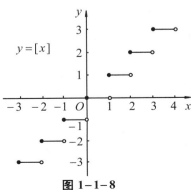

图 1-1-8

域 $R_f = \{0, 1\}$，但它没有直观的图形表示.

## *数学实验

函数是现代数学的基本概念之一，是大学数学的主要研究对象，函数的表示法包括解析法、图像法与表格法. 以往受计算分析工具便利性的限制，人们对函数的解析表示、图像表示与数表表示之间的关系往往难以把握，大大影响了学习者对函数概念的理解与掌握. 数学实验设计旨在充分利用移动互联网、移动终端设备与相关信息技术软件为教材用户提供更优质的学习内容、实验案例与交互环境. 针对本课程，作者为各章节相关教学内容设计了一系列的数学实验，这些数学实验有助于用户加深对高等数学中基本概念、定理与思想方法的理解，让他们通过对量变到质变过程的观察，更深刻地理解数学中近似与精确、量变与质变之间的辩证关系. 下面首先给出的是函数及其图形计算方面的数学实验.

**实验1.1** 试用计算软件计算下列函数值：

(1) $f(x) = x^{20} - 3x^{10} + 2x^{\sqrt{x}}$，$f(0.5)$，$f(0.8)$，$f(1.1)$，$f(1.3)$；

(2) $f(x) = x^2 \cos(xe^{2x})$，在 $x = 1, 2, \cdots, 10$ 处的函数值；

(3) $f(x) = \dfrac{5 + x^2 + x^3 + x^4}{5 + 5x + 5x^2}$，在区间 $[-4, 4]$ 上每间隔 0.2 的函数值.

**函数计算实验**

微信扫描右侧二维码，即可进行重复或修改实验(详见教材配套的网络学习空间).

**实验1.2** 试用计算软件计算下列函数的图形：

(1) $f(x) = \dfrac{5 + x^2 + x^3 + x^4}{5 + 5x + 5x^2}$；

(2) $f(x) = \begin{cases} \cos x, & x \le 0 \\ e^x, & x > 0 \end{cases}$；

(3) $x^3 + y^3 - 3xy = 0$；

(4) $x^{2/3} + y^{2/3} = 2^{2/3}$；

(5) $f(x) = 2e^{-\frac{1}{2}x^2} \cos(12x^2)$.

**函数图形计算**

微信扫描右侧二维码，即可进行重复或修改实验(详见教材配套的网络学习空间).

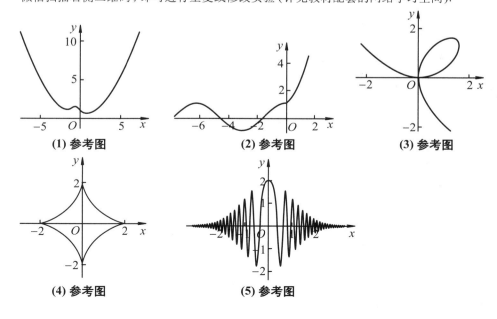

**(1) 参考图**    **(2) 参考图**    **(3) 参考图**

**(4) 参考图**    **(5) 参考图**

**实验 1.3**  试用计算软件计算下列参数方程的图形:

(1) $\begin{cases} x = 0.2\,t \\ y = 0.04\,t\cos 3\,t \end{cases}$ $(t > 0)$;

(2) $\begin{cases} x(t) = (1 + \sin t - 2\cos 4t)\cos t \\ y(t) = (1 + \sin t - 2\cos 4t)\sin t \end{cases}$;

(3) $\begin{cases} x(t) = 2\cos\left(-\dfrac{11}{5}t\right) + 2.8\cos t \\ y(t) = 2\sin\left(-\dfrac{11}{5}t\right) + 2.8\sin t \end{cases}$;

(4) $\begin{cases} x = 2.6\cos t - \cos\left(\dfrac{13}{5}t\right) \\ y = 2.6\sin t - \sin\left(\dfrac{13}{5}t\right) \end{cases}$.

函数图形计算

微信扫描右侧二维码, 即可进行重复或修改实验 (详见教材配套的网络学习空间).

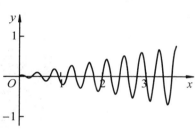

**(1) 参考图**

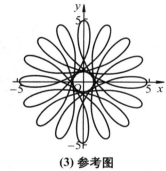

**(3) 参考图**

**(2) 参考图**

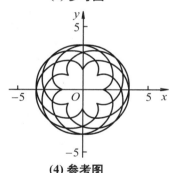

**(4) 参考图**

**实验 1.4**  试用计算软件计算下列极坐标系下的函数的图形:

(1) $r = e^{t/15}$;

(2) $\rho = 2\cos(\pi\theta)e^{\sin(\pi\theta)}$, $-7.1\pi \leq \theta \leq 7\pi$;

(3) $\rho = 0.04\theta\sin\left(\dfrac{25}{23}\right)\theta$, $0 \leq \theta \leq 81$;

(4) $\rho = \sin(2.9\theta)e^{\sin^4(4.9\theta)}$, $-5\pi \leq \theta \leq 5\pi$;

(5) $\rho = 2\sin(\theta)e^{\sin^3(1.9\theta)}$, $-12\pi \leq \theta \leq 12\pi$.

微信扫描右侧二维码, 即可进行重复或修改实验 (详见教材配套的网络学习空间).

**(1) 参考图**

**(2) 参考图**

函数图形计算

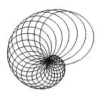

(3) 参考图

(4) 参考图

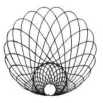

(5) 参考图

## 四、函数特性

**1. 函数的有界性**

设函数 $f(x)$ 的定义域为 $D$，数集 $X \subset D$，若存在一个正数 $M$，使得对一切 $x \in X$，恒有

$$|f(x)| \le M,$$

则称函数 $f(x)$ 在 $X$ 上**有界**，或称 $f(x)$ 是 $X$ 上的**有界函数**．每个具有上述性质的正数 $M$ 都是该**函数的界**．

若具有上述性质的正数 $M$ 不存在，则称 $f(x)$ 在 $X$ 上**无界**，或称 $f(x)$ 是 $X$ 上的**无界函数**．

如果存在常数 $M$，使得对于一切 $x \in X$，恒有

$$f(x) \le M \text{（或者 } f(x) \ge M\text{）},$$

则称函数在 $X$ 上有**上界**（或**下界**）．

易知，函数 $f(x)$ 在 $X$ 上有界的充要条件是函数 $f(x)$ 在 $X$ 上既有上界又有下界．

例如，函数 $y = \sin x$ 在 $(-\infty, +\infty)$ 内有界，因为对任何实数 $x$，恒有 $|\sin x| \le 1$．函数 $y = \dfrac{1}{x}$ 在区间 $(0, +\infty)$ 上有下界 $0$，无上界，是无界函数．

**例5**　证明函数 $y = \dfrac{x}{x^2 + 1}$ 在 $(-\infty, +\infty)$ 上是有界的．

**证明**　因为 $(1 - |x|)^2 \ge 0$，所以 $|1 + x^2| \ge 2|x|$，故对于一切 $x \in (-\infty, +\infty)$，恒有

$$|f(x)| = \left| \frac{x}{x^2 + 1} \right| = \frac{2|x|}{2|1 + x^2|} \le \frac{1}{2},$$

从而函数 $y = \dfrac{x}{1 + x^2}$ 在 $(-\infty, +\infty)$ 上是有界的（见图 1-1-9）．

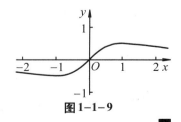

图 1-1-9

**2. 函数的单调性**

设函数 $f(x)$ 的定义域为 $D$，区间 $I \subset D$．如果对于区间 $I$ 上任意两点 $x_1$ 及 $x_2$，当 $x_1 < x_2$ 时，恒有

$$f(x_1) < f(x_2),$$

则称函数 $f(x)$ 在区间 $I$ 上是**单调增加函数**；如果对于区间 $I$ 上任意两点 $x_1$ 及 $x_2$，

当 $x_1 < x_2$ 时, 恒有

$$f(x_1) > f(x_2),$$

则称函数 $f(x)$ 在区间 $I$ 上是**单调减少函数**. 单调增加函数和单调减少函数统称为**单调函数**.

由定义易知, 单调增加函数的图形沿 $x$ 轴正向是逐渐上升的 (见图 1-1-10), 单调减少函数的图形沿 $x$ 轴正向是逐渐下降的 (见图 1-1-11).

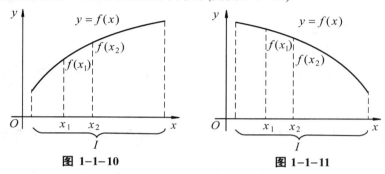

图 1-1-10　　　　　　　　　图 1-1-11

例如, $y = x^2$ 在 $[0, +\infty)$ 内单调增加, 在 $(-\infty, 0]$ 内单调减少, 但在 $(-\infty, +\infty)$ 内不是单调函数 (见图 1-1-12). 而 $y = x^3$ 在 $(-\infty, +\infty)$ 内是单调增加函数 (见图 1-1-13).

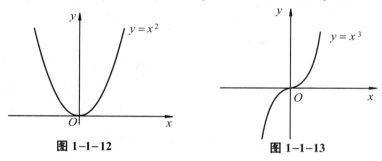

图 1-1-12　　　　　　　　　图 1-1-13

**例 6**　证明函数 $y = \dfrac{x}{1+x}$ 在 $(-1, +\infty)$ 内是单调增加函数.

**证明**　在 $(-1, +\infty)$ 内任取两点 $x_1$, $x_2$, 且 $x_1 < x_2$, 则

$$f(x_1) - f(x_2) = \frac{x_1}{1+x_1} - \frac{x_2}{1+x_2} = \frac{x_1 - x_2}{(1+x_1)(1+x_2)}.$$

因为 $x_1$, $x_2$ 是 $(-1, +\infty)$ 内任意两点, 所以

$$1 + x_1 > 0, \quad 1 + x_2 > 0.$$

又因为 $x_1 - x_2 < 0$, 故 $f(x_1) - f(x_2) < 0$, 即

$$f(x_1) < f(x_2),$$

所以 $f(x) = \dfrac{x}{1+x}$ 在 $(-1, +\infty)$ 内是单调增加的 (见图 1-1-14). ■

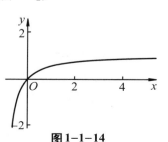

图 1-1-14

**3. 函数的奇偶性**

设函数 $f(x)$ 的定义域 $D$ 关于原点对称. 若 $\forall x \in D$, 恒有

$$f(-x) = f(x),$$

则称 $f(x)$ 为**偶函数**; 若 $\forall x \in D$, 恒有

$$f(-x) = -f(x),$$

则称 $f(x)$ 为**奇函数**.

偶函数的图形关于 $y$ 轴是对称的(见图1-1-15). 奇函数的图形关于原点是对称的(见图1-1-16).

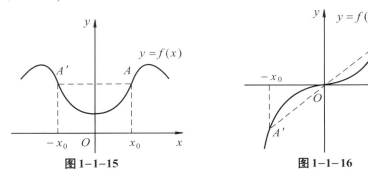

图1-1-15      图1-1-16

例如, 函数 $y = \dfrac{1}{x}$、$y = x^3$、$y = \sin x$ 是奇函数, $y = x^2$, $y = \cos x$ 是偶函数.

**例7** 判断函数 $y = \ln(x + \sqrt{1 + x^2})$ 的奇偶性.

**解** 因为函数的定义域为 $(-\infty, +\infty)$, 且

$$
\begin{aligned}
f(-x) &= \ln(-x + \sqrt{1 + (-x)^2}) \\
&= \ln(-x + \sqrt{1 + x^2}) \\
&= \ln \frac{(-x + \sqrt{1 + x^2})(x + \sqrt{1 + x^2})}{x + \sqrt{1 + x^2}} \\
&= \ln \frac{1}{x + \sqrt{1 + x^2}} \\
&= -\ln(x + \sqrt{1 + x^2}) = -f(x).
\end{aligned}
$$

所以 $f(x)$ 为奇函数(见图1-1-17).

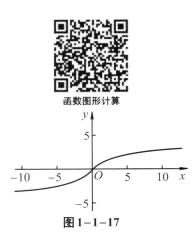

函数图形计算

图1-1-17

**4. 函数的周期性**

设函数 $f(x)$ 的定义域为 $D$, 如果存在常数 $T > 0$, 使得对一切 $x \in D$, 有 $(x \pm T) \in D$, 且

$$f(x + T) = f(x),$$

则称 $f(x)$ 为**周期函数**, $T$ 称为 $f(x)$ 的**周期**.

例如, $\sin x$, $\cos x$ 都是以 $2\pi$ 为周期的周期函数; 函数 $\tan x$ 是以 $\pi$ 为周期的周

期函数.

　　周期函数的图形特点是，如果把一个周期为 $T$ 的周期函数在一个周期内的图形向左或向右平移周期的正整数倍距离，则它将与周期函数的其他部分图形重合(见图 1-1-18).

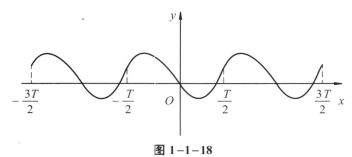

**图 1-1-18**

　　通常周期函数的周期是指其 **最小正周期**. 但并非每个周期函数都有最小正周期.

　　周期函数的应用是广泛的，因为我们在科学与工程技术中研究的许多现象都呈现出明显的周期性特征，如家用的电压和电流是周期的，用于加热食物的微波炉中的电磁场是周期的，季节和气候是周期的，月相和行星的运动是周期的，等等.

　　**例8**　狄利克雷函数

$$y = D(x) = \begin{cases} 1, & \text{当 } x \text{ 是有理数时} \\ 0, & \text{当 } x \text{ 是无理数时} \end{cases},$$

易验证它是一个周期函数. 事实上，任何正有理数都是它的周期，因为不存在最小的正有理数，所以它没有最小正周期.

　　**例9**　证明函数 $f(x) = A\tan(\omega x + \varphi) + k$ $(A > 0, \omega > 0)$ 的最小正周期是 $\dfrac{\pi}{\omega}$.

　　**证明**　设函数 $f(x) = A\tan(\omega x + \varphi) + k$ 的周期是 $T$，则 $f(x + T) = f(x)$，即

$$A\tan[\omega(x + T) + \varphi] + k = A\tan(\omega x + \varphi) + k,$$

得

$$\tan(\omega x + \varphi + \omega T) = \tan(\omega x + \varphi),$$

由于 $y = \tan x$ 的周期是 $k\pi$，所以

$$\omega T = k\pi, \quad T = \frac{k\pi}{\omega},$$

故函数 $f(x) = A\tan(\omega x + \varphi) + k$ 的最小正周期是 $\dfrac{\pi}{\omega}$.

## 五、数学建模 —— 函数关系的建立

　　数学，作为一门研究现实世界数量关系和空间形式的科学，在它产生和发展的历史长河中，一直是和人们生活的实际需要密切相关的. 作为用数学方法解决实际问题的第一步，数学建模自然有着与数学同样悠久的历史. 牛顿的万有引力定律与爱因斯坦的质能公式都是科学发展史上数学建模的成功范例. 马克思说过，一门科

学只有成功地运用数学时，才算达到了完善的地步．在高新技术领域，数学已不再仅仅作为一门科学，而是许多技术的基础，从这个意义上说，高新技术本质上就是一种数学技术．20 世纪下半叶以来，由于计算机软硬件的飞速发展，数学正以空前的广度和深度向一切领域渗透，而数学建模作为应用数学方法研究各领域中定量关系的关键与基础也越来越受到人们的重视．

在应用数学解决实际应用问题的过程中，先要将该问题量化，然后要分析哪些是常量，哪些是变量，确定选取哪个作为自变量，哪个作为因变量，最后要把实际问题中变量之间的函数关系正确抽象出来，根据题意建立起它们之间的**数学模型**．数学模型的建立有助于我们利用已知的数学工具来探索隐藏其中的内在规律，帮助我们把握现状、预测和规划未来，从这个意义上说，我们可以把数学建模设想为旨在研究人们感兴趣的特定系统或行为的一种数学构想(见图1-1-19)．

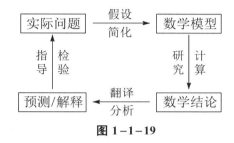

**图 1-1-19**

在上述过程中，数学模型的建立是数学建模中最核心和最困难之处．在本课程的学习中，我们将结合所学内容逐步深入地探讨不同的数学建模问题．

**1. 依题意建立函数关系**

**例10** 某工厂生产某型号车床，年产量为 $a$ 台，分若干批进行生产，每批生产准备费为 $b$ 元．设产品均匀投入市场，且上一批用完后立即生产下一批，即平均库存量为批量的一半．设每年每台库存费为 $c$ 元．显然，生产批量大则库存费高；生产批量少则批数增多，因而生产准备费高．为了选择最优批量，试求出一年中库存费与生产准备费的和与批量的函数关系．

**解** 设批量为 $x$，库存费与生产准备费之和为 $f(x)$．因年产量为 $a$，所以每年生产的批数为 $\dfrac{a}{x}$ (设其为整数)．于是，生产准备费为 $b \cdot \dfrac{a}{x}$，因库存量为 $\dfrac{x}{2}$，故库存费为 $c \cdot \dfrac{x}{2}$．由此可得

$$f(x) = b \cdot \frac{a}{x} + c \cdot \frac{x}{2} = \frac{ab}{x} + \frac{cx}{2}.$$

$f(x)$ 的定义域为 $(0, a]$，注意到本题中的 $x$ 为车床的台数，批数 $\dfrac{a}{x}$ 为整数，所以 $x$ 只取 $(0, a]$ 中 $a$ 的正整数因子．

有些情况下，我们需要用到分段函数来建立相应的数学模型．

**例11** 某运输公司规定货物的吨·公里运价为：在 $a$ 公里以内，每公里 $k$ 元，超过部分为每公里 $\dfrac{4}{5} k$ 元．求运价 $m$ 和里程 $s$ 之间的函数关系．

**解**　根据题意, 可列出函数关系如下:

$$m = \begin{cases} ks, & 0 < s \le a \\ ka + \dfrac{4}{5}k(s-a), & a < s \end{cases},$$

这里运价 $m$ 和里程 $s$ 的函数关系是用分段函数来表示的, 定义域为 $(0, +\infty)$. ■

### *2. 依据经验数据建立近似函数关系

在许多实际问题中, 人们往往只能通过观测或试验获取反映变量特征的部分经验数据, 问题要求我们从这些数据出发来探求隐藏其中的某种模式或趋势. 如果这种模式或趋势确实存在, 而我们又能找到近似表达这种模式或趋势的曲线

$$y = f(x),$$

那么, 我们一方面可以用这个函数表达式来概括这些数据, 另一方面还能够以此来预测其他未知处的值. 求这样一条拟合指定数据的特殊曲线类型的过程称为 **回归分析**, 而该曲线就称为 **回归曲线**.

有关回归分析的理论要到后续课程 (如概率论与数理统计课程) 中才会涉及, 这里, 我们仅介绍其中较为简单且又广泛应用的 **线性回归问题**.

设有 $n$ 组经验数据 $(x, y)(i = 1, 2, 3, \cdots, n)$, 在 $xOy$ 平面上作出其散点图 (见图 1–1–20), 如果这些数据之间大致呈线性关系, 则可大致确定其线性回归方程为

$$y = ax + b,$$

其中, $a, b$ 是与上述经验数据有关的待定系数:

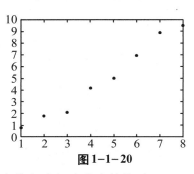

$$a = \frac{n(\sum\limits_{i=1}^{n} x_i y_i) - (\sum\limits_{i=1}^{n} x_i)(\sum\limits_{i=1}^{n} y_i)}{n\sum\limits_{i=1}^{n} x_i^2 - (\sum\limits_{i=1}^{n} x_i)^2},$$

$$b = \frac{(\sum\limits_{i=1}^{n} y_i)(\sum\limits_{i=1}^{n} x_i^2) - (\sum\limits_{i=1}^{n} x_i y_i)(\sum\limits_{i=1}^{n} x_i)}{n\sum\limits_{i=1}^{n} x_i^2 - (\sum\limits_{i=1}^{n} x_i)^2}.$$

图 1–1–20

**注**: ① 在本教材下册 §9.8 的 "三" 中给出了上述待定系数的具体推导过程.

② 作者主持的数苑团队推出的 "统计图表工具" 中, 提供了 "散点图与线性回归" 功能菜单, 支持用户在线输入指定经验数据后生成散点图并作线性回归. 教材用户既可登录与教材配套的网络学习空间在相应内容处调用, 也可通过微信扫码功能扫描教材相应内容页面上的二维码调用, 调用的内容还包括相应案例的原始数据, 为用户重复或修改案例的实验提供了便利.

**例12**　为研究某国标准普通信件 (重量不超过 50 克) 的邮资与时间的关系, 得到如下数据:

| 年份 (年) | 1983 | 1986 | 1989 | 1990 | 1992 | 1996 | 2000 | 2002 | 2006 | 2010 | 2013 |
|---|---|---|---|---|---|---|---|---|---|---|---|
| 邮资 (分) | 6 | 8 | 10 | 13 | 15 | 20 | 22 | 25 | 29 | 32 | 33 |

试构建一个邮资作为时间的函数的数学模型，在检验了这个模型是"合理"的之后，用这个模型来预测一下 2017 年的邮资.

**解**　(1) 先将实际问题量化，确定自变量 $x$ 和因变量 $y$. 用 $x$ 表示时间，为方便计算，设起始年1983 年为0，用 $y$ (单位: 分) 表示相应年份的信件的邮资，得到下表:

| $x$ | 0 | 3 | 6 | 7 | 9 | 13 | 17 | 19 | 23 | 27 | 30 |
|---|---|---|---|---|---|---|---|---|---|---|---|
| $y$ | 6 | 8 | 10 | 13 | 15 | 20 | 22 | 25 | 29 | 32 | 33 |

(2) 用统计图表工具作出散点图 (见图1-1-21). 由此图可见邮资与时间大致为线性关系，故可设 $y$ 与 $x$ 的函数关系为

$$y = a + bx,$$ 其中 $a, b$ 为待定常数.

(3) 利用线性回归系数公式计算，得

$$a = 5.897\,8,\ b = 0.961\,8.$$

从而得到回归直线为

$$y = 5.897\,8 + 0.961\,8\,x.$$

(4) 在散点图中添加上述回归直线，可见该线性模型与散点图拟合得相当好，说明线性模型是合理的.

(5) 预测 2017 年的邮资，即 $x = 34$ 时 $y$ 的取值. 将 $x = 34$ 代入上述回归直线方程可得 $y \approx 39$. 即可预测 2017 年的邮资约为39分.

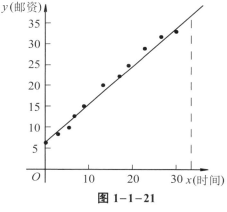

图 1-1-21

**注**: 微信扫描右侧二维码即可对本例进行验算.

在例 12 中，问题所给邮资与时间的数据对之间大致呈线性关系，由回归分析知，直线为较理想的回归曲线，此类回归问题又称**为线性回归问题**，它是最简单的回归分析问题，但却具有广泛的实际应用价值. 此外，许多更加复杂的非线性的回归问题，如幂函数、

散点图与线性回归

指数函数与对数函数回归等都可以通过适当的变量替换化为线性回归问题来研究. 下面我们就以指数函数回归问题为实例来说明.

**例 13**　地高辛是用来治疗心脏病的一种药物. 医生必须开出处方用药量使之能保持血液中地高辛的浓度高于有效水平而不超过安全用药水平. 下表中给出了某个特定病人使用初始剂量 0.5 (毫克) 的地高辛后不同时间 $x$ (天) 的血液中剩余地高辛的含量.

| $x$ | 0 | 1 | 2 | 3 | 4 | 5 | 6 | 7 | 8 |
|---|---|---|---|---|---|---|---|---|---|
| $y$ | 0.500 | 0.345 | 0.238 | 0.164 | 0.113 | 0.078 | 0.054 | 0.037 | 0.026 |

(1) 试构建血液中地高辛含量和用药后天数间的近似函数关系;

(2) 预测 12 天后血液中的地高辛含量.

**解**　(1) 根据所给数据作散点图(见图1-1-22). 由该图可见, $y$ 与 $x$ 之间大致为指数函数关系, 故设函数关系式为

$$y = ae^{bx},$$

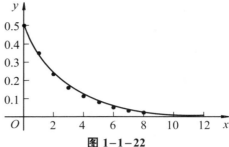

图 1-1-22

其中 $a$, $b$ 为待定常数. 在上式两端取对数,得

$$\ln y = \ln a + bx,$$

令 $u = \ln y$, $c = \ln a$, 则指数函数 $y = ae^{bx}$ 转化为线性函数

$$u = c + bx.$$

利用题设数据表进一步计算得到下表:

| $x$ | 0 | 1 | 2 | 3 | 4 | 5 | 6 | 7 | 8 |
|---|---|---|---|---|---|---|---|---|---|
| $y$ | 0.500 | 0.345 | 0.238 | 0.164 | 0.113 | 0.078 | 0.054 | 0.037 | 0.026 |
| $u = \ln y$ | $-0.693$ | $-1.064$ | $-1.435$ | $-1.808$ | $-2.180$ | $-2.551$ | $-2.919$ | $-3.297$ | $-3.650$ |

采用与例12类似的方法计算, 得

$$c \approx -0.695, \ b \approx -0.371.$$

所以

$$u = -0.695 - 0.371x.$$

散点图与线性回归

再由关系式 $c = \ln a$, 得 $a = e^{-0.695} \approx 0.5$, 从而得到血液中地高辛含量和用药后天数间的近似函数关系为

$$y = 0.5e^{-0.371x}.$$

在散点图中添加上述回归曲线, 可见该指数函数与散点图拟合得相当好, 说明指数模型是合理的.

(2) 根据上述函数关系, 12 天后血液中的地高辛含量为

$$y = 0.5e^{-0.371 \times 12} \approx 0.006 \, (毫克).$$

在数学模型的建立及其求解过程中, 了解以下几点是重要的:

(1) 为描述一种特定现象而建立的数学模型是实际现象的理想化模型,从而远非完全精确的表示.

(2) 反映实际问题的数学模型大多是很复杂的, 从实际应用的角度看, 人们通常不可能也不必要追求数学模型的精确解.

(3) 掌握优秀的数学软件工具并学会将其应用于解决相关领域的实际问题成为当代大学生必须具备的一项重要能力.

## 习题 1-1

1. 求下列函数的自然定义域:

(1) $y = \dfrac{1}{x} - \sqrt{1 - x^2}$;　　　　(2) $y = \arcsin \dfrac{x-1}{2}$;　　　　(3) $y = \sqrt{3-x} + \arctan \dfrac{1}{x}$;

(4) $y = \dfrac{\lg(3-x)}{\sqrt{|x|-1}}$; 　　　　　　　　　　　(5) $y = \log_{x-1}(16-x^2)$.

2. 下列各题中, 函数是否相同? 为什么?

(1) $f(x) = \lg x^2$ 与 $g(x) = 2\lg x$; 　　　　　(2) $y = 2x+1$ 与 $x = 2y+1$.

3. 设 $y = \pi(x)(x \geq 0)$ 表示不超过 $x$ 的素数的数量. 对于自变量 $0 \leq x \leq 20$ 的值, 作出这个函数的图形.

4. 试证下列函数在指定区间内的单调性:

(1) $y = \dfrac{x}{1-x}$, $(-\infty, 1)$; 　　　　　　　(2) $y = 2x + \ln x$, $(0, +\infty)$.

5. 设 $f(x)$ 为定义在 $(-l, l)$ 内的奇函数, 若 $f(x)$ 在 $(0, l)$ 内单调增加, 证明: $f(x)$ 在 $(-l, 0)$ 内也单调增加.

6. 设下面所考虑的函数的定义域关于原点对称, 证明:

(1) 两个偶函数的和是偶函数, 两个奇函数的和是奇函数;

(2) 两个偶函数的乘积是偶函数, 两个奇函数的乘积是偶函数, 偶函数与奇函数的乘积是奇函数.

7. 下列函数中哪些是偶函数, 哪些是奇函数, 哪些既非奇函数又非偶函数?

(1) $y = \tan x - \sec x + 1$; 　　　　　　　(2) $y = \dfrac{e^x + e^{-x}}{2}$;

(3) $y = |x \cos x| e^{\cos x}$; 　　　　　　　　(4) $y = x(x-2)(x+2)$.

8. 下列各函数中哪些是周期函数? 对于周期函数, 指出其周期:

(1) $y = \cos(x-1)$; 　　　　(2) $y = x \tan x$; 　　　　(3) $y = \sin^2 x$.

9. 证明: $f(x) = x \sin x$ 在 $(0, +\infty)$ 上是无界函数.

10. 火车站行李收费规定如下: 当行李不超过 $50\,\mathrm{kg}$ 时, 按每千克 $0.15$ 元收费, 当超出 $50\,\mathrm{kg}$ 时, 超重部分按每千克 $0.25$ 元收费, 试建立行李收费 $f(x)$(元) 与行李重量 $x(\mathrm{kg})$ 之间的函数关系.

11. 收音机每台售价为 $90$ 元, 成本为 $60$ 元. 厂方为鼓励销售商大量采购, 决定凡是订购量超过 $100$ 台的, 每多订购 $1$ 台, 售价就降低 $1$ 分, 但最低价为每台 $75$ 元.

(1) 将每台的实际售价 $p$ 表示为订购量 $x$ 的函数;

(2) 将厂方所获的利润 $L$ 表示成订购量 $x$ 的函数;

(3) 某一商行订购了 $1\,000$ 台, 厂方可获利润多少?

*12. 对给定在弹簧上的压力 $S$ 以每平方英寸磅 $(\mathrm{lb/in}^2)$ 来度量, 下表给出了弹簧的伸长 $e$, 以每英寸伸长多少英寸 $(\mathrm{in./in.})$ 计.

| $S \times 10^{-3}$ | 5 | 10 | 20 | 30 | 40 | 50 | 60 | 70 | 80 | 90 | 100 |
|---|---|---|---|---|---|---|---|---|---|---|---|
| $e \times 10^5$ | 0 | 19 | 57 | 94 | 134 | 173 | 216 | 256 | 297 | 343 | 390 |

(1) 试构建弹簧的伸长和压力的数目之间的模型.

(2) 预测压力为 $200 \times 10^{-3}\,\mathrm{lb/in}^2$ 时弹簧的伸长.

*13. 为了估计山上积雪融化后对下游灌溉的影响, 在山上建立了一个观察站, 测量了最大积雪深度 $(x)$ 与当年灌溉面积$(y)$, 得到连续 $10$ 年的数据, 见下表.

| $x$ | 15.2 | 10.4 | 21.2 | 18.6 | 26.4 | 23.4 | 13.5 | 16.7 | 24.0 | 19.1 |
|---|---|---|---|---|---|---|---|---|---|---|
| $y$ | 28.6 | 19.3 | 40.5 | 35.6 | 48.9 | 45.0 | 29.2 | 34.1 | 46.7 | 37.4 |

(1) 试确定最大积雪深度与当年灌溉面积间的关系模型;

(2) 试预测当年积雪的最大深度为 27.5 时的灌溉面积.

*14. 某次动物实验中测知, 施用于动物的药物在其血液中的浓度逐天递减. 用每百万个单位占多少个单位 (ppm) 度量的浓度见下表.

| 时间(天) | 0 | 1 | 2 | 3 | 4 | 5 | 6 | 7 | 8 | 9 | 10 |
|---|---|---|---|---|---|---|---|---|---|---|---|
| 浓度(ppm) | 853 | 587 | 390 | 274 | 189 | 130 | 97 | 67 | 50 | 40 | 31 |

(1) 试构建药物浓度水平与所经历的时间之间关系的数学模型.

(2) 用你的模型预测何时浓度水平会低于 10 ppm.

# §1.2 初 等 函 数

## 一、反函数

函数关系的实质就是从定量分析的角度来描述运动过程中变量之间的相互依赖关系. 但在研究过程中, 哪个量作为自变量, 哪个量作为因变量 (函数) 是由具体问题决定的.

设函数 $y=f(x)$ 的定义域为 $D$, 值域为 $W$. 对于值域 $W$ 中的任一数值 $y$, 在定义域 $D$ 上至少可以确定一个数值 $x$ 与 $y$ 对应, 且满足关系式

$$f(x)=y.$$

如果把 $y$ 作为自变量, $x$ 作为函数, 则由上述关系式可确定一个新函数

$$x=\varphi(y)\ (\text{或}\ x=f^{-1}(y)),$$

这个新函数称为函数 $y=f(x)$ 的**反函数**. 反函数的定义域为 $W$, 值域为 $D$. 相对于反函数, 函数 $y=f(x)$ 称为**直接函数**.

什么样的函数才有反函数呢? 一般地, 即使函数 $y=f(x)$ 是单值的, 其反函数

$$x=\varphi(y)$$

也不一定是单值的. 由图 1-2-1 可见, 在 $W$ 上可取一点 $y_0$, 作平行于 $x$ 轴的直线 $y=y_0$, 这条直线与曲线 $y=f(x)$ 有两个交点, 它们的横坐标分别为 $x_0'$ 及 $x_0''$.

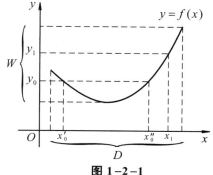

图 1-2-1

但如果 $y=f(x)$ 在区间 $I$ 上不仅单值, 而且单调, 则其反函数 $x=\varphi(y)$ 在 $W=\{y\,|\,y=f(x),x\in I\}$ 上是单值的. 事实上, 若 $y=f(x)$ 是 $I$ 上的单调函数, 则任取 $I$ 上两个不同的数值 $x_0'\neq x_0''$ 时, 必有

$$f(x_0') \neq f(x_0'').$$

所以在 $W$ 上任取一个数值 $y_0$ 时，$I$ 上不可能有两个不同的数值 $x_0'$ 及 $x_0''$，使得 $f(x_0') = y_0$ 及 $f(x_0'') = y_0$ 同时成立.

例如，函数 $y = x^2$ 的定义域为 $(-\infty, +\infty)$，值域为 $[0, +\infty)$. 易见 $y = x^2$ 的反函数不是单值函数. 但函数 $y = x^2$ 在区间 $[0, +\infty)$ 上是单调增加的（见图 1-2-2），所以当把 $x$ 限制在 $[0, +\infty)$ 时，$y = x^2$ 的反函数是单值函数，即 $x = \sqrt{y}$. 同理，函数 $y = x^2$ 在区间 $(-\infty, 0]$ 上的反函数也是单值的，即 $x = -\sqrt{y}$.

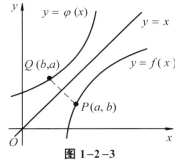

图 1-2-2

习惯上，总是用 $x$ 表示自变量，$y$ 表示因变量，因此，$y = f(x)$ 的反函数 $x = \varphi(y)$ 常改写为

$$y = \varphi(x) \quad (\text{或 } y = f^{-1}(x)).$$

因为函数的实质是变量对应关系，只要对应关系不变，自变量和因变量用什么字母表示是无关紧要的，$x = \varphi(y)$ 与 $y = \varphi(x)$ 中表示对应关系的符号 $\varphi$ 没有改变，就表示它们是同一个函数，即 $y = \varphi(x)$ 也是 $y = f(x)$ 的反函数. 例如，$y = x^2$ 在区间 $[0, +\infty)$ 上的反函数可写成 $y = \sqrt{x}$.

在同一个坐标平面内，直接函数 $y = f(x)$ 和反函数 $y = \varphi(x)$ 的图形关于直线 $y = x$ 是对称的（见图 1-2-3）. 因为如果 $P(a, b)$ 是 $y = f(x)$ 图形上的点，则 $Q(b, a)$ 就是 $y = \varphi(x)$ 图形上的点. 反之亦然. 而 $P(a, b)$ 与 $Q(b, a)$ 关于直线 $y = x$ 是对称的，即直线 $y = x$ 垂直且平分线段 $PQ$.

**例1** 求函数 $y = \dfrac{1 - \sqrt{1+4x}}{1 + \sqrt{1+4x}}$ 的反函数.

**解** 令 $z = \sqrt{1+4x}$，则 $y = \dfrac{1-z}{1+z}$，故 $z = \dfrac{1-y}{1+y}$，即 $\sqrt{1+4x} = \dfrac{1-y}{1+y}$，解得

$$x = \frac{1}{4}\left[\left(\frac{1-y}{1+y}\right)^2 - 1\right] = -\frac{y}{(1+y)^2}.$$

改变变量的记号，即得到所求反函数

$$y = -\frac{x}{(1+x)^2}.$$

将本例（直接）函数与所求反函数的图形绘制在同一坐标平面上（见图 1-2-4），易见函数与其反

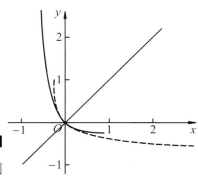

图 1-2-4

函数图形关于直线 $y=x$ 的对称性.

微信扫描本例右侧的二维码, 即可进行相关函数图形计算的实验.

函数图形计算

**例2** 求 $y=(1+x^2)\mathrm{sgn}\,x$ 的反函数, 其中 $\mathrm{sgn}\,x$ 为符号函数.

**解** 由题设, 有

$$y=(1+x^2)\mathrm{sgn}\,x=\begin{cases} 1+x^2, & x>0 \\ 0, & x=0, \\ -(1+x^2), & x<0 \end{cases}$$

分段解得

$$x=\begin{cases} \sqrt{y-1}, & y>1 \\ 0, & y=0, \\ -\sqrt{-(1+y)}, & y<-1 \end{cases}$$

按习惯改变变量的记号, 即得所求反函数为

$$y=\begin{cases} \sqrt{x-1}, & x>1 \\ 0, & x=0. \\ -\sqrt{-(1+x)}, & x<-1 \end{cases}$$

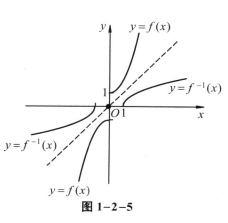

图 1-2-5

如图 1-2-5 所示.

## 二、基本初等函数

幂函数、指数函数、对数函数、三角函数和反三角函数是五类基本初等函数. 由于在中学数学中我们已经深入学习过这些函数, 这里只作简要复习.

### 1. 幂函数

幂函数 $y=x^\alpha$ ($\alpha$ 是任意实数), 其定义域要依 $\alpha$ 具体是什么数而定. 当 $\alpha=1$, $2$, $3$, $\frac{1}{2}$, $-1$ 时是最常用的幂函数 (见图 1-2-6).

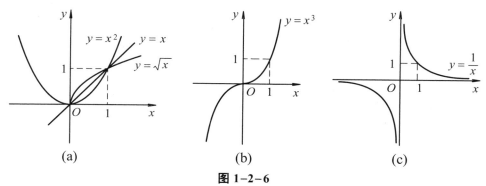

(a)　　　　　　　　(b)　　　　　　　　(c)

图 1-2-6

### 2. 指数函数

指数函数 $y=a^x$ ($a$ 为常数, 且 $a>0$, $a\neq 1$), 其定义域为 $(-\infty, +\infty)$. 当 $a>1$ 时,

指数函数 $y = a^x$ 单调增加; 当 $0 < a < 1$ 时, 指数函数 $y = a^x$ 单调减少. $y = a^{-x}$ 与 $y = a^x$ 的图形关于 $y$ 轴对称 (见图 $1-2-7$). 其中最为常用的是以

$$e = 2.718\ 281\ 8\cdots$$

为底数的指数函数

$$y = e^x.$$

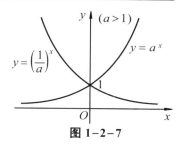

图 $1-2-7$

### 3. 对数函数

指数函数 $y = a^x$ 的反函数称为对数函数, 记为

$$y = \log_a x\ (a\ \text{为常数, 且}\ a > 0,\ a \neq 1).$$

其定义域为 $(0, +\infty)$. 当 $a > 1$ 时, 对数函数 $y = \log_a x$ 单调增加; 当 $0 < a < 1$ 时, 对数函数 $y = \log_a x$ 单调减少 (见图 $1-2-8$).

其中以 e 为底的对数函数称为**自然对数函数**, 记为 $y = \ln x$. 以 10 为底的对数函数称为**常用对数函数**, 记为 $y = \lg x$.

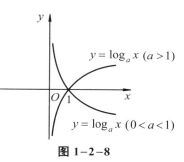

图 $1-2-8$

### 4. 三角函数

常用的三角函数有:

(1) 正弦函数 $y = \sin x$, 其定义域为 $(-\infty, +\infty)$, 值域为 $[-1, 1]$, 是奇函数及以 $2\pi$ 为周期的周期函数 (见图 $1-2-9$).

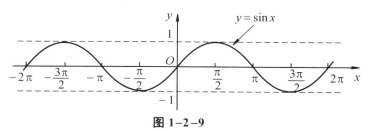

图 $1-2-9$

(2) 余弦函数 $y = \cos x$, 其定义域为 $(-\infty, +\infty)$, 值域为 $[-1, 1]$, 是偶函数及以 $2\pi$ 为周期的周期函数 (见图 $1-2-10$).

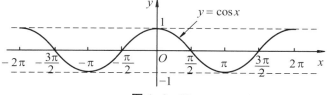

图 $1-2-10$

(3) 正切函数 $y = \tan x$, 其定义域为 $\{x \mid x \neq k\pi + \pi/2,\ k \in \mathbf{Z}\}$, 值域为 $(-\infty, +\infty)$, 是

奇函数及以 π 为周期的周期函数 (见图 1−2−11).

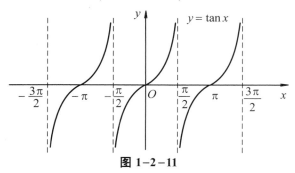

**图 1−2−11**

(4) 余切函数 $y = \cot x$，其定义域为 $\{x \mid x \neq k\pi,\ k \in \mathbf{Z}\}$，值域为 $(-\infty, +\infty)$，是奇函数及以 π 为周期的周期函数 (见图 1−2−12).

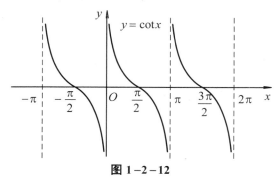

**图 1−2−12**

### 5. 反三角函数

三角函数的反函数称为反三角函数，由于三角函数 $y = \sin x$，$y = \cos x$，$y = \tan x$，$y = \cot x$ 不是单调的，所以为了得到它们的反函数，对这些函数限定在某个单调区间内来讨论. 一般地，取反三角函数的"主值". 常用的反三角函数有：

(1) 反正弦函数 $y = \arcsin x$，
定义域为 $[-1, 1]$，值域为

$$\left| \arcsin x \right| \leq \frac{\pi}{2}$$

(见图 1−2−13).

(2) 反余弦函数 $y = \arccos x$，
定义域为 $[-1, 1]$，值域为

$$0 \leq \arccos x \leq \pi$$

(见图 1−2−14).

(3) 反正切函数 $y = \arctan x$，
定义域为 $(-\infty, +\infty)$，值域为

**图 1−2−13**　　　　　**图 1−2−14**

$$\left|\arctan x\right|<\frac{\pi}{2}$$

（见图 1−2−15）.

　　（4）反余切函数

$$y=\operatorname{arccot} x,$$

定义域为 $(-\infty,+\infty)$, 值域为

$$0<\operatorname{arccot} x<\pi$$

（见图 1−2−16）.

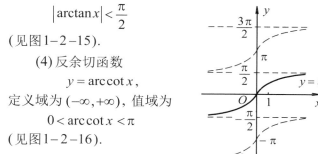

图 1−2−15

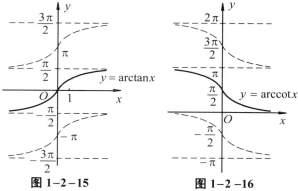

图 1−2−16

## 三、复合函数

　　**定义1**　设函数 $y=f(u)$ 的定义域为 $D_f$, 而函数 $u=\varphi(x)$ 的值域为 $R_\varphi$, 若 $D_f\bigcap R_\varphi\neq\varnothing$, 则称函数 $y=f[\varphi(x)]$ 为 $x$ 的**复合函数**. 其中, $x$ 称为**自变量**, $y$ 称为**因变量**, $u$ 称为**中间变量**.

　　**注**：（1）并非任何两个函数都可以复合成一个复合函数.

　　例如, $y=\arcsin u$, $u=2+x^2$. 因前者定义域为 $[-1,1]$, 而后者 $u=2+x^2\geq 2$, 故这两个函数不能复合成复合函数.

　　（2）复合函数可以由两个以上的函数经过复合构成.

　　**例3**　设 $y=f(u)=\arctan u$, $u=\varphi(t)=\dfrac{1}{\sqrt{t}}$, $t=\psi(x)=x^2-1$, 求 $f\{\varphi[\psi(x)]\}$.

　　**解**　$f\{\varphi[\psi(x)]\}=f[\varphi(x^2-1)]=f\left(\dfrac{1}{\sqrt{x^2-1}}\right)=\arctan\dfrac{1}{\sqrt{x^2-1}}$.　■

　　**例4**　将下列函数分解成基本初等函数的复合.

　　（1）$y=\sqrt{\ln\sin^2 x}$；　　　　（2）$y=\mathrm{e}^{\arctan x^2}$；　　　　（3）$y=\cos^2\ln(2+\sqrt{1+x^2})$.

　　**解**　（1）所给函数是由

$$y=\sqrt{u},\quad u=\ln v,\quad v=w^2,\quad w=\sin x$$

四个函数复合而成的；

　　（2）所给函数是由

$$y=\mathrm{e}^u,\quad u=\arctan v,\quad v=x^2$$

三个函数复合而成的；

　　（3）所给函数是由

$$y=u^2,\quad u=\cos v,\quad v=\ln w,\quad w=2+t,\quad t=\sqrt{h},\quad h=1+x^2$$

六个函数复合而成的.　■

　　**例5**　设

$$f(x)=\begin{cases}\mathrm{e}^x, & x<1,\\ x, & x\geq 1,\end{cases}\qquad \varphi(x)=\begin{cases}x+2, & x<0,\\ x^2-1, & x\geq 0,\end{cases}$$

求 $f[\varphi(x)]$.

**解**　$f[\varphi(x)]=\begin{cases} \mathrm{e}^{\varphi(x)}, & \varphi(x)<1 \\ \varphi(x), & \varphi(x)\geq 1 \end{cases}$.

(1) 当 $\varphi(x)<1$ 时，或 $x<0$，$\varphi(x)=x+2<1$，得 $x<-1$；

或 $x\geq 0$，$\varphi(x)=x^2-1<1$，得 $0\leq x<\sqrt{2}$.

(2) 当 $\varphi(x)\geq 1$ 时，或 $x<0$，$\varphi(x)=x+2\geq 1$，得 $-1\leq x<0$；

或 $x\geq 0$，$\varphi(x)=x^2-1\geq 1$，得 $x\geq\sqrt{2}$.

综上所述，得到

$$f[\varphi(x)]=\begin{cases} \mathrm{e}^{x+2}, & x<-1 \\ x+2, & -1\leq x<0 \\ \mathrm{e}^{x^2-1}, & 0\leq x<\sqrt{2} \\ x^2-1, & x\geq\sqrt{2} \end{cases}.$$

## *数学实验

**实验 1.5**　试用计算软件完成下列各题：

(1) 作出复合函数 $y=\mathrm{e}^{\sin(3x)}$ 的图形；

(2) 设 $f(x)=\dfrac{x}{\sqrt{1+x^2}}$，求 $f\{f[f(x)]\}$，并作出它们的图形；

(3) 作函数 $\sin x$ 及其下列自复合函数的图形：

(a) $\underbrace{\sin(\sin(\cdots(\sin x)))}_{5}$，　(b) $\underbrace{\sin(\sin(\cdots(\sin x)))}_{10}$，　(c) $\underbrace{\sin(\sin(\cdots(\sin x)))}_{30}$.

微信扫描右侧相应的二维码即可进行计算实验 (详见教材配套的网络学习空间).

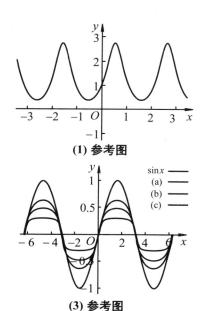

**(1) 参考图**

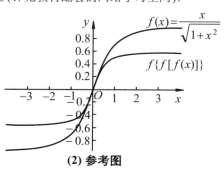

**(2) 参考图**

**(3) 参考图**

## 四、初等函数

由常数和基本初等函数经过有限次的四则运算和有限次的函数复合步骤构成并可用一个式子表示的函数,称为**初等函数**.

初等函数的基本特征:在函数有定义的区间内,初等函数的图形是不间断的. 如上节引入的符号函数 $y = \mathrm{sgn}\, x$、取整函数 $y = [x]$ 等分段函数均不是初等函数.

**\*数学实验**

**实验1.6** 试用计算软件完成下列各题:

(1) 作出函数 $y = x$、$y = 2\sin x$ 和 $y = x + 2\sin x$ 的图形,观察函数的叠加;

(2) 作出函数 $y = \mathrm{e}^x$、$y = -1/2x^2$ 和 $y = \mathrm{e}^{(-1/2x^2)}$ 的图形,观察函数的复合;

(3) 作出函数 $f(x) = x^2\sin(cx)$ 的图形动画,观察参数 $c$ 对函数图形的影响.

计算实验

微信扫描右侧相应的二维码即可进行计算实验 (详见教材配套的网络学习空间).

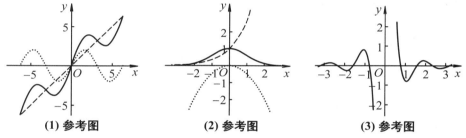

**(1) 参考图**　　　　**(2) 参考图**　　　　**(3) 参考图**

在科学和工程技术领域中,初等函数有着极其重要和广泛的应用.本段我们将通过实例来考察指数函数和对数函数在储蓄存款增长、放射性物质衰减、地震强度计算等问题的数学建模中的应用. 构成这些模型的数学基础是优美而深刻的.

函数 $y = y_0\mathrm{e}^{kx}$,当 $k > 0$ 时称为**指数增长模型**,当 $k < 0$ 时称为**指数衰减模型**.

作为指数增长模型应用的一个例子,我们来考察投资公司在计算投资增值 $S$ 时常常利用的连续复利模型:

$$S = P\mathrm{e}^{rt},$$

其中 $P$ 为初始投资,$r$ 为年利率,$t$ 是按年计算的时间. 我们知道,同样的问题,按单利与按年复利计算,则 $n$ 年后的投资增值情况分别为

$$S = P(1 + nr) \ \text{与} \ S = P(1 + r)^n.$$

**例6** 某人在 2008 年初欲用 1 000 元投资 5 年,设年利率为 5%,试分别按单利、复利和连续复利计算到第 5 年末该人应得的本利和 $S$.

**解**　按单利计算

$$S = 1\,000(1 + 0.05 \times 5) = 1\,250(\text{元});$$

按复利计算

$$S = 1\,000(1 + 0.05)^5 \approx 1\,276.28\,(\text{元});$$

按连续复利计算

$$S = 1\,000\,\mathrm{e}^{5 \times 0.05} \approx 1\,284.03\,(\text{元}).$$

表 1–2–1 中我们比较了 2008 年到 2012 年利息按单利、复利和连续复利计算的本利和，我们看到，当按连续复利计算时，投资者赚钱最多；按单利计算时，投资者赚钱最少.

银行为了吸引顾客，可以用额外多出来的钱来做广告——我们按连续复利计算.

表 1–2–1

| 年份 | 总额（元）按单利计 | 总额（元）按复利计 | 总额（元）按连续复利计 |
|---|---|---|---|
| 2008 | 1 050.00 | 1 050.00 | 1 051.27 |
| 2009 | 1 100.00 | 1 102.50 | 1 105.17 |
| 2010 | 1 150.00 | 1 157.63 | 1 161.83 |
| 2011 | 1 200.00 | 1 215.51 | 1 221.40 |
| 2012 | 1 250.00 | 1 276.28 | 1 284.03 |

**例 7**   具有放射性的原子核在放射出粒子及能量后可变得较为稳定，这个过程称为**衰变**. 实验表明某些原子以辐射的方式发射其部分质量，该原子用其剩余物重新组成新元素的原子. 例如，放射性碳 –14 衰变成氮；镭最终衰变成铅. 若 $y_0$ 是时刻 $t = 0$ 时放射性物质的质量，在以后任何时刻 $t$ 的质量为

$$y = y_0 \mathrm{e}^{-kt} \quad (k > 0),$$

其中数 $k$ 称为放射性物质的**衰减率**. 对碳 –14 而言，当 $t$ 用年份来度量时，其衰减率 $k = 1.2 \times 10^{-4}$. 试预测 886 年后的碳 –14 所占的百分比.

**解**   设碳 –14 的初始质量为 $y_0$，则 886 年后的剩余量是

$$y(886) = y_0 \mathrm{e}^{(-1.2 \times 10^{-4}) \times 886} \approx 0.899 y_0,$$

即 886 年后的碳 –14 中约有 89.9% 的留存，约有 10.1% 的碳 –14 衰减掉了.

计算实验

**例 8**   物理学中，我们称放射性物质从最初的质量到衰变为自身质量的一半所花费的时间为**半衰期**. 试证明半衰期是一个常数，它只依赖于放射性物质本身，而不依赖于其初始质量.

**证明**   设 $y_0$ 是时刻 $t = 0$ 时放射性物质的质量，在以后任何时刻 $t$ 的质量为

$$y = y_0 \mathrm{e}^{-kt}.$$

我们求出 $t$ 使得此时放射性核的质量等于初始质量的一半，即

$$y_0 \mathrm{e}^{-kt} = \frac{1}{2} y_0 \implies t = \frac{\ln 2}{k},$$

$t$ 的值就是该元素的半衰期，它只依赖于 $k$ 的值，而与 $y_0$ 无关.

例如，钋 –210 的衰减率 $k = 5 \times 10^{-3}$，所以该元素的半衰期为

$$t = \frac{\ln 2}{k} = \frac{\ln 2}{5 \times 10^{-3}} \approx 139\,(\text{天}).$$

不同物质的半衰期差别极大，如铀的普通同位素 ($^{238}$U) 的半衰期约为 50 亿年；

通常镭 ($^{226}$Ra) 的半衰期为 1 600 年，而镭的另一同位素 $^{230}$Ra 的半衰期仅为 1 小时.

放射性物质的半衰期是反映该物质的一种重要特征，1 克 $^{226}$Ra 衰变成半克所需要的时间与 1 吨 $^{226}$Ra 衰变成半吨所需要的时间同样都是 1 600 年，正是这一事实才构成了确定考古发现日期时使用的著名的碳 −14 测验的基础. 有关放射性物质衰变问题的更深入的讨论参见 §7.10.

**例 9** 地震的里氏震级用常用对数来刻画. 以下是它的公式

$$里氏震级 \quad R = \lg\left(\frac{a}{T}\right) + B,$$

其中 $a$ 是监听站以微米计的地面运动的幅度，$T$ 是地震波以秒计的周期，而 $B$ 是当离震中的距离增大时地震波减弱所允许的一个经验因子. 对监听站 10 000 千米处的地震来说，$B = 6.8$. 如果记录的垂直地面运动为 $a = 10\,\mu\text{m}$，而周期 $T = 1\text{s}$，那么震级为

$$R = \lg\left(\frac{a}{T}\right) + B = \lg\left(\frac{10}{1}\right) + 6.8 = 7.8,$$

这种强度的地震在其震中附近会造成极大的破坏. ■

## 五、双曲函数和反双曲函数

下面再介绍在工程技术上常用到的一类函数及其反函数.

常用到的双曲函数主要有

**双曲正弦** $\qquad y = \text{sh}\,x = \dfrac{\text{e}^x - \text{e}^{-x}}{2},$

**双曲余弦** $\qquad y = \text{ch}\,x = \dfrac{\text{e}^x + \text{e}^{-x}}{2},$

**双曲正切** $\qquad y = \text{th}\,x = \dfrac{\text{sh}\,x}{\text{ch}\,x} = \dfrac{\text{e}^x - \text{e}^{-x}}{\text{e}^x + \text{e}^{-x}}.$

从定义可见，双曲函数是由指数函数生成的初等函数，这三个双曲函数的简单性态如下：

双曲正弦：定义域为 $(-\infty, +\infty)$，值域为 $(-\infty, +\infty)$；是单调增加的奇函数，其图形通过原点且关于原点对称. 当 $x$ 的绝对值很大时，它的图形在第一象限内接近曲线 $y = \dfrac{1}{2}\text{e}^x$；在第三象限内接近于曲线 $y = -\dfrac{1}{2}\text{e}^{-x}$（见图 1−2−17）.

双曲余弦：定义域为 $(-\infty, +\infty)$，值域为 $[1, +\infty)$；是偶函数，在 $(-\infty, 0)$ 内单调减少，在 $(0, +\infty)$ 内单调增加. 当 $x$ 的绝对值很大时，

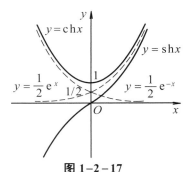

**图 1−2−17**

它的图形在第一象限内接近曲线 $y = \dfrac{1}{2}\mathrm{e}^x$; 在第二象限内接近于曲线 $y = \dfrac{1}{2}\mathrm{e}^{-x}$ (见图 1–2–17).

双曲正切: 定义域为 $(-\infty, +\infty)$, 值域为 $(-1, 1)$; 是单调增加的奇函数, 其图形夹在水平直线 $y=1$ 及 $y=-1$ 之间. 当 $x$ 的绝对值很大时, 它的图形在第一象限内接近直线 $y=1$; 在第三象限内接近于直线 $y=-1$ (见图1–2–18).

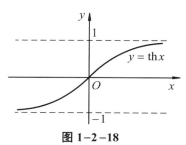

图 1–2–18

类似于三角恒等式, 由双曲函数的定义, 可以证明下列四个恒等式:

$$\mathrm{sh}(x+y) = \mathrm{sh}\,x\,\mathrm{ch}\,y + \mathrm{ch}\,x\,\mathrm{sh}\,y; \tag{2.1}$$

$$\mathrm{sh}(x-y) = \mathrm{sh}\,x\,\mathrm{ch}\,y - \mathrm{ch}\,x\,\mathrm{sh}\,y; \tag{2.2}$$

$$\mathrm{ch}(x+y) = \mathrm{ch}\,x\,\mathrm{ch}\,y + \mathrm{sh}\,x\,\mathrm{sh}\,y; \tag{2.3}$$

$$\mathrm{ch}(x-y) = \mathrm{ch}\,x\,\mathrm{ch}\,y - \mathrm{sh}\,x\,\mathrm{sh}\,y. \tag{2.4}$$

我们来证明第一个等式, 其余三个读者可自己证明. 由定义, 得

$$\mathrm{sh}\,x\,\mathrm{ch}\,y + \mathrm{ch}\,x\,\mathrm{sh}\,y = \frac{\mathrm{e}^x-\mathrm{e}^{-x}}{2}\cdot\frac{\mathrm{e}^y+\mathrm{e}^{-y}}{2} + \frac{\mathrm{e}^x+\mathrm{e}^{-x}}{2}\cdot\frac{\mathrm{e}^y-\mathrm{e}^{-y}}{2}$$

$$= \frac{\mathrm{e}^{x+y}-\mathrm{e}^{-(x+y)}}{2} = \mathrm{sh}(x+y).$$

此外, 由以上几个恒等式可以导出其他一些恒等式, 例如:

在式 (2.4) 中, 令 $x = y$, 并注意到 $\mathrm{ch}\,0 = 1$, 则有

$$\mathrm{ch}^2 x - \mathrm{sh}^2 x = 1; \tag{2.5}$$

在式 (2.1) 中, 令 $x = y$, 则有

$$\mathrm{sh}\,2x = 2\,\mathrm{sh}\,x\,\mathrm{ch}\,x; \tag{2.6}$$

在式 (2.3) 中, 令 $x = y$, 则有

$$\mathrm{ch}\,2x = \mathrm{ch}^2 x + \mathrm{sh}^2 x. \tag{2.7}$$

上述等式与三角函数的有关恒等式类似, 但也要注意它们之间的差异性.

双曲函数的反函数称为 **反双曲函数**, 依次记为

**反双曲正弦**　　$y = \mathrm{arsh}x$;

**反双曲余弦**　　$y = \mathrm{arch}x$;

**反双曲正切**　　$y = \mathrm{arth}x$.

这些反双曲函数都可以通过自然对数函数来表示. 例如, 对反双曲正弦函数 $y = \mathrm{arsh}x$, 它是 $x = \mathrm{sh}y$ 的反函数, 由双曲函数的定义, 有

$$x = \frac{\mathrm{e}^y - \mathrm{e}^{-y}}{2}, \quad 即 \ \mathrm{e}^{2y} - 2x\mathrm{e}^y - 1 = 0,$$

解得 $\mathrm{e}^y = x \pm \sqrt{x^2 + 1}$，因 $\mathrm{e}^y > 0$，上式应取正号，故

$$\mathrm{e}^y = x + \sqrt{x^2 + 1}.$$

等式两端取对数，就得到

$$y = \mathrm{arsh}x = \ln(x + \sqrt{x^2 + 1}).$$

由此可见，反双曲正弦函数的定义域是 $(-\infty, +\infty)$，是单调增加的奇函数. 根据反函数的作图法，可得其图形，如图 $1-2-19$ 所示.

类似地，可得到反双曲余弦函数的表达式

$$y = \mathrm{arch}x = \ln(x + \sqrt{x^2 - 1}).$$

由此可见，反双曲余弦函数的定义域是 $[1, +\infty)$，值域是 $[0, +\infty)$，在定义域上是单调增加的. 根据反函数的作图法，可得其图形，如图 $1-2-20$ 所示.

类似地，还可得到反双曲正切函数的表达式为

$$y = \mathrm{arth}x = \frac{1}{2}\ln\frac{1+x}{1-x}.$$

反双曲正切的定义域是 $(-1, 1)$，并且函数是 $(-1, 1)$ 上的单调增加的奇函数. 根据反函数的作图法，可得其图形，如图 $1-2-21$ 所示.

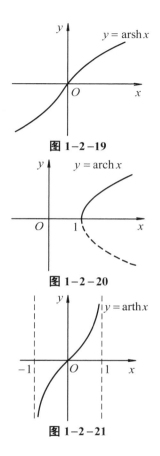

图 $1-2-19$

图 $1-2-20$

图 $1-2-21$

## 习题 1-2

1. 求下列函数的反函数：

(1) $y = \dfrac{1-x}{1+x}$；

(2) $y = \dfrac{2^x}{2^x + 1}$；

(3) $y = 1 + \ln(x-1)$；

(4) $y = \sqrt[3]{x^3 + 1}$.

2. 设 $f(x) = \begin{cases} 1, & x < 0 \\ 0, & x = 0, \\ 1, & x > 0 \end{cases}$ 求 $f(x-1)$，$f(x^2-1)$.

3. 设函数 $f(x) = x^3 - x$，$\varphi(x) = \sin 2x$，求 $f\left[\varphi\left(\dfrac{\pi}{12}\right)\right]$，$f\{f[f(1)]\}$.

4. 设 $f(x) = \dfrac{x}{1-x}$，求 $f[f(x)]$ 和 $f\{f[f(x)]\}$.

5. 已知 $f[\varphi(x)] = 1 + \cos x$，$\varphi(x) = \sin\dfrac{x}{2}$，求 $f(x)$.

6. 设 $f(x)$ 的定义域是 $[0, 1]$，求

(1) $f(x^2)$;　　　　(2) $f(\sin x)$;　　　　(3) $f(x+a) + f(x-a)$ $(a > 0)$;　　　　(4) $f(\sqrt{1-x^2})$

的定义域.

7. 设 $f(x) = \sqrt{x + \sqrt{x^2}}$，求：(1) $f(x)$ 的定义域；(2) $\dfrac{1}{2}\{f[f(x)]\}^2$.

8. $f(x) = \sin x$，$f[\varphi(x)] = 1 - x^2$，求 $\varphi(x)$ 及其定义域.

9. $x$ 小时后在某细菌培养溶液中的细菌数为 $B = 100\,\mathrm{e}^{0.693x}$.

(1) 一开始的细菌数是多少？

(2) 6 小时后有多少细菌？

(3) 近似计算一下什么时候细菌数为 200？

10. 磷 $-32$ 的半衰期约为 14 天，一开始有 6.6 克.

(1) 写出磷 $-32$ 的残余量关于时间 $x$ 的函数.

(2) 什么时候只剩下 1 克磷 $-32$？


# §1.3　数列的极限

## 一、极限概念的引入

极限的思想是由于求某些实际问题的精确解而产生的. 例如, 数学家刘徽[①]利用圆内接正多边形来推算圆面积的方法 —— 割圆术, 就是极限思想在几何学上的应用. 图 1-3-1 给出了用单位圆内接正 12 边形 (面积为 3) 近似圆面积的示例, 其动画演示见教材配套的网络学习空间.

又如, 春秋战国时期的哲学家庄子(公元前 4 世纪)在《庄子·天下篇》中对 "截丈问题" 有一段名言: " 一尺之棰, 日取其半, 万世不竭", 其中也隐含了深刻的极限思想.

**图 1-3-1**

## 二、数列的定义

**定义 1**　按一定次序排列的无穷多个数

$$x_1,\ x_2,\ \cdots,\ x_n,\ \cdots$$

称为无穷数列, 简称**数列**, 可简记为 $\{x_n\}$. 其中的每个数称为数列的项, $x_n$ 称为**通项** (一般项), $n$ 称为 $x_n$ 的**下标**.

---

[①] 刘徽 (公元 3 世纪), 中国数学家.

数列既可看作数轴上的一个动点, 它在数轴上依次取值 $x_1$, $x_2$, $\cdots$, $x_n$, $\cdots$ (见图1–3–2), 也可看作自变量为正整数 $n$ 的函数:
$$x_n = f(n),$$
其定义域是全体正整数, 当自变量 $n$ 依次取1, 2, 3, $\cdots$ 时, 对应的函数值就排成数列 $\{x_n\}$ ( 见图1–3–3).

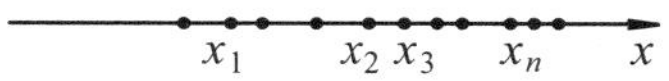

图 1–3–2

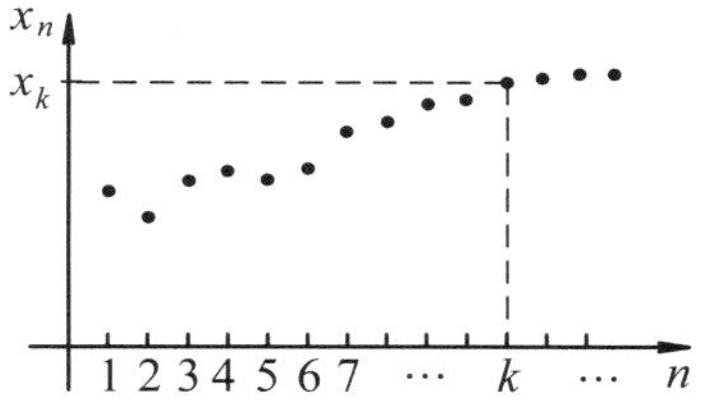

图 1–3–3

## 三、数列的极限

极限的概念最初是在运动观点的基础上凭借几何直观产生的直觉用自然语言来定性描述的.

**定义 2**  设有数列 $\{x_n\}$ 与常数 $a$, 如果当 $n$ 无限增大时, $x_n$ 无限接近于 $a$, 则称常数 $a$ 为**数列 $\{x_n\}$ 的极限**, 或称**数列 $\{x_n\}$ 收敛于 $a$**, 记为
$$\lim_{n \to \infty} x_n = a, \quad \text{或} \quad x_n \to a \, (n \to \infty).$$

如果一个数列没有极限, 就称该数列是**发散**的.

**注**: 记号 $x_n \to a \, (n \to \infty)$ 常读作: 当 $n$ 趋于无穷大时, $x_n$ 趋于 $a$.

**例1** 下列各数列是否收敛, 若收敛, 试指出其收敛于何值.

(1) $\{2^n\}$;　　　　(2) $\left\{\dfrac{1}{n}\right\}$;　　　　(3) $\{(-1)^{n+1}\}$;　　　　(4) $\left\{\dfrac{n-1}{n}\right\}$.

**解**  (1) 数列 $\{2^n\}$ 即为
$$2, 4, 8, \cdots, 2^n, \cdots,$$
易见, 当 $n$ 无限增大时, $2^n$ 也无限增大, 故该数列是发散的;

(2) 数列 $\left\{\dfrac{1}{n}\right\}$ 即为
$$1, \frac{1}{2}, \frac{1}{3}, \cdots, \frac{1}{n}, \cdots,$$
易见, 当 $n$ 无限增大时, $\dfrac{1}{n}$ 无限接近于 0, 故该数列收敛于 0;

(3) 数列 $\{(-1)^{n+1}\}$ 即为
$$1, -1, 1, -1, \cdots, (-1)^{n+1}, \cdots,$$
易见, 当 $n$ 无限增大时, $(-1)^{n+1}$ 无休止地反复取 1、-1 两个数, 而不会无限接近于任何一个确定的常数, 故该数列是发散的;

(4) 数列 $\left\{\dfrac{n-1}{n}\right\}$ 即为
$$0, \frac{1}{2}, \frac{2}{3}, \frac{3}{4}, \cdots, \frac{n-1}{n}, \cdots,$$

易见, 当 $n$ 无限增大时, $\dfrac{n-1}{n}$ 无限接近于 1, 故该数列收敛于 1.

### *数学实验

**实验 1.7**　(1) 观察数列 $\sqrt[n]{n}$ 的前 100 项的变化趋势, 并绘出其散点图.

利用计算软件易绘出该数列前 100 项的散点图 (见下图), 从该散点图看, 这个数列似乎收敛于 1.

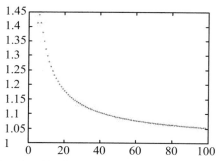

| $n$ | $\sqrt[n]{n}$ | $\sqrt[n]{n}-1$ |
| --- | --- | --- |
| 500 | 1.012 507 | 0.012 507 |
| 1 000 | 1.006 932 | 0.006 932 |
| 5 000 | 1.001 705 | 0.001 705 |
| 10 000 | 1.000 921 | 0.000 921 |
| 100 000 | 1.000 115 | 0.000 115 |
| ... | ... | ... |

进一步计算, 得到上表数据, 从该表结果观察, 可以初步判断该数列收敛于 1, 即

$$\lim_{n\to\infty}\sqrt[n]{n}=1.$$

(2) 观察数列 $x_n=\dfrac{2n^3+1}{5n^3+1}$ 当 $n\to+\infty$ 时的变化趋势.

利用计算软件, 得

计算实验

| $n$ | $x_n$ | $x_n-0.4$ | $n$ | $x_n$ | $x_n-0.4$ |
| --- | --- | --- | --- | --- | --- |
| 1 | 0.500 000 | 0.100 000 | 9 | 0.400 165 | 0.000 165 |
| 2 | 0.414 634 | 0.014 634 | 10 | 0.400 120 | 0.000 120 |
| 3 | 0.404 412 | 0.004 412 | 11 | 0.400 090 | 0.000 090 |
| 4 | 0.401 869 | 0.001 869 | 12 | 0.400 069 | 0.000 069 |
| 5 | 0.400 958 | 0.000 958 | 13 | 0.400 055 | 0.000 055 |
| 6 | 0.400 555 | 0.000 555 | 14 | 0.400 044 | 0.000 044 |
| 7 | 0.400 350 | 0.000 350 | 15 | 0.400 036 | 0.000 036 |
| 8 | 0.400 234 | 0.000 234 | ... | ... | ... |

计算实验

从上表结果可见, 随着 $n$ 的增大, $x_n$ 越来越接近 0.4. 由此可以初步判断该数列收敛于 0.4. 事实上, 在本教材 §1.3 例 3 中对这个判断给出了肯定的回答.

微信扫描右侧二维码, 即可进行重复或修改实验 (详见教材配套的网络学习空间).

从定义 2 给出的数列极限概念的定性描述可见, 下标 $n$ 的变化过程与数列 $\{x_n\}$ 的变化趋势均借助了 "无限" 这样一个明显带有直观模糊性的形容词. 从文学的角度看, 不可不谓尽善尽美, 并且能激起人们诗一般的想象. 几何直观在数学的发展和创造中扮演着充满活力的积极的角色, 但在数学中仅凭直观是不可靠的, 必须将凭直观产生的定性描述转化为用数学语言表达的超越现实原型的定量描述.

观察数列 $\{x_n\} = \left\{\dfrac{n+(-1)^{n-1}}{n}\right\}$ 当 $n$ 无限增大

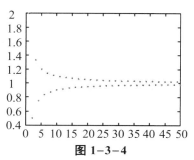

图 1-3-4

时的变化趋势 (见图 $1-3-4$), 易见其当 $n$ 无限增大时其无限接近于 1, 事实上, 由

$$|x_n - 1| = \left|\dfrac{(-1)^{n-1}}{n}\right| = \dfrac{1}{n},$$

可见, 当 $n$ 无限增大时, $x_n$ 与 1 的距离无限接近于 0, 若以确定的数学语言来描述这种趋势, 即有: 对于任意给定的正数 $\varepsilon$ (不论它多么小), 总可以找到正整数 $N$, 使得当 $n > N$ 时, 恒有

$$|x_n - 1| = \dfrac{1}{n} < \varepsilon.$$

图形动画实验

受此启发, 我们可以给出用数学语言表达的数列极限的定量描述.

**定义 3** 设有数列 $\{x_n\}$ 与常数 $a$, 若对于任意给定的正数 $\varepsilon$ (不论它多么小), 总存在正整数 $N$, 使得对于 $n > N$ 时的一切 $x_n$, 不等式

$$|x_n - a| < \varepsilon$$

都成立, 则称常数 $a$ 是**数列 $\{x_n\}$ 的极限**, 或称**数列 $\{x_n\}$ 收敛于 $a$**, 记为

$$\lim_{n \to \infty} x_n = a, \quad 或 \quad x_n \to a \, (n \to \infty).$$

如果一个数列没有极限, 就称该数列是**发散**的.

**注**: 定义中 "对于任意给定的正数 $\varepsilon$ …… $|x_n - a| < \varepsilon$" 实际上表达了 $x_n$ 无限接近于 $a$ 的意思. 此外, 定义中的 $N$ 与任意给定的正数 $\varepsilon$ 有关.

在微积分于 17 世纪诞生后的近 200 年间, 虽然微积分的理论和应用有了巨大的发展, 但整个微积分的理论却建立在直观的、模糊不清的极限概念上, 没有一个牢固的基础, 直到 19 世纪, 法国数学家柯西[1]和德国数学家魏尔斯特拉斯[2]建立了严密的极限理论后, 才使微积分完全建立在严格的极限理论基础之上.

$\lim\limits_{n \to \infty} x_n = a$ 的几何解释:

将常数 $a$ 及数列 $x_1, x_2, \cdots, x_n, \cdots$ 表示在数轴上, 并在数轴上作邻域 $U(a, \varepsilon)$ (见图 $1-3-5$).

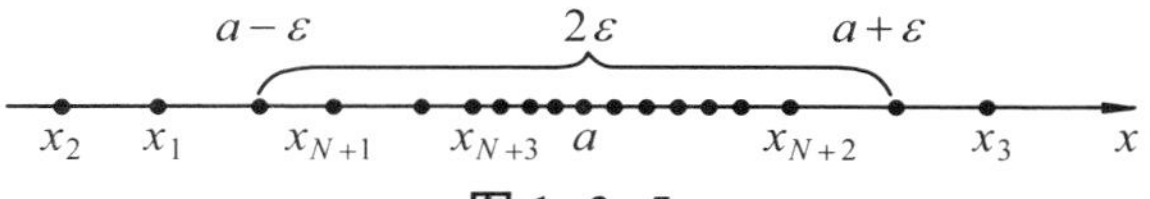

图 1-3-5

---

[1] 柯西 (A. L. Cauchy, 1789—1857), 法国数学家.

[2] 魏尔斯特拉斯 (K. T. W. Weierstrass, 1815—1897), 德国数学家.

注意到不等式 $|x_n - a| < \varepsilon$ 等价于 $a - \varepsilon < x_n < a + \varepsilon$，所以数列 $\{x_n\}$ 的极限为 $a$ 在几何上即表示：当 $n > N$ 时，所有的点 $x_n$ 都落在开区间 $(a - \varepsilon, a + \varepsilon)$ 内，而落在这个区间之外的点至多只有 $N$ 个.

数列极限的定义并未给出求极限的方法，只给出了论证数列 $\{x_n\}$ 的极限为 $a$ 的方法，常称为 $\boldsymbol{\varepsilon - N}$ **论证法**，其论证步骤为：

(1) 对于任意给定的正数 $\varepsilon$；

(2) 由 $|x_n - a| < \varepsilon$ 开始分析倒推，推出 $n > \varphi(\varepsilon)$；

(3) 取 $N \geq [\varphi(\varepsilon)]$，再用 $\varepsilon - N$ 语言顺述结论.

**例 2**　证明 $\lim\limits_{n \to \infty} \dfrac{n + (-1)^{n-1}}{n} = 1$.

**证明**　由

$$|x_n - 1| = \left| \frac{n + (-1)^{n-1}}{n} - 1 \right| = \frac{1}{n},$$

易见，对于任意给定的 $\varepsilon > 0$，要使 $|x_n - 1| < \varepsilon$，只需 $\dfrac{1}{n} < \varepsilon$，即 $n > \dfrac{1}{\varepsilon}$，取 $N = \left[ \dfrac{1}{\varepsilon} \right]$，则对于任意给定的 $\varepsilon > 0$，当 $n > N$ 时，就有

$$\left| \frac{n + (-1)^{n-1}}{n} - 1 \right| < \varepsilon,$$

即　　$\lim\limits_{n \to \infty} \dfrac{n + (-1)^{n-1}}{n} = 1$. ■

**例 3**　证明 $\lim\limits_{n \to \infty} \dfrac{2n^3 + 1}{5n^3 + 1} = \dfrac{2}{5}$.

**证明**　由

$$\left| x_n - \frac{2}{5} \right| = \left| \frac{2n^3 + 1}{5n^3 + 1} - \frac{2}{5} \right| = \frac{3}{5(5n^3 + 1)} < \frac{3}{25n^3} < \frac{1}{n^3} < \frac{1}{n} \ (n > 1),$$

易见，对于任意给定的 $\varepsilon > 0$，要使 $\left| x_n - \dfrac{2}{5} \right| < \varepsilon$，只需 $\dfrac{1}{n} < \varepsilon$，即 $n > \dfrac{1}{\varepsilon}$，取 $N = \left[ \dfrac{1}{\varepsilon} \right]$，则对于任意给定的 $\varepsilon > 0$，当 $n > N$ 时，就有

$$\left| \frac{2n^3 + 1}{5n^3 + 1} - \frac{2}{5} \right| < \varepsilon,$$

即　　$\lim\limits_{n \to \infty} \dfrac{2n^3 + 1}{5n^3 + 1} = \dfrac{2}{5}$. ■

**例 4**　用数列极限定义证明 $\lim\limits_{n \to \infty} \dfrac{n^2 - 2}{n^2 + n + 1} = 1$.

**证明**　由

$$|x_n - 1| = \left| \frac{n^2 - 2}{n^2 + n + 1} - 1 \right| = \frac{3 + n}{n^2 + n + 1} < \frac{n + n}{n^2} = \frac{2}{n} \ (n > 3),$$

易见, 对于任意给定的 $\varepsilon > 0$, 要使 $|x_n - 1| < \varepsilon$, 只需 $\frac{2}{n} < \varepsilon$, 即 $n > \frac{2}{\varepsilon}$, 取 $N = \left[ \frac{2}{\varepsilon} \right]$, 则对于任意给定的 $\varepsilon > 0$, 当 $n > N$ 时, 就有

$$\left| \frac{n^2 - 2}{n^2 + n + 1} - 1 \right| < \varepsilon,$$

即 $\qquad \lim\limits_{n \to \infty} \frac{n^2 - 2}{n^2 + n + 1} = 1.$ ■

**例 5** 证明: 若 $\lim\limits_{n \to \infty} x_n = A \ (A \neq 0)$, 则存在正整数 $N$, 使得当 $n > N$ 时, 恒有

$$|x_n| > \frac{|A|}{2}.$$

**证明** 因 $\lim\limits_{n \to \infty} x_n = A$, 由数列极限的 $\varepsilon - N$ 定义知, 对于任意给定的 $\varepsilon > 0$, 存在 $N > 0$, 当 $n > N$ 时, 恒有

$$|x_n - A| < \varepsilon.$$

由于 $||x_n| - |A|| \leq |x_n - A|$, 故 $n > N$ 时, 恒有

$$||x_n| - |A|| < \varepsilon,$$

即有

$$|A| - \varepsilon < |x_n| < |A| + \varepsilon,$$

由此可见, 只要取 $\varepsilon = \frac{|A|}{2}$, 则当 $n > N$ 时, 恒有 $|x_n| > \frac{|A|}{2}$. ■

## 四、收敛数列的有界性

**定义 4** 对于数列 $\{x_n\}$, 若存在正数 $M$, 使对于一切自然数 $n$, 恒有 $|x_n| \leq M$, 则称数列 $\{x_n\}$ **有界**, 否则, 称其 **无界**.

例如, 数列 $x_n = \frac{n}{n+1} \ (n = 1, 2, \cdots)$ 是有界的, 因为可取 $M = 1$, 使 $\left| \frac{n}{n+1} \right| \leq 1$ 对于一切正整数 $n$ 都成立.

数列 $x_n = 2^n (n = 1, 2, \cdots)$ 是无界的, 因为当 $n$ 无限增加时, $2^n$ 可以超过任何正数.

几何上, 若数列 $\{x_n\}$ 有界, 则存在 $M > 0$, 使得数轴上对应于有界数列的点 $x_n$, 都落在闭区间 $[-M, M]$ 上.

**定理 1** 收敛的数列必定有界.

**证明** 设 $\lim\limits_{n \to \infty} x_n = a$, 由定义, 若取 $\varepsilon = 1$, 则存在 $N > 0$, 使得当 $n > N$ 时, 恒有

$$|x_n - a| < 1, \ \text{即} \ a - 1 < x_n < a + 1.$$

若记 $M = \max\{|x_1|, \cdots, |x_N|, |a-1|, |a+1|\}$，则对于一切自然数 $n$，皆有 $|x_n| \le M$，故 $\{x_n\}$ 有界.

**推论1** 无界数列必定发散.

## 五、极限的唯一性

**定理2** 收敛数列的极限是唯一的.

**证明** 反证法 对于数列 $\{x_n\}$，假设 $\lim\limits_{n\to\infty} x_n = a$，$\lim\limits_{n\to\infty} x_n = b$，且 $a \ne b$，则由极限定义，对于任意给定的 $\varepsilon > 0$，存在 $N_1 > 0$，$N_2 > 0$，使得

当 $n > N_1$ 时，恒有 $|x_n - a| < \varepsilon$；当 $n > N_2$ 时，恒有 $|x_n - b| < \varepsilon$.

取 $N = \max\{N_1, N_2\}$，则对于任意给定的 $\varepsilon' = 2\varepsilon > 0$，当 $n > N$ 时，使得

$$|a-b| = |(x_n - a) - (x_n - b)| \le |x_n - a| + |x_n - b| < \varepsilon + \varepsilon = 2\varepsilon = \varepsilon',$$

所以 $a = b$. 这与假设矛盾，从而原结论正确.

**例6** 证明数列 $x_n = (-1)^{n+1}$ 是发散的.

**证明** 设 $\lim\limits_{n\to\infty} x_n = a$，由定义，对于 $\varepsilon = 1/2$，存在 $N$，使得当 $n > N$ 时，恒有

$$|x_n - a| < 1/2,$$

即当 $n > N$ 时，$x_n \in \left(a - \dfrac{1}{2}, a + \dfrac{1}{2}\right)$，区间长度为1. 而 $x_n$ 无休止地反复取 1、-1 两个数，不可能同时位于长度为1的区间内，矛盾. 因此，该数列是发散的.

**注**：此例同时也表明：有界数列不一定收敛.

## 六、收敛数列的保号性

**定理3（收敛数列的保号性）** 若 $\lim\limits_{n\to\infty} x_n = a$，且 $a > 0$（或 $a < 0$），则存在正整数 $N$，使得当 $n > N$ 时，恒有

$$x_n > 0 \text{（或 } x_n < 0).$$

**证明** 先证 $a > 0$ 的情形. 按定义，对于 $\varepsilon = \dfrac{a}{2} > 0$，存在正整数 $N$，当 $n > N$ 时，有

$$|x_n - a| < \frac{a}{2},$$

即 $x_n > a - \dfrac{a}{2} = \dfrac{a}{2} > 0.$

同理可证 $a < 0$ 的情形.

**推论2** 若数列 $\{x_n\}$ 从某项起有 $x_n \ge 0$（或 $x_n \le 0$），且 $\lim\limits_{n\to\infty} x_n = a$，则 $a \ge 0$（或 $a \le 0$）.

**证明** 证明数列 $\{x_n\}$ 从第 $N_1$ 项起有 $x_n \ge 0$ 的情形. 用反证法.

若 $\lim\limits_{n\to\infty} x_n = a < 0$，则根据定理3，存在正整数 $N_2$，当 $n > N_2$ 时，有 $x_n < 0$. 取

$N=\max\{N_1,N_2\}$，当 $n>N$ 时，有 $x_n<0$，但按假定有 $x_n\geq0$，矛盾. 故必有 $a\geq0$.

同理可证数列 $\{x_n\}$ 从某项起有 $x_n\leq0$ 的情形.

## 七、子数列的收敛性

在数列 $\{x_n\}$ 中任意抽取无限多项并保持这些项在原数列 $\{x_n\}$ 中的先后次序，这样得到的一个数列称为原数列 $\{x_n\}$ 的**子数列** (或**子列**).

设在数列 $\{x_n\}$ 中，第一次抽取 $x_{n_1}$，第二次抽取 $x_{n_2}$，第三次抽取 $x_{n_3}$，…，如此反复抽取下去，就得到数列 $\{x_n\}$ 的一个子数列 $x_{n_1},x_{n_2},\cdots,x_{n_k},\cdots$.

**注**：在子数列 $\{x_{n_k}\}$ 中，$x_{n_k}$ 是 $\{x_{n_k}\}$ 中的第 $k$ 项，是原数列 $\{x_n\}$ 中第 $n_k$ 项. 显然，$n_k\geq k$.

**定理4（收敛数列与其子数列间的关系）** 如果数列 $\{x_n\}$ 收敛于 $a$，那么它的任一子数列也收敛，且极限也是 $a$.

**证明** 设数列 $\{x_{n_k}\}$ 是数列 $\{x_n\}$ 的任一子数列.

由 $\lim\limits_{n\to\infty}x_n=a$，故对于任意给定的 $\varepsilon>0$，存在正整数 $N$，当 $n>N$ 时，恒有

$$|x_n-a|<\varepsilon,$$

取 $K=N$，则当 $k>K$ 时，$n_k>k>K=N$. 于是，$|x_{n_k}-a|<\varepsilon$，即

$$\lim\limits_{k\to\infty}x_{n_k}=a.$$

由定理4的逆否命题知，若数列 $\{x_n\}$ 有两个子数列收敛于不同的极限，则数列 $\{x_n\}$ 是发散的.

例如，考察例6中的数列

$$1,-1,1,\cdots,(-1)^{n+1},\cdots,$$

因子数列 $\{x_{2k-1}\}$ 收敛于 $1$，而子数列 $\{x_{2k}\}$ 收敛于 $-1$，故数列

$$x_n=(-1)^{n+1}\ (n=1,2,\cdots)$$

是发散的. 此例同时说明了，一个发散的数列也可能有收敛的子数列.

### *数学实验

**递归数列** 是一种用归纳方法定义的数列，也是常用的数列定义方法之一，实验1.8和实验1.9中介绍的数列都是递归数列.

**实验1.8** 观察斐波那契 (Fibonacci) 数列的变化趋势：

$$F_0=1,\ F_1=1,\ F_n=F_{n-1}+F_{n-2}.$$

斐波那契 (1175 — 1250) 是意大利数学家，是西方研究斐波那契数列的第一人. 斐波那契数列是数学家斐波那契以兔子繁殖为例子而引入的，故又称为"**兔子数列**".它在现代物理、准晶体结构、化学等领域都有直接的应用，为此，美国数学学会从1963年起出版了以《斐波那契数列季刊》为名的一份数学杂志，专门用于刊载这方

面的研究成果.

利用计算软件,易得到斐波那契数列的前 24 项:

1, 1, 2, 3, 5, 8, 13, 21, 34, 55, 89, 144,

233, 377, 610, 987, 1 597, 2 584, 4 181,

6 765, 10 946, 17 711, 28 657, 46 368, …

其散点图见右图.

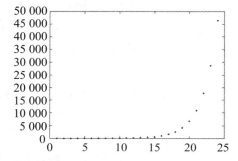

有趣的是,这样一个完全是自然数的数列,通项公式却是用无理数来表达的,即

$$F_n = \frac{1}{\sqrt{5}} \left[ \left( \frac{1+\sqrt{5}}{2} \right)^n - \left( \frac{1-\sqrt{5}}{2} \right)^n \right].$$

斐波那契数列又称为黄金分割数列,当 $n$ 趋向于无穷大时,该数列的前一项与后一项的比值越来越逼近**黄金分割**比值 0.618 (详见教材配套的网络学习空间).

**实验 1.9**　观察数列 $x_1 = \sqrt{2}$, $x_n = \sqrt{2 + x_{n-1}}$ 的极限.

利用计算软件,作出其前 10 项的散点图 (见下图),从图中可以看出,当 $n$ 增大时,该数列越来越接近于 2.

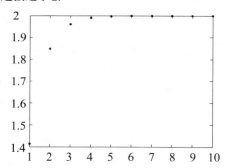

| $n$ | $x_n$ | $n$ | $x_n$ |
|---|---|---|---|
| 1 | 1.414 213 562 | 9 | 1.999 990 588 |
| 2 | 1.847 759 065 | 10 | 1.999 997 647 |
| 3 | 1.961 570 561 | 11 | 1.999 999 412 |
| 4 | 1.990 369 453 | 12 | 1.999 999 853 |
| 5 | 1.997 590 912 | 13 | 1.999 999 963 |
| 6 | 1.999 397 637 | 14 | 1.999 999 991 |
| 7 | 1.999 849 404 | 15 | 1.999 999 998 |
| 8 | 1.999 962 351 | 16 | 1.999 999 999 |

借助于软件进一步计算,可见当 $n$ 越大时,$x_n$ 越来越接近 2,由此可初步判断,该数列的极限为 2. 事实上,在教材 §1.7 的例 5 中,我们证明了 $\lim\limits_{n \to \infty} x_n = 2$.

# 习题 1-3

1. 观察一般项 $x_n$ 如下的数列 $\{x_n\}$ 的变化趋势,写出它们的极限:

(1) $x_n = \dfrac{1}{3^n}$;　　(2) $x_n = (-1)^n \dfrac{1}{n}$;　　(3) $x_n = 2 + \dfrac{1}{n^3}$;　　(4) $x_n = \dfrac{n-2}{n+2}$;　　(5) $x_n = (-1)^n n$.

2. 利用数列极限的定义证明:

(1) $\lim\limits_{n \to \infty} \dfrac{1}{n^k} = 0$ ( $k$ 为正常数);　　(2) $\lim\limits_{n \to \infty} \dfrac{3n+1}{4n-1} = \dfrac{3}{4}$;　　(3) $\lim\limits_{n \to \infty} \dfrac{n+2}{n^2-2} \sin n = 0$.

3. 设数列 $\{x_n\}$ 的一般项为 $x_n = \dfrac{1}{n}\cos\dfrac{n\pi}{2}$. 问 $\lim\limits_{n\to\infty} x_n = ?$ 求出 $N$, 使当 $n > N$ 时, $x_n$ 与其极限之差的绝对值小于正数 $\varepsilon$. 当 $\varepsilon = 0.001$ 时, 求出数 $N$.

4. 设 $a_n = \left(1 + \dfrac{1}{n}\right)\sin\dfrac{n\pi}{2}$, 证明数列 $\{a_n\}$ 没有极限.

5. 设数列 $\{x_n\}$ 有界, 又 $\lim\limits_{n\to\infty} y_n = 0$, 证明: $\lim\limits_{n\to\infty} x_n y_n = 0$.

6. 对于数列 $\{x_n\}$, 若 $\lim\limits_{k\to\infty} x_{2k-1} = a$, $\lim\limits_{k\to\infty} x_{2k} = a$, 证明: $\lim\limits_{n\to\infty} x_n = a$.

# §1.4　函数的极限

数列可看作自变量为正整数 $n$ 的函数: $x_n = f(n)$, 数列 $\{x_n\}$ 的极限为 $a$, 即当自变量 $n$ 取正整数且无限增大 ($n \to \infty$) 时, 对应的函数值 $f(n)$ 无限接近数 $a$. 若将数列极限概念中自变量 $n$ 和函数值 $f(n)$ 的特殊性撇开, 可以由此引出函数极限的一般概念: 在自变量 $x$ 的某个变化过程中, 如果对应的函数值 $f(x)$ 无限接近于某个确定的数 $A$, 则 $A$ 就称为 $x$ 在该变化过程中函数 $f(x)$ 的极限. 显然, 极限 $A$ 是与自变量 $x$ 的变化过程紧密相关的. 自变量的变化过程不同, 函数的极限就有不同的表现形式. 本节分下列两种情况来讨论:

(1) 自变量趋于无穷大时函数的极限;

(2) 自变量趋于有限值时函数的极限.

## 一、自变量趋向无穷大时函数的极限

观察函数 $f(x) = \dfrac{\sin x}{x}$ 当 $x \to \infty$ 时的变化趋势 (见图 1-4-1), 易见, 当 $|x|$ 越来越大时, $f(x)$ 就越来越接近于 0. 事实上, 由

图 1-4-1

$$\left| f(x) - 0 \right| = \left| \frac{\sin x}{x} \right| \le \left| \frac{1}{x} \right|$$

可见, 只要 $|x|$ 足够大, $\left| \dfrac{1}{x} \right|$ (从而 $\dfrac{\sin x}{x}$) 就可以小于任意给定的正数, 或者说, 当 $|x|$ 无限增大时, $\dfrac{\sin x}{x}$ 就无限接近于 0.

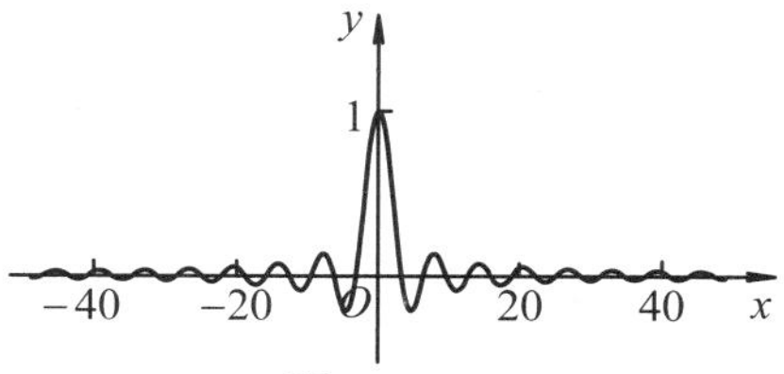

函数图形实验

**定义1**　设当 $|x|$ 大于某一正数时函数 $f(x)$ 有定义. 如果对于任意给定的正数 $\varepsilon$ (不论它多么小), 总存在着正数 $X$, 使得对于满足不等式 $|x| > X$ 的一切 $x$, 总有

$$|f(x) - A| < \varepsilon,$$

则称常数 $A$ 为**函数 $f(x)$ 当 $x \to \infty$ 时的极限**，记作

$$\lim_{x \to \infty} f(x) = A \text{ 或 } f(x) \to A \, (x \to \infty).$$

**注**：定义中 $\varepsilon$ 刻画了 $f(x)$ 与 $A$ 的接近程度，$X$ 刻画了 $|x|$ 充分大的程度，$X$ 是随 $\varepsilon$ 而确定的.

$\lim\limits_{x \to \infty} f(x) = A$ 的几何意义：作直线

$$y = A - \varepsilon \text{ 和 } y = A + \varepsilon,$$

则总存在一个正数 $X$，使得当 $|x| > X$ 时，函数 $y = f(x)$ 的图形位于这两条直线之间（见图 1-4-2）.

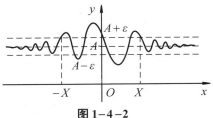

图 1-4-2

如果 $x > 0$ 且无限增大（记作 $x \to +\infty$），那么只要把定义 1 中的 $|x| > X$ 改为 $x > X$，就得到 $\lim\limits_{x \to +\infty} f(x) = A$ 的定义. 同样，$x < 0$ 而 $|x|$ 无限增大（记作 $x \to -\infty$），那么只要把定义 1 中的 $|x| > X$ 改为 $x < -X$，就得到 $\lim\limits_{x \to -\infty} f(x) = A$ 的定义.

极限 $\lim\limits_{x \to +\infty} f(x) = A$ 与 $\lim\limits_{x \to -\infty} f(x) = A$ 称为**单侧极限**.

**定理 1**　$\lim\limits_{x \to \infty} f(x) = A$ 的充要条件是 $\lim\limits_{x \to +\infty} f(x) = \lim\limits_{x \to -\infty} f(x) = A$.

**证明**　（请读者自证）.

**例 1**　用极限定义证明 $\lim\limits_{x \to \infty} \dfrac{\sin x}{x} = 0$.

**证明**　因为

$$\left| \frac{\sin x}{x} - 0 \right| = \left| \frac{\sin x}{x} \right| \leq \frac{1}{|x|},$$

于是，对于任意给定的 $\varepsilon > 0$，可取 $X = \dfrac{1}{\varepsilon}$，则当 $|x| > X$ 时，恒有

$$\left| \frac{\sin x}{x} - 0 \right| < \varepsilon,$$

故　$\lim\limits_{x \to \infty} \dfrac{\sin x}{x} = 0$. ■

**例 2**　用极限定义证明 $\lim\limits_{x \to +\infty} \left( \dfrac{1}{2} \right)^x = 0$.

**证明**　对于任意给定的 $\varepsilon > 0$，要使

$$\left| \left( \frac{1}{2} \right)^x - 0 \right| = \left( \frac{1}{2} \right)^x < \varepsilon,$$

只要 $2^x > \dfrac{1}{\varepsilon}$，即 $x > \dfrac{\ln \dfrac{1}{\varepsilon}}{\ln 2}$（不妨设 $\varepsilon < 1$）即可. 因此，对于任意给定的 $\varepsilon > 0$，取 $X = \dfrac{\ln \dfrac{1}{\varepsilon}}{\ln 2}$，则当 $x > X$ 时，$\left| \left( \dfrac{1}{2} \right)^x - 0 \right| < \varepsilon$ 恒成立. 所以

$$\lim_{x \to +\infty} \left(\frac{1}{2}\right)^x = 0.$$

**注**: 同理可证: 当 $0 < q < 1$ 时, $\lim\limits_{x \to +\infty} q^x = 0$; 当 $q > 1$ 时, $\lim\limits_{x \to -\infty} q^x = 0$.

**\*数学实验**

**实验1.10** 试用计算软件完成下列各题:

(1) 观察函数 $f(x) = \dfrac{1}{x^2}\sin x$ 当 $x \to +\infty$ 时的变化趋势.

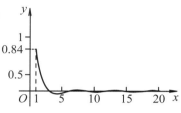

利用计算软件, 先在一个较小的区间 [1, 20] 作出函数 $f(x)$ 的图形 (见右图), 从图中可以看出, 随着 $x$ 的增大, $f(x)$ 的图形逐渐趋于 0, 逐次取更大的区间作出 $f(x)$ 的图形, 可以更有力地说明这一趋势. 事实上, 可利用极限的定义参照例 1 的方法证明:

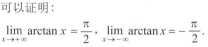

$$\lim_{x \to \infty} \frac{1}{x^2}\sin x = 0.$$

(2) 研究极限 $\lim\limits_{x \to \infty} \arctan x$.

利用计算软件, 在区间 $[-50, 50]$ 上作出 $\arctan x$ 的图形 (见右图), 从图中可以看出, 当沿 $x$ 轴正向增大时, 函数 $\arctan x$ 逐渐趋于 $\dfrac{\pi}{2}$; 当沿 $x$ 轴负向增大时, 函数 $\arctan x$ 逐渐趋于 $-\dfrac{\pi}{2}$. 事实上, 根据反正切函数的性质和函数极限的定义, 可以证明:

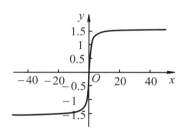

$$\lim_{x \to +\infty} \arctan x = \frac{\pi}{2}, \quad \lim_{x \to -\infty} \arctan x = -\frac{\pi}{2}.$$

详见教材配套的网络学习空间.

## 二、自变量趋向有限值时函数的极限

现在研究自变量 $x$ 趋于有限值 $x_0$ (即 $x \to x_0$) 时, 函数 $f(x)$ 的变化趋势.

在 $x \to x_0$ 的过程中, 对应的函数值 $f(x)$ 无限接近 $A$, 可用

$$|f(x) - A| < \varepsilon \text{ (这里 } \varepsilon \text{ 是任意给定的正数)}$$

来表达. 又因为函数值 $f(x)$ 无限接近 $A$ 是在 $x \to x_0$ 的过程中实现的, 所以对于任意给定的 $\varepsilon$, 只要求充分接近 $x_0$ 的 $x$ 的函数值 $f(x)$ 满足不等式 $|f(x) - A| < \varepsilon$, 而充分接近 $x_0$ 的 $x$ 可表达为

$$0 < |x - x_0| < \delta \text{ (这里 } \delta \text{ 为某个正数).}$$

根据上述分析, 可给出当 $x \to x_0$ 时函数极限的定义.

**定义2** 设函数 $f(x)$ 在点 $x_0$ 的某一去心邻域内有定义. 若对于任意给定的正数 $\varepsilon$ (不论它多么小), 总存在正数 $\delta$, 使得对于满足不等式 $0 < |x - x_0| < \delta$ 的一切 $x$, 恒有

$$|f(x) - A| < \varepsilon,$$

则称常数 $A$ 为函数 $f(x)$ 当 $x \to x_0$ 时的极限. 记作

$$\lim_{x \to x_0} f(x) = A \text{ 或 } f(x) \to A \ (x \to x_0).$$

**注**: (1) 函数极限与 $f(x)$ 在点 $x_0$ 处是否有定义无关;

　　(2) $\delta$ 与任意给定的正数 $\varepsilon$ 有关.

$\lim\limits_{x \to x_0} f(x) = A$ 的几何解释: 任意给定

一正数 $\varepsilon$, 作平行于 $x$ 轴的两条直线 $y = A + \varepsilon$ 和 $y = A - \varepsilon$. 根据定义, 对于给定的 $\varepsilon$, 存在点 $x_0$ 的一个 $\delta$ 去心邻域

$$0 < |x - x_0| < \delta,$$

当 $y = f(x)$ 的图形上的点的横坐标 $x$ 落在

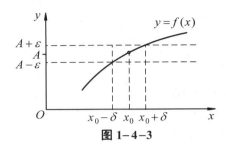

图 1-4-3

该邻域内时, 这些点对应的纵坐标落在带形区域 $A - \varepsilon < f(x) < A + \varepsilon$ 内(见图1-4-3).

**例3**　设 $y = 2x - 1$, 问当 $|x - 4| < \delta$ 中的 $\delta$ 等于多少时, 有 $|y - 7| < 0.1$?

**解**　欲使 $|y - 7| < 0.1$, 即

$$|y - 7| = |(2x - 1) - 7| = |2x - 8|$$
$$= 2|x - 4| < 0.1,$$

从而　　　　$|x - 4| < \dfrac{0.1}{2} = 0.05,$

即当 $|x - 4| < \delta$ 中的 $\delta = 0.05$ 时,

$$|y - 7| < 0.1 \text{ (见图1-4-4)}.$$

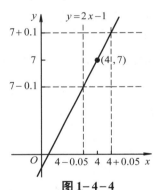

图 1-4-4

类似于数列极限的 $\varepsilon - N$ 论证法, 我们可以给出证明函数极限的 $\varepsilon - \delta$ **论证法**:

(1) 对于任意给定的正数 $\varepsilon$;

(2) 由 $0 < |x - x_0| < \delta$ 开始分析倒推, 推出 $\delta < \varphi(\varepsilon)$;

(3) 取定 $\delta \leqslant \varphi(\varepsilon)$, 再用 $\varepsilon - \delta$ 语言顺述结论.

**例4**　利用定义证明 $\lim\limits_{x \to x_0} C = C$ ($C$ 为常数).

**证明**　对于任意给定的 $\varepsilon > 0$, 不等式

$$|f(x) - C| = |C - C| \equiv 0 < \varepsilon$$

对任意 $x$ 都成立, 故可取 $\delta$ 为任意正数, 当 $0 < |x - x_0| < \delta$ 时, 必有

$$|C - C| < \varepsilon,$$

所以　$\lim\limits_{x \to x_0} C = C$.

**例5**　利用定义证明 $\lim\limits_{x \to 1} \dfrac{x^2 - 1}{x - 1} = 2$.

**证明** 函数在点 $x=1$ 处没有定义, 又因为

$$|f(x)-A|=\left|\frac{x^2-1}{x-1}-2\right|=|x-1|,$$

故对于任意给定的 $\varepsilon>0$, 要使 $|f(x)-A|<\varepsilon$, 只需取 $\delta=\varepsilon$, 当 $0<|x-1|<\delta$ 时, 就有

$$\left|\frac{x^2-1}{x-1}-2\right|<\varepsilon,$$

从而 $\quad\lim\limits_{x\to1}\dfrac{x^2-1}{x-1}=2.$

**例6** 证明: 当 $x_0>0$ 时, $\lim\limits_{x\to x_0}\sqrt{x}=\sqrt{x_0}$.

**证明** 因为

$$|f(x)-A|=|\sqrt{x}-\sqrt{x_0}|=\left|\frac{x-x_0}{\sqrt{x}+\sqrt{x_0}}\right|\le\frac{|x-x_0|}{\sqrt{x_0}},$$

故对于任意给定的 $\varepsilon>0$, 要使 $|f(x)-A|<\varepsilon$, 只要 $|x-x_0|<\sqrt{x_0}\,\varepsilon$ 且 $x>0$, 取 $\delta=\min\{x_0,\sqrt{x_0}\,\varepsilon\}$, 则当 $0<|x-x_0|<\delta$ 时, 就有

$$\left|\sqrt{x}-\sqrt{x_0}\right|<\varepsilon,$$

所以 $\quad\lim\limits_{x\to x_0}\sqrt{x}=\sqrt{x_0}.$

## 三、左、右极限

当自变量 $x$ 从 $x_0$ 的左侧(或右侧)趋于 $x_0$ 时, 函数 $f(x)$ 趋于常数 $A$, 则称 $A$ 为 $f(x)$ 在点 $x_0$ 处的**左极限**(或**右极限**), 记为

$$\lim\limits_{x\to x_0^-}f(x)=A\ (或\ \lim\limits_{x\to x_0^+}f(x)=A),$$

有时也记为

$$\lim\limits_{x\to x_0-0}f(x)=A\ (或\ \lim\limits_{x\to x_0+0}f(x)=A);\ f(x_0-0)=A\ (或\ f(x_0+0)=A).$$

**注**: 注意到有等式

$$\{x\,|\,0<|x-x_0|<\delta\}=\{x\,|\,0<x-x_0<\delta\}\bigcup\{x\,|-\delta<x-x_0<0\},$$

易给出左、右极限的分析定义(留给读者自己给出).

图 1-4-5 和图 1-4-6 中给出了左极限和右极限的示意图.

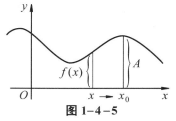

图 1-4-5

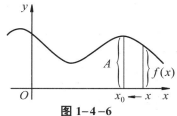

图 1-4-6

直接从定义出发, 容易证明下列定理:

**定理 2**  $\lim\limits_{x \to x_0} f(x) = A$ 的充分必要条件为

$$\lim_{x \to x_0^-} f(x) = \lim_{x \to x_0^+} f(x) = A.$$

**例 7**  设 $f(x) = \begin{cases} x, & x \geq 0 \\ -x+1, & x < 0 \end{cases}$, 求 $\lim\limits_{x \to 0} f(x)$.

**解**  因为

$$\lim_{x \to 0^-} f(x) = \lim_{x \to 0^-} (-x+1) = 1,$$

$$\lim_{x \to 0^+} f(x) = \lim_{x \to 0^+} x = 0.$$

即有

$$\lim_{x \to 0^-} f(x) \neq \lim_{x \to 0^+} f(x),$$

所以 $\lim\limits_{x \to 0} f(x)$ 不存在 (见图 1 - 4 - 7). ■

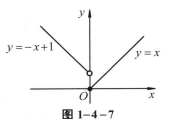

图 1 - 4 - 7

**例 8**  设 $f(x) = \dfrac{1 - a^{1/x}}{1 + a^{1/x}}$ $(a > 1)$, 求 $\lim\limits_{x \to 0^-} f(x)$, $\lim\limits_{x \to 0^+} f(x)$.

**解**  $f(x)$ 在点 $x = 0$ 处没有定义, 注意到:

当 $x \to 0^-$ 时, $\dfrac{1}{x} \to -\infty$, 即

$$a^{1/x} \to 0,$$

函数图形实验

所以

$$\lim_{x \to 0^-} f(x) = \lim_{x \to 0^-} \frac{1 - a^{1/x}}{1 + a^{1/x}} = 1.$$

当 $x \to 0^+$ 时, $-\dfrac{1}{x} \to -\infty$, 即

$$a^{-1/x} \to 0,$$

所以

$$\lim_{x \to 0^+} f(x) = \lim_{x \to 0^+} \frac{1 - a^{1/x}}{1 + a^{1/x}} = \lim_{x \to 0^+} \frac{a^{-1/x} - 1}{a^{-1/x} + 1} = -1.$$

如图 1 - 4 - 8 所示. ■

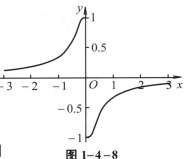

图 1 - 4 - 8

## 四、函数极限的性质

利用函数极限的定义, 采用与数列极限相应性质的证明中类似的方法, 可得函数极限的一些相应性质. 下面仅以 $x \to x_0$ 的极限形式为代表给出这些性质, 至于其他形式的极限的性质, 只需作些修改即可得到.

**性质 1 (唯一性)**  若 $\lim\limits_{x \to x_0} f(x)$ 存在, 则其极限是唯一的.

**性质 2 (有界性)**  若 $\lim\limits_{x \to x_0} f(x) = A$, 则存在常数 $M > 0$ 和 $\delta > 0$, 使得当 $0 < |x -$

$x_0 | < \delta$ 时, 有 $| f(x) | \leq M$.

**性质 3 (保号性)** 若 $\lim\limits_{x \to x_0} f(x) = A$, 且 $A > 0$ (或 $A < 0$), 则存在常数 $\delta > 0$, 使得当 $0 < | x - x_0 | < \delta$ 时, 有 $f(x) > 0$ (或 $f(x) < 0$).

**推论 1** 若 $\lim\limits_{x \to x_0} f(x) = A$, 且在 $x_0$ 的某去心邻域内 $f(x) \geq 0$ (或 $f(x) \leq 0$), 则 $A \geq 0$ (或 $A \leq 0$).

## 五、子序列的收敛性

**定义 3** 设在过程 $x \to a$ ($a$ 可以是 $x_0$, $x_0^+$ 或 $x_0^-$) 中有数列 $\{x_n\}$ ($x_n \neq a$), 使得 $n \to \infty$ 时 $x_n \to a$, 则称数列 $\{f(x_n)\}$ 为函数 $f(x)$ 当 $x \to a$ 时的**子序列**.

**定理 3** 若 $\lim\limits_{x \to x_0} f(x) = A$, 数列 $\{f(x_n)\}$ 是 $f(x)$ 当 $x \to x_0$ 时的一个子序列, 则有

$$\lim\limits_{n \to \infty} f(x_n) = A.$$

**证明** 因 $\lim\limits_{x \to x_0} f(x) = A$, 故对于任意 $\varepsilon > 0$, 存在 $\delta > 0$, 使得当 $0 < | x - x_0 | < \delta$ 时, 恒有

$$| f(x) - A | < \varepsilon.$$

又因为 $\lim\limits_{n \to \infty} x_n = x_0$ 且 $x_n \neq x_0$, 所以对于上述 $\delta > 0$, 存在 $N > 0$, 使得当 $n > N$ 时, 恒有 $0 < | x_n - x_0 | < \delta$. 从而有

$$| f(x_n) - A | < \varepsilon,$$

故 $\lim\limits_{n \to \infty} f(x_n) = A$. ■

**定理 4** 函数极限存在的充要条件是它的任何子序列的极限都存在且相等.

例如, 设 $\lim\limits_{x \to 0} \dfrac{\sin x}{x} = 1$, 则

$$\lim\limits_{n \to \infty} n \sin \frac{1}{n} = \lim\limits_{n \to \infty} \frac{\sin \dfrac{1}{n}}{\dfrac{1}{n}} = 1,$$

$$\lim\limits_{n \to \infty} \sqrt{n} \sin \frac{1}{\sqrt{n}} = \lim\limits_{n \to \infty} \frac{\sin \dfrac{1}{\sqrt{n}}}{\dfrac{1}{\sqrt{n}}} = 1,$$

$$\lim\limits_{n \to \infty} \frac{n^2}{n+1} \sin \frac{n+1}{n^2} = \lim\limits_{n \to \infty} \frac{\sin \dfrac{n+1}{n^2}}{\dfrac{n+1}{n^2}} = 1.$$

**例 9** 证明 $\lim\limits_{x \to 0} \sin \dfrac{1}{x}$ 不存在.

**证明** 取 $\{x_n\} = \left\{\dfrac{1}{n\pi}\right\}$, $\{x_n'\} = \left\{\dfrac{1}{\dfrac{4n+1}{2}\pi}\right\}$, 则

$$\lim_{n\to\infty} x_n = 0 \text{ 且 } x_n \neq 0, \quad \lim_{n\to\infty} x_n' = 0 \text{ 且 } x_n' \neq 0,$$

而　　　$\lim_{n\to\infty} \sin\dfrac{1}{x_n} = \lim_{n\to\infty} \sin n\pi = 0$,

$$\lim_{n\to\infty} \sin\frac{1}{x_n'} = \lim_{n\to\infty} \sin\frac{4n+1}{2}\pi$$

$$= \lim_{n\to\infty} 1 = 1.$$

二者不相等, 故 $\lim_{x\to 0} \sin\dfrac{1}{x}$ 不存在, 如图 $1-4-9$

所示, 函数 $\sin\dfrac{1}{x}$ 在 $x = 0$ 附近是来回振荡的. ∎

函数图形实验

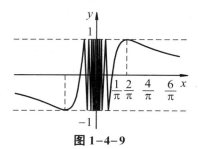
**图 $1-4-9$**

## 习题　1-4

1. 观察如图所示的函数, 求下列极限. 若极限不存在, 说明理由.

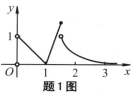
题 1 图

(1) $\lim_{x\to 2} f(x)$;　　　　　　(2) $\lim_{x\to 0^+} f(x)$;

(3) $\lim_{x\to 3^-} f(x)$;　　　　　　(4) $\lim_{x\to 3^+} f(x)$.

2. 在某极限过程中, 若 $f(x)$ 有极限, $g(x)$ 无极限, 试判断: $f(x)g(x)$ 是否必无极限. 若是, 请说明理由; 若不是, 请举反例说明之.

3. 当 $x\to 2$ 时, $y = x^2 \to 4$. 问 $\delta$ 等于多少可使当 $|x-2| < \delta$ 时, $|y-4| < 0.001$?

4. 设函数 $y = \dfrac{x^2-1}{x-1}$, 问当 $|x-1| < \delta$ 中的 $\delta$ 等于多少时, 有 $|y-2| < 0.5$?

5. 用函数极限的定义证明:

(1) $\lim_{x\to\infty} \dfrac{2x+3}{3x} = \dfrac{2}{3}$;　　　　　　(2) $\lim_{x\to+\infty} \dfrac{\sin x}{\sqrt{x}} = 0$;

(3) $\lim_{x\to 2} \dfrac{1}{x-1} = 1$;　　　　　　(4) $\lim_{x\to 1} \dfrac{x^2-1}{x^2-x} = 2$.

6. 求 $f(x) = \lim\limits_{n\to+\infty} \dfrac{nx}{nx^2+2}$.

7. 讨论函数 $f(x) = \dfrac{|x|}{x}$ 当 $x\to 0$ 时的极限.

8. 证明: 如果函数 $f(x)$ 当 $x\to x_0$ 时的极限存在, 则函数 $f(x)$ 在 $x_0$ 的某个去心邻域内有界.

9. 研究极限 $\lim\limits_{x\to\infty} \dfrac{\sqrt{x^2+x+1}}{x-1}$.

# §1.5 无穷小与无穷大

> 没有任何问题可以像无穷那样深深地触动人的情感,很少有别的观念能像无穷那样激励理智产生富有成果的思想,然而也没有任何其他概念能像无穷那样需要加以阐明.

—— **戴维·希尔伯特**[①]

## 一、无穷小

对无穷小的认识问题,可以追溯到古希腊,那时,阿基米德[②]就曾用无限小量方法得到许多重要的数学结果,但他认为无限小量方法存在着不合理的地方. 直到1821年,柯西在他的《分析教程》中才对无限小(即这里所说的无穷小)这一概念给出了明确的回答. 而有关无穷小的理论就是在柯西的理论基础上发展起来的.

**定义 1** 极限为零的变量(函数)称为**无穷小**.

例如,

(1) $\lim\limits_{x \to 0} \sin x = 0$,所以函数 $\sin x$ 是当 $x \to 0$ 时的无穷小;

(2) $\lim\limits_{x \to \infty} \dfrac{1}{x} = 0$,所以函数 $\dfrac{1}{x}$ 是当 $x \to \infty$ 时的无穷小;

(3) $\lim\limits_{n \to \infty} \dfrac{(-1)^n}{n} = 0$,所以函数 $\dfrac{(-1)^n}{n}$ 是当 $n \to \infty$ 时的无穷小.

**注**:(1) 根据定义,无穷小本质上是这样一个变量(函数):在某过程(如 $x \to x_0$ 或 $x \to \infty$)中,该变量的绝对值能小于任意给定的正数 $\varepsilon$. 无穷小不能与很小的数(如千万分之一)混淆. 但零是可以作为无穷小的唯一常数.

(2) 无穷小是相对于 $x$ 的某个变化过程而言的. 例如,当 $x \to \infty$ 时,$\dfrac{1}{x}$ 是无穷小;当 $x \to 2$ 时,$\dfrac{1}{x}$ 不是无穷小.

**定理 1** $\lim\limits_{x \to x_0} f(x) = A$ 的充分必要条件是

$$f(x) = A + \alpha,$$

其中 $\alpha$ 是当 $x \to x_0$ 时的无穷小.

**证明 必要性** 设 $\lim\limits_{x \to x_0} f(x) = A$,则对于任意给定的 $\varepsilon > 0$,存在 $\delta > 0$,使得当 $0 < |x - x_0| < \delta$ 时,恒有

---

[①] 希尔伯特 (D. Hilbert,1862 — 1943),德国数学家.

[②] 阿基米德 (Archimedes,287 BC — 212 BC),古希腊数学家.

$$|f(x) - A| < \varepsilon,$$

令 $\alpha = f(x) - A$，则 $\alpha$ 是当 $x \to x_0$ 时的无穷小，且

$$f(x) = A + \alpha.$$

**充分性**　设 $f(x) = A + \alpha$，其中 $A$ 为常数，$\alpha$ 是当 $x \to x_0$ 时的无穷小，于是

$$|f(x) - A| = |\alpha|.$$

因为 $\alpha$ 是当 $x \to x_0$ 时的无穷小，故对于任意给定的 $\varepsilon > 0$，存在 $\delta > 0$，使得当 $0 < |x - x_0| < \delta$ 时，恒有 $|\alpha| < \varepsilon$，即

$$|f(x) - A| < \varepsilon,$$

从而 $\lim\limits_{x \to x_0} f(x) = A$.　■

**注**：定理1对于 $x \to \infty$ 等其他情形也成立 (读者自证).

定理1的结论在今后的学习中有重要的应用，尤其是在理论推导或证明中. 它将函数的极限运算问题转化为常数与无穷小的代数运算问题.

## 二、无穷小的运算性质

在下面讨论无穷小的性质时，我们仅证明 $x \to x_0$ 时函数为无穷小的情形，至于 $x \to \infty$ 等其他情形，证明完全类似.

**定理2**　有限个无穷小的代数和仍是无穷小.

**证明**　只证两个无穷小的和的情形即可. 设 $\alpha$ 及 $\beta$ 是当 $x \to x_0$ 时的两个无穷小，则对于任意给定的 $\varepsilon > 0$，一方面，存在 $\delta_1 > 0$，使得当 $0 < |x - x_0| < \delta_1$ 时，恒有

$$|\alpha| < \varepsilon / 2,$$

另一方面，存在 $\delta_2 > 0$，使得当 $0 < |x - x_0| < \delta_2$ 时，恒有

$$|\beta| < \varepsilon / 2,$$

取 $\delta = \min\{\delta_1, \delta_2\}$，则当 $0 < |x - x_0| < \delta$ 时，恒有

$$|\alpha \pm \beta| < |\alpha| + |\beta| < \frac{\varepsilon}{2} + \frac{\varepsilon}{2} = \varepsilon,$$

所以 $\lim\limits_{x \to x_0} (\alpha \pm \beta) = 0$，即 $\alpha \pm \beta$ 是 $x \to x_0$ 时的无穷小.

**注**：无穷多个无穷小的代数和未必是无穷小.

例如，$n \to \infty$ 时，$\dfrac{1}{n}$ 是无穷小，但

$$\lim_{n \to \infty} \left( \overbrace{\frac{1}{n} + \frac{1}{n} + \cdots + \frac{1}{n}}^{n \text{个}} \right) = 1,$$

即当 $n \to \infty$ 时，$\overbrace{\dfrac{1}{n} + \dfrac{1}{n} + \cdots + \dfrac{1}{n}}^{n \text{个}}$ 不是无穷小.

**定理 3**  有界函数与无穷小的乘积是无穷小.

**证明**  设函数 $u$ 在 $0 < |x - x_0| < \delta_1$ 内有界，则存在 $M > 0$，使得当 $0 < |x - x_0| < \delta_1$ 时，恒有 $|u| \leq M$.

再设 $\alpha$ 是当 $x \to x_0$ 时的无穷小，则对于任意给定的 $\varepsilon > 0$，存在 $\delta_2 > 0$，使得当 $0 < |x - x_0| < \delta_2$ 时，恒有 $|\alpha| < \dfrac{\varepsilon}{M}$.

取 $\delta = \min\{\delta_1, \delta_2\}$，则当 $0 < |x - x_0| < \delta$ 时，恒有

$$|u \cdot \alpha| = |u| \cdot |\alpha| < M \cdot \frac{\varepsilon}{M} = \varepsilon,$$

所以当 $x \to x_0$ 时，$u \cdot \alpha$ 为无穷小.   ■

**推论 1**  常数与无穷小的乘积是无穷小.

**推论 2**  有限个无穷小的乘积也是无穷小.

**例 1**  求 $\lim\limits_{x \to \infty} \dfrac{\sin x}{x}$.

**解**  因为

$$\lim_{x \to \infty} \frac{\sin x}{x} = \lim_{x \to \infty} \frac{1}{x} \cdot \sin x,$$

当 $x \to \infty$ 时，$\dfrac{1}{x}$ 是无穷小，$\sin x$ 是有界量 $(|\sin x| \leq 1)$，故

$$\lim_{x \to \infty} \frac{\sin x}{x} = 0.$$   ■

## 三、无穷大

如果当 $x \to x_0$（或 $x \to \infty$）时，函数 $f(x)$ 的绝对值无限增大（即大于预先给定的任意正数），则称函数 $f(x)$ 为 $x \to x_0$（或 $x \to \infty$）时的**无穷大**.

**定义 2**  如果对于任意给定的正数 $M$（不论它多么大），总存在正数 $\delta$（或正数 $X$），使得满足不等式 $0 < |x - x_0| < \delta$（或 $|x| > X$）的一切 $x$ 所对应的函数值 $f(x)$ 都满足不等式

$$|f(x)| > M,$$

则称函数 $f(x)$ 当 $x \to x_0$（或 $x \to \infty$）时为**无穷大**，记作

$$\lim_{x \to x_0} f(x) = \infty \quad (或 \lim_{x \to \infty} f(x) = \infty).$$

**注**：当 $x \to x_0$（或 $x \to \infty$）时为无穷大的函数 $f(x)$，按通常的意义来说，极限是不存在的. 但为了叙述函数这一性态的方便，我们也说"函数的极限是无穷大".

如果在无穷大的定义中，把 $|f(x)| > M$ 换为 $f(x) > M$（或 $f(x) < -M$），则称函数 $f(x)$ 当 $x \to x_0$（或 $x \to \infty$）时为**正无穷大**（或**负无穷大**），记为

$$\lim_{\substack{x \to x_0 \\ (x \to \infty)}} f(x) = +\infty \quad (或 \lim_{\substack{x \to x_0 \\ (x \to \infty)}} f(x) = -\infty).$$

**例2**　证明 $\lim\limits_{x \to 1} \dfrac{1}{x-1} = \infty$.

**证明**　对于任意给定的 $M > 0$, 要使

$$\left| \frac{1}{x-1} \right| > M,$$

只需 $|x-1| < \dfrac{1}{M}$, 所以, 取 $\delta = \dfrac{1}{M}$, 则当 $0 < |x-1| < \delta = \dfrac{1}{M}$ 时, 就有 $\left| \dfrac{1}{x-1} \right| > M$. 即

$$\lim_{x \to 1} \frac{1}{x-1} = \infty.$$

■

**注**：无穷大一定是无界变量. 反之, 无界变量不一定是无穷大.

**例3**　当 $x \to 0$ 时, $y = \dfrac{1}{x} \sin \dfrac{1}{x}$ 是一个无界变量, 但不是无穷大.

**解**　取 $x \to 0$ 的两个子数列：

$$x_k' = \frac{1}{2k\pi + \pi/2}, \quad x_k'' = \frac{1}{2k\pi} \quad (k = 1, 2, \cdots).$$

则　　$x_k' \to 0 \ (k \to \infty)$, $x_k'' \to 0 \ (k \to \infty)$, 且 $y(x_k') = 2k\pi + \dfrac{\pi}{2} \ (k = 1, 2, \cdots)$.

故对于任意的 $M > 0$, 都存在 $K > 0$, 使 $y(x_K') > M$, 即 $y$ 是无界的; 但

$$y(x_k'') = 2k\pi \sin 2k\pi = 0 \quad (k = 0, 1, 2, \cdots).$$

故 $y$ 不是无穷大.

■

## 四、无穷小与无穷大的关系

**定理4**　在自变量的同一变化过程中, 无穷大的倒数为无穷小; 恒不为零的无穷小的倒数为无穷大.

**证明**　设 $\lim\limits_{x \to x_0} f(x) = \infty$, 则对于任意给定的 $\varepsilon > 0$, 存在 $\delta > 0$, 使得当 $0 < |x - x_0| < \delta$ 时, 恒有

$$|f(x)| > \frac{1}{\varepsilon}, \quad 即 \left| \frac{1}{f(x)} \right| < \varepsilon.$$

所以当 $x \to x_0$ 时, $\dfrac{1}{f(x)}$ 为无穷小.

反之, 设 $\lim\limits_{x \to x_0} f(x) = 0$, 且 $f(x) \neq 0$, 则对于任意给定的 $M > 0$, 存在 $\delta > 0$, 当 $0 < |x - x_0| < \delta$ 时, 恒有

$$|f(x)| < \frac{1}{M}, \quad 即 \left| \frac{1}{f(x)} \right| > M.$$

所以当 $x \to x_0$ 时, $\dfrac{1}{f(x)}$ 为无穷大.

■

根据这个定理, 我们可将无穷大的讨论归结为关于无穷小的讨论.

**例4**  求 $\lim\limits_{x\to\infty}\dfrac{x^4}{x^3+5}$.

**解**  因为

$$\lim_{x\to\infty}\frac{x^3+5}{x^4}=\lim_{x\to\infty}\left(\frac{1}{x}+\frac{5}{x^4}\right)=0,$$

于是, 根据无穷小与无穷大的关系有

$$\lim_{x\to\infty}\frac{x^4}{x^3+5}=\infty.$$

## 习题 1-5

1. 判断题:

(1) 非常小的数是无穷小;                                           (    )

(2) 零是无穷小;                                                   (    )

(3) 无穷小是一个函数;                                             (    )

(4) 两个无穷小的商是无穷小;                                       (    )

(5) 两个无穷大的和一定是无穷大.                                   (    )

2. 指出下列哪些是无穷小, 哪些是无穷大.

(1) $\dfrac{1+(-1)^n}{n}$ $(n\to\infty)$;　　　　(2) $\dfrac{\sin x}{1+\cos x}$ $(x\to0)$;　　　　(3) $\dfrac{x+1}{x^2-4}$ $(x\to2)$.

3. 根据定义证明: $y=x\sin\dfrac{1}{x}$ 为 $x\to0$ 时的无穷小.

4. 求下列极限并说明理由:

(1) $\lim\limits_{x\to\infty}\dfrac{3x+2}{x}$;　　　　(2) $\lim\limits_{x\to0}\dfrac{x^2-4}{x-2}$;　　　　(3) $\lim\limits_{x\to0}\dfrac{1}{1-\cos x}$.

5. 判断 $\lim\limits_{x\to\infty}e^{1/x}$ 是否存在. 若将极限过程改为 $x\to0$ 呢?

6. 函数 $y=x\cos x$ 在 $(-\infty,+\infty)$ 内是否有界? 当 $x\to+\infty$ 时, 函数是否为无穷大? 为什么?

7. 设 $x\to x_0$ 时, $g(x)$ 是有界量, $f(x)$ 是无穷大, 证明: $f(x)\pm g(x)$ 是无穷大.

8. 设 $x\to x_0$ 时, $|g(x)|\geq M$ ($M$ 是一个正的常数), $f(x)$ 是无穷大. 证明: $f(x)g(x)$ 是无穷大.

# §1.6  极限运算法则

本节要建立极限的四则运算法则和复合函数的极限运算法则. 在下面的讨论中, 记号 "lim" 下面没有表明自变量的变化过程, 是指对 $x\to x_0$ 和 $x\to\infty$ 以及单侧极限均成立. 但在论证时, 只证明了 $x \to x_0$ 的情形.

**定理 1**　设 $\lim f(x) = A$, $\lim g(x) = B$, 则

(1) $\lim[f(x) \pm g(x)] = A \pm B = \lim f(x) \pm \lim g(x)$;

(2) $\lim[f(x) \cdot g(x)] = A \cdot B = \lim f(x) \cdot \lim g(x)$;

(3) $\lim \dfrac{f(x)}{g(x)} = \dfrac{A}{B} = \dfrac{\lim f(x)}{\lim g(x)}$ $(B \neq 0)$.

**证明**　因为 $\lim f(x) = A$, $\lim g(x) = B$, 所以
$$f(x) = A + \alpha, \ g(x) = B + \beta \ (\alpha \to 0, \beta \to 0).$$

(1) 由无穷小的运算性质, 得
$$[f(x) \pm g(x)] - (A \pm B) = \alpha \pm \beta \to 0,$$
即 $\lim[f(x) \pm g(x)] = A \pm B$, 故 (1) 成立;

(2) 由无穷小的运算性质, 得
$$[f(x) \cdot g(x)] - (A \cdot B) = (A + \alpha)(B + \beta) - AB = (A\beta + B\alpha) + \alpha\beta \to 0,$$
即 $\lim[f(x) \cdot g(x)] = A \cdot B$, 故 (2) 成立;

(3) 由无穷小的运算性质, 得
$$\frac{f(x)}{g(x)} - \frac{A}{B} = \frac{A + \alpha}{B + \beta} - \frac{A}{B} = \frac{B\alpha - A\beta}{B(B + \beta)},$$
注意到 $B\alpha - A\beta \to 0$, 又因 $\beta \to 0$, $B \neq 0$, 于是存在某个时刻, 从该时刻起 $|\beta| < \dfrac{|B|}{2}$, 所以 $|B + \beta| \geq |B| - |\beta| > \dfrac{|B|}{2}$, 故 $\left| \dfrac{1}{B(B + \beta)} \right| < \dfrac{2}{B^2}$ (有界), 从而
$$\frac{f(x)}{g(x)} - \frac{A}{B} = \frac{B\alpha - A\beta}{B(B + \beta)} \to 0,$$
即 $\lim \dfrac{f(x)}{g(x)} = \dfrac{A}{B}$, 故 (3) 成立. ■

**注**: 法则 (1)、(2) 均可推广到有限个函数的情形. 例如, 若 $\lim f(x)$, $\lim g(x)$, $\lim h(x)$ 都存在, 则有
$$\lim[f(x) + g(x) - h(x)] = \lim f(x) + \lim g(x) - \lim h(x);$$
$$\lim[f(x)g(x)h(x)] = \lim f(x) \cdot \lim g(x) \cdot \lim h(x).$$

**推论 1**　如果 $\lim f(x)$ 存在, 而 $C$ 为常数, 则
$$\lim[Cf(x)] = C \lim f(x),$$
即常数因子可以移到极限符号外面.

**推论 2**　如果 $\lim f(x)$ 存在, 而 $n$ 是正整数, 则
$$\lim[f(x)]^n = [\lim f(x)]^n.$$

**注**: 上述定理给求极限带来了很大方便, 但应注意, 运用该定理的前提是被运算的各个变量的极限必须存在, 并且, 在除法运算中, 还要求分母的极限不为零.

**例1** 求 $\lim\limits_{x \to 2}(x^2 - 3x + 5)$.

**解**

$$\lim_{x \to 2}(x^2 - 3x + 5) = \lim_{x \to 2}x^2 - \lim_{x \to 2}3x + \lim_{x \to 2}5$$

$$= (\lim_{x \to 2}x)^2 - 3\lim_{x \to 2}x + \lim_{x \to 2}5 = 2^2 - 3 \cdot 2 + 5 = 3.$$

**例2** 求 $\lim\limits_{x \to 3}\dfrac{2x^2 - 9}{5x^2 - 7x - 2}$.

**解** 因为 $\lim\limits_{x \to 3}(5x^2 - 7x - 2) = 22 \neq 0$，所以

$$\lim_{x \to 3}\frac{2x^2 - 9}{5x^2 - 7x - 2} = \frac{\lim\limits_{x \to 3}(2x^2 - 9)}{\lim\limits_{x \to 3}(5x^2 - 7x - 2)} = \frac{2 \cdot 3^2 - 9}{5 \cdot 3^2 - 7 \cdot 3 - 2} = \frac{9}{22}.$$

**例3** 求 $\lim\limits_{x \to 1}\dfrac{4x - 1}{x^2 + 2x - 3}$.

**解** 因 $\lim\limits_{x \to 1}(x^2 + 2x - 3) = 0$，商的法则不能用．又 $\lim\limits_{x \to 1}(4x - 1) = 3 \neq 0$，故

$$\lim_{x \to 1}\frac{x^2 + 2x - 3}{4x - 1} = \frac{0}{3} = 0.$$

由无穷小与无穷大的关系，得

$$\lim_{x \to 1}\frac{4x - 1}{x^2 + 2x - 3} = \infty.$$

**例4** 求 $\lim\limits_{x \to 1}\dfrac{x^2 - 1}{x^2 + 2x - 3}$.

**解** 当 $x \to 1$ 时，分子和分母的极限都是零．此时应先约去不为零的无穷小因子 $(x - 1)$ 后再求极限．

$$\lim_{x \to 1}\frac{x^2 - 1}{x^2 + 2x - 3} = \lim_{x \to 1}\frac{(x + 1)(x - 1)}{(x + 3)(x - 1)} = \lim_{x \to 1}\frac{x + 1}{x + 3} = \frac{1}{2}.$$

**例5** 求 $\lim\limits_{x \to \infty}\dfrac{2x^3 + 3x^2 + 5}{7x^3 + 4x^2 - 1}$.

**解** 当 $x \to \infty$ 时，分子和分母的极限都是无穷大，此时可采用所谓的**无穷小因子分出法**，即以分母中自变量的最高次幂去除分子和分母，以分出无穷小，然后再用求极限的方法．对本例，先用 $x^3$ 去除分子和分母，分出无穷小，再求极限．

$$\lim_{x \to \infty}\frac{2x^3 + 3x^2 + 5}{7x^3 + 4x^2 - 1} = \lim_{x \to \infty}\frac{2 + \dfrac{3}{x} + \dfrac{5}{x^3}}{7 + \dfrac{4}{x} - \dfrac{1}{x^3}} = \frac{2}{7}.$$

**注:** 当 $a_0 \neq 0, b_0 \neq 0, m$ 和 $n$ 为非负整数时，有

$$\lim_{x \to \infty}\frac{a_0 x^m + a_1 x^{m-1} + \cdots + a_m}{b_0 x^n + b_1 x^{n-1} + \cdots + b_n} = \begin{cases} \dfrac{a_0}{b_0}, & n = m \\ 0, & n > m \\ \infty, & n < m \end{cases}.$$

**例6** 计算 $\lim\limits_{x\to\infty}\dfrac{\sqrt[3]{8x^3+6x^2+5x+1}}{3x-2}$.

**解**　$x\to\infty$ 时, 分子和分母均趋于 $\infty$, 可把分子和分母同时除以分母中自变量的最高次幂, 即得

$$\lim_{x\to\infty}\frac{\sqrt[3]{8x^3+6x^2+5x+1}}{3x-2}=\lim_{x\to\infty}\frac{\sqrt[3]{8+\dfrac{6}{x}+\dfrac{5}{x^2}+\dfrac{1}{x^3}}}{3-\dfrac{2}{x}}=\frac{2}{3}.$$

在许多情况下, 常常需要对给定的函数作适当的变形, 然后再求极限.

**例7**　求 $\lim\limits_{n\to\infty}\left(\dfrac{1}{n^2}+\dfrac{2}{n^2}+\cdots+\dfrac{n}{n^2}\right)$.

**解**　$n\to\infty$ 时, 题设极限是无穷小之和. 先变形再求极限.

$$\lim_{n\to\infty}\left(\frac{1}{n^2}+\frac{2}{n^2}+\cdots+\frac{n}{n^2}\right)=\lim_{n\to\infty}\frac{1+2+\cdots+n}{n^2}$$

$$=\lim_{n\to\infty}\frac{\dfrac{1}{2}n(n+1)}{n^2}=\lim_{n\to\infty}\frac{1}{2}\left(1+\frac{1}{n}\right)$$

$$=\frac{1}{2}.$$

**例8**　求 $\lim\limits_{x\to+\infty}(\sin\sqrt{x+1}-\sin\sqrt{x})$.

**解**　$x\to+\infty$ 时, $\sin\sqrt{x+1}$ 与 $\sin\sqrt{x}$ 的极限均不存在, 但不能认为它们差的极限也不存在. 先用三角公式变形:

$$\lim_{x\to+\infty}(\sin\sqrt{x+1}-\sin\sqrt{x})=\lim_{x\to+\infty}2\sin\frac{\sqrt{x+1}-\sqrt{x}}{2}\cos\frac{\sqrt{x+1}+\sqrt{x}}{2}$$

$$=\lim_{x\to+\infty}2\sin\frac{1}{2(\sqrt{x+1}+\sqrt{x})}\cos\frac{\sqrt{x+1}+\sqrt{x}}{2},$$

注意到

$$\lim_{x\to+\infty}\sin\frac{1}{2(\sqrt{x+1}+\sqrt{x})}=0,\qquad\left|\cos\frac{\sqrt{x+1}+\sqrt{x}}{2}\right|\le 1,$$

根据无穷小的运算性质: "有界量与无穷小的乘积为无穷小", 得

$$\lim_{x\to+\infty}(\sin\sqrt{x+1}-\sin\sqrt{x})=0.$$

**例9**　设 $f(x)=\begin{cases}x-1,&x<0\\[2mm]\dfrac{x^2+3x-1}{x^3+1},&x\ge 0\end{cases}$, 求 $\lim\limits_{x\to 0}f(x)$, $\lim\limits_{x\to+\infty}f(x)$, $\lim\limits_{x\to-\infty}f(x)$.

**解**　先求 $\lim\limits_{x\to 0}f(x)$, 因为

$$\lim_{x \to 0^-} f(x) = \lim_{x \to 0^-} (x-1) = -1,$$

$$\lim_{x \to 0^+} f(x) = \lim_{x \to 0^+} \frac{x^2+3x-1}{x^3+1} = -1,$$

所以 $\lim\limits_{x \to 0} f(x) = -1$. 同理, 易求得

函数图形实验

$$\lim_{x \to +\infty} f(x) = \lim_{x \to +\infty} \frac{x^2+3x-1}{x^3+1}$$

$$= \lim_{x \to +\infty} \frac{\dfrac{1}{x} + \dfrac{3}{x^2} - \dfrac{1}{x^3}}{1 + \dfrac{1}{x^3}} = 0,$$

$$\lim_{x \to -\infty} f(x) = \lim_{x \to -\infty} (x-1) = -\infty.$$

如图 $1-6-1$ 所示.

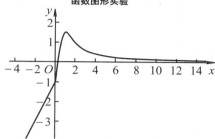

图 $1-6-1$

**定理2 (复合函数的极限运算法则)**  设函数 $y = f[g(x)]$ 由函数 $y = f(u)$ 与函数 $u = g(x)$ 复合而成, $f[g(x)]$ 在点 $x_0$ 的某去心邻域内有定义, 若

$$\lim_{x \to x_0} g(x) = u_0, \quad \lim_{u \to u_0} f(u) = A,$$

且存在 $\delta_0 > 0$, 当 $x \in \overset{\circ}{U}(x_0, \delta_0)$ 时, 有 $g(x) \neq u_0$, 则

$$\lim_{x \to x_0} f[g(x)] = \lim_{u \to u_0} f(u) = A.$$

**证明**  略.

**注**: (1) 对于 $u_0$ 或 $x_0$ 为无穷大的情形, 也可得到类似的定理;

(2) 定理 2 表明: 若函数 $f(u)$ 和 $g(x)$ 满足该定理的条件, 则作代换 $u = g(x)$, 可把求 $\lim\limits_{x \to x_0} f[g(x)]$ 化为求 $\lim\limits_{u \to u_0} f(u)$, 其中 $u_0 = \lim\limits_{x \to x_0} g(x)$.

**例10**  求极限 $\lim\limits_{x \to 1} \ln\left[\dfrac{x^2-1}{2(x-1)}\right]$.

**解**  方法一  令 $u = \dfrac{x^2-1}{2(x-1)}$, 则当 $x \to 1$ 时, 有

$$u = \frac{x^2-1}{2(x-1)} = \frac{x+1}{2} \to 1,$$

故  原式 $= \lim\limits_{u \to 1} \ln u = 0.$

方法二  原式 $= \ln\left[\lim\limits_{x \to 1} \dfrac{x^2-1}{2(x-1)}\right] = \ln\left[\lim\limits_{x \to 1} \dfrac{x+1}{2}\right] = \ln 1 = 0.$

**\*数学实验**

**实验1.11**  试用计算软件求下列极限:

(1) $\lim\limits_{x \to 0} \dfrac{(1+x)^5 - (1+5x)}{x^2 + x^5}$;

(2) $\lim\limits_{x \to 0^+} \dfrac{\ln\cot x}{\ln x}$;

(3) $\lim\limits_{x \to a} \dfrac{(x^n - a^n) - na^{n-1}(x-a)}{(x-a)^2}$ $(n \in \mathbf{N})$;　　　　(4) $\lim\limits_{x \to 0^+} x^2 \ln x$;

(5) $\lim\limits_{x \to 0} \dfrac{e^x - e^{-x} - 2x}{x - \sin x}$;　　　　(6) $\lim\limits_{x \to 0} \left( \dfrac{\sin x}{x} \right)^{\frac{1}{1 - \cos x}}$.

计算实验

微信扫描右侧相应的二维码即可进行计算实验 (详见教材配套的网络学习空间).

## 习题 1-6

1. 计算下列极限：

(1) $\lim\limits_{x \to \sqrt{3}} \dfrac{x^2 - 3}{x^2 + 1}$;　　　　(2) $\lim\limits_{x \to 1} \dfrac{x^2 - 2x + 1}{x^2 - 1}$;　　　　(3) $\lim\limits_{x \to \infty} \left( 2 - \dfrac{1}{x} + \dfrac{1}{x^2} \right)$;

(4) $\lim\limits_{x \to \infty} \dfrac{x^2 + x}{x^4 - 3x^2 + 1}$;　　　　(5) $\lim\limits_{x \to 4} \dfrac{x^2 - 6x + 8}{x^2 - 5x + 4}$;　　　　(6) $\lim\limits_{x \to 0} \dfrac{4x^3 - 2x^2 + x}{3x^2 + 2x}$;

(7) $\lim\limits_{h \to 0} \dfrac{(x+h)^2 - x^2}{h}$;　　　　(8) $\lim\limits_{x \to \infty} \left( 1 + \dfrac{1}{x} \right)\left( 2 - \dfrac{1}{x^2} \right)$;　　　　(9) $\lim\limits_{x \to +\infty} \dfrac{\cos x}{e^x + e^{-x}}$;

(10) $\lim\limits_{x \to -8} \dfrac{\sqrt{1-x} - 3}{2 + \sqrt[3]{x}}$;　　　　(11) $\lim\limits_{x \to 2} \dfrac{x^3 + 2x^2}{(x-2)^2}$;　　　　(12) $\lim\limits_{x \to +\infty} x\left( \sqrt{1 + x^2} - x \right)$;

(13) $\lim\limits_{x \to \infty} \dfrac{\arctan x}{x}$;　　　　(14) $\lim\limits_{x \to 1} \left( \dfrac{1}{1-x} - \dfrac{3}{1-x^3} \right)$;　　　　(15) $\lim\limits_{x \to \infty} \dfrac{(2x-1)^{30}(3x-2)^{20}}{(2x+1)^{50}}$;

(16) $\lim\limits_{x \to +\infty} \left( \sqrt{x^2 + x + 1} - \sqrt{x^2 - x + 1} \right)$.

2. 计算下列极限：

(1) $\lim\limits_{n \to \infty} \left( 1 + \dfrac{1}{2} + \dfrac{1}{2^2} + \cdots + \dfrac{1}{2^n} \right)$;　　　　(2) $\lim\limits_{n \to \infty} \dfrac{1 + 2 + 3 + \cdots + (n-1)}{n^2}$;

(3) $\lim\limits_{n \to \infty} \dfrac{(n+1)(n+2)(n+3)}{5n^3}$;　　　　(4) $\lim\limits_{n \to \infty} \dfrac{(n+2)^3 + (2n+3)^3}{(n-1)(2n-1)(3n-2)}$.

3. 设 $f(x) = \begin{cases} 3x + 2, & x \le 0 \\ x^2 + 1, & 0 < x \le 1, \\ 2/x, & 1 < x \end{cases}$ 分别讨论 $x \to 0$ 及 $x \to 1$ 时 $f(x)$ 的极限是否存在.

4. 求下列极限.

(1) $\lim\limits_{x \to \infty} \log_2 \left[ \dfrac{x^2 - 1}{2x^2 - x - 1} \right]$;　　　　(2) $\lim\limits_{x \to 1} 2^{\frac{x^3 - 3x + 2}{x^4 - 4x + 3}}$.

5. 已知 $\lim\limits_{x \to c} f(x) = 4$ 及 $\lim\limits_{x \to c} g(x) = 1$, $\lim\limits_{x \to c} h(x) = 0$, 求：

(1) $\lim\limits_{x \to c} \dfrac{g(x)}{f(x)}$;　　　　(2) $\lim\limits_{x \to c} \dfrac{h(x)}{f(x) - g(x)}$;　　　　(3) $\lim\limits_{x \to c} [f(x) \cdot g(x)]$;

(4) $\lim\limits_{x \to c} [f(x) \cdot h(x)]$;　　　　(5) $\lim\limits_{x \to c} \dfrac{g(x)}{h(x)}$.

6. 若 $\lim\limits_{x \to 3} \dfrac{x^2 - 2x + k}{x - 3} = 4$，求 $k$ 的值.

7. 若 $\lim\limits_{x \to \infty} \left( \dfrac{x^2 + 1}{x + 1} - ax - b \right) = 0$，求 $a, b$ 的值.

8. 已知 $\lim\limits_{x \to 0} \dfrac{x}{f(2x)} = 3$，求 $\lim\limits_{x \to 0} \dfrac{f(3x)}{x}$.

# §1.7　极限存在准则　两个重要极限

## 一、夹逼准则

**准则Ⅰ** 如果数列 $\{x_n\}, \{y_n\}$ 及 $\{z_n\}$ 满足下列条件：

(1) $y_n \le x_n \le z_n \ (n > n_0, n_0 \in \mathbf{N}_+)$，

(2) $\lim\limits_{n \to \infty} y_n = a, \ \lim\limits_{n \to \infty} z_n = a$，

那么数列 $\{x_n\}$ 的极限存在，且 $\lim\limits_{n \to \infty} x_n = a$.

**证明** 因 $y_n \to a, z_n \to a$，故对于任意给定的 $\varepsilon > 0$，存在正整数 $N_1, N_2$，使得当 $n > N_1$ 时恒有 $|y_n - a| < \varepsilon$，当 $n > N_2$ 时，恒有 $|z_n - a| < \varepsilon$. 取 $N = \max\{N_1, N_2\}$，则当 $n > N$ 时同时有

$$|y_n - a| < \varepsilon, \ |z_n - a| < \varepsilon,$$

即

$$a - \varepsilon < y_n < a + \varepsilon, \ a - \varepsilon < z_n < a + \varepsilon.$$

从而，当 $n > N$ 时，恒有

$$a - \varepsilon < y_n \le x_n \le z_n < a + \varepsilon,$$

即 $|x_n - a| < \varepsilon$，所以 $\lim\limits_{n \to \infty} x_n = a$. ■

**注**：利用夹逼准则求极限，关键是构造出 $y_n$ 与 $z_n$，并且 $y_n$ 与 $z_n$ 的极限相同且容易求得.

**例1** 求 $\lim\limits_{n \to \infty} \left( \dfrac{1}{\sqrt{n^2 + 1}} + \dfrac{1}{\sqrt{n^2 + 2}} + \cdots + \dfrac{1}{\sqrt{n^2 + n}} \right)$.

**解** 设 $x_n = \dfrac{1}{\sqrt{n^2 + 1}} + \dfrac{1}{\sqrt{n^2 + 2}} + \cdots + \dfrac{1}{\sqrt{n^2 + n}}$，因 $\dfrac{n}{\sqrt{n^2 + n}} \le x_n \le \dfrac{n}{\sqrt{n^2 + 1}}$，又

$$\lim_{n \to \infty} \frac{n}{\sqrt{n^2 + n}} = \lim_{n \to \infty} \frac{1}{\sqrt{1 + \dfrac{1}{n}}} = 1, \quad \lim_{n \to \infty} \frac{n}{\sqrt{n^2 + 1}} = \lim_{n \to \infty} \frac{1}{\sqrt{1 + \dfrac{1}{n^2}}} = 1,$$

由夹逼准则得

$$\lim_{n \to \infty} x_n = \lim_{n \to \infty} \left( \frac{1}{\sqrt{n^2 + 1}} + \frac{1}{\sqrt{n^2 + 2}} + \cdots + \frac{1}{\sqrt{n^2 + n}} \right) = 1.$$ ■

**例 2**　求 $\lim\limits_{n\to\infty}\dfrac{n!}{n^n}$.

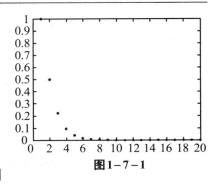

**图 1-7-1**

**解**　由

$$\frac{n!}{n^n}=\frac{1\cdot 2\cdot 3\cdot\cdots\cdot n}{n\cdot n\cdot n\cdot\cdots\cdot n}\le\frac{1\cdot 2\cdot n\cdot\cdots\cdot n}{n\cdot n\cdot n\cdot\cdots\cdot n}=\frac{2}{n^2},$$

易见

$$0<\frac{n!}{n^n}\le\frac{2}{n^2}.$$

又 $\lim\limits_{n\to\infty}\dfrac{2}{n^2}=0$，所以 $\lim\limits_{n\to\infty}\dfrac{n!}{n^n}=0$. 见图 1-7-1. ∎

**例 3**　求 $\lim\limits_{n\to\infty}\sqrt[n]{n}$.

**解**　令 $\sqrt[n]{n}=1+r_n$（$r_n\ge 0$），则

$$n=(1+r_n)^n=1+nr_n+\frac{n(n-1)}{2!}r_n^2+\cdots+r_n^n>\frac{n(n-1)}{2!}r_n^2,\ n>1,$$

因此 $0\le r_n<\sqrt{\dfrac{2}{n-1}}$. 由于 $\lim\limits_{n\to\infty}\sqrt{\dfrac{2}{n-1}}=0$，所以 $\lim\limits_{n\to\infty}r_n=0$. 故

$$\lim\limits_{n\to\infty}\sqrt[n]{n}=\lim\limits_{n\to\infty}(1+r_n)=1+\lim\limits_{n\to\infty}r_n=1.$$

关于本例的图形实验参见 §1.3 的实验 1.7(1).

上述关于数列极限的存在准则可以推广到函数极限的情形：

**准则 I′**　如果

(1) 当 $0<|x-x_0|<\delta$（或 $|x|>M$）时，有 $g(x)\le f(x)\le h(x)$，

(2) $\lim\limits_{\substack{x\to x_0\\(x\to\infty)}}g(x)=A$，$\lim\limits_{\substack{x\to x_0\\(x\to\infty)}}h(x)=A$，

那么，极限 $\lim\limits_{\substack{x\to x_0\\(x\to\infty)}}f(x)$ 存在，且等于 $A$.

**例 4**　求极限 $\lim\limits_{x\to 0}\cos x$.

**解**　因为 $0<1-\cos x=2\sin^2\dfrac{x}{2}<2\cdot\left(\dfrac{x}{2}\right)^2<\dfrac{x^2}{2}$，故由准则 I′，得

$$\lim\limits_{x\to 0}(1-\cos x)=0,\quad 即\ \lim\limits_{x\to 0}\cos x=1.$$

## 二、单调有界准则

**定义 1**　如果数列 $\{x_n\}$ 满足条件

$$x_1\le x_2\le\cdots\le x_n\le x_{n+1}\le\cdots,$$

则称数列 $\{x_n\}$ 是单调增加的；如果数列 $\{x_n\}$ 满足条件

$$x_1\ge x_2\ge\cdots\ge x_n\ge x_{n+1}\ge\cdots,$$

则称数列 $\{x_n\}$ 是单调减少的. 单调增加和单调减少的数列统称为**单调数列**.

**准则**Ⅱ 单调有界数列必有极限.

我们不证明准则Ⅱ,但图 1-7-2 可以帮助我们理解为什么一个单调增加且有界的数列 $\{x_n\}$ 必有极限,因为数列单调增加又不能大于 $M$,故某个时刻以后,数列的项必然集中在某数 $a(a \leq M)$ 的附近,即对于任意给定的 $\varepsilon > 0$,必然存在 $N$ 与数 $a$,使当 $n > N$ 时,恒有 $|x_n - a| < \varepsilon$,从而数列 $\{x_n\}$ 的极限存在.

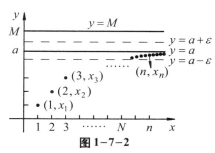

**图 1-7-2**

根据§1.3 中的定理 1,收敛的数列必定有界.但有界的数列不一定收敛.准则Ⅱ表明,如果一数列不仅有界,而且单调,则该数列一定收敛.

**例 5** 设有数列 $x_1 = \sqrt{2}$,$x_2 = \sqrt{2 + x_1}$,$x_n = \sqrt{2 + x_{n-1}}$,$\cdots$,求 $\lim\limits_{n \to \infty} x_n$.

**解** 显然,$x_{n+1} > x_n$,故 $\{x_n\}$ 是单调增加的.下面用数学归纳法证明数列 $\{x_n\}$ 有界.

因为 $x_1 = \sqrt{2} < 2$,假定 $x_k < 2$,则有

$$x_{k+1} = \sqrt{2 + x_k} < \sqrt{2 + 2} = 2.$$

故 $\{x_n\}$ 是有界的.根据准则Ⅱ,$\lim\limits_{n \to \infty} x_n$ 存在.

设 $\lim\limits_{n \to \infty} x_n = A$,因为 $x_{n+1} = \sqrt{2 + x_n}$,即 $x_{n+1}^2 = 2 + x_n$,所以

$$\lim_{n \to \infty} x_{n+1}^2 = \lim_{n \to \infty} (2 + x_n),$$

即

$$A^2 = 2 + A,$$

解得

$$A = 2 \ \text{或} \ A = -1(\text{舍去}).$$

所以

$$\lim_{n \to \infty} x_n = 2.$$

关于本例的图形实验参见§1.3 的实验 1.9.

**\*数学实验**

**实验 1.12** 研究下列数列的极限:

(1) $x_0 = 1$,$x_n = \dfrac{1}{2}\left(x_{n-1} + \dfrac{3}{x_{n-1}}\right)$;

(2) $x_1 = 1$,$y_1 = 2$,$x_{n+1} = \sqrt{x_n y_n}$,$y_{n+1} = \dfrac{x_n + y_n}{2}$.

详见教材配套的网络学习空间.

# 三、两个重要极限

数学中常常会对一些重要且有典型意义的问题进行研究并加以总结,以期通过对该问题的解决带动一类相关问题的解决.本段介绍的重要极限就体现了这样的一种思路,利用它们并通过函数的恒等变形与极限的运算法则就可以使两类常用极限的计算问题得到解决.

**1.** $\lim\limits_{x\to 0}\dfrac{\sin x}{x}=1$

**证明**　由于 $\dfrac{\sin x}{x}$ 是偶函数，故只需讨论 $x\to 0^+$ 的情况.

作单位圆（见图1–7–3），设 $\angle AOB = x\ (0 < x < \pi/2)$，点 $A$ 处的切线与 $OB$ 的延长线相交于 $D$，作 $BC\perp OA$，故

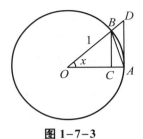

**图 1–7–3**

$$\sin x = CB,\quad x = \overset{\frown}{AB},\quad \tan x = AD,$$

易见，三角形 $AOB$ 的面积 $<$ 扇形 $AOB$ 的面积 $<$ 三角形 $AOD$ 的面积，所以

$$\frac{1}{2}\sin x < \frac{1}{2}x < \frac{1}{2}\tan x,$$

即
$$\sin x < x < \tan x, \tag{7.1}$$

整理得
$$\cos x < \frac{\sin x}{x} < 1, \tag{7.2}$$

由 $\lim\limits_{x\to 0}\cos x = 1$ 及准则 I′，即得

$$\lim_{x\to 0}\frac{\sin x}{x} = 1. \tag{7.3}$$

**例6**　求 $\lim\limits_{x\to 0}\dfrac{\tan x}{x}$.

**解**　$\lim\limits_{x\to 0}\dfrac{\tan x}{x} = \lim\limits_{x\to 0}\dfrac{\sin x}{x}\cdot\dfrac{1}{\cos x} = \lim\limits_{x\to 0}\dfrac{\sin x}{x}\cdot\lim\limits_{x\to 0}\dfrac{1}{\cos x} = 1.$

**例7**　求 $\lim\limits_{x\to 0}\dfrac{1-\cos x}{x^2}$.

**解**　$\lim\limits_{x\to 0}\dfrac{1-\cos x}{x^2} = \lim\limits_{x\to 0}\dfrac{2\sin^2\dfrac{x}{2}}{x^2} = \dfrac{1}{2}\lim\limits_{x\to 0}\dfrac{\sin^2\dfrac{x}{2}}{\left(\dfrac{x}{2}\right)^2}$

$$= \frac{1}{2}\lim_{x\to 0}\left(\frac{\sin\dfrac{x}{2}}{\dfrac{x}{2}}\right)^2 = \frac{1}{2}\cdot 1^2 = \frac{1}{2}.$$

**例8**　求 $\lim\limits_{x\to 0}\dfrac{x-\sin 2x}{x+\sin 2x}$.

**解**　$\lim\limits_{x\to 0}\dfrac{x-\sin 2x}{x+\sin 2x} = \lim\limits_{x\to 0}\dfrac{1-\dfrac{\sin 2x}{x}}{1+\dfrac{\sin 2x}{x}} = \lim\limits_{x\to 0}\dfrac{1-2\dfrac{\sin 2x}{2x}}{1+2\dfrac{\sin 2x}{2x}}$

$$= \frac{1-2}{1+2} = -\frac{1}{3}.$$

**2.** $\lim\limits_{x \to \infty}\left(1+\dfrac{1}{x}\right)^{x} = \mathrm{e}$

**观察** 我们可通过 $y=\left(1+\dfrac{1}{x}\right)^{x}$ 的函数值(见表1-7-1)来观察其变化趋势.

**表 1-7-1**

| $x$ | 10 | 50 | 100 | 1 000 | 10 000 | 100 000 | 1 000 000 | …… |
|---|---|---|---|---|---|---|---|---|
| $y$ | 2.593 742 | 2.691 588 | 2.704 814 | 2.716 924 | 2.718 146 | 2.718 268 | 2.718 280 | …… |
| $x$ | −10 | −50 | −100 | −1 000 | −10 000 | −100 000 | −1 000 000 | …… |
| $y$ | 2.867 972 | 2.745 973 | 2.731 999 | 2.719 642 | 2.718 418 | 2.718 295 | 2.718 283 | …… |

从上表可见, $\left(1+\dfrac{1}{x}\right)^{x}$ 随着自变量 $x$ 的增大而增大, 但增大的速度越来越慢, 且逐步接近一个常数.

**证明** 先考虑 $x$ 取正整数 $n$ 且 $n \to +\infty$ 的情形.

设 $x_n = \left(1+\dfrac{1}{n}\right)^{n}$, 下面先证明数列 $\{x_n\}$ 单调增加且有界.

$$x_n = \left(1+\frac{1}{n}\right)^{n}$$

$$=1+\frac{n}{1!}\cdot\frac{1}{n}+\frac{n(n-1)}{2!}\cdot\frac{1}{n^2}+\frac{n(n-1)(n-2)}{3!}\cdot\frac{1}{n^3}+\cdots+\frac{n(n-1)\cdots(n-n+1)}{n!}\cdot\frac{1}{n^n}$$

$$=1+1+\frac{1}{2!}\left(1-\frac{1}{n}\right)+\frac{1}{3!}\left(1-\frac{1}{n}\right)\left(1-\frac{2}{n}\right)+\cdots+\frac{1}{n!}\left(1-\frac{1}{n}\right)\left(1-\frac{2}{n}\right)\cdots\left(1-\frac{n-1}{n}\right),$$

又 $\quad x_{n+1}=1+1+\dfrac{1}{2!}\left(1-\dfrac{1}{n+1}\right)+\dfrac{1}{3!}\left(1-\dfrac{1}{n+1}\right)\left(1-\dfrac{2}{n+1}\right)+\cdots$

$$+\frac{1}{n!}\left(1-\frac{1}{n+1}\right)\left(1-\frac{2}{n+1}\right)\cdots\left(1-\frac{n-1}{n+1}\right)$$

$$+\frac{1}{(n+1)!}\left(1-\frac{1}{n+1}\right)\left(1-\frac{2}{n+1}\right)\cdots\left(1-\frac{n}{n+1}\right),$$

比较 $x_n, x_{n+1}$ 的展开式的各项可知, 除前两项相等外, 从第三项起, $x_{n+1}$ 的各项都大于 $x_n$ 的各对应项, 而且 $x_{n+1}$ 多了最后一个正项, 因而

$$x_{n+1} > x_n \quad (n=1,2,3,\cdots),$$

即 $\{x_n\}$ 为单调增加数列.

再证 $\{x_n\}$ 有界, 因

$$x_n<1+1+\frac{1}{2!}+\cdots+\frac{1}{n!}<1+1+\frac{1}{2}+\cdots+\frac{1}{2^{n-1}}=1+\frac{1-\dfrac{1}{2^n}}{1-\dfrac{1}{2}}=3-\frac{1}{2^{n-1}}<3,$$

故 $\{x_n\}$ 有上界. 根据准则 II, $\lim\limits_{n \to \infty} x_n$ 存在, 常用字母 e 表示该极限值, 即

函数计算实验

$$\lim_{n \to \infty} \left(1 + \frac{1}{n}\right)^n = e.$$

可以证明 (详见教材配套的网络学习空间), 对于一般的实数 $x$, 仍有

$$\lim_{x \to \infty} \left(1 + \frac{1}{x}\right)^x = e. \qquad \blacksquare \qquad (7.4)$$

**注**: 无理数 e 是数学中的一个重要常数, 其值为

$$e = 2.718\ 281\ 828\ 459\ 045\cdots.$$

在 §1.2 中讲到的指数函数 $y = e^x$ 以及自然对数函数 $y = \ln x$ 中的底数 e 就是这个常数.

利用复合函数的极限运算法则, 若令 $y = \dfrac{1}{x}$, 则式 (7.4) 变为

$$\lim_{y \to 0} (1 + y)^{1/y} = e. \qquad (7.5)$$

**例 9**　求 $\lim\limits_{n \to \infty} \left(1 + \dfrac{1}{n}\right)^{n+3}$.

**解**　$\lim\limits_{n \to \infty} \left(1 + \dfrac{1}{n}\right)^{n+3} = \lim\limits_{n \to \infty} \left[\left(1 + \dfrac{1}{n}\right)^n \cdot \left(1 + \dfrac{1}{n}\right)^3\right]$

$$= \lim_{n \to \infty} \left(1 + \frac{1}{n}\right)^n \cdot \lim_{n \to \infty} \left(1 + \frac{1}{n}\right)^3 = e \cdot 1 = e. \qquad \blacksquare$$

**例 10**　求 $\lim\limits_{x \to 0} (1 - 2x)^{\frac{1}{x}}$.

**解**　$\lim\limits_{x \to 0} (1 - 2x)^{\frac{1}{x}} = \lim\limits_{x \to 0} \left[(1 - 2x)^{-\frac{1}{2x}}\right]^{-2} = e^{-2}. \qquad \blacksquare$

**例 11**　求 $\lim\limits_{x \to \infty} \left(\dfrac{3 + x}{2 + x}\right)^{2x}$.

**解**　原式 $= \lim\limits_{x \to \infty} \left[\left(1 + \dfrac{1}{x+2}\right)^x\right]^2 = \lim\limits_{x \to \infty} \left[\left(1 + \dfrac{1}{x+2}\right)^{x+2}\right]^2 \left(1 + \dfrac{1}{x+2}\right)^{-4} = e^2. \qquad \blacksquare$

## 四、柯西极限存在准则

从 §1.3 的例 2 可见, 收敛的数列不一定是单调的. 因此, 准则 II 所给出的单调有界的条件, 是数列收敛的充分条件, 而不是必要条件.

下面叙述的柯西极限存在准则, 给出了数列收敛的充分必要条件.

**柯西极限存在准则**　数列 $\{x_n\}$ 收敛的充分必要条件是: 对于任意给定的正数 $\varepsilon$, 存在正整数 $N$, 使得当 $m > N, n > N$ 时, 恒有

$$|x_m - x_n| < \varepsilon.$$

**证明　必要性**　设 $\lim\limits_{n \to \infty} x_n = a$, 则对于任意给定的正数 $\varepsilon$, 由数列极限的定义, 存在正整数 $N$, 当 $n > N$ 时, 有

$$|x_n - a| < \varepsilon/2,$$

同样, 当 $m > N$ 时, 也有

$$|x_m - a| < \varepsilon/2,$$

因此, 当 $m > N, n > N$ 时, 有

$$|x_m - x_n| = |(x_m - a) - (x_n - a)| \leq |x_m - a| + |x_n - a| < \varepsilon/2 + \varepsilon/2 = \varepsilon.$$

**充分性** 证明略. ■

**注**: 柯西极限存在准则又称为**柯西审敛原理**, 其几何意义是: 对于任意给定的正数 $\varepsilon$, 在数轴上一切具有足够大的下标的点 $x_n$ 中, 任意两点间的距离小于 $\varepsilon$.

## 习题 1-7

1. 计算下列极限:

(1) $\lim\limits_{x \to 0} \dfrac{\tan 5x}{x}$;

(2) $\lim\limits_{x \to 0} x \cot x$;

(3) $\lim\limits_{x \to 0} \dfrac{\tan x - \sin x}{x}$;

(4) $\lim\limits_{x \to 0} \dfrac{1 - \cos 2x}{x \sin x}$;

(5) $\lim\limits_{x \to 0^+} \dfrac{x}{\sqrt{1 - \cos x}}$;

(6) $\lim\limits_{x \to \pi} \dfrac{\sin x}{\pi - x}$;

(7) $\lim\limits_{x \to 0} \dfrac{2 \arcsin x}{3x}$;

(8) $\lim\limits_{x \to 0} \dfrac{x - \sin x}{x + \sin x}$.

2. 计算下列极限:

(1) $\lim\limits_{x \to 0} (1 - x)^{1/x}$;

(2) $\lim\limits_{x \to 0} (1 + 2x)^{1/x}$;

(3) $\lim\limits_{x \to \infty} \left( \dfrac{1 + x}{x} \right)^{3x}$;

(4) $\lim\limits_{x \to \infty} \left( 1 - \dfrac{1}{x} \right)^{kx} (k \in \mathbf{N})$;

(5) $\lim\limits_{x \to \infty} \left( \dfrac{x}{x + 1} \right)^{x+3}$;

(6) $\lim\limits_{x \to \infty} \left( \dfrac{x + a}{x - a} \right)^{x}$;

(7) $\lim\limits_{x \to 0} (1 + x e^x)^{1/x}$;

(8) $\lim\limits_{x \to 0} \dfrac{1}{x} \ln \sqrt{\dfrac{1 + x}{1 - x}}$.

3. 设 $f(x-1) = \begin{cases} -\dfrac{\sin x}{x}, & x > 0 \\ 2, & x = 0 \\ x - 1, & x < 0 \end{cases}$, 求 $\lim\limits_{x \to -1} f(x)$.

4. 已知 $\lim\limits_{x \to \infty} \left( \dfrac{x + c}{x - c} \right)^{\frac{x}{2}} = 3$, 求 $c$.

5. 利用极限存在准则证明:

(1) $\lim\limits_{n \to \infty} n \left( \dfrac{1}{n^2 + \pi} + \dfrac{1}{n^2 + 2\pi} + \cdots + \dfrac{1}{n^2 + n\pi} \right) = 1$;

(2) $\lim\limits_{x \to 0} \sqrt[n]{1 + x} = 1$.

6. 设有数列 $x_1 = \sqrt{3}$, $x_2 = \sqrt{3 + x_1}$, $\cdots$, $x_n = \sqrt{3 + x_{n-1}}$, $\cdots$, 求 $\lim\limits_{n \to \infty} x_n$.

7. 设 $\{x_n\}$ 满足: $-1 < x_0 < 0$, $x_{n+1} = x_n^2 + 2x_n$ $(n = 0, 1, 2, \cdots)$, 证明 $\{x_n\}$ 收敛, 求 $\lim\limits_{n \to \infty} x_n$.

# §1.8　无穷小的比较

## 一、无穷小比较的概念

根据无穷小的运算性质，两个无穷小的和、差、积仍是无穷小．但两个无穷小的商却会出现不同情况，例如，当 $x \to 0$ 时，$x, x^2, \sin x$ 都是无穷小，而

$$\lim_{x \to 0} \frac{x^2}{x} = 0, \quad \lim_{x \to 0} \frac{x}{x^2} = \infty, \quad \lim_{x \to 0} \frac{\sin x}{x} = 1.$$

从中可看出各无穷小趋于 0 的快慢程度：$x^2$ 比 $x$ 快些，$x$ 比 $x^2$ 慢些，$\sin x$ 与 $x$ 大致相同．即无穷小之比的极限不同，反映了无穷小趋于零的**快慢**程度不同．

**定义1**　设 $\alpha, \beta$ 是在自变量变化的同一过程中的两个无穷小，且 $\alpha \neq 0$.

(1) 如果 $\lim \dfrac{\beta}{\alpha} = 0$，则称 $\beta$ 是比 $\alpha$ **高阶**的无穷小，记作 $\beta = o(\alpha)$.

(2) 如果 $\lim \dfrac{\beta}{\alpha} = \infty$，则称 $\beta$ 是比 $\alpha$ **低阶**的无穷小.

(3) 如果 $\lim \dfrac{\beta}{\alpha} = C \, (C \neq 0)$，则称 $\beta$ 与 $\alpha$ 是**同阶无穷小**；特别地，如果 $\lim \dfrac{\beta}{\alpha} = 1$，则称 $\beta$ 与 $\alpha$ 是**等价无穷小**，记作 $\alpha \sim \beta$.

(4) 如果 $\lim \dfrac{\beta}{\alpha^k} = C \, (C \neq 0, k > 0)$，则称 $\beta$ 是 $\alpha$ 的 **$k$ 阶无穷小**.

例如，就前述三个无穷小 $x, x^2, \sin x \, (x \to 0)$ 而言，根据定义知道，$x^2$ 是比 $x$ 高阶的无穷小，$x$ 是比 $x^2$ 低阶的无穷小，而 $\sin x$ 与 $x$ 是等价无穷小．

**例1**　证明：当 $x \to 0$ 时，$4x\tan^3 x$ 为 $x$ 的四阶无穷小.

**解**　因为

$$\lim_{x \to 0} \frac{4x\tan^3 x}{x^4} = 4\lim_{x \to 0} \left(\frac{\tan x}{x}\right)^3 = 4.$$

故当 $x \to 0$ 时，$4x\tan^3 x$ 为 $x$ 的四阶无穷小．如图 1-8-1 所示．

函数图形实验

图 1-8-1

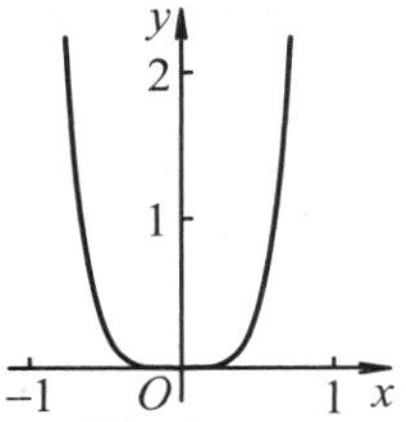

**例2**　当 $x \to 0$ 时，求 $\tan x - \sin x$ 关于 $x$ 的阶数.

**解**　因为

$$\lim_{x \to 0} \frac{\tan x - \sin x}{x^3} = \lim_{x \to 0} \left(\frac{\tan x}{x} \cdot \frac{1 - \cos x}{x^2}\right)$$

$$= \frac{1}{2}.$$

故当 $x \to 0$ 时，$\tan x - \sin x$ 为 $x$ 的三阶无穷小．见图 1-8-2．

函数图形实验

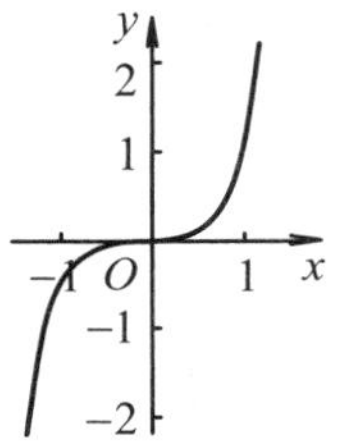

图 1-8-2

## 二、等价无穷小

根据等价无穷小的定义，可以证明，当 $x \to 0$ 时，有下列常用的等价无穷小关系：

$$\sin x \sim x \qquad \tan x \sim x \qquad \arcsin x \sim x \qquad \arctan x \sim x$$

$$1 - \cos x \sim \frac{1}{2}x^2 \qquad \ln(1+x) \sim x \qquad \mathrm{e}^x - 1 \sim x$$

$$a^x - 1 \sim x \ln a \; (a > 0) \qquad\qquad (1+x)^\alpha - 1 \sim \alpha x \; (\alpha \neq 0 \text{ 且为常数})$$

**例3** 证明：$\mathrm{e}^x - 1 \sim x \; (x \to 0)$.

**证明** 令 $y = \mathrm{e}^x - 1$，则 $x = \ln(1+y)$，且 $x \to 0$ 时，$y \to 0$，因此

$$\lim_{x \to 0} \frac{\mathrm{e}^x - 1}{x} = \lim_{y \to 0} \frac{y}{\ln(1+y)}$$

$$= \lim_{y \to 0} \frac{1}{\ln(1+y)^{1/y}}$$

$$= \frac{1}{\ln \mathrm{e}} = 1.$$

函数图形实验

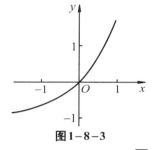
图 1-8-3

即有等价关系 $\mathrm{e}^x - 1 \sim x \; (x \to 0)$. 见图 1-8-3.

上述证明同时也给出了等价关系：$\ln(1+x) \sim x \; (x \to 0)$.

**注**：当 $x \to 0$ 时，$x$ 为无穷小. 在常用等价无穷小中，用任意一个无穷小 $\beta(x)$ 代替 $x$ 后，上述等价关系依然成立.

例如，$x \to 1$ 时，有 $(x-1)^2 \to 0$，从而 $\sin(x-1)^2 \sim (x-1)^2 \; (x \to 1)$.

**定理1** 设 $\alpha, \alpha', \beta, \beta'$ 是同一过程中的无穷小，且 $\alpha \sim \alpha', \beta \sim \beta', \lim \dfrac{\beta'}{\alpha'}$ 存在，则

$$\lim \frac{\beta}{\alpha} = \lim \frac{\beta'}{\alpha'}.$$

**证明** $\lim \dfrac{\beta}{\alpha} = \lim \left( \dfrac{\beta}{\beta'} \cdot \dfrac{\beta'}{\alpha'} \cdot \dfrac{\alpha'}{\alpha} \right) = \lim \dfrac{\beta}{\beta'} \cdot \lim \dfrac{\beta'}{\alpha'} \cdot \lim \dfrac{\alpha'}{\alpha} = \lim \dfrac{\beta'}{\alpha'}.$

定理1表明，在求两个无穷小之比的极限时，分子及分母都可以用等价无穷小替换. 因此，如果无穷小的替换运用得当，则可化简极限的计算.

**例4** 求 $\lim\limits_{x \to 0} \dfrac{\tan 2x}{\sin 5x}$.

**解** 当 $x \to 0$ 时，

$$\tan 2x \sim 2x, \quad \sin 5x \sim 5x.$$

故 $$\lim_{x \to 0} \frac{\tan 2x}{\sin 5x} = \lim_{x \to 0} \frac{2x}{5x} = \frac{2}{5}.$$

见图 1-8-4.

函数图形实验

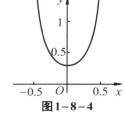
图 1-8-4

**例5** 求 $\lim\limits_{x \to 0} \dfrac{\tan x - \sin x}{\sin^3 2x}$.

**错解**　当 $x \to 0$ 时, $\tan x \sim x$, $\sin x \sim x$, 所以

$$原式 = \lim_{x \to 0} \frac{x - x}{(2x)^3} = 0.$$

**解**　当 $x \to 0$ 时, $\sin 2x \sim 2x$,

$$\tan x - \sin x = \tan x\,(1 - \cos x) \sim \frac{1}{2} x^3,$$

故　　$\lim_{x \to 0} \dfrac{\tan x - \sin x}{\sin^3 2x} = \lim_{x \to 0} \dfrac{\dfrac{1}{2} x^3}{(2x)^3} = \dfrac{1}{16}.$

见图 1−8−5.

函数图形实验

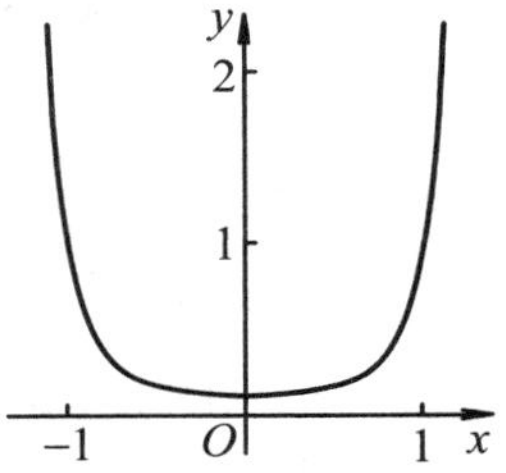

图 1−8−5

**例 6**　求 $\lim\limits_{x \to 0} \dfrac{\sqrt{1 + \tan x} - \sqrt{1 - \tan x}}{\sqrt{1 + 2x} - 1}$.

**解**　由于 $x \to 0$ 时, $\sqrt{1 + 2x} - 1 \sim \dfrac{1}{2}(2x)$, $\tan x \sim x$, 故

$$\lim_{x \to 0} \frac{\sqrt{1 + \tan x} - \sqrt{1 - \tan x}}{\sqrt{1 + 2x} - 1} = \lim_{x \to 0} \frac{2\tan x}{x\,(\sqrt{1 + \tan x} + \sqrt{1 - \tan x})}$$

$$= \lim_{x \to 0} \frac{\tan x}{x} \cdot \lim_{x \to 0} \frac{2}{\sqrt{1 + \tan x} + \sqrt{1 - \tan x}}$$

$$= \lim_{x \to 0} \frac{2}{\sqrt{1 + \tan x} + \sqrt{1 - \tan x}} = 1.$$

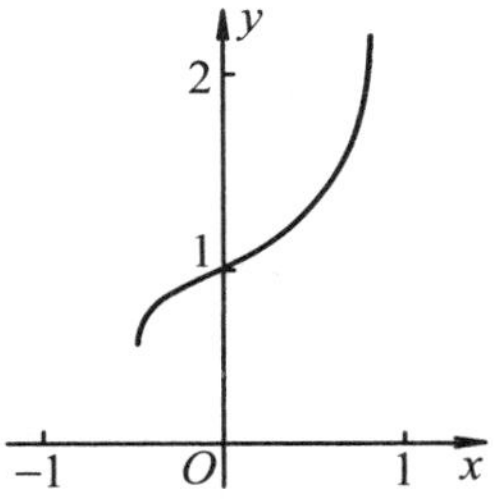

见图 1−8−6.

函数图形实验

图 1−8−6

**定理 2**　$\beta$ 与 $\alpha$ 是等价无穷小的充分必要条件是

$$\beta = \alpha + o(\alpha).$$

**证明**　**必要性**　设 $\alpha \sim \beta$, 则

$$\lim \frac{\beta - \alpha}{\alpha} = \lim \left( \frac{\beta}{\alpha} - 1 \right) = \lim \frac{\beta}{\alpha} - 1 = 0,$$

因此, $\beta - \alpha = o(\alpha)$, 即 $\beta = \alpha + o(\alpha)$.

**充分性**　设 $\beta = \alpha + o(\alpha)$, 则

$$\lim \frac{\beta}{\alpha} = \lim \frac{\alpha + o(\alpha)}{\alpha} = \lim \left( 1 + \frac{o(\alpha)}{\alpha} \right) = 1,$$

因此, $\alpha \sim \beta$.

例如, 当 $x \to 0$ 时, 无穷小等价关系 $\sin x \sim x$, $1 - \cos x \sim \dfrac{1}{2} x^2$ 可表述为

$$\sin x = x + o(x), \quad \cos x = 1 - \frac{x^2}{2} + o(x^2).$$

**例 7**　求 $\lim\limits_{x \to 0} \dfrac{\tan 5x - \cos x + 1}{\sin 3x}$.

**解** 因为

$$\tan 5x = 5x + o(x), \qquad \sin 3x = 3x + o(x),$$

$$1 - \cos x = \frac{x^2}{2} + o(x^2),$$

所以

函数图形实验

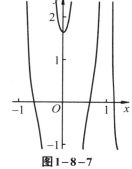
图 1-8-7

$$原式 = \lim_{x \to 0} \frac{5x + o(x) + \dfrac{x^2}{2} + o(x^2)}{3x + o(x)}$$

$$= \lim_{x \to 0} \frac{5 + \dfrac{o(x)}{x} + \dfrac{x}{2} + \dfrac{o(x^2)}{x}}{3 + \dfrac{o(x)}{x}} = \frac{5}{3}.$$

见图 1-8-7.

## 习题 1-8

1. 当 $x \to 0$ 时, $x - x^2$ 与 $x^2 - x^3$ 相比, 哪一个是高阶无穷小?

2. 当 $x \to 0$ 时, $\left(\sin x + x^2 \cos \dfrac{1}{x}\right)$ 与 $(1 + \cos x)\ln(1 + x)$ 是否为同阶无穷小?

3. 当 $x \to 0$ 时, $\sqrt{a + x^3} - \sqrt{a} \,(a > 0)$ 与 $x$ 相比是几阶无穷小?

4. 当 $x \to 0$ 时, 若 $1 - \cos x$ 与 $mx^n$ 是等价无穷小, 求 $m$ 和 $n$ 的值.

5. 利用等价无穷小性质求下列极限:

(1) $\displaystyle\lim_{x \to 0} \frac{\arctan 3x}{5x}$;

(2) $\displaystyle\lim_{x \to 0} \frac{(\sin x^3)\tan x}{1 - \cos x^2}$;

(3) $\displaystyle\lim_{x \to 0} \frac{\ln(1 + 3x\sin x)}{\tan x^2}$;

(4) $\displaystyle\lim_{x \to 0} \frac{\sqrt{1 + x\sin x} - 1}{x\arctan x}$;

(5) $\displaystyle\lim_{x \to 0} \frac{5x + \sin^2 x - 2x^3}{\tan x + 4x^2}$;

(6) $\displaystyle\lim_{x \to 0} \frac{e^{5x} - 1}{x}$.

# §1.9 函数的连续与间断

## 一、函数的连续性

客观世界的许多现象和事物不仅是运动变化的, 而且其运动变化的过程往往是连续不断的, 比如日月行空、岁月流逝、植物生长、物种变化等. 这些连续不断发展变化的事物在量的方面的反映就是函数的连续性. 本节将要引入的连续函数就是刻画变量连续变化的数学模型.

16 — 17 世纪微积分的酝酿和产生直接肇始于对物体的连续运动的研究. 例如, 伽利略所研究的自由落体运动等都是连续变化的量.

但 19 世纪以前，数学家们对连续变量的研究仍停留在几何直观的层面上，即把能一笔画成的曲线所对应的函数称为连续函数. 19 世纪中叶，柯西等数学家建立起严格的极限理论之后，才对连续函数作出了严格的数学表述.

依赖直觉来理解函数的连续性是不够的. 早在 20 世纪 20 年代，物理学家就已发现，我们直觉上认为是连续运动的光，实际上是由离散的光粒子组成且受热的原子是以离散的频率发射光线的(见图 1-9-1)，因此，光既有波动性又具有粒子性(光的"波粒二象性")，但它是不连续的. 20 世纪以来由于诸如此类的发现以及在计算机科学、统计学和数学建模中间断函数的大量应用，连续性的问题就成为在实践中和理论上均有重大意义的问题之一.

连续函数不仅是微积分的研究对象，而且微积分中的主要概念、定理、公式与法则等，往往都要求函数具有连续性.

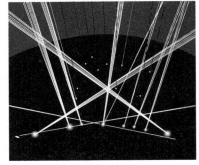

**图 1-9-1**

本节和下一节将以极限为基础，介绍连续函数的概念、连续函数的运算及连续函数的一些性质.

为描述函数的连续性，我们先引入函数增量的概念.

设变量 $u$ 从它的一个初值 $u_1$ 变到终值 $u_2$，则称终值 $u_2$ 与初值 $u_1$ 的差 $u_2 - u_1$ 为变量 $u$ 的**增量(改变量)**，记作 $\Delta u$，即

$$\Delta u = u_2 - u_1.$$

增量 $\Delta u$ 可以是正的，也可以是负的. 当 $\Delta u$ 为正时，变量 $u$ 的终值 $u_2 = u_1 + \Delta u$ 大于初值 $u_1$；当 $\Delta u$ 为负时，$u_2$ 小于初值 $u_1$.

**注**：记号 $\Delta u$ 不是 $\Delta$ 与 $u$ 的积，而是一个不可分割的记号.

**定义 1**　设函数 $y = f(x)$ 在点 $x_0$ 的某一邻域内有定义. 当自变量 $x$ 在 $x_0$ 处取得增量 $\Delta x$(即 $x$ 在这个邻域内从 $x_0$ 变到 $x_0 + \Delta x$)时，相应地，函数 $y = f(x)$ 从 $f(x_0)$ 变到 $f(x_0 + \Delta x)$，则称

$$\Delta y = f(x_0 + \Delta x) - f(x_0)$$

为函数 $y = f(x)$ 的对应**增量**(见图 1-9-2).

例如，函数 $y = x^2$，当 $x$ 由 $x_0$ 变到 $x_0 + \Delta x$ 时，函数 $y$ 的增量为

$$\begin{aligned}\Delta y &= f(x_0 + \Delta x) - f(x_0) \\ &= (x_0 + \Delta x)^2 - x_0^2 = 2x_0 \Delta x + (\Delta x)^2.\end{aligned}$$

借助于函数增量的概念，我们再引入函数连续的概念.

设函数 $y = f(x)$ 在点 $x_0$ 的某一邻域内有定义.

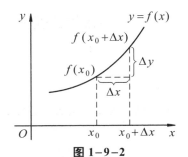

**图 1-9-2**

从几何直观上理解，$x$ 在 $x_0$ 处取得微小增量 $\Delta x$ 时，函数 $y$ 的相应增量 $\Delta y$ 也很微小，且 $\Delta x$ 趋于 0 时，$\Delta y$ 也趋于 0，即

$$\lim_{\Delta x \to 0} \Delta y = 0.$$

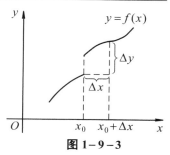

**图 1-9-3**

则函数 $y = f(x)$ 在点 $x_0$ 处是连续的．相反，若 $\Delta x$ 趋于 0 时，$\Delta y$ 不趋于 0，则函数 $y = f(x)$ 在点 $x_0$ 处是不连续的（见图 1-9-3）．

**定义 2**　设函数 $y = f(x)$ 在点 $x_0$ 的某一邻域内有定义．如果当自变量在点 $x_0$ 的增量 $\Delta x$ 趋于零时，函数 $y = f(x)$ 对应的增量 $\Delta y$ 也趋于零，即

$$\lim_{\Delta x \to 0} \Delta y = 0 \quad \text{或} \quad \lim_{\Delta x \to 0} [f(x_0 + \Delta x) - f(x_0)] = 0,$$

则称函数 $f(x)$ 在点 $x_0$ 处**连续**，$x_0$ 称为 $f(x)$ 的**连续点**．

**注**：该定义表明，函数在一点连续的本质特征是：自变量变化很小时，对应的函数值的变化也很小．

例如，函数 $y = x^2$ 在点 $x_0 = 2$ 处是连续的，因为

$$\lim_{\Delta x \to 0} \Delta y = \lim_{\Delta x \to 0} [f(2 + \Delta x) - f(2)]$$
$$= \lim_{\Delta x \to 0} [(2 + \Delta x)^2 - 2^2] = \lim_{\Delta x \to 0} [4\Delta x + (\Delta x)^2] = 0.$$

在定义 2 中，若令 $x = x_0 + \Delta x$，即 $\Delta x = x - x_0$，则当 $\Delta x \to 0$ 时，也就是当 $x \to x_0$ 时，有

$$\Delta y = f(x_0 + \Delta x) - f(x_0) = f(x) - f(x_0).$$

因而，函数在点 $x_0$ 处连续的定义又可叙述如下：

**定义 3**　设函数 $y = f(x)$ 在点 $x_0$ 的某一邻域内有定义．如果函数 $f(x)$ 当 $x \to x_0$ 时的极限存在，且等于它在点 $x_0$ 处的函数值 $f(x_0)$，即

$$\lim_{x \to x_0} f(x) = f(x_0),$$

则称函数 $f(x)$ 在点 $x_0$ 处**连续**．

**例 1**　试证函数

$$f(x) = \begin{cases} x \sin \dfrac{1}{x}, & x \neq 0 \\ 0, & x = 0 \end{cases}$$

在 $x = 0$ 处连续．

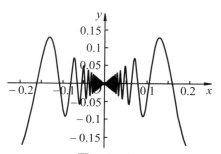

**证明**　因为

$$\lim_{x \to 0} x \sin \frac{1}{x} = 0,$$

且 $f(0) = 0$，故有

$$\lim_{x \to 0} f(x) = f(0),$$

由定义 3 知，函数 $f(x)$ 在 $x = 0$ 处连续．见图 1-9-4．∎

**图 1-9-4**

函数图形实验

**例 2**　设 $f(x)$ 是定义于 $[a, b]$ 上的单调增加函数，$x_0 \in (a, b)$，如果 $\lim\limits_{x \to x_0} f(x)$ 存在，试证明函数 $f(x)$ 在点 $x_0$ 处连续.

**证明**　设 $\lim\limits_{x \to x_0} f(x) = A$，由于 $f(x)$ 单调增加，故

当 $x < x_0$ 时，$f(x) < f(x_0)$，$A = \lim\limits_{x \to x_0^-} f(x) \leq f(x_0)$；

当 $x > x_0$ 时，$f(x) > f(x_0)$，$A = \lim\limits_{x \to x_0^+} f(x) \geq f(x_0)$.

由此得到 $A = f(x_0)$，即有

$$\lim\limits_{x \to x_0} f(x) = f(x_0),$$

因此 $f(x)$ 在点 $x_0$ 处连续.

## 二、左、右连续

若函数 $f(x)$ 在 $(a, x_0]$ 内有定义，且

$$f(x_0 - 0) = \lim\limits_{x \to x_0^-} f(x) = f(x_0),$$

则称 $f(x)$ 在点 $x_0$ 处**左连续**；

若函数 $f(x)$ 在 $[x_0, b)$ 内有定义，且

$$f(x_0 + 0) = \lim\limits_{x \to x_0^+} f(x) = f(x_0),$$

则称 $f(x)$ 在点 $x_0$ 处**右连续**.

**定理 1**　函数 $f(x)$ 在点 $x_0$ 处连续的充分必要条件是函数 $f(x)$ 在点 $x_0$ 处既左连续又右连续.

**例 3**　已知函数

$$f(x) = \begin{cases} x^2 + 1, & x < 0 \\ 2x - b, & x \geq 0 \end{cases}$$

在点 $x = 0$ 处连续，求 $b$ 的值.

**解**　$\lim\limits_{x \to 0^-} f(x) = \lim\limits_{x \to 0^-} (x^2 + 1) = 1$，　$\lim\limits_{x \to 0^+} f(x) = \lim\limits_{x \to 0^+} (2x - b) = -b$，

因为 $f(x)$ 在点 $x = 0$ 处连续，故

$$\lim\limits_{x \to 0^-} f(x) = \lim\limits_{x \to 0^+} f(x),$$

即 $b = -1$.

## 三、连续函数与连续区间

在区间内每一点都连续的函数，称为该区间内的连续函数，或者说函数在该**区间内连续**.

如果函数在开区间 $(a, b)$ 内连续，并且在左端点 $x = a$ 处右连续，在右端点 $x = b$ 处左连续，则称函数 $f(x)$ **在闭区间 $[a, b]$ 上连续**.

连续函数的图形是一条连续而不间断的曲线.

**例4** 证明函数 $y = \sin x$ 在区间 $(-\infty, +\infty)$ 内连续.

**证明** 任取 $x \in (-\infty, +\infty)$, 则

$$\Delta y = \sin(x + \Delta x) - \sin x = 2\sin\frac{\Delta x}{2} \cdot \cos\left(x + \frac{\Delta x}{2}\right),$$

由 $\left|\cos\left(x + \dfrac{\Delta x}{2}\right)\right| \leq 1$, 得

$$|\Delta y| \leq 2\left|\sin\frac{\Delta x}{2}\right| < |\Delta x|,$$

所以, 当 $\Delta x \to 0$ 时, $\Delta y \to 0$. 即函数 $y = \sin x$ 对于任意 $x \in (-\infty, +\infty)$ 都是连续的.■

类似地, 可以证明基本初等函数在其定义域内是连续的.

## 四、函数的间断点

**定义4** 如果函数 $f(x)$ 在 $x_0$ 的某一个去心邻域内有定义, 且 $f(x)$ 在点 $x_0$ 处不连续, 则称 $f(x)$ 在点 $x_0$ 处**间断**, 称点 $x_0$ 为 $f(x)$ 的**间断点**.

由函数在某点连续的定义可知, 如果 $f(x)$ 在点 $x_0$ 处满足下列三个条件之一, 则点 $x_0$ 为 $f(x)$ 的间断点:

(1) $f(x)$ 在点 $x_0$ 处没有定义;　　　　(2) $\lim\limits_{x \to x_0} f(x)$ 不存在;

(3) 在点 $x_0$ 处 $f(x)$ 有定义, 且 $\lim\limits_{x \to x_0} f(x)$ 存在, 但是 $\lim\limits_{x \to x_0} f(x) \neq f(x_0)$.

函数的间断点常分为下面两类:

**第一类间断点** 设点 $x_0$ 为 $f(x)$ 的间断点, 但左极限 $f(x_0 - 0)$ 及右极限 $f(x_0 + 0)$ 都存在, 则称 $x_0$ 为 $f(x)$ 的第一类间断点.

当 $f(x_0 - 0) \neq f(x_0 + 0)$ 时, $x_0$ 称为 $f(x)$ 的**跳跃间断点**.

若 $\lim\limits_{x \to x_0} f(x) = A \neq f(x_0)$ 或 $f(x)$ 在点 $x_0$ 处无定义, 则称点 $x_0$ 为 $f(x)$ 的**可去间断点**.

**第二类间断点** 如果 $f(x)$ 在点 $x_0$ 处的左、右极限至少有一个不存在, 则称点 $x_0$ 为函数 $f(x)$ 的第二类间断点.

常见的第二类间断点有**无穷间断点** (如 $\lim\limits_{x \to x_0} f(x) = \infty$) 和**振荡间断点** (在 $x \to x_0$ 的过程中, $f(x)$ 无限振荡, 极限不存在).

**例5** 讨论

$$f(x) = \begin{cases} x + 2, & x \geq 0 \\ x - 2, & x < 0 \end{cases}$$

在 $x = 0$ 处的连续性.

**解**

$$\lim_{x \to 0^+} f(x) = \lim_{x \to 0^+} (x + 2) = 2 = f(0),$$

$$\lim_{x \to 0^-} f(x) = \lim_{x \to 0^-} (x - 2) = -2 \neq f(0),$$

$f(x)$ 在点 $x=0$ 处右连续但不左连续，故函数 $f(x)$ 在点 $x=0$ 处不连续，且 $x=0$ 是 $f(x)$ 的跳跃间断点 (见图 1−9−5).　■

**例 6**　讨论函数

$$f(x) = \begin{cases} 2\sqrt{x}, & 0 \le x < 1 \\ 1, & x = 1 \\ 1+x, & x > 1 \end{cases}$$

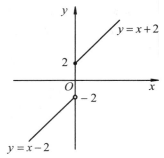

图 1−9−5

在 $x=1$ 处的连续性.

**解**　因为

$$f(1)=1, f(1-0)=2, f(1+0)=2,$$

从而

$$\lim_{x \to 1} f(x) = 2 \ne f(1),$$

故 $x=1$ 为函数 $f(x)$ 的可去间断点 (见图 1−9−6).　■

**注**：若修改定义为 $f(1)=2$，则

$$f(x) = \begin{cases} 2\sqrt{x}, & 0 \le x < 1 \\ 1+x, & x \ge 1 \end{cases}$$

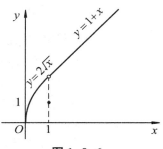

图 1−9−6

在 $x=1$ 处连续.

**例 7**　讨论函数

$$f(x) = \begin{cases} 1/x, & x > 0 \\ x, & x \le 0 \end{cases}$$

在 $x=0$ 处的连续性.

**解**　因为

$$f(0-0)=0, f(0+0)=+\infty,$$

所以 $x=0$ 为函数的第二类间断点，且为无穷间断点 (见图 1−9−7).　■

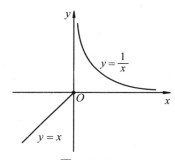

图 1−9−7

**例 8**　讨论函数 $f(x) = \sin\dfrac{1}{x}$ 在 $x=0$ 处的连续性.

**解**　因为在 $x=0$ 处没有定义，且 $\lim\limits_{x \to 0} \sin\dfrac{1}{x}$ 不存在. 所以 $x=0$ 为函数 $f(x)$ 的第二类间断点，且为振荡间断点 (见图 1−9−8).　■

函数图形实验

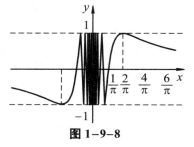

图 1−9−8

**例 9**　设 $f(x) = \begin{cases} 1/x, & x < 0 \\ \dfrac{x^2-1}{x-1}, & 0 < |x-1| \le 1 \\ 2x-1, & x > 2 \end{cases}$，求 $f(x)$ 的间断点，并判别它们的类型.

**解** $f(x)$的定义域为$(-\infty, 1) \bigcup (1, +\infty)$, 且在$(-\infty, 0)$, $(0, 1)$, $(1, 2)$, $(2, +\infty)$中, $f(x)$都是初等函数, 因而, $f(x)$的间断点只可能在$x_1 = 0$, $x_2 = 1$, $x_3 = 2$处.

由于$\lim\limits_{x \to 0^-} f(x) = \lim\limits_{x \to 0^-} \dfrac{1}{x} = -\infty$, 因此, $x_1 = 0$是$f(x)$的第二类间断点(无穷间断点).

由于$\lim\limits_{x \to 1} f(x) = \lim\limits_{x \to 1} \dfrac{x^2 - 1}{x - 1} = 2$, 且$f(x)$在$x_2 = 1$处无定义, 因此, $x_2 = 1$是$f(x)$的可去间断点. 又

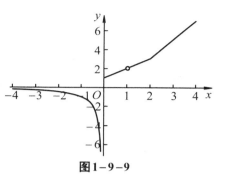

图1-9-9

$$\lim_{x \to 2^-} f(x) = \lim_{x \to 2^-} \frac{x^2 - 1}{x - 1} = 3, \quad \lim_{x \to 2^+} f(x) = \lim_{x \to 2^+} (2x - 1) = 3, \quad f(2) = 3,$$

因此, $x_3 = 2$是$f(x)$的连续点(见图1-9-9). ■

**例10** 讨论$f(x) = \begin{cases} x^\alpha \sin\dfrac{1}{x}, & x > 0 \\ \mathrm{e}^x + \beta, & x \leq 0 \end{cases}$ 在$x = 0$处的连续性.

**解** 当且仅当$f(0+0) = f(0-0) = f(0)$时, $f(x)$在$x = 0$处连续. 因为

$$f(0) = \mathrm{e}^0 + \beta = 1 + \beta,$$

$$f(0-0) = \lim_{x \to 0^-} f(x) = \lim_{x \to 0^-} (\mathrm{e}^x + \beta) = 1 + \beta,$$

$$f(0+0) = \lim_{x \to 0^+} f(x) = \lim_{x \to 0^+} x^\alpha \sin\frac{1}{x} = \begin{cases} 0, & \alpha > 0 \\ \text{不存在}, & \alpha \leq 0 \end{cases},$$

所以, 当$\alpha > 0$且$1 + \beta = 0$, 即$\beta = -1$时, $f(x)$在$x = 0$处连续; 当$\alpha \leq 0$或$\beta \neq -1$时, $f(x)$在$x = 0$处间断. ■

## 习题 1-9

1. 研究下列函数的连续性, 并画出函数的图形.

(1) $f(x) = \begin{cases} x^2, & 0 \leq x \leq 1 \\ 2 - x, & 1 < x \leq 2 \end{cases}$;
   (2) $f(x) = \begin{cases} x, & -1 \leq x \leq 1 \\ 1, & x < -1 \text{ 或 } x > 1 \end{cases}$.

2. 下列函数$f(x)$在$x = 0$处是否连续? 为什么?

(1) $f(x) = \begin{cases} x^2 \sin\dfrac{1}{x}, & x \neq 0 \\ 0, & x = 0 \end{cases}$;
   (2) $f(x) = \begin{cases} \mathrm{e}^x, & x \leq 0 \\ \dfrac{\sin x}{x}, & x > 0 \end{cases}$.

3. 判断下列函数的指定点所属的间断点类型. 如果是可去间断点, 则请补充或改变函数的定义使它连续.

(1) $y = \dfrac{1}{(x+2)^2}$, $x = -2$;　　　　(2) $y = \dfrac{x^2-1}{x^2-3x+2}$, $x = 1$, $x = 2$;

(3) $y = \dfrac{1}{x}\ln(1-x)$, $x = 0$;　　　　(4) $y = \cos^2 \dfrac{1}{x}$, $x = 0$.

4. 证明：若 $f(x)$ 在点 $x_0$ 处连续且 $f(x_0) \neq 0$，则存在 $x_0$ 的某一邻域 $U(x_0)$，当 $x \in U(x_0)$ 时，$f(x) \neq 0$.

5. 设 $f(x) = \begin{cases} e^x, & x < 0 \\ a+x, & x \geq 0 \end{cases}$ 应当如何选择数 $a$，才能使 $f(x)$ 为 $(-\infty, +\infty)$ 内的连续函数？

6. 设 $f(x) = \begin{cases} a+x^2, & x < 0 \\ 1, & x = 0 \\ \ln(b+x+x^2), & x > 0 \end{cases}$ 已知 $f(x)$ 在 $x = 0$ 处连续，试确定 $a$ 和 $b$ 的值.

7. 研究 $f(x) = \begin{cases} \dfrac{1}{1+e^{1/x}}, & x \neq 0 \\ 0, & x = 0 \end{cases}$ 在 $x = 0$ 处的左、右连续性.

8. 设函数 $g(x)$ 在 $x = 0$ 处连续，且 $g(0) = 0$，已知 $|f(x)| \leq |g(x)|$，试证函数 $f(x)$ 在 $x = 0$ 处也连续.

9. 设 $f(x) = \lim\limits_{n \to \infty} \dfrac{x^{2n+1} + ax^2 + bx}{x^{2n} + 1}$. 当 $a, b$ 取何值时，$f(x)$ 在 $(-\infty, +\infty)$ 上连续？

# §1.10　连续函数的运算与性质

## 一、连续函数的四则运算

**定理1**　若函数 $f(x)$, $g(x)$ 在点 $x_0$ 处连续，则

$$Cf(x)\,(C\text{ 为常数}),\quad f(x) \pm g(x),\quad f(x) \cdot g(x),\quad \frac{f(x)}{g(x)}\,(g(x_0) \neq 0)$$

在点 $x_0$ 处也连续.

　　**证明**　只证 $f(x) \pm g(x)$ 在点 $x_0$ 处连续，其他情形可类似地证明.

　　因为 $f(x)$ 与 $g(x)$ 在 $x_0$ 处连续，所以

$$\lim_{x \to x_0} f(x) = f(x_0),\quad \lim_{x \to x_0} g(x) = g(x_0),$$

故有　　$\lim\limits_{x \to x_0} [f(x) \pm g(x)] = \lim\limits_{x \to x_0} f(x) \pm \lim\limits_{x \to x_0} g(x) = f(x_0) \pm g(x_0),$

所以 $f(x) \pm g(x)$ 在点 $x_0$ 处连续.

　　例如，$\sin x$, $\cos x$ 在 $(-\infty, +\infty)$ 内连续，故

$$\tan x = \frac{\sin x}{\cos x},\quad \cot x = \frac{\cos x}{\sin x},\quad \sec x = \frac{1}{\cos x},\quad \csc x = \frac{1}{\sin x}$$

在其定义域内连续.

## 二、反函数与复合函数的连续性

反函数和复合函数的概念已经在§1.2 中讲过，这里进一步来讨论它们的连续性.

**定理 2** 若函数 $y = f(x)$ 在区间 $I_x$ 上单调增加 (或单调减少) 且连续, 则它的反函数 $x = \varphi(y)$ 也在对应的区间

$$I_y = \{ y \mid y = f(x), x \in I_x \}$$

上单调增加 (或单调减少) 且连续.

**证明** 略. ■

例如, 由于 $y = \sin x$ 在闭区间 $\left[ -\dfrac{\pi}{2}, \dfrac{\pi}{2} \right]$ 上单调增加且连续, 所以它的反函数 $y = \arcsin x$ 在对应区间 $[-1, 1]$ 上也是单调增加且连续的.

同理可证, $y = \arccos x$ 在 $[-1, 1]$ 上单调减少且连续; $y = \arctan x$ 在区间 $(-\infty, +\infty)$ 内单调增加且连续; $y = \operatorname{arc cot} x$ 在区间 $(-\infty, +\infty)$ 内单调减少且连续.

总之, 反三角函数 $\arcsin x$, $\arccos x$, $\arctan x$, $\operatorname{arc cot} x$ 在它们的定义域内都是连续的.

**定理 3** 若 $\lim\limits_{x \to x_0} \varphi(x) = a$, $u = \varphi(x)$, 函数 $f(u)$ 在点 $a$ 处连续, 则有

$$\lim_{x \to x_0} f[\varphi(x)] = f(a) = f[\lim_{x \to x_0} \varphi(x)]. \tag{10.1}$$

**证明** 因 $f(u)$ 在 $u = a$ 处连续, 故对于任意给定的 $\varepsilon > 0$, 存在 $\eta > 0$, 使得当 $|u - a| < \eta$ 时, 恒有

$$| f(u) - f(a) | < \varepsilon,$$

又因 $\lim\limits_{x \to x_0} \varphi(x) = a$, 对上述 $\eta$, 存在 $\delta > 0$, 使得当 $0 < |x - x_0| < \delta$ 时, 恒有

$$|\varphi(x) - a| = |u - a| < \eta.$$

结合上述两步得, 对于任意的 $\varepsilon > 0$, 存在 $\delta > 0$, 使得当 $0 < |x - x_0| < \delta$ 时, 恒有

$$| f(u) - f(a) | = | f[\varphi(x)] - f(a) | < \varepsilon,$$

所以 $$\lim_{x \to x_0} f[\varphi(x)] = f(a) = f[\lim_{x \to x_0} \varphi(x)]. \qquad ■$$

**注**: 式 (10.1) 可写成

$$\lim_{x \to x_0} f[\varphi(x)] = f[\lim_{x \to x_0} \varphi(x)], \tag{10.2}$$

$$\lim_{x \to x_0} f[\varphi(x)] = \lim_{u \to a} f(u). \tag{10.3}$$

式 (10.2) 表明: 在定理 3 的条件下, 求复合函数 $f[\varphi(x)]$ 的极限时, 极限符号与

函数符号 $f$ 可以交换次序.

式(10.3)表明:在定理3的条件下,若作代换 $u = \varphi(x)$, 则求 $\lim\limits_{x \to x_0} f[\varphi(x)]$ 就转化为求 $\lim\limits_{u \to a} f(u)$, 这里 $\lim\limits_{x \to x_0} \varphi(x) = a$.

若在定理3的条件下,假定 $\varphi(x)$ 在点 $x_0$ 处连续,即

$$\lim_{x \to x_0} \varphi(x) = \varphi(x_0),$$

则可得到下列结论:

**定理4**　设函数 $u = \varphi(x)$ 在点 $x_0$ 处连续,且 $\varphi(x_0) = u_0$, 而函数 $y = f(u)$ 在点 $u = u_0$ 处连续,则复合函数 $f[\varphi(x)]$ 在点 $x_0$ 处也连续.

例如,函数 $u = 1/x$ 在 $(-\infty, 0) \bigcup (0, +\infty)$ 内连续. 函数 $y = \sin u$ 在 $(-\infty, +\infty)$ 内连续,所以 $y = \sin\dfrac{1}{x}$ 在 $(-\infty, 0) \bigcup (0, +\infty)$ 内连续.

**例1**　求 $\lim\limits_{x \to 0} \dfrac{\ln(1+x)}{x}$.

**解**　$\lim\limits_{x \to 0} \dfrac{\ln(1+x)}{x} = \lim\limits_{x \to 0} \ln(1+x)^{\frac{1}{x}} = \ln\left[\lim\limits_{x \to 0}(1+x)^{\frac{1}{x}}\right] = \ln e = 1.$ ■

**例2**　求 $\lim\limits_{x \to \infty} \cos(\sqrt{x+1} - \sqrt{x})$.

**解**　$\lim\limits_{x \to \infty} \cos(\sqrt{x+1} - \sqrt{x}) = \lim\limits_{x \to \infty} \cos\left[\dfrac{(\sqrt{x+1} - \sqrt{x})(\sqrt{x+1} + \sqrt{x})}{\sqrt{x+1} + \sqrt{x}}\right]$

$$= \lim_{x \to \infty} \cos\left[\frac{1}{\sqrt{x+1} + \sqrt{x}}\right] = \cos\left[\lim_{x \to \infty} \frac{1}{\sqrt{x+1} + \sqrt{x}}\right]$$

$$= \cos 0 = 1.$$ ■

**例3**　求 $\lim\limits_{x \to 0}(1+2x)^{\frac{3}{\sin x}}$.

**解**　因为

$$(1+2x)^{\frac{3}{\sin x}} = (1+2x)^{\frac{1}{2x} \cdot \frac{x}{\sin x} \cdot 6},$$

所以

函数图形实验

图1-10-1

$$\lim_{x \to 0}(1+2x)^{\frac{3}{\sin x}} = \lim_{x \to 0}\left[(1+2x)^{\frac{1}{2x}}\right]^{\frac{x}{\sin x} \cdot 6} = e^6.$$

见图1-10-1. ■

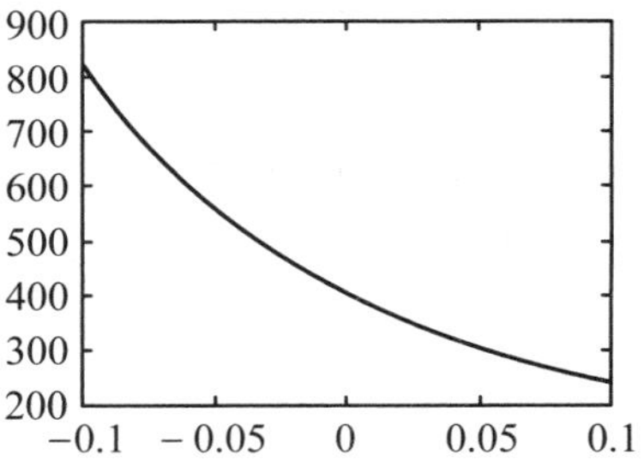

## 三、初等函数的连续性

**定理5**　基本初等函数在其定义域内是连续的.

因初等函数是由基本初等函数经过有限次四则运算和复合运算构成的,故有:

**定理 6**　一切初等函数在其定义区间内都是连续的.

**注**: 这里, **定义区间**是指包含在定义域内的区间. 初等函数仅在其定义区间内连续, 在其定义域内不一定连续.

例如, 函数 $y = \sqrt{x^2(x-1)^3}$ 的定义域为 $\{0\} \bigcup [1, +\infty)$, 函数在点 $x = 0$ 的邻域内没有定义, 因而函数 $y$ 在点 $x = 0$ 不连续, 但函数 $y$ 在定义区间 $[1, +\infty)$ 上连续 (见图 1-10-2).

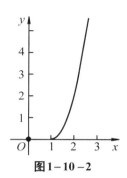

图 1-10-2

定理 6 的结论非常重要, 因为微积分的研究对象主要是连续或分段连续的函数. 而一般应用中所遇到的函数基本上是初等函数, 其连续性的条件总是满足的, 从而使微积分具有强大的生命力和广阔的应用前景. 此外, 根据定理 6, 求初等函数在其定义区间内某点的极限, 只需求初等函数在该点的函数值, 即

$$\lim_{x \to x_0} f(x) = f(x_0) \ (x_0 \in \text{定义区间}).$$

**例 4**　求 $\lim\limits_{x \to 2} \dfrac{e^x}{2x+1}$.

**解**　因为 $f(x) = \dfrac{e^x}{2x+1}$ 是初等函数, 且 $x_0 = 2$ 是其定义区间内的点, 所以 $f(x) = \dfrac{e^x}{2x+1}$ 在点 $x_0 = 2$ 处连续, 于是

$$\lim_{x \to 2} \frac{e^x}{2x+1} = \frac{e^2}{2 \times 2 + 1} = \frac{e^2}{5}. \qquad \blacksquare$$

**注**: 函数 $f(x) = u(x)^{v(x)} (u(x) > 0)$ 既不是幂函数, 也不是指数函数, 称其为**幂指函数**. 因为

$$u(x)^{v(x)} = e^{\ln u(x)^{v(x)}} = e^{v(x)\ln u(x)},$$

故幂指函数可化为复合函数, 在计算幂指函数的极限时, 若

$$\lim_{x \to x_0} u(x) = a > 0, \ \lim_{x \to x_0} v(x) = b,$$

则有

$$\lim_{x \to x_0} u(x)^{v(x)} = \left[ \lim_{x \to x_0} u(x) \right]^{\lim\limits_{x \to x_0} v(x)} = a^b. \tag{10.4}$$

**例 5**　求 $\lim\limits_{x \to 0} (x + 2e^x)^{\frac{1}{x-1}}$.

**解**　$\lim\limits_{x \to 0} (x + 2e^x)^{\frac{1}{x-1}} = \left[ \lim\limits_{x \to 0} (x + 2e^x) \right]^{\lim\limits_{x \to 0} \frac{1}{x-1}} = 2^{-1} = \dfrac{1}{2}.$ $\qquad \blacksquare$

## 四、闭区间上连续函数的性质

下面介绍闭区间上连续函数的几个基本性质, 由于它们的证明涉及严密的实数理论, 故略去其严格证明, 但我们可以借助于几何直观地来理解.

先说明最大值和最小值的概念. 对于在区间 $I$ 上有定义的函数 $f(x)$, 如果存在 $x_0 \in I$, 使得对于任一 $x \in I$ 都有

$$f(x) \leq f(x_0) \quad (f(x) \geq f(x_0)),$$

则称 $f(x_0)$ 是函数 $f(x)$ 在区间 $I$ 上的**最大值(最小值)**.

例如, 函数 $y = 1 + \sin x$ 在区间 $[0, 2\pi]$ 上有最大值 2 和最小值 0. 函数 $y = \text{sgn} x$ 在 $(-\infty, +\infty)$ 内有最大值 1 和最小值 $-1$.

**定理7(最大最小值定理)**　在闭区间上连续的函数一定有最大值和最小值.

定理7表明: 若函数 $f(x)$ 在闭区间 $[a, b]$ 上连续, 则至少存在一点 $\xi_1 \in [a, b]$, 使 $f(\xi_1)$ 是 $f(x)$ 在闭区间 $[a, b]$ 上的最小值; 又至少存在一点 $\xi_2 \in [a, b]$, 使 $f(\xi_2)$ 是 $f(x)$ 在闭区间 $[a, b]$ 上的最大值 (见图 1-10-3).

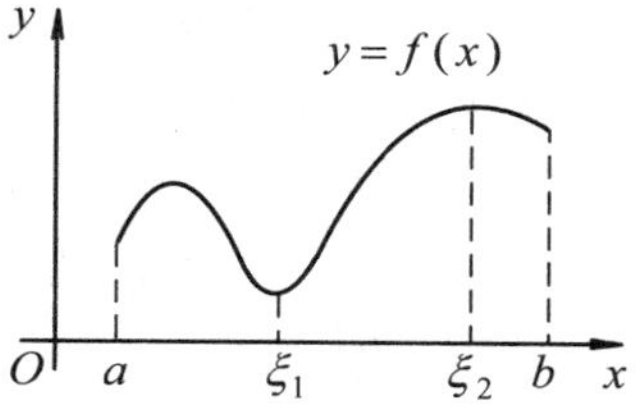

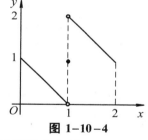

图 1-10-3

**注**: 当定理中的 "闭区间上连续" 的条件不满足时, 定理的结论可能不成立.

例如, 函数 $f(x) = 1/x$ 在开区间 $(0, 1)$ 内没有最大值, 因为它在闭区间 $[0, 1]$ 上不连续.

又如, 函数

$$f(x) = \begin{cases} -x + 1, & 0 \leq x < 1 \\ 1, & x = 1 \\ -x + 3, & 1 < x \leq 2 \end{cases}$$

在闭区间 $[0, 2]$ 上有间断点 $x = 1$. 该函数在闭区间 $[0, 2]$ 上既无最大值又无最小值 (见图1-10-4).

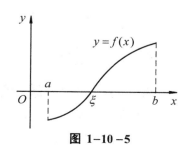

图 1-10-4

由定理7易得到下面的结论:

**定理8(有界性定理)**　在闭区间上连续的函数一定在该区间上有界.

如果 $f(x_0) = 0$, 则称 $x_0$ 为函数 $f(x)$ 的**零点**.

**定理9(零点定理)**　设函数 $f(x)$ 在闭区间 $[a, b]$ 上连续, 且 $f(a)$ 与 $f(b)$ 异号 (即 $f(a) \cdot f(b) < 0$), 则在开区间 $(a, b)$ 内至少有函数 $f(x)$ 的一个零点, 即至少存在一点 $\xi$ ($a < \xi < b$), 使 $f(\xi) = 0$.

**注**: 如图 1-10-5 所示, 在闭区间 $[a, b]$ 上连续的曲线 $y = f(x)$ 满足 $f(a) < 0$, $f(b) > 0$, 且与 $x$ 轴相交于 $\xi$ 处, 即有 $f(\xi) = 0$.

**定理10(介值定理)**　设函数 $f(x)$ 在闭区间 $[a, b]$ 上连续, 且在该区间的端点有不同的函数值 $f(a) = A$ 及 $f(b) = B$, 那么, 对于 $A$ 与 $B$ 之间的任意一个数 $C$, 在开区间 $(a, b)$ 内至少有一点 $\xi$, 使得

图 1-10-5

$$f(\xi) = C \quad (a < \xi < b).$$

**注**：如图 1-10-6 所示，在闭区间 $[a, b]$ 上连续的曲线 $y = f(x)$ 与直线 $y = C$ 有三个交点 $\xi_1$，$\xi_2$，$\xi_3$，即

$$f(\xi_1) = f(\xi_2) = f(\xi_3) = C$$
$$(a < \xi_1, \xi_2, \xi_3 < b).$$

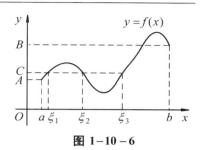

图 1-10-6

**推论1** 在闭区间上连续的函数必取得介于最大值 $M$ 与最小值 $m$ 之间的任何值.

**例6** 证明方程 $x^3 - 4x^2 + 1 = 0$ 在区间 $(0, 1)$ 内至少有一个实根.

**证明** 令 $f(x) = x^3 - 4x^2 + 1$，则 $f(x)$ 在 $[0, 1]$ 上连续. 又

$$f(0) = 1 > 0, \quad f(1) = -2 < 0,$$

由零点定理，$\exists \xi \in (0, 1)$，使

$$f(\xi) = 0,$$

即 $\qquad \xi^3 - 4\xi^2 + 1 = 0,$

所以方程 $x^3 - 4x^2 + 1 = 0$ 在 $(0, 1)$ 内至少有一个实根 $\xi$（见图 1-10-7）.

函数图形实验

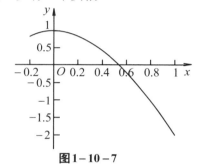

图 1-10-7

**例7** 设函数 $f(x)$ 在区间 $[a, b]$ 上连续，且 $f(a) < a$，$f(b) > b$，证明：存在 $\xi \in (a, b)$，使得 $f(\xi) = \xi$.

**证明** 构造辅助函数 $F(x) = f(x) - x$，易见 $F(x)$ 在 $[a, b]$ 上连续. 且

$$F(a) = f(a) - a < 0, \quad F(b) = f(b) - b > 0,$$

由零点定理知，存在 $\xi \in (a, b)$，使

$$F(\xi) = f(\xi) - \xi = 0,$$

即 $f(\xi) = \xi$.

**\*数学实验**

**实验1.13** 试用计算软件完成下列各题：

(1) 已知方程 $x^5 - 4x^2 + 1 = 0$ 在区间 $[0, 1]$ 内有一实根，求其近似值（精确到 $10^{-2}$）.

(2) 已知方程 $3^{-x} + x\sin(2x) = 0$ 在区间 $[2, 4]$ 内有一实根，求其近似值（精确到 $10^{-2}$）.
详见教材配套的网络学习空间.

# 五、一致连续性

我们已经知道，如果函数在区间 $I$ 上连续，即对于每一个 $x_0 \in I$，任意给定 $\varepsilon > 0$，都存在 $\delta > 0$（$\delta$ 不仅与 $\varepsilon$ 有关，且与 $x_0$ 有关），当 $|x - x_0| < \varepsilon$ 时，恒有 $|f(x) - f(x_0)| < \varepsilon$. 当 $\varepsilon$ 给定以后，对于不同的 $x_0$，一般来说，$\delta$ 是不同的，而在实际问题的研究中，有时需要对 $\delta(x_0, \varepsilon)$ 有较严格的限制，希望在 $\varepsilon$ 给定以后，要找的 $\delta$ 只与 $\varepsilon$ 有关而与

$x_0$ 无关. 这就是下面要引入的一致连续性 (有时也称为均匀连续性).

**定义1**　设函数 $f(x)$ 在区间 $I$ 上有定义, 若对任意给定的 $\varepsilon > 0$, 存在 $\delta > 0$, 使得对于区间 $I$ 上的任意两点 $x_1, x_2$, 当 $|x_1 - x_2| < \delta$ 时, 有

$$|f(x_1) - f(x_2)| < \varepsilon.$$

则称函数 $f(x)$ 在区间 $I$ 上是**一致连续**的.

**注**: 一致连续性表明: 区间 $I$ 上的任何部分, 只要自变量的两个数值接近到一定程度, 就可使对应的两个函数值达到所指定的接近程度.

**定理11 (一致连续性定理)**　如果函数 $f(x)$ 在闭区间 $[a, b]$ 上连续, 则它在该区间上一致连续.

**证明**　略.　∎

**例8**　证明函数 $f(x) = \sin x$ 在 $(-\infty, +\infty)$ 内是一致连续的.

**证明**　因为

$$|\sin x_1 - \sin x_2| = \left| 2\cos\frac{x_1 + x_2}{2} \sin\frac{x_1 - x_2}{2} \right| \leq 2\left| \sin\frac{x_1 - x_2}{2} \right| \leq |x_1 - x_2|,$$

故对于任意给定的 $\varepsilon > 0$, 只要取 $\delta = \varepsilon$, 则对于 $(-\infty, +\infty)$ 内的任意两点 $x_1, x_2$, 当

$$|x_1 - x_2| < \delta$$

时, 就有 $|\sin x_1 - \sin x_2| < \varepsilon$.

所以 $\sin x$ 在 $(-\infty, +\infty)$ 内是一致连续的.　∎

**注**: 由一致连续的定义可以知道, 如果函数 $f(x)$ 在区间 $I$ 上一致连续, 则 $f(x)$ 在区间上必定连续. 但是, 反过来不一定成立.

**例9**　试说明函数 $f(x) = \dfrac{1}{x}$ 在区间 $(0, 1]$ 上是连续的, 但不是一致连续的.

**解**　因为函数 $f(x) = \dfrac{1}{x}$ 是初等函数, 它在区间 $(0, 1]$ 上有定义, 所以由定理 6 知, 它在 $(0, 1]$ 上是连续的.

对于任意给定的 $\varepsilon > 0$ (不妨设 $0 < \varepsilon < 1$), 若 $f(x) = \dfrac{1}{x}$ 在 $(0, 1]$ 上一致连续, 则就应该存在 $\delta > 0$, 使得对于 $(0, 1]$ 上的任意两个值 $x_1, x_2$, 当 $|x_1 - x_2| < \delta$ 时, 就有

$$|f(x_1) - f(x_2)| < \varepsilon.$$

现在取原点附近的两点 $x_1 = \dfrac{1}{n}$, $x_2 = \dfrac{1}{n+1}$ $(n \in \mathbf{N})$, 显然 $x_1, x_2 \in (0, 1]$. 因

$$|x_1 - x_2| = \left| \frac{1}{n} - \frac{1}{n+1} \right| = \frac{1}{n(n+1)},$$

故只要 $n$ 取得足够大, 总能使 $|x_1 - x_2| < \delta$. 但这时有

$$|f(x_1) - f(x_2)| = \left| \frac{1}{1/n} - \frac{1}{1/(n+1)} \right| = |n - (n+1)| = 1 > \varepsilon,$$

不符合一致连续的定义, 所以 $f(x) = \dfrac{1}{x}$ 在 $(0, 1]$ 上不是一致连续的.　∎

## 习题 1-10

1. 求函数 $f(x) = \dfrac{x^3 + 3x^2 - x - 3}{x^2 + x - 6}$ 的连续区间, 并求极限 $\lim\limits_{x \to 0} f(x)$, $\lim\limits_{x \to -3} f(x)$, $\lim\limits_{x \to 2} f(x)$.

2. 求下列极限:

(1) $\lim\limits_{x \to 0} \sqrt{x^2 - 2x + 5}$;

(2) $\lim\limits_{\alpha \to \frac{\pi}{4}} (\sin 2\alpha)^3$;

(3) $\lim\limits_{x \to \frac{\pi}{6}} \ln(2 \cos 2x)$;

(4) $\lim\limits_{x \to 0} \dfrac{\sqrt{x+1} - 1}{x}$;

(5) $\lim\limits_{x \to 0} \ln \dfrac{\sin x}{x}$;

(6) $\lim\limits_{x \to 0} \dfrac{\ln(1 + x^2)}{\sin(1 + x^2)}$.

3. 证明方程 $x^5 - 3x = 1$ 至少有一个根介于 1 和 2 之间.

4. 证明方程 $x = a \sin x + b$ $(a > 0, b > 0)$ 至少有一个正根, 并且它不超过 $a + b$.

5. 证明曲线 $y = x^4 - 3x^2 + 7x - 10$ 在 $x = 1$ 与 $x = 2$ 之间至少与 $x$ 轴有一个交点.

6. 设 $f(x) = e^x - 2$, 求证在区间 $(0, 2)$ 内至少有一点 $x_0$, 使 $e^{x_0} - 2 = x_0$.

7. 设函数 $f(x)$ 对 $[a, b]$ 上任意两点 $x, y$, 恒有 $|f(x) - f(y)| \le L |x - y|$ ($L$ 为常数), 且 $f(a) \cdot f(b) < 0$. 试证在 $(a, b)$ 内至少有一点 $\xi$, 使得 $f(\xi) = 0$.

8. 证明: 若 $f(x)$ 在 $[a, b]$ 上连续, $a < x_1 < x_2 < \cdots < x_n < b$, 则在 $[x_1, x_n]$ 上必有 $\xi$, 使

$$f(\xi) = \frac{f(x_1) + f(x_2) + \cdots + f(x_n)}{n}.$$

9. 设 $f(x)$ 在 $[0, 2a]$ 上连续, 且 $f(0) = f(2a)$, 证明: 在 $[0, a]$ 上至少存在一点 $\xi$, 使

$$f(\xi) = f(\xi + a).$$

## 总 习 题 一

1. 求函数 $y = \sqrt{3 - x} + \arcsin \dfrac{3 - 2x}{5}$ 的定义域.

2. 设函数 $f(x)$ 的定义域是 $[0, 1)$, 求 $f\left(\dfrac{x}{x + 1}\right)$ 的定义域.

3. 设 $y = x^2$, 要使当 $x \in U(0, \delta)$ 时, $y \in U(0, 2)$, 应如何选择邻域 $U(0, \delta)$ 的半径 $\delta$?

4. 证明 $f(x) = \dfrac{\sqrt{1 + x^2} + x - 1}{\sqrt{1 + x^2} + x + 1}$ 是奇函数 $(x \in \mathbf{R})$.

5. 设函数 $y = f(x)$, $x \in (-\infty, +\infty)$ 的图形关于 $x = a$, $x = b$ 均对称 $(a \ne b)$, 试证: $y = f(x)$ 是周期函数, 并求其周期.

6. 设 $f(x)$ 在 $(0, +\infty)$ 上有意义, $x_1 > 0$, $x_2 > 0$, 求证:

(1) 若 $\dfrac{f(x)}{x}$ 单调减少, 则 $f(x_1 + x_2) < f(x_1) + f(x_2)$;

(2) 若 $\dfrac{f(x)}{x}$ 单调增加, 则 $f(x_1 + x_2) > f(x_1) + f(x_2)$.

7. 求下列函数的反函数:

(1) $y = \dfrac{1}{2}\left(x + \dfrac{1}{x}\right)$ $(|x| \geq 1)$; 　　　　(2) $y = \begin{cases} x, & -\infty < x < 1 \\ x^2, & 1 \leq x \leq 2 \\ 3^x, & 2 < x < +\infty \end{cases}$.

8. 求函数 $f(x)$ $(0 < x < 1)$ 的表达式, 其中 $f(\sin^2 x) = \cos 2x + \tan^2 x$.

9. 设 $f(x)$ 满足方程: $af(x) + bf\left(-\dfrac{1}{x}\right) = \sin x$ $(|a| \neq |b|)$, 求 $f(x)$.

10. 设 $f(x) = \mathrm{e}^{x^2}$, $f[\varphi(x)] = 1 - x$, 且 $\varphi(x) \geq 0$, 求 $\varphi(x)$ 及其定义域.

11. 设 $f(x) = \begin{cases} 1, & |x| < 1 \\ 0, & |x| = 1 \\ -1, & |x| > 1 \end{cases}$, $g(x) = \mathrm{e}^x$, 求 $f[g(x)]$, $g[f(x)]$, 并作出它们的图形.

12. 设 $f(x) = \begin{cases} 0, & x \leq 0 \\ x, & x > 0 \end{cases}$, $g(x) = \begin{cases} 0, & x \leq 0 \\ -x^2, & x > 0 \end{cases}$, 求 $f[f(x)]$, $g[g(x)]$, $f[g(x)]$, $g[f(x)]$.

13. 已知 $x_n = \dfrac{1}{3} + \dfrac{1}{15} + \cdots + \dfrac{1}{4n^2 - 1}$, 求 $\lim\limits_{n \to \infty} x_n$.

14. 求极限 $\lim\limits_{x \to 0}\left(\dfrac{2 + \mathrm{e}^{1/x}}{1 + \mathrm{e}^{2/x}} + \dfrac{x}{|x|}\right)$.

15. 证明函数 $f(x) = |x|$ 当 $x \to 0$ 时极限为 0.

16. 证明: 若 $x \to +\infty$ 及 $x \to -\infty$ 时, 函数 $f(x)$ 的极限都存在且都等于 $A$, 则 $\lim\limits_{x \to \infty} f(x) = A$.

17. 利用极限定义证明: 函数 $f(x)$ 当 $x \to x_0$ 时极限存在的充分必要条件是左极限、右极限各自存在并且相等.

18. 根据定义证明: $y = \dfrac{x^2 - 9}{x + 3}$ 为 $x \to 3$ 时的无穷小.

19. 已知 $f(x) = \dfrac{px^2 - 2}{x^2 + 1} + 3qx + 5$, 当 $x \to \infty$ 时, $p, q$ 取何值时 $f(x)$ 为无穷小? $p, q$ 取何值时 $f(x)$ 为无穷大?

20. 计算下列极限:

(1) $\lim\limits_{x \to 1} \dfrac{x^n - 1}{x - 1}$ ($n$ 为正整数); 　　　(2) $\lim\limits_{x \to 4} \dfrac{\sqrt{2x + 1} - 3}{\sqrt{x - 2} - \sqrt{2}}$;

(3) $\lim\limits_{x \to +\infty}\left(\sqrt{(x + p)(x + q)} - x\right)$; 　　(4) $\lim\limits_{x \to \infty} \dfrac{x^2 + 1}{x^3 + x}(3 + \cos x)$;

(5) $\lim\limits_{x \to +\infty} \dfrac{2x \sin x}{\sqrt{1 + x^2}} \arctan \dfrac{1}{x}$; 　　(6) $\lim\limits_{x \to 1} \dfrac{\sqrt[3]{x^2} - 2\sqrt[3]{x} + 1}{(x - 1)^2}$.

21. 设 $f(x) = \begin{cases} 1/x^2, & x < 0 \\ 0, & x = 0 \\ x^2 - 2x, & 0 < x \leq 2 \\ 3x - 6, & 2 < x \end{cases}$, 讨论 $x \to 0$ 及 $x \to 2$ 时, $f(x)$ 的极限是否存在, 并且求

$\lim\limits_{x \to -\infty} f(x)$ 及 $\lim\limits_{x \to +\infty} f(x)$.

22. 计算下列极限：

(1) $\lim\limits_{n\to\infty} 2^n \sin\dfrac{x}{2^n}\ (x\neq 0)$;　　(2) $\lim\limits_{x\to\infty}\dfrac{3x^2+5}{5x+3}\sin\dfrac{2}{x}$;　　(3) $\lim\limits_{x\to 0}\dfrac{\sqrt{1+\tan x}-\sqrt{1+\sin x}}{x(1-\cos x)}$.

23. 计算下列极限：

(1) $\lim\limits_{x\to 0}\dfrac{\ln(a+x)+\ln(a-x)-2\ln a}{x^2}$;　　(2) $\lim\limits_{x\to 0}\left(\dfrac{1+\tan x}{1+\sin x}\right)^{\frac{1}{x^3}}$.

24. 设 $x_1=1,\ x_{n+1}=1+\dfrac{x_n}{1+x_n}\ (n=1,2,\cdots)$，求 $\lim\limits_{n\to\infty} x_n$.

25. 证明：当 $x\to 0$ 时，有：(1) $\arctan x \sim x$;　　(2) $\sec x-1\sim x^2/2$.

26. 利用等价无穷小性质求下列极限：

(1) $\lim\limits_{x\to 0}\dfrac{\sin(x^n)}{(\sin x)^m}\ (n,m\in\mathbf{N})$;　　(2) $\lim\limits_{x\to 0}\dfrac{\sin^2 3x}{\ln^2(1+2x)}$;

(3) $\lim\limits_{x\to 0}\dfrac{\sin x-\tan x}{(\sqrt[3]{1+x^2}-1)(\sqrt{1+\sin x}-1)}$;　　(4) $\lim\limits_{x\to 0}\dfrac{(1+ax)^{1/n}-1}{x}\ (n\in\mathbf{N})$;

(5) $\lim\limits_{x\to 0}\dfrac{\sqrt{1+x\sin x}-\cos x}{\sin^2\dfrac{x}{2}}$.

27. 试判断：当 $x\to 0$ 时，$\dfrac{x^6}{1-\sqrt{\cos x^2}}$ 是 $x$ 的多少阶无穷小？

28. 设 $p(x)$ 是多项式，且 $\lim\limits_{x\to\infty}\dfrac{p(x)-x^3}{x^2}=2,\ \lim\limits_{x\to 0}\dfrac{p(x)}{x}=1$，求 $p(x)$.

29. 已知 $\lim\limits_{x\to 1}\dfrac{x^2+ax+b}{x-1}=3$，试求 $a,b$ 的值.

30. 设 $\lim\limits_{n\to\infty}\dfrac{n^\alpha}{n^\beta-(n-1)^\beta}=1\,992$，试求 $\alpha,\beta$ 的值.

31. 下列函数 $f(x)$ 在 $x=0$ 处是否连续？为什么？

(1) $f(x)=\begin{cases} \mathrm{e}^{-\frac{1}{x^2}}, & x\neq 0; \\ 0, & x=0 \end{cases}$　　(2) $f(x)=\begin{cases} \dfrac{\sin x}{|x|}, & x\neq 0 \\ 1, & x=0 \end{cases}$.

32. 判断下列函数的指定点所属的间断点类型，如果是可去间断点，则请补充或改变函数的定义使它连续.

(1) $y=\dfrac{x}{\tan x},\ x=k\pi,\ x=k\pi+\dfrac{\pi}{2}\ (k\in\mathbf{Z})$;　　(2) $y=\dfrac{1}{1-\mathrm{e}^{\frac{x}{x-1}}},\ x=0,\ x=1$.

33. 试确定 $a$ 的值，使函数 $f(x)=\begin{cases} x^2+a, & x\leqslant 0 \\ x\sin\dfrac{1}{x}, & x>0 \end{cases}$ 在 $(-\infty,+\infty)$ 上连续.

34. 讨论函数 $f(x)=\lim\limits_{n\to\infty}\dfrac{1-x^{2n}}{1+x^{2n}}x$ 的连续性，若有间断点，判断其类型.

35. 求函数 $y=\dfrac{1}{1-\ln x^2}$ 的连续区间.

36. 设函数 $f(x)$ 与 $g(x)$ 在点 $x_0$ 处连续，证明函数
$$\varphi(x) = \max\{f(x), g(x)\}, \psi(x) = \min\{f(x), g(x)\}$$
在点 $x_0$ 处也连续.

37. 设 $f(x)$ 在 $[a, b]$ 上连续，且 $a < c < d < b$，证明：在 $[a, b]$ 上必存在点 $\xi$ 使
$$mf(c) + nf(d) = (m + n) f(\xi), \quad \text{其中} \; m > 0, n > 0.$$

38. 证明：若 $f(x)$ 在 $(-\infty, +\infty)$ 内连续，且 $\lim\limits_{x \to \infty} f(x) = A$，则 $f(x)$ 在 $(-\infty, +\infty)$ 内有界.

## 数学家简介 [1]

### 阿基米德
#### —— 数学之神

　　阿基米德 (Archimedes, 公元前 287 — 前 212) 生于西西里岛 (Sicilia, 今属意大利) 的叙拉古.
阿基米德从小热爱学习，善于思考，喜欢辩论. 当他刚满 11 岁时，借助于与王室的关系，漂洋
过海到埃及的亚历山大求学. 他向当时著名的科学家欧几里得
的学生柯农学习哲学、数学、天文学、物理学等知识，最后博
古通今，掌握了丰富的希腊文化遗产. 回到叙拉古后，他坚持和
亚历山大的学者们保持联系，交流科学研究成果. 他继承了欧
几里得证明定理时的严谨性，但他的才智和成就却远远高于欧
几里得. 他把数学研究和力学、机械学紧密结合起来，用数学
研究力学和其他实际问题.

阿基米德

　　阿基米德的主要成就是在纯几何方面，他善于继承和创造.
他运用穷竭法解决了几何图形的面积、体积、曲线弧长等大量
计算问题，这些方法是微积分的先导，其结果也与微积分的结
果一致. 阿基米德在数学上的成就在当时达到了登峰造极的地步，对后世影响的深远程度也
是其他任何一位数学家所无法企及的. 阿基米德被后世的数学家尊称为 "数学之神". 任何一
张列出人类有史以来三位最伟大的数学家的名单中必定会包含阿基米德.

　　最引人入胜，也使阿基米德最为人称道的是他从智破金冠案中发现了一个科学基本原理.
国王让金匠做一顶新的纯金王冠，金匠如期完成了任务，理应得到奖赏，但这时有人告密说金
匠从金冠中偷走了一部分金子，以等重的银子掺入. 可是，做好的王冠无论从重量、外形上都
看不出问题. 国王把这个难题交给了阿基米德.

　　阿基米德日思夜想. 一天，他去澡堂洗澡，当他慢慢坐进澡盆时，水从盆边溢了出来，他
望着溢出来的水，突然大叫一声："我知道了！" 接着，阿基米德竟然一丝不挂地跑回家中. 原
来他想出办法了. 阿基米德把金王冠放进一个装满水的缸中，一些水溢出来了. 他取了王冠，
把水装满，再将一块同王冠一样重的金子放进水里，又有一些水溢出来. 他把两次的水加以
比较，发现第一次溢出来的水多于第二次，于是，他断定金冠中掺了银子. 经过一番试验，他
算出了银子的重量. 当他宣布他的发现时，金匠目瞪口呆.

这次试验的意义远远大过查出金匠欺骗国王. 阿基米德从中发现了一条原理, 即物体在液体中减轻的重量等于它所排出的液体的重量. 后人把这条原理以阿基米德的名字命名. 一直到现代, 人们还在利用这个原理测定船舶载重量等.

公元前 215 年, 罗马将领马塞拉斯率领大军, 乘坐战舰来到了历史名城叙拉古城下, 马塞拉斯以为小小的叙拉古城会不攻自破, 听到罗马大军的显赫名声, 城里的人还不开城投降? 然而, 回答罗马军队的是一阵阵密集可怕的镖箭和石头. 罗马人的小盾牌抵挡不住数不清的大大小小的石头, 他们被打得丧魂落魄, 争相逃命. 突然, 从城墙上伸出了无数巨大的起重机式的机械巨手, 它们分别抓住罗马人的战船, 把船吊在半空中摇来晃去, 最后甩在海边的岩石上, 或是把船重重地摔进海里, 船毁人亡. 马塞拉斯侥幸没有受伤, 但惊恐万分, 完全失去了刚来时的骄傲和狂妄, 变得不知所措. 最后只好下令撤退, 把船开到了安全地带. 罗马军队死伤无数, 被叙拉古人打得晕头转向. 可是, 敌人在哪里呢? 他们连影子也找不到. 马塞拉斯最后感慨万千地对身边的士兵说: "怎么样? 在这位几何学 '百手巨人' 面前, 我们只得放弃作战. 他拿我们的战船当玩具扔着玩. 在刹那间, 他向我们投射了这么多镖、箭和石块, 他难道不比神话里的 '百手巨人' 还厉害吗?"

传说, 阿基米德还曾利用抛物镜面的聚光作用, 把集中的阳光照射到入侵叙拉古的罗马船只上, 让它们自己燃烧起来. 罗马的许多船只都被烧毁了, 但罗马人却找不到失火的原因. 900 多年后, 有位科学家据史书介绍的阿基米德的方法制造了一面凹面镜, 成功地点着了距离镜子 45 米远的木头, 而且烧化了距离镜子 42 米远的铝. 所以, 许多科技史家通常都把阿基米德看成是人类利用太阳能的始祖.

马塞拉斯进攻叙拉古时屡受袭击, 在万般无奈下, 他带着舰队, 远远离开了叙拉古附近的海面. 他们采取了围而不攻的办法, 断绝城内和外界的联系. 3 年后, 终因粮绝和内讧, 叙拉古城陷落了. 马塞拉斯十分敬佩阿基米德的聪明才智, 下令不许伤害他, 还派一名士兵去请他. 此时阿基米德不知城门已破, 还在凝视着木板上的几何图形沉思呢. 当士兵的利剑指向他时, 他却用身子护住木板, 大叫: "不要动我的图形!" 他要求把原理证明完再走, 但这激怒了那个鲁莽无知的士兵, 他竟将利剑刺入阿基米德的胸膛. 就这样, 一位彪炳千秋的科学巨人惨死在野蛮的罗马士兵手下. 阿基米德之死标志着古希腊灿烂文化毁灭的开始.

# 第2章 导数与微分

数学中研究导数、微分及其应用的部分称为**微分学**,研究不定积分、定积分及其应用的部分称为**积分学**. 微分学与积分学统称为**微积分学**.

微积分学是高等数学最基本、最重要的组成部分,是现代数学许多分支的基础,是人类认识客观世界、探索宇宙奥秘乃至人类自身的典型数学模型之一.

恩格斯[1] 曾指出:"在一切理论成就中,未必再有什么像 17 世纪下半叶微积分的发明那样被看作人类精神的最高胜利了." 微积分的发展历史曲折跌宕,撼人心灵,是培养人们正确的世界观、科学的方法论,以及对人们进行文化熏陶的极好素材(本部分内容详见教材配套的网络学习空间).

积分的雏形可追溯到古希腊和我国魏晋时期,但微分概念直至16 世纪才应运而生. 本章及下一章将介绍一元函数微分学及其应用的有关内容.

## §2.1 导 数 概 念

从 15 世纪初文艺复兴时期起,欧洲的工业、农业、航海事业与商贾贸易得到了大规模的发展,形成了一个新的经济时代. 而 16 世纪的欧洲正处在资本主义萌芽时期,生产力得到了很大的发展. 生产实践的发展对自然科学提出了新的课题,迫切要求力学、天文学等基础学科向前发展,而这些学科都是深刻依赖于数学的,因而其发展也推动了数学的发展. 在各类学科对数学提出的种种要求中,下列三类问题导致了微分学的产生:

(1) 求变速运动的瞬时速度;

(2) 求曲线上某一点处的切线;

(3) 求最大值和最小值.

这三类实际问题的现实原型在数学上都可归结为函数相对于自变量变化而变化的快慢程度,即所谓的**函数的变化率**问题. 牛顿[2]从第一个问题出发,莱布尼茨[3]从第二个问题出发,分别给出了导数的概念.

---

① 恩格斯 (F. Engels, 1820 — 1895),德国哲学家,马克思主义创始人之一.

② 牛顿 (I. Newton, 1643 — 1727),英国数学家.

③ 莱布尼茨 (G. W. Leibniz, 1646 — 1716),德国数学家.

## 一、引例

**引例 1** 变速直线运动的瞬时速度

假设一物体作变速直线运动, 在 $[0, t]$ 这段时间内所经过的路程为 $s$, 则 $s$ 是时间 $t$ 的函数 $s = s(t)$. 求该物体在时刻 $t_0 \in [0, t]$ 的瞬时速度 $v(t_0)$.

首先考虑物体在时刻 $t_0$ 附近很短一段时间内的运动. 设物体从 $t_0$ 到 $t_0 + \Delta t$ 这段时间间隔内路程从 $s(t_0)$ 变到 $s(t_0 + \Delta t)$, 其改变量为

$$\Delta s = s(t_0 + \Delta t) - s(t_0),$$

在这段时间间隔内的平均速度为

$$\bar{v} = \frac{\Delta s}{\Delta t} = \frac{s(t_0 + \Delta t) - s(t_0)}{\Delta t}.$$

当时间间隔很小时, 可以认为物体在时间 $[t_0, t_0 + \Delta t]$ 内近似地做匀速运动. 因此, 可以用 $\bar{v}$ 作为 $v(t_0)$ 的近似值, 且 $\Delta t$ 越小, 其近似程度越高. 当时间间隔 $\Delta t \to 0$ 时, 我们把平均速度 $\bar{v}$ 的极限称为时刻 $t_0$ 的瞬时速度, 即

$$v(t_0) = \lim_{\Delta t \to 0} \frac{\Delta s}{\Delta t} = \lim_{\Delta t \to 0} \frac{s(t_0 + \Delta t) - s(t_0)}{\Delta t}.$$

**引例 2** 平面曲线的切线

设曲线 $C$ 是函数 $y = f(x)$ 的图形, 求曲线 $C$ 在点 $M(x_0, y_0)$ 处的切线的斜率.

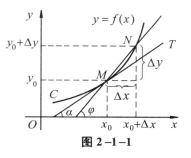

**图 2-1-1**

如图 2-1-1 所示, 设点 $N(x_0 + \Delta x, y_0 + \Delta y)(\Delta x \neq 0)$ 为曲线 $C$ 上的另一点, 连接点 $M$ 和点 $N$ 的直线 $MN$ 称为曲线 $C$ 的割线. 设割线 $MN$ 的倾角为 $\varphi$, 其斜率为

$$\tan \varphi = \frac{\Delta y}{\Delta x} = \frac{f(x_0 + \Delta x) - f(x_0)}{\Delta x},$$

所以当点 $N$ 沿曲线 $C$ 趋近于点 $M$ 时, 割线 $MN$ 的倾角 $\varphi$ 趋近于切线 $MT$ 的倾角 $\alpha$, 故割线 $MN$ 的斜率 $\tan \varphi$ 趋近于切线 $MT$ 的斜率 $\tan \alpha$. 因此, 曲线 $C$ 在点 $M(x_0, y_0)$ 处的切线斜率为

$$\tan \alpha = \lim_{\Delta x \to 0} \tan \varphi = \lim_{\Delta x \to 0} \frac{\Delta y}{\Delta x} = \lim_{\Delta x \to 0} \frac{f(x_0 + \Delta x) - f(x_0)}{\Delta x}.$$

上面两例的实际意义完全不同, 但从抽象的数量关系来看, 其实质都是函数的改变量与自变量的改变量之比当自变量改变量趋于零时的极限. 我们把这种特定的极限称为函数的导数.

## 二、导数的定义

**定义 1** 设函数 $y = f(x)$ 在点 $x_0$ 的某个邻域内有定义, 当自变量 $x$ 在 $x_0$ 处取得增量 $\Delta x$（点 $x_0 + \Delta x$ 仍在该邻域内）时, 相应地, 函数 $y$ 取得增量

$$\Delta y = f(x_0 + \Delta x) - f(x_0).$$

如果当 $\Delta x \to 0$ 时, 极限

$$\lim_{\Delta x \to 0} \frac{\Delta y}{\Delta x} = \lim_{\Delta x \to 0} \frac{f(x_0 + \Delta x) - f(x_0)}{\Delta x} \tag{1.1}$$

存在, 则称此极限值为函数 $y = f(x)$ 在点 $x_0$ 处的**导数**, 并称函数 $y = f(x)$ 在点 $x_0$ 处**可导**, 记为

$$f'(x_0), \ y'|_{x = x_0}, \ \left.\frac{\mathrm{d}y}{\mathrm{d}x}\right|_{x = x_0}, \ \text{或} \ \left.\frac{\mathrm{d}f(x)}{\mathrm{d}x}\right|_{x = x_0}.$$

函数 $f(x)$ 在点 $x_0$ 处可导有时也称为函数 $f(x)$ 在点 $x_0$ 处**具有导数**或**导数存在**.

导数的定义也可采取不同的表达形式.

例如, 在式 (1.1) 中, 令 $h = \Delta x$, 则

$$f'(x_0) = \lim_{h \to 0} \frac{f(x_0 + h) - f(x_0)}{h}. \tag{1.2}$$

令 $x = x_0 + \Delta x$, 则

$$f'(x_0) = \lim_{x \to x_0} \frac{f(x) - f(x_0)}{x - x_0}. \tag{1.3}$$

如果极限式 (1.1) 不存在, 则称函数 $y = f(x)$ 在点 $x_0$ 处**不可导**, 称 $x_0$ 为 $y = f(x)$ 的**不可导点**. 如果不可导的原因是式 (1.1) 的极限为 $\infty$, 为方便起见, 有时也称函数 $y = f(x)$ 在点 $x_0$ 处的**导数为无穷大**.

**注**: 导数概念是函数变化率这一概念的精确描述, 它撇开了自变量和因变量所代表的几何或物理等方面的特殊意义, 纯粹从数量方面来刻画函数变化率的本质: 函数增量与自变量增量的比值 $\dfrac{\Delta y}{\Delta x}$ 是函数 $y$ 在以 $x_0$ 和 $x_0 + \Delta x$ 为端点的区间上的平均变化率, 而导数 $y'|_{x = x_0}$ 则是函数 $y$ 在点 $x_0$ 处的变化率, 它反映了函数随自变量变化而变化的快慢程度.

如果函数 $y = f(x)$ 在开区间 $I$ 内的每点处都可导, 则称函数 $f(x)$ 在**开区间 $I$ 内可导**.

设函数 $y = f(x)$ 在开区间 $I$ 内可导, 则对于 $I$ 内每点 $x$, 都有一个导数值 $f'(x)$ 与之对应, 因此, $f'(x)$ 也是 $x$ 的函数, 称其为 $f(x)$ 的**导函数**, 记作

$$y', \ f'(x), \ \frac{\mathrm{d}y}{\mathrm{d}x} \ \text{或} \ \frac{\mathrm{d}f(x)}{\mathrm{d}x}.$$

根据导数的定义求导, 一般包含以下三个步骤:

(1) 求函数的增量: $\Delta y = f(x + \Delta x) - f(x)$;

(2) 求两增量的比值: $\dfrac{\Delta y}{\Delta x} = \dfrac{f(x + \Delta x) - f(x)}{\Delta x}$;

(3) 求极限 $y' = \lim\limits_{\Delta x \to 0} \dfrac{\Delta y}{\Delta x}$.

**例1** 求函数 $f(x)=x^3$ 在 $x=1$ 处的导数 $f'(1)$.

**解** 当 $x$ 由 1 变到 $1+\Delta x$ 时, 函数相应的增量为

$$\Delta y = (1+\Delta x)^3 - 1^3 = 3 \cdot \Delta x + 3 \cdot (\Delta x)^2 + (\Delta x)^3,$$

$$\frac{\Delta y}{\Delta x} = 3 + 3\Delta x + (\Delta x)^2,$$

所以

$$f'(1) = \lim_{\Delta x \to 0} \frac{\Delta y}{\Delta x} = \lim_{\Delta x \to 0}(3 + 3\Delta x + (\Delta x)^2) = 3.$$

**注**: 函数 $f(x)$ 在点 $x_0$ 处的导数 $f'(x_0)$ 就是其导函数 $f'(x)$ 在点 $x_0$ 处的函数值, 即

$$f'(x_0) = f'(x)|_{x=x_0}.$$

**例2** 试按导数定义求下列各极限(假设各极限均存在).

(1) $\displaystyle\lim_{x \to a} \frac{f(2x) - f(2a)}{x-a}$;　　　　(2) $\displaystyle\lim_{x \to 0} \frac{f(x)}{x}$, 其中 $f(0)=0$.

**解** (1) 由导数定义式(1.3)和极限的运算法则, 有

$$\lim_{x \to a} \frac{f(2x) - f(2a)}{x-a} = \lim_{2x \to 2a} \frac{f(2x) - f(2a)}{\frac{1}{2} \cdot (2x - 2a)} = 2 \cdot \lim_{2x \to 2a} \frac{f(2x) - f(2a)}{2x - 2a}$$

$$= 2 \cdot f'(2a).$$

(2) 因为 $f(0)=0$, 于是

$$\lim_{x \to 0} \frac{f(x)}{x} = \lim_{x \to 0} \frac{f(x) - f(0)}{x - 0} = f'(0).$$

## 三、左、右导数

求函数 $y = f(x)$ 在点 $x_0$ 处的导数时, $x \to x_0$ 的方式是任意的. 如果 $x$ 仅从 $x_0$ 的左侧趋于 $x_0$ (记为 $\Delta x \to 0^-$ 或 $x \to x_0^-$) 时, 极限

$$\lim_{\Delta x \to 0^-} \frac{\Delta y}{\Delta x} = \lim_{\Delta x \to 0^-} \frac{f(x_0 + \Delta x) - f(x_0)}{\Delta x}$$

存在, 则称该极限值为函数 $y = f(x)$ 在点 $x_0$ 处的**左导数**, 记为 $f'_-(x_0)$. 即

$$f'_-(x_0) = \lim_{\Delta x \to 0^-} \frac{\Delta y}{\Delta x} = \lim_{\Delta x \to 0^-} \frac{f(x_0 + \Delta x) - f(x_0)}{\Delta x} = \lim_{x \to x_0^-} \frac{f(x) - f(x_0)}{x - x_0}.$$

类似地, 可定义函数 $y = f(x)$ 在点 $x_0$ 处的**右导数**:

$$f'_+(x_0) = \lim_{\Delta x \to 0^+} \frac{\Delta y}{\Delta x} = \lim_{\Delta x \to 0^+} \frac{f(x_0 + \Delta x) - f(x_0)}{\Delta x} = \lim_{x \to x_0^+} \frac{f(x) - f(x_0)}{x - x_0}.$$

函数在一点处的左导数、右导数与函数在该点处的导数间有如下关系:

**定理1** 函数 $y = f(x)$ 在点 $x_0$ 处可导的充分必要条件是: 函数 $y = f(x)$ 在点 $x_0$ 处的左、右导数均存在且相等.

**注**: 本定理常被用于判定分段函数在分段点处是否可导.

**例 3**　求函数 $f(x) = \begin{cases} \sin x, & x < 0 \\ x, & x \geq 0 \end{cases}$ 在 $x = 0$ 处的导数.

**解**　当 $\Delta x < 0$ 时,

$$\Delta y = f(0 + \Delta x) - f(0) = \sin \Delta x - 0 = \sin \Delta x,$$

故

$$f_-'(0) = \lim_{\Delta x \to 0^-} \frac{\Delta y}{\Delta x} = \lim_{\Delta x \to 0^-} \frac{\sin \Delta x}{\Delta x} = 1.$$

当 $\Delta x > 0$ 时,

$$\Delta y = f(0 + \Delta x) - f(0) = \Delta x - 0 = \Delta x,$$

故

$$f_+'(0) = \lim_{\Delta x \to 0^+} \frac{\Delta y}{\Delta x} = \lim_{\Delta x \to 0^+} \frac{\Delta x}{\Delta x} = 1.$$

由 $f_-'(0) = f_+'(0) = 1$, 得

$$f'(0) = \lim_{\Delta x \to 0} \frac{\Delta y}{\Delta x} = 1.$$

**注**: 如果 $f(x)$ 在开区间 $(a, b)$ 内可导, 且 $f_+'(a)$ 及 $f_-'(b)$ 都存在, 则称 $f(x)$ 在**闭区间 $[a, b]$ 上可导**.

## 四、用定义计算导数

下面我们根据导数的定义来求部分初等函数的导数.

**例 4**　求函数 $f(x) = C$ ($C$ 为常数) 的导数.

**解**　$f'(x) = \lim\limits_{h \to 0} \dfrac{f(x+h) - f(x)}{h} = \lim\limits_{h \to 0} \dfrac{C - C}{h} = 0.$

即

$$(C)' = 0.$$

**例 5**　设函数 $f(x) = \sin x$, 求 $(\sin x)'$ 及 $(\sin x)'|_{x = \pi/4}$.

**解**　$(\sin x)' = \lim\limits_{h \to 0} \dfrac{\sin(x+h) - \sin x}{h} = \lim\limits_{h \to 0} \cos\left(x + \dfrac{h}{2}\right) \cdot \dfrac{\sin \dfrac{h}{2}}{\dfrac{h}{2}} = \cos x.$

所以

$$(\sin x)' = \cos x, \quad (\sin x)'|_{x = \pi/4} = \cos x|_{x = \pi/4} = \frac{\sqrt{2}}{2}.$$

**注**: 同理可得 $(\cos x)' = -\sin x$.

**例 6**　求函数 $y = x^n$ ($n$ 为正整数) 的导数.

**解**　$(x^n)' = \lim\limits_{h \to 0} \dfrac{(x+h)^n - x^n}{h} = \lim\limits_{h \to 0} \left[ nx^{n-1} + \dfrac{n(n-1)}{2!} x^{n-2} h + \cdots + h^{n-1} \right] = nx^{n-1},$

即

$$(x^n)' = nx^{n-1}.$$

更一般地,

$$(x^\mu)' = \mu x^{\mu-1} \quad (\mu \in \mathbf{R}).$$

例如,

$$(\sqrt{x})' = \frac{1}{2} x^{\frac{1}{2} - 1} = \frac{1}{2\sqrt{x}},$$

$$\left(\frac{1}{x}\right)' = (x^{-1})' = (-1)x^{-1-1} = -\frac{1}{x^2}.$$

**例7** 求函数 $f(x) = a^x (a > 0, a \neq 1)$ 的导数.

**解** 当 $a > 0$, $a \neq 1$ 时, 有

$$(a^x)' = \lim_{h \to 0} \frac{a^{x+h} - a^x}{h} = a^x \lim_{h \to 0} \frac{a^h - 1}{h} = a^x \ln a.$$

即

$$(a^x)' = a^x \ln a.$$

特别地, 当 $a = e$ 时, 有

$$(e^x)' = e^x.$$

## 五、导数的几何意义

根据引例 2 的讨论可知, 如果函数 $y = f(x)$ 在点 $x_0$ 处可导, 则 $f'(x_0)$ 就是曲线 $y = f(x)$ 在点 $M(x_0, y_0)$ 处的切线的斜率, 即

$$k = \tan \alpha = f'(x_0),$$

其中 $\alpha$ 是曲线 $y = f(x)$ 在点 $M$ 处的切线的倾角(见图 $2-1-2$).

于是, 由直线的点斜式方程, 曲线 $y = f(x)$ 在点 $M(x_0, y_0)$ 处的切线方程为

$$y - y_0 = f'(x_0)(x - x_0). \tag{1.4}$$

法线方程为

$$y - y_0 = -\frac{1}{f'(x_0)}(x - x_0). \tag{1.5}$$

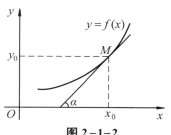

图 $2-1-2$

如果 $f'(x_0) = 0$, 则切线方程为 $y = y_0$, 即切线平行于 $x$ 轴.

如果 $f'(x_0)$ 为无穷大, 则切线方程为 $x = x_0$, 即切线垂直于 $x$ 轴.

**例8** 求曲线 $y = \sqrt{x}$ 在点 $(1, 1)$ 的切线方程和法线方程.

**解** 因为

$$y' = (\sqrt{x})' = \frac{1}{2\sqrt{x}}, \quad y'\Big|_{x=1} = \frac{1}{2\sqrt{1}} = \frac{1}{2},$$

故所求切线方程为

$$y - 1 = \frac{1}{2}(x - 1),$$

即

$$x - 2y + 1 = 0.$$

所求法线方程为

$$y - 1 = -2(x - 1),$$

即

$$2x + y - 3 = 0.$$

见图 $2-1-3$.

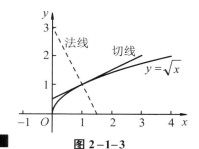

图 $2-1-3$

## 六、函数的可导性与连续性的关系

我们知道, 初等函数在其有定义的区间上都是连续的, 那么函数的连续性与可导性之间有什么联系呢? 下面的定理从一方面回答了这个问题.

**定理 2**　如果函数 $y = f(x)$ 在点 $x_0$ 处可导, 则它在点 $x_0$ 处连续.

**证明**　因为函数 $y = f(x)$ 在点 $x_0$ 处可导, 故有

$$\lim_{\Delta x \to 0} \frac{\Delta y}{\Delta x} = f'(x_0),$$

$\dfrac{\Delta y}{\Delta x} = f'(x_0) + \alpha$, 其中 $\alpha \to 0$ (当 $\Delta x \to 0$ 时), $\Delta y = f'(x_0)\Delta x + \alpha \Delta x$,

从而

$$\lim_{\Delta x \to 0} \Delta y = \lim_{\Delta x \to 0} [f'(x_0)\Delta x + \alpha \Delta x] = 0,$$

所以, 函数 $f(x)$ 在点 $x_0$ 处连续. ∎

**注**: 该定理的逆命题不成立, 即函数在某点连续, 但在该点不一定可导.

**例 9**　讨论函数

$$f(x) = |x| = \begin{cases} x, & x \geq 0 \\ -x, & x < 0 \end{cases}$$

在 $x = 0$ 处的连续性与可导性(见图 2-1-4).

**解**　易见函数 $f(x) = |x|$ 在 $x = 0$ 处是连续的, 事实上,

$$\lim_{x \to 0^+} f(x) = \lim_{x \to 0^+} |x| = \lim_{x \to 0^+} x = 0,$$

$$\lim_{x \to 0^-} f(x) = \lim_{x \to 0^-} |x| = \lim_{x \to 0^-} (-x) = 0,$$

因为

$$\lim_{x \to 0^+} f(x) = \lim_{x \to 0^-} f(x) = 0 = f(0),$$

所以函数 $f(x) = |x|$ 在 $x = 0$ 处是连续的.

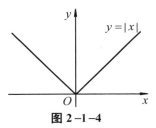

图 2-1-4

给 $x = 0$ 一个增量 $\Delta x$, 则函数增量与自变量增量的比值为

$$\frac{\Delta y}{\Delta x} = \frac{f(0 + \Delta x) - f(0)}{\Delta x} = \frac{|\Delta x|}{\Delta x},$$

于是　　$f'_+(0) = \lim_{\Delta x \to 0^+} \dfrac{\Delta y}{\Delta x} = \lim_{\Delta x \to 0^+} \dfrac{|\Delta x|}{\Delta x} = \lim_{\Delta x \to 0^+} \dfrac{\Delta x}{\Delta x} = 1,$

$$f'_-(0) = \lim_{\Delta x \to 0^-} \frac{\Delta y}{\Delta x} = \lim_{\Delta x \to 0^-} \frac{|\Delta x|}{\Delta x} = \lim_{\Delta x \to 0^-} \frac{-\Delta x}{\Delta x} = -1,$$

因为 $f'_+(0) \neq f'_-(0)$, 所以函数 $f(x) = |x|$ 在 $x = 0$ 处不可导. ∎

一般地, 如果曲线 $y = f(x)$ 的图形在点 $x_0$ 处出现"尖点"(见图 2-1-5), 则它在该点不可导. 因此, 如果函数在一个区间内可导, 则其图形不会出现"尖点", 或者说其图形是一条连续的光滑曲线.

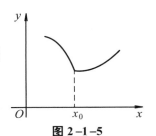

图 2-1-5

**例10** 讨论 $f(x) = \begin{cases} x\sin\dfrac{1}{x}, & x \neq 0 \\ 0, & x = 0 \end{cases}$ 在 $x = 0$ 处的

连续性与可导性.

函数图形实验

**解** 注意到 $\sin\dfrac{1}{x}$ 是有界函数, 则有

$$\lim_{x \to 0} x\sin\frac{1}{x} = 0,$$

由 $\lim\limits_{x \to 0} f(x) = 0 = f(0)$ 知, 函数 $f(x)$ 在 $x = 0$ 处连续.

但在 $x = 0$ 处有

$$\frac{\Delta y}{\Delta x} = \frac{(0+\Delta x)\sin\dfrac{1}{0+\Delta x} - 0}{\Delta x} = \sin\frac{1}{\Delta x}.$$

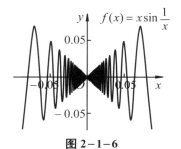

图 2-1-6

因为极限 $\lim\limits_{\Delta x \to 0} \dfrac{\Delta y}{\Delta x}$ 不存在, 所以 $f(x)$ 在 $x = 0$ 处不可导 (见图 2-1-6). ■

注: 上述两个例子说明, 函数在某点处连续是函数在该点处可导的必要条件, 但不是充分条件. 由定理 2 还知道, 若函数在某点处不连续, 则它在该点处一定不可导.

在微积分理论尚不完善的时候, 人们普遍认为连续函数除个别点外都是可导的. 1872 年德国数学家魏尔斯特拉斯构造出一个处处连续但处处不可导的例子, 这与人们基于直观的普遍认识大相径庭, 从而震惊了数学界和思想界. 这就促使人们在微积分研究中从依赖于直观转向依赖于理性思维, 从而大大促进了微积分逻辑基础的创建工作.

**\*数学实验**

**实验 2.1** 试用计算软件完成下列各题:

(1) 用导数的定义求函数 $f(x) = x^3 - 3x^2 + x + 1$ 的导函数, 并在同一坐标系内作出该函数及其导函数的图形.

(2) 用导数的定义求函数 $f(x) = 2x^3 + 3x^2 - 12x + 7$ 在 $x = -1$ 处的导数, 并求出该点处的切线方程.

函数图形实验

详见教材配套的网络学习空间.

## 习题 2-1

1. 用定义求函数 $y = \dfrac{1}{2}x^2$ 在 $x = 3$ 处的导数.

2. 已知物体的运动规律 $s = t^2 \,(\text{m})$, 求该物体在 $t = 2\,(\text{s})$ 时的速度.

3. 设 $f'(x_0)$ 存在, 试利用导数的定义求下列极限:

(1) $\lim\limits_{\Delta x \to 0} \dfrac{f(x_0 - \Delta x) - f(x_0)}{\Delta x}$;　　　　　　(2) $\lim\limits_{h \to 0} \dfrac{f(x_0 + h) - f(x_0 - h)}{h}$;

(3) $\lim\limits_{\Delta x \to 0} \dfrac{f(x_0 + \Delta x) - f(x_0 - 2\Delta x)}{2\Delta x}$.

4. 设 $f(x)$ 在 $x = 2$ 处连续, 且 $\lim\limits_{x \to 2} \dfrac{f(x)}{x - 2} = 2$, 求 $f'(2)$.

5. 给定抛物线 $y = x^2 - x + 2$, 求过点 $(1, 2)$ 的切线方程与法线方程.

6. 求曲线 $y = e^x$ 在点 $(0, 1)$ 处的切线方程和法线方程.

7. 函数 $f(x) = \begin{cases} x^2 + 1, & 0 \le x < 1 \\ 3x - 1, & 1 \le x \end{cases}$ 在点 $x = 1$ 处是否可导? 为什么?

8. 用导数定义求 $f(x) = \begin{cases} x, & x < 0 \\ \ln(1 + x), & x \ge 0 \end{cases}$ 在点 $x = 0$ 处的导数.

9. 设 $f(x) = \begin{cases} \sin x, & x < 0 \\ x, & x \ge 0 \end{cases}$, 求 $f'(x)$.

10. 试讨论函数 $y = \begin{cases} x^2 \sin \dfrac{1}{x}, & x \ne 0 \\ 0, & x = 0 \end{cases}$ 在 $x = 0$ 处的连续性与可导性.

11. 设 $\varphi(x)$ 在 $x = a$ 处连续, $f(x) = (x^2 - a^2)\varphi(x)$, 求 $f'(a)$.

12. 设不恒为零的奇函数 $f(x)$ 在 $x = 0$ 处可导, 试说明 $x = 0$ 为函数 $\dfrac{f(x)}{x}$ 的何种间断点.

13. 当物体的温度高于周围介质的温度时, 物体就不断冷却, 若物体的温度 $T$ 与时间 $t$ 的函数关系为 $T = T(t)$, 应怎样确定该物体在时刻 $t$ 的冷却速度?

14. 设函数 $f(x)$ 在其定义域上可导, 若 $f(x)$ 是偶函数, 证明 $f'(x)$ 是奇函数; 若 $f(x)$ 是奇函数, 证明 $f'(x)$ 是偶函数 (即求导改变奇偶性).

# §2.2　函数的求导法则

> 要发明, 就要挑选恰当的符号, 要做到这一点, 就要用含义简明的少量符号来表达和比较忠实地描绘事物的内在本质, 从而最大限度地减少人的思维活动.
>
> —— **G.W. 莱布尼茨**

　　求函数的变化率 —— 导数, 是理论研究和实践应用中经常遇到的一个问题. 但根据定义求导往往非常烦琐, 有时甚至是不可行的. 能否找到求导的一般法则或常用函数的求导公式, 使求导的运算变得更为简单易行呢? 从微积分诞生之日起, 数学家们就在探求这一途径. 牛顿和莱布尼茨都做了大量的工作. 特别是博学多才的数学符号大师莱布尼茨对此作出了不朽的贡献. 今天我们所学的微积分学中的法则、公式, 特别是所采用的符号大体上是由莱布尼茨完成的.

## 一、导数的四则运算法则

**定理 1** 若函数 $u(x)$, $v(x)$ 在点 $x$ 处可导, 则它们的和、差、积、商(分母不为零) 在点 $x$ 处也可导, 且

(1) $[u(x) \pm v(x)]' = u'(x) \pm v'(x)$;    (2) $[u(x) \cdot v(x)]' = u'(x)v(x) + u(x)v'(x)$;

(3) $\left[\dfrac{u(x)}{v(x)}\right]' = \dfrac{u'(x)v(x) - u(x)v'(x)}{v^2(x)}$    $(v(x) \neq 0)$.

**证明** 在此只证明 (3), (1)、(2) 请读者自己证明.

设 $f(x) = \dfrac{u(x)}{v(x)}$ $(v(x) \neq 0)$, 则

$$
\begin{aligned}
f'(x) &= \lim_{h \to 0} \frac{f(x+h) - f(x)}{h} = \lim_{h \to 0} \frac{\dfrac{u(x+h)}{v(x+h)} - \dfrac{u(x)}{v(x)}}{h} \\
&= \lim_{h \to 0} \frac{u(x+h)v(x) - u(x)v(x+h)}{v(x+h)v(x)h} \\
&= \lim_{h \to 0} \frac{[u(x+h) - u(x)]v(x) - u(x)[v(x+h) - v(x)]}{v(x+h)v(x)h} \\
&= \frac{u'(x)v(x) - u(x)v'(x)}{[v(x)]^2},
\end{aligned}
$$

从而所证结论成立. ■

**注**: 法则 (1)、(2) 均可推广到有限多个函数运算的情形. 例如, 设 $u = u(x)$、$v = v(x)$、$w = w(x)$ 均可导, 则有

$$(u - v + w)' = u' - v' + w',$$

$$(uvw)' = [(uv)w]' = (uv)'w + (uv)w' = (u'v + uv')w + uvw',$$

即

$$(uvw)' = u'vw + uv'w + uvw'.$$

若在法则 (2) 中, 令 $v(x) = C$($C$ 为常数), 则有

$$[Cu(x)]' = Cu'(x).$$

若在法则 (3) 中, 令 $u(x) = C$($C$ 为常数), 则有

$$\left[\frac{C}{v(x)}\right]' = -C\frac{v'(x)}{v^2(x)}.$$

**例 1** 求 $y = x^3 - 2x^2 + \sin x$ 的导数.

**解** $y' = (x^3)' - (2x^2)' + (\sin x)' = 3x^2 - 4x + \cos x.$

**例 2** 求 $y = 2\sqrt{x}\sin x$ 的导数.

**解** $y' = (2\sqrt{x}\sin x)' = 2(\sqrt{x}\sin x)' = 2[(\sqrt{x})'\sin x + \sqrt{x}(\sin x)']$

$$= 2\left(\frac{1}{2\sqrt{x}}\sin x + \sqrt{x}\cos x\right) = \frac{1}{\sqrt{x}}\sin x + 2\sqrt{x}\cos x.$$

**例 3** 求 $y = \tan x$ 的导数.

**解** $y' = \left(\frac{\sin x}{\cos x}\right)' = \frac{(\sin x)'\cos x - \sin x(\cos x)'}{\cos^2 x} = \frac{\cos x\cos x - \sin x(-\sin x)}{\cos^2 x}$

$$= \frac{\cos^2 x + \sin^2 x}{\cos^2 x} = \frac{1}{\cos^2 x} = \sec^2 x,$$

即 $$(\tan x)' = \sec^2 x.$$

同理可得

$$(\cot x)' = -\csc^2 x, \quad (\sec x)' = \sec x\tan x, \quad (\csc x)' = -\csc x\cot x.$$

**例 4** 人体对一定剂量药物的反应有时可用方程 $R = M^2\left(\dfrac{C}{2} - \dfrac{M}{3}\right)$ 来刻画,其中, $C$ 为一正常数, $M$ 表示血液中吸收的药物量. 反应 $R$ 可以有不同的衡量方式:若用血压的变化衡量,单位是毫米水银柱;若用温度的变化衡量,则单位是摄氏度. 求反应 $R$ 关于血液中吸收的药物量 $M$ 的导数 $\dfrac{\mathrm{d}R}{\mathrm{d}M}$ ,这个导数称为人体对药物的**敏感性**.

**解** $\dfrac{\mathrm{d}R}{\mathrm{d}M} = 2M\left(\dfrac{C}{2} - \dfrac{M}{3}\right) + M^2\left(-\dfrac{1}{3}\right) = MC - M^2.$

## 二、应用举例 —— 作为变化率的导数

### 1. 瞬时变化率

**例 5** 圆面积 $A$ 和其直径 $D$ 的关系为 $A = \dfrac{\pi}{4}D^2$ ,当 $D = 10$ 米时,面积关于直径的变化率是多大?

**解** 圆面积关于直径的变化率为

$$\frac{\mathrm{d}A}{\mathrm{d}D} = \frac{\pi}{4}\times 2D = \frac{\pi D}{2},$$

当 $D = 10$ 米时,圆面积的变化率为

$$\frac{\pi}{2}\times 10 = 5\pi\,(\text{米}^2/\text{米}),$$

即当直径 $D$ 由 10 米增加 1 米变为 11 米后圆面积约增加了 $5\pi$ 米 $^2$ .

### 2. 质点的垂直运动模型

**例 6** 一质点以每秒 50 米的发射速度垂直射向空中, $t$ 秒后达到的高度为 $s = 50t - 5t^2$ (米)(见图 2-2-1),假设在此运动过程中重力为唯一的作用力,试求:

(1) 该质点能达到的最大高度是多少?

(2) 该质点离地面 120 米时的速度是多少?

(3) 该质点何时重新落回地面?

**解** 依题设及 §1.1 引例 1 的讨论，易知时刻 $t$ 的速度为

$$v = \frac{\mathrm{d}}{\mathrm{d}t}(50t - 5t^2) = -10(t - 5) \text{（米/秒）}.$$

(1) 当 $t = 5$ 秒时，$v$ 变为 0，此时质点达到最大高度

$$s = 50 \times 5 - 5 \times 5^2 = 125 \text{（米）}.$$

(2) 令 $s = 50t - 5t^2 = 120$，解得 $t = 4$ 或 6，故

$$v = 10 \text{（米/秒）} \quad \text{或} \quad v = -10 \text{（米/秒）}.$$

(3) 令 $s = 50t - 5t^2 = 0$，解得 $t = 10$（秒），即该质点

10 秒后重新落回地面. ▪

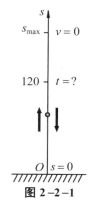

图 2-2-1

### 3. 经济学中的导数

在经济学中，函数在一点处的变化率称为**边际**. 例如，在工业生产的经营管理中，产品成本 $C(x)$ 和销售收入 $R(x)$ 均是所生产的单位产品的数量 $x$ 的函数. 生产的**边际成本**就是成本函数关于生产水平的变化率，即 $C'(x)$；**边际收入**就是收入函数关于生产水平的变化率，即 $R'(x)$.

实际应用中，常把生产的边际成本近似定义为多生产一个单位产品的成本：

$$\frac{\Delta C}{\Delta x} = \frac{C(x + \Delta x) - C(x)}{1},$$

并用 $C'(x)$ 的值作为其近似值. 对边际收入亦然.

显然，如果 $C(x)$ 的图形（见图 2-2-2）的斜率在 $x$ 附近变化不是很快，这种近似就是可以接受的.

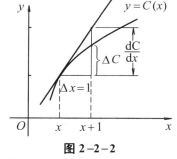

图 2-2-2

**例 7** 某产品在生产 8 到 20 件的情况下，生产 $x$ 件的成本与销售 $x$ 件的收入分别为

$$C(x) = x^3 - 2x^2 + 12x \text{（元）} \quad \text{与} \quad R(x) = x^3 - 3x^2 + 10x \text{（元）},$$

某工厂目前每天生产 10 件，试问每天多生产一件产品的成本为多少？每天多销售一件产品而增加的收入为多少？

**解** 在每天生产 10 件的基础上再多生产一件的成本大约为 $C'(10)$：

$$C'(x) = \frac{\mathrm{d}}{\mathrm{d}x}(x^3 - 2x^2 + 12x) = 3x^2 - 4x + 12, \quad C'(10) = 272 \text{（元）},$$

即多生产一件的附加成本为 272 元. 边际收入为

$$R'(x) = \frac{\mathrm{d}}{\mathrm{d}x}(x^3 - 3x^2 + 10x) = 3x^2 - 6x + 10, \quad R'(10) = 250 \text{（元）},$$

即多销售一件产品而增加的收入为 250 元. ▪

## 三、反函数的导数

**定理 2** 设函数 $x = \varphi(y)$ 在某区间 $I_y$ 内单调、可导且 $\varphi'(y) \neq 0$，则其反函数 $y =$

$f(x)$ 在对应区间 $I_x$ 内也可导, 且

$$f'(x) = \frac{1}{\varphi'(y)} \quad 或 \quad \frac{dy}{dx} = \frac{1}{\frac{dx}{dy}}.$$

即**反函数的导数等于直接函数导数的倒数**.

**证明**　因函数 $x = \varphi(y)$ 在区间 $I_y$ 内单调、可导且 $\varphi'(y) \neq 0$ (从而连续), 由§1.10 的定理 2 知, 其反函数 $y = f(x)$ 在对应区间 $I_x$ 内也单调、连续.

任取 $x \in I_x$, 给 $x$ 以增量 $\Delta x (\Delta x \neq 0, \ x + \Delta x \in I_x)$, 由 $y = f(x)$ 的单调性可知 $\Delta y \neq 0$, 于是

$$\frac{\Delta y}{\Delta x} = \frac{1}{\frac{\Delta x}{\Delta y}}.$$

因为 $y = f(x)$ 连续, 所以 $\lim\limits_{\Delta x \to 0} \Delta y = 0$, 从而

$$[f(x)]' = \lim_{\Delta x \to 0} \frac{\Delta y}{\Delta x} = \lim_{\Delta y \to 0} \frac{1}{\frac{\Delta x}{\Delta y}} = \frac{1}{\varphi'(y)}.$$

**例 8**　求函数 $y = \arcsin x$ 的导数.

**解**　因为 $y = \arcsin x$ 的反函数 $x = \sin y$ 在 $I_y = \left( -\dfrac{\pi}{2}, \dfrac{\pi}{2} \right)$ 内单调、可导, 且

$$(\sin y)' = \cos y > 0,$$

所以在对应区间 $I_x = (-1, 1)$ 内, 有

$$(\arcsin x)' = \frac{1}{(\sin y)'} = \frac{1}{\cos y} = \frac{1}{\sqrt{1 - \sin^2 y}} = \frac{1}{\sqrt{1 - x^2}}.$$

即

$$(\arcsin x)' = \frac{1}{\sqrt{1 - x^2}}.$$

同理可得 $(\arccos x)' = -\dfrac{1}{\sqrt{1 - x^2}}, \quad (\arctan x)' = \dfrac{1}{1 + x^2}, \quad (\text{arccot}\, x)' = -\dfrac{1}{1 + x^2}.$

**例 9**　求函数 $y = \log_a x (a > 0, \ 且 \ a \neq 1)$ 的导数.

**解**　因为 $y = \log_a x$ 的反函数 $x = a^y$ 在 $I_y = (-\infty, +\infty)$ 内单调、可导, 且

$$(a^y)' = a^y \ln a \neq 0,$$

所以在对应区间 $I_x = (0, +\infty)$ 内, 有

$$(\log_a x)' = \frac{1}{(a^y)'} = \frac{1}{a^y \ln a} = \frac{1}{x \ln a},$$

即

$$(\log_a x)' = \frac{1}{x \ln a}.$$

特别地, 当 $a = e$ 时, $(\ln x)' = \dfrac{1}{x}$.

## 四、复合函数的求导法则

**定理 3** 若函数 $u = g(x)$ 在点 $x$ 处可导, 而 $y = f(u)$ 在点 $u = g(x)$ 处可导, 则复合函数 $y = f[g(x)]$ 在点 $x$ 处可导, 且其导数为

$$\frac{\mathrm{d}y}{\mathrm{d}x} = f'(u) \cdot g'(x) \quad \text{或} \quad \frac{\mathrm{d}y}{\mathrm{d}x} = \frac{\mathrm{d}y}{\mathrm{d}u} \cdot \frac{\mathrm{d}u}{\mathrm{d}x}.$$

**证明** 因为 $y = f(u)$ 在点 $u$ 处可导, 所以

$$\lim_{\Delta u \to 0} \frac{\Delta y}{\Delta u} = f'(u),$$

根据极限与无穷小的关系, 有

$$\frac{\Delta y}{\Delta u} = f'(u) + \alpha,$$

其中 $\alpha$ 是 $\Delta u \to 0$ 时的无穷小, 上式中若 $\Delta u \neq 0$, 则有

$$\Delta y = f'(u) \Delta u + \alpha \Delta u, \tag{2.1}$$

当 $\Delta u = 0$ 时, 规定 $\alpha = 0$, 此时 $\Delta y = f(u + \Delta u) - f(u) = 0$, 而式 (2.1) 的右端亦为零, 故式 (2.1) 对 $\Delta u = 0$ 也成立. 从而

$$\lim_{\Delta x \to 0} \frac{\Delta y}{\Delta x} = \lim_{\Delta x \to 0} \left[ f'(u) \frac{\Delta u}{\Delta x} + \alpha \frac{\Delta u}{\Delta x} \right]$$

$$= f'(u) \lim_{\Delta x \to 0} \frac{\Delta u}{\Delta x} + \lim_{\Delta x \to 0} \alpha \lim_{\Delta x \to 0} \frac{\Delta u}{\Delta x} = f'(u) g'(x),$$

即

$$\frac{\mathrm{d}y}{\mathrm{d}x} = f'(u) \cdot g'(x).$$

**注**: 复合函数的求导法则可叙述为: **复合函数的导数等于函数对中间变量的导数乘以中间变量对自变量的导数**. 这一法则又称为**链式法则**.

复合函数求导法则可推广到多个中间变量的情形. 例如, 设

$$y = f(u), \ u = \varphi(v), \ v = \psi(x),$$

则复合函数 $y = f\{\varphi[\psi(x)]\}$ 的导数为

$$\frac{\mathrm{d}y}{\mathrm{d}x} = \frac{\mathrm{d}y}{\mathrm{d}u} \cdot \frac{\mathrm{d}u}{\mathrm{d}v} \cdot \frac{\mathrm{d}v}{\mathrm{d}x}.$$

**例 10** 求函数 $y = \ln \sin x$ 的导数.

**解** 设 $y = \ln u$, $u = \sin x$, 则

$$\frac{\mathrm{d}y}{\mathrm{d}x} = \frac{\mathrm{d}y}{\mathrm{d}u} \cdot \frac{\mathrm{d}u}{\mathrm{d}x} = \frac{1}{u} \cdot \cos x = \frac{\cos x}{\sin x} = \cot x.$$

**例 11** 求函数 $y = (x^2 + 1)^{10}$ 的导数.

**解** 设 $y = u^{10}$, $u = x^2 + 1$, 则

$$\frac{dy}{dx} = \frac{dy}{du} \cdot \frac{du}{dx} = 10u^9 \cdot 2x = 10(x^2+1)^9 \cdot 2x$$

$$= 20x(x^2+1)^9.$$ ■

**注**: 复合函数求导既是重点又是难点. 在求复合函数的导数时, 首先要分清函数的复合层次, 然后从外向里, 逐层推进求导, 不要遗漏, 也不要重复. 在求导的过程中, 始终要明确所求的导数是哪个函数对哪个变量(不管是自变量还是中间变量)的导数. 在开始时可以先设中间变量, 一步一步去做. 熟练之后, 中间变量可以省略不写, 只把中间变量看在眼里、记在心上, 直接把表示中间变量的部分写出来, 整个过程一气呵成.

比如, 例10可以这样做:

$$y' = (\ln \sin x)' = \frac{1}{\sin x} \cdot (\sin x)' = \frac{\cos x}{\sin x} = \cot x.$$

例11可以这样做:

$$y' = [(x^2+1)^{10}]' = 10(x^2+1)^9 \cdot (x^2+1)' = 20x(x^2+1)^9.$$

**例 12** 求函数 $y = \ln \dfrac{\sqrt{x^2+1}}{\sqrt[3]{x-2}}$ $(x > 2)$ 的导数.

**解** 因为 $y = \dfrac{1}{2}\ln(x^2+1) - \dfrac{1}{3}\ln(x-2)$, 所以

$$y' = \frac{1}{2} \cdot \frac{1}{x^2+1} \cdot (x^2+1)' - \frac{1}{3} \cdot \frac{1}{x-2} \cdot (x-2)'$$

$$= \frac{1}{2} \cdot \frac{1}{x^2+1} \cdot 2x - \frac{1}{3(x-2)} = \frac{x}{x^2+1} - \frac{1}{3(x-2)}.$$ ■

**例 13** 求函数 $y = (x + \sin^2 x)^3$ 的导数.

**解** $y' = [(x+\sin^2 x)^3]' = 3(x+\sin^2 x)^2 (x+\sin^2 x)'$

$$= 3(x+\sin^2 x)^2 [1 + 2\sin x \cdot (\sin x)'] = 3(x+\sin^2 x)^2 (1 + \sin 2x).$$ ■

**例 14** 求函数 $y = x^{a^a} + a^{x^a} + a^{a^x}$ $(a > 0)$ 的导数.

**解** $y' = a^a x^{a^a - 1} + a^{x^a} \ln a \cdot (x^a)' + a^{a^x} \ln a \cdot (a^x)'$

$$= a^a x^{a^a - 1} + a x^{a-1} a^{x^a} \ln a + a^x a^{a^x} \ln^2 a.$$ ■

**例 15** 求函数 $f(x) = \begin{cases} 2x, & 0 < x \leq 1 \\ x^2 + 1, & 1 < x < 2 \end{cases}$ 的导数.

**解** 求分段函数的导数时, 在每段内的导数可按一般求导法则求之, 但在分段点处的导数要用左、右导数的定义求之.

当 $0 < x < 1$ 时, $f'(x) = (2x)' = 2$;

当 $1 < x < 2$ 时,$f'(x) = (x^2 + 1)' = 2x$;

当 $x = 1$ 时,

$$f_-'(1) = \lim_{x \to 1^-} \frac{f(x) - f(1)}{x - 1} = \lim_{x \to 1^-} \frac{2x - 2}{x - 1} = 2,$$

$$f_+'(1) = \lim_{x \to 1^+} \frac{f(x) - f(1)}{x - 1} = \lim_{x \to 1^+} \frac{x^2 + 1 - 2}{x - 1}$$

$$= \lim_{x \to 1^+} \frac{x^2 - 1}{x - 1} = \lim_{x \to 1^+} (x + 1) = 2.$$

由 $f_+'(1) = f_-'(1) = 2$ 知,$f'(1) = 2$. 所以

$$f'(x) = \begin{cases} 2, & 0 < x \le 1 \\ 2x, & 1 < x < 2 \end{cases}.$$

**例 16** 已知 $f(u)$ 可导,求函数 $y = f(\sec x)$ 的导数.

**解** $y' = [f(\sec x)]' = f'(\sec x) \cdot (\sec x)' = f'(\sec x) \cdot \sec x \cdot \tan x$.

**注**:求此类抽象函数的导数时,应该特别注意记号表示的真实含义,在此例中,$f'(\sec x)$ 表示对 $\sec x$ 求导,而 $[f(\sec x)]'$ 表示对 $x$ 求导.

## 五、初等函数的求导法则

为方便查阅,我们把导数基本公式和导数运算法则汇集如下:

### 1. 基本求导公式

(1) $(C)' = 0$;

(2) $(x^\mu)' = \mu x^{\mu - 1}$;

(3) $(\sin x)' = \cos x$;

(4) $(\cos x)' = -\sin x$;

(5) $(\tan x)' = \sec^2 x$;

(6) $(\cot x)' = -\csc^2 x$;

(7) $(\sec x)' = \sec x \tan x$;

(8) $(\csc x)' = -\csc x \cot x$;

(9) $(a^x)' = a^x \ln a$;

(10) $(e^x)' = e^x$;

(11) $(\log_a x)' = \dfrac{1}{x \ln a}$;

(12) $(\ln x)' = \dfrac{1}{x}$;

(13) $(\arcsin x)' = \dfrac{1}{\sqrt{1 - x^2}}$;

(14) $(\arccos x)' = -\dfrac{1}{\sqrt{1 - x^2}}$;

(15) $(\arctan x)' = \dfrac{1}{1 + x^2}$;

(16) $(\text{arccot}\, x)' = -\dfrac{1}{1 + x^2}$.

### 2. 函数的和、差、积、商的求导法则

设 $u = u(x)$, $v = v(x)$ 可导,则

(1) $(u \pm v)' = u' \pm v'$;

(2) $(Cu)' = Cu'$($C$ 是常数);

(3) $(uv)' = u'v + uv'$;

(4) $\left( \dfrac{u}{v} \right)' = \dfrac{u'v - uv'}{v^2}$ ($v \ne 0$).

### 3. 反函数的求导法则

若函数 $x = \varphi(y)$ 在某区间 $I_y$ 内单调、可导且 $\varphi'(y) \neq 0$，则它的反函数 $y = f(x)$ 在对应区间 $I_x$ 内也可导，且

$$f'(x) = \frac{1}{\varphi'(y)} \quad \text{或} \quad \frac{\mathrm{d}y}{\mathrm{d}x} = \frac{1}{\dfrac{\mathrm{d}x}{\mathrm{d}y}}.$$

### 4. 复合函数的求导法则

设 $y = f(u)$，而 $u = g(x)$，则 $y = f[g(x)]$ 的导数为

$$\frac{\mathrm{d}y}{\mathrm{d}x} = \frac{\mathrm{d}y}{\mathrm{d}u} \cdot \frac{\mathrm{d}u}{\mathrm{d}x} \quad \text{或} \quad y'(x) = f'(u) \cdot g'(x).$$

## 六、双曲函数与反双曲函数的导数

双曲函数与反双曲函数都是初等函数，它们的导数都可以用前面的求导公式及法则求出.

例如，对于双曲正弦函数 $\mathrm{sh}\, x = \dfrac{\mathrm{e}^x - \mathrm{e}^{-x}}{2}$，有

$$(\mathrm{sh}\, x)' = \left( \frac{\mathrm{e}^x - \mathrm{e}^{-x}}{2} \right)' = \frac{\mathrm{e}^x + \mathrm{e}^{-x}}{2} = \mathrm{ch}\, x,$$

即

$$(\mathrm{sh}\, x)' = \mathrm{ch}\, x,$$

同理可得

$$(\mathrm{ch}\, x)' = \mathrm{sh}\, x, \qquad (\mathrm{th}\, x)' = \frac{1}{\mathrm{ch}^2 x}.$$

对于反双曲正弦函数，由 $\mathrm{arsh}\, x = \ln(x + \sqrt{1+x^2})$，有

$$(\mathrm{arsh}\, x)' = [\ln(x + \sqrt{1+x^2})]' = \frac{(x + \sqrt{1+x^2})'}{x + \sqrt{1+x^2}}$$

$$= \frac{1}{x + \sqrt{1+x^2}} \left( 1 + \frac{x}{\sqrt{1+x^2}} \right) = \frac{1}{\sqrt{1+x^2}},$$

即

$$(\mathrm{arsh}\, x)' = \frac{1}{\sqrt{1+x^2}}.$$

同理易得

$$(\mathrm{arch}\, x)' = [\ln(x + \sqrt{x^2-1})]' = \frac{1}{\sqrt{x^2-1}}.$$

$$(\mathrm{arth}\, x)' = \left[ \frac{1}{2} \ln \frac{1+x}{1-x} \right]' = \frac{1}{1-x^2}.$$

**例 17**　求函数 $y = \arctan(\mathrm{th}\, x)$ 的导数.

**解**　$y' = \dfrac{1}{1 + \mathrm{th}^2 x} \cdot (\mathrm{th}\, x)' = \dfrac{1}{1 + \mathrm{th}^2 x} \cdot \dfrac{1}{\mathrm{ch}^2 x}$

$$= \frac{1}{1 + \dfrac{\mathrm{sh}^2 x}{\mathrm{ch}^2 x}} \cdot \frac{1}{\mathrm{ch}^2 x} = \frac{1}{\mathrm{ch}^2 x + \mathrm{sh}^2 x} = \frac{1}{1 + 2\,\mathrm{sh}^2 x}.$$

**\*数学实验**

**实验 2.2** 试用计算软件完成下列各题：

(1) 求函数 $y = x^3 - 2x + 1$ 的单调区间；

(2) 作函数 $f(x) = 2x^3 + 3x^2 - 12x + 7$ 的图形和在点 $x = -1$ 处的切线；

(3) 求函数 $y = \ln\left[\tan\left(\dfrac{x}{2} + \dfrac{\pi}{4}\right)\right]$ 的导数；

(4) 求函数 $y = x \arcsin\sqrt{\dfrac{x}{1+x}} + \arctan\sqrt{x} - \sqrt{x}$ 的导数；

计算实验

(5) 求函数 $y = \dfrac{1}{6}\ln\dfrac{(x+1)^2}{x^2 - x + 1} + \dfrac{1}{\sqrt{3}}\arctan\dfrac{2x - 1}{\sqrt{3}}$ 的导数；

(6) 求函数 $y = \sin ax \cos bx$ 的导数，并求 $f'\left(\dfrac{1}{a+b}\right)$.

详见教材配套的网络学习空间.

# 习题 2-2

1. 计算下列函数的导数：

(1) $y = 3x + 5\sqrt{x}$ ;　　　　　　(2) $y = 5x^3 - 2^x + 3\mathrm{e}^x$ ;　　　　　(3) $y = 2\tan x + \sec x - 1$ ;

(4) $y = \sin x \cdot \cos x$ ;　　　　　(5) $y = x^3 \ln x$ ;　　　　　　　　(6) $y = \mathrm{e}^x \cos x$ ;

(7) $y = \dfrac{\ln x}{x}$ ;　　　　　　　(8) $y = (x-1)(x-2)(x-3)$ ;　　(9) $s = \dfrac{1 + \sin t}{1 + \cos t}$ ;

(10) $y = \sqrt[3]{x}\sin x + a^x \mathrm{e}^x$ ;　　(11) $y = x \log_2 x + \ln 2$ ;　　　　(12) $y = \dfrac{5x^2 - 3x + 4}{x^2 - 1}$.

2. 计算下列函数在指定点处的导数：

(1) $y = \dfrac{3}{3 - x} + \dfrac{x^3}{3}$, 求 $y'(0)$ ;　　　　　　(2) $y = \mathrm{e}^x(x^2 - 3x + 1)$, 求 $y'(0)$.

3. 求曲线 $y = 2\sin x + x^2$ 上横坐标为 $x = 0$ 的点处的切线方程和法线方程.

4. 写出曲线 $y = x - \dfrac{1}{x}$ 与 $x$ 轴交点处的切线方程.

5. 求下列函数的导数：

(1) $y = \cos(4 - 3x)$ ;　　　　　(2) $y = \mathrm{e}^{-3x^2}$ ;　　　　　　　(3) $y = \sqrt{a^2 - x^2}$ ;

(4) $y = \tan(x^2)$ ;　　　　　　(5) $y = \arctan(\mathrm{e}^x)$ ;　　　　　(6) $y = \arcsin(1 - 2x)$ ;

(7) $y = \arccos\dfrac{1}{x}$ ;　　　　(8) $y = \ln(\sec x + \tan x)$ ;　　　(9) $y = \ln(\csc x - \cot x)$.

6. 求下列函数的导数：

(1) $y = (2 + 3x^2)\sqrt{1 + 5x^2}$;　　(2) $y = \ln\sqrt{x} + \sqrt{\ln x}$;　　(3) $y = \ln\dfrac{1 + \sqrt{x}}{1 - \sqrt{x}}$;

(4) $y = \ln\tan\dfrac{x}{2}$;　　　　　(5) $y = \ln\ln x$;　　　　　(6) $y = x\sqrt{1 - x^2} + \arcsin x$;

(7) $y = \left(\arcsin\dfrac{x}{2}\right)^2$;　　　(8) $y = \sqrt{1 + \ln^2 x}$;　　　(9) $y = \mathrm{e}^{\arctan\sqrt{x}}$;

(10) $y = 10^{x\tan 2x}$;　　　　(11) $y = \ln\sqrt{\dfrac{\mathrm{e}^{4x}}{\mathrm{e}^{4x} + 1}}$;　　　(12) $y = \mathrm{e}^{-\sin^2\frac{1}{x}}$.

7. 设 $f(x)$ 为可导函数, 求 $\dfrac{\mathrm{d}y}{\mathrm{d}x}$:

(1) $y = f(x^3)$;　　　　　(2) $y = f(\sin^2 x) + f(\cos^2 x)$;　　　　(3) $y = f\left(\arcsin\dfrac{1}{x}\right)$.

8. 设 $f(1 - x) = x\mathrm{e}^{-x}$, 且 $f(x)$ 可导, 求 $f'(x)$.

9. 设 $f(u)$ 为可导函数, 且 $f(x + 3) = x^5$, 求 $f'(x + 3)$, $f'(x)$.

10. 已知 $f\left(\dfrac{1}{x}\right) = \dfrac{x}{1 + x}$, 求 $f'(x)$.

11. 已知 $\psi(x) = a^{f^2(x)}$, 且 $f'(x) = \dfrac{1}{f(x)\ln a}$, 证明 $\psi'(x) = 2\psi(x)$.

12. 设 $f(x)$ 在 $(-\infty, +\infty)$ 内可导, 且 $F(x) = f(x^2 - 1) + f(1 - x^2)$, 证明: $F'(1) = F'(-1)$.

13. 求下列函数的导数:

(1) $y = \mathrm{ch}(\mathrm{sh}\,x)$;　　　　(2) $y = \mathrm{sh}\,x \cdot \mathrm{e}^{\mathrm{ch}x}$;　　　　(3) $y = \mathrm{th}(\ln x)$;

(4) $y = \mathrm{sh}^3 x + \mathrm{ch}^2 x$;　　　(5) $y = \mathrm{arch}(\mathrm{e}^{2x})$;　　　(6) $y = \mathrm{arsh}(1 + x^2)$.

14. 设函数 $f(x) = \begin{cases} 2\tan x + 1, & x < 0 \\ \mathrm{e}^x, & x \geq 0 \end{cases}$, 求 $f'(x)$.

15. 现给一气球充气, 在充气膨胀的过程中, 我们均近似认为它为球形:

(1) 当气球半径为 $10\,\mathrm{cm}$ 时, 其体积膨胀的变化率是多少?

(2) 试估算当气球半径由 $10\,\mathrm{cm}$ 膨胀到 $11\mathrm{cm}$ 时气球增长的体积数.

16. 某物体的运动轨迹可以用其位移和时间关系式 $s = s(t)$ 来刻画, 其中 $s$ 以米计, $t$ 以秒计, 下面是其两个不同的运动轨迹:

$$s_1 = t^2 - 3t + 2, \ 0 \leq t \leq 2, \qquad s_2 = -t^3 + 3t^2 - 3t, \ 0 \leq t \leq 3.$$

试分别计算:

(1) 物体在给定时间区间内的平均速率;

(2) 物体在区间端点的速度;

(3) 物体在给定的时间区间内运动方向是否发生了变化? 若是, 在何时发生改变?

17. 现给一水箱放水, 阀门打开 $t$ 小时后水箱的深度 $h$ 可近似认为由公式 $h = 5\left(1 - \dfrac{t}{10}\right)^2$ 给出.

(1) 求在时间 $t$ 时水深下降的快慢程度 $\dfrac{\mathrm{d}h}{\mathrm{d}t}$;

(2) 何时水位下降最快，最慢？并求出此时对应的水深下降率 $\dfrac{\mathrm{d}h}{\mathrm{d}t}$；

(3) 在同一坐标系下作出 $h(t)$ 和 $\dfrac{\mathrm{d}h}{\mathrm{d}t}(t)$ 的图形，并试讨论 $h$ 的大小与 $\dfrac{\mathrm{d}h}{\mathrm{d}t}$ 的取值符号和大小的关系．

18. 某型号电视机的生产成本(元)与生产量(台)的关系函数为

$$C(x) = 6\,000 + 900\,x - 0.8\,x^2.$$

(1) 求生产前 100 台电视机的平均成本．

(2) 求当第 100 台电视机生产出来时的边际成本．

(3) 证明(2)中求得的边际成本的合理性．

19. 某型号电视机的月销售收入(元)与月售出台数(台)的函数为 $Y(x) = 100\,000\left(1 - \dfrac{1}{2x}\right)$.

(1) 求销售出第 100 台电视机时的边际收入．

(2) 从边际收入函数中能得出什么有意义的结论？并解释当 $x \to \infty$ 时，$Y'(x)$ 的极限值表示什么含义．

20. 若保持某柱体中的气体恒温，其压力 $P$ 和体积 $V$ 之间的变化关系可用式子

$$P = \frac{nRT}{V - nb} - \frac{an^2}{V^2}$$

来刻画，其中 $a, b, n, R$ 均为常数，求压力 $P$ 关于体积 $V$ 的变化率．

21. 研究表明:1980 年上海地区 80 cm 深处的地温 $T_n$ (摄氏度)随时间 $t_n$(天)的变化过程可用下面的函数近似表示：

$$T_n = 17 + 8.4 \sin(0.017(t_n + 233)).$$

(1) 一年中哪天的温度上升最快？

(2) 当温度上升最快时，每天大约要上升多少度？

# §2.3 高 阶 导 数

根据 §2.1 的引例 1 知道，物体作变速直线运动时的瞬时速度 $v(t)$ 就是路程函数 $s = s(t)$ 对时间 $t$ 的导数，即

$$v(t) = s'(t).$$

根据物理学知识，速度函数 $v(t)$ 对于时间 $t$ 的变化率就是加速度 $a(t)$，即 $a(t)$ 是 $v(t)$ 对时间 $t$ 的导数，

$$a(t) = v'(t) = [s'(t)]'.$$

于是，加速度 $a(t)$ 就是路程函数 $s(t)$ 对时间 $t$ 的导数的导数，称为 $s(t)$ 对 $t$ 的**二阶导数**，记为 $s''(t)$. 因此，变速直线运动的加速度就是路程函数 $s(t)$ 对 $t$ 的二阶导数，即

$$a(t) = s''(t).$$

**定义 1**　如果函数 $f(x)$ 的导数 $f'(x)$ 在点 $x$ 处可导, 即

$$[f'(x)]' = \lim_{\Delta x \to 0} \frac{f'(x + \Delta x) - f'(x)}{\Delta x}$$

存在, 则称 $[f'(x)]'$ 为函数 $f(x)$ 在点 $x$ 处的**二阶导数**, 记为

$$f''(x), \quad y'', \quad \frac{\mathrm{d}^2 y}{\mathrm{d}x^2} \quad \text{或} \quad \frac{\mathrm{d}^2 f(x)}{\mathrm{d}x^2}.$$

类似地, 二阶导数的导数称为**三阶导数**, 记为

$$f'''(x), \quad y''', \quad \frac{\mathrm{d}^3 y}{\mathrm{d}x^3} \quad \text{或} \quad \frac{\mathrm{d}^3 f(x)}{\mathrm{d}x^3}.$$

一般地, $f(x)$ 的 $n-1$ 阶导数的导数称为 $f(x)$ 的 **$n$ 阶导数**, 记为

$$f^{(n)}(x), \quad y^{(n)}, \quad \frac{\mathrm{d}^n y}{\mathrm{d}x^n} \quad \text{或} \quad \frac{\mathrm{d}^n f(x)}{\mathrm{d}x^n}.$$

**注**: 二阶和二阶以上的导数统称为**高阶导数**. 相应地, $f(x)$ 称为**零阶导数**; $f'(x)$ 称为**一阶导数**.

由此可见, 求函数的高阶导数, 就是利用基本求导公式及导数的运算法则, 对函数逐阶求导.

**例 1**　设 $y = ax + b$, 求 $y''$.

**解**　$y' = a$, $y'' = 0$.　■

**例 2**　设 $y = f(x) = \arctan x$, 求 $f'''(0)$.

**解**　$y' = \dfrac{1}{1+x^2}$, 　$y'' = \left(\dfrac{1}{1+x^2}\right)' = \dfrac{-2x}{(1+x^2)^2}$, 　$y''' = \left(\dfrac{-2x}{(1+x^2)^2}\right)' = \dfrac{2(3x^2-1)}{(1+x^2)^3}$,

所以

$$f'''(0) = \frac{2(3x^2-1)}{(1+x^2)^3}\bigg|_{x=0} = -2.$$　■

**例 3**　求指数函数 $y = \mathrm{e}^x$ 的 $n$ 阶导数.

**解**　$y' = \mathrm{e}^x$, 　　$y'' = \mathrm{e}^x$, 　　$y''' = \mathrm{e}^x$, 　　$y^{(4)} = \mathrm{e}^x$,

一般地, 可得 $y^{(n)} = \mathrm{e}^x$, 即有

$$(\mathrm{e}^x)^{(n)} = \mathrm{e}^x. \qquad\qquad ■ \tag{3.1}$$

**例 4**　求幂函数 $y = x^{\alpha} (\alpha \in \mathbf{R})$ 的 $n$ 阶求导公式.

**解**　$y' = \alpha x^{\alpha-1}$, 　　$y'' = (\alpha x^{\alpha-1})' = \alpha(\alpha-1)x^{\alpha-2}$,

$y''' = (\alpha(\alpha-1)x^{\alpha-2})' = \alpha(\alpha-1)(\alpha-2)x^{\alpha-3}$,

一般地, 可得

$$y^{(n)} = \alpha(\alpha-1)\cdots(\alpha-n+1)x^{\alpha-n},$$

即

$$(x^{\alpha})^{(n)} = \alpha(\alpha-1)\cdots(\alpha-n+1)x^{\alpha-n}. \tag{3.2}$$

特别地, 若 $\alpha = -1$, 则有

$$\left(\frac{1}{x}\right)^{(n)} = (-1)^n \frac{n!}{x^{n+1}}.$$

若 $\alpha$ 为自然数 $n$, 则有

$$(x^n)^{(n)} = n(n-1)(n-2)\cdots 3\cdot 2\cdot 1 = n!, \qquad (x^n)^{(n+1)} = (n!)' = 0. \quad \blacksquare$$

**例5** 求对数函数 $y = \ln(1+x)$ 的 $n$ 阶导数.

**解** $y' = \dfrac{1}{1+x}, \qquad y'' = -\dfrac{1}{(1+x)^2}, \qquad y''' = \dfrac{2!}{(1+x)^3}, \qquad y^{(4)} = -\dfrac{3!}{(1+x)^4}.$

一般地, 可得

$$y^{(n)} = (-1)^{n-1}\frac{(n-1)!}{(1+x)^n} \quad (n \geq 1, \, 0! = 1). \quad \blacksquare \tag{3.3}$$

**例6** 求 $y = \sin kx$ 的 $n$ 阶导数.

**解** $y' = k\cos kx = k\sin\left(kx + \dfrac{\pi}{2}\right),$

$$y'' = k^2\cos\left(kx + \frac{\pi}{2}\right) = k^2\sin\left(kx + \frac{\pi}{2} + \frac{\pi}{2}\right) = k^2\sin\left(kx + 2\cdot\frac{\pi}{2}\right),$$

$$y''' = k^3\cos\left(kx + 2\cdot\frac{\pi}{2}\right) = k^3\sin\left(kx + 3\cdot\frac{\pi}{2}\right).$$

一般地, 可得

$$y^{(n)} = k^n\sin\left(kx + n\cdot\frac{\pi}{2}\right).$$

即

$$(\sin kx)^{(n)} = k^n\sin\left(kx + n\cdot\frac{\pi}{2}\right). \quad \blacksquare \tag{3.4}$$

同理可得

$$(\cos kx)^{(n)} = k^n\cos\left(kx + n\cdot\frac{\pi}{2}\right). \tag{3.5}$$

求函数的高阶导数时, 除直接按定义逐阶求出指定的高阶导数(直接法)外, 还常常利用已知的高阶导数公式, 通过导数的四则运算、变量代换等方法, 间接求出指定的高阶导数(间接法).

**例7** 设函数 $y = \dfrac{1}{x^2 - 1}$, 求 $y^{(100)}$.

**解** 因为 $y = \dfrac{1}{x^2 - 1} = \dfrac{1}{2}\left(\dfrac{1}{x-1} - \dfrac{1}{x+1}\right)$, 所以

$$y^{(100)} = \frac{1}{2}\left[\frac{100!}{(x-1)^{101}} - \frac{100!}{(x+1)^{101}}\right]. \quad \blacksquare$$

如果函数 $u = u(x)$ 及 $v = v(x)$ 都在点 $x$ 处具有 $n$ 阶导数, 则显然有

$$[u(x) \pm v(x)]^{(n)} = u^{(n)}(x) \pm v^{(n)}(x). \tag{3.6}$$

利用复合求导法则, 还可证得下列常用结论:

$$[Cu(x)]^{(n)} = Cu^{(n)}(x);\tag{3.7}$$

$$[u(ax+b)]^{(n)} = a^n u^{(n)}(ax+b) \quad (a \neq 0).\tag{3.8}$$

例如, 由幂函数的 $n$ 阶导数公式, 可得

$$\left(\frac{1}{ax+b}\right)^{(n)} = (-1)^n \frac{n! a^n}{(ax+b)^{n+1}}.$$

但是乘积 $u(x) \cdot v(x)$ 的 $n$ 阶导数却比较复杂, 由 $(uv)' = u'v + uv'$ 首先可得到

$$(uv)'' = u''v + 2u'v' + uv'',$$

$$(uv)''' = u'''v + 3u''v' + 3u'v'' + uv'''.$$

一般地, 可用数学归纳法证明

$$(u \cdot v)^{(n)} = u^{(n)}v + nu^{(n-1)}v' + \frac{n(n-1)}{2!}u^{(n-2)}v'' + \cdots$$

$$+ \frac{n(n-1)\cdots(n-k+1)}{k!}u^{(n-k)}v^{(k)} + \cdots + uv^{(n)}.$$

上式称为**莱布尼茨公式**. 注意, 这个公式中的各项系数与下列二项展开式的系数相同:

$$(u+v)^n = u^n + nu^{n-1}v + \frac{n(n-1)}{2!}u^{n-2}v^2 + \cdots + \frac{n(n-1)\cdots(n-k+1)}{k!}u^{n-k}v^k + \cdots + v^n$$

$$= \sum_{k=0}^{n} C_n^k u^{n-k}v^k.$$

如果把其中的 $k$ 次幂换成 $k$ 阶导数 (零阶导数理解为函数本身), 再把左端的 $u+v$ 换成 $uv$, 则莱布尼茨公式可记为

$$(uv)^{(n)} = \sum_{k=0}^{n} C_n^k u^{(n-k)}v^{(k)}.\tag{3.9}$$

**例 8**　设 $y = \ln(1 + 2x - 3x^2)$, 求 $y^{(n)}$.

**解**　因为

$$y = \ln(1 + 2x - 3x^2) = \ln(1-x) + \ln(1+3x),$$

所以

$$y^{(n)} = [\ln(1-x)]^{(n)} + [\ln(1+3x)]^{(n)}.$$

利用式 (3.3) 和式 (3.8) 得

$$y^{(n)} = (-1)^{n-1} \cdot (-1)^n \cdot \frac{(n-1)!}{(1-x)^n} + (-1)^{n-1} \cdot 3^n \cdot \frac{(n-1)!}{(1+3x)^n}$$

$$= (n-1)! \cdot \left[\frac{(-1)^{n-1} \cdot 3^n}{(1+3x)^n} - \frac{1}{(1-x)^n}\right].$$

**例 9**　设 $y = x^2 e^{2x}$, 求 $y^{(20)}$.

**解**　设 $u = e^{2x}$, $v = x^2$, 则由莱布尼茨公式, 得

$$y^{(20)} = (\mathrm{e}^{2x})^{(20)} \cdot x^2 + 20(\mathrm{e}^{2x})^{(19)} \cdot (x^2)' + \frac{20(20-1)}{2!}(\mathrm{e}^{2x})^{(18)} \cdot (x^2)'' + 0$$

$$= 2^{20}\mathrm{e}^{2x} \cdot x^2 + 20 \cdot 2^{19}\mathrm{e}^{2x} \cdot 2x + \frac{20 \cdot 19}{2!}2^{18}\mathrm{e}^{2x} \cdot 2$$

$$= 2^{20}\mathrm{e}^{2x}(x^2 + 20x + 95).$$

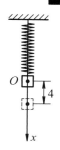

**例 10**(弹簧的无阻尼振动) 设有一弹簧,它的一端固定,另一端系有一重物,然后从静止位置 $O$(记作原点)沿 $x$ 轴向下(记为正方向)把重物拉长到 4 个单位,之后松开(见图 2–3–1),若运动过程中忽略阻尼介质(如空气、水、油等)的阻力作用,则重物的位置 $x$ 与时间 $t$ 的关系式为 $x = 4\cos t$. 试求 $t$ 时刻的速度和加速度,并尝试分析弹簧整个运动过程的详细情况:

(1) 物体会在某个时刻停止下来还是会做永不停止的周期运动?

(2) 何时离点 $O$ 最远,最近?

(3) 何时速度最快,最慢?

(4) 何时速度变化最快,最慢?

(5) 据前面的问题再加以分析,对无阻尼振动的运动性态作一详细阐述.

**图 2–3–1**

**解** 位移: $x = 4\cos t$;速度: $v = \dfrac{\mathrm{d}x}{\mathrm{d}t} = -4\sin t$;加速度: $a = \dfrac{\mathrm{d}^2x}{\mathrm{d}t^2} = -4\cos t$.

(1) 弹簧和重物构成的系统在整个运动过程中可认为不存在能量的损耗,而只是势能(弹性势能和重力势能)与动能的互相转化,所以物体的运动会永不停止,并据其位移、速度、加速度公式分析知,重物作 $T = 2\pi$ 的周期运动.

(2) 由 $x = 4\cos t$ 易知:

当 $t = k\pi \geq 0$($k$ 为非负整数,本题中的 $k$ 同此说明)时,质点达到离原点 $O$ 的最远位置 $x = \pm 4$ 处,正负表示运动的方向(以下同),且正值表示与初始位移方向一致,负值表示与初始位移方向相反;

当 $t = \pi/2 + k\pi \geq 0$ 时,质点到达离原点 $O$ 的最近位置 $x = \pm 0$ 处,即原点 $O$ 处.

(3) 由速度公式 $v = \dfrac{\mathrm{d}x}{\mathrm{d}t} = -4\sin t$,知:

当 $t = \pi/2 + k\pi \geq 0$ 时,达到最大绝对速度 $v = \pm 4$;

当 $t = k\pi \geq 0$ 时,达到最小绝对速度 $v = \pm 0$.

(4) 由加速度公式 $a = \dfrac{\mathrm{d}^2x}{\mathrm{d}t^2} = -4\cos t$,知:

当 $t = k\pi \geq 0$ 时,达到最大绝对加速度 $a = \pm 4$;

当 $t = \pi/2 + k\pi \geq 0$ 时,达到最小绝对加速度 $a = \pm 0$.

(5) 根据上面的计算再加以分析,我们知道:当重物在原点 $O$ 时,其速度达到最大值，加速度为 0，再往上或往下继续振动时，速度减慢，且减慢的程度越来越快，这表示加速度的方向与瞬间速度的方向相反且大小越来越大，当到达最大绝对位移处时，加速度达到最大值，同时其速度减为 0，这之前的过程可视为四分之一个周期 $T/4 = \pi/2$，紧接着瞬间速度方向发生改变，但注意此时加速度方向不发生改变，即与瞬间速度方向一致，也就是说，此时加速度反方向给重物加速，直到再回到原点 $O$ 处使重物获得瞬间最大绝对速度，这之间的过程又可视为 $T/4 = \pi/2$. 剩下的半个周期与前半个周期相仿，故不再重述并请读者自述. ■

### *数学实验

**实验 2.3**　试用计算软件求下列函数的高阶导数：

(1) $y = \sin^2 x \ln x$，求 $y^{(6)}$；

(2) $y = \dfrac{1 - nx}{\sqrt{1 + x}}$，求 $y^{(20)}$；

(3) $y = x^3 \operatorname{sh}(ax + b)$，求 $y^{(2017)}$；

(4) $y = \sin ax \cos bx$，求 $y^{(5)}$，$f^{(5)}\left(\dfrac{ab}{a + b}\right)$.

详见教材配套的网络学习空间.

计算实验

## 习题 2-3

1. 求下列函数的二阶导数：

(1) $y = x^5 + 4x^3 + 2x$；　　　　(2) $y = \mathrm{e}^{3x-2}$；　　　　(3) $y = x \sin x$；

(4) $y = \mathrm{e}^{-t} \sin t$；　　　　(5) $y = \sqrt{1 - x^2}$；　　　　(6) $y = \ln(1 - x^2)$；

(7) $y = \tan x$；　　　　(8) $y = \dfrac{1}{x^2 + 1}$；　　　　(9) $y = x \mathrm{e}^{x^2}$.

2. 设 $f(x) = (3x + 1)^{10}$，求 $f'''(0)$.

3. 已知物体的运动规律为 $s = A \sin \omega t$（$A$，$\omega$ 是常数），求物体运动的加速度，并验证：

$$\frac{\mathrm{d}^2 s}{\mathrm{d}t^2} + \omega^2 s = 0.$$

4. 验证函数 $y = C_1 \mathrm{e}^{\lambda x} + C_2 \mathrm{e}^{-\lambda x}$（$\lambda$，$C_1$，$C_2$ 是常数）满足关系式：$y'' - \lambda^2 y = 0$.

5. 设 $g'(x)$ 连续，且 $f(x) = (x - a)^2 g(x)$，求 $f''(a)$.

6. 若 $f''(x)$ 存在，求下列函数的二阶导数 $\dfrac{\mathrm{d}^2 y}{\mathrm{d}x^2}$：(1) $y = f(x^3)$；　(2) $y = \ln[f(x)]$.

7. 已知 $f(x) = \begin{cases} ax^2 + bx + c, & x < 0 \\ \ln(1 + x), & x \geq 0 \end{cases}$ 在 $x = 0$ 处有二阶导数，试确定参数 $a$，$b$，$c$ 的值.

8. 求下列函数指定阶的导数：

(1) $y = \mathrm{e}^x \cos x$，求 $y^{(4)}$；　　　　　　　　(2) $y = x \ln x$，求 $y^{(n)}$；

(3) $y = \dfrac{x}{x^2 - 3x + 2}$ , 求 $y^{(n)}$ ;　　　　　　(4) $y = \sin^4 x + \cos^4 x$ , 求 $y^{(n)}$ .

9. 作变量代换 $x = \ln t$ 简化方程 $\dfrac{\mathrm{d}^2 y}{\mathrm{d}x^2} - \dfrac{\mathrm{d}y}{\mathrm{d}x} + y\mathrm{e}^{2x} = 0$ .

10. 假设落体下落到离起点距离为 $s$ 米时的瞬时速度为 $v = k\sqrt{s}$ 米/秒 ($k$ 为常数). 试证明物体是作匀加速运动.

11. 某物体的运动轨迹可以用其位移和时间关系式 $s = s(t)$: $s = t^3 - 6t^2 + 7t$, $0 \le t \le 4$ 来刻画, 其中 $s$ 以米计, $t$ 以秒计, 以起始方向为位移的正方向.

试回答以下关于物体的运动性态的问题:

(1) 物体何时处于静止状态?

(2) 何时运动方向为正或为负, 何时改变运动方向?

(3) 何时运动加快, 变慢?

(4) 何时运动最快, 最慢?

(5) 何时离起始位置最远?

12. 伽利略用以下方法研究得到自由落体的速度公式, 即在不断变陡的光滑斜面上让球由静止从上滚下来, 并寻找能够预测球从垂直的光滑斜面滚下来即做自由落体时反映球的运动性态的公式 (示意图见右图), 他发现: 对于任意给定倾斜角的斜面, 运动 $t$ 秒后的速度为 $t$ 的常数倍, 即 $v = kt$, $k$ 值取决于斜面的倾斜角. 若使用当今的物理学记号, 距离以米计, 时间以秒计, 伽利略通过实验确定的结果是: 对于任意的倾斜角 $\theta$, 球滚动 $t$ 秒后的速度为 $v = 9.8(\sin\theta)t$, 问:

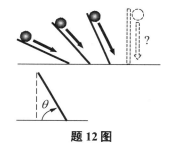

**题 12 图**

(1) 球作自由落体运动时的速度是多少?

(2) 基于在(1)中得到的结果, 地球表面附近自由落体的常加速度的大小是多少?

# §2.4  隐函数的导数

## 一、隐函数的导数

本章前面几节所讨论的求导法则适用于因变量 $y$ 与自变量 $x$ 之间的函数关系是显函数 $y = y(x)$ 形式的情况. 但是, 有时变量 $y$ 与 $x$ 之间的函数关系以隐函数 $F(x, y) = 0$ 的形式出现, 并且在此类情况下, 往往从方程 $F(x, y) = 0$ 中是不易或无法解出 $y$ 的, 即隐函数不易或无法显化. 例如, $y - x - \varepsilon\sin y = 0$ ($\varepsilon$ 为常数, 且 $0 < \varepsilon < 1$), $\mathrm{e}^x - \mathrm{e}^y - xy = 0$ 等, 都无法从中解出 $y$ 来.

假设由方程 $F(x, y) = 0$ 确定的函数为 $y = f(x)$, 则把它代回方程 $F(x, y) = 0$ 中, 得到恒等式

$$F(x, y(x)) \equiv 0.$$

利用复合函数求导法则,在上式两边同时对自变量 $x$ 求导,再解出所求导数 $\dfrac{\mathrm{d}y}{\mathrm{d}x}$,

这就是**隐函数求导法**.

**例1** 求由下列方程确定的函数的导数.

$$y\sin x - \cos(x-y) = 0.$$

**解** 在题设方程两边同时对自变量 $x$ 求导,得

$$y\cos x + \sin x \cdot \frac{\mathrm{d}y}{\mathrm{d}x} + \sin(x-y) \cdot \left(1 - \frac{\mathrm{d}y}{\mathrm{d}x}\right) = 0,$$

整理得

$$[\sin(x-y) - \sin x]\frac{\mathrm{d}y}{\mathrm{d}x} = \sin(x-y) + y\cos x,$$

解得

$$\frac{\mathrm{d}y}{\mathrm{d}x} = \frac{\sin(x-y) + y\cos x}{\sin(x-y) - \sin x}. \qquad ■$$

**注**: 从本例可见,求隐函数的导数时,只需将确定隐函数的方程两边对自变量 $x$ 求导,凡遇到含有因变量 $y$ 的项时,把 $y$ 当作中间变量看待,即 $y$ 是 $x$ 的函数,再按复合函数求导法则求之,然后从所得等式中解出 $\dfrac{\mathrm{d}y}{\mathrm{d}x}$.

**例2** 求由方程 $xy + \ln y = 1$ 确定的函数 $y = f(x)$ 在点 $M(1,1)$ 处的切线方程.

**解** 在题设方程两边同时对自变量 $x$ 求导,得

$$y + xy' + \frac{1}{y}y' = 0,$$

解得

$$y' = -\frac{y^2}{xy+1}.$$

在点 $M(1,1)$ 处

$$y'\Big|_{\substack{x=1 \\ y=1}} = -\frac{1^2}{1\times 1+1} = -\frac{1}{2},$$

于是,在点 $M(1,1)$ 处的切线方程为

$$y - 1 = -\frac{1}{2}(x-1),$$

即

$$x + 2y - 3 = 0. \qquad ■$$

**例3** 求由下列方程确定的函数的二阶导数:

$$y - 2x = (x-y)\ln(x-y).$$

**解** 在题设方程两边同时对自变量 $x$ 求导,得

$$y' - 2 = (1-y')\ln(x-y) + (x-y)\frac{1-y'}{x-y}, \qquad (4.1)$$

解得

$$y' = 1 + \frac{1}{2 + \ln(x - y)}. \tag{4.2}$$

而
$$y'' = (y')' = \left(\frac{1}{2 + \ln(x - y)}\right)' = -\frac{[2 + \ln(x - y)]'}{[2 + \ln(x - y)]^2}$$

$$= -\frac{1 - y'}{(x - y)[2 + \ln(x - y)]^2} \tag{4.3}$$

$$\xlongequal{\text{代入}\,y'} \frac{1}{(x - y)[2 + \ln(x - y)]^3}. \qquad ■$$

**注**: 求隐函数的二阶导数时, 在得到一阶导数的表达式后, 再进一步求二阶导数的表达式, 此时, 要注意将一阶导数的表达式代入其中, 如本例的式(4.3).

### *数学实验

**实验 2.4** 试用计算软件完成下列各题:

(1) $\arctan \dfrac{y}{x} = \ln \sqrt{x^2 + y^2}$, 求 $\dfrac{\mathrm{d}y}{\mathrm{d}x}$.

(2) $\ln(ax) + b\,\mathrm{e}^{\frac{cy}{x}} = \mathrm{e}$, 求 $\dfrac{\mathrm{d}y}{\mathrm{d}x}$;

计算实验

(3) 求由方程 $2x^2 - 2xy + y^2 + x + 2y + 1 = 0$ 确定的隐函数的一阶和二阶导数.

详见教材配套的网络学习空间.

## 二、对数求导法

对于幂指函数 $y = u(x)^{v(x)}$, 直接使用前面介绍的求导法则不能求出其导数. 对于这类函数, 可以先在函数两边取对数, 然后在等式两边同时对自变量 $x$ 求导, 最后解出所求导数. 我们把这种方法称为**对数求导法**.

**例 4** 设 $y = x^{\sin x}\,(x > 0)$, 求 $y'$.

**解** 在题设等式两边取对数, 得
$$\ln y = \sin x \cdot \ln x,$$

等式两边对 $x$ 求导, 得
$$\frac{1}{y} y' = \cos x \cdot \ln x + \sin x \cdot \frac{1}{x},$$

所以
$$y' = y\left(\cos x \cdot \ln x + \sin x \cdot \frac{1}{x}\right) = x^{\sin x}\left(\cos x \cdot \ln x + \frac{\sin x}{x}\right).$$

一般地, 设 $y = u(x)^{v(x)}\,(u(x) > 0)$, 在等式两边取对数, 得
$$\ln y = v(x) \cdot \ln u(x), \tag{4.4}$$

在等式两边同时对自变量 $x$ 求导, 得
$$\frac{y'}{y} = v'(x) \cdot \ln u(x) + \frac{v(x) u'(x)}{u(x)},$$

从而

$$y' = u(x)^{v(x)} \left[ v'(x) \cdot \ln u(x) + \frac{v(x)u'(x)}{u(x)} \right]. \qquad ■ \qquad (4.5)$$

**例 5**　设 $(\cos y)^x = (\sin x)^y$，求 $y'$.

**解**　在题设等式两边取对数，得

$$x \ln \cos y = y \ln \sin x,$$

等式两边对 $x$ 求导，得

$$\ln \cos y - x \frac{\sin y}{\cos y} \cdot y' = y' \ln \sin x + y \cdot \frac{\cos x}{\sin x}.$$

所以

$$y' = \frac{\ln \cos y - y \cot x}{x \tan y + \ln \sin x}. \qquad ■$$

此外，对数求导法还常用于求多个函数乘积的导数.

**例 6**　设 $y = \dfrac{(x+1)\sqrt[3]{x-1}}{(x+4)^2 e^x}$ $(x>1)$，求 $y'$.

**解**　在题设等式两边取对数，得

$$\ln y = \ln(x+1) + \frac{1}{3}\ln(x-1) - 2\ln(x+4) - x,$$

上式两边对 $x$ 求导，得

$$\frac{y'}{y} = \frac{1}{x+1} + \frac{1}{3(x-1)} - \frac{2}{x+4} - 1.$$

所以

$$y' = \frac{(x+1)\sqrt[3]{x-1}}{(x+4)^2 e^x} \left[ \frac{1}{x+1} + \frac{1}{3(x-1)} - \frac{2}{x+4} - 1 \right].$$

有时，也可直接利用指数对数恒等式 $x = e^{\ln x}$ 化简求导.

**例 7**　求函数 $y = x + x^x + x^{x^x}$ 的导数.

**解**　$y' = (x)' + (x^x)' + (x^{x^x})' = 1 + (e^{x \ln x})' + (e^{x^x \ln x})'$

$$= 1 + e^{x \ln x}(x \ln x)' + e^{x^x \ln x}(x^x \ln x)'$$

$$= 1 + e^{x \ln x}(\ln x + 1) + e^{x^x \ln x}[(x^x)' \ln x + x^x (\ln x)']$$

$$= 1 + x^x(\ln x + 1) + x^{x^x}[x^x(\ln x + 1)\ln x + x^{x-1}]. \qquad ■$$

**\*数学实验**

**实验 2.5**　试用计算软件求下列函数的导数：

(1) 设 $y = (ax^n + b)^{\sin cx}$，求 $y'$ 和 $y''$；

(2) 设 $y = \left( \sqrt{x} + \dfrac{\pi}{x} \right)^{2 + \ln x}$，求 $y^{(5)}(2017)$；

(3) 设 $y = x + x^x + x^{x^x}$，求 $y'$.

详见教材配套的网络学习空间.

计算实验

## 三、参数方程表示的函数的导数

若由参数方程

$$\begin{cases} x = \varphi(t) \\ y = \psi(t) \end{cases} \tag{4.6}$$

确定 $y$ 与 $x$ 之间的函数关系, 则称此函数关系所表示的函数为**参数方程表示的函数**.

在实际问题中, 有时要计算由参数方程 (4.6) 表示的函数的导数. 但要从方程 (4.6) 中消去参数 $t$ 有时会有困难. 因此, 希望有一种能直接由参数方程出发计算出它所表示的函数的导数的方法. 下面我们具体讨论之.

一般地, 设 $x = \varphi(t)$ 具有单调连续的反函数 $t = \varphi^{-1}(x)$, 则变量 $y$ 与 $x$ 构成复合函数关系 $y = \psi[\varphi^{-1}(x)]$. 现在, 要计算这个复合函数的导数. 为此, 假定函数 $x = \varphi(t)$, $y = \psi(t)$ 都可导, 且 $\varphi'(t) \neq 0$, 则由复合函数与反函数的求导法则, 有

$$\frac{dy}{dx} = \frac{dy}{dt}\frac{dt}{dx} = \frac{dy}{dt}\frac{1}{\dfrac{dx}{dt}} = \frac{\psi'(t)}{\varphi'(t)},$$

即

$$\frac{dy}{dx} = \frac{\psi'(t)}{\varphi'(t)} \quad \text{或} \quad \frac{dy}{dx} = \frac{\dfrac{dy}{dt}}{\dfrac{dx}{dt}}. \tag{4.7}$$

如果函数 $x = \varphi(t)$, $y = \psi(t)$ 二阶可导, 则可进一步求出函数的二阶导数:

$$\frac{d^2 y}{dx^2} = \frac{d}{dx}\left(\frac{dy}{dx}\right) = \frac{d}{dx}\left[\frac{\psi'(t)}{\varphi'(t)}\right] = \frac{d}{dt}\left[\frac{\psi'(t)}{\varphi'(t)}\right]\frac{dt}{dx}$$

$$= \frac{\psi''(t)\varphi'(t) - \psi'(t)\varphi''(t)}{\varphi'^2(t)} \cdot \frac{1}{\varphi'(t)},$$

即

$$\frac{d^2 y}{dx^2} = \frac{\psi''(t)\varphi'(t) - \psi'(t)\varphi''(t)}{\varphi'^3(t)}. \tag{4.8}$$

**例8** 求由参数方程 $\begin{cases} x = \arctan t \\ y = \ln(1+t^2) \end{cases}$ 表示的函数 $y = y(x)$ 的导数.

**解** $\dfrac{dy}{dx} = \dfrac{\dfrac{dy}{dt}}{\dfrac{dx}{dt}} = \dfrac{\dfrac{2t}{1+t^2}}{\dfrac{1}{1+t^2}} = 2t.$ ■

**例9** 求由摆线(见图2-4-1)的参数方程

$$\begin{cases} x = a(t - \sin t) \\ y = a(1 - \cos t) \end{cases}$$

表示的函数 $y = y(x)$ 的二阶导数.

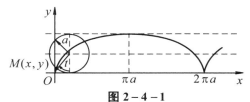

**图 2 - 4 - 1**

**解**
$$\frac{dy}{dx} = \frac{\dfrac{dy}{dt}}{\dfrac{dx}{dt}} = \frac{a\sin t}{a - a\cos t} = \frac{\sin t}{1 - \cos t} \quad (t \neq 2n\pi,\ n \in \mathbf{Z}),$$

$$\frac{d^2 y}{dx^2} = \frac{d}{dx}\left(\frac{dy}{dx}\right) = \frac{d}{dx}\left(\frac{\sin t}{1 - \cos t}\right) = \frac{d}{dt}\left(\frac{\sin t}{1 - \cos t}\right)\frac{1}{\dfrac{dx}{dt}}$$

$$= -\frac{1}{1 - \cos t} \cdot \frac{1}{a(1 - \cos t)} = -\frac{1}{a(1 - \cos t)^2} \quad (t \neq 2n\pi,\ n \in \mathbf{Z}). \quad \blacksquare$$

**\*数学实验**

**实验 2.6** 试用计算软件完成下列各题:

(1) 求由参数方程 $\begin{cases} x = \dfrac{6t}{1 + t^3} \\[2mm] y = \dfrac{6t^2}{1 + t^3} \end{cases}$ 表示的函数的导数;

(2) 求由参数方程 $\begin{cases} x = e^{2t}\cos^5(t) \\ y = e^{2t}\sin^5(t) \end{cases}$ 表示的函数的导数;

计算实验

(3) 已知 $\begin{cases} x = a(t - \sin t) \\ y = b(1 - \cos t) \end{cases}$, 求 $y_x'''$, $y_x'''\left(\dfrac{\pi}{2}\right)$.

详见教材配套的网络学习空间.

## 四、极坐标表示的曲线的切线

极坐标也是描述点和曲线的有效工具, 有些特殊形状的曲线 (如星形线、双纽线等) 用极坐标描述更为简便 (详见教材配套的网络学习空间).

设曲线的极坐标方程为
$$r = r(\theta).$$
利用直角坐标与极坐标的关系 $x = r\cos\theta$, $y = r\sin\theta$, 可写出其参数方程为
$$\begin{cases} x = r(\theta)\cos\theta \\ y = r(\theta)\sin\theta \end{cases},$$
其中参数为极角 $\theta$. 按参数方程的求导法则, 可得到曲线 $r = r(\theta)$ 的切线斜率为
$$y' = \frac{dy}{dx} = \frac{y_\theta'}{x_\theta'} = \frac{r'(\theta)\sin\theta + r(\theta)\cos\theta}{r'(\theta)\cos\theta - r(\theta)\sin\theta}. \tag{4.9}$$

**例 10** 求心形线 $r = a(1 - \cos\theta)$ 在 $\theta = \dfrac{\pi}{2}$ 处的切线方程.

**解** 将极坐标方程化为参数方程, 得
$$\begin{cases} x = r(\theta)\cos\theta = a(1 - \cos\theta)\cos\theta \\ y = r(\theta)\sin\theta = a(1 - \cos\theta)\sin\theta \end{cases},$$
于是

$$\frac{\mathrm{d}y}{\mathrm{d}x} = \frac{\mathrm{d}y}{\mathrm{d}\theta} \bigg/ \frac{\mathrm{d}x}{\mathrm{d}\theta} = \frac{\cos\theta - \cos 2\theta}{-\sin\theta + \sin 2\theta}, \quad \frac{\mathrm{d}y}{\mathrm{d}x}\bigg|_{\theta=\pi/2} = -1.$$

又当 $\theta = \dfrac{\pi}{2}$ 时,$x = 0$,$y = a$,所以曲线上对应于参数 $\theta = \dfrac{\pi}{2}$ 的点处的切线方程为

$$y - a = -x,$$

即

$$x + y = a.$$

下面我们进一步来讨论**切线与切点和极点连线间的夹角**的计算.设曲线在点 $P(r, \theta)$ 的切线与切点和极点的连线 $OP$ 间的夹角为 $\psi$(见图 $2-4-2$),因 $\psi = \alpha - \theta$,故有

$$\tan\psi = \tan(\alpha - \theta) = \frac{y' - \tan\theta}{1 + y'\tan\theta}.$$

将 $y'$ 的表达式 (4.9) 代入上式,整理即得

$$\tan\psi = \frac{r(\theta)}{r'(\theta)}. \tag{4.10}$$

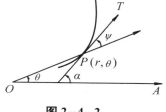

图 $2-4-2$

**例 11**　求心形线 $r = a(1 - \cos\theta)$ 的 $\psi$ 和 $\alpha$(见图 $2-4-3$).

**解**　$r'(\theta) = a\sin\theta$,由公式 (4.10),得

$$\tan\psi = \frac{r(\theta)}{r'(\theta)} = \frac{a(1 - \cos\theta)}{a\sin\theta} = \frac{2\sin^2\dfrac{\theta}{2}}{2\sin\dfrac{\theta}{2}\cos\dfrac{\theta}{2}}$$

$$= \tan\frac{\theta}{2},$$

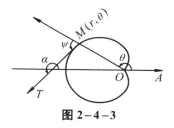

图 $2-4-3$

于是,$\psi = \dfrac{\theta}{2}$,$\alpha = \psi + \theta = \dfrac{3\theta}{2}$.

**\*数学实验**

**实验2.7**　试用计算软件求下列极坐标表示的曲线的切线:

(1) 求 $r = \dfrac{4}{5} + \dfrac{12}{5}\cos(3\theta) - 3\cos^2(3\theta)$ 在 $\theta = \dfrac{\pi}{2}$ 处的切线方程;

(2) 求 $r = \dfrac{3\sin\theta\cos\theta}{\sin^3\theta + \cos^3\theta}$ 在 $\theta = \dfrac{\pi}{4}$ 处的切线方程.

详见教材配套的网络学习空间.

计算实验

# 五、相关变化率

设 $x = x(t)$ 及 $y = y(t)$ 都是可导函数,如果变量 $x$ 与 $y$ 之间存在某种关系,则它们的变化率 $\dfrac{\mathrm{d}x}{\mathrm{d}t}$ 与 $\dfrac{\mathrm{d}y}{\mathrm{d}t}$ 之间也存在一定关系,这样两个相互依赖的变化率称为**相关变化率**.相关变化率问题就是研究这两个变化率之间的关系,以便由其中一个变化率求出另一个变化率.

**例12**　正在追逐一辆超速行驶的汽车的巡警车由正北向正南驶向一个垂直的十字路口，超速汽车已经拐过路口向正东方向驶去，当它离路口东向1.2千米时，巡警车离路口北向1.6千米，此时警察用雷达确定两车间的距离正以40千米/小时的速率增加(见图2－4－4). 若此刻巡警车的车速为100千米/小时，试问此刻超速车辆的速度是多少？

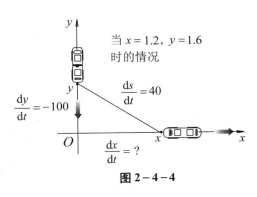

当 $x = 1.2$, $y = 1.6$ 时的情况

图 2－4－4

**解**　以路口为原点，设在 $t$ 时刻超速汽车和巡警车与路口的距离分别为 $x$ km，$y$ km，则两车的直线距离 $s$ 为 $\sqrt{x^2 + y^2}$ km，易知 $x$，$y$，$s$ 均为时间 $t$ 的函数，且知 $\dfrac{\mathrm{d}x}{\mathrm{d}t}$，$\dfrac{\mathrm{d}y}{\mathrm{d}t}$ 分别表示超速汽车、巡警车在 $t$ 时刻的瞬时速度，$\dfrac{\mathrm{d}s}{\mathrm{d}t}$ 表示两车在 $t$ 时刻的相对速度，将提问中的时刻记为 $t_0$.

现对 $s^2 = x^2 + y^2$ 的两边对 $t$ 进行求导，得：

$$2s\frac{\mathrm{d}s}{\mathrm{d}t} = 2x\frac{\mathrm{d}x}{\mathrm{d}t} + 2y\frac{\mathrm{d}y}{\mathrm{d}t},$$

将 $t_0$ 时刻的数据

$$x = 1.2, \quad y = 1.6, \quad s = \sqrt{x^2 + y^2} = 2,$$

$$\frac{\mathrm{d}s}{\mathrm{d}t} = 40, \quad \frac{\mathrm{d}y}{\mathrm{d}t} = -100 \text{ (符号取负，是因为 } y \text{ 值逐渐变小)},$$

代入上式，得

$$\frac{\mathrm{d}x}{\mathrm{d}t} = 200 \text{ 千米/小时},$$

故所求时刻超速车辆的速度为200千米/小时. ■

**例13**　现以18升/分钟的速度往一圆锥形水箱注水(见图2－4－5)，水箱尖点朝下，底半径为0.5米，高为1米. 求注水高度为0.3米时水位上升的速度.

**解**　所求问题可归纳为求 $\dfrac{\mathrm{d}h}{\mathrm{d}t}$，$h$ 表示注水 $t$ 分钟后水箱内水位高度，此时水表面为一半径为 $h/2$ 米的圆，故我们可求得此时水箱内水的体积

$$V = \frac{1}{3}\pi\left(\frac{h}{2}\right)^2 h,$$

从水的注入体积的角度考虑，也可得到 $t$ 分钟后往

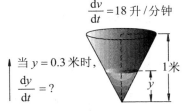

$\dfrac{\mathrm{d}v}{\mathrm{d}t} = 18$ 升/分钟

当 $y = 0.3$ 米时，$\dfrac{\mathrm{d}y}{\mathrm{d}t} = ?$

1米

图 2－4－5

水箱注入了 $18t$ 升水，于是可得 $h$ 和 $t$ 的函数关系式：

$$V = \frac{1}{3}\pi\left(\frac{h}{2}\right)^2 h = 18t,$$

化简得

$$\pi h^3 = 216t,$$

对等式两边关于 $t$ 求导，得

$$\pi h^2 \frac{\mathrm{d}h}{\mathrm{d}t} = 72,$$

将 $h = 3$ 分米代入，解得

$$\frac{\mathrm{d}h}{\mathrm{d}t} = \frac{8}{\pi},$$

故注水高度为 $0.3$ 米时水位上升的速度为 $\dfrac{8}{\pi}$ 分米／分钟．

## 习题 2-4

1. 求下列方程所确定的隐函数 $y$ 的导数 $\dfrac{\mathrm{d}y}{\mathrm{d}x}$：

(1) $xy = \mathrm{e}^{x+y}$；　　　　　　　(2) $xy - \sin(\pi y^2) = 0$；　　　　　(3) $\mathrm{e}^{xy} + y^3 - 5x = 0$；

(4) $y = 1 + x\mathrm{e}^y$；　　　　　　(5) $\arctan\dfrac{y}{x} = \ln\sqrt{x^2 + y^2}$．

2. 求下列方程所确定的隐函数 $y$ 的导数 $\dfrac{\mathrm{d}^2 y}{\mathrm{d}x^2}$：

(1) $b^2 x^2 + a^2 y^2 = a^2 b^2$；　　　　(2) $\sin y = \ln(x + y)$；　　　　(3) $y = \tan(x - y)$．

3. 用对数求导法则求下列函数的导数：

(1) $y = (1 + x^2)^{\tan x}$；　　　　(2) $y = \dfrac{\sqrt[5]{x-3}\sqrt[3]{3x-2}}{\sqrt{x+2}}$；　　　　(3) $y = \dfrac{\sqrt{x+2}(3-x)^4}{(x+1)^5}$．

4. 设函数 $y = y(x)$ 由方程 $y - x\mathrm{e}^y = 1$ 确定，求 $y'(0)$，并求曲线上横坐标点 $x = 0$ 处的切线方程与法线方程．

5. 设函数 $y = y(x)$ 由方程 $\mathrm{e}^y + xy - \mathrm{e}^x = 0$ 确定，求 $y''(0)$．

6. 求曲线 $\begin{cases} x = \ln(1 + t^2) \\ y = \arctan t \end{cases}$ 在 $t = 1$ 的对应点处的切线方程和法线方程．

7. 求下列参数方程所确定的函数的导数 $\dfrac{\mathrm{d}y}{\mathrm{d}x}$：

(1) $\begin{cases} x = at^2 \\ y = bt^3 \end{cases}$；　　　　(2) $\begin{cases} x = \mathrm{e}^t\sin t \\ y = \mathrm{e}^t\cos t \end{cases}$；　　　　(3) $\begin{cases} x = \cos^2 t \\ y = \sin^2 t \end{cases}$．

8. 求下列参数方程所确定的函数的二阶导数 $\dfrac{\mathrm{d}^2 y}{\mathrm{d}x^2}$：

(1) $\begin{cases} x = 3e^{-t} \\ y = 2e^{t} \end{cases};$　　　　　　(2) $\begin{cases} x = 1 - t^2 \\ y = t - t^3 \end{cases};$　　　　　　(3) $\begin{cases} x = \ln(1 + t^2) \\ y = t - \arctan t \end{cases}.$

9. 求对数螺线 $r = e^{\frac{\theta}{2}}$ 的 $\psi$ (切线与切点和极点连线间的夹角).

10. 落在平静水面上的石头产生同心波纹, 若最外一圈波半径的增大率总是 $6\,\mathrm{m/s}$, 问在 $2\,\mathrm{s}$ 末扰动水面面积的增大率为多少?

11. 一长为 5 米的梯子斜靠在墙上. 如果梯子下端以 0.5 米 / 秒的速度滑离墙壁,

(1) 试求梯子下端离墙 3 米时, 梯子上端向下滑落的速度;

(2) 试求梯子与墙的夹角为 $\pi/3$ 时, 该夹角的增加率.

12. 在中午 12 点整甲船以 6 公里 / 小时的速度向东行驶, 乙船在甲船之北 16 公里处, 以 8 公里 / 小时的速度向南行驶, 问下午 1 点整两船行驶的相对速度为多少?

13. 当金属圆盘在炉中加热时, 加热的面积沿圆盘半径扩散的速度越来越快, 设后一分钟总比前一分钟多扩散 0.02 厘米, 求离盘子中心 25 厘米处开始变热的时刻热量扩散的速度.

14. 呈长方形的某物其长宽可以任意调整, 其长 $a$ 以 3 厘米 / 秒的速度减小, 宽 $b$ 以 3 厘米 / 秒的速度增长, 若其初始长 $a = 10$ 厘米, 宽 $b = 5$ 厘米, 求:

(1) 此物面积的变化率;　　　　(2) 周长的变化率;

(3) 对角线长的变化率.

15. 一个气球在一条笔直的马路上空以 0.5 米 / 秒的速度垂直向上升向高空, 当气球的高度为 20 米时, 一辆车速恒为 5 米 / 秒的自行车在气球下经过 (见题 15 图). 求 5 秒后气球和自行车之间的距离增加的速度.

**题 15 图**

16. 有一底半径和高均为 15 厘米的圆锥形的咖啡过滤器, 现把装满在过滤器中的咖啡以 0.3 升 / 分钟的速度倒入底半径同样为 15 厘米的圆柱形咖啡壶中 (见右图). 当过滤器中的咖啡深度降低到 10 厘米时,

(1) 咖啡壶中的咖啡高度上升的速度有多快?

(2) 过滤器中的咖啡高度下降的速度有多快?

17. 一直径为 20cm 的铁球被一层均匀的冰层覆盖, 若冰以 0.4 立方分米 / 分钟的速度在融化, 当整个冰层厚度为 30cm 时, 问:

(1) 冰层融化的速度有多快? 用关于厚度的变化率来衡量.

(2) 冰层外表层的融化速度有多快?

# §2.5　函数的微分

在理论研究和实际应用中, 常常会遇到这样的问题: 当自变量 $x$ 有微小变化时,

求函数 $y = f(x)$ 的微小改变量

$$\Delta y = f(x + \Delta x) - f(x).$$

这个问题初看起来似乎只要做减法运算就可以了, 然而, 对于较复杂的函数 $f(x)$, 差值 $f(x + \Delta x) - f(x)$ 却是一个更复杂的表达式, 不易求出其值. 一个想法是: 我们设法将 $\Delta y$ 表示成 $\Delta x$ 的线性函数, 即**线性化**, 从而把复杂问题化为简单问题. 微分就是实现这种线性化的一种数学模型.

## 一、微分的定义

先分析一个具体问题. 设有一块边长为 $x_0$ 的正方形金属薄片, 由于受到温度变化的影响, 边长从 $x_0$ 变到 $x_0 + \Delta x$, 问此薄片的面积改变了多少?

如图 $2-5-1$ 所示, 此薄片原面积 $A = x_0^2$. 薄片受到温度变化的影响后, 面积变为 $(x_0 + \Delta x)^2$, 故面积 $A$ 的改变量为

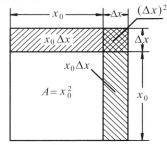

$$\Delta A = (x_0 + \Delta x)^2 - x_0^2 = 2x_0\Delta x + (\Delta x)^2.$$

上式包含两部分, 第一部分 $2x_0\Delta x$ 是 $\Delta x$ 的线性函数, 即图 $2-5-1$ 中带有斜线的两个矩形面积之和; 第二部分 $(\Delta x)^2$ 是图中带有交叉斜线的小正方形的面

**图 $2-5-1$**

积. 当 $\Delta x \to 0$ 时, $(\Delta x)^2$ 是比 $\Delta x$ 高阶的无穷小, 即 $(\Delta x)^2 = o(\Delta x)(\Delta x \to 0)$. 由此可见, 当边长有微小改变时 (即 $|\Delta x|$ 很小时), 我们可以将第二部分 $(\Delta x)^2$ 这个高阶无穷小忽略, 而用第一部分 $2x_0\Delta x$ 近似地表示 $\Delta A$, 即 $\Delta A \approx 2x_0\Delta x$. 我们把 $2x_0\Delta x$ 称为 $A = x^2$ 在点 $x_0$ 处的微分.

是否所有函数的改变量都能在一定的条件下表示为一个线性函数(改变量的主要部分)与一个高阶无穷小的和呢? 这个线性部分是什么? 如何求? 本节我们将具体来讨论这些问题.

**定义 1**　设函数 $y = f(x)$ 在某区间内有定义, $x_0$ 及 $x_0 + \Delta x$ 在该区间内, 如果函数的改变量(增量) $\Delta y = f(x_0 + \Delta x) - f(x_0)$ 可表示为

$$\Delta y = A \cdot \Delta x + o(\Delta x), \tag{5.1}$$

其中 $A$ 是与 $\Delta x$ 无关的常数, 则称函数 $y = f(x)$ 在点 $x_0$ 处**可微**, 并且称 $A \cdot \Delta x$ 为函数 $y = f(x)$ 在点 $x_0$ 处对应于自变量的改变量 $\Delta x$ 的**微分**, 记作 $\mathrm{d}y$, 即

$$\mathrm{d}y = A \cdot \Delta x. \tag{5.2}$$

**注**: 由定义可见: 如果函数 $y = f(x)$ 在点 $x_0$ 处可微, 则

(1) 函数 $y = f(x)$ 在点 $x_0$ 处的微分 $\mathrm{d}y$ 是自变量的改变量 $\Delta x$ 的线性函数;

(2) 由式 (5.1), 得

$$\Delta y - \mathrm{d}y = o(\Delta x), \tag{5.3}$$

即 $\Delta y - \mathrm{d}y$ 是比自变量的改变量 $\Delta x$ 更高阶的无穷小;

(3) 当 $A \neq 0$ 时, $\mathrm{d}y$ 与 $\Delta y$ 是等价无穷小, 事实上

$$\frac{\Delta y}{\mathrm{d}y} = \frac{\mathrm{d}y + o(\Delta x)}{\mathrm{d}y} = 1 + \frac{o(\Delta x)}{A \cdot \Delta x} \to 1 \ (\Delta x \to 0),$$

由此得到

$$\Delta y = \mathrm{d}y + o(\Delta x), \tag{5.4}$$

我们称 $\mathrm{d}y$ 是 $\Delta y$ 的**线性主部**. 式(5.4)还表明, 以微分 $\mathrm{d}y$ 近似代替函数增量 $\Delta y$ 时, 其误差为 $o(\Delta x)$, 因此, 当 $|\Delta x|$ 很小时, 有近似等式

$$\Delta y \approx \mathrm{d}y. \tag{5.5}$$

根据定义仅知道微分 $\mathrm{d}y = A \cdot \Delta x$ 中的 $A$ 与 $\Delta x$ 无关, 那么 $A$ 是怎样的量? 什么函数才可微呢? 下面我们将回答这些问题.

## 二、函数可微的条件

设 $y = f(x)$ 在点 $x_0$ 处可微, 即有

$$\Delta y = A \cdot \Delta x + o(\Delta x),$$

两边除以 $\Delta x$, 得

$$\frac{\Delta y}{\Delta x} = A + \frac{o(\Delta x)}{\Delta x},$$

于是, 当 $\Delta x \to 0$ 时, 由上式就得到

$$A = \lim_{\Delta x \to 0} \frac{\Delta y}{\Delta x} = f'(x_0).$$

即函数 $y = f(x)$ 在点 $x_0$ 处可导, 且 $A = f'(x_0)$.

反之, 若函数 $y = f(x)$ 在点 $x_0$ 处可导, 即有

$$\lim_{\Delta x \to 0} \frac{\Delta y}{\Delta x} = f'(x_0),$$

根据极限与无穷小的关系, 得

$$\frac{\Delta y}{\Delta x} = f'(x_0) + \alpha,$$

其中 $\alpha \to 0$ (当 $\Delta x \to 0$), 由此得到

$$\Delta y = f'(x_0) \cdot \Delta x + \alpha \Delta x.$$

因 $\alpha \Delta x = o(\Delta x)$, 且 $f'(x_0)$ 不依赖于 $\Delta x$, 由微分的定义知, 函数 $y = f(x)$ 在点 $x_0$ 处可微.

综合上述讨论, 我们得到:

**定理 1**　函数 $y = f(x)$ 在点 $x_0$ 处可微的充分必要条件是函数 $y = f(x)$ 在点 $x_0$ 处可导, 并且函数的微分等于函数的导数与自变量的改变量的乘积, 即

$$\mathrm{d}y = f'(x_0) \Delta x.$$

函数 $y=f(x)$ 在任意点 $x$ 上的微分, 称为**函数的微分**, 记为 $dy$ 或 $df(x)$, 即有

$$dy = f'(x)\Delta x. \tag{5.6}$$

通常把自变量 $x$ 的改变量 $\Delta x$ 称为自变量 $x$ 的微分 $dx$, 即 $dx = \Delta x$, 所以

$$dy = f'(x)dx, \tag{5.7}$$

从而有

$$\frac{dy}{dx} = f'(x), \tag{5.8}$$

即函数的导数等于函数的微分与自变量的微分的商. 因此, 导数又称为"**微商**".

由于求微分的问题归结为求导数的问题, 因此, 求导数与求微分的方法统称为**微分法**.

**例1** 求函数 $y=x^2$ 当 $x$ 由 1 改变到 1.01 时的微分.

**解** 因为 $dy = f'(x)dx = 2xdx$, 由题设条件知

$$x = 1, \quad dx = \Delta x = 1.01 - 1 = 0.01,$$

所以 $$dy = 2 \times 1 \times 0.01 = 0.02 .$$

**例2** 求函数 $y=x^3$ 在 $x=2$ 处的微分.

**解** 函数 $y=x^3$ 在 $x=2$ 处的微分为

$$dy = (x^3)'\big|_{x=2} dx = (3x^2)\big|_{x=2} dx = 12dx.$$

## 三、基本初等函数的微分公式与微分运算法则

根据函数微分的表达式

$$dy = f'(x)dx,$$

函数的微分等于函数的导数乘以自变量的微分(改变量). 由此可以得到基本初等函数的微分公式和微分运算法则.

### 1. 基本初等函数的微分公式

(1) $d(C) = 0$ ($C$ 为常数);

(2) $d(x^\mu) = \mu x^{\mu-1} dx$;

(3) $d(\sin x) = \cos x dx$;

(4) $d(\cos x) = -\sin x dx$;

(5) $d(\tan x) = \sec^2 x dx$;

(6) $d(\cot x) = -\csc^2 x dx$;

(7) $d(\sec x) = \sec x \tan x dx$;

(8) $d(\csc x) = -\csc x \cot x dx$;

(9) $d(a^x) = a^x \ln a dx$;

(10) $d(e^x) = e^x dx$;

(11) $d(\log_a x) = \dfrac{1}{x \ln a} dx$;

(12) $d(\ln x) = \dfrac{1}{x} dx$;

(13) $d(\arcsin x) = \dfrac{1}{\sqrt{1-x^2}} dx$;

(14) $d(\arccos x) = -\dfrac{1}{\sqrt{1-x^2}} dx$;

(15) $d(\arctan x) = \dfrac{1}{1+x^2} dx$;

(16) $d(\text{arccot} x) = -\dfrac{1}{1+x^2} dx$.

**2. 微分的四则运算法则**

(1)　$\mathrm{d}(Cu) = C\mathrm{d}u$；

(2)　$\mathrm{d}(u \pm v) = \mathrm{d}u \pm \mathrm{d}v$；

(3)　$\mathrm{d}(uv) = v\mathrm{d}u + u\mathrm{d}v$；

(4)　$\mathrm{d}\left(\dfrac{u}{v}\right) = \dfrac{v\mathrm{d}u - u\mathrm{d}v}{v^2}$.

我们以乘积的微分运算法则为例加以证明：

$$\mathrm{d}(uv) = (uv)'\mathrm{d}x = (u'v + uv')\mathrm{d}x = u'v\mathrm{d}x + uv'\mathrm{d}x$$
$$= v(u'\mathrm{d}x) + u(v'\mathrm{d}x) = v\mathrm{d}u + u\mathrm{d}v.$$

即有
$$\mathrm{d}(uv) = v\mathrm{d}u + u\mathrm{d}v.$$

其他运算法则可以类似地证明.

**例3**　求函数 $y = x^3 \mathrm{e}^{2x}$ 的微分.

**解**　因为
$$y' = 3x^2\mathrm{e}^{2x} + 2x^3\mathrm{e}^{2x} = x^2\mathrm{e}^{2x}(3 + 2x),$$

所以
$$\mathrm{d}y = y'\mathrm{d}x = x^2\mathrm{e}^{2x}(3 + 2x)\mathrm{d}x,$$

或
$$\mathrm{d}y = \mathrm{e}^{2x}\mathrm{d}(x^3) + x^3\mathrm{d}(\mathrm{e}^{2x}) = \mathrm{e}^{2x} \cdot 3x^2\mathrm{d}x + x^3 \cdot 2\mathrm{e}^{2x}\mathrm{d}x = x^2\mathrm{e}^{2x}(3 + 2x)\mathrm{d}x. \quad ∎$$

**例4**　求函数 $y = \dfrac{\sin x}{x}$ 的微分.

**解**　因为
$$y' = \left(\frac{\sin x}{x}\right)' = \frac{x\cos x - \sin x}{x^2},$$

所以
$$\mathrm{d}y = y'\mathrm{d}x = \frac{x\cos x - \sin x}{x^2}\mathrm{d}x. \quad ∎$$

**3. 微分形式不变性**

设 $y = f(u)$，$u = \varphi(x)$，现在我们进一步来推导复合函数
$$y = f[\varphi(x)]$$
的微分法则.

如果 $y = f(u)$ 及 $u = \varphi(x)$ 都可导，则 $y = f[\varphi(x)]$ 的微分为
$$\mathrm{d}y = y'_x\mathrm{d}x = f'(u)\varphi'(x)\mathrm{d}x.$$
由于 $\varphi'(x)\mathrm{d}x = \mathrm{d}u$，故 $y = f[\varphi(x)]$ 的微分公式也可写成
$$\mathrm{d}y = f'(u)\mathrm{d}u \quad \text{或} \quad \mathrm{d}y = y'_u\mathrm{d}u.$$

由此可见，无论 $u$ 是自变量还是复合函数的中间变量，函数 $y = f(u)$ 的微分形式都可以按公式 (5.7) 的形式来写，即有
$$\mathrm{d}y = f'(u)\mathrm{d}u.$$

这一性质称为**微分形式的不变性**. 利用这一特性，可以简化微分的有关运算.

**例5**　设 $y = \sin(2x + 3)$，求 $\mathrm{d}y$.

**解**　设 $y = \sin u$，$u = 2x + 3$，则
$$\mathrm{d}y = \mathrm{d}(\sin u) = \cos u\mathrm{d}u = \cos(2x + 3)\mathrm{d}(2x + 3)$$
$$= \cos(2x + 3) \cdot 2\mathrm{d}x = 2\cos(2x + 3)\mathrm{d}x. \quad ∎$$

**注**: 与复合函数求导类似, 求复合函数的微分也可不写出中间变量, 这样更加直接和方便.

**例6** 设 $y = \ln(x + \sqrt{x^2+1})$, 求 $\mathrm{d}y$.

**解** $\mathrm{d}y = \mathrm{d}\ln(x + \sqrt{x^2+1}) = \dfrac{1}{x + \sqrt{x^2+1}} \mathrm{d}(x + \sqrt{x^2+1})$

$= \dfrac{1}{x + \sqrt{x^2+1}} \left(1 + \dfrac{x}{\sqrt{x^2+1}}\right)\mathrm{d}x = \dfrac{1}{\sqrt{x^2+1}} \mathrm{d}x.$

**例7** 已知 $y = \dfrac{\mathrm{e}^{2x}}{x^2}$, 求 $\mathrm{d}y$.

**解** $\mathrm{d}y = \mathrm{d}\left(\dfrac{\mathrm{e}^{2x}}{x^2}\right) = \dfrac{x^2\mathrm{d}(\mathrm{e}^{2x}) - \mathrm{e}^{2x}\mathrm{d}(x^2)}{(x^2)^2}$

$= \dfrac{x^2\mathrm{e}^{2x} \cdot 2\mathrm{d}x - \mathrm{e}^{2x} \cdot 2x\mathrm{d}x}{x^4} = \dfrac{2\mathrm{e}^{2x}(x-1)}{x^3} \mathrm{d}x.$

**例8** 在下列等式的括号中填入适当的函数, 使等式成立.

(1) $\mathrm{d}(\quad) = \cos\omega t\mathrm{d}t$;      (2) $\mathrm{d}(\sin x^2) = (\quad)\mathrm{d}(\sqrt{x})$.

**解** (1) 因为 $\mathrm{d}(\sin\omega t) = \omega\cos\omega t\mathrm{d}t$, 所以

$$\cos\omega t\mathrm{d}t = \frac{1}{\omega}\mathrm{d}(\sin\omega t) = \mathrm{d}\left(\frac{1}{\omega}\sin\omega t\right),$$

一般地, 有

$$\mathrm{d}\left(\frac{1}{\omega}\sin\omega t + C\right) = \cos\omega t\mathrm{d}t.$$

(2) 因为 $\dfrac{\mathrm{d}(\sin x^2)}{\mathrm{d}(\sqrt{x})} = \dfrac{2x\cos x^2\mathrm{d}x}{\dfrac{1}{2\sqrt{x}}\mathrm{d}x} = 4x\sqrt{x}\cos x^2$, 所以

$$\mathrm{d}(\sin x^2) = (4x\sqrt{x}\cos x^2)\mathrm{d}(\sqrt{x}).$$

**例9** 求由方程 $\mathrm{e}^{xy} = 2x + y^3$ 确定的隐函数 $y = f(x)$ 的微分 $\mathrm{d}y$.

**解** 对方程两边求微分, 得

$\mathrm{d}(\mathrm{e}^{xy}) = \mathrm{d}(2x + y^3),\quad \mathrm{e}^{xy}\mathrm{d}(xy) = \mathrm{d}(2x) + \mathrm{d}(y^3),\quad \mathrm{e}^{xy}(y\mathrm{d}x + x\mathrm{d}y) = 2\mathrm{d}x + 3y^2\mathrm{d}y,$

于是

$$\mathrm{d}y = \frac{2 - y\mathrm{e}^{xy}}{x\mathrm{e}^{xy} - 3y^2}\mathrm{d}x.$$

**\*数学实验**

**实验2.8** 试用计算软件求下列函数的微分:

(1) $y = \ln(x + \sqrt{x^2 + a^2})$;            (2) $y = 2^{-\frac{1}{\cos x}}$;

计算实验

(3) $y = \dfrac{\sin x}{2\cos^2 x} + \dfrac{1}{2}\ln\left|\tan\left(\dfrac{x}{2} + \dfrac{\pi}{4}\right)\right|$;

(4) $x^3 + y^3 = e^x + xy$;

(5) $y = e^{ax}\left(bx - \dfrac{c}{\ln x}\right)$.

详见教材配套的网络学习空间.

## 四、微分的几何意义

函数的微分有明显的几何意义. 在直角坐标系中, 函数 $y = f(x)$ 的图形是一条曲线. 设 $M(x_0, y_0)$ 是该曲线上的一个定点, 当自变量 $x$ 在点 $x_0$ 处取改变量 $\Delta x$ 时, 就得到曲线上另一个点 $N(x_0 + \Delta x, y_0 + \Delta y)$. 由图 2-5-2 可见:

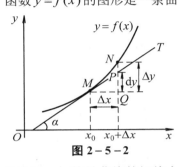

$$MQ = \Delta x, \quad QN = \Delta y.$$

过点 $M$ 作曲线的切线 $MT$, 它的倾角为 $\alpha$, 则

$$QP = MQ \cdot \tan\alpha = \Delta x \cdot f'(x_0), \quad 即$$

$$dy = QP = f'(x_0)\,dx.$$

图 2-5-2

由此可知, 当 $\Delta y$ 是曲线 $y = f(x)$ 上点的纵坐标的增量时, $dy$ 就是曲线的切线上点的纵坐标的增量.

## 五、函数的线性化

从前面的讨论已知, 当函数 $y = f(x)$ 在点 $x_0$ 处的导数 $f'(x_0) \neq 0$ 且 $|\Delta x|$ 很小时 (在下面的讨论中我们假定这两个条件均得到满足), 有

$$\Delta y \approx dy, \tag{5.9}$$

即

$$f(x_0 + \Delta x) - f(x_0) \approx f'(x_0)\Delta x,$$

令 $x = x_0 + \Delta x$, 则 $\Delta x = x - x_0$, 从而

$$f(x) - f(x_0) \approx f'(x_0)(x - x_0),$$

即

$$f(x) \approx f(x_0) + f'(x_0)(x - x_0). \tag{5.10}$$

若记上式右端的线性函数为

$$L(x) = f(x_0) + f'(x_0)(x - x_0),$$

它的图形就是曲线 $y = f(x)$ 过点 $(x_0, f(x_0))$ 的切线, 见图 2-5-3.

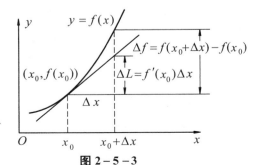

式 (5.10) 表明: 当 $|\Delta x|$ 很小时, 线性函数 $L(x)$ 给出了函数 $f(x)$ 的很好的近似.

**定义 2** 如果 $f(x)$ 在点 $x_0$ 处可微, 那么线性函数

图 2-5-3

$$L(x) = f(x_0) + f'(x_0)(x - x_0)$$

就称为 $f(x)$ 在点 $x_0$ 处的**线性化**. 近似式 $f(x) \approx L(x)$ 称为 $f(x)$ 在点 $x_0$ 处的**标准线性近似**, 点 $x_0$ 称为该近似的**中心**.

**例10** 求 $f(x) = \sqrt{1+x}$ 在 $x = 0$ 与 $x = 3$ 处的线性化.

**解** 首先不难求得 $f'(x) = \dfrac{1}{2\sqrt{1+x}}$, 则

$$f(0) = 1, \quad f(3) = 2, \quad f'(0) = \frac{1}{2}, \quad f'(3) = \frac{1}{4},$$

于是, 根据上面的线性化定义知 $f(x)$ 在 $x = 0$ 处的线性化为

$$L(x) = f(0) + f'(0)(x - 0) = \frac{1}{2}x + 1,$$

在 $x = 3$ 处的线性化为

$$L(x) = f(3) + f'(3)(x - 3) = \frac{1}{4}x + \frac{5}{4},$$

如图 2-5-4 所示, 故

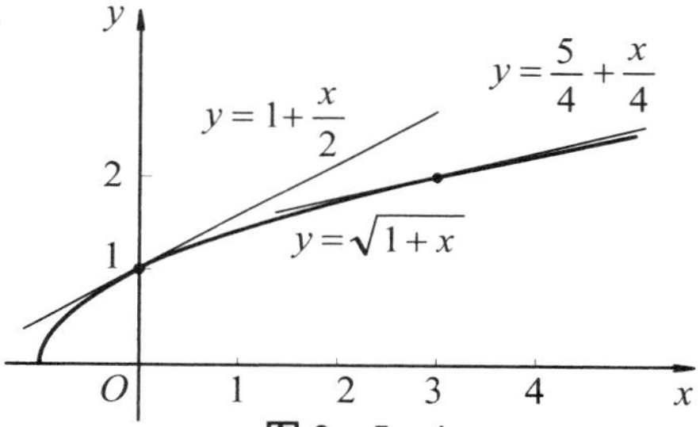

图 2-5-4

$$\sqrt{1+x} \approx 1 + \frac{1}{2}x \, (\text{在 } x = 0 \text{ 处}),$$

$$\sqrt{1+x} \approx \frac{1}{4}x + \frac{5}{4} \, (\text{在 } x = 3 \text{ 处}).$$

**例11** 求 $f(x) = \ln(1+x)$ 在 $x = 0$ 处的线性化.

**解** 首先求得 $f'(x) = \dfrac{1}{1+x}$, 得 $f'(0) = 1$, 又 $f(0) = 0$, 于是 $f(x)$ 在 $x = 0$ 处的线性化为

$$L(x) = f(0) + f'(0)(x - 0) = x.$$

**注**: 下面列举了一些常用函数在 $x = 0$ 处的标准线性近似公式:

(1) $\sqrt[n]{1+x} \approx 1 + \dfrac{1}{n}x$; \hfill (5.11)

(2) $\sin x \approx x$ ($x$ 为弧度); \hfill (5.12)

(3) $\tan x \approx x$ ($x$ 为弧度); \hfill (5.13)

(4) $e^x \approx 1 + x$; \hfill (5.14)

(5) $\ln(1+x) \approx x$. \hfill (5.15)

**例12** 半径 10 cm 的金属圆片加热后, 半径伸长了 0.05 cm, 问面积增大了多少?

**解** 圆面积 $A = \pi r^2$ ($r$ 为半径), 令 $r = 10$, $\Delta r = 0.05$. 因为 $\Delta r$ 相对于 $r$ 较小, 所以可用微分 $dA$ 近似代替 $\Delta A$. 由

$$\Delta A \approx dA = (\pi r^2)' \cdot dr = 2\pi r \cdot dr,$$

当 $dr = \Delta r = 0.05$ 时, 得

$$\Delta A \approx 2\pi \times 10 \times 0.05 = \pi \,(\mathrm{cm}^2).$$

**例13**　计算 $\cos 60°30'$ 的近似值.

**解**　先把 $60°30'$ 化为弧度, 得

$$60°30' = \frac{\pi}{3} + \frac{\pi}{360}.$$

由于所求的是余弦函数的值, 故设 $f(x) = \cos x$, 此时

$$f'(x) = -\sin x,$$

取 $x_0 = \dfrac{\pi}{3}$, $\Delta x = \dfrac{\pi}{360}$, 则

$$f\left(\frac{\pi}{3}\right) = \frac{1}{2}, \qquad f'\left(\frac{\pi}{3}\right) = -\frac{\sqrt{3}}{2}.$$

所以

$$\cos 60°30' = \cos\left(\frac{\pi}{3} + \frac{\pi}{360}\right) \approx \cos\frac{\pi}{3} - \sin\frac{\pi}{3} \cdot \frac{\pi}{360}$$

$$= \frac{1}{2} - \frac{\sqrt{3}}{2} \cdot \frac{\pi}{360} \approx 0.492\,4.$$

**例14**　计算 $\sqrt[3]{998.5}$ 的近似值.

**解**　$\sqrt[3]{998.5} = 10\sqrt[3]{1 - 0.001\,5}$, 利用公式 (5.11) 进行计算, 这里, 取 $x = -0.001\,5$, 其值相对很小, 故有

$$\sqrt[3]{998.5} = 10\sqrt[3]{1 - 0.001\,5} \approx 10\left(1 - \frac{1}{3} \times 0.001\,5\right) = 9.995.$$

**例15**　最后我们来看一个线性近似在质能转换关系中的应用. 我们知道, 牛顿的第二运动定律 $F = ma$ ($a$ 为加速度) 中的质量 $m$ 被假定为常数, 但严格说来这是不对的, 因为物体的质量随其速度的增长而增长. 在爱因斯坦修正后的公式中, 质量为 $m = \dfrac{m_0}{\sqrt{1 - v^2/c^2}}$, 当 $v$ 和 $c$ 相比很小时, $v^2/c^2$ 接近于零, 从而有

$$m = \frac{m_0}{\sqrt{1 - v^2/c^2}} \approx m_0\left[1 + \frac{1}{2}\left(\frac{v^2}{c^2}\right)\right] = m_0 + \frac{1}{2}m_0 v^2\left(\frac{1}{c^2}\right),$$

即

$$m \approx m_0 + \frac{1}{2}m_0 v^2\left(\frac{1}{c^2}\right),$$

注意到上式中 $\dfrac{1}{2}m_0 v^2 = K$ 是物体的动能, 整理得

$$(m - m_0)c^2 \approx \frac{1}{2}m_0 v^2 = \frac{1}{2}m_0 v^2 - \frac{1}{2}m_0 0^2 = \Delta(K),$$

或

$$(\Delta m)c^2 \approx \Delta(K). \tag{5.16}$$

换言之，物体从速度 0 到速度 $v$ 的动能的变化 $\Delta(K)$ 近似等于 $(\Delta m)c^2$.

因为 $c = 3 \times 10^8$ 米/秒，代入式 (5.16)，得

$$\Delta(K) \approx 90\ 000\ 000\ 000\ 000\ 000\ \Delta m\ (\text{焦耳}).$$

由此可知，小的质量变化可以创造出大的能量变化. 例如，1 克质量转换成的能量就相当于爆炸一颗 2 万吨级的原子弹释放的能量. ■

## 六、误差计算

在生产实践中，经常要测量各种数据. 由于测量仪器的精度、测量的条件和测量的方法等各种因素的影响，测得的数据往往有误差，而根据有误差的数据计算所得的结果也会有误差，我们把它称为**间接测量误差**. 下面我们讨论如何利用微分来估计这种间接测量误差.

首先要介绍绝对误差与相对误差的概念.

如果某个量的精确值为 $A$，它的近似值为 $a$，那么 $|A - a|$ 称为 $a$ 的**绝对误差**. 而绝对误差与 $|a|$ 的比值 $\dfrac{|A - a|}{|a|}$ 称为 $a$ 的**相对误差**.

在实际工作中，往往无法知道某个量的精确值. 于是，绝对误差与相对误差也就无法精确地求得. 但是根据测量仪器的精度等因素，有时能够将误差限制在某个范围内.

如果某个量的精确值是 $A$，测得它的近似值是 $a$，又知道它的误差不超过 $\delta_A$，即

$$|A - a| \leq \delta_A,$$

那么 $\delta_A$ 称为测量 $A$ 的**绝对误差限**，$\dfrac{\delta_A}{|a|}$ 称为测量 $A$ 的**相对误差限**.

通常把绝对误差限与相对误差限简称为**绝对误差**与**相对误差**.

对于函数 $y = f(x)$，当自变量 $x$ 因测量误差 $dx$ 从值 $x_0$ 偏移到 $x_0 + dx$ 时，我们可以用以下三种方式来估计函数在点 $x_0$ 发生的误差：

|  | **精确误差** | **估计误差** |
|---|:---:|:---:|
| 绝对误差 | $\Delta f = f(x_0 + dx) - f(x_0)$ | $df = f'(x_0) dx$ |
| 相对误差 | $\dfrac{\Delta f}{f(x_0)}$ | $\dfrac{df}{f(x_0)}$ |
| 百分比误差 | $\dfrac{\Delta f}{f(x_0)} \times 100\%$ | $\dfrac{df}{f(x_0)} \times 100\%$ |

**例16** 正方形边长为 $2.41 \pm 0.005\,\text{m}$，求它的面积，并估计绝对误差与相对误差.

**解** 设正方形边长为 $x$，面积为 $y$，则 $y = x^2$. 当 $x = 2.41$ 时，

$$y = (2.41)^2 = 5.808\ 1(\text{m}^2), \qquad y'|_{x=2.41} = 2x|_{x=2.41} = 4.82.$$

因为边长的绝对误差为 $\delta_x = 0.005$，所以估计的面积的绝对误差为

$$\delta_y = 4.82 \times 0.005 = 0.024\ 1\ (\text{m}^2).$$

而估计的面积的相对误差为

$$\frac{\delta_y}{|y|} = \frac{0.024\ 1}{5.808\ 1} \approx 0.004.$$ ∎

## 习题 2-5

1. 已知 $y = x^3 - 1$, 在点 $x = 2$ 处计算当 $\Delta x$ 分别为 $1, 0.1, 0.01$ 时的 $\Delta y$ 及 $\mathrm{d}y$ 之值.

2. 在下列括号内填入适当的函数, 使等式成立:

(1) $\mathrm{d}(\quad) = 5x\mathrm{d}x$;

(2) $\mathrm{d}(\quad) = \sin\omega x\mathrm{d}x$;

(3) $\mathrm{d}(\quad) = \dfrac{1}{2+x}\mathrm{d}x$;

(4) $\mathrm{d}(\quad) = \mathrm{e}^{-2x}\mathrm{d}x$;

(5) $\mathrm{d}(\quad) = \dfrac{1}{\sqrt{x}}\mathrm{d}x$;

(6) $\mathrm{d}(\quad) = \sec^2 2x\mathrm{d}x$.

3. 求下列函数的微分:

(1) $y = \ln x + 2\sqrt{x}$;

(2) $y = x\sin 2x$;

(3) $y = x^2\mathrm{e}^{2x}$;

(4) $y = \ln\sqrt{1-x^3}$;

(5) $y = (\mathrm{e}^x + \mathrm{e}^{-x})^2$;

(6) $y = \sqrt{x - \sqrt{x}}$;

(7) $y = \arctan\dfrac{1-x^2}{1+x^2}$;

(8) $y = a^x + \sqrt{1-a^{2x}}\arccos(a^x)$.

4. 求方程 $2y - x = (x-y)\ln(x-y)$ 所确定的函数 $y = y(x)$ 的微分 $\mathrm{d}y$.

5. 求由方程 $\cos(xy) = x^2 y^2$ 确定的函数 $y$ 的微分.

6. 当 $|x|$ 较小时, 证明下列近似公式:

(1) $\sin x \approx x$;

(2) $\mathrm{e}^x \approx 1+x$;

(3) $\sqrt[n]{1+x} \approx 1 + \dfrac{x}{n}$.

7. 选择合适的中心对下面的函数给出其线性化, 然后估算在给定点处的函数值.

(1) $f(x) = \sqrt[3]{1+x}$, $x_0 = 6.5$;

(2) $f(x) = \dfrac{x}{1+x}$, $x_0 = 1.1$.

8. 求 $f(x) = \sqrt{1+x} + \sin x$ 在 $x = 0$ 处的线性化. 它和 $\sqrt{1+x}$ 以及 $\sin x$ 在 $x = 0$ 处的线性化有何关系?

9. 计算下列各式的近似值:

(1) $\sqrt[100]{1.002}$;

(2) $\cos 29°$;

(3) $\arcsin 0.500\ 2$.

10. 为了计算出球的体积(精确到 1%), 问度量球的直径 $D$ 所允许的最大相对误差是多少?

11. 扩音器插头为圆柱形, 截面半径 $r$ 为 $0.15\,\text{cm}$, 长度 $l$ 为 $4\,\text{cm}$, 为了提高它的导电性能, 要在该圆柱的侧面镀上一层厚为 $0.001\,\text{cm}$ 的纯铜. 问每个插头约需多少克纯铜?

12. 某厂生产一扇形板, 半径 $R = 200\,\text{mm}$, 要求中心角 $\alpha$ 为 $55°$, 产品检验时, 一般用测量弦长 $L$ 的方法来间接测量中心角 $\alpha$. 如果测量弦长 $L$ 时的误差 $\delta_L = 0.1\,\text{mm}$, 问由此引起的中心角测量误差 $\delta_\alpha$ 是多少?

13. 当立方体的边长 $a$ 变化一个长度 $\Delta x$ 时, 试问: 表面积和体积的变化快慢是否与初始长度 $a$ 有关?

14. 某铸币厂铸造硬币的标准规定: 硬币的重量误差必须控制在理想重量的 1/1 000 以内, 试问: 此硬币半径容许的相对误差为多少 (假设铸造的硬币质地均匀, 且厚度符合标准)?

# 总 习 题 二

1. 设 $f'(x)$ 存在, 求 $\lim\limits_{h \to 0} \dfrac{f(x+2h) - f(x-3h)}{h}$.

2. 设 $f(x) = x(x-1)(x-2) \cdots (x-1\,000)$, 求 $f'(0)$.

3. 设 $f(x)$ 对任何 $x$ 满足 $f(x+1) = 2f(x)$, 且 $f(0) = 1$, $f'(0) = C$ (常数), 求 $f'(1)$.

4. 设函数 $f(x)$ 对任意实数 $x_1$, $x_2$ 有 $f(x_1 + x_2) = f(x_1) + f(x_2)$ 且 $f'(0) = 1$, 证明: 函数 $f(x)$ 可导, 且 $f'(x) = 1$.

5. 求解下列问题:

(1) 求 $y = \ln x + e^x$ 的反函数 $x = x(y)$ 的导数;

(2) 设 $y = f(x)$ 是 $x = \varphi(y)$ 的反函数, 且 $f(2) = 4$, $f'(2) = 3$, $f'(4) = 1$, 求 $\varphi'(4)$.

6. 在抛物线 $y = x^2$ 上取横坐标为 $x_1 = 1$ 及 $x_2 = 3$ 的两点, 作过这两点的割线, 问抛物线上哪一点的切线平行于这条割线?

7. 求与直线 $x + 9y - 1 = 0$ 垂直的曲线 $y = x^3 - 3x^2 + 5$ 的切线方程.

8. 讨论函数 $y = x|x|$ 在点 $x = 0$ 处的可导性.

9. 设函数 $f(x) = \begin{cases} x^2, & x \le 1 \\ ax + b, & x > 1 \end{cases}$ 为了使函数 $f(x)$ 在 $x = 1$ 处连续且可导, $a$, $b$ 应取什么值?

10. 试确定 $a$, $b$, 使 $f(x) = \begin{cases} b(1 + \sin x) + a + 2, & x > 0 \\ e^{ax} - 1, & x \le 0 \end{cases}$ 在 $x = 0$ 处可导.

11. 设函数 $f(x)$ 在 $[-1, 1]$ 上定义, 且满足 $x \le f(x) \le x^2 + x$, $-1 \le x \le 1$, 证明 $f'(0)$ 存在, 且 $f'(0) = 1$.

12. 设 $\begin{cases} x = 2t + |t| \\ y = 5t^2 + 4t|t| \end{cases}$, 求 $\dfrac{\mathrm{d}y}{\mathrm{d}x}\bigg|_{t=0}$.

13. 求下列函数的导数:

(1) $y = (3x+5)^3(5x+4)^5$;　　(2) $y = \arctan \dfrac{x+1}{x-1}$;　　(3) $y = \dfrac{\sqrt{1+x} - \sqrt{1-x}}{\sqrt{1+x} + \sqrt{1-x}}$;

(4) $y = \dfrac{\ln x}{x^n}$;　　(5) $y = \dfrac{e^t - e^{-t}}{e^t + e^{-t}}$;　　(6) $y = x^a + a^x + a^a$;

(7) $y = e^{\tan \frac{1}{x}}$;　　(8) $y = \sqrt{x + \sqrt{x}}$;　　(9) $y = x \arcsin \dfrac{x}{2} + \sqrt{4 - x^2}$.

14. 设 $y = \dfrac{1}{2} \arctan \sqrt{1 + x^2} + \dfrac{1}{4} \ln \dfrac{\sqrt{1+x^2} + 1}{\sqrt{1+x^2} - 1}$, 求 $y'$.

15. 设 $f(x)$ 为可导函数，求 $\dfrac{\mathrm{d}y}{\mathrm{d}x}$：

(1) $y = f(\mathrm{e}^x + x^\mathrm{e})$；　　　　　　　　　　(2) $y = f(\mathrm{e}^x)\,\mathrm{e}^{f(x)}$.

16. 设 $x>0$ 时，可导函数 $f(x)$ 满足：$f(x) + 2f\left(\dfrac{1}{x}\right) = \dfrac{3}{x}$，求 $f'(x)$ $(x>0)$.

17. 已知 $y = f\left(\dfrac{3x-2}{3x+2}\right)$，$f'(x) = \arctan(x^2)$，求 $\dfrac{\mathrm{d}y}{\mathrm{d}x}\Big|_{x=0}$.

18. 求下列函数的二阶导数：

(1) $y = (1+x^2)\arctan x$；　　　　　　　　(2) $y = \ln(x + \sqrt{1+x^2})$.

19. 试从 $\dfrac{\mathrm{d}x}{\mathrm{d}y} = \dfrac{1}{y'}$ 导出：

(1) $\dfrac{\mathrm{d}^2 x}{\mathrm{d}y^2} = -\dfrac{y''}{(y')^3}$；　　　　　　(2) $\dfrac{\mathrm{d}^3 x}{\mathrm{d}y^3} = \dfrac{3(y'')^2 - y'y'''}{(y')^5}$.

20. 已知函数 $f(x)$ 具有任意阶导数，且 $f'(x) = [f(x)]^2$，则当 $n$ 为大于 2 的正整数时，$f(x)$ 的 $n$ 阶导数 $f^{(n)}(x)$ 是（　　）.

(A) $n![f(x)]^{n+1}$；　　　(B) $n[f(x)]^{n+1}$；　　　(C) $[f(x)]^{2n}$；　　　(D) $n![f(x)]^{2n}$.

21. 求下列函数指定阶的导数：

(1) $y = \dfrac{1}{x^2 - 5x + 6}$，求 $y^{(n)}$；　(2) 设 $y = \dfrac{4x^2 - 1}{x^2 - 1}$，求 $y^{(n)}$；　(3) $y = x^2\sin 2x$，求 $y^{(50)}$.

22. 设 $f(x) = \arctan x$，求 $f^{(n)}(0)$.

23. 求曲线 $x^{\frac{2}{3}} + y^{\frac{2}{3}} = a^{\frac{2}{3}}$ 在点 $\left(\dfrac{\sqrt{2}}{4}a, \dfrac{\sqrt{2}}{4}a\right)$ 处的切线方程和法线方程.

24. 设方程 $\sin(xy) + \ln(y-x) = x$ 确定 $y$ 为 $x$ 的函数，求 $\dfrac{\mathrm{d}y}{\mathrm{d}x}\Big|_{x=0}$.

25. 用对数求导法则求下列函数的导数：

(1) $y = \sqrt{x\sin x\sqrt{1 - \mathrm{e}^x}}$；　　　　　(2) $y = (\tan x)^{\sin x} + x^x$.

26. 设函数 $y = y(x)$ 由方程 $\mathrm{e}^y + xy = \mathrm{e}$ 确定，求 $y''(0)$.

27. 求下列方程所确定的隐函数 $y$ 的二阶导数 $\dfrac{\mathrm{d}^2 y}{\mathrm{d}x^2}$：

(1) $\arctan\dfrac{y}{x} = \ln\sqrt{x^2 + y^2}$；　　　　(2) $x - y + \dfrac{1}{2}\sin y = 0$.

28. 设 $y = y(x)$ 由方程 $x\mathrm{e}^{f(y)} = \mathrm{e}^y$ 确定，$f(u)$ 二阶可导且 $f' \neq 1$，求 $\dfrac{\mathrm{d}^2 y}{\mathrm{d}x^2}$.

29. 求下列参数方程所确定的函数的二阶导数 $\dfrac{\mathrm{d}^2 y}{\mathrm{d}x^2}$：

(1) $\begin{cases} x = a\cos t \\ y = b\sin t \end{cases}$；　　　　　　(2) $\begin{cases} x = f'(t) \\ y = tf'(t) - f(t) \end{cases}$，$f''(t) \neq 0$.

30. 设方程组 $\begin{cases} x = 2t - 1 \\ t\mathrm{e}^y + y + 1 = 0 \end{cases}$ 确定了 $y$ 是 $x$ 的函数，则 $\dfrac{\mathrm{d}^2 y}{\mathrm{d}x^2}\Big|_{t=0} = （　　）$.

(A) $1/\mathrm{e}^2$；　　　　(B) $1/2\mathrm{e}^2$；　　　　(C) $-1/\mathrm{e}$；　　　　(D) $-1/2\mathrm{e}$.

31. 设函数 $y = f(x)$ 由方程 $\sqrt[x]{y} = \sqrt[y]{x}$ $(x > 0, y > 0)$ 确定，求 $\dfrac{d^2 y}{dx^2}$。

32. 设函数 $y = f(x)$ 的极坐标式为 $\rho = a(1 + \cos\theta)$，求 $\dfrac{dy}{dx}$。

33. 设一质点的运动方程为

$$\begin{cases} x = 3\sin\omega t - 4\cos\omega t \\ y = 4\sin\omega t + 3\cos\omega t \end{cases}$$

求该质点在 $t = 0$ 时的运动速度及加速度的大小 ($\omega$ 为大于零的常数)。

34. 求下列函数的微分：

(1) $y = e^{-x}\cos(3 - x)$；　　　　(2) $y = \arcsin\sqrt{1 - x^2}$；　　　　(3) $y = \tan^2(1 + 2x^2)$。

35. 设 $y = f(\ln x)e^{f(x)}$，其中 $f$ 可微，求 $dy$。

36. 已知 $y = \cos x^2$，求 $\dfrac{dy}{dx}, \dfrac{dy}{dx^2}, \dfrac{dy}{dx^3}, \dfrac{d^2 y}{dx^2}$。

37. 假设飞机在起飞前沿跑道滑行的距离由公式 $s = \dfrac{10}{9} t^2$ 给出，其中 $s$ 是从起点算起的以米计的距离，而 $t$ 是从刹闸放开算起以秒计的时间。已知当飞机速度达到 200 公里/小时时，飞机就离地升空。试问要使飞机处于起飞状态需要多长时间？计算这个过程中飞机滑行的距离。

38. 一匹赛马正在跑一个 10 浪的比赛 (1 浪 = 200 米)。当马跑过每浪的标记 ($F$) 时，裁判员就记下自比赛开始算起所用的时间 ($t$)，$F$(浪)—$t$(秒) 的关系见下表：

| $F$ | 0 | 1 | 2 | 3 | 4 | 5 | 6 | 7 | 8 | 9 | 10 |
|-----|---|----|----|----|----|----|----|-----|-----|-----|-----|
| $t$ | 0 | 20 | 33 | 46 | 59 | 73 | 86 | 100 | 112 | 124 | 135 |

(1) 这匹赛马跑前 5 浪时的平均速度是多少 (以米/秒计)？

(2) 通过第三个浪标记的近似速度是多少 (以米/秒计)？

(3) 在哪段时间内赛马跑得最快？

(4) 在哪段时间内赛马加速最快？

39. 一辆大型客车能容纳 60 人。租用该车旅游时，若乘客人数为 $x$(人)，每位乘客支付的票价 $p(x)$(元) 满足关系式：

$$p(x) = 8\left(\frac{x}{40} - 3\right)^2.$$

求租用该客车的公共汽车公司在这次旅行中所获得的收入 $r(x)$。使其边际收入为 0 的旅行乘客量是多少？此时每位乘客支付的相应的票价是多少？(这个票价是使收入最大的票价，如果公共汽车公司可以选择乘客数量，则该公司可以设法将乘客保持在一个数量，在获得最大效益的同时还能使车内乘车环境更宽松。)

40. 若假定某重点工业部门的年总产出 $y$ 仅跟该年的劳动力总数 $u$ 和单个劳动力的平均生产效率 $v$ 有关，若劳动力总数 $u = u(t)$ 以年 4% (即 $\dfrac{du}{dt} = 0.04u$) 的增长率增长，而 $v = v(t)$ 以年 5% (即 $\dfrac{dv}{dt} = 0.05v$) 的增长率增长，求总产出 $y(t)$ 的年增长率；当 $u$ 以年 2% 的速率减少，而 $v$ 以年 3% 的增长率增长时，$y(t)$ 的增长率又是多少呢？

41. 设计者制作了一直径为10米的热气球，现他想在其底部 2 米处悬挂一个如右图所示的吊篮，连接气球和吊篮的缆绳把吊篮的顶点和切点 $(-4,-3)$ 和 $(4,-3)$ 连接起来，试问吊篮的宽度为多少时才合适？

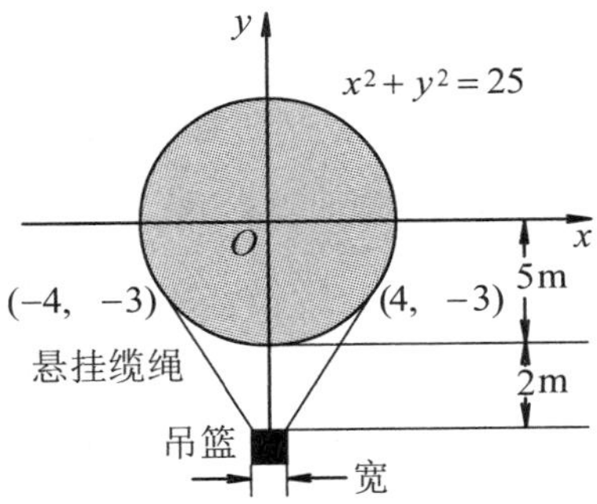

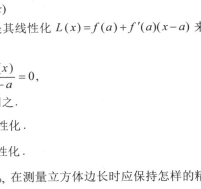

**题 41 图**

42. 沿坐标直线运动的质点在时刻 $t \geq 0$ 的位置为

$$s = 10\cos\left(t + \frac{\pi}{4}\right).$$

(1) 质点的起始 $(t=0)$ 位置在何处？

(2) 质点的最大位移是多少？

(3) 质点在达到最大位移时的速度和加速度是多少？

(4) 何时质点第一次达到原点及此刻对应的速度和加速度是多少？

43. $y=f(x)$ 在 $x=a$ 处可导，$g(x)=m(x-a)+c$，$m$ 和 $c$ 均为常数. 若误差函数

$$E(x)=f(x)-g(x)$$

在 $x=a$ 处附近足够小，则我们可能会用 $g$ 而不一定是其线性化 $L(x)=f(a)+f'(a)(x-a)$ 来做近似计算. 但是若我们对 $g$ 加入限制条件:

(1) $E(a)=0$,　　　　　　　　　(2) $\lim\limits_{x \to a} \dfrac{E(x)}{x-a}=0$,

则可断言此时求得的 $g$ 即为 $f$ 的线性化 $L(x)$，试证明之.

44. 求 $f(x)=\sqrt{1+x}+\sin x-0.5$ 在 $x=0$ 处的线性化.

45. 求 $f(x)=\sqrt{1+x}+\dfrac{2}{1-x}-3.1$ 在 $x=0$ 处的线性化.

46. 若要确保立方体表面积的相对误差不超过2%，在测量立方体边长时应保持怎样的精度？并计算此时立方体体积的相对误差的范围.

47. 现想估算一下路灯柱的高度，在离路灯 5 米处竖起一 2 米高的木杆并测量得到木杆的影子长度 $a$ 为 2.5 米 (如右图所示)，试求灯柱的高度并估算所得结果的可能误差.

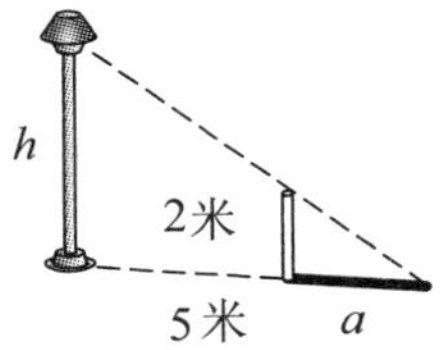

**题 47 图**

## 数学家简介 [2]

柯　　西

—— 业绩永存的数学大师

柯西 (Cauchy, 1789—1857)，法国数学家、物理学家. 19 世纪初期，微积分已发展成一个庞大的分支，内容丰富，应用非常广泛，与此同时，它的薄弱之处也越来越暴露出来，微积

分的理论基础并不严格. 为解决新问题并厘清微积分概念, 数学家们展开了数学分析严谨化的工作, 在分析基础的奠基工作中, 作出卓越贡献的要首推伟大的数学家柯西.

柯    西

柯西 1789 年 8 月 21 日出生于巴黎. 父亲是一位精通古典文学的律师, 与当时法国的大数学家拉格朗日和拉普拉斯交往密切. 柯西少年时代的数学才华颇受这两位数学家的赞赏, 并预言柯西日后必成大器. 拉格朗日向其父建议"赶快给柯西一种坚实的文学教育", 以便他的爱好不致把他引入歧途. 父亲因此加强了对柯西的文学教养, 使他在诗歌方面也表现出很高的才华.

1807 — 1810 年, 柯西在工学院学习. 他曾当过交通道路工程师, 由于身体欠佳, 他接受了拉格朗日和拉普拉斯的劝告, 放弃工程师而致力于纯数学的研究. 柯西在数学上的最大贡献是在微积分中引进了极限概念, 并以极限为基础建立了逻辑清晰的分析体系. 这是微积分发展史上的精华, 也是柯西对人类科学发展所作的巨大贡献.

1821 年, 柯西提出极限定义的 $\varepsilon$ 方法, 用不等式来刻画极限过程, 后经魏尔斯特拉斯改进, 成为现在所说的柯西极限定义或叫 $\varepsilon - \delta$ 定义. 当今所有微积分的教科书都还 (至少是在本质上) 沿用着柯西等人关于极限、连续、导数、收敛等概念的定义. 他对微积分的解释被后人普遍采用. 柯西对定积分作了最系统的开创性工作, 他把定积分定义为和的"极限". 在定积分运算之前, 强调必须确立积分的存在性. 他利用中值定理首先严格证明了微积分基本定理. 通过柯西以及后来魏尔斯特拉斯的艰苦工作, 数学分析的基本概念得到了严格的论述. 从而结束了微积分二百年来思想上的混乱局面, 把微积分及其推广从对几何概念、运动和直观了解的完全依赖中解放出来, 并使微积分发展成现代数学最基础、最庞大的数学学科.

数学分析严谨化的工作一开始就产生了很大的影响. 在一次学术会议上, 柯西提出了级数收敛性理论. 会后, 拉普拉斯急忙赶回家中, 根据柯西的严谨判别法, 逐一检查其巨著《天体力学》中所用到的级数是否都收敛.

柯西在其他方面的研究成果也很丰富. 复变函数的微积分理论就是由他创立的. 他在代数、理论物理、光学、弹性理论等方面也有突出贡献. 柯西的数学成就不仅辉煌, 而且数量惊人.《柯西全集》有 27 卷, 其论著有 800 多篇, 柯西在数学史上是仅次于欧拉的多产数学家. 他的光辉名字与许多定理、准则一起记录在当今许多教材中, 得以铭记.

作为一位学者, 他思路敏捷、功绩卓著. 由柯西卷帙浩大的论著和成果, 人们不难想象他一生是怎样孜孜不倦地勤奋工作的. 但柯西却是个具有复杂性格的人. 他是忠诚的保王党人、热心的天主教徒、落落寡合的学者. 尤其作为久负盛名的科学泰斗, 他常常忽视青年学者的创造. 例如, 柯西"失落"了才华出众的年轻数学家阿贝尔与伽罗华的开创性的论文手稿, 造成群论晚问世约半个世纪.

1857 年 5 月 23 日, 柯西在巴黎病逝. 他临终前的一句名言"人总是要死的, 但是, 他们的业绩永存"长久地叩击着一代又一代学子的心扉.

# 第3章 中值定理与导数的应用

> 只有将数学应用于社会科学的研究之后，才能使得
> 文明社会的发展成为可控制的现实.
>
> —— 怀海德[①]

从§2.1中我们已经知道，导致微分学产生的第三类问题是"求最大值和最小值". 此类问题在当时的生产实践中具有深刻的应用背景，例如，求炮弹从炮管里射出后运行的水平距离(即射程)，其依赖于炮筒对地面的倾斜角(即发射角). 又如，在天文学中，求行星离开太阳的最远和最近距离等. 一直以来，导数作为函数的变化率，在研究函数变化的性态中有着十分重要的意义，因而在自然科学、工程技术以及社会科学等领域中得到了广泛的应用.

在第2章中，我们介绍了微分学的两个基本概念 —— 导数与微分及其计算方法. 本章以微分学基本定理 —— 微分中值定理为基础，进一步介绍如何利用导数研究函数的性态，例如，判断函数的单调性和凹凸性，求函数的极限、极值、最大(小)值以及函数作图的方法.

# §3.1 中 值 定 理

中值定理揭示了函数在某区间上的整体性质与函数在该区间内某一点的导数之间的关系，中值定理既是用微分学知识解决应用问题的理论基础，又是解决微分学自身发展的一种理论性模型，因而称为微分中值定理.

## 一、罗尔[②] 定理

观察图 3-1-1，设函数 $y=f(x)$ 在区间 $[a,b]$ 上的图形是一条连续光滑的曲线弧，这条曲线在区间 $(a, b)$ 内每一点都存在不垂直于 $x$ 轴的切线，且区间 $[a, b]$ 的两个端点的函数值相等，即 $f(a)=f(b)$，则可以发现在

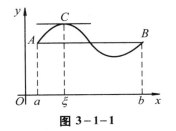

**图 3-1-1**

---

① 怀海德 (Whitehead, 1861—1947)，英国数学家.
② 罗尔 (M. Rolle, 1652—1719)，法国数学家.

曲线弧上的最高点或最低点处, 曲线有水平切线, 即有 $f'(\xi)=0$. 如果用数学分析的语言把这种几何现象描述出来, 就可得到下面的罗尔定理.

**定理1 (罗尔定理)** 如果函数 $y=f(x)$ 满足: (1) 在闭区间 $[a,b]$ 上连续; (2) 在开区间 $(a,b)$ 内可导; (3) 在区间端点的函数值相等, 即 $f(a)=f(b)$, 则在 $(a,b)$ 内至少存在一点 $\xi\,(a<\xi<b)$, 使得 $f'(\xi)=0$.

**证明** 由于 $f(x)$ 在闭区间 $[a,b]$ 上连续, 根据闭区间上连续函数的最大最小值定理, $f(x)$ 在 $[a,b]$ 上必有最大值 $M$ 和最小值 $m$. 现分两种可能来讨论.

若 $M=m$, 则对于任一 $x\in(a,b)$ 都有 $f(x)=m\,(=M)$, 这时对于任意的 $\xi\in(a,b)$ 都有 $f'(\xi)=0$.

若 $M>m$, 由条件 (3) 知, $M$ 和 $m$ 中至少有一个不等于 $f(a)(=f(b))$, 不妨设 $M\ne f(a)$, 则在开区间 $(a,b)$ 内至少有一点 $\xi$ 使得 $f(\xi)=M$. 下面来证明

$$f'(\xi)=0.$$

由条件 (2) 知, $f'(\xi)$ 存在. 由于 $f(\xi)$ 为最大值, 所以不论 $\Delta x$ 为正或为负, 只要 $\xi+\Delta x\in[a,b]$, 总有

$$f(\xi+\Delta x)-f(\xi)\le 0,$$

因此, 当 $\Delta x>0$ 时, 有

$$\frac{f(\xi+\Delta x)-f(\xi)}{\Delta x}\le 0,$$

根据函数极限的保号性知

$$f'_+(\xi)=\lim_{\Delta x\to 0^+}\frac{f(\xi+\Delta x)-f(\xi)}{\Delta x}\le 0,$$

同样, 当 $\Delta x<0$ 时, 有 $\dfrac{f(\xi+\Delta x)-f(\xi)}{\Delta x}\ge 0$, 所以

$$f'_-(\xi)=\lim_{\Delta x\to 0^-}\frac{f(\xi+\Delta x)-f(\xi)}{\Delta x}\ge 0.$$

因为 $f'(\xi)=f'_+(\xi)=f'_-(\xi)$, 故 $f'(\xi)=0$.

罗尔定理的假设并不要求 $f(x)$ 在 $a$ 和 $b$ 处可导, 只要满足在 $a$ 和 $b$ 处的连续性就可以了.

例如, 函数 $f(x)=\sqrt{1-x^2}$ 在 $[-1,1]$ 上满足罗尔定理的假设 (和结论), 即使 $f$ 在 $x=-1$ 和 $x=1$ 处不可导. 若取 $\xi=0\in(-1,1)$, 则有 $f'(\xi)=0$ (见图3-1-2).

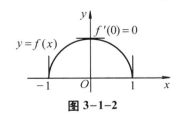

**图 3-1-2**

但要注意, 在一般情形下, 罗尔定理只给出了结论中导函数的零点的存在性, 通常这样的零点是不易具体求出的.

**例1** 不求导数, 判断函数 $f(x)=(x-1)(x-2)(x-3)$ 的导数有几个零点及这些

零点所在的范围.

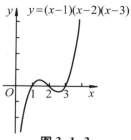

图 3-1-3

**解** 因为 $f(1) = f(2) = f(3) = 0$，所以 $f(x)$ 在闭区间 $[1, 2]$、$[2, 3]$ 上满足罗尔定理的三个条件，所以，在 $(1, 2)$ 内至少存在一点 $\xi_1$，使 $f'(\xi_1) = 0$，即 $\xi_1$ 是 $f'(x)$ 的一个零点；又在 $(2, 3)$ 内至少存在一点 $\xi_2$，使 $f'(\xi_2) = 0$，即 $\xi_2$ 也是 $f'(x)$ 的一个零点.

又因为 $f'(x)$ 为二次多项式，最多只能有两个零点，故 $f'(x)$ 恰好有两个零点，分别在区间 $(1, 2)$ 和 $(2, 3)$ 内(见图3-1-3). ■

**例2** 证明方程 $x^5 - 5x + 1 = 0$ 有且仅有一个小于1的正实根.

**证明** 设 $f(x) = x^5 - 5x + 1$，则 $f(x)$ 在 $[0, 1]$ 上连续，且 $f(0) = 1$，$f(1) = -3$. 由零点定理知，存在点 $x_0 \in (0, 1)$，使 $f(x_0) = 0$，即 $x_0$ 是题设方程的小于1的正实根.

再来证明 $x_0$ 是题设方程的小于1的唯一正实根. 用反证法，设另有 $x_1 \in (0, 1)$，$x_1 \neq x_0$，使 $f(x_1) = 0$. 易见函数 $f(x)$ 在以 $x_0$，$x_1$ 为端点的区间上满足罗尔定理的条件，故至少存在一点 $\xi$(介于 $x_0$，$x_1$ 之间)，使得 $f'(\xi) = 0$. 但

$$f'(x) = 5(x^4 - 1) < 0, \ x \in (0, 1),$$

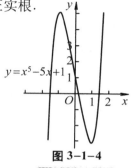

图 3-1-4

矛盾，所以 $x_0$ 即为题设方程的小于1的唯一正实根(见图3-1-4). ■

函数图形实验

## 二、拉格朗日[①] 中值定理

在罗尔定理中，$f(a) = f(b)$ 这个条件是相当特殊的，它使罗尔定理的应用受到了限制. 拉格朗日在罗尔定理的基础上作了进一步的研究，取消了罗尔定理中这个条件的限制，但仍保留了其余两个条件，得到了在微分学中具有重要地位的拉格朗日中值定理.

**定理2(拉格朗日中值定理)** 如果函数 $y = f(x)$ 满足：(1) 在闭区间 $[a, b]$ 上连续；(2) 在开区间 $(a, b)$ 内可导，则在 $(a, b)$ 内至少存在一点 $\xi (a < \xi < b)$，使得

$$f(b) - f(a) = f'(\xi)(b - a). \tag{1.1}$$

在证明之前，先看一下定理的几何意义.

式(1.1)可改写为

$$\frac{f(b) - f(a)}{b - a} = f'(\xi), \tag{1.2}$$

由图 3-1-5 可见，$\dfrac{f(b) - f(a)}{b - a}$ 为弦 $AB$ 的斜率，而 $f'(\xi)$ 为曲线在点 $C$ 处的切线的斜

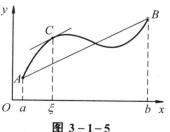

图 3-1-5

① 拉格朗日(J. L. Lagrange, 1736—1813), 法国数学家.

率. 拉格朗日中值定理表明, 在满足定理条件的情况下, 曲线 $y=f(x)$ 上至少有一点 $C$, 使曲线在点 $C$ 处的切线平行于弦 $AB$.

由图 3-1-5 亦可看出, 罗尔定理是拉格朗日中值定理在 $f(a)=f(b)$ 时的特殊情形. 通过这种特殊关系还可进一步联想到利用罗尔定理来证明拉格朗日中值定理. 事实上, 因为弦 $AB$ 的方程为

$$y=f(a)+\frac{f(b)-f(a)}{b-a}(x-a),$$

而曲线 $y=f(x)$ 与弦 $AB$ 在区间端点 $a, b$ 处相交, 故若用曲线方程 $y=f(x)$ 与弦 $AB$ 的方程的差构造一个新函数, 则这个新函数在端点 $a, b$ 处的函数值相等. 由此即可证明拉格朗日中值定理.

**证明** 构造辅助函数

$$F(x)=f(x)-\left[f(a)+\frac{f(b)-f(a)}{b-a}(x-a)\right].$$

容易验证 $F(x)$ 满足罗尔定理的条件, 从而在 $(a, b)$ 内至少存在一点 $\xi$, 使得 $F'(\xi)=0$, 即

$$f'(\xi)-\frac{f(b)-f(a)}{b-a}=0 \quad 或 \quad f(b)-f(a)=f'(\xi)(b-a). ■$$

**注**: 式 (1.1) 和式 (1.2) 均称为 **拉格朗日中值公式**. 式 (1.2) 的左端 $\dfrac{f(b)-f(a)}{b-a}$ 表示函数在闭区间 $[a, b]$ 上整体变化的平均变化率, 右端 $f'(\xi)$ 表示开区间 $(a, b)$ 内某点 $\xi$ 处函数的局部变化率. 于是, 拉格朗日中值公式反映了可导函数在 $[a, b]$ 上的整体平均变化率与在 $(a, b)$ 内某点 $\xi$ 处函数的局部变化率的关系. 若从力学角度看, 式 (1.2) 表示整体上的平均速度等于某一内点处的瞬时速度. 因此, 拉格朗日中值定理是联结局部与整体的纽带.

设 $x, x+\Delta x \in (a, b)$, 在以 $x, x+\Delta x$ 为端点的区间上应用式 (1.1), 则有

$$f(x+\Delta x)-f(x)=f'(x+\theta\Delta x)\cdot\Delta x \ (0<\theta<1).$$

即

$$\Delta y=f'(x_0+\theta\Delta x)\cdot\Delta x \ (0<\theta<1). \tag{1.3}$$

式 (1.3) 精确地表达了函数在一个区间上的增量与函数在该区间内某点处的导数之间的关系, 这个公式又称为 **有限增量公式**.

拉格朗日中值定理在微分学中占有重要地位, 有时也称这个定理为微分中值定理. 在某些问题中, 当自变量 $x$ 取得有限增量 $\Delta x$ 而需要函数增量的准确表达式时, 拉格朗日中值定理就凸显出其重要价值.

例如, 函数 $f(x)=x^2$ 在 $[0, 2]$ 上连续且在 $(0, 2)$ 内可导, 如图 3-1-6 所示. 因为 $f(0)=0$ 和 $f(2)=4$, 拉格朗日中值定理中的导函数 $f'(x)=2x$ 在区间中的某点

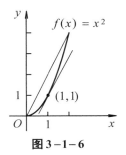

**图 3-1-6**

$\xi$ 一定取值 $\dfrac{4-0}{2-0}=2$. 在这个 (例外的) 情形中, 我们可以通过解方程 $2\xi=2$ 得到 $\xi=1$, 从而具体确定了 $\xi$.

**拉格朗日中值定理的物理解释**: 把数 $\dfrac{f(b)-f(a)}{b-a}$ 设想为 $f$ 在 $[a,b]$ 上的平均变化率而 $f'(\xi)$ 是 $x=\xi$ 的瞬时变化率. 拉格朗日中值定理是说, 在整个区间上的平均变化率一定等于在某个内点处的瞬时变化率.

我们知道, 常数的导数等于零; 但反过来, 导数为零的函数是否为常数呢? 回答是肯定的, 现在就用拉格朗日中值定理来证明其正确性.

**推论 1**　如果函数 $f(x)$ 在区间 $I$ 上的导数恒为零, 那么 $f(x)$ 在区间 $I$ 上是一个常数.

**证明**　在区间 $I$ 上任取两点 $x_1$, $x_2$ $(x_1<x_2)$, 在区间 $[x_1, x_2]$ 上应用拉格朗日中值定理, 由式 (1.1) 得
$$f(x_1)-f(x_2)=f'(\xi)(x_1-x_2)\quad(x_1<\xi<x_2).$$
由假设 $f'(\xi)=0$, 于是
$$f(x_1)=f(x_2),$$
再由 $x_1$, $x_2$ 的任意性知, $f(x)$ 在区间 $I$ 上任意点处的函数值都相等, 即 $f(x)$ 在区间 $I$ 上是一个常数. ■

**注**: 推论 1 表明: 导数为零的函数就是常数函数. 这一结论在以后的积分学中将会用到. 由推论 1 立即可得下面的推论 2.

**推论 2**　如果函数 $f(x)$ 与 $g(x)$ 在区间 $I$ 上恒有 $f'(x)=g'(x)$, 则在区间 $I$ 上
$$f(x)=g(x)+C\quad(C 为常数).$$

**例 3**　证明 $\arcsin x+\arccos x=\dfrac{\pi}{2}$ $(-1\le x\le 1)$.

**证明**　设 $f(x)=\arcsin x+\arccos x$, $x\in[-1,1]$, 则
$$f'(x)=\dfrac{1}{\sqrt{1-x^2}}+\left(-\dfrac{1}{\sqrt{1-x^2}}\right)=0,\ x\in(-1,1),$$
从而 $f(x)=C$, $x\in(-1,1)$. 又因为
$$f(0)=\arcsin 0+\arccos 0=0+\dfrac{\pi}{2}=\dfrac{\pi}{2},\ x\in(-1,1),$$
而　　$f(-1)=\arcsin(-1)+\arccos(-1)=\dfrac{\pi}{2}$, $f(1)=\arcsin 1+\arccos 1=\dfrac{\pi}{2}$,
故　　　　　$f(x)=\arcsin x+\arccos x=\dfrac{\pi}{2}$, $x\in[-1,1]$. ■

**例 4**　证明: 当 $x>0$ 时, $\dfrac{x}{1+x}<\ln(1+x)<x$.

**证明**　设 $f(x)=\ln(1+x)$, 显然, $f(x)$ 在 $[0,x]$ 上满足拉格朗日中值定理的条件,

由式 (1.1), 有

$$f(x) - f(0) = f'(\xi)(x - 0) \quad (0 < \xi < x).$$

因为 $f(0) = 0$, $f'(x) = \dfrac{1}{1+x}$, 故上式即为

$$\ln(1+x) = \frac{x}{1+\xi} \quad (0 < \xi < x).$$

由于 $0 < \xi < x$, 所以 $\dfrac{x}{1+x} < \dfrac{x}{1+\xi} < x$, 即

$$\frac{x}{1+x} < \ln(1+x) < x.$$

■

## 三、柯西中值定理

拉格朗日中值定理表明: 如果连续曲线弧 $\overset{\frown}{AB}$ 上除端点外处处具有不垂直于横轴的切线, 则这段弧上至少有一点 $C$, 使曲线在点 $C$ 处的切线平行于弦 $AB$. 设弧 $\overset{\frown}{AB}$ 的参数方程为 $\begin{cases} X = g(t) \\ Y = f(t) \end{cases} (a \le t \le b)$ (见图

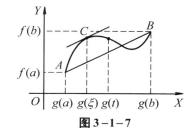

图 3-1-7

3-1-7), 其中 $t$ 是参数.

那么曲线上点 $(X, Y)$ 处的斜率为

$$\frac{\mathrm{d}Y}{\mathrm{d}X} = \frac{f'(t)}{g'(t)},$$

弦 $AB$ 的斜率为 $\dfrac{f(b) - f(a)}{g(b) - g(a)}$.

假设点 $C$ 对应于参数 $t = \xi$, 那么曲线上点 $C$ 处的切线平行于弦 $AB$, 即

$$\frac{f(b) - f(a)}{g(b) - g(a)} = \frac{f'(\xi)}{g'(\xi)}.$$

与这一事实相对应的是下述定理 3.

**定理 3 (柯西中值定理)** 如果函数 $f(x)$ 及 $g(x)$ 满足: (1) 在闭区间 $[a, b]$ 上连续; (2) 在开区间 $(a, b)$ 内可导; (3) 在 $(a, b)$ 内每一点处 $g'(x) \ne 0$, 则在 $(a, b)$ 内至少存在一点 $\xi (a < \xi < b)$, 使得

$$\frac{f(b) - f(a)}{g(b) - g(a)} = \frac{f'(\xi)}{g'(\xi)}.$$

**证明** 构造辅助函数

$$\varphi(x) = f(x) - f(a) - \frac{f(b) - f(a)}{g(b) - g(a)} [g(x) - g(a)].$$

易知 $\varphi(x)$ 满足罗尔定理的条件, 故在 $(a, b)$ 内至少存在一点 $\xi$, 使得 $\varphi'(\xi) = 0$, 即

$$f'(\xi) - \frac{f(b) - f(a)}{g(b) - g(a)} \cdot g'(\xi) = 0,$$

从而 $$\frac{f(b)-f(a)}{g(b)-g(a)}=\frac{f'(\xi)}{g'(\xi)}.$$ ∎

**注**：在拉格朗日中值定理和柯西中值定理的证明中，我们都采用了构造辅助函数的方法．这种方法是高等数学中证明数学命题的一种常用方法，它是根据命题的特征与需要，经过推敲与不断修正而构造出来的，并且不是唯一的．

显然，若取 $g(x)=x$，则 $g(b)-g(a)=b-a$，$g'(x)=1$，因而，柯西中值定理就变成拉格朗日中值定理(微分中值定理)了．所以柯西中值定理又称为**广义中值定理**．

**例5** 设函数 $f(x)$ 在 $[0,1]$ 上连续，在 $(0,1)$ 内可导．试证明至少存在一点 $\xi\in(0,1)$，使

$$f'(\xi)=2\xi[f(1)-f(0)].$$

**证明** 题设结论可变形为

$$\frac{f(1)-f(0)}{1-0}=\frac{f'(\xi)}{2\xi}=\frac{f'(x)}{(x^2)'}\bigg|_{x=\xi}.$$

因此，可设 $g(x)=x^2$，则 $f(x)$，$g(x)$ 在 $[0,1]$ 上满足柯西中值定理的条件，所以在 $(0,1)$ 内至少存在一点 $\xi$，使 $\dfrac{f(1)-f(0)}{1-0}=\dfrac{f'(\xi)}{2\xi}$，即

$$f'(\xi)=2\xi[f(1)-f(0)].$$ ∎

## 习题 3-1

1. 下列函数在给定区间上是否满足罗尔定理的所有条件？若满足，请求出满足定理的数值 $\xi$．

   (1) $f(x)=2x^2-x-3$，$[-1,1.5]$;   (2) $f(x)=x\sqrt{3-x}$，$[0,3]$.

2. 验证拉格朗日中值定理对函数 $y=4x^3-5x^2+x-2$ 在区间 $[0,1]$ 上的正确性．

3. 已知函数 $f(x)=x^4$ 在区间 $[1,2]$ 上满足拉格朗日中值定理的条件，试求满足定理的 $\xi$．

4. 试证明对函数 $y=px^2+qx+r$ 应用拉格朗日中值定理时所求得的点 $\xi$ 总是位于区间的正中间．

5. 一位货车司机在收费亭处收到一张罚单，说他在限速为 65 公里/小时的收费道路上在 2 小时内行驶了 159 公里．罚单列出的违章理由为该司机超速行驶．为什么？

6. 15 世纪郑和下西洋时最大的宝船能在 12 小时内一次航行 110 海里．试解释为什么在航行过程中的某一时刻宝船的速度一定超过 9 海里/小时．

7. 一位马拉松运动员用 2.2 小时跑完了马拉松比赛 42.195 公里的全程．试说明该马拉松运动员至少有两个时刻正好以 19 公里/小时的速度跑．

8. 函数 $f(x)=x^3$ 与 $g(x)=x^2+1$ 在区间 $[1,2]$ 上是否满足柯西中值定理的所有条件？若满足，请求出满足定理的数值 $\xi$．

9. 设 $f(x)$ 在 $[0,1]$ 上连续, 在 $(0,1)$ 内可导, 且 $f(1)=0$. 求证: 存在 $\xi \in (0,1)$, 使

$$f'(\xi) = -\frac{f(\xi)}{\xi}.$$

10. 若函数 $f(x)$ 在 $(a,b)$ 内具有二阶导函数, 且 $f(x_1)=f(x_2)=f(x_3)$ $(a<x_1<x_2<x_3<b)$, 证明: 在 $(x_1, x_3)$ 内至少有一点 $\xi$, 使得 $f''(\xi)=0$.

11. 若 4 次方程 $a_0 x^4 + a_1 x^3 + a_2 x^2 + a_3 x + a_4 = 0$ 有 4 个不同的实根, 证明:

$$4a_0 x^3 + 3a_1 x^2 + 2a_2 x + a_3 = 0$$

的所有根皆为实根.

12. 证明: 方程 $x^5 + x - 1 = 0$ 只有一个正根.

13. 不用求出函数 $f(x) = (x-1)(x-2)(x-3)(x-4)$ 的导数, 说明方程 $f'(x) = 0$ 有几个实根, 并指出它们所在的区间.

14. 证明下列不等式:

(1) $| \arctan a - \arctan b | \le |a-b|$;　　　　　(2) 当 $x > 1$ 时, $\mathrm{e}^x > \mathrm{e} \cdot x$;

(3) 当 $x > 0$ 时, $\ln\left(1+\dfrac{1}{x}\right) > \dfrac{1}{1+x}$.

15. 证明等式: $2\arctan x + \arcsin \dfrac{2x}{1+x^2} = \pi$ $(x \ge 1)$.

16. 证明: 若函数 $f(x)$ 在 $(-\infty, +\infty)$ 内满足关系式 $f'(x) = f(x)$, 且 $f(0) = 1$, 则 $f(x) = \mathrm{e}^x$.

17. 设函数 $f(x)$ 在 $[a, b]$ 上连续, 在 $(a, b)$ 内有二阶导数, 且有

$$f(a) = f(b) = 0, \ f(c) > 0 \ (a < c < b),$$

试证明在 $(a, b)$ 内至少存在一点 $\xi$, 使 $f''(\xi) < 0$.

18. 设 $f(x)$ 在 $[a, b]$ 上可微, 且 $f'_+(a) > 0$, $f'_-(b) > 0$, $f(a) = f(b) = A$, 试证明 $f'(x)$ 在 $(a, b)$ 内至少有两个零点.

19. 设 $f(x)$ 在闭区间 $[a, b]$ 上满足 $f''(x) > 0$, 试证明存在唯一的 $c$ $(a < c < b)$, 使得

$$f'(c) = \frac{f(b) - f(a)}{b - a}.$$

20. 设函数 $y = f(x)$ 在 $x = 0$ 的某邻域内具有 $n$ 阶导数, 且 $f(0) = f'(0) = \cdots = f^{(n-1)}(0) = 0$, 试用柯西中值定理证明:

$$\frac{f(x)}{x^n} = \frac{f^{(n)}(\theta x)}{n!} \quad (0 < \theta < 1).$$

# §3.2　洛必达[①] 法则

如果当 $x \to a$ (或 $x \to \infty$) 时, 两个函数 $f(x)$ 与 $g(x)$ 都趋于零或都趋于无穷大, 则极限 $\lim\limits_{x \to a} \dfrac{f(x)}{g(x)} \left(\text{或} \lim\limits_{x \to \infty} \dfrac{f(x)}{g(x)}\right)$ 可能存在, 也可能不存在, 通常把这种极限称为**未**

---

① 洛必达 (L'Hôpital, 1661—1704), 法国数学家.

**定式**，并分别记为 $\dfrac{0}{0}$ 或 $\dfrac{\infty}{\infty}$.

例如，$\lim\limits_{x\to 0}\dfrac{\sin x}{x}$，$\lim\limits_{x\to 0}\dfrac{1-\cos x}{x^2}$，$\lim\limits_{x\to +\infty}\dfrac{x^3}{\mathrm{e}^x}$ 等就是未定式.

在第 1 章中，我们曾计算过两个无穷小之比以及两个无穷大之比的未定式的极限. 其中，计算未定式的极限往往需要经过适当的变形，转化成可利用极限运算法则或重要极限进行计算的形式. 这种变形没有一般方法，需视具体问题而定，属于特定的方法. 本节将以导数为工具，给出计算未定式极限的一般方法，即**洛必达法则**.

# 一、$\dfrac{0}{0}$ 型与 $\dfrac{\infty}{\infty}$ 型未定式

下面，我们以 $x\to a$ 时的未定式 $\dfrac{0}{0}$ 的情形为例进行讨论.

**定理 1**　设

(1) 当 $x\to a$ 时，函数 $f(x)$ 及 $g(x)$ 都趋于零，

(2) 在点 $a$ 的某去心邻域内，$f'(x)$ 及 $g'(x)$ 都存在且 $g'(x)\neq 0$，

(3) $\lim\limits_{x\to a}\dfrac{f'(x)}{g'(x)}$ 存在 (或为无穷大)，

则

$$\lim_{x\to a}\frac{f(x)}{g(x)}=\lim_{x\to a}\frac{f'(x)}{g'(x)}.$$

**证明**　因为极限 $\lim\limits_{x\to a}\dfrac{f(x)}{g(x)}$ 是否存在与 $f(a)$ 和 $g(a)$ 取何值无关，故可补充定义

$$f(a)=g(a)=0.$$

于是，由 (1)，(2) 可知，函数 $f(x)$ 及 $g(x)$ 在点 $a$ 的某一邻域内是连续的. 设 $x$ 是该邻域内任意一点 $(x\neq a)$，则 $f(x)$ 及 $g(x)$ 在以 $x$ 及 $a$ 为端点的区间上满足柯西中值定理的条件，从而存在 $\xi$ ($\xi$ 介于 $x$ 与 $a$ 之间)，使得

$$\frac{f(x)}{g(x)}=\frac{f(x)-f(a)}{g(x)-g(a)}=\frac{f'(\xi)}{g'(\xi)}.$$

当 $x\to a$ 时，有 $\xi\to a$，所以

$$\lim_{x\to a}\frac{f(x)}{g(x)}=\lim_{\xi\to a}\frac{f'(\xi)}{g'(\xi)}=A\ (\text{或}\ \infty).\qquad\blacksquare$$

上述定理给出的这种在一定条件下通过对分子、分母分别求导、再求极限来确定未定式的值的方法称为**洛必达法则**.

**例 1**　求 $\lim\limits_{x\to 0}\dfrac{\sin kx}{x}$ $(k\neq 0)$.

**解** 这是 $\dfrac{0}{0}$ 型未定式, 由洛必达法则, 可得

$$\lim_{x \to 0} \frac{\sin kx}{x} = \lim_{x \to 0} \frac{(\sin kx)'}{(x)'} = \lim_{x \to 0} \frac{k \cos kx}{1} = k.$$ ■

**例2** 求 $\displaystyle\lim_{x \to 1} \frac{x^3 - 3x + 2}{x^3 - x^2 - x + 1}$.

**解** 这是 $\dfrac{0}{0}$ 型未定式, 连续应用洛必达法则两次, 可得

$$\lim_{x \to 1} \frac{x^3 - 3x + 2}{x^3 - x^2 - x + 1} = \lim_{x \to 1} \frac{3x^2 - 3}{3x^2 - 2x - 1} = \lim_{x \to 1} \frac{6x}{6x - 2} = \frac{3}{2}.$$ ■

**注**: 上式中的 $\displaystyle\lim_{x \to 1} \frac{6x}{6x - 2}$ 已经不是未定式, 不能再对它应用洛必达法则, 否则会导致错误.

**例3** 求 $\displaystyle\lim_{x \to 0} \frac{e^x - e^{-x} - 2x}{x - \sin x}$.

**解** $\displaystyle\lim_{x \to 0} \frac{e^x - e^{-x} - 2x}{x - \sin x} = \lim_{x \to 0} \frac{e^x + e^{-x} - 2}{1 - \cos x} = \lim_{x \to 0} \frac{e^x - e^{-x}}{\sin x} = \lim_{x \to 0} \frac{e^x + e^{-x}}{\cos x} = 2.$ ■

**注**: 我们指出, 对于 $x \to \infty$ 时的未定式 $\dfrac{0}{0}$, 以及 $x \to a$ 或 $x \to \infty$ 时的未定式 $\dfrac{\infty}{\infty}$, 也有相应的洛必达法则. 例如, 对于 $x \to \infty$ 时的未定式 $\dfrac{0}{0}$, 有:

**定理2** 设

(1) 当 $x \to \infty$ 时, 函数 $f(x)$ 及 $g(x)$ 都趋于零,

(2) 对于充分大的 $|x|$, $f'(x)$ 及 $g'(x)$ 都存在且 $g'(x) \neq 0$,

(3) $\displaystyle\lim_{x \to \infty} \frac{f'(x)}{g'(x)}$ 存在 (或为无穷大),

则

$$\lim_{x \to \infty} \frac{f(x)}{g(x)} = \lim_{x \to \infty} \frac{f'(x)}{g'(x)}.$$

**例4** 求 $\displaystyle\lim_{x \to +\infty} \frac{\dfrac{\pi}{2} - \arctan x}{\dfrac{1}{x}}$.

**解** $\displaystyle\lim_{x \to +\infty} \frac{\dfrac{\pi}{2} - \arctan x}{\dfrac{1}{x}} = \lim_{x \to +\infty} \frac{-\dfrac{1}{1 + x^2}}{-\dfrac{1}{x^2}} = \lim_{x \to +\infty} \frac{x^2}{1 + x^2} = 1.$ ■

**例5** 求 $\displaystyle\lim_{x \to 0^+} \frac{\ln \cot x}{\ln x}$.

**解**    $\displaystyle\lim_{x\to 0^+}\frac{\ln\cot x}{\ln x}=\lim_{x\to 0^+}\frac{(\ln\cot x)'}{(\ln x)'}=\lim_{x\to 0^+}\frac{\dfrac{1}{\cot x}\left(-\dfrac{1}{\sin^2 x}\right)}{\dfrac{1}{x}}$

$$=-\lim_{x\to 0^+}\frac{x}{\sin x\cos x}=-\lim_{x\to 0^+}\frac{x}{\sin x}\lim_{x\to 0^+}\frac{1}{\cos x}=-1.$$ ■

**例6**    求 $\displaystyle\lim_{x\to+\infty}\frac{\ln x}{x^n}\ (n>0)$.

**解**    $\displaystyle\lim_{x\to+\infty}\frac{\ln x}{x^n}=\lim_{x\to+\infty}\frac{\dfrac{1}{x}}{nx^{n-1}}=\lim_{x\to+\infty}\frac{1}{nx^n}=0.$ ■

**例7**    求 $\displaystyle\lim_{x\to+\infty}\frac{x^n}{\mathrm{e}^{\lambda x}}$ ($n$ 为正整数，$\lambda>0$).

**解**    反复应用洛必达法则 $n$ 次，得

$$\lim_{x\to+\infty}\frac{x^n}{\mathrm{e}^{\lambda x}}=\lim_{x\to+\infty}\frac{nx^{n-1}}{\lambda\mathrm{e}^{\lambda x}}=\lim_{x\to+\infty}\frac{n(n-1)x^{n-2}}{\lambda^2\mathrm{e}^{\lambda x}}=\cdots=\lim_{x\to+\infty}\frac{n!}{\lambda^n\mathrm{e}^{\lambda x}}=0.$$ ■

**注**：对数函数 $\ln x$、幂函数 $x^n$、指数函数 $\mathrm{e}^{\lambda x}(\lambda>0)$ 均为 $x\to+\infty$ 时的无穷大，但它们增大的速度很不一样，幂函数增大的速度远比对数函数快，而指数函数增大的速度又远比幂函数快.

洛必达法则虽然是求未定式的一种有效方法，但若能与其他求极限的方法结合使用，效果会更好. 例如，能化简时应尽可能先化简，可以应用等价无穷小替换或重要极限时应尽量应用，以使运算尽可能简捷.

**例8**    求 $\displaystyle\lim_{x\to 0}\frac{3x-\sin 3x}{(1-\cos x)\ln(1+2x)}$.

**解**    当 $x\to 0$ 时，$1-\cos x\sim\dfrac{1}{2}x^2$，$\ln(1+2x)\sim 2x$，所以

$$\lim_{x\to 0}\frac{3x-\sin 3x}{(1-\cos x)\ln(1+2x)}=\lim_{x\to 0}\frac{3x-\sin 3x}{x^3}$$

$$=\lim_{x\to 0}\frac{3-3\cos 3x}{3x^2}=\lim_{x\to 0}\frac{3\sin 3x}{2x}=\frac{9}{2}.$$ ■

**注**：应用洛必达法则求极限 $\displaystyle\lim\frac{f(x)}{g(x)}$ 时，如果 $\displaystyle\lim\frac{f'(x)}{g'(x)}$ 不存在且不等于 $\infty$，只表明洛必达法则失效，并不意味着 $\displaystyle\lim\frac{f(x)}{g(x)}$ 不存在，此时应改用其他方法求之.

**例9**    求 $\displaystyle\lim_{x\to 0}\frac{x^2\sin\dfrac{1}{x}}{\sin x}$.

**解**    此极限属于 $\dfrac{0}{0}$ 型的未定式. 但对分子和分母分别求导数后，将变为

$$\lim_{x \to 0} \frac{2x \sin \dfrac{1}{x} - \cos \dfrac{1}{x}}{\cos x},$$

此极限式的极限不存在 (振荡), 故洛必达法则失效. 但原极限是存在的, 可用如下方法求得:

$$\lim_{x \to 0} \frac{x^2 \sin \dfrac{1}{x}}{\sin x} = \lim_{x \to 0} \left( \frac{x}{\sin x} \cdot x \sin \frac{1}{x} \right) = \frac{\lim\limits_{x \to 0} x \sin \dfrac{1}{x}}{\lim\limits_{x \to 0} \dfrac{\sin x}{x}} = \frac{0}{1} = 0.$$ ■

## 二、其他类型的未定式 ($0 \cdot \infty$, $\infty - \infty$, $0^0$, $1^\infty$, $\infty^0$)

(1) 对于 $0 \cdot \infty$ 型, 可将乘积化为除的形式, 即化为 $\dfrac{0}{0}$ 或 $\dfrac{\infty}{\infty}$ 型的未定式来计算.

**例 10**  求 $\lim\limits_{x \to +\infty} x^{-2} e^x$.

**解**  $\lim\limits_{x \to +\infty} x^{-2} e^x = \lim\limits_{x \to +\infty} \dfrac{e^x}{x^2} = \lim\limits_{x \to +\infty} \dfrac{e^x}{2x} = \lim\limits_{x \to +\infty} \dfrac{e^x}{2} = +\infty.$ ■

(2) 对于 $\infty - \infty$ 型, 可利用通分化为 $\dfrac{0}{0}$ 型的未定式来计算.

**例 11**  求 $\lim\limits_{x \to \frac{\pi}{2}} (\sec x - \tan x)$.

**解**  $\lim\limits_{x \to \frac{\pi}{2}} (\sec x - \tan x) = \lim\limits_{x \to \frac{\pi}{2}} \left( \dfrac{1}{\cos x} - \dfrac{\sin x}{\cos x} \right)$

$$= \lim_{x \to \frac{\pi}{2}} \frac{1 - \sin x}{\cos x} = \lim_{x \to \frac{\pi}{2}} \frac{-\cos x}{-\sin x} = \frac{0}{1} = 0.$$ ■

(3) 对于 $0^0$, $1^\infty$, $\infty^0$ 型, 可以先化为以 e 为底的指数函数的极限, 再利用指数函数的连续性, 化为直接求指数的极限, 一般地, 我们有

$$\lim_{x \to a} \ln f(x) = A \Rightarrow \lim_{x \to a} f(x) = \lim_{x \to a} e^{\ln f(x)} = e^{\lim\limits_{x \to a} \ln f(x)} = e^A,$$

其中 $a$ 是有限数或无穷.

下面我们用洛必达法则来重新求 §1.7 中的第二个重要极限.

**例 12**  求 $\lim\limits_{x \to \infty} \left( 1 + \dfrac{1}{x} \right)^x$.

**解**  这是 $1^\infty$ 型未定式, 将它变形为

$$\ln \left( 1 + \frac{1}{x} \right)^x = \frac{\ln \left( 1 + \dfrac{1}{x} \right)}{\dfrac{1}{x}},$$

由于

$$\lim_{x \to \infty} \ln\left(1 + \frac{1}{x}\right)^{x} = \lim_{x \to \infty} \frac{\ln\left(1 + \frac{1}{x}\right)}{\frac{1}{x}} = \lim_{x \to \infty} \frac{\left(1 + \frac{1}{x}\right)^{-1}\left(-\frac{1}{x^2}\right)}{-\frac{1}{x^2}} = \lim_{x \to \infty}\left(1 + \frac{1}{x}\right)^{-1} = 1,$$

故
$$\lim_{x \to \infty}\left(1 + \frac{1}{x}\right)^{x} = \mathrm{e}.$$

**例13**   求 $\displaystyle\lim_{x \to 0^+} x^{\tan x}$.

**解**   这是 $0^0$ 型未定式, 将它变形为 $\displaystyle\lim_{x \to 0^+} x^{\tan x} = \mathrm{e}^{\lim\limits_{x \to 0^+} \tan x \ln x}$, 由于

$$\lim_{x \to 0^+} \tan x \ln x = \lim_{x \to 0^+} \frac{\ln x}{\cot x} = \lim_{x \to 0^+} \frac{\frac{1}{x}}{-\csc^2 x}$$
$$= \lim_{x \to 0^+} \frac{-\sin^2 x}{x} = \lim_{x \to 0^+} \frac{-2\sin x \cos x}{1} = 0,$$

故   $\displaystyle\lim_{x \to 0^+} x^{\tan x} = \mathrm{e}^0 = 1$.

**例14**   求 $\displaystyle\lim_{x \to 0^+} (\cot x)^{\frac{1}{\ln x}}$.

**解**   这是 $\infty^0$ 型未定式, 类似于例13, 有

$$\lim_{x \to 0^+} (\cot x)^{\frac{1}{\ln x}} = \lim_{x \to 0^+} \mathrm{e}^{\frac{\ln \cot x}{\ln x}} = \mathrm{e}^{\lim\limits_{x \to 0^+} \frac{\ln \cot x}{\ln x}}$$
$$= \mathrm{e}^{\lim\limits_{x \to 0^+} \frac{-\tan x \cdot \csc^2 x}{1/x}} = \mathrm{e}^{\lim\limits_{x \to 0^+}\left(-\frac{1}{\cos x} \cdot \frac{x}{\sin x}\right)} = \mathrm{e}^{-1}.$$

## 习题  3-2

1. 用洛必达法则求下列极限:

(1) $\displaystyle\lim_{x \to 0} \frac{\mathrm{e}^x - \mathrm{e}^{-x}}{\sin x}$;

(2) $\displaystyle\lim_{x \to a} \frac{\sin x - \sin a}{x - a}$;

(3) $\displaystyle\lim_{x \to \frac{\pi}{2}} \frac{\ln \sin x}{(\pi - 2x)^2}$;

(4) $\displaystyle\lim_{x \to +\infty} \frac{\ln\left(1 + \frac{1}{x}\right)}{\mathrm{arccot}\, x}$;

(5) $\displaystyle\lim_{x \to 0^+} \frac{\ln \tan 7x}{\ln \tan 2x}$;

(6) $\displaystyle\lim_{x \to 1} \frac{x^3 - 1 + \ln x}{\mathrm{e}^x - \mathrm{e}}$;

(7) $\displaystyle\lim_{x \to 0} \frac{\tan x - x}{x - \sin x}$;

(8) $\displaystyle\lim_{x \to 0} x \cot 2x$;

(9) $\displaystyle\lim_{x \to 0} x^2 \mathrm{e}^{1/x^2}$;

(10) $\displaystyle\lim_{x \to \infty} x\left(\mathrm{e}^{\frac{1}{x}} - 1\right)$;

(11) $\displaystyle\lim_{x \to 0}\left(\frac{1}{x} - \frac{1}{\mathrm{e}^x - 1}\right)$;

(12) $\displaystyle\lim_{x \to 1}\left(\frac{x}{x - 1} - \frac{1}{\ln x}\right)$;

(13) $\displaystyle\lim_{x \to \infty}\left(1 + \frac{a}{x}\right)^x$;

(14) $\displaystyle\lim_{x \to 0^+} x^{\sin x}$;

(15) $\displaystyle\lim_{x \to 0^+}\left(\frac{1}{x}\right)^{\tan x}$;

(16) $\lim\limits_{x \to 0} \dfrac{e^x + \ln(1-x) - 1}{x - \arctan x}$;　　　(17) $\lim\limits_{x \to 0} (1 + \sin x)^{\frac{1}{x}}$;　　　(18) $\lim\limits_{x \to 0^+} \left( \ln \dfrac{1}{x} \right)^x$;

(19) $\lim\limits_{x \to +\infty} (x + \sqrt{1 + x^2})^{\frac{1}{x}}$;　　　(20) $\lim\limits_{n \to \infty} \left( n \tan \dfrac{1}{n} \right)^{n^2}$.

2. 验证极限 $\lim\limits_{x \to \infty} \dfrac{x + \sin x}{x}$ 存在, 但不能用洛必达法则求出.

3. 若 $f(x)$ 有二阶导数, 证明 $f''(x) = \lim\limits_{h \to 0} \dfrac{f(x+h) - 2f(x) + f(x-h)}{h^2}$.

4. 讨论函数 $f(x) = \begin{cases} \left[ \dfrac{(1+x)^{1/x}}{e} \right]^{1/x}, & x > 0 \\ e^{-1/2}, & x \leqslant 0 \end{cases}$ 在点 $x = 0$ 处的连续性.

5. 设 $g(x)$ 在 $x = 0$ 处二阶可导, 且 $g(0) = 0$. 试确定 $a$ 的值使 $f(x)$ 在 $x = 0$ 处可导, 并求 $f'(0)$, 其中 $f(x) = \begin{cases} \dfrac{g(x)}{x}, & x \neq 0 \\ a, & x = 0 \end{cases}$.

# §3.3　泰 勒 公 式

　　对于一些比较复杂的函数, 为了便于研究, 往往希望用一些简单的函数来近似表达. 多项式函数是最为简单的一类函数, 它只需对自变量进行有限次的加、减、乘三种算术运算, 就能求出其函数值, 因此, 多项式经常被用来近似地表达函数, 这种近似表达在数学上常称为**逼近**. 泰勒[①] 在这方面作出了不朽的贡献. 其研究结果表明: 具有直到 $n+1$ 阶导数的函数在一个点的邻域内的值可以用函数在该点的函数值及各阶导数值组成的 $n$ 次多项式近似表达. 本节我们将介绍泰勒公式及其简单应用.

　　在微分的应用中我们已经知道, 当 $|x|$ 很小时, 有下列近似等式

$$e^x \approx 1 + x, \quad \ln(1+x) \approx x.$$

这些都是用一次多项式来近似表达函数的例子. 但是这种近似表达式存在明显的不足, 首先是精度不高, 所产生的误差仅是关于 $x$ 的高阶无穷小; 其次是用它来做近似计算时, 不能具体估算出误差的大小. 因此, 当精确度要求较高且需要估计误差的时候, 就必须用高次的多项式来近似表达函数, 同时给出误差估计式.

　　这里, 我们要考虑的问题是:

　　设函数 $f(x)$ 在含有 $x_0$ 的开区间 $(a, b)$ 内具有直到 $n+1$ 阶的导数, 问是否存在一个 $n$ 次多项式函数

$$p_n(x) = a_0 + a_1(x - x_0) + a_2(x - x_0)^2 + \cdots + a_n(x - x_0)^n, \tag{3.1}$$

使得

$$f(x) \approx p_n(x), \tag{3.2}$$

_____
① 泰勒 (Brook Taylor, 1685—1731), 英国数学家.

且误差 $R_n(x) = f(x) - p_n(x)$ 是比 $(x-x_0)^n$ 高阶的无穷小，并给出误差估计的具体表达式.

这个问题的答案是肯定的.

下面我们先来考虑这样一种情形：设 $p_n(x)$ 在点 $x_0$ 处的函数值及它的直到 $n$ 阶的导数在点 $x_0$ 处的值依次与 $f(x_0)$, $f'(x_0)$, $f''(x_0)$, $\cdots$, $f^{(n)}(x_0)$ 相等，即有

$$p_n(x_0) = f(x_0), \quad p_n^{(k)}(x_0) = f^{(k)}(x_0) \ (k = 1, 2, \cdots, n). \tag{3.3}$$

要按这些等式来确定多项式 (3.1) 的系数 $a_0, a_1, a_2, \cdots, a_n$. 为此，对式 (3.1) 求各阶导数，并分别代入等式 (3.3) 中，得

$$a_0 = f(x_0), \ 1 \cdot a_1 = f'(x_0), \ 2! \cdot a_2 = f''(x_0), \cdots, \ n! \cdot a_n = f^{(n)}(x_0),$$

即

$$a_0 = f(x_0), \quad a_k = \frac{1}{k!} f^{(k)}(x_0) \ (k = 1, 2, \cdots, n). \tag{3.4}$$

将所求系数 $a_0, a_1, a_2, \cdots, a_n$ 代入式 (3.1)，有

$$p_n(x) = f(x_0) + f'(x_0)(x-x_0) + \frac{f''(x_0)}{2!}(x-x_0)^2 + \cdots + \frac{f^{(n)}(x_0)}{n!}(x-x_0)^n. \tag{3.5}$$

下面的定理表明，多项式 (3.5) 就是我们要寻找的 $n$ 次多项式.

**泰勒中值定理**　如果函数 $f(x)$ 在含有 $x_0$ 的某个开区间 $(a, b)$ 内具有直到 $n+1$ 阶的导数，则对于任一 $x \in (a, b)$，有

$$f(x) = f(x_0) + f'(x_0)(x-x_0) + \frac{f''(x_0)}{2!}(x-x_0)^2 + \cdots + \frac{f^{(n)}(x_0)}{n!}(x-x_0)^n + R_n(x), \tag{3.6}$$

其中

$$R_n(x) = \frac{f^{(n+1)}(\xi)}{(n+1)!}(x-x_0)^{n+1}. \tag{3.7}$$

这里 $\xi$ 是介于 $x_0$ 与 $x$ 之间的某个值.

**证明**　由 $R_n(x) = f(x) - p_n(x)$，根据题意，我们只需证明式 (3.7) 成立. 从题设条件知，$R_n(x)$ 在 $(a, b)$ 内具有直到 $n+1$ 阶的导数，且

$$R_n(x_0) = R_n'(x_0) = R_n''(x_0) = \cdots = R_n^{(n)}(x_0) = 0,$$

函数 $R_n(x)$ 及 $(x-x_0)^{n+1}$ 在以 $x_0$ 及 $x$ 为端点的区间上满足柯西中值定理的条件，所以

$$\frac{R_n(x)}{(x-x_0)^{n+1}} = \frac{R_n(x) - R_n(x_0)}{(x-x_0)^{n+1} - 0} = \frac{R_n'(\xi_1)}{(n+1)(\xi_1-x_0)^n} \quad (\xi_1 \text{ 在 } x_0 \text{ 与 } x \text{ 之间}),$$

又函数 $R_n'(x)$ 及 $(n+1)(x-x_0)^n$ 在以 $x_0$ 及 $\xi_1$ 为端点的区间上满足柯西中值定理的条件，所以

$$\frac{R_n'(\xi_1)}{(n+1)(\xi_1-x_0)^n} = \frac{R_n'(\xi_1) - R_n'(x_0)}{(n+1)(\xi_1-x_0)^n - 0} = \frac{R_n''(\xi_2)}{n(n+1)(\xi_2-x_0)^{n-1}} \quad (\xi_2 \text{ 在 } x_0 \text{ 与 } \xi_1 \text{ 之间}).$$

按此方法继续做下去，经过 $n+1$ 次后，可得

$$\frac{R_n(x)}{(x-x_0)^{n+1}} = \frac{R_n^{(n+1)}(\xi)}{(n+1)!},$$

其中 $\xi$ 在 $x_0$ 与 $\xi_n$ 之间(也在 $x_0$ 与 $x$ 之间), 因为 $p_n^{(n+1)}(x) = 0$, 所以

$$R_n^{(n+1)}(x) = f^{(n+1)}(x),$$

从而证得

$$R_n(x) = \frac{f^{(n+1)}(\xi)}{(n+1)!}(x-x_0)^{n+1} \quad (\xi \text{ 在 } x_0 \text{ 与 } x \text{ 之间}).$$ ■

多项式 (3.5) 称为函数 $f(x)$ 按 $(x-x_0)$ 的幂展开的 **$n$ 阶泰勒多项式**, 公式 (3.6) 称为 $f(x)$ 按 $(x-x_0)$ 的幂展开的 **$n$ 阶泰勒公式**, $R_n(x)$ 的表达式 (3.7) 称为**拉格朗日型余项**.

当 $n=0$ 时, 泰勒公式变成拉格朗日中值公式:

$$f(x) = f(x_0) + f'(\xi)(x-x_0) \quad (\xi \text{ 在 } x_0 \text{ 与 } x \text{ 之间}),$$

因此, 泰勒中值定理是拉格朗日中值定理的推广.

如果对于固定的 $n$, 当 $x \in (a, b)$ 时, $|f^{(n+1)}(x)| \leq M$, 则有

$$|R_n(x)| = \left| \frac{f^{(n+1)}(\xi)}{(n+1)!}(x-x_0)^{n+1} \right| \leq \frac{M}{(n+1)!} |x-x_0|^{n+1}, \tag{3.8}$$

从而 $\quad \lim\limits_{x \to x_0} \dfrac{R_n(x)}{(x-x_0)^n} = 0.$

故当 $x \to x_0$ 时, 误差 $R_n(x)$ 是比 $(x-x_0)^n$ 高阶的无穷小, 即

$$R_n(x) = o[(x-x_0)^n]. \tag{3.9}$$

$R_n(x)$ 的表达式 (3.9) 称为**皮亚诺型余项**.

至此, 我们提出的问题全部得到解决.

在不需要余项的精确表达式时, $n$ 阶泰勒公式也可写成

$$f(x) = f(x_0) + f'(x_0)(x-x_0) + \frac{f''(x_0)}{2!}(x-x_0)^2$$
$$+ \cdots + \frac{f^{(n)}(x_0)}{n!}(x-x_0)^n + o[(x-x_0)^n]. \tag{3.10}$$

公式 (3.10) 称为 $f(x)$ 按 $(x-x_0)$ 的幂展开的带有皮亚诺型余项的 **$n$ 阶泰勒公式**.

在泰勒公式 (3.6) 中, 取 $x_0 = 0$, 则 $\xi$ 在 $0$ 与 $x$ 之间, 因此, 可令 $\xi = \theta x \,(0 < \theta < 1)$, 由式 (3.6)、式 (3.7), 得

$$f(x) = f(0) + f'(0)x + \frac{f''(0)}{2!}x^2 + \cdots + \frac{f^{(n)}(0)}{n!}x^n + \frac{f^{(n+1)}(\theta x)}{(n+1)!}x^{n+1}$$
$$(0 < \theta < 1). \tag{3.11}$$

式 (3.11) 称为带有拉格朗日型余项的**麦克劳林公式**.

在泰勒公式 (3.10) 中, 取 $x_0 = 0$, 则得到带有皮亚诺型余项的麦克劳林公式

$$f(x) = f(0) + f'(0)x + \frac{f''(0)}{2!}x^2 + \cdots + \frac{f^{(n)}(0)}{n!}x^n + o(x^n). \tag{3.12}$$

从式 (3.11) 或式 (3.12) 可得近似公式

$$f(x) \approx f(0) + f'(0)x + \frac{f''(0)}{2!}x^2 + \cdots + \frac{f^{(n)}(0)}{n!}x^n. \tag{3.13}$$

误差估计式 (3.8) 相应变成

$$|R_n(x)| \le \frac{M}{(n+1)!}|x|^{n+1}. \tag{3.14}$$

**例 1** 写出函数 $f(x) = x^3 \ln x$ 在 $x_0 = 1$ 处的四阶泰勒公式.

**解** 由

计算实验

$$f(x) = x^3 \ln x, \qquad f'(x) = 3x^2 \ln x + x^2,$$
$$f''(x) = 6x \ln x + 5x, \qquad f'''(x) = 6\ln x + 11,$$
$$f^{(4)}(x) = \frac{6}{x}, \qquad f^{(5)}(x) = -\frac{6}{x^2},$$

得

$$f(1) = 0, \qquad f'(1) = 1,$$
$$f''(1) = 5, \qquad f'''(1) = 11,$$
$$f^{(4)}(1) = 6, \qquad f^{(5)}(\xi) = -\frac{6}{\xi^2},$$

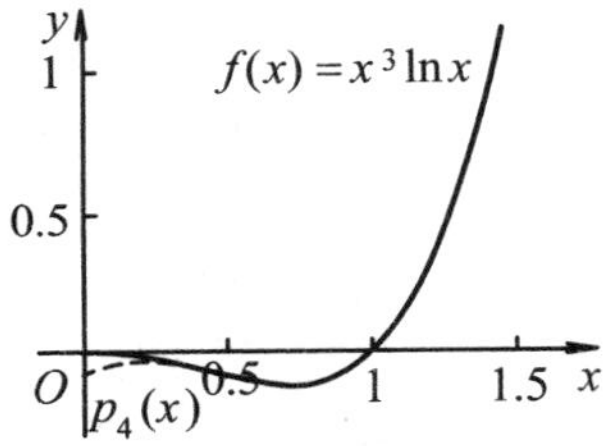

图 3-3-1

所以

$$x^3 \ln x = p_4(x) + R_4(x)$$
$$= (x-1) + \frac{5}{2!}(x-1)^2 + \frac{11}{3!}(x-1)^3 + \frac{6}{4!}(x-1)^4 - \frac{6}{5!\xi^2}(x-1)^5,$$

其中 $\xi$ 介于 1 与 $x$ 之间 (见图 3-1-1). 从图 3-1-1 可见, 函数 $f(x) = x^3 \ln x$ 与其四阶泰勒多项式 $p_4(x)$ 的曲线在 $x_0 = 1$ 附近几乎是重合的. ∎

**例 2** 求 $f(x) = e^x$ 的 $n$ 阶麦克劳林公式.

**解** 因为 $f'(x) = f''(x) = \cdots = f^{(n)}(x) = e^x$, 所以

$$f(0) = f'(0) = f''(0) = \cdots = f^{(n)}(0) = 1,$$

注意到 $f^{(n+1)}(\theta x) = e^{\theta x}$, 代入式 (3.11) 即得所求的麦克劳林公式为

$$e^x = 1 + x + \frac{x^2}{2!} + \cdots + \frac{x^n}{n!} + \frac{e^{\theta x}}{(n+1)!}x^{n+1} \quad (0 < \theta < 1).$$

由此可知, 函数 $e^x$ 的 $n$ 阶泰勒多项式为

$$p_n(x) = 1 + x + \frac{x^2}{2!} + \cdots + \frac{x^n}{n!},$$

用 $p_n(x)$ 近似 $e^x$ 所产生的误差为

$$|R_n(x)| = \left| \frac{e^{\theta x}}{(n+1)!}x^{n+1} \right| < \frac{e^{|x|}}{(n+1)!}|x|^{n+1} \quad (0 < \theta < 1).$$

若取 $x = 1$, 则得到无理数 e 的近似表达式为

$$e \approx 1 + 1 + \frac{1}{2!} + \cdots + \frac{1}{n!},$$

其误差 $|R_n| < \dfrac{e}{(n+1)!} < \dfrac{3}{(n+1)!}$.

当 $n=10$ 时，可计算出 $e \approx 2.718\ 282$，其误差不超过 $10^{-6}$.

函数 $e^x$ 与 $p_1(x)=1+x$，$p_2(x)=1+x+\dfrac{x^2}{2!}$，$p_3(x)=$

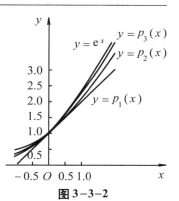

$1+x+\dfrac{x^2}{2!}+\dfrac{x^3}{3!}$ 的比较见图 3-3-2.

图 3-3-2

**例 3** 求 $f(x)=\sin x$ 的 $n$ 阶麦克劳林公式.

**解** 因为

$$f'(x)=\cos x, \quad f''(x)=-\sin x, \quad f'''(x)=-\cos x,$$
$$f^{(4)}(x)=\sin x, \quad \cdots, \quad f^{(n)}(x)=\sin\left(x+\frac{n\pi}{2}\right),$$

所以 $f'(0)=1$，$f''(0)=0$，$f'''(0)=-1$，$f^{(4)}(0)=0$，等等，$\sin x$ 的各阶导数在 0 点的值依次循环地取四个数 $0, 1, 0, -1$，即

$$f^{(n)}(x)\Big|_{x=0}=\sin\frac{n\pi}{2}=\begin{cases}0, & n=4k \\ 1, & n=4k+1 \\ 0, & n=4k+2 \\ -1, & n=4k+3\end{cases}=\begin{cases}0, & n=2m \\ (-1)^{m-1}, & n=2m-1\end{cases},$$

于是 (令 $n=2m$)

$$\sin x = x - \frac{x^3}{3!} + \frac{x^5}{5!} - \cdots + (-1)^{m-1}\frac{x^{2m-1}}{(2m-1)!} + R_{2m}(x),$$

其中

$$R_{2m}(x)=\frac{\sin\left(\theta x + (2m+1)\dfrac{\pi}{2}\right)}{(2m+1)!}x^{2m+1} \quad (0<\theta<1).$$

若取 $m=1$，则得到近似公式 $\sin x \approx x$，其误差为

$$|R_2|=\left|\frac{\sin\left(\theta x + \dfrac{3}{2}\pi\right)}{3!}x^3\right| \le \frac{|x^3|}{6} \quad (0<\theta<1).$$

若取 $m$ 分别为 2 和 3，则可分别得到 $\sin x$ 的三阶和五阶泰勒多项式

$$p_3(x)=x-\frac{1}{3!}x^3 \quad \text{和} \quad p_5(x)=x-\frac{1}{3!}x^3+\frac{1}{5!}x^5,$$

其误差的绝对值分别不超过 $\dfrac{1}{5!}|x|^5$ 和 $\dfrac{1}{7!}|x|^7$.

正弦函数 $\sin x$ 和以上三个泰勒多项式的图形如图 $3-3-3$ 所示. ■

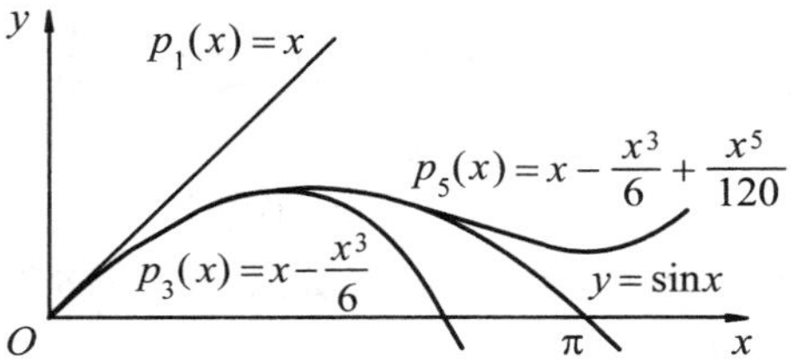

按前述几例的方法,可得到常用初等函数的麦克劳林公式:

图 $3-3-3$

$$e^x = 1 + x + \frac{x^2}{2!} + \cdots + \frac{x^n}{n!} + o(x^n),$$

$$\sin x = x - \frac{x^3}{3!} + \frac{x^5}{5!} - \cdots + (-1)^n \frac{x^{2n+1}}{(2n+1)!} + o(x^{2n+1}),$$

$$\cos x = 1 - \frac{x^2}{2!} + \frac{x^4}{4!} - \frac{x^6}{6!} + \cdots + (-1)^n \frac{x^{2n}}{(2n)!} + o(x^{2n}),$$

$$\ln(1+x) = x - \frac{x^2}{2} + \frac{x^3}{3} - \cdots + (-1)^{n-1} \frac{x^n}{n} + o(x^n),$$

$$\frac{1}{1-x} = 1 + x + x^2 + \cdots + x^n + o(x^n),$$

$$(1+x)^m = 1 + mx + \frac{m(m-1)}{2!} x^2 + \cdots + \frac{m(m-1)\cdots(m-n+1)}{n!} x^n + o(x^n).$$

在实际应用中,上述已知初等函数的麦克劳林公式常用于间接地展开一些更复杂的函数的麦克劳林公式,以及求某些函数的极限等.

**例 4**　求函数 $f(x) = xe^{-x}$ 的带有皮亚诺型余项的 $n$ 阶麦克劳林公式.

**解**　因为

$$e^{-x} = 1 + (-x) + \frac{(-x)^2}{2!} + \cdots + \frac{(-x)^{n-1}}{(n-1)!} + o(x^{n-1}),$$

所以

$$xe^{-x} = x - x^2 + \frac{x^3}{2!} - \cdots + \frac{(-1)^{n-1} x^n}{(n-1)!} + o(x^n). \qquad ■$$

**例 5**　求 $y = \dfrac{1}{3-x}$ 在 $x = 1$ 处的泰勒展开式.

**解**　
$$y = \frac{1}{3-x} = \frac{1}{2-(x-1)} = \frac{1}{2} \cdot \frac{1}{1 - \dfrac{x-1}{2}}$$

$$= \frac{1}{2} \cdot \left[ 1 + \frac{x-1}{2} + \left(\frac{x-1}{2}\right)^2 + \cdots + \left(\frac{x-1}{2}\right)^n + o\left(\frac{x-1}{2}\right)^n \right]$$

$$= \frac{1}{2} + \frac{x-1}{2^2} + \frac{(x-1)^2}{2^3} + \cdots + \frac{(x-1)^n}{2^{n+1}} + o[(x-1)^n]. \qquad ■$$

**例 6**　计算 $\lim\limits_{x \to 0} \dfrac{e^{x^2} + 2\cos x - 3}{x^4}$.

**解**　由于分式的分母为 $x^4$,只需将分子中的各函数分别用带有皮亚诺型的

四阶麦克劳林公式表示，即

$$e^{x^2}=1+x^2+\frac{1}{2!}x^4+o(x^4), \quad \cos x=1-\frac{x^2}{2!}+\frac{x^4}{4!}+o(x^4),$$

而

$$e^{x^2}+2\cos x-3=\left(\frac{1}{2!}+2\cdot\frac{1}{4!}\right)x^4+o(x^4)=\frac{7}{12}x^4+o(x^4),$$

所以

$$\lim_{x\to 0}\frac{e^{x^2}+2\cos x-3}{x^4}=\lim_{x\to 0}\frac{\frac{7}{12}x^4+o(x^4)}{x^4}=\frac{7}{12}.$$

### *数学实验

**实验3.1** 试用计算软件求下列函数的泰勒展开式或麦克劳林展开式:

(1) 分析利用泰勒展开式近似计算 $\sin 7$ 时，展开点 $x_0$ 和阶数 $n$ 对计算结果的影响;

(2) $\dfrac{(1+x)^{100}}{(1-2x)^{40}(1+2x)^{60}}$，在 $x=0$ 展开到含 $x^3$ 的项;

(3) $e^{-\frac{1}{2}x^2}\sin(2x)$，在 $x=0$ 展开到含 $x^9$ 的项;

(4) $\sqrt{1-2x+x^3}-\sqrt[3]{1-3x+x^2}$，在 $x=1$ 展开到含 $x^3$ 的项;

(5) $\left(x^3-x^2+\dfrac{x}{2}\right)e^{\frac{1}{x}}-\sqrt{x^6+1}$，在 $x=0$ 展开到含 $\dfrac{1}{x^6}$ 的项.

计算实验

详见教材配套的网络学习空间.

## 习题 3-3

1. 按 $(x-1)$ 的幂展开多项式 $f(x)=x^4+3x^2+4$.

2. 求函数 $f(x)=\sqrt{x}$ 按 $(x-4)$ 的幂展开的带有拉格朗日型余项的三阶泰勒公式.

3. 把 $f(x)=\dfrac{1+x+x^2}{1-x+x^2}$ 在 $x=0$ 点展开到含 $x^4$ 项，并求 $f^{(3)}(0)$.

4. 求函数 $f(x)=\ln x$ 按 $(x-2)$ 的幂展开的带有皮亚诺型余项的 $n$ 阶泰勒公式.

5. 求函数 $f(x)=\dfrac{1}{x}$ 按 $(x+1)$ 的幂展开的带有拉格朗日型余项的 $n$ 阶泰勒公式.

6. 求函数 $y=xe^x$ 的带有皮亚诺型余项的 $n$ 阶麦克劳林展开式.

7. 验证当 $0<x\le\dfrac{1}{2}$ 时，按公式 $e^x\approx 1+x+\dfrac{x^2}{2}+\dfrac{x^3}{6}$ 计算 $e^x$ 的近似值时所产生的误差小于 $0.01$，并求 $\sqrt{e}$ 的近似值，使误差小于 $0.01$.

8. 用泰勒公式取 $n=5$，求 $\ln 1.2$ 的近似值，并估计其误差.

9. 利用函数的泰勒展开式求下列极限:

(1) $\lim\limits_{x\to +\infty}(\sqrt[3]{x^3+3x}-\sqrt{x^2-x})$;

(2) $\lim\limits_{x\to 0}\dfrac{1+\frac{1}{2}x^2-\sqrt{1+x^2}}{(\cos x-e^{x^2})\sin x^2}$.

10. 设 $x > 0$，证明：$x - \dfrac{x^2}{2} < \ln(1 + x)$.

11. 证明函数 $f(x)$ 是 $n$ 次多项式的充要条件是 $f^{(n+1)}(x) \equiv 0$ 且 $f^{(n)}(x) \neq 0$.

12. 若 $f(x)$ 在 $[a, b]$ 上有 $n$ 阶导数，且 $f(a) = f(b) = f'(b) = f''(b) = \cdots = f^{(n-1)}(b) = 0$，证明在 $(a, b)$ 内至少存在一点 $\xi$，使 $f^{(n)}(\xi) = 0 \, (a < \xi < b)$.

# §3.4　函数的单调性、凹凸性与极值

我们已经会用初等数学的方法研究一些函数的单调性和某些简单函数的性质，但这些方法使用范围狭小，并且有些需要借助于某些特殊的技巧，因而不具有一般性. 本节将以导数为工具，介绍判断函数单调性和凹凸性的简便且具有一般性的方法.

## 一、函数的单调性

如何利用导数研究函数的单调性呢？我们先考察图 3-4-1，函数 $y = f(x)$ 的图形在区间 $(a, b)$ 内沿 $x$ 轴的正向上升，除点 $(\xi, f(\xi))$ 的切线平行于 $x$ 轴外，曲线上其余点处的切线与 $x$ 轴的夹角均为锐角，即曲线 $y = f(x)$ 在区间 $(a, b)$ 内除个别点外切线的斜率为正；反之亦然. 再考察图 3-4-2，函数 $y = f(x)$ 的图形在区间 $(a, b)$ 内沿 $x$ 轴的正向下降，除个别点外，曲线上其余点处的切线与 $x$ 轴的夹角均为钝角，即曲线 $y = f(x)$ 在区间 $(a, b)$ 内除个别点外切线的斜率为负. 反之亦然.

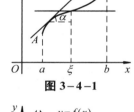

图 3-4-1

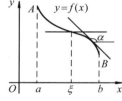

图 3-4-2

一般地，根据拉格朗日中值定理，有如下定理.

**定理 1**　设函数 $y = f(x)$ 在 $[a, b]$ 上连续，在 $(a, b)$ 内可导.

(1) 若在 $(a, b)$ 内 $f'(x) > 0$，则函数 $y = f(x)$ 在 $[a, b]$ 上单调增加；

(2) 若在 $(a, b)$ 内 $f'(x) < 0$，则函数 $y = f(x)$ 在 $[a, b]$ 上单调减少.

**证明**　任取两点 $x_1, x_2 \in (a, b)$，设 $x_1 < x_2$，由拉格朗日中值定理知，存在 $\xi \, (x_1 < \xi < x_2)$，使得

$$f(x_2) - f(x_1) = f'(\xi)(x_2 - x_1).$$

(1) 若在 $(a, b)$ 内，$f'(x) > 0$，则 $f'(\xi) > 0$，所以

$$f(x_2) > f(x_1),$$

即 $y = f(x)$ 在 $[a, b]$ 上单调增加；

(2) 若在 $(a, b)$ 内，$f'(x) < 0$，则 $f'(\xi) < 0$，所以

$$f(x_2) < f(x_1),$$

即 $y = f(x)$ 在 $[a, b]$ 上单调减少.

**注**：将此定理中的闭区间换成其他各种区间(包括无穷区间)，结论仍成立.

函数的单调性是一个区间上的性质，要用导数在这一区间上的符号来判定，而不能用导数在一点处的符号来判别函数在一个区间上的单调性，区间内个别点处导数为零并不影响函数在该区间上的单调性.

例如，函数 $y = x^3$ 在其定义域 $(-\infty, +\infty)$ 内是单调增加的(见图 3-4-3)，但其导数 $y' = 3x^2$ 在 $x = 0$ 处为零.

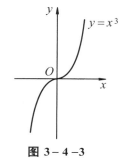

如果函数在其定义域的某个区间内是单调的，则称该区间为函数的**单调区间**.

**例1** 讨论函数 $y = e^x - x$ 的单调性.

**解** 题设函数的定义域为 $(-\infty, +\infty)$，又

$$y' = e^x - 1.$$

因为在 $(-\infty, 0)$ 内，$y' < 0$，所以题设函数在 $(-\infty, 0]$ 内单调减少；而在 $(0, +\infty)$ 内，$y' > 0$，所以题设函数在 $[0, +\infty)$ 内单调增加.

图 3-4-3

**例2** 讨论函数 $y = \sqrt[3]{x^2}$ 的单调区间.

**解** 题设函数的定义域为 $(-\infty, +\infty)$，又

$$y' = \frac{2}{3\sqrt[3]{x}} \quad (x \neq 0),$$

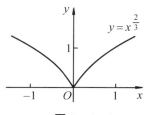

显然，当 $x = 0$ 内，题设函数的导数不存在.

因为在 $(-\infty, 0)$ 内，$y' < 0$，所以题设函数在 $(-\infty, 0]$ 内单调减少；而在 $(0, +\infty)$ 内，$y' > 0$，所以题设函数在 $[0, +\infty)$ 内单调增加(见图 3-4-4).

图 3-4-4

**注**：从上述两例可见，对函数 $y = f(x)$ 单调性的讨论，应先求出使导数等于零的点或使导数不存在的点，并用这些点将函数的定义域划分为若干个子区间，然后逐个判断函数的导数 $f'(x)$ 在各子区间的符号，从而确定出函数 $y = f(x)$ 在各子区间上的单调性，每个使得 $f'(x)$ 的符号保持不变的子区间都是函数 $y = f(x)$ 的单调区间.

**例3** 确定函数 $f(x) = \dfrac{x^3}{3} + \dfrac{x^2}{2} - 2x - 1$ 的单调区间.

**解** 题设函数的定义域为 $(-\infty, +\infty)$，又

$$f'(x) = x^2 + x - 2 = (x-1)(x+2),$$

解方程 $f'(x) = 0$，得 $x_1 = -2$，$x_2 = 1$.

当 $-\infty < x < -2$ 时，$f'(x) > 0$，所以 $f(x)$ 在 $(-\infty, -2]$ 上单调增加；

当 $-2 < x < 1$ 时，$f'(x) < 0$，所以 $f(x)$ 在 $[-2, 1]$ 上单调减少；

函数图形实验

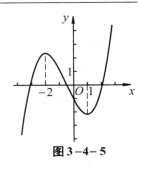

图 3-4-5

当 $1<x<+\infty$ 时，$f'(x)>0$，所以 $f(x)$ 在 $[1,+\infty)$ 上单调增加.

于是，$f(x)$ 的单调区间为 $(-\infty,-2]$，$[-2,1]$，$[1,+\infty)$（见图 3-4-5）.

**例 4**　试证明：当 $x>0$ 时，$\ln(1+x)>x-\dfrac{1}{2}x^2$.

**证明**　作辅助函数

$$f(x)=\ln(1+x)-x+\frac{1}{2}x^2,$$

因为 $f(x)$ 在 $[0,+\infty)$ 上连续，在 $(0,+\infty)$ 内可导，且

$$f'(x)=\frac{1}{1+x}-1+x$$

$$=\frac{x^2}{1+x},$$

当 $x>0$ 时，$f'(x)>0$，又 $f(0)=0$. 故当 $x>0$ 时，$f(x)>f(0)=0$，所以

$$\ln(1+x)>x-\frac{1}{2}x^2.$$

**例 5**　证明方程 $x^5+x+1=0$ 在区间 $(-1,0)$ 内有且只有一个实根.

**证明**　令 $f(x)=x^5+x+1$，因为 $f(x)$ 在闭区间 $[-1,0]$ 上连续，且 $f(-1)=-1<0$，$f(0)=1>0$. 根据零点定理，$f(x)$ 在 $(-1,0)$ 内至少有一个零点. 另一方面，对于任意实数 $x$，有

$$f'(x)=5x^4+1>0,$$

所以 $f(x)$ 在 $(-\infty,+\infty)$ 内单调增加，因此，曲线 $y=f(x)$ 与 $x$ 轴至多只有一个交点.

综上所述可知，方程 $x^5+x+1=0$ 在区间 $(-1,0)$ 内有且只有一个实根.

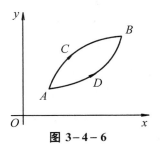

图 3-4-6

## 二、曲线的凹凸性

函数的单调性反映在图形上就是曲线的上升或下降. 但如何上升, 如何下降? 如图 3-4-6 所示的两条曲线弧, 虽然都是单调上升的, 图形却有明显的不同. $ACB$ 是向上凸的, $ADB$ 则是向上凹的, 即它们的凹凸性是不同的. 下面我们就来研究曲线的凹凸性及其判定方法.

关于曲线凹凸性的定义，我们先从几何直观来分析. 在图 3-4-7 中, 如果任取两点 $x_1$, $x_2$, 则联结这两点的弦总位于这两点间的弧段

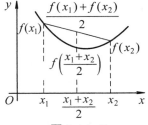

图 3-4-7

的上方；而在图3−4−8中，则正好相反．因此，曲线的凹凸性可以用联结曲线弧上任意两点的弦的中点与曲线上相应点的位置关系来描述．

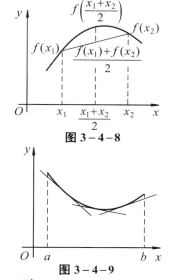

**图 3−4−8**

**定义1** 设 $f(x)$ 在区间 $I$ 上连续，如果对于 $I$ 上任意两点 $x_1, x_2$，恒有

$$f\left(\frac{x_1+x_2}{2}\right) < \frac{f(x_1)+f(x_2)}{2},$$

则称 $f(x)$ 在 $I$ 上的图形是 **(向上)凹的**（或**凹弧**）；如果恒有

$$f\left(\frac{x_1+x_2}{2}\right) > \frac{f(x_1)+f(x_2)}{2},$$

则称 $f(x)$ 在 $I$ 上的图形是 **(向上)凸的**（或**凸弧**）．

曲线的凹凸性具有明显的几何意义，对于凹曲线，当 $x$ 逐渐增大时，其上每点处的切线的斜率是逐渐增大的，即导函数 $f'(x)$ 是单调增加函数（见图3−4−9）；而对于凸曲线，其上每点处的切线的斜率是逐渐减小的，即导函数 $f'(x)$ 是单调减少函数（见图3−4−10）．于是有下述判断曲线凹凸性的定理．

**图 3−4−9**

**图 3−4−10**

**定理2** 设 $f(x)$ 在 $[a, b]$ 上连续，在 $(a, b)$ 内具有一阶和二阶导数，则

(1) 若在 $(a, b)$ 内，$f''(x)>0$，则 $f(x)$ 在 $[a, b]$ 上的图形是凹的；

(2) 若在 $(a, b)$ 内，$f''(x)<0$，则 $f(x)$ 在 $[a, b]$ 上的图形是凸的．

**证明** 我们就情形(1)给出证明．

设 $x_1$ 和 $x_2$ 为 $(a, b)$ 内任意两点，且 $x_1<x_2$，记 $\dfrac{x_1+x_2}{2}=x_0$，并记 $x_2-x_0=x_0-x_1=h$，则由拉格朗日中值定理，得

$$f(x_2) - f(x_0) = f'(\xi_2)h, \quad \xi_2\in(x_0, x_2),$$
$$f(x_0) - f(x_1) = f'(\xi_1)h, \quad \xi_1\in(x_1, x_0).$$

两式相减，得

$$f(x_2) + f(x_1) - 2f(x_0) = [f'(\xi_2) - f'(\xi_1)]h. \tag{4.1}$$

在 $(\xi_1, \xi_2)$ 上对 $f'(x)$ 再次应用拉格朗日中值定理，得

$$f'(\xi_2) - f'(\xi_1) = f''(\xi)(\xi_2 - \xi_1).$$

将上式代入式(4.1)，得

$$f(x_2) + f(x_1) - 2f(x_0) = f''(\xi)(\xi_2 - \xi_1)h.$$

由题设条件知 $f''(\xi)>0$，并注意到 $\xi_2-\xi_1>0$，则有

$$f(x_2)+f(x_1)-2f(x_0)>0,$$

亦即

$$\frac{f(x_1)+f(x_2)}{2}>f\left(\frac{x_1+x_2}{2}\right),$$

所以 $f(x)$ 在 $(a,b)$ 上的图形是凹的. ■

　　类似地可证明情形 (2).

　　**例 6**　判定 $y=x-\ln(1+x)$ 的凹凸性.

　　**解**　因为 $y'=1-\dfrac{1}{1+x}$，$y''=\dfrac{1}{(1+x)^2}>0$，所以，题设函数在其定义域 $(-1,+\infty)$ 内是凹的. ■

　　**例 7**　判断曲线 $y=x^3$ 的凹凸性.

　　**解**　因为 $y'=3x^2$，$y''=6x$.

　　当 $x<0$ 时，$y''<0$，所以曲线在 $(-\infty,0]$ 内为凸的；

　　当 $x>0$ 时，$y''>0$，所以曲线在 $[0,+\infty)$ 内为凹的 (见图 3-4-11). ■

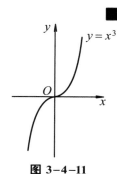

**图 3-4-11**

　　**注**: 在例 7 中，我们注意到点 $(0,0)$ 是使曲线由凸变凹的分界点. 此类分界点称为曲线的拐点. 一般地，我们有：

　　**定义 2**　连续曲线上凹弧与凸弧的分界点称为曲线的**拐点**.

　　图 3-4-12 是一条假设的上海证券交易所股票价格综合指数 (简称上证指数) 曲线. 上证指数是一种能反映具有局部下跌和上涨的股票市场总体增长的股票指数. 投资股票市场的目标无疑是低买 (在局部最低处买进) 高卖 (在局部最高处卖出). 但是，这种对股票时机的把握是难以捉摸的，因为我们不可能准确预测股市的趋势. 当投资人刚意识到股市确实在上涨 (或下跌) 时，局部最低点 (或局部最高点) 早已过去了.

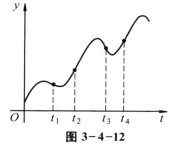

**图 3-4-12**

　　拐点为投资者提供了在逆转趋势发生之前预测它的方法，因为拐点标志着函数增长率的根本改变. 以拐点 (或接近拐点) 处的价格购进股票能使投资者待在较长期的上扬趋势中 (拐点预警了趋势的改变)，降低了因股市的浮动给投资者带来的风险，这种方法使投资者能在长时间的过程中抓住股指上扬的趋势.

　　如何寻找曲线 $y=f(x)$ 的拐点呢？

　　根据定理 2，二阶导数 $f''(x)$ 的符号是判断曲线凹凸性的依据. 因此，若 $f''(x)$ 在点 $x_0$ 的左、右两侧邻近处异号，则点 $(x_0,f(x_0))$ 就是曲线的一个拐点，所以，要寻找拐点，只要找出使 $f''(x)$ 符号发生变化的分界点即可. 如果函数 $f(x)$ 在区间 $(a,b)$ 内

具有二阶连续导数，则在这样的分界点处必有 $f''(x)=0$；此外，使 $f(x)$ 的二阶导数不存在的点，也可能是使 $f''(x)$ 的符号发生变化的分界点.

综上所述，判定曲线的凹凸性与求曲线的拐点的一般步骤为：

(1) 求函数的二阶导数 $f''(x)$；

(2) 令 $f''(x)=0$，解出全部实根，并求出所有使二阶导数不存在的点；

(3) 对步骤 (2) 中求出的每个点，检查其邻近左、右两侧 $f''(x)$ 的符号，确定曲线的凹凸区间和拐点.

**例8** 求曲线 $y=x^4-2x^3+x+3$ 的拐点及凸凹区间.

**解** 曲线函数的定义域为 $(-\infty, +\infty)$，由

$$y'=4x^3-6x^2+1, \quad y''=12x^2-12x=12x(x-1),$$

令 $y''=0$，解得 $x_1=0, x_2=1$. 列表讨论如下：

| $x$ | $(-\infty,0)$ | $0$ | $(0,1)$ | $1$ | $(1,+\infty)$ |
|---|---|---|---|---|---|
| $f''(x)$ | $+$ | $0$ | $-$ | $0$ | $+$ |
| $f(x)$ | 凹的 | 拐点$(0,3)$ | 凸的 | 拐点$(1,3)$ | 凹的 |

所以，曲线的凹区间为 $(-\infty,0]$，$[1,+\infty)$，凸区间为 $[0,1]$，拐点为 $(0,3)$ 和 $(1,3)$（见图 $3-4-13$）.

**图 3-4-13**

**例9** 求曲线 $y=a^2-\sqrt[3]{x-b}$ 的凹凸区间及拐点.

**解** 因为

$$y'=-\frac{1}{3}\cdot\frac{1}{\sqrt[3]{(x-b)^2}}, \quad y''=\frac{2}{9\sqrt[3]{(x-b)^5}},$$

易见函数 $y$ 在 $x=b$ 处不可导.

当 $x<b$ 时，$y''<0$，曲线是凸的；当 $x>b$ 时，$y''>0$，曲线是凹的. 点 $(b, a^2)$ 为曲线 $y=a^2-\sqrt[3]{x-b}$ 的拐点.

所以，曲线的凹区间为 $(b, +\infty)$，凸区间为 $(-\infty, b)$，拐点为 $(b, a^2)$.

## 三、函数的极值

在讨论函数的单调性时，曾遇到这样的情形，函数先是单调增加(或减少)，到达某一点后又变为单调减少(或增加)，这一类点实际上就是使函数单调性发生变化的分界点. 如在本节例3的图 $3-4-5$ 中，点 $x=-2$ 和点 $x=1$ 就是具有这种性质的点，易见，对于 $x=-2$ 的某个邻域内的任一点 $x(x\neq-2)$，恒有 $f(x)<f(-2)$，即曲线在点 $(-2, f(-2))$ 处达到"峰顶"；同样，对于 $x=1$ 的某个邻域内的任一点 $x(x\neq1)$，恒有 $f(x)>f(1)$，即曲线在点 $(1, f(1))$ 处达到"谷底". 具有这种性质的点在实际应用中有着重要的意义. 由此我们引入函数极值的概念.

**定义3** 设函数 $f(x)$ 在点 $x_0$ 的某邻域内有定义，若对于该邻域内任意一点 $x(x\neq$

$x_0$），恒有

$$f(x) < f(x_0) \text{（或 } f(x) > f(x_0)\text{）},$$

则称 $f(x)$ 在点 $x_0$ 处取得 **极大值**(或 **极小值**)，而 $x_0$ 称为函数 $f(x)$ 的**极大值点**(或**极小值点**).

极大值与极小值统称为函数的**极值**，极大值点与极小值点统称为函数的**极值点**.

例如，余弦函数 $y = \cos x$ 在点 $x = 0$ 处取得极大值 1，在 $x = \pi$ 处取得极小值 $-1$.

函数的极值的概念是局部性的. 如果 $f(x_0)$ 是函数 $f(x)$ 的一个极大值( 或极小值)，只是就 $x_0$ 邻近的一个局部范围内，$f(x_0)$ 是最大的(或最小的)，对于函数 $f(x)$ 的整个定义域来说就不一定是最大的(或最小的)了.

在图 3-4-14 中，函数 $f(x)$ 有两个极大值 $f(x_2)$、$f(x_5)$，三个极小值 $f(x_1)$、$f(x_4)$、$f(x_6)$，其中极大值 $f(x_2)$ 比极小值 $f(x_6)$ 还小. 就整个区间 $[a, b]$ 而言，只有一个极小值 $f(x_1)$ 同时也是最小值，而没有一个极大值是最大值.

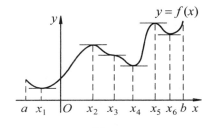

图 3-4-14

从图 3-4-14 中还可看到，在函数取得极值处，曲线的切线是水平的，即函数在极值点处的导数等于零. 但曲线上有水平切线的地方( 如 $x = x_3$ 处)，函数却不一定取得极值.

**定理 3(必要条件)**　如果 $f(x)$ 在点 $x_0$ 处可导，且在 $x_0$ 处取得极值，则 $f'(x_0) = 0$.

**证明**　不妨设 $x_0$ 是 $f(x)$ 的极小值点，由定义可知，$f(x)$ 在点 $x_0$ 的某个邻域内有定义，且当 $|\Delta x|$ 很小时，恒有

$$\Delta y = f(x_0 + \Delta x) - f(x_0) \geq 0,$$

于是

$$f'_-(x_0) = \lim_{\Delta x \to 0^-} \frac{\Delta y}{\Delta x} \leq 0, \quad f'_+(x_0) = \lim_{\Delta x \to 0^+} \frac{\Delta y}{\Delta x} \geq 0.$$

因为 $f(x)$ 在点 $x_0$ 处可导，所以

$$f'(x_0) = f'_-(x_0) = f'_+(x_0),$$

从而

$$f'(x_0) = 0. \qquad ■$$

使 $f'(x) = 0$ 的点，称为函数 $f(x)$ 的**驻点**. 根据定理 1，可导函数 $f(x)$ 的极值点必定是它的驻点，但函数的驻点却不一定是极值点. 例如，$y = x^3$ 在点 $x = 0$ 处的导数等于零，但显然 $x = 0$ 不是 $y = x^3$ 的极值点.

此外，函数在它的导数不存在的点处也可能取得极值. 例如，函数 $f(x) = |x|$ 在点 $x = 0$ 处不可导，但函数在该点取得极小值.

当我们求出函数的驻点或不可导点后，还要从这些点中判断哪些是极值点，并进一步判断极值点是极大值点还是极小值点．由函数极值的定义和函数单调性的判定法易知，函数在其极值点的邻近两侧单调性改变（即函数一阶导数的符号改变），由此可导出关于函数极值点判定的一个充分条件．

**定理4(第一充分条件)**　设函数 $f(x)$ 在点 $x_0$ 的某个邻域内连续并且可导（导数 $f'(x_0)$ 也可以不存在），并且在其去心邻域内可导．

(1) 如果在点 $x_0$ 的左邻域内，$f'(x)>0$；在点 $x_0$ 的右邻域内，$f'(x)<0$，则 $f(x)$ 在 $x_0$ 处取得极大值 $f(x_0)$．

(2) 如果在点 $x_0$ 的左邻域内，$f'(x)<0$；在点 $x_0$ 的右邻域内，$f'(x)>0$，则 $f(x)$ 在 $x_0$ 处取得极小值 $f(x_0)$．

(3) 如果在点 $x_0$ 的去心邻域内，$f'(x)$ 不变号，则 $f(x)$ 在 $x_0$ 处没有极值．

**证明**　(1) 由题设条件，函数 $f(x)$ 在点 $x_0$ 的左邻域内单调增加，在点 $x_0$ 的右邻域内单调减少，且 $f(x)$ 在点 $x_0$ 处连续，故由定义可知，$f(x)$ 在 $x_0$ 处取得极大值 $f(x_0)$ （见图3-4-15(a)）．

(2) （见图3-4-15(b)），(3) （见图3-4-15(c)、(d)）同理可证．

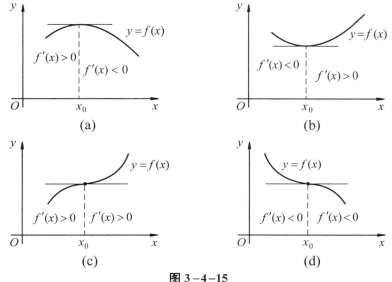

图 3-4-15

根据定理3和定理4，如果函数 $f(x)$ 在所讨论的区间内连续，除个别点外处处可导，则可按下列步骤来求函数的极值点和极值．

(i) 确定函数 $f(x)$ 的定义域，并求其导数 $f'(x)$；

(ii) 解方程 $f'(x)=0$，求出 $f(x)$ 的全部驻点与不可导点；

(iii) 讨论 $f'(x)$ 在驻点和不可导点左、右两侧邻近范围内符号变化的情况，确定

函数的极值点;

(iv) 求出各极值点的函数值, 就得到函数 $f(x)$ 的全部极值.

**例10**　求出函数 $f(x)=x^3-3x^2-9x+5$ 的极值.

**解**　(1) 函数 $f(x)$ 在 $(-\infty,+\infty)$ 内连续, 且
$$f'(x)=3x^2-6x-9=3(x+1)(x-3).$$

(2) 令 $f'(x)=0$, 得驻点 $x_1=-1$, $x_2=3$.

(3) 列表讨论如下:

| $x$ | $(-\infty,-1)$ | $-1$ | $(-1,3)$ | $3$ | $(3,+\infty)$ |
|---|---|---|---|---|---|
| $f'(x)$ | $+$ | $0$ | $-$ | $0$ | $+$ |
| $f(x)$ | ↑ | 极大值 | ↓ | 极小值 | ↑ |

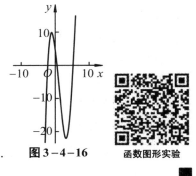

(4) 极大值为 $f(-1)=10$, 极小值为 $f(3)=-22$. 见图 3-4-16.

图 3-4-16

函数图形实验

**例11**　求函数 $f(x)=(x-4)\sqrt[3]{(x+1)^2}$ 的极值.

**解**　(1) 函数 $f(x)$ 在 $(-\infty,+\infty)$ 内连续, 除 $x=-1$ 外处处可导, 且
$$f'(x)=\frac{5(x-1)}{3\sqrt[3]{x+1}};$$

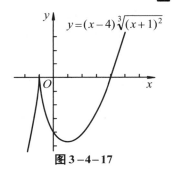

$y=(x-4)\sqrt[3]{(x+1)^2}$

(2) 令 $f'(x)=0$, 得驻点 $x=1$, 而 $x=-1$ 为 $f(x)$ 的不可导点;

(3) 列表讨论如下:

图 3-4-17

| $x$ | $(-\infty,-1)$ | $-1$ | $(-1,1)$ | $1$ | $(1,+\infty)$ |
|---|---|---|---|---|---|
| $f'(x)$ | $+$ | 不存在 | $-$ | $0$ | $+$ |
| $f(x)$ | ↑ | 极大值 | ↓ | 极小值 | ↑ |

(4) 极大值为 $f(-1)=0$, 极小值为 $f(1)=-3\sqrt[3]{4}$. 见图 3-4-17.

函数图形实验

当函数 $f(x)$ 在驻点处的二阶导数存在且不为零时, 也可以利用下述定理来判定 $f(x)$ 在驻点处是取得极大值还是极小值.

**定理5 (第二充分条件)**　设 $f(x)$ 在 $x_0$ 处具有二阶导数, 且
$$f'(x_0)=0, \quad f''(x_0)\neq 0,$$

则　(1) 当 $f''(x_0)<0$ 时, 函数 $f(x)$ 在 $x_0$ 处取得极大值;

(2) 当 $f''(x_0)>0$ 时, 函数 $f(x)$ 在 $x_0$ 处取得极小值.

**证明**　对于情形 (1), 由于 $f''(x_0)<0$, 按二阶导数的定义
$$f''(x_0)=\lim_{\Delta x\to 0}\frac{f'(x_0+\Delta x)-f'(x_0)}{\Delta x}<0,$$

根据函数极限的局部保号性, 当 $x$ 在 $x_0$ 的足够小的去心邻域内时, 有

$$\frac{f'(x_0+\Delta x)-f'(x_0)}{\Delta x}<0,$$

即 $f'(x_0+\Delta x)-f'(x_0)$ 与 $\Delta x$ 异号，故当 $\Delta x<0$ 时，有

$$f'(x_0+\Delta x)>f'(x_0)=0,$$

当 $\Delta x>0$ 时，有

$$f'(x_0+\Delta x)<f'(x_0)=0.$$

所以，函数 $f(x)$ 在 $x_0$ 处取得极大值.

同理可证 (2).

**例 12**　求出函数 $f(x)=x^3+3x^2-24x-20$ 的极值.

**解**　函数 $f(x)$ 在 $(-\infty, +\infty)$ 内连续，且

$$f'(x)=3x^2+6x-24=3(x+4)(x-2).$$

令 $f'(x)=0$，得驻点 $x_1=-4$，$x_2=2$. 又 $f''(x)=6x+6$，因为

$$f''(-4)=-18<0,$$

$$f''(2)=18>0,$$

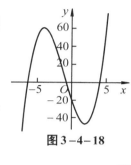

图 3-4-18

所以，极大值 $f(-4)=60$，极小值 $f(2)=-48$. 见图 3-4-18.

**注**：$f''(x_0)=0$ 时，$f(x)$ 在点 $x_0$ 处不一定取极值，则仍用第一充分条件进行判断.

**例 13**　求函数 $f(x)=x^3(x-2)+1$ 的极值.

**解**　$f'(x)=4x^2\left(x-\dfrac{3}{2}\right)$. 令 $f'(x)=0$，求得驻点

$$x_1=0,\quad x_2=\frac{3}{2}.$$

又

$$f''(x)=12x(x-1).$$

因为 $f''\left(\dfrac{3}{2}\right)=9>0$，所以 $f(x)$ 在 $x=\dfrac{3}{2}$ 取得极小值，

极小值为 $f\left(\dfrac{3}{2}\right)=-\dfrac{11}{16}$. 而 $f''(0)=0$，故用定理 5 无法判

别. 考察一阶导数 $f'(x)$ 在驻点 $x_1=0$ 左右邻近处的符号：

当 $x$ 取 0 的左侧邻近处的值时，$f'(x)<0$；

当 $x$ 取 0 的右侧邻近处的值时，$f'(x)<0$.

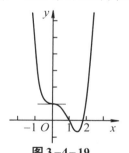

图 3-4-19

函数图形实验

因为 $f'(x)$ 的符号没有改变，所以 $f(x)$ 在 $x=0$ 处没有极值 (见图 3-4-19).

## *数学实验

**实验 3.2**　试用计算软件完成下列各题：

(1) 求函数 $f(x)=x^2\mathrm{e}^{-\frac{1}{2}x}$ 的单调区间；

(2) 求函数 $f(x)=\dfrac{2+7x}{\sqrt{3+5x+3x^2}}$ 的极值；

计算实验

(3) 求函数 $y = 2\sin^2(2x) + \dfrac{5}{2}x\cos^2\left(\dfrac{x}{2}\right)$ 位于区间 $(0, \pi)$ 内的极值的近似值;

(4) 作函数 $y = \dfrac{x^2 - x + 4}{x - 1}$ 及其导函数的图形, 并求函数的单调区间和极值;

(5) 作函数 $y = (x - 3)(x - 8)^{\frac{2}{3}}$ 及其导函数的图形, 并求函数的单调区间和极值;

(6) 求函数 $f(x) = x + x^{\frac{5}{3}}$ 的拐点及凸凹区间;

(7) 作函数 $y = x^4 + 2x^3 - 72x^2 + 70x + 24$ 及其二阶导函数的图形, 并求函数的凹凸区间和拐点;

(8) 设 $h(x) = x^3 + 8x^2 + 19x - 12$, $k(x) = \dfrac{1}{2}x^2 - x - \dfrac{1}{8}$, 求方程 $h(x) = k(x)$ 的近似根;

(9) 设 $f(x) = \mathrm{e}^{-\frac{x^2}{16}}\cos\left(\dfrac{x}{\pi}\right)$, $g(x) = \sin\sqrt{x^3} + \dfrac{5}{4}$, 作出两个函数在区间 $[0, \pi]$ 上的图形, 并求方程 $f(x) = g(x)$ 在该区间的近似根.

详见教材配套的网络学习空间.

# 习题 3-4

1. 证明函数 $y = x - \ln(1 + x^2)$ 单调增加.

2. 判定函数 $f(x) = x + \sin x\ (0 \le x \le 2\pi)$ 的单调性.

3. 求下列函数的单调区间:

(1) $y = \dfrac{1}{3}x^3 - x^2 - 3x + 1$;

(2) $y = 2x + \dfrac{8}{x}\ (x > 0)$;

(3) $y = \dfrac{2}{3}x - \sqrt[3]{x^2}$;

(4) $y = \ln(x + \sqrt{1 + x^2})$;

(5) $y = (1 + \sqrt{x})x$;

(6) $y = 2x^2 - \ln x$.

4. 证明下列不等式:

(1) 当 $x > 0$ 时, $1 + \dfrac{1}{2}x > \sqrt{1 + x}$;

(2) 当 $x > 4$ 时, $2^x > x^2$;

(3) 当 $x \ge 0$ 时, $(1 + x)\ln(1 + x) \ge \arctan x$;

(4) 当 $0 < x < \dfrac{\pi}{2}$ 时, $\tan x > x + \dfrac{1}{3}x^3$.

5. 试证方程 $\sin x = x$ 有且仅有一个实根.

6. 单调函数的导函数是否必为单调函数? 研究例子: $f(x) = x + \sin x$.

7. 求下列函数图形的拐点及凹凸区间:

(1) $y = x + \dfrac{1}{x}\ (x > 0)$;

(2) $y = x + \dfrac{x}{x^2 - 1}$;

(3) $y = x\arctan x$;

(4) $y = (x + 1)^4 + \mathrm{e}^x$;

(5) $y = \ln(x^2 + 1)$;

(6) $y = \mathrm{e}^{\arctan x}$.

8. 利用函数图形的凹凸性，证明不等式：

(1) $\dfrac{e^x + e^y}{2} > e^{\frac{x+y}{2}}$ $(x \neq y)$;

(2) $\cos \dfrac{x+y}{2} > \dfrac{\cos x + \cos y}{2}$, $\forall x, y \in \left( -\dfrac{\pi}{2}, \dfrac{\pi}{2} \right)$.

9. 求曲线 $y = \dfrac{x-1}{x^2+1}$ 的拐点.

10. 问 $a$ 及 $b$ 为何值时, 点 $(1, 3)$ 为曲线 $y = ax^3 + bx^2$ 的拐点?

11. 试确定曲线 $y = ax^3 + bx^2 + cx + d$ 中的 $a$、$b$、$c$、$d$, 使得在 $x = -2$ 处曲线有水平切线, $(1, -10)$ 为拐点, 且点 $(-2, 44)$ 在曲线上.

12. 试确定 $y = k(x^2 - 3)^2$ 中 $k$ 的值, 使曲线的拐点处的法线通过原点.

13. 设函数 $y = f(x)$ 在 $x = x_0$ 的某邻域内具有三阶导数, 如果 $f''(x_0) = 0$, 而 $f'''(x_0) \neq 0$, 试问 $(x_0, f(x_0))$ 是否为拐点? 为什么?

14. 求下列函数的极值:

(1) $f(x) = \dfrac{1}{3} x^3 - x^2 - 3x$;

(2) $y = x - \ln(1 + x)$;

(3) $y = \dfrac{\ln^2 x}{x}$;

(4) $y = x + \sqrt{1-x}$;

(5) $y = e^x \cos x$;

(6) $f(x) = (x^2 - 1)^3 + 1$.

15. 试证: 当 $a + b + 1 > 0$ 时, $f(x) = \dfrac{x^2 + ax + b}{x-1}$ 取得极值.

16. 试问 $a$ 为何值时, 函数 $f(x) = a \sin x + \dfrac{1}{3} \sin 3x$ 在 $x = \dfrac{\pi}{3}$ 处取得极值? 并求此极值.

# §3.5  数学建模 —— 最优化

## 一、函数的最大值与最小值

在实际应用中, 常常会遇到求最大值和最小值的问题. 如用料最省、容量最大、花钱最少、效率最高、利润最大等. 此类问题在数学上往往可归结为求某一函数 (通常称为**目标函数**) 的最大值或最小值问题.

假定函数 $f(x)$ 在闭区间 $[a, b]$ 上连续, 则函数在该区间上必取得最大值和最小值. 函数的最大 (小) 值与函数的极值是有区别的, 前者是指在整个闭区间 $[a, b]$ 上的所有函数值中为最大 (小) 的, 因而最大 (小) 值是全局性的概念. 但是, 如果函数的最大 (小) 值在 $(a, b)$ 内达到, 则最大 (小) 值同时也是极大 (小) 值. 此外, 函数的最大 (小) 值也可能在区间的端点处达到.

综上所述, 求函数在 $[a, b]$ 上的最大 (小) 值的步骤如下:

(1) 计算函数 $f(x)$ 一切可能极值点上的函数值, 并将它们与 $f(a)$, $f(b)$ 比较, 这些值中最大的就是最大值, 最小的就是最小值;

(2) 对于闭区间 $[a, b]$ 上的连续函数 $f(x)$, 如果在这个区间内只有一个可能的极值点, 并且函数在该点确有极值, 则该点就是函数在所给区间上的最大值 (或最小值) 点. 图 3-5-1 给出了极大 (小) 值与最大 (小) 值分布的一种典型情况.

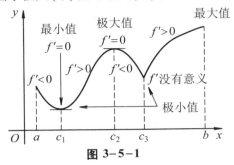

图 3-5-1

**例 1**　求 $y = f(x) = 2x^3 + 3x^2 - 12x + 14$ 在 $[-3, 4]$ 上的最大值与最小值.

**解**　因为 $f'(x) = 6(x+2)(x-1)$, 解方程 $f'(x) = 0$, 得

$$x_1 = -2, \quad x_2 = 1.$$

计算

$$f(-3) = 23; \quad f(-2) = 34;$$
$$f(1) = 7; \quad f(4) = 142.$$

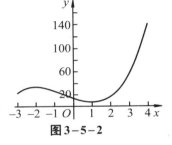

函数图形计算

图 3-5-2

比较得: 最大值 $f(4) = 142$, 最小值 $f(1) = 7$.

见图 3-5-2.

**例 2**　设工厂 $A$ 到铁路线的垂直距离为 20 km, 垂足为 $B$. 铁路线上距离 $B$ 100 km 处有一原料供应站 $C$, 见图 3-5-3. 现在要在铁路 $BC$ 段 $D$ 处修建一个原料中转车站, 再由车站 $D$ 向工厂修一条公路. 如果已知每 km 的铁路运费与公路运费之比为 3:5, 那么, $D$

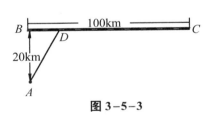

图 3-5-3

应选在何处, 才能使从原料供应站 $C$ 运货到工厂 $A$ 所需运费最省?

**解**　设 $B, D$ 之间的距离为 $x$ (单位: km), 则 $A, D$ 之间的距离和 $C, D$ 之间的距离分别为

$$|AD| = \sqrt{x^2 + 20^2}, \quad |CD| = 100 - x.$$

如果公路运费为 $a$ 元 / km, 则铁路运费为 $\dfrac{3}{5} a$ 元 / km, 故从原料供应站 $C$ 途经中转站 $D$ 到工厂 $A$ 所需总运费 $y$ (**目标函数**) 为

$$y = \frac{3}{5} a |CD| + a |AD| = \frac{3}{5} a(100 - x) + a\sqrt{x^2 + 400} \quad (0 \le x \le 100).$$

由于　$y' = -\dfrac{3}{5} a + \dfrac{ax}{\sqrt{x^2 + 400}} = \dfrac{a(5x - 3\sqrt{x^2 + 400})}{5\sqrt{x^2 + 400}}$, $y'' = \dfrac{400a}{(x^2 + 400)^{3/2}}$,

解方程 $y' = 0$, 即 $25x^2 = 9(x^2 + 400)$, 得驻点 $x_1 = 15$, $x_2 = -15$(舍去), 因而 $x_1 = 15$ 是函数 $y$ 在定义域内的唯一一驻点. 又 $y''(15) > 0$, 由此知 $x_1 = 15$ 是函数 $y$ 的极小值点, 且是函数 $y$ 的最小值点.

综上所述, 车站 $D$ 建于 $B$, $C$ 之间且与 $B$ 相距 $15\,\mathrm{km}$ 处时, 运费最省. ∎

**例 3** 某房地产公司有 50 套公寓要出租, 当租金定为每月 180 元时, 公寓可全部租出去. 当月租金每增加 10 元时, 就有一套公寓租不出去, 而租出去的房子每月需花费 20 元的整修维护费. 试问房租定为多少可获得最大收入?

**解** 设房租为每月 $x$ 元, 则租出去的房子为 $50 - \left(\dfrac{x-180}{10}\right)$ 套, 每月的总收入为

$$R(x) = (x - 20)\left(50 - \frac{x-180}{10}\right) = (x - 20)\left(68 - \frac{x}{10}\right).$$

由

$$R'(x) = \left(68 - \frac{x}{10}\right) + (x - 20)\left(-\frac{1}{10}\right) = 70 - \frac{x}{5},$$

解方程 $R'(x) = 0$, 得唯一一驻点 $x = 350$. 又 $R''(x) = -1/5$, $R''(350) < 0$, 因此 $R(350)$ 是极大值, 也是最大值. 所以每月每套租金为 350 元时收入最大, 最大收入为

$$R(350) = 10\,890\,(\text{元}).$$

∎

## 二、对抛射体运动建模

我们将要为理想抛射体运动建模. 所谓理想抛射体是指抛射体在运动过程中不计空气阻力, 仅受到唯一的作用力: 总指向正下方的重力, 其运动轨迹呈抛物线状.

假设抛射体在时刻 $t = 0$ 以初速度 $v$ 被发射到第一象限(见图 3-5-4), 若 $v$ 和水平线成角 $\alpha$(即抛射角), 则抛射体的运动轨迹由参数方程

$$x(t) = (v\cos\alpha)t,$$

$$y(t) = (v\sin\alpha)t - \frac{1}{2}gt^2$$

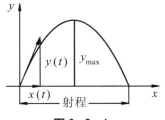

**图 3-5-4**

给出, 其中 $g$ 是重力加速度($9.8\,\text{米}/\text{秒}^2$). 上面第一个方程描述了抛射体在时刻 $t \geq 0$ 的水平位置, 而第二个方程描述了抛射体在时刻 $t \geq 0$ 的竖直位置.

**例 4** 在地面上以 400 米/秒的初速度和 $\pi/3$ 的抛射角发射一个抛射体. 求发射 10 秒后抛射体的位置.

**解** 由 $v = 400$ 米/秒, $\alpha = \pi/3$, $t = 10$, 则

$$x(10) = \left(400\cos\frac{\pi}{3}\right) \times 10 = 2\,000,$$

$$y(10) = \left(400\sin\frac{\pi}{3}\right) \times 10 - \frac{1}{2} \times 9.8 \times 10^2 \approx 2\,974,$$

即发射 10 秒后抛射体离开发射点的水平距离为 2 000 米, 在空中的高度为 2 974 米. ∎

虽然由参数方程确定的运动轨迹能够解决理想抛射体的大部分问题. 但是有时我们还需要知道它的飞行时间、射程(即从发射点到水平地面的碰撞点的距离)和最大高度.

由抛射体在时刻 $t \geq 0$ 的竖直位置解出 $t$：

$$t\left(v\sin\alpha - \frac{1}{2}gt\right) = 0 \Rightarrow t = 0, \quad t = \frac{2v\sin\alpha}{g}.$$

因为抛射体在时刻 $t = 0$ 发射, 故 $t = \dfrac{2v\sin\alpha}{g}$ 必然是抛射体碰到地面的时刻. 此时抛射体的水平距离, 即射程为

$$x(t)\Big|_{t=\frac{2v\sin\alpha}{g}} = (v\cos\alpha)t\Big|_{t=\frac{2v\sin\alpha}{g}} = \frac{v^2}{g}\sin 2\alpha,$$

当 $\sin 2\alpha = 1$, 即 $\alpha = \dfrac{\pi}{4}$ 时射程最大.

抛射体在它的竖直速度为零时,

$$y'(t) = v\sin\alpha - gt = 0,$$

从而 $t = \dfrac{v\sin\alpha}{g}$, 故最大高度

$$y(t)\Big|_{t=\frac{v\sin\alpha}{g}} = (v\sin\alpha)\left(\frac{v\sin\alpha}{g}\right) - \frac{1}{2}g\left(\frac{v\sin\alpha}{g}\right)^2 = \frac{(v\sin\alpha)^2}{2g}.$$

根据以上分析, 不难求得例4中的抛射体的飞行时间、射程和最大高度：

$$\text{飞行时间 } t = \frac{2v\sin\alpha}{g} = \frac{2\times 400}{9.8}\sin\frac{\pi}{3} \approx 70.70 \text{ (秒)},$$

$$\text{射程 } x_{\max} = \frac{v^2}{g}\sin 2\alpha = \frac{400^2}{9.8}\sin\frac{2\pi}{3} \approx 14\,139 \text{ (米)},$$

$$\text{最大高度 } y(t)_{\max} = \frac{(v\sin\alpha)^2}{2g} = \frac{\left(400\sin\dfrac{\pi}{3}\right)^2}{2\times 9.8} \approx 6\,122 \text{ (米)}.$$

下面我们再来看一个实例.

**例5**　1992 年巴塞罗那夏季奥运会开幕式上的奥运火炬是由射箭铜牌获得者安东尼奥·雷波罗用一支燃烧的箭点燃的(见图 3-5-5 (a)), 奥运火炬位于高约 21 米的火炬台顶端的圆盘中, 假定雷波罗在地面以上 2 米距火炬台顶端圆盘约 70 米处的位置射出火箭, 若火箭恰好在达到其最大飞行高度 1 秒后落入火炬圆盘中, 试确定火箭的发射角 $\alpha$ 和初速度 $v_0$.(假定火箭射出后在空中的运动过程中受到的阻力为零, 且 $g = 10$ 米/秒$^2$, $\arctan\dfrac{21.91}{21.11} \approx 46.06°$, $\sin 46.06° \approx 0.72$, 要求精确到小数点后 2 位.)

**解**　建立如图 3-5-5 (b)所示的坐标系, 设火箭被射向空中的初速度为 $v_0$ 米/秒,

即 $v_0 = (v_0 \cos\alpha, v_0 \sin\alpha)$，则火箭在空中运动 $t$ 秒后的位移方程为

$$s(t) = (x(t), y(t)) = (v_0 \cos\alpha t, 2 + v_0 \sin\alpha t - 5t^2).$$

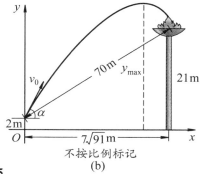

(a) (b)

图 3－5－5

火箭在其速度的竖直分量为零时达到最高点，故有

$$\frac{dy(t)}{dt} = (2 + v_0 \sin\alpha t - 5t^2)' = v_0 \sin\alpha - 10t = 0 \Rightarrow t = \frac{v_0}{10}\sin\alpha,$$

于是可得出当火箭达到最高点 1 秒后的时刻其水平位移和竖直位移分别为

$$x(t)\Big|_{t = \frac{v_0 \sin\alpha}{10} + 1} = v_0 \cos\alpha \left(\frac{v_0}{10}\sin\alpha + 1\right) = \sqrt{70^2 - 19^2},$$

$$y(t)\Big|_{t = \frac{v_0 \sin\alpha}{10} + 1} = \frac{v_0^2 \sin^2\alpha}{20} - 3 = 21,$$

解得：$v_0 \sin\alpha \approx 21.91$，$v_0 \cos\alpha \approx 21.11$，从而

$$\tan\alpha = \frac{21.91}{21.11} \Rightarrow \alpha \approx 46.06°,$$

又 $$v_0 \sin\alpha \approx 21.91, \ \alpha \approx 46.06° \Rightarrow v_0 \approx 30.43(米/秒),$$

所以，火箭的发射角 $\alpha$ 和初速度 $v_0$ 分别约为 $46.06°$ 和 $30.43$ 米/秒.

**注**：以上我们所研究的均为理想情况下的抛射体运动，实际情况远比此复杂，事实上，抛射体的运动还受到重力和空气阻力等因素的持续影响.

## 三、光的折射原理

下面我们再来介绍最大值与最小值方法在推导光的折射定律中的应用. 我们知道，光速依赖于光所经过的介质，在稠密介质中光速会慢下来. 在真空中，光行进的速度 $c = 3 \times 10^8$ 米/秒，但在地球的大气层中它行进的速度稍慢于这个速度，而在玻璃中，光行进的速度只有 $c$ 的 $2/3$ 左右.

光学中的费马原理表明：光永远以速度最快（时间最短）的路径行进. 这个结果使我们能预测光从一种介质（如空气）中的一点行进到另一种介质（如玻璃和水）中的一点的路径.

**例 6**　求一条光线从光速为 $c_1$ 的介质中的点 $A$ 穿过水平界面射入光速为 $c_2$ 的介质中的点 $B$ 的路径. 示意图如图 3-5-6 所示, 点 $A$ 和点 $B$ 位于 $xOy$ 平面且两种介质的分界线为 $x$ 轴, 点 $P$ 在介质分界线上, $(0,a),(l,-b)$ 和 $(x,0)$ 分别表示点 $A$, 点 $B$ 和点 $P$ 的坐标, $\theta_1$ 和 $\theta_2$ 分别表示入射角和折射角.

**解**　因为光线从 $A$ 到 $B$ 会以最快的路径行进, 所以我们要寻求使行进时间最短的路径.

光线从点 $A$ 到点 $P$ 所需要的时间为 $t_1 = \dfrac{AP}{c_1}$, 从点 $P$ 到点 $B$ 所需要的时间为 $t_2 = \dfrac{PB}{c_2}$, 故光线从点 $A$ 到点 $B$ 所需要的时间 $t$ (目标函数) 为

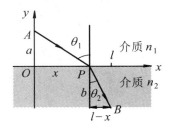

**图 3-5-6**

$$t = t_1 + t_2 = \frac{AP}{c_1} + \frac{PB}{c_2} = \frac{\sqrt{a^2+x^2}}{c_1} + \frac{\sqrt{b^2+(l-x)^2}}{c_2}.$$

函数 $t$ 是 $x$ 的一个可微函数, 其定义区间为 $[0,l]$. 下面我们要求的是函数 $t$ 在该闭区间上的最小值. 由

$$t' = \frac{x}{c_1\sqrt{a^2+x^2}} - \frac{l-x}{c_2\sqrt{b^2+(l-x)^2}} = \frac{\sin\theta_1}{c_1} - \frac{\sin\theta_2}{c_2}.$$

由上式可知, 在 $x=0$ 处, $t'<0$, 在 $x=l$ 处, $t'>0$. 因为 $t'$ 在 $[0,l]$ 上连续, 所以在 $x=0$ 和 $x=l$ 之间必存在一点 $x_0$ 使 $t'=0$. 又因 $t'$ 是增函数, 所以这样的点唯一, 故在 $x=x_0$ 处, 有

$$\frac{\sin\theta_1}{c_1} = \frac{\sin\theta_2}{c_2}.$$

这个方程描述的就是**光的折射定律**.

## 四、在经济学中的应用

最后, 我们还要介绍最大值与最小值方法在经济学中的应用.

**最大利润**问题: 假设生产 $x$ 件产品的成本为 $C(x)$, 销售 $x$ 件产品的收入为 $R(x)$, 则销售 $x$ 件产品产生的利润为

$$L(x) = R(x) - C(x).$$

在这个生产水平 ($x$ 件产品) 上的边际利润即为 $L'(x)$.

我们假定成本函数 $C(x)$ 和收入函数 $R(x)$ 对一切 $x\,(x>0)$ 可微, 则如果利润函数 $L(x)$ 有最大值, 那么它一定在使 $L'(x)=0$ 的生产水平处达到. 因

$$L'(x) = R'(x) - C'(x),$$

所以 $L'(x)=0$ 蕴含着

$$R'(x) - C'(x) = 0 \text{ 或 } R'(x) = C'(x).$$

这个等式给出了如下结论：最大利润在使边际收入等于边际成本的生产水平处达到. 图3-5-7对这种情形给出了更多的信息.

由图3-5-7可知，使 $L'(x)=0$ 的生产水平不一定就是使利润最大化的生产水平，它也可能是利润最小时的生产水平. 但如果存在一个使利润最大的生产水平，它肯定是这些生产水平中的一个.

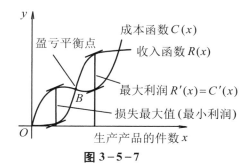

图 3-5-7

**例7** 设 $R(x)=9x$ 且
$$C(x)=x^3-6x^2+15x,$$
其中 $x$ 表示千件产品. 是否存在一个能最大化利润的生产水平? 如果存在, 它是多少?

**解** 注意到 $R'(x)=9$ 且
$$C'(x)=3x^2-12x+15,$$
令 $3x^2-12x+15=9$, 解之得
$$x_1=2+\sqrt{2}\approx 3.414$$

及
$$x_2=2-\sqrt{2}\approx 0.586,$$

可能使利润最大的产品的生产水平为 $x_1\approx 3.414$ 千件或 $x_2\approx 0.586$ 千件. 图3-5-8的图形表明在 $x=3.414$ 附近 (在该处收入超过成本) 达到最大利润, 而最大亏损发生在大约 $x=0.586$ 的生产水平上. ■

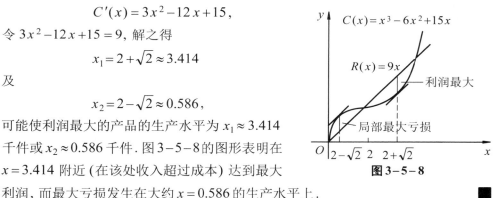

图 3-5-8

**例8** 某人利用原材料每天要制作5个贮藏橱. 假设外来木材的运送成本为6 000元, 而贮存每单位材料的成本为8元. 为使他在两次运送期间的制作周期内平均每天的成本最小, 每次他应该订多少原材料以及多长时间订一次货?

**解** 设每 $x$ 天订一次货, 那么在运送周期内必须订 $5x$ 单位材料. 而平均贮存量大约为运送数量的一半, 即 $5x/2$. 因此

$$\text{每个周期的成本}=\text{运送成本}+\text{贮存成本}=6\,000+\frac{5x}{2}\cdot x\cdot 8,$$

$$\text{平均成本}\ \overline{C}(x)=\frac{\text{每个周期的成本}}{x}=\frac{6\,000}{x}+20x,\ x>0.$$

由 $\overline{C}'(x)=-\dfrac{6\,000}{x^2}+20$ 解方程 $\overline{C}'(x)=0$, 得驻点

$$x_1=10\sqrt{3}\approx 17.32,$$

$$x_2=-10\sqrt{3}\approx -17.32\ (\text{舍去}).$$

因 $\overline{C}''(x) = \dfrac{12\,000}{x^3}$，则 $\overline{C}''(x_1) > 0$，所以在 $x_1 = 10\sqrt{3} \approx 17.32$ 天处取得最小值.

贮藏橱制作者应该安排每隔 17 天运送外来木材 $5 \times 17 = 85$ 单位. ■

### *数学实验

**实验3.3**　试借助于计算软件完成下列各题：

(1) 求函数 $y = x^{\frac{1}{3}}(2-x)^{\frac{2}{3}}$ 在区间 $[0, 2]$ 上的最大值；

(2) 求函数 $y = e^{-x}(1 + 2x - 3x^2)$ 的最小值、最大值.

详见教材配套的网络学习空间.

# 习题　3-5

1. 求下列函数的最大值、最小值：

(1) $y = x^4 - 8x^2 + 2$，$-1 \leqslant x \leqslant 3$；
(2) $y = \sin x + \cos x$，$[0, 2\pi]$；

(3) $y = x + \sqrt{1-x}$，$-5 \leqslant x \leqslant 1$；
(4) $y = \ln(x^2 + 1)$，$[-1, 2]$.

2. 求下列数列的最大项：

(1) $\left\{ \dfrac{n^5}{2^n} \right\}$；

(2) $\{ \sqrt[n]{n} \}$.

3. 从一块边长为 $a$ 的正方形铁皮的四角上截去同样大小的正方形，然后按虚线把四边折起来做成一个无盖的盒子（见题 3 图），问要截去多大的小方块，才能使盒子的容量最大？

4. 欲制造一个容积为 $V$ 的圆柱形有盖容器，问如何设计可使材料最省？

5. 从一块半径为 $R$ 的圆片中应切去怎样的扇形，才能使余下的部分卷成的漏斗（见题 5 图）容积最大？

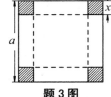

题 3 图

6. 设有重量为 5 kg 的物体置于水平面上，受力 $F$ 的作用而开始移动（见题 6 图），设摩擦系数 $\mu = 0.25$，问力 $F$ 与水平线的交角 $\alpha$ 为多少时，才可使力 $F$ 的大小最小？

7. 有一杠杆，支点在它的一端，在距支点 0.1 m 处挂一重量为 49 kg 的物体，加力于杠杆的另一端使杠杆保持水平（见题 7 图），如果杠杆的线密度为 5 kg/m，求最省力的杆长.

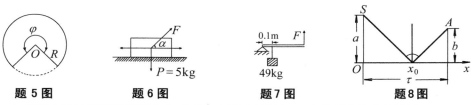

题 5 图　　　　题 6 图　　　　题 7 图　　　　题 8 图

8. 光源 $S$ 的光线射到平面镜 $Ox$ 的哪一点再反射到点 $A$，光线所走的路径最短？

9. 甲船以每小时 20 浬的速度向东行驶，同一时间乙船在甲船正北 82 浬处以每小时 16 浬的速度向南行驶，问经过多少时间两船距离最近？

10. 一个抛射体以速度 $840\,\mathrm{m/s}$ 和抛射角 $\pi/3$ 发射. 它经过多长时间沿水平方向行进 21 千米？

11. 求最大射程为 24.5 千米的枪的枪口速度.

12. 光学中的费马原理说光线从一点到另一点永远沿最短的路径行进. 如题 12 图所示，从光源 $A$ 出发，从一平面镜反射到一接受点 $B$. 试证明入射角一定等于发射角.

13. 用输油管把离岸12公里的一座油田和沿岸往下 20 公里处的炼油厂连接起来(见题13图). 如果水下输油管的铺设成本为 5 万元/公里，陆地铺设成本为 3 万元/公里. 如何组合水下和陆地的输油管使得铺设费用最少？

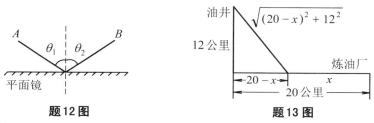

题12图       题13图

14. 制造和销售每个背包的成本为 $C$ 元. 如果每个背包的售价为 $x$ 元，背包销量由 $n = \dfrac{a}{x-C} + b(100-x)$ 给出，其中 $a$ 和 $b$ 是正常数，什么售价能带来最大利润？

15. 设生产某产品时的固定成本为 10 000 元，可变成本与产品日产量 $x$ 吨的立方成正比，已知日产量为 20 吨时，总成本为 10 320 元，问：日产量为多少吨时，能使平均成本最低？并求最低平均成本(假定日最高产量为100吨).

16. 一个运动员以与水平线成 $45°$ 的角度从地面以上 2 米处以约 10 米/秒的速度推出一个 6 千克的铅球，假定铅球在空中的运动过程中受到的阻力为零，$g = 10$ 米/秒$^2$.

(1) 铅球何时达到最大高度，且最大高度是多少？

(2) 铅球在抛出后多久离挡板多远处落地？

17. 假设高出地面 0.5 米的一个足球被踢出时，它的初速度为 30 米/秒，并与水平线成 $30°$ 角. 假定足球被踢出后在空中的运动过程中受到的阻力为零，$g = 10$ 米/秒$^2$.

(1) 足球何时达到最大高度，且最大高度是多少？

(2) 求足球的飞行时间和射程.

# §3.6 函数图形的描绘

为了确定函数图形的形状，我们需要知道当沿图形往前走时它是上升或下降以及图形是如何弯曲的. 本节中，我们将看到函数的一阶和二阶导数是如何为确定图形的形状提供所需要的信息的. 即借助于一阶导数可以确定函数图形的单调性和极值的位置；借助于二阶导数可以确定函数的凸凹性及拐点. 由此，可以掌握函数的性态，并把函数的图形画得比较准确.

在前面两节中，我们以函数的一阶导数和二阶导数讨论了函数单调性、凹凸性与拐点、极值与极值点等问题，这些信息有助于我们通过函数的导数粗略地了解函数的图形，为方便起见，特总结如下.

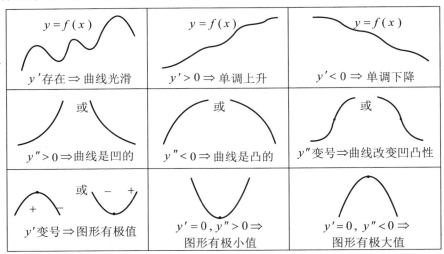

## 一、渐近线

有些函数的定义域和值域都是有限区间，其图形仅局限于一定的范围之内，如圆、椭圆等. 有些函数的定义域或值域是无穷区间，其图形向无穷远处延伸，如双曲线、抛物线等. 为了把握曲线在无限变化中的趋势，我们先介绍曲线的渐近线的概念.

**定义1**　如果曲线 $y=f(x)$ 上的一动点沿着曲线移向无穷远时，该点与某条定直线 $L$ 的距离趋向于零，则直线 $L$ 就称为曲线 $y=f(x)$ 的一条**渐近线**（见图3-6-1）.

渐近线分为水平渐近线、铅直渐近线和斜渐近线三种.

**1. 水平渐近线**

若函数 $y=f(x)$ 的定义域是无穷区间，且

$$\lim_{x \to \infty} f(x) = C,$$

则称直线 $y=C$ 为曲线 $y=f(x)$ 当 $x \to \infty$ 时的**水平渐近线**，类似地，可以定义 $x \to +\infty$ 或 $x \to -\infty$ 时的水平渐近线.

**2. 铅直渐近线**

若函数 $y=f(x)$ 在点 $x_0$ 处间断，且

$$\lim_{x \to x_0^+} f(x) = \infty \quad \text{或} \quad \lim_{x \to x_0^-} f(x) = \infty,$$

则称直线 $x=x_0$ 为曲线 $y=f(x)$ 的**铅直渐近线**.

例如，对于函数 $y=\dfrac{1}{x-1}$，因为 $\lim\limits_{x \to \infty} \dfrac{1}{x-1} = 0$，所以直线 $y=0$ 为 $y=\dfrac{1}{x-1}$ 的水平渐近线；又因为 $\lim\limits_{x \to 1} \dfrac{1}{x-1} = \infty$，所以 $x=1$ 是 $y=\dfrac{1}{x-1}$ 的铅直渐近线（见图3-6-2）.

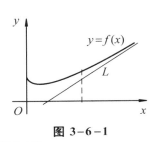

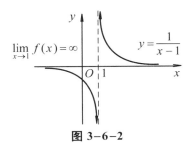

图 3-6-1　　　　　　　　　　　　图 3-6-2

### 3. 斜渐近线

设函数 $y = f(x)$，如果

$$\lim_{x \to \infty} [f(x) - (ax + b)] = 0,$$

则称直线 $y = ax + b$ 为 $y = f(x)$ 的**斜渐近线**，其中

$$a = \lim_{x \to \infty} \frac{f(x)}{x} \ (a \neq 0), \quad \lim_{x \to \infty} [f(x) - ax] = b.$$

类似地可以定义 $x \to +\infty$ 或 $x \to -\infty$ 时的斜渐近线.

**注**：如果 $\lim\limits_{x \to \infty} \dfrac{f(x)}{x}$ 不存在，或虽然它存在但 $\lim\limits_{x \to \infty} [f(x) - ax]$ 不存在，则可以断定 $y = f(x)$ 不存在斜渐近线.

**例 1**　求曲线 $f(x) = \dfrac{2(x-2)(x+3)}{x-1}$ 的渐近线.

**解**　函数的定义域为 $(-\infty, 1) \bigcup (1, +\infty)$，因为

$$\lim_{x \to 1^+} f(x) = -\infty, \quad \lim_{x \to 1^-} f(x) = +\infty,$$

所以直线 $x = 1$ 是曲线的铅直渐近线. 又因为

$$\lim_{x \to \infty} \frac{f(x)}{x} = \lim_{x \to \infty} \frac{2(x-2)(x+3)}{x(x-1)} = 2,$$

$$\lim_{x \to \infty} \left[ \frac{2(x-2)(x+3)}{x-1} - 2x \right]$$

$$= \lim_{x \to \infty} \frac{2(x-2)(x+3) - 2x(x-1)}{x-1} = 4,$$

函数图形实验

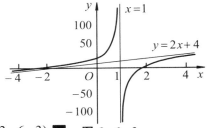

所以直线 $y = 2x + 4$ 是曲线的一条斜渐近线 (见图 3-6-3). 　图 3-6-3

## 二、函数图形的描绘

对于一个函数，若能作出其图形，就能从直观上了解该函数的性态特征，并可从其图形上清楚地看出因变量与自变量之间的相互依赖关系. 在中学阶段，我们利用描点法来作函数的图形. 这种方法常会遗漏曲线的一些关键点，如极值点、拐点等，使得曲线的单调性、凹凸性等一些函数的重要性态难以准确地显示出来.

**例 2**　按照以下步骤作出函数 $f(x) = x^4 - 2x^3 + 1$ 的图形.

(1) 求 $f'(x)$ 和 $f''(x)$;

(2) 分别求 $f'(x)$ 和 $f''(x)$ 的零点;

(3) 确定函数的增减性、凹凸性、极值点和拐点;

(4) 作出函数 $f(x)=x^4-2x^3+1$ 的图形.

**解**　(1) $f'(x)=4x^3-6x^2$, $f''(x)=12x^2-12x$.

(2) 由 $f'(x)=4x^3-6x^2=0$, 得到 $x=0$ 或 $x=\dfrac{3}{2}$.

由 $f''(x)=12x^2-12x=0$, 得到 $x=0$ 或 $x=1$.

(3) 列表确定函数增减区间、凹凸区间及极值点和拐点:

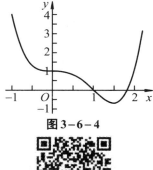

图 3-6-4

| $x$ | $(-\infty,0)$ | $0$ | $(0,1)$ | $1$ | $(1,3/2)$ | $3/2$ | $(3/2,+\infty)$ |
|---|---|---|---|---|---|---|---|
| $f'(x)$ | $-$ | $0$ | $-$ | | $-$ | $0$ | $+$ |
| $f''(x)$ | $+$ | $0$ | $-$ | $0$ | $+$ | | $+$ |
| $f(x)$ | ↘ | 拐点 | ↘ | 拐点 | ↘ | 极值点 | ↗ |

(4) 算出 $x=0$, $x=1$, $x=3/2$ 处的函数值

$$f(0)=1, \quad f(1)=0, \quad f\left(\frac{3}{2}\right)=-\frac{11}{16}.$$

函数图形实验

根据以上结论,用平滑曲线连接这些点,就可以描绘函数的图形,见图 3-6-4. ■

一般地,我们利用导数描述函数 $y=f(x)$ 的图形,其一般步骤如下:

**第一步**　确定函数 $f(x)$ 的定义域,研究函数特性,如奇偶性、周期性、有界性等,求出函数的一阶导数 $f'(x)$ 和二阶导数 $f''(x)$.

**第二步**　求出一阶导数 $f'(x)$ 和二阶导数 $f''(x)$ 在函数定义域内的全部零点,并求出函数 $f(x)$ 的间断点以及导数 $f'(x)$ 和 $f''(x)$ 不存在的点,用这些点把函数定义域划分成若干个部分区间.

**第三步**　确定在这些部分区间内 $f'(x)$ 和 $f''(x)$ 的符号,并由此确定函数的增减性和凹凸性、极值点和拐点.

**第四步**　确定函数图形的渐近线以及其他变化趋势.

**第五步**　算出 $f'(x)$ 和 $f''(x)$ 的零点以及 $f'(x)$ 和 $f''(x)$ 不存在时的点所对应的函数值,并在坐标平面上定出相应的点;有时还需适当补充一些辅助作图点(如与坐标轴的交点和曲线的端点等);然后根据第三、四步中得到的结果,用平滑曲线连接得到的点即可画出函数的图形.

**例3**　作函数 $f(x)=\dfrac{x+1}{x^2}-1$ 的图形.

**解**　(1) 题设函数的定义域为 $(-\infty,0)\bigcup(0,+\infty)$,是非奇非偶函数. 而

$$f'(x)=-\frac{x+2}{x^3}, \quad f''(x)=\frac{2(x+3)}{x^4}.$$

(2) 由 $f'(x)=0$, 解得驻点 $x=-2$, 由 $f''(x)=0$, 解得 $x=-3$. 导数不存在的点为 $x=0$. 用这三点把定义域划分成下列四个部分区间:

$$(-\infty, -3), \ (-3, -2), \ (-2, 0), \ (0, +\infty).$$

(3) 列表确定函数增减区间、凹凸区间及极值点和拐点:

| $x$ | $(-\infty, -3)$ | $-3$ | $(-3, -2)$ | $-2$ | $(-2, 0)$ | $0$ | $(0, +\infty)$ |
|---|---|---|---|---|---|---|---|
| $f'(x)$ | $-$ | | $-$ | $0$ | $+$ | 不存在 | $-$ |
| $f''(x)$ | $-$ | $0$ | $+$ | | $+$ | | $+$ |
| $f(x)$ | ↘ | 拐点 | ↘ | 极值点 | ↗ | 间断点 | ↘ |

(4) 因为

$$\lim_{x\to\infty} f(x) = \lim_{x\to\infty}\left[\frac{x+1}{x^2}-1\right]=-1,$$

所以直线 $y=-1$ 为水平渐近线; 而

$$\lim_{x\to 0} f(x) = \lim_{x\to 0}\left[\frac{x+1}{x^2}-1\right]=+\infty,$$

所以直线 $x=0$ 为铅直渐近线.

(5) 算出 $x=-3$, $x=-2$ 处的函数值

$$f(-3)=-\frac{11}{9}, \quad f(-2)=-\frac{5}{4}.$$

得到题设函数图形上的两点 $\left(-3, -\frac{11}{9}\right)$, $\left(-2, \frac{5}{4}\right)$.

再补充下列辅助作图点:

$$\left(\frac{1-\sqrt{5}}{2}, 0\right), \left(\frac{1+\sqrt{5}}{2}, 0\right), A(-1, -1), B(1, 1), C\left(2, -\frac{1}{4}\right).$$

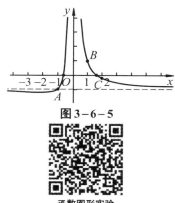

图 3-6-5

函数图形实验

根据 (3)、(4) 中得到的结果, 用平滑曲线连接这些点, 就可描绘出题设函数的图形 (见图 3-6-5).

**例 4** 作 $f(x)=\sqrt[3]{x^3-x^2-x+1}$ 的图形.

**解** (1) 题设函数的定义域是 $(-\infty, +\infty)$, 是非奇非偶函数. 而

$$f'(x)=\frac{3x^2-2x-1}{3\sqrt[3]{(x^3-x^2-x+1)^2}},$$

$$f''(x)=\frac{-8}{9}\cdot\frac{1}{(x-1)^{4/3}(x+1)^{5/3}}.$$

(2) 由 $f'(x)=0$, 解得驻点 $x=-\frac{1}{3}$, $f''(x)\ne 0$. 导数不存在的点为 $x=\pm 1$. 用这三点把定义域划分成若干区间.

(3) 列表确定函数的增减区间、凸凹区间以及极值点和拐点:

| $x$ | $(-\infty,-1)$ | $-1$ | $(-1,-1/3)$ | $-1/3$ | $(-1/3,1)$ | $1$ | $(1,+\infty)$ |
|---|---|---|---|---|---|---|---|
| $f'(x)$ | $+$ | | $+$ | $0$ | $-$ | | $+$ |
| $f''(x)$ | $+$ | | $-$ | $-$ | $-$ | | $-$ |
| $f(x)$ | ↗ | 拐点 | ↗ | 极大值 | ↘ | 极小点 | ↗ |

(4) 因为

$$\lim_{x\to\infty}\frac{f(x)}{x}=\lim_{x\to\infty}\frac{\sqrt[3]{x^3-x^2-x+1}}{x}=\lim_{x\to\infty}\sqrt[3]{1-\frac{1}{x}-\frac{1}{x^2}+\frac{1}{x^3}}=1,$$

$$\lim_{x\to\infty}[f(x)-x]=\lim_{x\to\infty}[\sqrt[3]{x^3-x^2-x+1}-x]$$

$$\xlongequal{x=1/t}\lim_{t\to0}\frac{\sqrt[3]{1-t-t^2+t^3}-1}{t}$$

$$=\lim_{t\to0}\frac{-1-2t+3t^2}{3\sqrt[3]{(1-t-t^2+t^3)^2}}=-\frac{1}{3},$$

函数图形实验

所以 $y=x-\dfrac{1}{3}$ 为斜渐近线.

(5) 计算函数在 $x=0,\ -\dfrac{1}{3},\ 1$ 的值

$$f(0)=1,\quad f\left(-\frac{1}{3}\right)=\frac{2}{3}\sqrt[3]{4},\quad f(1)=0,$$

根据以上结论, 用平滑曲线连接这些点, 就可以描绘函数的图形, 如图 3−6−6 所示. ∎

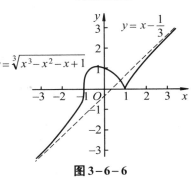

图 3−6−6

## 习题　3−6

1. 求下列曲线的渐近线:

(1) $y=\mathrm{e}^{-\frac{1}{x}}$;　　　　　　　　(2) $y=\dfrac{\mathrm{e}^x}{1+x}$;　　　　　　　　(3) $y=x+\mathrm{e}^{-x}$.

2. 画出具有以下性质的二次可导函数 $y=f(x)$ 图形的略图. 在可能的地方标出坐标值.

| $x$ | $y$ | 导数 |
|---|---|---|
| $x<2$ | | $y'<0,\ y''>0$ |
| $2$ | $1$ | $y'=0,\ y''>0$ |
| $2<x<4$ | | $y'>0,\ y''>0$ |
| $4$ | $4$ | $y'>0,\ y''=0$ |
| $4<x<6$ | | $y'>0,\ y''<0$ |
| $6$ | $7$ | $y'=0,\ y''<0$ |
| $x>6$ | | $y'<0,\ y''<0$ |

3. 描绘下列函数的图形:

(1) $y = \dfrac{2x^2}{x^2-1}$;

(2) $y = \dfrac{x}{1+x^2}$;

(3) $y = \dfrac{(x-3)^2}{4(x-1)}$;

(4) $y = x\sqrt{3-x}$;

(5) $y = \dfrac{\ln x}{x}$.

# §3.7 曲 率

在生产实践和工程技术中,常常需要研究曲线的弯曲程度,例如,设计铁路、高速公路的弯道时,就需要根据最高限速来确定弯道的弯曲程度. 为此,本节我们介绍曲率的概念及曲率的计算公式.

## 一、弧微分

介绍弧微分概念之前,我们先引入光滑曲线的概念.

若函数 $y = f(x)$ 在区间 $(a,b)$ 内具有一阶连续导数,则该函数的图形为一条处处有切线的曲线,且切线随切点的移动而连续转动,这样的曲线称为**光滑曲线**(见图 3-7-1).

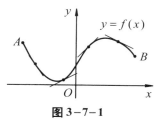

**图 3-7-1**

设曲线 $y = f(x)$ 在区间 $(a,b)$ 是光滑曲线,在曲线 $y = f(x)$ 上取一固定点 $M_0(x_0, y_0)$ 作为度量弧长的基点,并规定:$x$ 增大的方向为曲线的正向.对曲线上任一点 $M(x,y)$,规定有向弧段 $\overparen{M_0M}$ 的值 $s$(简称为弧 $s$)如下:$s$ 的绝对值等于这段弧的长度,当 $\overparen{M_0M}$ 与曲线正向一致时,$s>0$;当 $\overparen{M_0M}$ 与曲线正向相反时,$s<0$. 显然,弧 $s$ 是 $x$ 的函数,记为 $s=s(x)$,且 $s(x)$ 是 $x$ 的单调增加函数.下面来求 $s=s(x)$ 的导数与微分.

设 $x, x+\Delta x$ 为 $(a,b)$ 内两个邻近的点,它们分别对应曲线 $y=f(x)$ 上的两点 $M$, $M'$(见图 3-7-2),则弧 $s$ 相应的增量 $\Delta s$ 为

$$\Delta s = \overparen{M_0M'} - \overparen{M_0M} = \overparen{MM'}.$$

于是

$$\left(\frac{\Delta s}{\Delta x}\right)^2 = \left(\frac{\overparen{MM'}}{\Delta x}\right)^2 = \left(\frac{\overparen{MM'}}{|MM'|}\right)^2 \cdot \left(\frac{|MM'|}{\Delta x}\right)^2$$

$$= \left(\frac{\overparen{MM'}}{|MM'|}\right)^2 \cdot \frac{(\Delta x)^2 + (\Delta y)^2}{(\Delta x)^2}$$

$$= \left(\frac{\overparen{MM'}}{|MM'|}\right)^2 \cdot \left[1 + \left(\frac{\Delta y}{\Delta x}\right)^2\right],$$

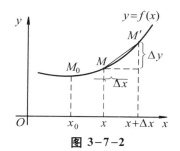

**图 3-7-2**

因为当 $\Delta x \to 0$ 时，$M' \to M$，所以

$$\lim_{M' \to M} \left( \frac{\overset{\frown}{MM'}}{|MM'|} \right)^2 = 1,$$

从而

$$\left( \frac{\mathrm{d}s}{\mathrm{d}x} \right)^2 = \lim_{\Delta x \to 0} \left( \frac{\Delta s}{\Delta x} \right)^2 = 1 + \left( \frac{\mathrm{d}y}{\mathrm{d}x} \right)^2,$$

即有

$$\frac{\mathrm{d}s}{\mathrm{d}x} = \pm \sqrt{1 + \left( \frac{\mathrm{d}y}{\mathrm{d}x} \right)^2}.$$

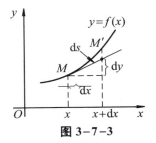

图 3-7-3

由于 $s = s(x)$ 是单调增加函数，故根号前应取正号，于是，有

$$\mathrm{d}s = \sqrt{1 + y'^2}\, \mathrm{d}x, \tag{7.1}$$

上式称为弧 $s = s(x)$ 关于 $x$ 的**弧微分公式**. 式 (7.1) 也可写成

$$\mathrm{d}s = \sqrt{(\mathrm{d}x)^2 + (\mathrm{d}y)^2}, \tag{7.2}$$

易见，$\mathrm{d}s$，$\mathrm{d}x$ 和 $\mathrm{d}y$ 构成直角三角形关系，常称此三角形为**微分三角形**(见图 3-7-3).

## 二、曲率及其计算公式

从直觉我们认识到：直线不弯曲，半径小的圆比半径大的圆弯曲得厉害些，即使是同一条曲线，其不同部分也有不同的弯曲程度，例如，抛物线 $y = x^2$ 在顶点附近比远离顶点的部分弯曲得厉害些.

如何用数量描述曲线的弯曲程度？

观察图 3-7-4，易见弧段 $\overset{\frown}{M_1 M_2}$ 比较平直，当动点沿着这段弧从 $M_1$ 移动到 $M_2$ 时，切线转过的角度 $\varphi_1$ 不大，而弧段 $\overset{\frown}{M_2 M_3}$ 弯曲得比较厉害，转角 $\varphi_2$ 也比较大.

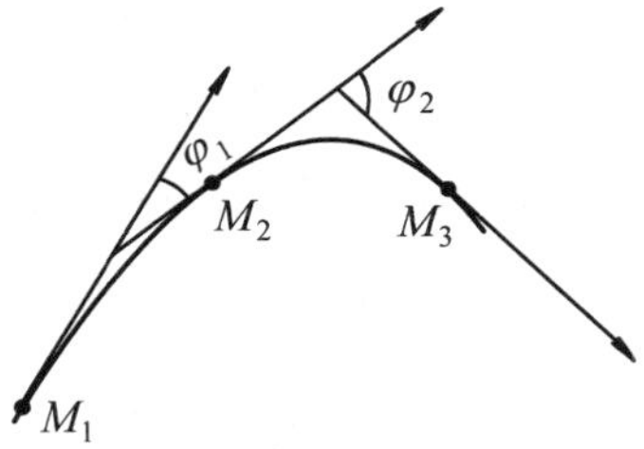

图 3-7-4

然而，只考虑曲线弧的切线的转角还不足以完全反映曲线的弯曲程度. 例如，从图 3-7-5 可以看出，两曲线弧 $\overset{\frown}{M_1 M_2}$ 及 $\overset{\frown}{N_1 N_2}$ 的切线转角相同，但弯曲程度明显不同，短弧段比长弧段弯曲得厉害些.

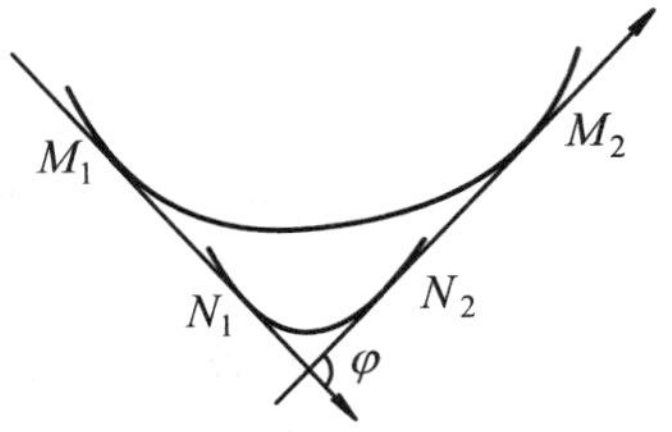

综上所述，曲线弧的弯曲程度与弧段的长度和切线转过的角度有关. 由此，我们引入描述曲线弯曲程度的概念 —— **曲率**.

图 3-7-5

设平面曲线 $C$ 是光滑的，在 $C$ 上选定一点 $M_0$，作为度量弧 $s$ 的基点，设曲线上点

$M$ 对应于弧 $s$, 在点 $M$ 处切线的倾角为 $\alpha$(见图 3–7–6), 曲线上另一点 $M'$ 对应于弧 $s+\Delta s$, 点 $M'$ 处切线的倾角为 $\alpha+\Delta\alpha$, 则弧段 $\overgroup{MM'}$ 的长度为 $|\Delta s|$, 当动点从点 $M$ 移动到点 $M'$ 时, 切线的转角为 $|\Delta\alpha|$.

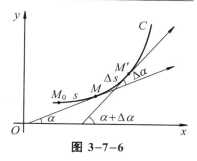

**图 3–7–6**

我们用比值 $\dfrac{|\Delta\alpha|}{|\Delta s|}$ 来表示弧段 $\overgroup{MM'}$ 的平均弯曲程度, 并称它为弧段 $\overgroup{MM'}$ 的**平均曲率**, 记为 $\overline{K}$, 即

$$\overline{K} = \frac{|\Delta\alpha|}{|\Delta s|}.$$

当 $\Delta s \to 0$ 时 (即 $M' \to M$ 时), 上述平均曲率的极限称为曲线 $C$ 在点 $M$ 处的**曲率**, 记为 $K$, 即

$$K = \lim_{\Delta s \to 0} \left| \frac{\Delta\alpha}{\Delta s} \right|.$$

在 $\lim\limits_{\Delta s \to 0} \dfrac{\Delta\alpha}{\Delta s} = \dfrac{\mathrm{d}\alpha}{\mathrm{d}s}$ 存在的条件下, $K$ 也可记为

$$K = \left| \frac{\mathrm{d}\alpha}{\mathrm{d}s} \right|. \tag{7.3}$$

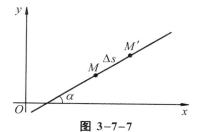

**图 3–7–7**

例如, 直线的切线就是其本身, 当点沿直线移动时, 切线的转角 $\Delta\alpha = 0$, $\dfrac{\Delta\alpha}{\Delta s} = 0$ (见图 3–7–7), 从而 $\overline{K} = 0$, $K = 0$. 它表明直线上任一点的曲率都等于零. 这与我们的直觉 "直线不弯曲" 是一致的.

又如, 在半径为 $R$ 的圆上, 点 $M, M'$ 处的切线所夹的角 $\Delta\alpha$ 等于中心角 $\angle MDM'$ (见图 3–7–8), 由于 $\angle MDM' = \dfrac{\Delta s}{R}$, 所以,

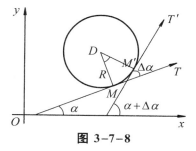

**图 3–7–8**

$$\frac{\Delta\alpha}{\Delta s} = \frac{\dfrac{\Delta s}{R}}{\Delta s} = \frac{1}{R},$$

从而 $K = \left| \dfrac{\mathrm{d}\alpha}{\mathrm{d}s} \right| = \dfrac{1}{R}.$

这表明, 圆上各点处的曲率都等于半径的倒数, 且半径越小曲率越大, 即弯曲得越厉害.

下面, 我们根据式 (7.3) 来推导实际计算曲率的公式.

设曲线方程为 $y = f(x)$, $f(x)$ 具有二阶导数, 因为 $\tan\alpha = y'$, $\alpha = \arctan y'$, 所以

$$\mathrm{d}\alpha = \frac{y''}{1+y'^2}\,\mathrm{d}x,$$

又由式 (7.1) 知，$\mathrm{d}s = \sqrt{1+y'^2}\,\mathrm{d}x$，从而，根据曲率的表达式 (7.3)，有

$$K = \frac{|y''|}{(1+y'^2)^{3/2}}. \tag{7.4}$$

如果曲线方程由参数方程

$$\begin{cases} x = \varphi(t) \\ y = \psi(t) \end{cases}$$

表示，则根据参数方程所表示的函数的求导法，求出

$$\frac{\mathrm{d}y}{\mathrm{d}x} = \frac{\psi'(t)}{\varphi'(t)}, \quad \frac{\mathrm{d}^2 y}{\mathrm{d}x^2} = \frac{\varphi'(t)\psi''(t) - \varphi''(t)\psi'(t)}{\varphi'^3(t)}.$$

代入式 (7.4)，得

$$K = \frac{|\varphi'(t)\psi''(t) - \varphi''(t)\psi'(t)|}{[\varphi'^2(t) + \psi'^2(t)]^{3/2}}. \tag{7.5}$$

**例 1**　抛物线 $y = ax^2 + bx + c$ 上哪一点的曲率最大？

**解**　因为 $y' = 2ax + b$，$y'' = 2a$，所以

$$K = \frac{|2a|}{[1+(2ax+b)^2]^{3/2}}.$$

显然，当 $x = -\dfrac{b}{2a}$ 时，$K$ 最大. 而 $x = -\dfrac{b}{2a}$ 所对应的点为抛物线的顶点，故抛物线在顶点处的曲率最大.

**注**：在式 (7.4) 中，若 $y'$ 远远小于 1（常记为 $|y'| \ll 1$），则有

$$1 + y'^2 \approx 1,$$

从而可得到曲率的近似计算公式

$$K \approx |y''|.$$

**例 2**　在修筑铁路时，常需根据地形的特点和最高限速的要求来设计铁轨的圆弧弯道. 铁轨由直道转入圆弧弯道时，若接头处的曲率突然改变，容易发生事故，为了行驶平稳，往往在直道和圆弧弯道之间接入一段缓冲段 $\overset{\frown}{OA}$（见图 3-7-9），使轨道曲线的曲率由零连续地过渡到圆弧的曲率 $\dfrac{1}{R}$，其中 $R$ 为圆弧轨道的半径. 国内一般采用三次抛物线 $y = \dfrac{x^3}{6Rl}$ $(x \in [0, x_0])$ 作为缓冲段 $\overset{\frown}{OA}$，其中 $l$ 为 $\overset{\frown}{OA}$ 的长度，试

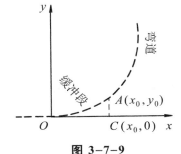

**图 3-7-9**

验证缓冲段 $\overset{\frown}{OA}$ 在始端 $O$ 处的曲率为零，且当 $\dfrac{l}{R}$ 很小 $\left(\dfrac{l}{R} \ll 1\right)$ 时，在终端 $A$ 处的曲率近似为 $\dfrac{1}{R}$.

**证明**　因为在缓冲段 $\overset{\frown}{OA}$ 上，

$$y' = \frac{1}{2Rl} x^2, \quad y'' = \frac{1}{Rl} x.$$

所以在缓冲段始端 $x = 0$ 处的曲率 $K_0 = 0$（因 $y' = 0$，$y'' = 0$）.

另一方面，根据题意，有 $\dfrac{l}{R} \ll 1$，从而 $l \approx x_0$. 所以

$$y'\big|_{x=x_0} = \frac{x_0^2}{2Rl} \approx \frac{l^2}{2Rl} = \frac{l}{2R}, \quad y''\big|_{x=x_0} = \frac{x_0}{Rl} \approx \frac{l}{Rl} = \frac{1}{R}.$$

从而在终端 $A$ 处的曲率为

$$K_A = \frac{|y''|}{(1 + y'^2)^{3/2}}\bigg|_{x=x_0} \approx \frac{\dfrac{1}{R}}{\left(1 + \dfrac{l^2}{4R^2}\right)^{3/2}} \approx \frac{1}{R}.$$

### 三、曲率圆

设曲线 $y = f(x)$ 在点 $M(x, y)$ 处的曲率为 $K\,(K \neq 0)$. 在点 $M$ 处的曲线的法线上，在凹的一侧取一点 $D$，使 $|DM| = \dfrac{1}{K} = \rho$. 以 $D$ 为圆心、$\rho$ 为半径所作的圆称为曲线在点 $M$ 处的**曲率圆**（见图 3-7-10）. 曲率圆的圆心 $D$ 称为曲线在点 $M$ 处的**曲率中心**. 曲率圆的半径 $\rho$ 称为曲线在点 $M$ 处的**曲率半径**.

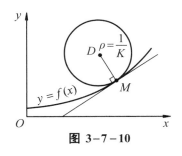

**图 3-7-10**

根据上述规定，曲率圆与曲线在点 $M$ 处有相同的切线和曲率，且在点 $M$ 邻近处有相同的凹向. 因此，在工程上常常用曲率圆在点 $M$ 邻近处的一段圆弧来近似代替该点邻近处的小曲线弧.

易见，曲线上某点处的曲率半径与曲线在该点处的曲率互为倒数，即

$$\rho = \frac{1}{K}, \quad K = \frac{1}{\rho}.$$

上述公式表明，曲线上某点处的曲率半径越大，曲线在该点处的曲率越小，则曲线越平缓；曲率半径越小，曲率越大，则曲线在该点处弯曲得越厉害.

设曲线 $C$ 的方程为 $y = f(x)$，其二阶导数 $y''$ 在点 $x$ 处不等于零，现在我们来确定曲线 $C$ 在点 $M(x, y)$ 处的曲率中心 $D(\xi, \eta)$ 的坐标. 因为

$$(x - \xi)^2 + (y - \eta)^2 = \rho^2, \tag{7.6}$$

且曲线在点 $M(x, y)$ 处的切线与曲率半径 $DM$ 垂直, 所以

$$y' = -\frac{x-\xi}{y-\eta}. \tag{7.7}$$

将式 (7.7) 代入式 (7.6), 消去 $x-\xi$, 得

$$(y-\eta)^2 = \frac{\rho^2}{1+y'^2} = \frac{\frac{(1+y'^2)^3}{y''^2}}{1+y'^2} = \frac{(1+y'^2)^2}{y''^2},$$

注意到当 $y'' > 0$ 时, 曲线是凹的, 这时 $\eta - y > 0$; 当 $y'' < 0$ 时, 曲线是凸的, 这时 $\eta - y < 0$. 因此, 有

$$\eta - y = \frac{1+y'^2}{y''}, \quad 即 \quad \eta = y + \frac{1+y'^2}{y''}.$$

再由式 (7.7), 有 $\xi = x - \dfrac{y'(1+y'^2)}{y''}$, 则曲线 $C$ 在对应点 $M(x, y)$ 处的曲率中心 $D$ $(\xi, \eta)$ 的坐标为

$$\xi = x - \frac{y'(1+y'^2)}{y''}, \quad \eta = y + \frac{1+y'^2}{y''}. \tag{7.8}$$

当点 $M(x, y)$ 沿着曲线 $C$ 移动时, 它的曲率中心 $D(\xi, \eta)$ 亦将随着移动, 数学上把 $D(\xi, \eta)$ 移动的轨迹 $L$ 称为曲线 $C$ 的 **渐屈线**, 而原曲线 $C$ 称为曲线 $L$ 的 **渐伸线** (见图 3-7-11), 它们在机器制造中有重要的应用. 曲线 $y = f(x)$ 的渐屈线的参数方程为

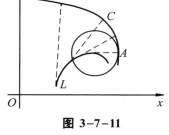

$$\begin{cases} \xi = x - \dfrac{y'(1+y'^2)}{y''} \\ \eta = y + \dfrac{1+y'^2}{y''} \end{cases}. \tag{7.9}$$

**图 3-7-11**

**例 3**　求曲线 $y = \tan x$ 在点 $\left(\dfrac{\pi}{4}, 1\right)$ 处的曲率与曲率半径.

**解**　因为

$$K = \frac{|y''|}{(1+y'^2)^{3/2}}, \quad \rho = \frac{1}{K} = \frac{(1+y'^2)^{3/2}}{|y''|}.$$

由 $y'|_{x=\pi/4} = 2$ 及 $y''|_{x=\pi/4} = 4$, 得点 $\left(\dfrac{\pi}{4}, 1\right)$ 处的曲率与曲率半径分别为

$$K = \frac{4\sqrt{5}}{25}, \quad \rho = \frac{5\sqrt{5}}{4}. \quad \blacksquare$$

**例 4**　飞机沿抛物线 $y = \dfrac{x^2}{4\,000}$ (单位: 米) 俯冲飞行, 在原点处速度为 $v = 400$

米/秒，飞行员体重为70千克．求俯冲到原点时，飞行员对座椅的压力．

**解**　见图3-7-12，设飞行员对座椅的压力为 $Q$（千克力），则 $Q=F+P$，其中 $P=70$（千克力），为飞行员的重力，$F$ 为使飞行员在原点 $O$ 处作匀速圆周运动的离心力，即 $F=\dfrac{mv^2}{\rho}$．由 $y=\dfrac{x^2}{4\,000}$，有

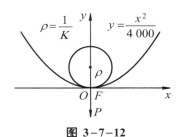

$$y'\big|_{x=0}=\frac{x}{2\,000}\Big|_{x=0}=0,\quad y''\big|_{x=0}=\frac{1}{2\,000}.$$

于是，曲线在原点处的曲率及曲率半径分别为

$$K=\frac{1}{2\,000},\quad \rho=2\,000\text{ 米}.$$

从而

$$F=\frac{70\times400^2}{2\,000}=5\,600(\text{牛})\approx571.4(\text{千克力}),$$

所以

$$Q\approx70(\text{千克力})+571.4(\text{千克力})=641.4(\text{千克力}).$$

即飞行员对座椅的压力为641.4千克力．

**例5**　求椭圆 $\dfrac{x^2}{a^2}+\dfrac{y^2}{b^2}=1$ 的渐屈线．

**解**　由于 $y'=-\dfrac{b^2x}{a^2y}$，$y''=-\dfrac{b^4}{a^2y^3}$，故曲率中心的坐标为

$$\xi=x-\frac{y'(1+y'^2)}{y''}=x-\frac{\dfrac{b^2x}{a^2y}\left(1+\dfrac{b^4x^2}{a^4y^2}\right)}{\dfrac{b^4}{a^2y^3}}$$

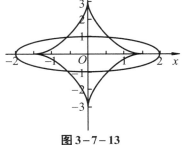

函数图形实验

$$=x-\frac{b^2x\cdot a^2y^3\cdot(a^4y^2+b^4x^2)}{a^6y^3b^4}=\frac{c^2}{a^4}x^3,$$

$$\eta=y+\frac{1+y'^2}{y''}=y-\frac{1+\dfrac{b^4x^2}{a^4y^2}}{\dfrac{b^4}{a^2y^3}}$$

$$=y-\frac{y(a^4y^2+b^4x^2)}{a^2b^4}=-\frac{c^2}{b^4}y^3,$$

即 $c^2y^3=-b^4\eta$，$c^2x^3=a^4\xi$．于是，

$$c^{4/3}y^2=b^{8/3}\eta^{2/3},\quad c^{4/3}x^2=a^{8/3}\xi^{2/3},$$

**图 3-7-13**

从而，$\dfrac{y^2}{b^2}=\dfrac{b^{2/3}\eta^{2/3}}{c^{4/3}}$，$\dfrac{x^2}{a^2}=\dfrac{a^{2/3}\xi^{2/3}}{c^{4/3}}$，将此两式相加，即得渐屈线方程

$$(a\xi)^{2/3}+(b\eta)^{2/3}=c^{4/3},$$

其中 $c^2=a^2-b^2$. 它是一条内摆线. 见图 $3-7-13$.

### *数学实验

**实验 3.4** 试用计算软件完成下列各题:

(1) 求曲线 $f(x)=(x-2)e^x$ 过点 $x=-2$ 的曲率、曲率半径和曲率圆方程.

(2) 求摆线 $\begin{cases} x=a(t-\sin t) \\ y=a(1-\cos t) \end{cases}$ 的渐屈线, 并在同一坐标系内作出 $a=2$ 时该

计算实验

摆线和它的渐屈线的图像.

详见教材配套的网络学习空间.

## 习题　3-7

1. 求曲线 $y=\ln x$ 的最大曲率.

2. 求抛物线 $f(x)=x^2+3x+2$ 在点 $x=1$ 处的曲率和曲率半径.

3. 计算摆线 $\begin{cases} x=a(t-\sin t) \\ y=a(1-\cos t) \end{cases}$ 在 $t=\pi/2$ 处的曲率.

4. 曲线弧 $y=\sin x\ (0<x<\pi)$ 上哪一点处的曲率半径最小? 求出该点处的曲率半径.

5. 求曲线 $y=\ln(x+\sqrt{1+x^2})$ 在 $(0,0)$ 处的曲率.

6. 汽车连同载重共 $5\,\mathrm{t}$, 在抛物线形拱桥上行驶, 速度为 $21.6\,\mathrm{km/h}$, 桥的跨度为 $10\,\mathrm{m}$, 拱的矢高为 $0.25\,\mathrm{m}$, 求汽车越过桥顶时对桥的压力.

7. 求曲线 $y=\ln x$ 在其与 $x$ 轴的交点处的曲率圆方程.

8. 求曲线 $y^2=2px$ 的渐屈线方程.

## 总 习 题 三

1. 证明下列不等式:

(1) 设 $a>b>0$, $n>1$, 证明: $nb^{n-1}(a-b)<a^n-b^n<na^{n-1}(a-b)$;

(2) 设 $a>b>0$, 证明: $\dfrac{a-b}{a}<\ln\dfrac{a}{b}<\dfrac{a-b}{b}$.

2. 设 $f(x)$ 在 $[0,1]$ 上可导, 且 $0<f(x)<1$, 对于任何 $x\in(0,1)$ 都有 $f'(x)\neq 1$, 试证: 在 $(0,1)$ 内, 有且仅有一个数 $\xi$, 使 $f(\xi)=\xi$.

3. 若 $a<b$ 时, 可微函数 $f(x)$ 有 $f(a)=f(b)=0$, $f'(a)<0$, $f'(b)<0$, 则方程 $f'(x)=0$ 在 $(a,b)$ 内(　　).

(A) 无实根;　　(B) 有且仅有一实根;　　(C) 有且仅有两实根;　　(D) 至少有两实根.

4. 设 $f(x)$ 在 $[0,\pi]$ 上连续, 在 $(0,\pi)$ 内可导, 求证: 存在 $\xi\in(0,\pi)$, 使得

$$f'(\xi) = -f(\xi)\cot\xi.$$

5. 设 $f(x)$ 在 $[0,1]$ 上连续，在 $(0,1)$ 内可导，且 $f(0)=0$，$f(1)=1$，试证：对于任意给定的正数 $a$，$b$，在 $(0,1)$ 内存在不同的 $\xi$，$\eta$，使

$$\frac{a}{f'(\xi)} + \frac{b}{f'(\eta)} = a + b.$$

6. 设 $f(x)$ 在 $[a,b]$ 上连续，在 $(a,b)$ 内可导，证明：在 $(a,b)$ 内存在点 $\xi$ 和 $\eta$，使

$$f'(\xi) = \frac{a+b}{2\eta} f'(\eta).$$

7. 证明多项式 $f(x) = x^3 - 3x + a$ 在 $[0,1]$ 上不可能有两个零点.

8. 设 $f(x)$ 可导，试证 $f(x)$ 的两个零点之间一定有函数 $f(x) + f'(x)$ 的零点.

9. 设 $a_1 - \dfrac{a_2}{3} + \cdots + (-1)^{n-1}\dfrac{a_n}{2n-1} = 0$，证明方程

$$a_1\cos x + a_2\cos 3x + \cdots + a_n\cos(2n-1)x = 0$$

在 $\left(0, \dfrac{\pi}{2}\right)$ 内至少有一个实根.

10. 设在 $[1, +\infty)$ 上处处有 $f''(x) \le 0$，且 $f(1)=2$，$f'(1)=-3$，证明在 $(1, +\infty)$ 内方程 $f(x)=0$ 仅有一个实根.

11. 设 $f(x)$ 在 $[1, 2]$ 上具有二阶导数 $f''(x)$，且 $f(2)=f(1)=0$. 若 $F(x) = (x-1)f(x)$，证明：至少存在一点 $\xi \in (1, 2)$，使得 $F''(\xi)=0$.

12. 设函数 $f(x)$ 在 $[a, b]$ 上可导，且 $f'_+(a) \cdot f'_-(b) < 0$，求证：在 $(a, b)$ 内存在一点 $\xi$，使得

$$f'(\xi) = 0.$$

13. 用洛必达法则求下列极限：

(1) $\lim\limits_{x \to 0} \dfrac{\ln(1+x^2)}{\sec x - \cos x}$；

(2) $\lim\limits_{x \to 1}(1-x)\tan\dfrac{\pi x}{2}$；

(3) $\lim\limits_{x \to -1}\left[\dfrac{1}{x+1} - \dfrac{1}{\ln(x+2)}\right]$；

(4) $\lim\limits_{x \to 0}\left(\dfrac{\sin x}{x}\right)^{\frac{1}{1-\cos x}}$；

(5) $\lim\limits_{x \to 0}(\sin x + \mathrm{e}^x)^{\frac{1}{x}}$；

(6) $\lim\limits_{x \to 0}\left(\dfrac{\sin x}{x}\right)^{\frac{1}{x^2}}$.

14. 设 $\lim\limits_{x \to \infty} f'(x) = k$，求 $\lim\limits_{x \to \infty}[f(x+a) - f(x)]$.

15. 当 $a$ 与 $b$ 为何值时，$\lim\limits_{x \to 0}\left(\dfrac{\sin 3x}{x^3} + \dfrac{a}{x^2} + b\right) = 0$？

16. 设 $f(x) = \ln(1+x)$，$x \in (-1, 1)$，由拉格朗日中值定理得：$\forall x > 0$，$\exists \theta \in (0, 1)$，使得

$$\ln(1+x) - \ln(1+0) = \frac{1}{1+\theta x}x,$$

证明：$\lim\limits_{x \to 0}\theta = \dfrac{1}{2}$.

17. 设 $f(x)$ 在 $x_0 = 0$ 的某个邻域内有二阶导数，且

$$\lim_{x \to 0}\left(1 + x + \frac{f(x)}{x}\right)^{\frac{1}{x}} = \mathrm{e}^3,$$

求 $f(0)$，$f'(0)$，$f''(0)$.

18. 求 $f(x) = \mathrm{e}^x\cos x$ 的三阶麦克劳林公式.

19. 证明：$\sqrt{1+x} = 1 + \dfrac{1}{2}x - \dfrac{1}{8}x^2 + \dfrac{x^3}{16(1+\theta x)^{5/2}}$ $(0 < \theta < 1)$.

20. 设 $0 < x < \dfrac{\pi}{2}$，证明：$\dfrac{x^2}{\pi} < 1 - \cos x < \dfrac{x^2}{2}$.

21. 证明不等式：$\dfrac{2}{\pi} < \dfrac{\sin x}{x} < 1 \left( 0 < x < \dfrac{\pi}{2} \right)$.

22. 利用函数的泰勒展开式求下列极限：

(1) $\lim\limits_{x \to \infty} \left[ x - x^2 \ln\left(1 + \dfrac{1}{x}\right) \right]$;　　　　　　　　　　(2) $\lim\limits_{x \to 0} \dfrac{\cos x - e^{-\frac{x^2}{2}}}{x^2[x + \ln(1-x)]}$.

23. 求一个二次多项式 $p_2(x)$，使 $2^x = p_2(x) + o(x^2)$，式中 $o(x^2)$ 代表 $x \to 0$ 时比 $x^2$ 高阶的无穷小.

24. 求下列函数的单调区间：

(1) $y = \sqrt[3]{(2x-a)(a-x)^2}\ (a > 0)$;　　　(2) $y = x^n e^{-x}\ (n > 0,\ x \geq 0)$;　　　(3) $y = x + |\sin 2x|$.

25. 证明下列不等式：

(1) 当 $x > 0$ 时，$1 + x\ln(x + \sqrt{1+x^2}) > \sqrt{1+x^2}$;

(2) 当 $x > 0$ 时，$x - \dfrac{1}{3}x^3 < \sin x < x$.

26. 设 $b > a > 0$，证明：$\ln \dfrac{b}{a} > \dfrac{2(b-a)}{a+b}$.

27. 求下列函数图形的拐点及凹凸区间：

(1) $y = x^4(12\ln x - 7)$;　　　　　　(2) $y = x e^{-x}$;　　　　　　(3) $y = 1 + \sqrt[3]{x-2}$.

28. 利用函数图形的凹凸性，证明不等式：

(1) $x\ln x + y\ln y > (x+y)\ln \dfrac{x+y}{2}\ (x > 0,\ y > 0,\ x \neq y)$;　　　(2) $\sin \dfrac{x}{2} > \dfrac{x}{\pi}\ (0 < x < \pi)$.

29. 设 $f(x) = x^3 + ax^2 + bx$ 在 $x = 1$ 处有极值 $-2$，试确定系数 $a, b$，并求出 $y = f(x)$ 的所有极值点及拐点.

30. 设逻辑斯蒂函数 $f(x) = \dfrac{c}{1 + ae^{-bx}}$，其中 $a > 0$，$abc \neq 0$.

(1) 证明：若 $abc > 0$，则 $f$ 在 $(-\infty, +\infty)$ 上是增函数；若 $abc < 0$，则 $f$ 在 $(-\infty, +\infty)$ 上是减函数；

(2) 证明 $x = \dfrac{\ln a}{b}$ 是 $f$ 的拐点.

31. 求下列函数的极值：

(1) $y = \dfrac{1 + 3x}{\sqrt{4 + 5x^2}}$;　　　　　　(2) $y = 2e^x + e^{-x}$;　　　　　　(3) $y = x + \tan x$.

32. 研究函数 $f(x) = |x| e^{-|x-1|}$ 的极值.

33. 求下列函数的最大值、最小值：

(1) $y = \dfrac{x^2}{1+x}$，$x \in \left[-\dfrac{1}{2}, 1\right]$;　　　　　　(2) $y = x^{\frac{1}{x}}$，$x \in (0, +\infty)$.

34. 设 $a > 0$，求 $f(x) = \dfrac{1}{1 + |x|} + \dfrac{1}{1 + |x-a|}$ 的最大值.

35. 求数列 $\left\{\dfrac{(1+n)^3}{(1-n)^2}\right\}$ 的最小项的项数及该项的数值.

36. 证明: $\dfrac{1}{2^{p-1}} \le x^p + (1-x)^p \le 1\ (0 \le x \le 1,\ p>1)$.

37. 一个抛射体以初速度 $500$ 米/秒和仰角 $\pi/4$ 发射.

(1) 抛射体何时在多远处落地?

(2) 抛射体在水平方向飞行 $5$ 千米时在空中的高度是多少?

(3) 抛射体达到的最大高度是多少?

38. 某商店每年销售某种商品 $a$ 件, 每次购进的手续费为 $b$ 元, 而每件的库存费为 $c$ 元/年, 若该商品均匀销售, 且上批销售完后, 立即进下一批货, 问商店应分几批购进此种商品, 才能使所用的手续费及库存费总和最少?

39. 已知某厂生产 $x$ 件产品的成本为 $C = 25\,000 + 200x + \dfrac{1}{40}x^2$ (元). 问:

(1) 若使平均成本最小, 应生产多少件产品?

(2) 若产品以每件 $500$ 元售出, 要使利润最大, 应生产多少件产品?

40. 以汽船拖载重相等的小船若干只, 在两港之间来回运送货物. 已知每次拖 $4$ 只小船一日能来回 $16$ 次, 每次拖 $7$ 只小船则一日能来回 $10$ 次. 如果小船增多的只数与来回减少的次数成正比, 问每日来回多少次, 每次拖多少只小船能使运货总量达到最大?

41. 求笛卡儿曲线 $x^3 + y^3 - 3axy = 0$ 的斜渐近线.

42. 求曲线 $y = \ln(\sec x)$ 在点 $(x, y)$ 处的曲率及曲率半径.

43. 证明曲线 $y = a\,\mathrm{ch}\dfrac{x}{a}$ 在点 $(x, y)$ 处的曲率半径为 $\dfrac{y^2}{a}$.

44. 求内摆线 $x^{2/3} + y^{2/3} = a^{2/3}$ 的曲率半径和曲率圆心坐标.

## 数学家简介 [3]

# 拉格朗日
## —— 数学世界里一座高耸的金字塔

拉格朗日( Lagrange，1736 —1813) 是 18 世纪伟大的数学家、力学家和天文学家, 1736 年生于意大利都灵. 青年时代, 在数学家雷维里 (F. A. Revelli) 的指导下学习几何学后, 激发了他的数学天才. 17 岁开始专攻当时迅速发展的数学分析. 19 岁时, 拉格朗日写出了用纯分析方法求变分极值的论文, 对变分法的创立作出了贡献, 此成果使他在都灵出了名. 当年, 他被聘为都灵皇家炮兵学校教授. 1763 年, 拉格朗日完成的关于"月球天平动研究"的论文因较好地解释了月球自转和公转的角速度的差异, 获得了巴黎科学院 1764 年度奖, 此后他还四次获得巴黎科学院征奖课题研究

拉格朗日

的年度奖. 1766 年，在达朗贝尔和欧拉的推荐下，普鲁士国王腓特烈大帝写信给拉格朗日说：欧洲最大之王希望欧洲最大之数学家来他的宫廷工作. 拉格朗日接受邀请，于当年 8 月 21 日离开都灵前往柏林科学院，并担任了柏林科学院数学部主任一职，一直到 1787 年才移居巴黎.

拉格朗日的学术生涯主要在 18 世纪后半期. 当时数学、物理学和天文学是自然科学的主体. 数学的主流是由微积分发展起来的数学分析，以欧洲大陆为中心；物理学的主流是力学；天文学的主流是天体力学. 数学分析的发展使力学和天体力学得以深化，而力学和天体力学的课题又成为数学分析发展的动力. 拉格朗日在数学、力学和天文学三个学科中都有重大的历史性贡献，但他主要是数学家，研究力学和天文学的目的是表明数学分析的威力. 他的全部著作、论文、学术报告记录、学术通讯超过 500 篇. 几乎在当时所有的数学领域中，拉格朗日都作出了重要贡献，其最突出的贡献是在使数学分析的基础脱离几何与力学方面起了决定性的作用. 他使得数学的独立性更为清楚，而不仅仅是其他学科的工具. 他的工作总结了 18 世纪的数学成果，同时又开辟了 19 世纪数学研究的道路.

拉格朗日在使天文学力学化、力学分析化方面也起了决定性作用，促使力学和天文学更深入地发展. 他最精心之作当推《天体力学》，他为之倾注了 37 年的心血，用数学把宇宙描绘成一个优美和谐的力学体系，被哈密顿 (Hamilton) 誉为"科学诗".

拉格朗日科学的思想方法也对后人产生了深远的影响. 拉格朗日常数变易法的实质就是矛盾转化法. 他在探索微分方程求解的过程中，巧妙地运用了高阶与低阶、常量与变量、线性与非线性、齐次与非齐次等各种转化. 拉格朗日解决数学问题的精妙之处，就在于他能洞察到数学对象之间深层次的联系，从而创造有利条件，使问题迎刃而解.

拉格朗日是欧洲最伟大的数学家之一，拿破仑曾称赞他是"一座高耸在数学世界的金字塔".

# 第4章 不定积分

> 数学中的转折点是笛卡儿的变数.有了变数,运动进入了数学;有了变数,辩证法进入了数学;有了变数,微分和积分也就立刻成为必要的了,而它们也就立刻产生,并且是由牛顿和莱布尼茨大体上完成的,但不是由他们发明的.
>
> —— **恩格斯**

数学发展的动力主要源于社会发展的环境力量. 17 世纪,微积分的创立首先是为了解决当时数学面临的四类核心问题中的第四类问题,即求曲线的长度、曲线围成的面积、曲面围成的体积、物体的重心和引力,等等. 此类问题的研究具有久远的历史,例如,古希腊人曾用穷竭法求出了某些图形的面积和体积,我国南北朝时期的祖冲之 ① 和他的儿子祖暅也曾推导出某些图形的面积和体积. 在欧洲,对此类问题的研究兴起于 17 世纪,先是穷竭法被逐渐修改,后来微积分的创立彻底改变了解决这一大类问题的方法.

由求物体的运动速度、曲线的切线和极值等问题产生了导数和微分,构成了微积分学的微分学部分;同时由已知速度求路程、已知切线求曲线以及上述求面积与体积等问题产生了不定积分和定积分,构成了微积分学的积分学部分.

前面已经介绍了已知函数求导数的问题,现在我们要考虑其反问题:已知导数求其函数,即求一个未知函数,使其导数恰好是某一已知函数. 这种由导数或微分求原函数的逆运算称为不定积分. 本章将介绍不定积分的概念及其计算方法.

## §4.1 不定积分的概念与性质

### 一、原函数的概念

从微分学知道:若已知曲线方程 $y=f(x)$,则可求出该曲线在任一点 $x$ 处的切线的斜率 $k=f'(x)$.

例如,曲线 $y=x^2$ 在点 $x$ 处切线的斜率为 $k=2x$.

现在要解决其 **逆问题**:

① 祖冲之 (429 — 500),中国数学家.

已知曲线上任意一点 $x$ 处的切线的斜率, 要求该曲线的方程. 为此, 我们引入原函数的概念.

**定义 1**　设 $f(x)$ 是定义在区间 $I$ 上的函数, 若存在函数 $F(x)$, 使得对于任意 $x \in I$ 均有

$$F'(x) = f(x) \text{ 或 } \mathrm{d}F(x) = f(x)\,\mathrm{d}x,$$

则称函数 $F(x)$ 为 $f(x)$ 在区间 $I$ 上的 **原函数**.

例如, 因为 $(\sin x)' = \cos x$, 故 $\sin x$ 是 $\cos x$ 的一个原函数.

因为 $(x^2)' = 2x$, 故 $x^2$ 是 $2x$ 的一个原函数.

因为 $(x^2 + 1)' = 2x$, 故 $x^2 + 1$ 是 $2x$ 的一个原函数.

从上述后面两个例子可见: **一个函数的原函数不是唯一的**.

事实上, 若 $F(x)$ 为 $f(x)$ 在区间 $I$ 上的原函数, 则有

$$F'(x) = f(x), \quad [F(x) + C] = f(x) \ (C \text{ 为任意常数 }).$$

从而, $F(x) + C$ 也是 $f(x)$ 在区间 $I$ 上的原函数.

**一个函数的任意两个原函数之间相差一个常数**.

事实上, 设 $F(x)$ 和 $G(x)$ 都是 $f(x)$ 的原函数, 则

$$[F(x) - G(x)]' = F'(x) - G'(x) = f(x) - f(x) = 0,$$

即　$F(x) - G(x) = C \ (C \text{ 为任意常数})$.

由此知道, 若 $F(x)$ 为 $f(x)$ 在区间 $I$ 上的一个原函数, 则函数 $f(x)$ 的 **全体原函数** 为 $F(x) + C$ ( $C$ 为任意常数).

原函数的存在性将在下一章讨论, 这里先介绍一个结论:

**定理 1**　区间 $I$ 上的连续函数一定有原函数.

**注**: 求函数 $f(x)$ 的原函数, 实质上就是问它是由什么函数求导得来的. 而若求得 $f(x)$ 的一个原函数 $F(x)$, 则其全体原函数即为 $F(x) + C$ ( $C$ 为任意常数).

## 二、不定积分的概念

**定义 2**　在某区间 $I$ 上的函数 $f(x)$, 若存在原函数, 则称 $f(x)$ 为 **可积函数**, 并将 $f(x)$ 的全体原函数记为

$$\int f(x)\,\mathrm{d}x,$$

称它是函数 $f(x)$ 在区间 $I$ 内的 **不定积分**, 其中 $\int$ 称为 **积分符号**, $f(x)$ 称为 **被积函数**, $x$ 称为 **积分变量**.

由定义知, 若 $F(x)$ 为 $f(x)$ 的原函数, 则

$$\int f(x)\,\mathrm{d}x = F(x) + C \ (C \text{ 称为 } \textbf{积分常数}).$$

**注**: 函数 $f(x)$ 的原函数 $F(x)$ 的图形称为 $f(x)$ 的**积分曲线**.

由定义知, 求函数 $f(x)$ 的不定积分就是求 $f(x)$ 的全体原函数, 在 $\int f(x)\mathrm{d}x$ 中, 积分号 $\int$ 表示对函数 $f(x)$ 进行求原函数的运算, 故求不定积分的运算实质上就是求导 (或求微分) 运算的逆运算.

**例1**　问 $\dfrac{\mathrm{d}}{\mathrm{d}x}\left(\int f(x)\,\mathrm{d}x\right)$ 与 $\int f'(x)\,\mathrm{d}x$ 是否相等?

**解**　不相等.

设 $F'(x)=f(x)$, 则

$$\frac{\mathrm{d}}{\mathrm{d}x}\left(\int f(x)\,\mathrm{d}x\right) = (F(x)+C)' = F'(x)+0 = f(x),$$

而由不定积分定义得

$$\int f'(x)\,\mathrm{d}x = f(x)+C \ (C\ \text{为任意常数}),$$

所以
$$\frac{\mathrm{d}}{\mathrm{d}x}\left(\int f(x)\,\mathrm{d}x\right) \neq \int f'(x)\,\mathrm{d}x.$$

**例2**　求下列不定积分:

(1) $\int x^3\,\mathrm{d}x$;　　　　　　(2) $\int \dfrac{1}{x^2}\,\mathrm{d}x$;　　　　　　(3) $\int \dfrac{1}{1+x^2}\,\mathrm{d}x$.

**解**　(1) 因为 $\left(\dfrac{x^4}{4}\right)'=x^3$, 所以 $\dfrac{x^4}{4}$ 是 $x^3$ 的一个原函数, 从而

$$\int x^3\,\mathrm{d}x = \frac{x^4}{4}+C \ \ (C\ \text{为任意常数}).$$

(2) 因为 $\left(-\dfrac{1}{x}\right)'=\dfrac{1}{x^2}$, 所以 $-\dfrac{1}{x}$ 是 $\dfrac{1}{x^2}$ 的一个原函数, 从而

$$\int \frac{1}{x^2}\,\mathrm{d}x = -\frac{1}{x}+C \ \ (C\ \text{为任意常数}).$$

(3) 因为 $(\arctan x)'=\dfrac{1}{1+x^2}$, 所以 $\arctan x$ 是 $\dfrac{1}{1+x^2}$ 的原函数, 从而

$$\int \frac{1}{1+x^2}\,\mathrm{d}x = \arctan x + C \ \ (C\ \text{为任意常数}).$$

求一个不定积分有时是困难的, 但检验起来却相对容易: 首先检查积分常数, 再对结果的右端求导, 其导数就应该是被积函数.

**例3**　检验下列不定积分的正确性:

(1) $\int x\cos x\,\mathrm{d}x = x\sin x + C$;　　　　　　(2) $\int x\cos x\,\mathrm{d}x = x\sin x + \cos x + C$.

**解**　(1) 错误. 因为对等式的右端求导, 其导函数不是被积函数:

$$(x\sin x + C)' = x\cos x + \sin x + 0 \neq x\cos x.$$

(2) 正确. 因为

$$(x\sin x + \cos x + C)' = x\cos x + \sin x - \sin x + 0 = x\cos x.$$

**例 4**　已知曲线 $y=f(x)$ 在任一点 $x$ 处的切线的斜率为 $2x$ 且曲线通过点 $(1,2)$，求此曲线的方程.

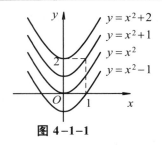

图 4-1-1

**解**　根据题意知

$$f'(x)=2x,$$

即 $f(x)$ 是 $2x$ 的一个原函数，从而

$$f(x)=\int 2x\mathrm{d}x=x^2+C.$$

其积分曲线 $y=x^2+C$ 没有重叠地填满坐标平面 (见图 4-1-1)，现要在上述积分曲线中选出通过点 $(1,2)$ 的那条曲线. 由曲线通过点 $(1,2)$ 得

$$2=1^2+C\Rightarrow C=1,$$

故所求曲线方程为 $y=x^2+1$.　■

**例 5**　质点以初速度 $v_0$ 铅直上抛，不计阻力，求它的运动规律.

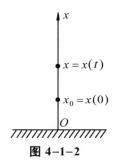

图 4-1-2

**解**　所求质点的运动规律，实质上就是求其位置关于时间 $t$ 的函数关系. 为此，按如下方式取一坐标系：将质点所在的铅垂线取作坐标轴，指向朝上，轴与地面的交点取作坐标原点. 设质点抛出的时刻为 $t=0$，且此时质点所在位置为 $x_0$，质点在时刻 $t$ 时坐标为 $x$ (见图 4-1-2)，于是，$x=x(t)$ 就是要求的函数.

由导数的物理意义知，质点在时刻 $t$ 时向上运动的速度为 $v(t)=\dfrac{\mathrm{d}x}{\mathrm{d}t}$ (如果 $v(t)<0$，则实际运动方向朝下). 又 $\dfrac{\mathrm{d}^2x}{\mathrm{d}t^2}=\dfrac{\mathrm{d}v}{\mathrm{d}t}=a(t)$ 为质点在时刻 $t$ 时向上运动的加速度，按题意，有 $a(t)=-g$，即

$$\frac{\mathrm{d}v}{\mathrm{d}t}=-g \quad \text{或} \quad \frac{\mathrm{d}^2x}{\mathrm{d}t^2}=-g.$$

先求 $v(t)$. 由 $\dfrac{\mathrm{d}v}{\mathrm{d}t}=-g$，即 $v(t)$ 是 $(-g)$ 的一个原函数，故

$$v(t)=\int(-g)\mathrm{d}t=-gt+C_1.$$

由 $v(0)=v_0$，得 $C_1=v_0$，于是 $v(t)=-gt+v_0$. 再求 $x(t)$. 由 $\dfrac{\mathrm{d}x}{\mathrm{d}t}=v(t)$，即 $x(t)$ 是 $v(t)$ 的一个原函数，故

$$x(t)=\int v(t)\mathrm{d}t=\int(-gt+v_0)\mathrm{d}t=-\frac{1}{2}gt^2+v_0t+C_2.$$

由 $x(0)=x_0$，得 $C_2=x_0$，于是，所求运动规律为

$$x=-\frac{1}{2}gt^2+v_0t+x_0,\ t\in[0,T],$$

其中 $T$ 表示质点落地的时刻.　■

### 三、不定积分的性质

由不定积分的定义知，若 $F(x)$ 为 $f(x)$ 在区间 $I$ 上的原函数，即

$$F'(x) = f(x) \quad \text{或} \quad \mathrm{d}F(x) = f(x)\mathrm{d}x,$$

则 $f(x)$ 在区间 $I$ 内的不定积分为

$$\int f(x)\mathrm{d}x = F(x) + C.$$

易见 $\int f(x)\mathrm{d}x$ 是 $f(x)$ 的原函数，故有：

**性质1**　$\dfrac{\mathrm{d}}{\mathrm{d}x}\left[\int f(x)\mathrm{d}x\right] = f(x)$ 或 $\mathrm{d}\left[\int f(x)\mathrm{d}x\right] = f(x)\mathrm{d}x.$

又由于 $F(x)$ 是 $F'(x)$ 的原函数，故有：

**性质2**　$\int F'(x)\mathrm{d}x = F(x) + C$ 或 $\int \mathrm{d}F(x) = F(x) + C.$

**注**：由上可见，**微分运算与积分运算是互逆的**. 两个运算连在一起时，$\mathrm{d}\int$ 完全抵消，$\int \mathrm{d}$ 抵消后相差一常数.

利用微分运算法则和不定积分的定义，可得下列运算性质：

**性质3**　两函数代数和的不定积分等于它们各自积分的代数和，即

$$\int [f(x) \pm g(x)]\mathrm{d}x = \int f(x)\mathrm{d}x \pm \int g(x)\mathrm{d}x.$$

**证明**　$\left[\int f(x)\mathrm{d}x \pm \int g(x)\mathrm{d}x\right]' = \left[\int f(x)\mathrm{d}x\right]' \pm \left[\int g(x)\mathrm{d}x\right]' = f(x) \pm g(x).$　■

**注**：此性质可推广到有限多个函数之和的情形.

**性质4**　求不定积分时，非零常数因子可提到积分号外面，即

$$\int kf(x)\mathrm{d}x = k\int f(x)\mathrm{d}x \quad (k \neq 0).$$

**证明**　$\left[k\int f(x)\mathrm{d}x\right]' = k\left[\int f(x)\mathrm{d}x\right]' = kf(x) = \left[\int kf(x)\mathrm{d}x\right]'.$　■

### 四、基本积分表

根据不定积分的定义，由导数或微分基本公式，即可得到不定积分的基本公式. 这里我们列出**基本积分表**，请读者务必熟记. 因为许多不定积分最终将归结为这些基本积分公式.

(1) $\int k\mathrm{d}x = kx + C$ （$k$ 是常数）

(2) $\int x^{\mu}\mathrm{d}x = \dfrac{x^{\mu+1}}{\mu+1} + C$ $(\mu \neq -1)$

(3) $\int \dfrac{\mathrm{d}x}{x} = \ln|x| + C$

(4) $\int \dfrac{1}{1+x^2}\mathrm{d}x = \arctan x + C$

(5) $\int \dfrac{1}{\sqrt{1-x^2}}\mathrm{d}x = \arcsin x + C$

(6) $\int a^x\mathrm{d}x = \dfrac{a^x}{\ln a} + C$

(7) $\int \mathrm{e}^x\mathrm{d}x = \mathrm{e}^x + C$

(8) $\int \cos x\mathrm{d}x = \sin x + C$

(9) $\int \sin x \mathrm{d}x = -\cos x + C$　　　　　　(10) $\int \sec^2 x \mathrm{d}x = \tan x + C$

(11) $\int \csc^2 x \mathrm{d}x = -\cot x + C$　　　　　(12) $\int \mathrm{sh} x \mathrm{d}x = \mathrm{ch} x + C$

(13) $\int \mathrm{ch} x \mathrm{d}x = \mathrm{sh} x + C$　　　　　　(14) $\int \sec x \tan x \mathrm{d}x = \sec x + C$

(15) $\int \csc x \cot x \mathrm{d}x = -\csc x + C$

## 五、直接积分法

从前面的例题可知,利用不定积分的定义来计算不定积分是非常不方便的. 为解决不定积分的计算问题,这里我们先介绍一种利用不定积分的运算性质和基本积分公式,直接求出不定积分的方法,即**直接积分法**.

例如,计算不定积分 $\int (x^2 + 2x - 7)\,\mathrm{d}x$,有

$$\int (x^2 + 2x - 7)\,\mathrm{d}x = \int x^2\,\mathrm{d}x + \int 2x\mathrm{d}x - \int 7\,\mathrm{d}x = \frac{x^3}{3} + x^2 - 7x + C.$$

**注**:每个积分号都含有任意常数,但由于这些任意常数之和仍是任意常数,因此,只要总的写出一个任意常数 $C$ 即可.

**例 6**　求不定积分 $\int \left(1 - \sqrt[3]{x^2}\right)^2 \mathrm{d}x$.

**解**　$\int \left(1 - \sqrt[3]{x^2}\right)^2 \mathrm{d}x = \int \left(1 - 2x^{\frac{2}{3}} + x^{\frac{4}{3}}\right) \mathrm{d}x = \int 1 \mathrm{d}x - 2 \int x^{\frac{2}{3}}\,\mathrm{d}x + \int x^{\frac{4}{3}}\,\mathrm{d}x$

$$= x - 2 \times \frac{1}{\frac{2}{3}+1} x^{\frac{2}{3}+1} + \frac{1}{\frac{4}{3}+1} x^{\frac{4}{3}+1} + C = x - \frac{6}{5} x^{\frac{5}{3}} + \frac{3}{7} x^{\frac{7}{3}} + C.\ \blacksquare$$

**例 7**　求 $\int \left(\mathrm{e}^x - \dfrac{2}{x}\right) \mathrm{d}x$.

**解**　$\int \left(\mathrm{e}^x - \dfrac{2}{x}\right) \mathrm{d}x = \int \mathrm{e}^x \mathrm{d}x - 2 \int \dfrac{\mathrm{d}x}{x} = \mathrm{e}^x - 2\ln|x| - C.$　　　■

**例 8**　求不定积分 $\int 2^x \mathrm{e}^x \mathrm{d}x$.

**解**　$\int 2^x \mathrm{e}^x \mathrm{d}x = \int (2\mathrm{e})^x \mathrm{d}x = \dfrac{(2\mathrm{e})^x}{\ln(2\mathrm{e})} + C = \dfrac{2^x \mathrm{e}^x}{1 + \ln 2} + C.$　　■

**例 9**　求不定积分 $\int \dfrac{\sqrt{1+x^2}}{\sqrt{1-x^4}}\,\mathrm{d}x$.

**解**　$\int \dfrac{\sqrt{1+x^2}}{\sqrt{1-x^4}}\,\mathrm{d}x = \int \dfrac{\sqrt{1+x^2}}{\sqrt{1-x^2}\sqrt{1+x^2}}\,\mathrm{d}x = \int \dfrac{1}{\sqrt{1-x^2}}\,\mathrm{d}x = \arcsin x + C.$　■

**例 10**　求不定积分 $\int \dfrac{x^4}{1+x^2}\,\mathrm{d}x$.

**解** $\displaystyle\int\frac{x^4}{1+x^2}\mathrm{d}x=\int\frac{x^4-1+1}{1+x^2}\mathrm{d}x=\int\frac{(x^2+1)(x^2-1)+1}{1+x^2}\mathrm{d}x=\int\left(x^2-1+\frac{1}{1+x^2}\right)\mathrm{d}x$

$\displaystyle=\int x^2\mathrm{d}x-\int 1\mathrm{d}x+\int\frac{1}{1+x^2}\mathrm{d}x=\frac{x^3}{3}-x+\arctan x+C.$ ∎

**例 11** 求下列不定积分:

(1) $\displaystyle\int\tan^2 x\mathrm{d}x$ ; (2) $\displaystyle\int\sin^2\frac{x}{2}\mathrm{d}x.$

**解** (1) $\displaystyle\int\tan^2 x\mathrm{d}x=\int(\sec^2 x-1)\mathrm{d}x=\int\sec^2 x\mathrm{d}x-\int 1\mathrm{d}x=\tan x-x+C$ ;

(2) $\displaystyle\int\sin^2\frac{x}{2}\mathrm{d}x=\int\frac{1}{2}(1-\cos x)\mathrm{d}x=\frac{1}{2}\int(1-\cos x)\mathrm{d}x$

$\displaystyle=\frac{1}{2}\left[\int\mathrm{d}x-\int\cos x\mathrm{d}x\right]=\frac{1}{2}(x-\sin x)+C.$ ∎

**例 12** 已知 $f'(\ln x)=\begin{cases}1, & 0<x\le 1\\ x, & 1<x<+\infty\end{cases}$ ,且 $f(0)=0$ ,求 $f(x)$ .

**解** 设 $t=\ln x$ ,则当 $0<x\le 1$ 时, $-\infty<t\le 0$ , $f'(t)=1$ . 于是,

$$f(t)=\int f'(t)\mathrm{d}t=t+C_1,\ \text{即}\ f(x)=x+C_1.$$

当 $1<x<+\infty$ 时, $0<t<+\infty$ , $f'(t)=\mathrm{e}^t$ ,于是

$$f(t)=\int f'(t)\mathrm{d}t=\mathrm{e}^t+C_2,\ \text{即}\ f(x)=\mathrm{e}^x+C_2,$$

所以 $\displaystyle f(x)=\begin{cases}x+C_1, & -\infty<x\le 0\\ \mathrm{e}^x+C_2, & 0<x<+\infty\end{cases}.$

又 $f(0)=0$ ,得 $C_1=0$ ,再由 $f(x)$ 在 $x=0$ 处连续,故有

$$f(0)=\lim_{x\to 0^+}f(x),\ \text{得}\ C_2=-1.$$

所以 $\displaystyle f(x)=\begin{cases}x, & -\infty<x\le 0\\ \mathrm{e}^x-1, & 0<x<+\infty\end{cases}.$ ∎

# 习题 4-1

1. 检验下列不定积分的正确性:

(1) $\displaystyle\int x\sin x\mathrm{d}x=-x\cos x+C$ ; (2) $\displaystyle\int x\sin x\mathrm{d}x=-x\cos x+\sin x+C$ .

2. 求下列不定积分:

(1) $\displaystyle\int\frac{\mathrm{d}x}{x^2\sqrt{x}}$ ; (2) $\displaystyle\int\left(\sqrt[3]{x}-\frac{1}{\sqrt{x}}\right)\mathrm{d}x$ ; (3) $\displaystyle\int(2^x+x^2)\mathrm{d}x$ ;

(4) $\displaystyle\int\sqrt{x}(x-3)\mathrm{d}x$ ; (5) $\displaystyle\int\frac{3x^4+3x^2+1}{x^2+1}\mathrm{d}x$ ; (6) $\displaystyle\int\frac{x^2}{1+x^2}\mathrm{d}x$ ;

(7) $\int\left(\dfrac{x}{2}-\dfrac{1}{x}+\dfrac{3}{x^3}-\dfrac{4}{x^4}\right)\mathrm{d}x$；　　(8) $\int\left(\dfrac{3}{1+x^2}-\dfrac{2}{\sqrt{1-x^2}}\right)\mathrm{d}x$；　　(9) $\int\sqrt{x\sqrt{x\sqrt{x}}}\,\mathrm{d}x$；

(10) $\int\dfrac{\mathrm{d}x}{x^2(1+x^2)}$；　　(11) $\int\dfrac{\mathrm{e}^{2t}-1}{\mathrm{e}^t-1}\,\mathrm{d}t$；　　(12) $\int 3^x\mathrm{e}^x\,\mathrm{d}x$；

(13) $\int\cot^2 x\,\mathrm{d}x$；　　(14) $\int\dfrac{2\cdot 3^x-5\cdot 2^x}{3^x}\,\mathrm{d}x$；　　(15) $\int\cos^2\dfrac{x}{2}\,\mathrm{d}x$；

(16) $\int\dfrac{\mathrm{d}x}{1+\cos 2x}$；　　(17) $\int\dfrac{\cos 2x}{\cos x-\sin x}\,\mathrm{d}x$；　　(18) $\int\dfrac{\cos 2x}{\cos^2 x\cdot\sin^2 x}\,\mathrm{d}x$；

(19) $\int\left(\sqrt{\dfrac{1-x}{1+x}}+\sqrt{\dfrac{1+x}{1-x}}\right)\mathrm{d}x$；　　(20) $\int\dfrac{1+\cos^2 x}{1+\cos 2x}\,\mathrm{d}x$．

3. 设 $\int xf(x)\,\mathrm{d}x=\arccos x+C$，求 $f(x)$．

4. 设 $f(x)$ 的导函数是 $\sin x$，求 $f(x)$ 的原函数的全体．

5. 证明函数 $\dfrac{1}{2}\mathrm{e}^{2x}$，$\mathrm{e}^x\mathrm{sh}\,x$ 和 $\mathrm{e}^x\mathrm{ch}\,x$ 都是 $\dfrac{\mathrm{e}^x}{\mathrm{ch}\,x-\mathrm{sh}\,x}$ 的原函数．

6. 一曲线通过点 $(\mathrm{e}^2,3)$，且在任一点处的切线的斜率等于该点横坐标的倒数，求该曲线的方程．

7. 一物体由静止开始运动，经 $t$ 秒后的速度是 $3\sqrt{t}$ (m/s)，问：

(1) 在 4 秒后物体离开出发点的距离是多少？

(2) 物体走完 2km 需要多少时间？

# §4.2　换元积分法

能用直接积分法计算的不定积分是十分有限的．本节介绍的换元积分法，是将复合函数的求导法则反过来用于不定积分，通过适当的变量替换(换元)，把某些不定积分化为可利用基本积分公式的形式，再计算出所求的不定积分．

## 一、第一类换元积分法(凑微分法)

如果不定积分 $\int f(x)\,\mathrm{d}x$ 用直接积分法不易求得，但被积函数可分解为
$$f(x)=g[\varphi(x)]\varphi'(x),$$
作变量代换 $u=\varphi(x)$，并注意到 $\varphi'(x)\mathrm{d}x=\mathrm{d}\varphi(x)$，则可将关于变量 $x$ 的积分转化为关于变量 $u$ 的积分，于是有
$$\int f(x)\,\mathrm{d}x=\int g[\varphi(x)]\varphi'(x)\,\mathrm{d}x=\int g(u)\,\mathrm{d}u.$$
如果 $\int g(u)\,\mathrm{d}u$ 可以求出，不定积分 $\int f(x)\,\mathrm{d}x$ 的计算问题就解决了，这就是第一类换元积分法 (凑微分法)．

**定理 1(第一类换元积分法)**　设 $g(u)$ 的原函数为 $F(u)$，$u=\varphi(x)$ 可导，则有换元公式

$$\int g[\varphi(x)]\varphi'(x)\,\mathrm{d}x = \int g(u)\,\mathrm{d}u = F(u)+C = F[\varphi(x)]+C.$$

**注**：上述公式中，第一个等号表示换元$\varphi(x)=u$，最后一个等号表示回代$u=\varphi(x)$.

**例1** 求不定积分$\int(2x+1)^{10}\,\mathrm{d}x$.

**解** $\displaystyle\int(2x+1)^{10}\,\mathrm{d}x = \frac{1}{2}\int(2x+1)^{10}(2x+1)'\,\mathrm{d}x = \frac{1}{2}\int(2x+1)^{10}\,\mathrm{d}(2x+1)$

$$\xlongequal[\text{换元}]{2x+1=u} \frac{1}{2}\int u^{10}\,\mathrm{d}u = \frac{1}{2}\cdot\frac{u^{11}}{11}+C \xlongequal[\text{回代}]{u=2x+1} \frac{1}{22}(2x+1)^{11}+C. \blacksquare$$

**注**：一般地，有$\displaystyle\int f(ax+b)\,\mathrm{d}x \xlongequal{ax+b=u} \frac{1}{a}\int f(u)\,\mathrm{d}u$.

**例2** 求不定积分$\int x\mathrm{e}^{x^2}\,\mathrm{d}x$.

**解** $\displaystyle\int x\mathrm{e}^{x^2}\,\mathrm{d}x = \frac{1}{2}\int\mathrm{e}^{x^2}(x^2)'\,\mathrm{d}x = \frac{1}{2}\int\mathrm{e}^{x^2}\,\mathrm{d}(x^2)$

$$\xlongequal[\text{换元}]{x^2=u} \frac{1}{2}\int\mathrm{e}^u\,\mathrm{d}u = \frac{1}{2}\mathrm{e}^u+C \xlongequal[\text{回代}]{u=x^2} \frac{1}{2}\mathrm{e}^{x^2}+C. \blacksquare$$

**注**：一般地，有$\displaystyle\int x^{n-1}f(x^n)\,\mathrm{d}x \xlongequal{x^n=u} \frac{1}{n}\int f(u)\,\mathrm{d}u$.

**例3** 求不定积分$\displaystyle\int\frac{1}{x(1+2\ln x)}\,\mathrm{d}x$.

**解** $\displaystyle\int\frac{1}{x(1+2\ln x)}\,\mathrm{d}x = \int\frac{1}{1+2\ln x}(\ln x)'\,\mathrm{d}x = \int\frac{1}{2}\cdot\frac{1}{1+2\ln x}(1+2\ln x)'\,\mathrm{d}x$

$$= \frac{1}{2}\int\frac{1}{1+2\ln x}\,\mathrm{d}(1+2\ln x)$$

$$\xlongequal[\text{换元}]{1+2\ln x=u} \frac{1}{2}\int\frac{1}{u}\,\mathrm{d}u = \frac{1}{2}\ln|u|+C$$

$$\xlongequal[\text{回代}]{u=1+2\ln x} \frac{1}{2}\ln|1+2\ln x|+C. \blacksquare$$

**注**：一般地，我们可根据微分基本公式得到表$4-2-1$中的常用凑微分公式. 对变量代换比较熟练后，可省去书写中间变量的换元和回代过程.

**例4** 求不定积分$\displaystyle\int\frac{\mathrm{e}^{3\sqrt{x}}}{\sqrt{x}}\,\mathrm{d}x$.

**解** $\displaystyle\int\frac{\mathrm{e}^{3\sqrt{x}}}{\sqrt{x}}\,\mathrm{d}x = 2\int\mathrm{e}^{3\sqrt{x}}\,\mathrm{d}(\sqrt{x}) = \frac{2}{3}\int\mathrm{e}^{3\sqrt{x}}\,\mathrm{d}(3\sqrt{x}) = \frac{2}{3}\mathrm{e}^{3\sqrt{x}}+C. \blacksquare$

**例5** 求不定积分$\displaystyle\int\frac{1}{x^2-8x+25}\,\mathrm{d}x$.

**解** $\displaystyle\int\frac{1}{x^2-8x+25}\,\mathrm{d}x = \int\frac{1}{(x-4)^2+9}\,\mathrm{d}x = \frac{1}{3^2}\int\frac{1}{\left(\dfrac{x-4}{3}\right)^2+1}\,\mathrm{d}x$

$$= \frac{1}{3} \int \frac{1}{\left(\frac{x-4}{3}\right)^2 + 1} \, d\left(\frac{x-4}{3}\right)$$

$$= \frac{1}{3} \arctan \frac{x-4}{3} + C.$$

**表 4-2-1**　　　　　　　　　**常用凑微分公式**

| | 积分类型 | 换元公式 |
|---|---|---|
| 第一类换元法 | 1. $\int f(ax+b)\,dx = \frac{1}{a} \int f(ax+b)\,d(ax+b) \ (a \neq 0)$ | $u = ax+b$ |
| | 2. $\int f(x^\mu)x^{\mu-1}\,dx = \frac{1}{\mu} \int f(x^\mu)\,d(x^\mu) \quad (\mu \neq 0)$ | $u = x^\mu$ |
| | 3. $\int f(\ln x) \cdot \frac{1}{x}\,dx = \int f(\ln x)\,d(\ln x)$ | $u = \ln x$ |
| | 4. $\int f(e^x) \cdot e^x\,dx = \int f(e^x)\,d(e^x)$ | $u = e^x$ |
| | 5. $\int f(a^x) \cdot a^x\,dx = \frac{1}{\ln a} \int f(a^x)\,d(a^x)$ | $u = a^x$ |
| | 6. $\int f(\sin x) \cdot \cos x\,dx = \int f(\sin x)\,d(\sin x)$ | $u = \sin x$ |
| | 7. $\int f(\cos x) \cdot \sin x\,dx = -\int f(\cos x)\,d(\cos x)$ | $u = \cos x$ |
| | 8. $\int f(\tan x)\sec^2 x\,dx = \int f(\tan x)\,d(\tan x)$ | $u = \tan x$ |
| | 9. $\int f(\cot x)\csc^2 x\,dx = -\int f(\cot x)\,d(\cot x)$ | $u = \cot x$ |
| | 10. $\int f(\arctan x)\frac{1}{1+x^2}\,dx = \int f(\arctan x)\,d(\arctan x)$ | $u = \arctan x$ |
| | 11. $\int f(\arcsin x)\frac{1}{\sqrt{1-x^2}}\,dx = \int f(\arcsin x)\,d(\arcsin x)$ | $u = \arcsin x$ |

**例 6**　求不定积分 $\int \frac{1}{1+e^x}\,dx$.

**解**　$\int \frac{1}{1+e^x}\,dx = \int \frac{1+e^x-e^x}{1+e^x}\,dx = \int \left(1 - \frac{e^x}{1+e^x}\right)dx = \int dx - \int \frac{e^x}{1+e^x}\,dx$

$$= \int dx - \int \frac{1}{1+e^x}\,d(1+e^x) = x - \ln(1+e^x) + C.$$

**例 7**　求不定积分 $\int \sin 2x\,dx$.

**解**　方法一　原式 $= \frac{1}{2} \int \sin 2x\,d(2x) = -\frac{1}{2}\cos 2x + C$;

方法二　原式 $= 2\int \sin x \cos x\,dx = 2\int \sin x\,d(\sin x) = (\sin x)^2 + C$;

方法三　原式 $= 2\int \sin x \cos x\,dx = -2\int \cos x\,d(\cos x) = -(\cos x)^2 + C$.

**注**：检验积分结果是否正确，只需对结果求导，如果导数等于被积函数，则结果

正确，否则结果错误.

易检验，上述 $-\dfrac{1}{2}\cos 2x$，$(\sin x)^2$，$-(\cos x)^2$ 均为 $\sin 2x$ 的原函数.

**例 8** 求不定积分 $\displaystyle\int \sin^2 x \cdot \cos^5 x\,\mathrm{d}x$.

**解** $\displaystyle\int \sin^2 x \cdot \cos^5 x\,\mathrm{d}x = \int \sin^2 x \cdot \cos^4 x\,\mathrm{d}(\sin x) = \int \sin^2 x \cdot (1-\sin^2 x)^2\,\mathrm{d}(\sin x)$

$$= \int (\sin^2 x - 2\sin^4 x + \sin^6 x)\,\mathrm{d}(\sin x)$$

$$= \frac{1}{3}\sin^3 x - \frac{2}{5}\sin^5 x + \frac{1}{7}\sin^7 x + C. \qquad\blacksquare$$

**注**：当被积函数是三角函数的乘积时，拆开奇次项去凑微分；当被积函数为三角函数的偶数次幂时，常用半角公式通过降低幂次的方法来计算.

**例 9** 求不定积分 $\displaystyle\int \cos^2 x\,\mathrm{d}x$.

**解** $\displaystyle\int \cos^2 x\,\mathrm{d}x = \int \frac{1+\cos 2x}{2}\,\mathrm{d}x = \frac{1}{2}\left(\int \mathrm{d}x + \int \cos 2x\,\mathrm{d}x\right)$

$$= \frac{1}{2}\int \mathrm{d}x + \frac{1}{4}\int \cos 2x\,\mathrm{d}(2x) = \frac{x}{2} + \frac{\sin 2x}{4} + C. \qquad\blacksquare$$

下面再给出几个不定积分计算的例题，请读者悉心体会其中的方法.

**例 10** 求不定积分 $\displaystyle\int \frac{1}{x^2-a^2}\,\mathrm{d}x$.

**解** 由于 $\dfrac{1}{x^2-a^2} = \dfrac{1}{2a}\left(\dfrac{1}{x-a} - \dfrac{1}{x+a}\right)$，所以

$$\int \frac{1}{x^2-a^2}\,\mathrm{d}x = \frac{1}{2a}\int\left(\frac{1}{x-a} - \frac{1}{x+a}\right)\mathrm{d}x = \frac{1}{2a}\left(\int \frac{1}{x-a}\,\mathrm{d}x - \int \frac{1}{x+a}\,\mathrm{d}x\right)$$

$$= \frac{1}{2a}\left[\int \frac{1}{x-a}\,\mathrm{d}(x-a) - \int \frac{1}{x+a}\,\mathrm{d}(x+a)\right]$$

$$= \frac{1}{2a}(\ln|x-a| - \ln|x+a|) + C = \frac{1}{2a}\ln\left|\frac{x-a}{x+a}\right| + C. \qquad\blacksquare$$

**例 11** 求不定积分 $\displaystyle\int \frac{1}{\sqrt{2x+3} + \sqrt{2x-1}}\,\mathrm{d}x$.

**解** $\displaystyle\int \frac{1}{\sqrt{2x+3} + \sqrt{2x-1}}\,\mathrm{d}x = \int \frac{\sqrt{2x+3} - \sqrt{2x-1}}{(\sqrt{2x+3} + \sqrt{2x-1})(\sqrt{2x+3} - \sqrt{2x-1})}\,\mathrm{d}x$

$$= \frac{1}{4}\int \sqrt{2x+3}\,\mathrm{d}x - \frac{1}{4}\int \sqrt{2x-1}\,\mathrm{d}x$$

$$= \frac{1}{8}\int \sqrt{2x+3}\,\mathrm{d}(2x+3) - \frac{1}{8}\int \sqrt{2x-1}\,\mathrm{d}(2x-1)$$

$$= \frac{1}{12}\left(\sqrt{2x+3}\right)^3 - \frac{1}{12}\left(\sqrt{2x-1}\right)^3 + C. \qquad\blacksquare$$

**例 12**　求不定积分 $\int \csc x \mathrm{d}x$.

**解**　$\displaystyle \int \csc x \mathrm{d}x = \int \frac{\mathrm{d}x}{\sin x} = \int \frac{\mathrm{d}x}{2\sin \frac{x}{2} \cos \frac{x}{2}} = \int \frac{1}{\tan \frac{x}{2} \cos^2 \frac{x}{2}} \mathrm{d}\left(\frac{x}{2}\right)$

$\displaystyle \qquad = \int \frac{1}{\tan \frac{x}{2}} \mathrm{d}\left(\tan \frac{x}{2}\right) = \ln\left|\tan \frac{x}{2}\right| + C,$

因为　　　　　$\displaystyle \tan \frac{x}{2} = \frac{\sin \frac{x}{2}}{\cos \frac{x}{2}} = \frac{2\sin^2 \frac{x}{2}}{\sin x} = \frac{1 - \cos x}{\sin x} = \csc x - \cot x,$

所以　　　　　　　　　$\displaystyle \int \csc x \mathrm{d}x = \ln|\csc x - \cot x| + C.$　　■

**例 13**　求不定积分 $\int \sec^6 x \mathrm{d}x$.

**解**　$\displaystyle \int \sec^6 x \mathrm{d}x = \int (\sec^2 x)^2 \sec^2 x \mathrm{d}x = \int (1 + \tan^2 x)^2 \mathrm{d}(\tan x)$

$\displaystyle \qquad = \int (1 + 2\tan^2 x + \tan^4 x)\mathrm{d}(\tan x) = \tan x + \frac{2}{3}\tan^3 x + \frac{1}{5}\tan^5 x + C.$　■

**例 14**　求不定积分 $\int \dfrac{1}{1 + \sin x}\mathrm{d}x$.

**解**　方法一　$\displaystyle \int \frac{1}{1 + \sin x}\mathrm{d}x = \int \frac{1 - \sin x}{1 - \sin^2 x}\mathrm{d}x = \int \frac{1}{\cos^2 x}\mathrm{d}x + \int \frac{\mathrm{d}(\cos x)}{\cos^2 x} = \tan x - \frac{1}{\cos x} + C.$

方法二　$\displaystyle \int \frac{1}{1 + \sin x}\mathrm{d}x = \int \frac{\mathrm{d}x}{1 + \cos\left(\frac{\pi}{2} - x\right)} = -\int \frac{\mathrm{d}\left(\frac{\pi}{4} - \frac{x}{2}\right)}{\cos^2\left(\frac{\pi}{4} - \frac{x}{2}\right)} = -\tan \frac{1}{2}\left(\frac{\pi}{2} - x\right) + C.$　■

**例 15**　求 $\int \cos 3x \cos 2x \mathrm{d}x$.

**解**　由 $\cos A \cos B = \dfrac{1}{2}[\cos(A - B) + \cos(A + B)]$，所以

$\displaystyle \int \cos 3x \cos 2x \mathrm{d}x = \frac{1}{2}\int (\cos x + \cos 5x)\mathrm{d}x = \frac{1}{2}\left[\int \cos x \mathrm{d}x + \frac{1}{5}\int \cos 5x \mathrm{d}(5x)\right]$

$\displaystyle \qquad = \frac{1}{2}\sin x + \frac{1}{10}\sin 5x + C.$　　■

## 二、第二类换元积分法

如果不定积分 $\int f(x)\mathrm{d}x$ 用直接积分法或第一类换元法不易求得，但作适当的变量替换 $x = \varphi(t)$ 后，所得到的关于新积分变量 $t$ 的不定积分

$$\int f[\varphi(t)]\varphi'(t)\mathrm{d}t$$

可以求得,则可解决 $\int f(x)\,\mathrm{d}x$ 的计算问题,这就是所谓的**第二类换元(积分)法**.

**定理 2(第二类换元积分法)** 设 $x=\varphi(t)$ 是单调、可导函数,且 $\varphi'(t)\neq 0$,又设 $f[\varphi(t)]\varphi'(t)$ 具有原函数 $F(t)$,则

$$\int f(x)\,\mathrm{d}x = \int f[\varphi(t)]\varphi'(t)\,\mathrm{d}t = F(t)+C = F[\psi(x)]+C,$$

其中 $\psi(x)$ 是 $x=\varphi(t)$ 的反函数.

**证明** 因为 $F(t)$ 是 $f[\varphi(t)]\varphi'(t)$ 的原函数,令 $G(x)=F[\psi(x)]$,则

$$G'(x) = \frac{\mathrm{d}F}{\mathrm{d}t}\cdot\frac{\mathrm{d}t}{\mathrm{d}x} = f[\varphi(t)]\varphi'(t)\cdot\frac{1}{\varphi'(t)} = f[\varphi(t)] = f(x),$$

即 $G(x)$ 为 $f(x)$ 的一个原函数. 从而结论得证. ■

**注**: 由定理 2 可见,第二类换元积分法的换元和回代过程与第一类换元积分法的换元和回代过程正好相反.

**例 16** 求不定积分 $\int \sqrt{a^2-x^2}\,\mathrm{d}x$ $(a>0)$.

**解** 令 $x=a\sin t$,则 $\mathrm{d}x=a\cos t\mathrm{d}t$,$t\in(-\pi/2,\pi/2)$,所以

$$\int \sqrt{a^2-x^2}\,\mathrm{d}x = \int a\cos t\cdot a\cos t\mathrm{d}t = \frac{a^2}{2}\int (1+\cos 2t)\,\mathrm{d}t$$

$$= \frac{a^2}{2}\left(t+\frac{1}{2}\sin 2t\right)+C = \frac{a^2}{2}(t+\sin t\cos t)+C.$$

为将变量 $t$ 还原回原来的积分变量 $x$,由 $x=a\sin t$ 作直角三角形(见图 4-2-1),可知 $\cos t=\dfrac{\sqrt{a^2-x^2}}{a}$,代入上式,得

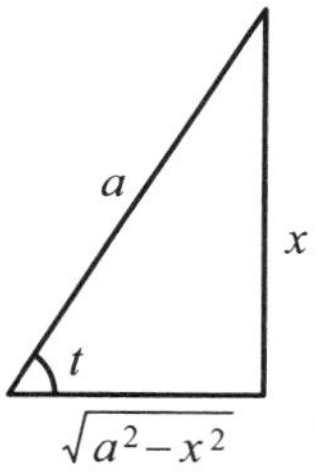

图 4-2-1

$$\int \sqrt{a^2-x^2}\,\mathrm{d}x = \frac{a^2}{2}\left(\arcsin\frac{x}{a}+\frac{x}{a}\cdot\frac{\sqrt{a^2-x^2}}{a}\right)+C$$

$$= \frac{a^2}{2}\arcsin\frac{x}{a}+\frac{x}{2}\cdot\sqrt{a^2-x^2}+C.$$

**注**: 若令 $x=a\cos t$,同样可计算.

**例 17** 求不定积分 $\int \dfrac{1}{\sqrt{x^2+a^2}}\,\mathrm{d}x$ $(a>0)$.

**解** 见图 4-2-2,令 $x=a\tan t$,则 $\mathrm{d}x=a\sec^2 t\mathrm{d}t$,$t\in(-\pi/2,\pi/2)$,所以

$$\int \frac{1}{\sqrt{x^2+a^2}}\,\mathrm{d}x = \int \frac{1}{a\sec t}\cdot a\sec^2 t\mathrm{d}t = \int \sec t\mathrm{d}t$$

$$= \ln|\sec t+\tan t|+C_1 = \ln\left|\frac{x}{a}+\frac{\sqrt{x^2+a^2}}{a}\right|+C_1$$

$$= \ln|x+\sqrt{x^2+a^2}|+C.$$

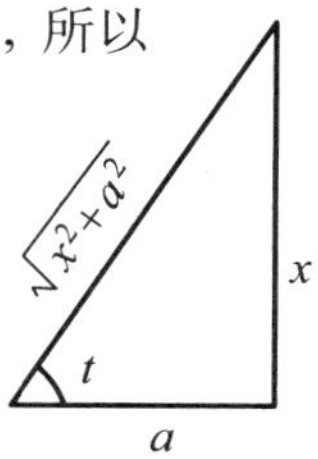

图 4-2-2

**例 18**　求不定积分 $\int \dfrac{1}{\sqrt{x^2-a^2}}\,\mathrm{d}x\ (a>0)$.

**解**　被积函数的定义域为 $|x|>a$. 当 $x>a$ 时, 如图 $4-2-3$ 所示, 令 $x=a\sec t,\ t\in(0,\ \pi/2)$, 则 $\mathrm{d}x=a\sec t\cdot\tan t\mathrm{d}t$, 所以

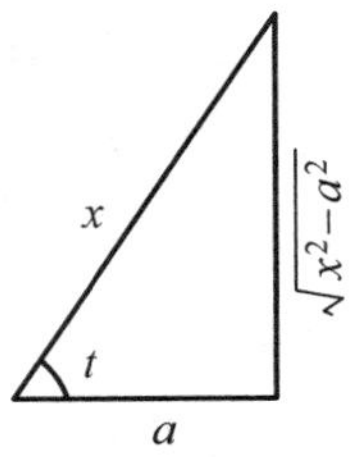

$$\int \frac{1}{\sqrt{x^2-a^2}}\,\mathrm{d}x=\int\frac{a\sec t\cdot\tan t}{a\tan t}\,\mathrm{d}t$$

$$=\int\sec t\mathrm{d}t=\ln(\sec t+\tan t)+C_1$$

图 $4-2-3$

$$=\ln\!\left(\frac{x}{a}+\frac{\sqrt{x^2-a^2}}{a}\right)+C_1=\ln(x+\sqrt{x^2-a^2})+C,\ \text{其中}\ C=C_1-\ln a.$$

当 $x<-a$ 时, 令 $x=-u$, 则 $u>a$, 即为上述情形, 得

$$\int\frac{\mathrm{d}x}{\sqrt{x^2-a^2}}=\ln(-x-\sqrt{x^2-a^2})+C.$$

综合以上结果, 得

$$\int\frac{\mathrm{d}x}{\sqrt{x^2-a^2}}=\ln|x+\sqrt{x^2-a^2}|+C.\qquad\blacksquare$$

**注**: 以上几例所使用的均为三角代换. 三角代换的目的是化掉根式, 其一般规律如下: 如果被积函数中含有 $\sqrt{a^2-x^2}$, 可令 $x=a\sin t,\ t\in(-\pi/2,\ \pi/2)$; 如果被积函数中含有 $\sqrt{x^2+a^2}$, 可令 $x=a\tan t,\ t\in(-\pi/2,\ \pi/2)$; 如果被积函数中含有 $\sqrt{x^2-a^2}$, 可令 $x=\pm a\sec t,\ t\in(0,\ \pi/2)$.

当有理分式函数中分母 (多项式) 的次数较高时, 常采用 **倒代换** $x=\dfrac{1}{t}$.

**例 19**　求不定积分 $\int\dfrac{1}{x(x^7+2)}\,\mathrm{d}x$.

**解**　令 $x=\dfrac{1}{t}$, 则 $\mathrm{d}x=-\dfrac{1}{t^2}\mathrm{d}t$, 于是

$$\int\frac{1}{x(x^7+2)}\,\mathrm{d}x=\int\frac{t}{\left(\dfrac{1}{t}\right)^7+2}\cdot\left(-\frac{1}{t^2}\right)\mathrm{d}t=-\int\frac{t^6}{1+2t^7}\,\mathrm{d}t$$

$$=-\frac{1}{14}\ln|1+2t^7|+C=-\frac{1}{14}\ln|2+x^7|+\frac{1}{2}\ln|x|+C.\qquad\blacksquare$$

根式有理化是化简不定积分计算的常用方法之一, 去掉被积函数根号并不一定要采用三角代换, 应根据被积函数的情况来确定采用何种根式有理化代换.

**例 20**　求不定积分 $\int\dfrac{x^5}{\sqrt{1+x^2}}\,\mathrm{d}x$.

**解**　本例如果用三角代换将相当烦琐. 现在我们采用根式有理化代换, 令

$t = \sqrt{1+x^2}$，则 $x^2 = t^2 - 1$，$x\mathrm{d}x = t\mathrm{d}t$，于是

$$\int \frac{x^5}{\sqrt{1+x^2}} \mathrm{d}x = \int \frac{(t^2-1)^2}{t} t\mathrm{d}t = \int (t^4 - 2t^2 + 1)\mathrm{d}t = \frac{1}{5}t^5 - \frac{2}{3}t^3 + t + C$$

$$= \frac{1}{15}(8 - 4x^2 + 3x^4)\sqrt{1+x^2} + C.$$

**例21** 求不定积分 $\displaystyle\int \frac{1}{\sqrt{1+\mathrm{e}^x}} \mathrm{d}x$.

**解** 令 $t = \sqrt{1+\mathrm{e}^x}$，则

$$\mathrm{e}^x = t^2 - 1, \quad x = \ln(t^2-1), \quad \mathrm{d}x = \frac{2t\mathrm{d}t}{t^2-1},$$

$$\int \frac{1}{\sqrt{1+\mathrm{e}^x}} \mathrm{d}x = \int \frac{2}{t^2-1} \mathrm{d}t = \int \left(\frac{1}{t-1} - \frac{1}{t+1}\right)\mathrm{d}t$$

$$= \ln\left|\frac{t-1}{t+1}\right| + C = 2\ln(\sqrt{1+\mathrm{e}^x} - 1) - x + C.$$

本节中一些例题的结果以后会经常遇到，所以它们通常也被当作公式使用. 这样，常用的积分公式，除了基本积分表中的公式外，我们再续补下面几个 (其中常数 $a>0$).

(16) $\displaystyle\int \tan x \mathrm{d}x = -\ln|\cos x| + C$     (17) $\displaystyle\int \cot x \mathrm{d}x = \ln|\sin x| + C$

(18) $\displaystyle\int \sec x \mathrm{d}x = \ln|\sec x + \tan x| + C$     (19) $\displaystyle\int \csc x \mathrm{d}x = \ln|\csc x - \cot x| + C$

(20) $\displaystyle\int \frac{1}{a^2+x^2} \mathrm{d}x = \frac{1}{a}\arctan\frac{x}{a} + C$     (21) $\displaystyle\int \frac{1}{x^2-a^2} \mathrm{d}x = \frac{1}{2a}\ln\left|\frac{x-a}{x+a}\right| + C$

(22) $\displaystyle\int \frac{\mathrm{d}x}{\sqrt{a^2-x^2}} = \arcsin\frac{x}{a} + C$     (23) $\displaystyle\int \frac{\mathrm{d}x}{\sqrt{x^2 \pm a^2}} = \ln|x + \sqrt{x^2 \pm a^2}| + C$

(24) $\displaystyle\int \sqrt{a^2-x^2}\, \mathrm{d}x = \frac{a^2}{2}\arcsin\frac{x}{a} + \frac{x}{2} \cdot \sqrt{a^2-x^2} + C$

## *数学实验

**实验4.1** 试用计算软件求下列不定积分：

(1) $\displaystyle\int \cos x \cos 2x \cos 3x \mathrm{d}x$;

(2) $\displaystyle\int \frac{x^2}{\sqrt{1+x+x^2}} \mathrm{d}x$;

(3) $\displaystyle\int \frac{x^{10}}{x^2+x-2} \mathrm{d}x$;

(4) $\displaystyle\int \frac{\sin x \cos x \mathrm{d}x}{\sqrt{a^2\sin^2 x + b^2\cos^2 x}}$;

(5) $\displaystyle\int \frac{\mathrm{d}x}{\sqrt{x^2+a^2}}$;

(6) $\displaystyle\int \sqrt{a^2-x^2}\, \mathrm{d}x$;

(7) $\displaystyle\int \sqrt{(x^2+a^2)^3}\, \mathrm{d}x$;

(8) $\displaystyle\int \sqrt{(x^2-a^2)^3}\, \mathrm{d}x$.

计算实验

详见教材配套的网络学习空间.

## 习题 4-2

1. 填空使下列等式成立：

(1) $\mathrm{d}x = \underline{\quad} \mathrm{d}(7x-3)$;　　(2) $x\mathrm{d}x = \underline{\quad} \mathrm{d}(1-x^2)$;　　(3) $x^3\mathrm{d}x = \underline{\quad} \mathrm{d}(3x^4-2)$;

(4) $\mathrm{e}^{2x}\mathrm{d}x = \underline{\quad} \mathrm{d}(\mathrm{e}^{2x})$;　　(5) $\dfrac{\mathrm{d}x}{x} = \underline{\quad} \mathrm{d}(5\ln|x|)$;　　(6) $\dfrac{\mathrm{d}x}{x} = \underline{\quad} \mathrm{d}(3-5\ln|x|)$;

(7) $\dfrac{1}{\sqrt{t}}\mathrm{d}t = \underline{\quad} \mathrm{d}(\sqrt{t})$;　　(8) $\dfrac{\mathrm{d}x}{\cos^2 2x} = \underline{\quad} \mathrm{d}(\tan 2x)$;　　(9) $\dfrac{\mathrm{d}x}{1+9x^2} = \underline{\quad} \mathrm{d}(\arctan 3x)$.

2. 求下列不定积分：

(1) $\displaystyle\int \mathrm{e}^{3t}\mathrm{d}t$;　　(2) $\displaystyle\int (3-5x)^3\mathrm{d}x$;　　(3) $\displaystyle\int \dfrac{\mathrm{d}x}{3-2x}$;

(4) $\displaystyle\int \dfrac{\mathrm{d}x}{\sqrt[3]{5-3x}}$;　　(5) $\displaystyle\int (\sin ax - \mathrm{e}^{\frac{x}{b}})\mathrm{d}x$;　　(6) $\displaystyle\int \dfrac{\cos\sqrt{t}}{\sqrt{t}}\mathrm{d}t$;

(7) $\displaystyle\int \tan^{10}x \sec^2 x\,\mathrm{d}x$;　　(8) $\displaystyle\int \dfrac{\mathrm{d}x}{x\ln x\ln\ln x}$;　　(9) $\displaystyle\int \tan\sqrt{1+x^2}\cdot\dfrac{x\mathrm{d}x}{\sqrt{1+x^2}}$;

(10) $\displaystyle\int \dfrac{\mathrm{d}x}{\sin x\cos x}$;　　(11) $\displaystyle\int \dfrac{\mathrm{d}x}{\mathrm{e}^x+\mathrm{e}^{-x}}$;　　(12) $\displaystyle\int x\cos(x^2)\mathrm{d}x$;

(13) $\displaystyle\int \dfrac{x\mathrm{d}x}{\sqrt{2-3x^2}}$;　　(14) $\displaystyle\int \cos^2(\omega t)\sin(\omega t)\mathrm{d}t$;　　(15) $\displaystyle\int \dfrac{3x^3}{1-x^4}\mathrm{d}x$;

(16) $\displaystyle\int \dfrac{\sin x}{\cos^3 x}\mathrm{d}x$;　　(17) $\displaystyle\int \dfrac{x^9}{\sqrt{2-x^{20}}}\mathrm{d}x$;　　(18) $\displaystyle\int \dfrac{1-x}{\sqrt{9-4x^2}}\mathrm{d}x$;

(19) $\displaystyle\int \dfrac{\mathrm{d}x}{2x^2-1}$;　　(20) $\displaystyle\int \dfrac{x\mathrm{d}x}{(4-5x)^2}$;　　(21) $\displaystyle\int \dfrac{x^2\mathrm{d}x}{(x-1)^{100}}$;

(22) $\displaystyle\int \dfrac{x\mathrm{d}x}{x^8-1}$;　　(23) $\displaystyle\int \cos^3 x\,\mathrm{d}x$;　　(24) $\displaystyle\int \cos^2(\omega t+\varphi)\mathrm{d}t$;

(25) $\displaystyle\int \sin 2x\cos 3x\,\mathrm{d}x$;　　(26) $\displaystyle\int \sin 5x\sin 7x\,\mathrm{d}x$;　　(27) $\displaystyle\int \tan^3 x\sec x\,\mathrm{d}x$;

(28) $\displaystyle\int \dfrac{10^{\arccos x}}{\sqrt{1-x^2}}\mathrm{d}x$;　　(29) $\displaystyle\int \dfrac{\mathrm{d}x}{(\arcsin x)^2\sqrt{1-x^2}}$;　　(30) $\displaystyle\int \dfrac{\arctan\sqrt{x}}{\sqrt{x}(1+x)}\mathrm{d}x$;

(31) $\displaystyle\int \dfrac{\ln\tan x}{\cos x\sin x}\mathrm{d}x$;　　(32) $\displaystyle\int \dfrac{1+\ln x}{(x\ln x)^2}\mathrm{d}x$;　　(33) $\displaystyle\int \dfrac{\mathrm{d}x}{1-\mathrm{e}^x}$;

(34) $\displaystyle\int \dfrac{\mathrm{d}x}{x(x^6+4)}$;　　(35) $\displaystyle\int \dfrac{\mathrm{d}x}{x^8(1-x^2)}$.

3. 求下列不定积分：

(1) $\displaystyle\int \dfrac{\mathrm{d}x}{1+\sqrt{1-x^2}}$;　　(2) $\displaystyle\int \dfrac{\sqrt{x^2-9}}{x}\mathrm{d}x$;　　(3) $\displaystyle\int \dfrac{\mathrm{d}x}{\sqrt{(x^2+1)^3}}$;

(4) $\displaystyle\int \dfrac{\mathrm{d}x}{(x^2+a^2)^{3/2}}$;　　(5) $\displaystyle\int \dfrac{x^2+1}{x\sqrt{1+x^4}}\mathrm{d}x$;　　(6) $\displaystyle\int \sqrt{5-4x-x^2}\,\mathrm{d}x$.

4. 求一个函数 $f(x)$，满足 $f'(x) = \dfrac{1}{\sqrt{x+1}}$，且 $f(0)=1$.

5. 设 $f(x)$ 在 $[1,+\infty)$ 上可导，$f(1)=0$，$f'(e^x+1)=3e^{2x}+2$，求 $f(x)$.

# §4.3  分部积分法

虽然前面所介绍的换元积分法可以解决许多积分的计算问题，但有些积分，如 $\int xe^x\,dx$、$\int x\cos x\,dx$ 等，利用换元法就无法求解. 本节我们要介绍另一种基本积分法 —— **分部积分法**.

设函数 $u=u(x)$ 和 $v=v(x)$ 具有连续导数，则 $d(uv)=vdu+udv$，移项得到

$$udv = d(uv) - vdu,$$

所以有
$$\int u\,dv = uv - \int v\,du, \tag{3.1}$$

或
$$\int uv'\,dx = uv - \int u'v\,dx. \tag{3.2}$$

公式 (3.1) 或公式 (3.2) 称为**分部积分公式**.

利用分部积分公式求不定积分的关键在于如何将所给积分 $\int f(x)\,dx$ 化为 $\int u\,dv$ 形式，使它更容易计算. 所采用的主要方法就是凑微分法，例如，

$$\int xe^x\,dx = \int x\,d(e^x) = xe^x - \int e^x\,dx = xe^x - e^x + C = (x-1)e^x + C.$$

利用分部积分法计算不定积分，选择好 $u$，$v$ 非常关键，选择不当将会使积分的计算变得更加复杂，例如，

$$\int xe^x\,dx = \int e^x\,d\left(\frac{x^2}{2}\right) = \frac{x^2}{2}e^x - \int \frac{x^2}{2}\,d(e^x) = \frac{x^2}{2}e^x - \int \frac{x^2}{2}e^x\,dx.$$

分部积分法实质上就是求两函数乘积的导数 (或微分) 的逆运算. 一般地，下列类型的被积函数常考虑应用分部积分法 (其中 $m$，$n$ 都是正整数).

$$x^n\sin mx \qquad x^n\cos mx \qquad e^{nx}\sin mx \qquad e^{nx}\cos mx \qquad x^ne^{mx}$$
$$x^n\ln x \qquad x^n\arcsin mx \qquad x^n\arccos mx \qquad x^n\arctan mx \ \text{等}.$$

下面将通过例题介绍分部积分法的应用.

**例1**  求不定积分 $\int x\cos x\,dx$.

**解**  令 $u=x$，$\cos x\,dx = d(\sin x) = dv$，则

$$\int x\cos x\,dx = \int x\,d(\sin x) = x\sin x - \int \sin x\,dx = x\sin x + \cos x + C.$$

有些函数的积分需要连续多次应用分部积分法.

**例2**  求不定积分 $\int x^2 e^x\,dx$.

**解**  令 $u=x^2$，$e^x\,dx = d(e^x) = dv$，则

$$\int x^2 e^x dx = x^2 e^x - 2\int xe^x dx = x^2 e^x - 2\int x d(e^x) \text{(再次用分部积分法)}$$

$$= x^2 e^x - 2\left(xe^x - \int e^x dx\right) = x^2 e^x - 2(xe^x - e^x) + C. \blacksquare$$

**注**：若被积函数是幂函数（指数为正整数）与指数函数或正（余）弦函数的乘积，可设幂函数为 $u$，而将其余部分凑微分进入微分号，使得应用分部积分公式后，幂函数的幂次降低一次.

**例 3** 求不定积分 $\int x \arctan x dx$.

**解** 令 $u = \arctan x$，$x dx = d\left(\dfrac{x^2}{2}\right) = dv$，则

$$\int x \arctan x dx = \frac{x^2}{2}\arctan x - \int \frac{x^2}{2} d(\arctan x) = \frac{x^2}{2}\arctan x - \int \frac{x^2}{2}\cdot\frac{1}{1+x^2}dx$$

$$= \frac{x^2}{2}\arctan x - \int \frac{1}{2}\cdot\left(1 - \frac{1}{1+x^2}\right)dx = \frac{x^2}{2}\arctan x - \frac{1}{2}(x - \arctan x) + C. \blacksquare$$

**例 4** 求不定积分 $\int x^3 \ln x dx$.

**解** 令 $u = \ln x$，$x^3 dx = d\left(\dfrac{x^4}{4}\right) = dv$，则

$$\int x^3 \ln x dx = \frac{1}{4}x^4 \ln x - \frac{1}{4}\int x^3 dx = \frac{1}{4}x^4 \ln x - \frac{1}{16}x^4 + C. \blacksquare$$

**注**：若被积函数是幂函数与对数函数或反三角函数的乘积，可设对数函数或反三角函数为 $u$，而将幂函数凑微分进入微分号，使得应用分部积分公式后，对数函数或反三角函数消失.

**例 5** 求不定积分 $\int e^x \sin x dx$.

**解** $\int e^x \sin x dx = \int \sin x d(e^x) \text{(取三角函数为} u\text{)} = e^x \sin x - \int e^x d(\sin x)$

$$= e^x \sin x - \int e^x \cos x dx = e^x \sin x - \int \cos x d(e^x) \text{(再取三角函数为} u\text{)}$$

$$= e^x \sin x - \left[e^x \cos x - \int e^x d(\cos x)\right] = e^x(\sin x - \cos x) - \int e^x \sin x dx,$$

解得

$$\int e^x \sin x dx = \frac{e^x}{2}(\sin x - \cos x) + C. \blacksquare$$

**注**：若被积函数是指数函数与正（余）弦函数的乘积，$u$，$dv$ 可随意选取，但在两次分部积分中，必须选用同类型的 $u$，以便经过两次分部积分后产生循环式，从而解出所求积分.

**例 6** 求不定积分 $\int \sin(\ln x) dx$.

**解** $\int \sin(\ln x) dx = x\sin(\ln x) - \int x d[\sin(\ln x)] = x\sin(\ln x) - \int x\cos(\ln x)\cdot\frac{1}{x}dx$

$$= x\sin(\ln x) - \left\{ x\cos(\ln x) - \int x\,d[\cos(\ln x)] \right\}$$

$$= x[\sin(\ln x) - \cos(\ln x)] - \int \sin(\ln x)\,dx,$$

解得
$$\int \sin(\ln x)\,dx = \frac{x}{2}[\sin(\ln x) - \cos(\ln x)] + C.$$

灵活应用分部积分法，可以解决许多不定积分的计算问题.

下面再举一些例子，请读者悉心体会其解题方法.

**例7** 求不定积分 $\int \sec^3 x\,dx$.

**解** $\int \sec^3 x\,dx = \int \sec x \cdot \sec^2 x\,dx = \int \sec x\,d(\tan x) = \sec x\tan x - \int \sec x\tan^2 x\,dx$

$$= \sec x\tan x - \int \sec x(\sec^2 x - 1)\,dx = \sec x\tan x - \int \sec^3 x\,dx + \int \sec x\,dx$$

$$= \sec x\tan x + \ln|\sec x + \tan x| - \int \sec^3 x\,dx.$$

解得
$$\int \sec^3 x\,dx = \frac{1}{2}(\sec x\tan x + \ln|\sec x + \tan x|) + C.$$

**例8** 求不定积分 $\int \ln(1 + \sqrt{x})\,dx$.

**解** 令 $t = \sqrt{x}$，则 $x = t^2$，

$$\int \ln(1 + \sqrt{x})\,dx = \int \ln(1 + t)\,d(t^2) = t^2\ln(1 + t) - \int t^2\,d[\ln(1 + t)]$$

$$= t^2\ln(1 + t) - \int \frac{t^2}{1 + t}\,dt = t^2\ln(1 + t) - \int (t - 1)\,dt - \int \frac{dt}{t + 1}$$

$$= t^2\ln(1 + t) - \frac{t^2}{2} + t - \ln(1 + t) + C = (x - 1)\ln(1 + \sqrt{x}) + \sqrt{x} - \frac{x}{2} + C.$$

**例9** 求不定积分 $I_n = \int \dfrac{dx}{(x^2 + a^2)^n}$，其中 $n$ 为正整数.

**解** 当 $n = 1$ 时，有

$$I_1 = \int \frac{dx}{x^2 + a^2} = \frac{1}{a}\arctan\frac{x}{a} + C,$$

当 $n > 1$ 时，利用分部积分法，得

$$\int \frac{dx}{(x^2 + a^2)^{n-1}} = \frac{x}{(x^2 + a^2)^{n-1}} + 2(n - 1)\int \frac{x^2}{(x^2 + a^2)^n}\,dx$$

$$= \frac{x}{(x^2 + a^2)^{n-1}} + 2(n - 1)\int \left[ \frac{1}{(x^2 + a^2)^{n-1}} - \frac{a^2}{(x^2 + a^2)^n} \right]dx$$

即
$$I_{n-1} = \frac{x}{(x^2 + a^2)^{n-1}} + 2(n - 1)(I_{n-1} - a^2 I_n),$$

于是
$$I_n = \frac{1}{2a^2(n - 1)}\left[ \frac{x}{(x^2 + a^2)^{n-1}} + (2n - 3)I_{n-1} \right].$$

以此作递推公式，则由 $I_1$ 开始可计算出 $I_n$ $(n>1)$.

**例10**　已知 $f(x)$ 的一个原函数是 $e^{-x^2}$，求 $\int xf'(x)dx$.

**解**　利用分部积分公式，得

$$\int xf'(x)dx = \int xd[f(x)] = xf(x) - \int f(x)dx,$$

根据题意

$$\int f(x)dx = e^{-x^2} + C,$$

上式两边同时对 $x$ 求导，得

$$f(x) = -2xe^{-x^2},$$

所以

$$\int xf'(x)dx = xf(x) - \int f(x)dx = -2x^2e^{-x^2} - e^{-x^2} - C.$$

**\*数学实验**

**实验4.2**　试用计算软件求下列不定积分：

(1) $\displaystyle\int \frac{\sin x - \cos x}{\sin x + 2\cos x}dx$;

(2) $\displaystyle\int e^{ax}\cos bx\, dx$;

(3) $\displaystyle\int x^n\ln x\, dx$;

(4) $\displaystyle\int \frac{x}{\sqrt{c+bx-ax^2}}dx$;

(5) $\displaystyle\int x^2\arctan\frac{x}{a}dx$;

(6) $\displaystyle\int e^{ax}\sin bx\, dx$;

(7) $\displaystyle\int e^{ax}\cos^n bx\, dx$;

(8) $\displaystyle\int x^m(\ln x)^n dx$.

计算实验

详见教材配套的网络学习空间.

## 习题　4-3

1. 求下列不定积分：

(1) $\displaystyle\int \arcsin x\, dx$;

(2) $\displaystyle\int \ln(x^2+1)dx$;

(3) $\displaystyle\int \arctan x\, dx$;

(4) $\displaystyle\int e^{-2x}\sin\frac{x}{2}dx$;

(5) $\displaystyle\int x^2\arctan x\, dx$;

(6) $\displaystyle\int x\cos\frac{x}{2}dx$;

(7) $\displaystyle\int x\tan^2 x\, dx$;

(8) $\displaystyle\int \ln^2 x\, dx$;

(9) $\displaystyle\int x\ln(x-1)dx$;

(10) $\displaystyle\int \frac{\ln^2 x}{x^2}dx$;

(11) $\displaystyle\int \cos(\ln x)dx$;

(12) $\displaystyle\int \frac{\ln x}{x^2}dx$;

(13) $\displaystyle\int x^n\ln x\, dx$ $(n\neq -1)$;

(14) $\displaystyle\int x^2 e^{-x}dx$;

(15) $\displaystyle\int x^3(\ln x)^2 dx$;

(16) $\displaystyle\int \frac{\ln(\ln x)}{x}dx$;

(17) $\displaystyle\int x\sin x\cos x\, dx$;

(18) $\displaystyle\int x^2\cos^2\frac{x}{2}dx$;

(19) $\displaystyle\int (x^2-1)\sin 2x\, dx$;

(20) $\displaystyle\int e^{\sqrt[3]{x}}dx$;

(21) $\displaystyle\int (\arcsin x)^2 dx$;

(22) $\int e^x \sin^2 x dx$; 　　　　(23) $\int \dfrac{\ln(1+x)}{\sqrt{x}} dx$; 　　　　(24) $\int \dfrac{\ln(e^x+1)}{e^x} dx$;

(25) $\int x \ln \dfrac{1+x}{1-x} dx$; 　　　　(26) $\int \dfrac{dx}{\sin 2x \cos x}$.

\*2. 用列表法(见教材配套的网络学习空间)求下列不定积分:

(1) $\int x e^{3x} dx$; 　　　　(2) $\int (x+1)e^x dx$; 　　　　(3) $\int x^2 \cos x dx$;

(4) $\int (x^2+1)e^{-x} dx$; 　　　　(5) $\int x \ln(x-1) dx$; 　　　　(6) $\int e^{-x} \cos x dx$.

3. 已知 $\dfrac{\sin x}{x}$ 是 $f(x)$ 的原函数, 求 $\int x f'(x) dx$.

4. 已知 $f(x) = \dfrac{e^x}{x}$, 求 $\int x f''(x) dx$.

5. 设 $I_n = \int \dfrac{dx}{\sin^n x}$ ($2 \le n$), 证明 $I_n = -\dfrac{1}{n-1} \cdot \dfrac{\cos x}{\sin^{n-1} x} + \dfrac{n-2}{n-1} I_{n-2}$.

6. 设 $f(x)$ 是单调连续函数, $f^{-1}(x)$ 是它的反函数, 且 $\int f(x) dx = F(x) + C$, 求 $\int f^{-1}(x) dx$.

# §4.4　有理函数的积分

本节我们还要介绍一些比较简单的特殊类型函数的不定积分, 包括有理函数的积分及可化为有理函数的函数积分, 如三角函数有理式、简单无理函数的积分等.

## 一、有理函数的积分

有理函数是指有理式所表示的函数, 它包括有理整式和有理分式两类:

**有理整式**

$$f(x) = a_0 x^n + a_1 x^{n-1} + \cdots + a_{n-1} x + a_n.$$

**有理分式**

$$\frac{P(x)}{Q(x)} = \frac{a_0 x^n + a_1 x^{n-1} + \cdots + a_{n-1} x + a_n}{b_0 x^m + b_1 x^{m-1} + \cdots + b_{m-1} x + b_m},$$

其中 $m$, $n$ 都是非负整数; $a_0, a_1, \cdots, a_n$ 及 $b_0, b_1, \cdots, b_m$ 都是实数, 并且 $a_0 \ne 0$, $b_0 \ne 0$.

在有理分式中, $n < m$ 时, 称为**真分式**; $n \ge m$ 时, 称为**假分式**.

利用多项式除法, 可以把任意一个假分式化为一个有理整式和一个真分式之和. 例如,

$$\frac{x^3 + x + 1}{x^2 + 1} = x + \frac{1}{x^2 + 1}.$$

有理整式的积分很简单, 以下我们只讨论有理真分式的积分.

### 1. 最简分式的积分

下列四类分式称为最简分式，其中 $n$ 为大于等于 2 的正整数. $A, M, N, a, p, q$ 均为常数，且 $p^2 - 4q < 0$.

(1) $\dfrac{A}{x-a}$;　　　(2) $\dfrac{A}{(x-a)^n}$;　　　(3) $\dfrac{Mx+N}{x^2+px+q}$;　　　(4) $\dfrac{Mx+N}{(x^2+px+q)^n}$.

下面我们先来讨论这四类最简分式的不定积分.

前两类最简分式的不定积分可以由基本积分公式直接得到. 对于第三类最简分式，将其分母配方得

$$x^2 + px + q = \left(x + \frac{p}{2}\right)^2 + q - \frac{p^2}{4}.$$

令 $x + \dfrac{p}{2} = t$，并记 $x^2 + px + q = t^2 + a^2$, $Mx + N = Mt + b$，其中

$$a^2 = q - \frac{p^2}{4}, \quad b = N - \frac{Mp}{2},$$

于是　　　$\displaystyle\int \frac{Mx+N}{x^2+px+q}\,\mathrm{d}x = \int \frac{Mt}{t^2+a^2}\,\mathrm{d}t + \int \frac{b}{t^2+a^2}\,\mathrm{d}t$

$$= \frac{M}{2}\ln|x^2+px+q| + \frac{b}{a}\arctan\frac{x+\dfrac{p}{2}}{a} + C.$$

对于第四类最简分式，则有

$$\int \frac{Mx+N}{(x^2+px+q)^n}\,\mathrm{d}x = \int \frac{Mt}{(t^2+a^2)^n}\,\mathrm{d}t + \int \frac{b}{(t^2+a^2)^n}\,\mathrm{d}t$$

$$= -\frac{M}{2(n-1)(t^2+a^2)^{n-1}} + b\int \frac{\mathrm{d}t}{(t^2+a^2)^n}.$$

上式最后一个不定积分的求法在上一节的例 9 中已经给出.

综上所述，最简分式的不定积分都能被求出，且原函数都是初等函数. 根据代数学的有关定理可知，任何有理真分式都可以分解为上述四类最简分式的和，因此，**有理函数的原函数都是初等函数**.

### 2. 有理分式化为最简分式的和

求有理函数的不定积分的难点在于如何将所给有理真分式化为最简分式之和. 下面我们先来讨论这个问题.

设给定有理真分式 $\dfrac{P(x)}{Q(x)}$，要把它表示为最简分式的和，首先要把分母 $Q(x)$ 在实数范围内分解为一次因式与二次因式的乘积，再根据这些因式的结构，利用待定系数法确定所有系数.

设多项式 $Q(x)$ 在实数范围内能分解为如下形式：

$$Q(x) = b_0(x-a)^\alpha \cdots (x-b)^\beta (x^2+px+q)^\lambda \cdots (x^2+rx+s)^\mu,$$

其中 $p^2 - 4q < 0, \cdots, r^2 - 4s < 0$，则

$$\frac{P(x)}{Q(x)} = \frac{A_1}{(x-a)^\alpha} + \frac{A_2}{(x-a)^{\alpha-1}} + \cdots + \frac{A_\alpha}{x-a} + \cdots + \frac{B_1}{(x-b)^\beta} + \frac{B_2}{(x-b)^{\beta-1}} + \cdots$$

$$+ \frac{B_\beta}{x-b} + \cdots + \frac{M_1 x + N_1}{(x^2+px+q)^\lambda} + \frac{M_2 x + N_2}{(x^2+px+q)^{\lambda-1}} + \cdots + \frac{M_\lambda x + N_\lambda}{x^2+px+q}$$

$$+ \cdots + \frac{R_1 x + S_1}{(x^2+rx+s)^\mu} + \frac{R_2 x + S_2}{(x^2+rx+s)^{\mu-1}} + \cdots + \frac{R_\mu x + S_\mu}{x^2+rx+s}.$$

其中 $A_1, \cdots, A_\alpha$，$B_1, \cdots, B_\beta$，$M_1, \cdots, M_\lambda$，$N_1, \cdots, N_\lambda$，$R_1, \cdots, R_\mu$，$S_1, \cdots, S_\mu$ 等都是常数.

在上述有理分式的分解式中，应注意到以下两点：

(1) 若分母 $Q(x)$ 中含有因式 $(x-a)^k$，则分解后含有下列 $k$ 个最简分式之和：

$$\frac{A_1}{(x-a)^k} + \frac{A_2}{(x-a)^{k-1}} + \cdots + \frac{A_k}{x-a},$$

其中 $A_1, A_2, \cdots, A_k$ 都是常数. 特别地，若 $k=1$，分解后有 $\dfrac{A_1}{x-a}$.

(2) 若分母 $Q(x)$ 中含有因式 $(x^2+px+q)^k$，其中 $p^2 - 4q < 0$，则分解后含有下列 $k$ 个最简分式之和：

$$\frac{M_1 x + N_1}{(x^2+px+q)^k} + \frac{M_2 x + N_2}{(x^2+px+q)^{k-1}} + \cdots + \frac{M_k x + N_k}{x^2+px+q},$$

其中 $M_i, N_i\ (i=1, 2, \cdots, k)$ 都是常数. 特别地，若 $k=1$，分解后有

$$\frac{M_1 x + N_1}{x^2+px+q}.$$

**例 1**　求不定积分 $\displaystyle\int \frac{x+3}{x^2-5x+6} \mathrm{d}x$.

**解**　因为 $x^2 - 5x + 6 = (x-2)(x-3)$，所以设

$$\frac{x+3}{x^2-5x+6} = \frac{A}{x-2} + \frac{B}{x-3},$$

其中 $A, B$ 为待定常数. 两端消去分母得

$$x + 3 = A(x-3) + B(x-2) = (A+B)x - (3A+2B),$$

从而有　　　　　　　　　　$A + B = 1,\quad -(3A+2B) = 3,$

解得 $A = -5, B = 6$，即

$$\frac{x+3}{x^2-5x+6} = \frac{-5}{x-2} + \frac{6}{x-3}.$$

所以

$$\int \frac{x+3}{x^2-5x+6}\,\mathrm{d}x = \int \left(\frac{-5}{x-2}+\frac{6}{x-3}\right)\mathrm{d}x = -5\ln|x-2|+6\ln|x-3|+C. \quad ■$$

**例 2**　求不定积分 $\displaystyle\int \frac{1}{x(x-1)^2}\,\mathrm{d}x$.

**解**　被积有理函数可拆成

$$\frac{1}{x(x-1)^2} = \frac{A}{x} + \frac{B}{(x-1)^2} + \frac{C}{x-1},$$

其中 $A,B,C$ 为待定常数，两端比较，得

$$1 = A(x-1)^2 + Bx + Cx(x-1),$$

令 $x=0$，得 $A=1$；令 $x=1$，得 $B=1$；令 $x=2$，得 $C=-1$. 即

$$\frac{1}{x(x-1)^2} = \frac{1}{x} + \frac{1}{(x-1)^2} - \frac{1}{x-1},$$

所以

$$\int \frac{1}{x(x-1)^2}\,\mathrm{d}x = \int \left[\frac{1}{x} + \frac{1}{(x-1)^2} - \frac{1}{x-1}\right]\mathrm{d}x = \ln|x| - \frac{1}{x-1} - \ln|x-1| + C. \quad ■$$

**例 3**　求不定积分 $\displaystyle\int \frac{1}{(1+2x)(1+x^2)}\,\mathrm{d}x$.

**解**　题设有理式可分解成

$$\frac{1}{(1+2x)(1+x^2)} = \frac{A}{1+2x} + \frac{Bx+C}{1+x^2},$$

其中 $A,B,C$ 为待定常数. 两端消去分母得

$$1 = A(1+x^2) + (Bx+C)(1+2x),$$

整理得

$$1 = (A+2B)x^2 + (B+2C)x + C + A,$$

即

$$A+2B=0,\quad B+2C=0,\quad A+C=1,$$

解得 $A=\dfrac{4}{5}$，$B=-\dfrac{2}{5}$，$C=\dfrac{1}{5}$，所以

$$\int \frac{1}{(1+2x)(1+x^2)}\,\mathrm{d}x = \int \frac{\frac{4}{5}}{1+2x}\,\mathrm{d}x + \int \frac{-\frac{2}{5}x+\frac{1}{5}}{1+x^2}\,\mathrm{d}x$$

$$= \frac{2}{5}\ln|1+2x| - \frac{1}{5}\int \frac{2x}{1+x^2}\,\mathrm{d}x + \frac{1}{5}\int \frac{1}{1+x^2}\,\mathrm{d}x$$

$$= \frac{2}{5}\ln|1+2x| - \frac{1}{5}\ln(1+x^2) + \frac{1}{5}\arctan x + C. \quad ■$$

前面所介绍的求有理函数的不定积分的方法虽然具有普遍适用的特点,但在具体积分时,不应拘泥于上述方法,而应根据被积函数的特点,灵活选用其他各种能简化积分计算的方法.

**例 4** 求不定积分 $\int \dfrac{2x^3+2x^2+5x+5}{x^4+5x^2+4}\,\mathrm{d}x$.

**解** 原式 $= \displaystyle\int \dfrac{2x^3+5x}{x^4+5x^2+4}\,\mathrm{d}x + \int \dfrac{2x^2+5}{x^4+5x^2+4}\,\mathrm{d}x$

$$= \dfrac{1}{2}\int \dfrac{\mathrm{d}(x^4+5x^2+4)}{x^4+5x^2+4} + \int \dfrac{x^2+1+x^2+4}{(x^2+1)(x^2+4)}\,\mathrm{d}x$$

$$= \dfrac{1}{2}\ln|x^4+5x^2+4| + \int \dfrac{\mathrm{d}x}{x^2+4} + \int \dfrac{\mathrm{d}x}{x^2+1}$$

$$= \dfrac{1}{2}\ln|x^4+5x^2+4| + \dfrac{1}{2}\arctan\dfrac{x}{2} + \arctan x + C.$$

## 二、可化为有理函数的积分

### 1. 三角函数有理式的积分

由 $\sin x$,$\cos x$ 和常数经过有限次四则运算构成的函数称为三角有理函数,记为 $R(\sin x, \cos x)$.

三角函数的积分比较灵活,方法很多.在换元积分法和分部积分法中我们都介绍过一些方法.这里,我们主要介绍三角函数有理式的积分方法,其基本思想是通过适当的变换,将三角有理函数的积分化为有理函数的积分.

由三角函数理论我们知道,$\sin x$ 和 $\cos x$ 都可以用 $\tan\dfrac{x}{2}$ 的有理式来表示,即

$$\sin x = 2\sin\dfrac{x}{2}\cos\dfrac{x}{2} = \dfrac{2\tan\dfrac{x}{2}}{\sec^2\dfrac{x}{2}} = \dfrac{2\tan\dfrac{x}{2}}{1+\tan^2\dfrac{x}{2}},$$

$$\cos x = \cos^2\dfrac{x}{2} - \sin^2\dfrac{x}{2} = \dfrac{1-\tan^2\dfrac{x}{2}}{\sec^2\dfrac{x}{2}} = \dfrac{1-\tan^2\dfrac{x}{2}}{1+\tan^2\dfrac{x}{2}},$$

因此,如果令 $u=\tan\dfrac{x}{2}$,则 $x=2\arctan u$,从而有

$$\sin x = \dfrac{2u}{1+u^2}, \quad \cos x = \dfrac{1-u^2}{1+u^2}, \quad \mathrm{d}x = \dfrac{2\,\mathrm{d}u}{1+u^2}. \tag{4.1}$$

由此可见,通过变换 $u=\tan\dfrac{x}{2}$,三角函数有理式的积分总是可以化为有理函数的积分,即

$$\int R(\sin x, \cos x)\,\mathrm{d}x = \int R\left(\frac{2u}{1+u^2}, \frac{1-u^2}{1+u^2}\right)\frac{2}{1+u^2}\,\mathrm{d}u.$$

所以这个变换公式又称为**万能置换公式**.

有些情况下(如三角函数有理式中 $\sin x$ 和 $\cos x$ 的幂次均为偶数时),我们也常用变换 $u = \tan x$,此时易推出

$$\sin x = \frac{u}{\sqrt{1+u^2}}, \quad \cos x = \frac{1}{\sqrt{1+u^2}}, \quad \mathrm{d}x = \frac{1}{1+u^2}\,\mathrm{d}u, \tag{4.2}$$

这个变换公式常称为**修改的万能置换公式**.

**例 5**　求不定积分 $\displaystyle\int \frac{\sin x}{1+\sin x + \cos x}\,\mathrm{d}x$.

**解**　由万能置换公式,令 $u = \tan\dfrac{x}{2}$,则

$$\int \frac{\sin x}{1+\sin x + \cos x}\,\mathrm{d}x = \int \frac{\dfrac{2u}{1+u^2}\cdot\dfrac{2}{1+u^2}\,\mathrm{d}u}{1+\dfrac{2u}{1+u^2}+\dfrac{1-u^2}{1+u^2}} = \int \frac{2u}{(1+u)(1+u^2)}\,\mathrm{d}u$$

$$= \int \frac{2u+1+u^2-1-u^2}{(1+u)(1+u^2)}\,\mathrm{d}u = \int \frac{(1+u)^2-(1+u^2)}{(1+u)(1+u^2)}\,\mathrm{d}u = \int \frac{1+u}{1+u^2}\,\mathrm{d}u - \int \frac{1}{1+u}\,\mathrm{d}u$$

$$= \arctan u + \frac{1}{2}\ln(1+u^2) - \ln|1+u| + C = \frac{x}{2} + \ln\left|\sec\frac{x}{2}\right| - \ln\left|1+\tan\frac{x}{2}\right| + C. \quad ■$$

**例 6**　求不定积分 $\displaystyle\int \frac{1}{\sin^4 x}\,\mathrm{d}x$.

**解**　方法一　由万能置换公式,令 $u = \tan\dfrac{x}{2}$,则

$$\int \frac{1}{\sin^4 x}\,\mathrm{d}x = \int \frac{1}{\left(\dfrac{2u}{1+u^2}\right)^4}\cdot\frac{2}{1+u^2}\,\mathrm{d}u$$

$$= \int \frac{1+3u^2+3u^4+u^6}{8u^4}\,\mathrm{d}u = \frac{1}{8}\left[-\frac{1}{3u^3}-\frac{3}{u}+3u+\frac{u^3}{3}\right]+C$$

$$= -\frac{1}{24\left(\tan\dfrac{x}{2}\right)^3} - \frac{3}{8\tan\dfrac{x}{2}} + \frac{3}{8}\tan\frac{x}{2} + \frac{1}{24}\left(\tan\frac{x}{2}\right)^3 + C.$$

方法二　利用修改的万能置换公式,令 $u = \tan x$,则

$$\int \frac{1}{\sin^4 x}\,\mathrm{d}x = \int \frac{1}{\left(\dfrac{u}{\sqrt{1+u^2}}\right)^4}\cdot\frac{1}{1+u^2}\,\mathrm{d}u = \int \frac{1+u^2}{u^4}\,\mathrm{d}u = -\frac{1}{3u^3}-\frac{1}{u}+C$$

$$= -\frac{1}{3} \cot^3 x - \cot x + C.$$

**方法三** 不用万能置换公式.

$$\int \frac{1}{\sin^4 x} \, dx = \int \csc^2 x \, (1 + \cot^2 x) \, dx = \int \csc^2 x \, dx + \int \cot^2 x \csc^2 x \, dx$$

$$= -\cot x - \frac{1}{3} \cot^3 x + C.$$ ■

**注**: 比较以上三种解法可知, 万能置换不一定是最佳方法, 故三角有理式的计算中先考虑其他手段, 不得已才用万能置换.

**2. 简单无理函数的积分**

求简单无理函数的积分, 其基本思想是利用适当的变换将其有理化, 转化为有理函数的积分. 下面我们通过例子来说明.

**例 7** 求不定积分 $\displaystyle\int \frac{1}{x + \sqrt{x}} \, dx$.

**解** 令变量 $t = \sqrt{x}$, 即作变量代换 $x = t^2 \, (t > 0)$, 从而 $dx = 2t \, dt$, 所以不定积分

$$\int \frac{1}{x + \sqrt{x}} \, dx = \int \frac{1}{t^2 + t} \cdot 2t \, dt = 2 \int \frac{1}{t+1} \, dt = 2 \ln|t+1| + C$$

$$= 2 \ln(\sqrt{x} + 1) + C.$$ ■

**例 8** 求不定积分 $\displaystyle\int \frac{x}{\sqrt[3]{3x+1}} \, dx$.

**解** 令 $t = \sqrt[3]{3x+1}$, 则 $x = \dfrac{t^3 - 1}{3}$, $dx = t^2 \, dt$, 所以

$$\int \frac{x}{\sqrt[3]{3x+1}} \, dx = \int \frac{t^3 - 1}{3t} t^2 \, dt = \frac{1}{3} \int (t^4 - t) \, dt = \frac{1}{3} \left( \frac{t^5}{5} - \frac{t^2}{2} \right) + C$$

$$= \frac{1}{15} (3x+1)^{5/3} - \frac{1}{6} (3x+1)^{2/3} + C.$$ ■

**例 9** 求不定积分 $\displaystyle\int \frac{1}{\sqrt{x}\left(1 + \sqrt[3]{x}\right)} \, dx$.

**解** 为同时消去被积函数中的根式 $\sqrt{x}$ 和 $\sqrt[3]{x}$, 可令 $x = t^6$, 则 $dx = 6t^5 \, dt$, 从而

$$\int \frac{1}{\sqrt{x}\left(1 + \sqrt[3]{x}\right)} \, dx = \int \frac{6t^5}{t^3(1 + t^2)} \, dt = \int \frac{6t^2}{1 + t^2} \, dt = 6 \int \frac{t^2 + 1 - 1}{1 + t^2} \, dt$$

$$= 6 \int \left( 1 - \frac{1}{1 + t^2} \right) dt = 6 \left[ t - \arctan t \right] + C = 6 \left[ \sqrt[6]{x} - \arctan \sqrt[6]{x} \right] + C.$$ ■

**例 10** 求不定积分 $\displaystyle\int \frac{1}{x} \sqrt{\frac{x+1}{x-1}} \, dx$.

**解**　令 $t = \sqrt{\dfrac{x+1}{x-1}}$，则 $x = \dfrac{t^2+1}{t^2-1}$，$\mathrm{d}x = \dfrac{-4t\mathrm{d}t}{(t^2-1)^2}$，于是

$$\int \frac{1}{x}\sqrt{\frac{x+1}{x-1}}\,\mathrm{d}x = -4\int \frac{t^2\mathrm{d}t}{(t^2+1)(t^2-1)}$$

$$= \int \left(\frac{1}{t+1} - \frac{1}{t-1} - \frac{2}{t^2+1}\right)\mathrm{d}t = \ln\left|\frac{t+1}{t-1}\right| - 2\arctan t + C$$

$$= \ln\left(\sqrt{\frac{x+1}{x-1}}+1\right) - \ln\left|\sqrt{\frac{x+1}{x-1}}-1\right| - 2\arctan\sqrt{\frac{x+1}{x-1}} + C.$$ ■

　　本章我们介绍了不定积分的概念及计算方法. 必须指出的是: 初等函数在它有定义的区间上的不定积分一定存在, 但不定积分存在与不定积分能否用初等函数表示出来不是一回事. 事实上, 很多初等函数的不定积分是存在的, 但它们的不定积分却无法用初等函数表示出来, 如

$$\int \mathrm{e}^{-x^2}\,\mathrm{d}x, \quad \int \frac{\sin x}{x}\,\mathrm{d}x, \quad \int \frac{\mathrm{d}x}{\sqrt{1+x^3}}.$$

　　同时, 我们还应了解求函数的不定积分与求函数的导数的区别. 求一个函数的导数总可以循着一定的规则和方法, 而求一个函数的不定积分却无统一的规则可循, 需要具体问题具体分析, 灵活应用各类积分方法和技巧.

　　实际应用中常常利用积分表 (见教材配套的网络学习空间) 来计算不定积分. 求不定积分时可按被积函数的类型从表中查到相应的公式, 或经过少量的运算和代换将被积函数化成表中已有公式的形式.

　　例如, 求不定积分 $\displaystyle\int \frac{1}{5-4\cos x}\,\mathrm{d}x$.

　　被积函数中含有三角函数, 在积分表 (十一) 中查得公式:

　　(105) $\displaystyle\int \frac{\mathrm{d}x}{a+b\cos x} = \frac{2}{a+b}\sqrt{\frac{a+b}{a-b}}\arctan\left(\sqrt{\frac{a-b}{a+b}}\tan\frac{x}{2}\right) + C \ (a^2 > b^2).$

将 $a = 5, b = -4$ 代入, 得

$$\int \frac{1}{5-4\cos x}\,\mathrm{d}x = \frac{2}{3}\arctan\left(3\tan\frac{x}{2}\right) + C.$$

　　又如, 求不定积分 $\displaystyle\int \frac{\mathrm{d}x}{x\sqrt{4x^2+9}}$.

　　积分表中不能直接查出, 需先进行变量代换.

　　令 $2x = u$, 则 $\sqrt{4x^2+9} = \sqrt{u^2+3^2}$, 从而

$$\int \frac{dx}{x\sqrt{4x^2+9}} = \int \frac{\frac{1}{2}du}{\frac{u}{2}\sqrt{u^2+3^2}} = \int \frac{du}{u\sqrt{u^2+3^2}},$$

在积分表(六)中查得公式

$$(37) \qquad \int \frac{dx}{x\sqrt{x^2+a^2}} = \frac{1}{a}\ln\frac{\sqrt{x^2+a^2}-a}{|x|} + C,$$

所以

$$\int \frac{du}{u\sqrt{u^2+3^2}} = \frac{1}{3}\ln\frac{\sqrt{u^2+3^2}-3}{|u|} + C,$$

将 $u=2x$ 代入, 得

$$\int \frac{dx}{x\sqrt{4x^2+9}} = \frac{1}{3}\ln\frac{\sqrt{4x^2+9}-3}{2|x|} + C.$$

### *数学实验

**实验4.3** 试用计算软件求下列不定积分:

(1) $\displaystyle\int \frac{dx}{x^4+1}$ ;

(2) $\displaystyle\int \frac{dx}{(x+1)(x+2)^2(x+3)^3}$ ;

(3) $\displaystyle\int \frac{dx}{x(1+2\sqrt{x}+\sqrt[3]{x})}$ ;

(4) $\displaystyle\int \sqrt{1-x^2}\arcsin x\, dx$ ;

(5) $\displaystyle\int \sqrt{ax^2+bx+c}\, dx$ ;

(6) $\displaystyle\int \frac{dx}{\sqrt{c+bx-ax^2}}$ ;

(7) $\displaystyle\int \sqrt{(x-a)(b-x)}\, dx$ ;

(8) $\displaystyle\int \frac{dx}{a+b\cos x}$ .

计算实验

详见教材配套的网络学习空间.

## 习题 4-4

1. 求下列不定积分:

(1) $\displaystyle\int \frac{x^3}{x+3}\, dx$ ;

(2) $\displaystyle\int \frac{x^5+x^4-8}{x^3-x}\, dx$ ;

(3) $\displaystyle\int \frac{3}{x^3+1}\, dx$ ;

(4) $\displaystyle\int \frac{x+1}{(x-1)^3}\, dx$ ;

(5) $\displaystyle\int \frac{3x+2}{x(x+1)^3}\, dx$ ;

(6) $\displaystyle\int \frac{x\, dx}{(x+2)(x+3)^2}$ ;

(7) $\displaystyle\int \frac{3x}{x^3-1}\, dx$ ;

(8) $\displaystyle\int \frac{1-x-x^2}{(x^2+1)^2}\, dx$ ;

(9) $\displaystyle\int \frac{x\, dx}{(x+1)(x+2)(x+3)}$ ;

(10) $\displaystyle\int \frac{x^2+1}{(x+1)^2(x-1)}\, dx$ ;

(11) $\displaystyle\int \frac{1}{x(x^2+1)}\, dx$ ;

(12) $\displaystyle\int \frac{dx}{(x^2+1)(x^2+x)}$ ;

(13) $\displaystyle\int \frac{1}{x^4+1}\, dx$ ;

(14) $\displaystyle\int \frac{-x^2-2}{(x^2+x+1)^2}\, dx$ .

2. 求下列不定积分：

(1) $\displaystyle\int \frac{\mathrm{d}x}{3+\sin^2 x}$ ;

(2) $\displaystyle\int \frac{\mathrm{d}x}{3+\cos x}$ ;

(3) $\displaystyle\int \frac{\mathrm{d}x}{2+\sin x}$ ;

(4) $\displaystyle\int \frac{\mathrm{d}x}{1+\tan x}$ ;

(5) $\displaystyle\int \frac{\mathrm{d}x}{1+\sin x+\cos x}$ ;

(6) $\displaystyle\int \frac{\mathrm{d}x}{2\sin x-\cos x+5}$ ;

(7) $\displaystyle\int \frac{\mathrm{d}x}{(5+4\sin x)\cos x}$ ;

(8) $\displaystyle\int \frac{1+\sin x}{\sin x(1+\cos x)}\,\mathrm{d}x$ ;

(9) $\displaystyle\int \frac{\mathrm{d}x}{1+\sqrt[3]{x+1}}$ ;

(10) $\displaystyle\int \frac{(\sqrt{x})^3+1}{\sqrt{x}+1}\,\mathrm{d}x$ ;

(11) $\displaystyle\int \frac{\sqrt{x+1}-1}{\sqrt{x+1}+1}\,\mathrm{d}x$ ;

(12) $\displaystyle\int \frac{\mathrm{d}x}{\sqrt{x}+\sqrt[4]{x}}$ ;

(13) $\displaystyle\int \frac{x^3\,\mathrm{d}x}{\sqrt{1+x^2}}$ ;

(14) $\displaystyle\int \sqrt{\frac{a+x}{a-x}}\,\mathrm{d}x$ ;

(15) $\displaystyle\int \frac{\mathrm{d}x}{\sqrt[3]{(x+1)^2(x-1)^4}}$ .

# 总 习 题 四

1. 设 $f(x)$ 的一个原函数是 $\mathrm{e}^{-2x}$，则 $f(x)=(\quad)$.

(A) $\mathrm{e}^{-2x}$ ;

(B) $-2\mathrm{e}^{-2x}$ ;

(C) $-4\mathrm{e}^{-2x}$ ;

(D) $4\mathrm{e}^{-2x}$ .

2. 设 $\displaystyle\int xf(x)\,\mathrm{d}x=\arcsin x+C$，则 $\displaystyle\int \frac{\mathrm{d}x}{f(x)}=$ _____ .

3. 设 $f(x^2-1)=\ln\dfrac{x^2}{x^2-2}$，且 $f[\varphi(x)]=\ln x$，求 $\displaystyle\int \varphi(x)\,\mathrm{d}x$.

4. 设 $F(x)$ 为 $f(x)$ 的原函数，当 $x\geqslant 0$ 时，有 $f(x)F(x)=\sin^2 2x$，且 $F(0)=1$，$F(x)\geqslant 0$，试求 $f(x)$.

5. 求下列不定积分：

(1) $\displaystyle\int x\sqrt{2-5x}\,\mathrm{d}x$ ;

(2) $\displaystyle\int \frac{\mathrm{d}x}{x\sqrt{x^2-1}}\ (x>1)$ ;

(3) $\displaystyle\int \frac{2^x 3^x}{9^x-4^x}\,\mathrm{d}x$ ;

(4) $\displaystyle\int \frac{x^2}{a^6-x^6}\,\mathrm{d}x\ (a>0)$ ;

(5) $\displaystyle\int \frac{\mathrm{d}x}{\sqrt{x(1+x)}}$ ;

(6) $\displaystyle\int \frac{\mathrm{d}x}{x(2+x^{10})}$ ;

(7) $\displaystyle\int \frac{7\cos x-3\sin x}{5\cos x+2\sin x}\,\mathrm{d}x$ ;

(8) $\displaystyle\int \frac{\mathrm{e}^x(1+\sin x)}{1+\cos x}\,\mathrm{d}x$ .

6. 求不定积分：$\displaystyle\int \left[\frac{f(x)}{f'(x)}-\frac{f^2(x)f''(x)}{f'^3(x)}\right]\mathrm{d}x$.

7. 设 $I_n=\displaystyle\int \tan^n x\,\mathrm{d}x$，求证：$I_n=\dfrac{1}{n-1}\tan^{n-1}x-I_{n-2}$，并求 $\displaystyle\int \tan^5 x\,\mathrm{d}x$.

8. $\displaystyle\int \sqrt{\frac{1+x}{1-x}}\,\mathrm{d}x=(\quad)$.

(A) $x-\cos x+C$ ;

(B) $\arcsin x-\sqrt{1-x^2}+C$ ;

(C) $\arcsin x + \sqrt{1-x^2} + C$;　　　　　　　　　　(D) $\arccos x - \sqrt{1-x^2} + C$.

9. 设不定积分 $I_1 = \int \dfrac{1+x}{x(1+xe^x)}\,dx$, $I_2 = \int \dfrac{du}{u(1+u)}$, 则有 (　　).

(A) $I_1 = I_2 + x$;　　　　(B) $I_1 = I_2 - x$;　　　　(C) $I_1 = -I_2$;　　　　(D) $I_1 = I_2$.

10. 求下列不定积分:

(1) $\displaystyle\int \dfrac{dx}{x\sqrt{1+x^4}}$;

(2) $\displaystyle\int \dfrac{x+1}{x^2\sqrt{x^2-1}}\,dx$;

(3) $\displaystyle\int \dfrac{x+2}{x^2\sqrt{1-x^2}}\,dx$;

(4) $\displaystyle\int \dfrac{dx}{(1+x^2)\sqrt{1-x^2}}$;

(5) $\displaystyle\int \dfrac{dx}{x\sqrt{4-x^2}}$.

11. 求下列不定积分:

(1) $\displaystyle\int \ln(x+\sqrt{1+x^2})\,dx$;

(2) $\displaystyle\int \ln(x^2+2)\,dx$;

(3) $\displaystyle\int x\tan x\sec^4 x\,dx$;

(4) $\displaystyle\int \dfrac{x^2}{1+x^2}\arctan x\,dx$;

(5) $\displaystyle\int \dfrac{\ln(1+x^2)}{x^3}\,dx$;

(6) $\displaystyle\int \dfrac{x}{1+\cos x}\,dx$.

12. 求不定积分: $\displaystyle\int x^n e^x\,dx$, $n$ 为自然数.

13. 已知 $f'(\sin^2 x) = \cos 2x + \tan^2 x$, $0 < x < \dfrac{\pi}{2}$, 求 $f(x)$.

14. 求下列不定积分:

(1) $\displaystyle\int \dfrac{x^{11}\,dx}{x^8+3x^4+2}$;

(2) $\displaystyle\int \dfrac{1-x^8}{x(1+x^8)}\,dx$;

(3) $\displaystyle\int \dfrac{x^3-2x+1}{(x-2)^{100}}\,dx$;

(4) $\displaystyle\int \dfrac{x}{(x^2+1)(x^2+4)}\,dx$;

(5) $\displaystyle\int \dfrac{dx}{(x^2+1)(x^2+x+1)}$;

(6) $\displaystyle\int \dfrac{\sqrt[3]{x}}{x(\sqrt{x}+\sqrt[3]{x})}\,dx$;

(7) $\displaystyle\int \dfrac{\sqrt{x(x+1)}}{\sqrt{x}+\sqrt{x+1}}\,dx$;

(8) $\displaystyle\int \dfrac{1}{(x-1)\sqrt{x^2-2}}\,dx$;

(9) $\displaystyle\int \dfrac{dx}{\sqrt[3]{(x+1)^2(x-1)^4}}$;

(10) $\displaystyle\int \dfrac{x\,dx}{\sqrt{1+x^2+\sqrt{(1+x^2)^3}}}$.

15. 求下列不定积分:

(1) $\displaystyle\int \dfrac{dx}{\sin 2x + 2\sin x}$;

(2) $\displaystyle\int \dfrac{\tan(x/2)}{1+\sin x+\cos x}\,dx$;

(3) $\displaystyle\int \dfrac{dx}{\sin^3 x\cos x}$;

(4) $\displaystyle\int \dfrac{\sin x\cos x}{\sin x+\cos x}\,dx$;

(5) $\displaystyle\int \sin x\sin 2x\sin 3x\,dx$;

(6) $\displaystyle\int \dfrac{\sin x\cos x}{\sin^4 x+\cos^4 x}\,dx$;

(7) $\dfrac{1}{2}\displaystyle\int \dfrac{1-r^2}{1-2r\cos x+r^2}\,dx$ $(0<r<1,\ -\pi<x<\pi)$;

(8) $\displaystyle\int \dfrac{4\sin x+3\cos x}{\sin x+2\cos x}\,dx$.

16. 求 $\displaystyle\int \max\{1,|x|\}\,dx$.

17. 设 $y(x-y)^2 = x$, 求 $\displaystyle\int \dfrac{1}{x-3y}\,dx$.

18. 设 $f(x)$ 定义在 $(a,b)$ 上, $c\in(a,b)$, 又 $f(x)$ 在 $(a,b)\setminus\{c\}$ 连续, $c$ 为 $f(x)$ 的第一类间断点, 问 $f(x)$ 在 $(a,b)$ 内是否存在原函数? 为什么?

**数学家简介 [4]**

# 牛 顿

## —— 科学巨擘

数学和科学中的巨大进展，几乎总是建立在作出一点一滴贡献的许多人的工作之上．需要一个人来走那最高和最后的一步，这个人要能够敏锐地从纷乱的猜测和说明中清理出前人有价值的想法，有足够的想象力把这些碎片重新组织起来，并且足够大胆地制定一个宏伟的计划．在微积分中，这个人就是牛顿．

牛　顿

牛顿 (Newton, Isaac)，1642 年 12 月 25 日生于英国林肯郡的一个普通农民家庭．父亲在他出生前两个月就去世了，母亲在他 3 岁时改嫁，从那以后，他被寄养在贫穷的外祖母家．牛顿并不是神童，他从小在低标准的地方学校接受教育，学业平庸，时常受到老师的批评和同学的欺负．上中学时，牛顿对机械模型设计有特别的兴趣，曾制作了水车、风车、木钟等许多玩具．1659 年，17 岁的牛顿被母亲召回管理田庄，但在牛顿的舅父和当地格兰瑟姆中学校长的反复劝说下，他母亲最终同意让牛顿复学．1660 年秋，牛顿在辍学 9 个月后又回到了格兰瑟姆中学，为升学做准备．

1661 年，牛顿如愿以偿，以优异的成绩考入久负盛名的剑桥大学三一学院，开始了苦读生涯．大学期间除了巴罗 (Barrow) 外，他从他的老师那里只得到了很少的一点鼓舞，他自己做实验并且研读了大量自然科学著作，其中包括笛卡儿 (Descartes) 的《哲学原理》、伽利略 (Galileo) 的《恒星使节》与《两大世界体系的对话》、开普勒 (Kepler) 的《光学》等著作．大学课程刚结束，学校因为伦敦地区鼠疫流行而关闭．他回到家乡，度过了 1665 年和 1666 年，并在那里开始了他在机械、数学和光学上的伟大工作．由观察苹果落地，他发现了万有引力定律，这是打开无所不包的力学科学的钥匙．他研究流数法和反流数法，获得了解决微积分问题的一般方法．他用三棱镜分解出七色彩虹，作出了划时代的发现，即像太阳光那样的白光，实际上是由从紫到红的各种颜色混合而成的．"所有这些"，牛顿后来说，"是在 1665 年和 1666 年两个鼠疫年中做的，因为在这些日子里，我正处在发现力最旺盛的时期，而且对于数学和 (自然) 哲学的关心，比其他任何时候都多．"后世有人评说："科学史上没有别的成功的例子能和牛顿这两年黄金岁月相比．"

1667 年复活节后不久，牛顿回到剑桥，但他对自己的重大发现却未作宣布．当年的 10 月他被选为三一学院的初级委员．翌年，获得硕士学位，同时成为高级委员．1669 年，39 岁的巴罗认识到牛顿的才华，主动宣布牛顿的学识已超过自己，欣然把卢卡斯 (Lucas) 教授的职位让给了年仅 26 岁的牛顿，这件事成了科学史上的一段佳话．

牛顿是他那个时代的世界著名的物理学家、数学家和天文学家．牛顿工作的最大特点是辛勤劳动和独立思考．他有时不分昼夜地工作，常常好几个星期一直在实验室里度过．他总是不满足于自己的成就，是个非常谦虚的人．他说："我不知道，在别人看来，我是什么样的人．但在自己看来，我不过就像是一个在海滨玩耍的小孩，为不时发现比寻常更为光滑的一块卵石或比寻常更为美丽的一片贝壳而沾沾自喜，而对于展现在我面前的浩瀚的真理的海洋，却全然没有发现．"

在牛顿的全部科学贡献中，数学成就占有突出的地位，这不仅因为这些成就开拓了崭新的近代数学，而且因为牛顿正是依靠他所创立的数学方法实现了自然科学的一次巨大综合，从而开拓了近代科学．单就数学方面的成就，就使他与古希腊的阿基米德、德国的"数学王子"高斯一起，被称为人类有史以来最杰出的三大数学家．

微积分的发明和制定是牛顿最卓越的数学成就．微积分所处理的一些具体问题，如切线问题、求积问题、瞬时速度问题和函数的极大、极小值问题等，在牛顿之前就已经有人研究．17世纪上半叶，天文学、力学与光学等自然科学的发展使这些问题的解决日益成为燃眉之急．当时几乎所有的科学大师都竭力寻求有关的数学新工具，特别是描述运动与变化的无穷小算法，并且在牛顿诞生前后的一个时期内取得了迅速发展．牛顿超越前人的功绩在于他能站在更高的角度，对以往分散的努力加以综合，将自古希腊以来求解无限小问题的各种技巧统一为两类普遍的算法 —— 微分与积分，并确立了这两类运算的互逆关系，从而完成了微积分发明中最后的也是最关键的一步，为其深入发展与广泛应用铺平了道路．

牛顿将毕生的精力奉献于数学和科学事业，为人类作出了卓越的贡献，赢得了崇高的社会地位和荣誉．自1669年担任卢卡斯教授职位后，1672年由于设计、制造了反射望远镜，他被选为英国皇家学会的会员．1688年，被推选为国会议员．1697年，出版了不朽之作《自然哲学的数学原理》．1699年任英国造币厂厂长．1703年当选为英国皇家学会会长，以后连选连任，直至逝世．1705年被英国女王封为爵士，达到了他一生荣誉之巅．1727年3月31日，牛顿在患肺炎与痛风症后溘然辞世，葬礼在威斯敏斯特大教堂耶路撒冷厅隆重举行．当时参加了牛顿葬礼的伏尔泰（F. M. A. Voltaire）看到英国的大人物都争相抬牛顿的灵柩后感叹说："英国人悼念牛顿就像悼念一位造福于民的国王．"三年后，诗人蒲柏(A. Pope)在为牛顿所作的墓志铭中写下了这样的名句：

自然和自然规律隐藏在黑夜里，

上帝说：降生牛顿！

于是世界就充满光明．

# 第5章 定 积 分

不定积分是微分法逆运算的一个侧面，本章要介绍的定积分则是它的另一个侧面. 定积分起源于求图形的面积和体积等实际问题. 古希腊的阿基米德用"穷竭法"，我国的刘徽用"割圆术"，都曾计算过一些几何体的面积和体积，这些均为定积分的雏形. 直到 17 世纪中叶，牛顿和莱布尼茨先后提出了定积分的概念，并发现了积分与微分之间的内在联系，给出了计算定积分的一般方法，从而才使定积分成为解决有关实际问题的有力工具，并使各自独立的微分学与积分学联系在一起，构成了完整的理论体系 —— 微积分学.

本章先从几何问题与力学问题引入定积分的定义，然后讨论定积分的性质、计算方法.

## §5.1 定积分概念

我们先从分析和解决几个典型问题入手，看一下定积分的概念是怎样从现实原型中抽象出来的.

### 一、引例

#### 1. 曲边梯形的面积

在中学，我们学过求矩形、三角形等以直线为边的图形的面积. 但在实际应用中，往往需要求以曲线为边的图形 (曲边形) 的面积.

设 $y=f(x)$ 在区间 $[a, b]$ 上非负、连续. 在直角坐标系中，由曲线 $y=f(x)$、直线 $x=a$、$x=b$ 和 $y=0$ 围成的图形称为**曲边梯形** (见图 5–1–1).

由于任何一个曲边形总可以分割成多个曲边梯形来考虑，因此，求曲边形面积的问题就转化为求曲边梯形面积的问题.

如何求曲边梯形的面积呢？

我们知道，矩形的面积 = 底 × 高，而曲边梯形

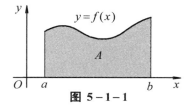

图 5–1–1

在底边上各点的高 $f(x)$ 在区间 $[a, b]$ 上是变化的，故它的面积不能直接按矩形的面积公式来计算. 然而，由于 $f(x)$ 在区间 $[a, b]$ 上是连续变化的，在很小一段区间上

它的变化也很小, 因此, 若把区间 $[a, b]$ 划分为许多个小区间, 在每个小区间上用其中某一点处的高来近似代替同一小区间上的**小曲边梯形**的高, 则每个**小曲边梯形**就可以近似看成**小矩形**, 我们就以所有这些**小矩形**的面积之和作为曲边梯形面积的近似值. 当把区间 $[a, b]$ 无限细分, 使得每个小区间的长度趋于零时, 所有小矩形面积之和的极限就可以定义为**曲边梯形的面积**. 这个定义同时也给出了计算曲边梯形面积的方法:

(1) **分割** 在区间 $[a, b]$ 中任意插入 $n-1$ 个分点

$$a = x_0 < x_1 < x_2 < \cdots < x_{n-1} < x_n = b,$$

把 $[a, b]$ 分成 $n$ 个小区间 $[x_0, x_1]$, $[x_1, x_2]$, $\cdots$, $[x_{n-1}, x_n]$, 它们的长度分别为

$$\Delta x_1 = x_1 - x_0, \ \Delta x_2 = x_2 - x_1, \cdots, \ \Delta x_n = x_n - x_{n-1}.$$

过每个分点, 作平行于 $y$ 轴的直线段, 把曲边梯形分为 $n$ 个小曲边梯形 ( 见图 5–1–2). 在每个小区间 $[x_{i-1}, x_i]$ 上任取一点 $\xi_i$, 用以 $[x_{i-1}, x_i]$ 为底、$f(\xi_i)$ 为高的小矩形近似代替第 $i$ 个小曲边梯形 ( $i = 1, 2, \cdots, n$), 则第 $i$ 个小曲边梯形的面积近似为 $f(\xi_i)\Delta x_i$.

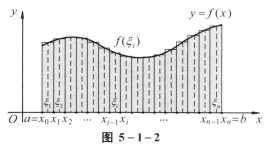

**图 5 – 1 – 2**

(2) **求和** 将这样得到的 $n$ 个小矩形的面积之和作为所求的曲边梯形面积 $A$ 的近似值, 即

$$A \approx f(\xi_1)\Delta x_1 + f(\xi_2)\Delta x_2 + \cdots + f(\xi_n)\Delta x_n = \sum_{i=1}^{n} f(\xi_i)\Delta x_i.$$

(3) **取极限** 为保证所有小区间的长度都趋于零, 我们要求小区间长度中的最大值趋于零, 若记

$$\lambda = \max\{\Delta x_1, \Delta x_2, \cdots, \Delta x_n\},$$

则上述条件可表示为 $\lambda \to 0$, 当 $\lambda \to 0$ 时 ( 这时小区间的个数 $n$ 无限增多, 即 $n \to \infty$), 取上述和式的极限, 便得到曲边梯形的面积

$$A = \lim_{\lambda \to 0} \sum_{i=1}^{n} f(\xi_i)\Delta x_i.$$

**2. 变速直线运动的路程**

在初等物理中, 我们知道, 对于匀速直线运动有下列公式:

$$路程 = 速度 \times 时间.$$

现在我们来考察变速直线运动：设某物体作直线运动，已知速度 $v = v(t)$ 是时间间隔 $[T_1, T_2]$ 上 $t$ 的连续函数，且 $v(t) \geq 0$，求物体在这段时间内所经过的路程 $s$.

在这个问题中，速度随时间 $t$ 而变化，因此，所求路程不能直接按匀速直线运动的公式来计算. 然而，由于 $v(t)$ 是连续变化的，在很短一段时间内，其速度的变化也很小，可近似看作匀速的情形. 因此，若把时间间隔划分为许多个小时间段，在每个小时间段内，以匀速运动代替变速运动，则可以计算出在每个小时间段内路程的近似值；再对每个小时间段内路程的近似值求和，则得到整个路程的近似值；最后，利用求极限的方法算出路程的精确值. 具体步骤如下：

(1) **分割**　在时间间隔 $[T_1, T_2]$ 中任意插入 $n-1$ 个分点
$$T_1 = t_0 < t_1 < t_2 < \cdots < t_{n-1} < t_n = T_2,$$
把 $[T_1, T_2]$ 分成 $n$ 个小时间段
$$[t_0, t_1],\ [t_1, t_2],\ \cdots,\ [t_{n-1}, t_n],$$
各小时间段的长度分别为
$$\Delta t_1 = t_1 - t_0, \cdots, \Delta t_i = t_i - t_{i-1}, \cdots, \Delta t_n = t_n - t_{n-1},$$
而各小时间段内物体经过的路程依次为：$\Delta s_1, \cdots, \Delta s_i, \cdots, \Delta s_n$.

在每个小时间段 $[t_{i-1}, t_i]$ 上任取一点 $\tau_i$，再以时刻 $\tau_i$ 的速度 $v(\tau_i)$ 近似代替 $[t_{i-1}, t_i]$ 上各时刻的速度，得到小时间段 $[t_{i-1}, t_i]$ 内物体经过的路程 $\Delta s_i$ 的近似值，即
$$\Delta s_i \approx v(\tau_i) \Delta t_i \quad (i = 1, 2, \cdots, n).$$

(2) **求和**　将这样得到的 $n$ 个小时间段上路程的近似值之和作为所求变速直线运动路程的近似值，即
$$s = \Delta s_1 + \Delta s_2 + \cdots + \Delta s_n = \sum_{i=1}^{n} \Delta s_i \approx \sum_{i=1}^{n} v(\tau_i) \Delta t_i.$$

(3) **取极限**　记 $\lambda = \max\{\Delta t_1, \Delta t_2, \cdots, \Delta t_n\}$，当 $\lambda \to 0$ 时，取上述和式的极限，便得到变速直线运动路程的精确值
$$s = \lim_{\lambda \to 0} \sum_{i=1}^{n} v(\tau_i) \Delta t_i.$$

## 二、定积分的定义

从前述两个引例我们看到，无论是求曲边梯形的面积问题，还是求变速直线运动的路程问题，实际背景完全不同，但通过"分割、求和、取极限"，都能转化为形如 $\sum_{i=1}^{n} f(\xi_i) \Delta x_i$ 的和式的极限问题. 由此可抽象出定积分的定义.

**定义 1**　设 $f(x)$ 在 $[a, b]$ 上有界，在 $[a, b]$ 中任意插入 $n-1$ 个分点
$$a = x_0 < x_1 < x_2 < \cdots < x_{n-1} < x_n = b,$$
把区间 $[a, b]$ 分割成 $n$ 个小区间

$$[x_0, x_1], \quad [x_1, x_2], \cdots, [x_{n-1}, x_n],$$

各小区间的长度依次为

$$\Delta x_1 = x_1 - x_0, \quad \Delta x_2 = x_2 - x_1, \cdots, \Delta x_n = x_n - x_{n-1}.$$

在每个小区间 $[x_{i-1}, x_i]$ 上任取一点 $\xi_i (x_{i-1} \le \xi_i \le x_i)$，作函数值 $f(\xi_i)$ 与小区间长度 $\Delta x_i$ 的乘积 $f(\xi_i)\Delta x_i$ ($i = 1, 2, \cdots, n$)，并作和式

$$S_n = \sum_{i=1}^{n} f(\xi_i)\Delta x_i.$$

记 $\lambda = \max\{\Delta x_1, \Delta x_2, \cdots, \Delta x_n\}$，如果不论对 $[a, b]$ 采取怎样的分法，也不论在小区间 $[x_{i-1}, x_i]$ 上点 $\xi_i$ 采取怎样的取法，只要当 $\lambda \to 0$ 时，和 $S_n$ 总趋于确定的极限 $I$，我们就称这个极限 $I$ 为函数 $f(x)$ 在区间 $[a, b]$ 上的**定积分**，记为

$$\int_a^b f(x)\mathrm{d}x = I = \lim_{\lambda \to 0} \sum_{i=1}^{n} f(\xi_i)\Delta x_i,$$

其中，$f(x)$ 称为**被积函数**，$f(x)\mathrm{d}x$ 称为**被积表达式**，$x$ 称为**积分变量**，$[a, b]$ 称为**积分区间**，$a$ 称为积分的**下限**，$b$ 称为积分的**上限**.

关于定积分的定义，我们要作以下几点说明：

(1) 定积分 $\int_a^b f(x)\mathrm{d}x$ 是和式 $\sum_{i=1}^{n} f(\xi_i)\Delta x_i$ 的极限值，即为一个确定的常数. 这个常数只与被积函数 $f(x)$ 和积分区间 $[a, b]$ 有关，而与积分变量用哪个字母表达无关，即有 $\int_a^b f(x)\mathrm{d}x = \int_a^b f(t)\mathrm{d}t = \int_a^b f(u)\mathrm{d}u$.

(2) 定义中区间的分法和 $\xi_i$ 的取法是任意的.

(3) $\sum_{i=1}^{n} f(\xi_i)\Delta x_i$ 通常称为函数 $f(x)$ 的**积分和**. 当函数 $f(x)$ 在区间 $[a, b]$ 上的定积分存在时，我们称 $f(x)$ 在区间 $[a, b]$ 上**可积**，否则称为**不可积**.

关于定积分，还有一个重要的问题：函数 $f(x)$ 在区间 $[a, b]$ 上满足怎样的条件，$f(x)$ 在区间 $[a, b]$ 上一定可积？这个问题本书不作深入讨论，只给出下面两个定理.

**定理 1** 若函数 $f(x)$ 在区间 $[a, b]$ 上连续，则 $f(x)$ 在区间 $[a, b]$ 上可积.

**定理 2** 若函数 $f(x)$ 在区间 $[a, b]$ 上有界，且只有有限个间断点，则 $f(x)$ 在区间 $[a, b]$ 上可积.

根据定积分的定义，本节的两个引例可以简洁地表述为：

(1) 由连续曲线 $y = f(x)$ ($f(x) \ge 0$)、直线 $x = a$、$x = b$ 及 $x$ 轴围成的曲边梯形的面积 $A$ 等于函数 $f(x)$ 在区间 $[a, b]$ 上的定积分，即

$$A = \int_a^b f(x)\mathrm{d}x.$$

(2) 以变速 $v = v(t)$ ($v(t) \ge 0$) 作直线运动的物体，从时刻 $t = T_1$ 到时刻 $t = T_2$

所经过的路程 $s$ 等于函数 $v(t)$ 在时间间隔 $[T_1, T_2]$ 上的定积分, 即

$$s = \int_{T_1}^{T_2} v(t)\,\mathrm{d}t.$$

**例1**　利用定积分的定义计算定积分 $\int_0^1 x^2\mathrm{d}x$.

**解**　因 $f(x) = x^2$ 在 $[0, 1]$ 上连续, 故被积函数是可积的, 从而定积分的值与对区间 $[0, 1]$ 的分法及 $\xi_i$ 的取法无关. 不妨将区间 $[0, 1]$ $n$ 等分 (见图 5-1-3), 分点为

$$x_i = \frac{i}{n}\ (i = 1, 2, \cdots, n-1);$$

这样, 每个小区间 $[x_{i-1}, x_i]$ 的长度为

$$\lambda = \Delta x_i = \frac{1}{n}\ (i = 1, 2, \cdots, n);$$

$\xi_i$ 取每个小区间的右端点

$$\xi_i = x_i\ (i = 1, 2, \cdots, n),$$

则得到积分和式

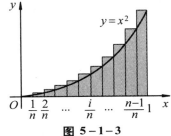

**图 5-1-3**

$$\sum_{i=1}^n f(\xi_i)\Delta x_i = \sum_{i=1}^n \xi_i^2 \Delta x_i = \sum_{i=1}^n x_i^2 \Delta x_i$$

$$= \sum_{i=1}^n \left(\frac{i}{n}\right)^2 \cdot \frac{1}{n} = \frac{1}{n^3}\sum_{i=1}^n i^2 = \frac{1}{n^3}(1^2 + 2^2 + \cdots + n^2)$$

$$= \frac{1}{n^3} \cdot \frac{n(n+1)(2n+1)}{6} = \frac{1}{6}\left(1 + \frac{1}{n}\right)\left(2 + \frac{1}{n}\right).$$

当 $\lambda \to 0$, 即 $n \to \infty$ 时, 取上式右端的极限. 根据定积分的定义, 即得到所求的定积分为

$$\int_0^1 x^2\mathrm{d}x = \lim_{\lambda \to 0} \sum_{i=1}^n \xi_i^2 \Delta x_i = \lim_{n \to \infty} \frac{1}{6}\left(1 + \frac{1}{n}\right)\left(2 + \frac{1}{n}\right) = \frac{1}{3}. \quad ■$$

**注**: 求定积分的过程体现了事物变化从量变到质变的完整过程, 其中蕴含着丰富的辩证思维.

恩格斯指出: "初等数学, 即常数的数学, 是在形式逻辑的范围内活动的, 至少总的说来是这样; 而变量数学 —— 其中最主要的部分是微积分 —— 本质上不外乎是辩证法在数学方面的应用." 从初等数学到变量数学的过渡, 反映了人类思维从形式逻辑向辩证逻辑的跨越, 是人类的认识能力由低级向高级的发展.

求曲边梯形的面积和求变速直线运动的路程的前两步, 即 "分割" 和 "求和", 是初等数学方法的体现, 也是初等数学方法中形式逻辑思维的体现. 只有第三步 "取极限" 这种蕴含于变量数学中的丰富的辩证逻辑思维, 才使得微积分巧妙地、有效地解决了初等数学所不能解决的问题.

### 三、定积分的近似计算

由例 1 的计算过程可见, 对于任一确定的自然数 $n$, 积分和

$$\sum_{i=1}^{n} f(\xi_i)\Delta x_i = \frac{1}{6}\left(1+\frac{1}{n}\right)\left(2+\frac{1}{n}\right)$$

都是定积分 $\int_0^1 x^2\,\mathrm{d}x$ 的近似值. 当 $n$ 取不同的值时, 就可得到定积分 $\int_0^1 x^2\,\mathrm{d}x$ 的精度不同的近似值. 一般来说, $n$ 取值越大, 近似程度就越好.

下面我们就一般情形来讨论定积分的近似计算问题.

若函数 $f(x)$ 在区间 $[a, b]$ 上连续, 则定积分 $\int_a^b f(x)\,\mathrm{d}x$ 存在. 如同例 1, 我们将区间 $[a, b]$ 分成 $n$ 个长度相等的小区间

$$a = x_0 < x_1 < x_2 < \cdots < x_{n-1} < x_n = b,$$

每个小区间 $[x_{i-1}, x_i]\,(i=1, 2, \cdots, n)$ 的长度均为 $\Delta x = \dfrac{b-a}{n}$, 任取 $\xi_i \in [x_{i-1}, x_i]$, 则有

$$\int_a^b f(x)\,\mathrm{d}x = \lim_{n\to\infty} \frac{b-a}{n} \sum_{i=1}^{n} f(\xi_i).$$

从而对于任一确定的自然数 $n$, 有

$$\int_a^b f(x)\,\mathrm{d}x \approx \frac{b-a}{n} \sum_{i=1}^{n} f(\xi_i). \tag{1.1}$$

在式 (1.1) 中, 若取 $\xi_i = x_{i-1}$, 则得到

$$\int_a^b f(x)\,\mathrm{d}x \approx \frac{b-a}{n} \sum_{i=1}^{n} f(x_{i-1}),$$

记 $f(x_i) = y_i\,(i=0, 1, 2, \cdots, n)$, 则上式可记为

$$\int_a^b f(x)\,\mathrm{d}x \approx \frac{b-a}{n}(y_0 + y_1 + y_2 + \cdots + y_{n-1}). \tag{1.2}$$

在式 (1.1) 中, 若取 $\xi_i = x_i$, 则可得到近似公式

$$\int_a^b f(x)\,\mathrm{d}x \approx \frac{b-a}{n}(y_1 + y_2 + y_3 + \cdots + y_n). \tag{1.3}$$

以上求定积分近似值的方法称为**矩形法**, 式 (1.2) 称为**左矩形公式**, 式 (1.3) 称为**右矩形公式**.

矩形法的几何意义非常明确, 就是用小矩形的面积近似作为小曲边梯形的面积, 总体上用阶梯形的面积作为整个曲边梯形面积的近似值 (见图 5−1−4).

定积分的近似计算法很多, 这里不再作介绍, 随着计算机应

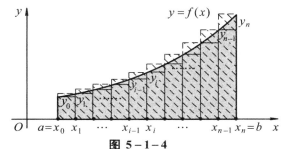

**图 5−1−4**

用的普及，利用现成的数学软件计算定积分的近似值已变得非常方便.

**例2** 用矩形法计算定积分 $\int_0^1 e^{-x^2}dx$ 的近似值.

**解** 把区间十等分，设分点为 $x_i\,(i=0,1,\cdots,10)$，并设相应的函数值为 $y_i=e^{-x_i^2}$ $(i=0,1,\cdots,10)$，列表如下：

| $i$ | 0 | 1 | 2 | 3 | 4 | 5 |
|---|---|---|---|---|---|---|
| $x_i$ | 0 | 0.1 | 0.2 | 0.3 | 0.4 | 0.5 |
| $y_i$ | 1.000 00 | 0.990 05 | 0.960 79 | 0.913 93 | 0.852 14 | 0.778 80 |

| $i$ | 6 | 7 | 8 | 9 | 10 |
|---|---|---|---|---|---|
| $x_i$ | 0.6 | 0.7 | 0.8 | 0.9 | 1 |
| $y_i$ | 0.697 68 | 0.612 63 | 0.527 29 | 0.444 86 | 0.367 88 |

利用 **左矩形公式** (1.2)，得

$$\int_0^1 e^{-x^2}dx \approx (y_0+y_1+\cdots+y_9)\times\frac{1-0}{10}\approx 0.777\,82.$$

利用 **右矩形公式** (1.3)，得

$$\int_0^1 e^{-x^2}dx \approx (y_1+y_2+\cdots+y_{10})\times\frac{1-0}{10}\approx 0.714\,61.$$

**\*数学实验**

**实验5.1** 利用定积分定义计算定积分的近似值：

(1) 利用定义计算定积分 $\int_0^1 x^3\,dx$；

(2) 利用定义计算定积分 $\int_0^{2\pi}\ln(5-4\cos x)\,dx$；

(3) 改变 (1) 中区间细分的量，作图对比不同的效果.

详见教材配套的网络学习空间.

计算实验

# 习题 5-1

1. 利用定积分的定义计算由抛物线 $y=x^2+1$、直线 $x=a$、$x=b\,(b>a)$ 及横轴围成的图形的面积.

2. 利用定积分的定义计算下列积分：

(1) $\int_a^b x\,dx\,(a<b)$；    (2) $\int_1^e \ln x\,dx$.

3. 利用定积分的几何意义，说明下列等式：

(1) $\int_0^1 2x\,dx=1$；    (2) $\int_{-\pi}^{\pi}\sin x\,dx=0$.

4. 利用定积分的几何意义求 $\int_a^b\sqrt{(x-a)(b-x)}\,dx\,(b>0)$ 的值.

5. 试将下列极限表示成定积分.

(1) $\lim\limits_{\lambda \to 0} \sum\limits_{i=1}^{n} (\xi_i^2 - 3\xi_i) \Delta x_i$，$\lambda$ 是 $[-7, 5]$ 上的分割；

(2) $\lim\limits_{\lambda \to 0} \sum\limits_{i=1}^{n} \sqrt{4 - \xi_i^2} \, \Delta x_i$，$\lambda$ 是 $[0, 1]$ 上的分割.

6. 试将和式的极限 $\lim\limits_{n \to \infty} \dfrac{1^p + 2^p + \cdots + n^p}{n^{p+1}}$ $(p > 0)$ 表示成定积分.

7. 有一条河，宽为 200 米，从一岸到正对岸每隔 20 米测量一次水深，测得数据 (单位：米) 如下表：

| $x$（宽） | 0 | 20 | 40 | 60 | 80 | 100 |
|---|---|---|---|---|---|---|
| $y$（深） | 2 | 5 | 9 | 11 | 19 | 17 |
| $x$（宽） | 120 | 140 | 160 | 180 | 200 | |
| $y$（深） | 21 | 15 | 11 | 6 | 3 | |

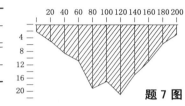

题 7 图

试用梯形公式求此河横截面面积的近似值.

(**提示**：梯形公式 $\int_a^b f(x)\mathrm{d}x \approx \dfrac{b-a}{n}\left( \dfrac{y_0 + y_1}{2} + \dfrac{y_1 + y_2}{2} + \cdots + \dfrac{y_{n-1} + y_n}{2} \right)$.)

8. 某跑车 36s 内 (0.01h) 速度从 0 加速到 228km/h 的数据如下表所示：

| $t$(h) | 0.0 | 0.001 | 0.002 | 0.003 | 0.004 | 0.005 | 0.006 | 0.007 | 0.008 | 0.009 | 0.010 |
|---|---|---|---|---|---|---|---|---|---|---|---|
| $v(t)$(km/h) | 0 | 64 | 100 | 132 | 154 | 174 | 187 | 201 | 212 | 220 | 228 |

用矩形法估算该跑车在 36s 内速度达到 228km/h 时行进的路程.

# §5.2　定积分的性质

为了进一步讨论定积分的理论与计算，本节我们要介绍定积分的一些性质. 在下面的讨论中假定被积函数是可积的. 同时，为计算和应用方便起见，我们先对定积分作两点补充规定：

(1) 当 $a = b$ 时，$\int_a^b f(x)\mathrm{d}x = 0$；

(2) 当 $a > b$ 时，$\int_a^b f(x)\mathrm{d}x = -\int_b^a f(x)\mathrm{d}x$.

根据上述规定，交换定积分的上下限，其绝对值不变而符号相反. 因此，在下面的讨论中如无特别指出，对定积分上下限的大小不加限制.

**性质1**　$\int_a^b [f(x) \pm g(x)]\mathrm{d}x = \int_a^b f(x)\mathrm{d}x \pm \int_a^b g(x)\mathrm{d}x$.

**证明**　$\int_a^b [f(x) \pm g(x)]\mathrm{d}x = \lim\limits_{\lambda \to 0} \sum\limits_{i=1}^{n} [f(\xi_i) \pm g(\xi_i)]\Delta x_i$

$$= \lim_{\lambda \to 0} \sum_{i=1}^{n} f(\xi_i) \Delta x_i \pm \lim_{\lambda \to 0} \sum_{i=1}^{n} g(\xi_i) \Delta x_i = \int_a^b f(x) \mathrm{d}x \pm \int_a^b g(x) \mathrm{d}x. \quad \blacksquare$$

**注**：此性质可以推广到有限多个函数的情形.

**性质2**　$\displaystyle\int_a^b kf(x)\mathrm{d}x = k\int_a^b f(x)\mathrm{d}x$　（$k$ 为常数）.

**证明**　$\displaystyle\int_a^b kf(x)\mathrm{d}x = \lim_{\lambda \to 0} \sum_{i=1}^{n} kf(\xi_i) \Delta x_i = \lim_{\lambda \to 0} k \sum_{i=1}^{n} f(\xi_i) \Delta x_i$

$$= k \lim_{\lambda \to 0} \sum_{i=1}^{n} f(\xi_i) \Delta x_i = k\int_a^b f(x)\mathrm{d}x. \quad \blacksquare$$

由性质1和性质2, 易得

**推论1**　设 $m, n$ 均为常数, 则

$$\int_a^b [mf(x) + ng(x)]\mathrm{d}x = m\int_a^b f(x)\mathrm{d}x + n\int_a^b g(x)\mathrm{d}x.$$

**性质3**　$\displaystyle\int_a^b f(x)\mathrm{d}x = \int_a^c f(x)\mathrm{d}x + \int_c^b f(x)\mathrm{d}x.$

**证明**　先证 $a < c < b$ 的情形.

由被积函数 $f(x)$ 在 $[a, b]$ 上的可积性可知, 无论怎样划分 $[a, b]$, 积分和的极限总是不变的. 所以我们总是可以把 $c$ 取作一个分点, 于是, $[a, b]$ 上的积分和等于 $[a, c]$ 上的积分和加上 $[c, b]$ 上的积分和, 即

$$\sum_{[a,b]} f(\xi_i) \Delta x_i = \sum_{[a,c]} f(\xi_i) \Delta x_i + \sum_{[c,b]} f(\xi_i) \Delta x_i \quad (i = 1, 2, \cdots, n).$$

令 $\lambda \to 0$, 上式两端取极限, 即得

$$\int_a^b f(x)\mathrm{d}x = \int_a^c f(x)\mathrm{d}x + \int_c^b f(x)\mathrm{d}x.$$

再证 $a < b < c$ 的情形. 此时, 点 $b$ 位于 $a, c$ 之间, 所以

$$\int_a^c f(x)\mathrm{d}x = \int_a^b f(x)\mathrm{d}x + \int_b^c f(x)\mathrm{d}x,$$

即　　$\displaystyle\int_a^b f(x)\mathrm{d}x = \int_a^c f(x)\mathrm{d}x - \int_b^c f(x)\mathrm{d}x = \int_a^c f(x)\mathrm{d}x + \int_c^b f(x)\mathrm{d}x.$

同理可证 $c < a < b$ 的情形. 从而不论 $a, b, c$ 的相对位置如何, 所证等式总成立. $\blacksquare$

　　**注**：性质3表明：定积分对于积分区间具有**可加性**.

**性质4**　$\displaystyle\int_a^b 1 \cdot \mathrm{d}x = \int_a^b \mathrm{d}x = b - a.$

显然, 定积分 $\displaystyle\int_a^b \mathrm{d}x$ 在几何上表示以 $[a, b]$ 为底、$f(x) \equiv 1$ 为高的矩形的面积.

这个性质的证明请读者自己根据定积分的定义来完成.

**性质5**　若在区间 $[a, b]$ 上有 $f(x) \leqslant g(x)$, 则

$$\int_a^b f(x)\mathrm{d}x \leqslant \int_a^b g(x)\mathrm{d}x \quad (a < b).$$

**证明**　由定积分的定义和性质可知,

$$\int_a^b g(x)\,dx - \int_a^b f(x)\,dx = \int_a^b [g(x)-f(x)]\,dx = \lim_{\lambda \to 0}\sum_{i=1}^n [g(\xi_i)-f(\xi_i)]\Delta x_i.$$

由题设条件, 等号右端积分和中的每一项均大于等于零, 所以

$$\sum_{i=1}^n [g(\xi_i)-f(\xi_i)]\Delta x_i \ge 0.$$

于是, 根据极限的保号性定理, 有

$$\int_a^b [g(x)-f(x)]\,dx \ge 0, \quad 即 \quad \int_a^b f(x)\,dx \le \int_a^b g(x)\,dx. \blacksquare$$

**推论 2**　若在区间 $[a,b]$ 上 $f(x) \ge 0$, 则

$$\int_a^b f(x)\,dx \ge 0 \quad (a < b).$$

**推论 3**　$\left| \int_a^b f(x)\,dx \right| \le \int_a^b |f(x)|\,dx \quad (a < b).$

**证明**　因为 $-|f(x)| \le f(x) \le |f(x)|$, 所以

$$-\int_a^b |f(x)|\,dx \le \int_a^b f(x)\,dx \le \int_a^b |f(x)|\,dx, \quad 即 \quad \left| \int_a^b f(x)\,dx \right| \le \int_a^b |f(x)|\,dx. \blacksquare$$

**注**: $|f(x)|$ 在区间 $[a,b]$ 上的可积性是显然的.

**例 1**　比较积分值 $\int_0^{-2} e^x\,dx$ 和 $\int_0^{-2} x\,dx$ 的大小.

**解**　令 $f(x) = e^x - x$, $x \in [-2, 0]$, 因为 $f(x) > 0$, 所以

$$\int_{-2}^0 (e^x - x)\,dx > 0, \quad 即 \quad \int_{-2}^0 e^x\,dx > \int_{-2}^0 x\,dx,$$

从而

$$\int_0^{-2} e^x\,dx < \int_0^{-2} x\,dx. \blacksquare$$

**性质 6 (估值定理)**　设 $M$ 及 $m$ 分别是函数 $f(x)$ 在区间 $[a,b]$ 上的最大值及最小值, 则

$$m(b-a) \le \int_a^b f(x)\,dx \le M(b-a).$$

利用性质 4 和性质 5, 易证得性质 6.

**注**: 性质 6 有明显的几何意义, 即以 $[a,b]$ 为底、$y=f(x)$ 为曲边的曲边梯形的面积 $\int_a^b f(x)\,dx$ 介于同一底边而高分别为 $m$ 与 $M$ 的矩形面积 $m(b-a)$ 与 $M(b-a)$ 之间(见图 5–2–1).

**例 2**　估计积分 $\int_{\pi/4}^{\pi/2} \dfrac{\sin x}{x}\,dx$ 的值.

**解**　设 $f(x) = \dfrac{\sin x}{x}$, $x \in \left[\dfrac{\pi}{4}, \dfrac{\pi}{2}\right]$, 由

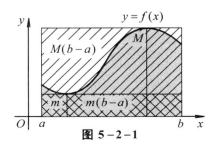

图 5–2–1

$$f'(x) = \frac{x\cos x - \sin x}{x^2} = \frac{\cos x(x - \tan x)}{x^2} < 0$$

知 $f(x)$ 在 $\left[\frac{\pi}{4}, \frac{\pi}{2}\right]$ 上单调减少, 故函数在 $x = \frac{\pi}{4}$ 处取得最大值, 在 $x = \frac{\pi}{2}$ 处取得最小值, 即

$$M = f\left(\frac{\pi}{4}\right) = \frac{2\sqrt{2}}{\pi}, \quad m = f\left(\frac{\pi}{2}\right) = \frac{2}{\pi},$$

所以

$$\frac{2}{\pi} \cdot \left(\frac{\pi}{2} - \frac{\pi}{4}\right) \le \int_{\pi/4}^{\pi/2} \frac{\sin x}{x} \, dx \le \frac{2\sqrt{2}}{\pi} \cdot \left(\frac{\pi}{2} - \frac{\pi}{4}\right),$$

即

$$\frac{1}{2} \le \int_{\pi/4}^{\pi/2} \frac{\sin x}{x} \, dx \le \frac{\sqrt{2}}{2}. \qquad ■$$

**性质 7 (定积分中值定理)**　如果函数 $f(x)$ 在闭区间 $[a, b]$ 上连续, 则在 $[a, b]$ 上至少存在一个点 $\xi$, 使

$$\int_a^b f(x) \, dx = f(\xi)(b - a) \quad (a \le \xi \le b).$$

这个公式称为**积分中值公式**.

**证明**　将性质 6 中的不等式除以区间长度 $b - a$, 得

$$m \le \frac{1}{b-a} \int_a^b f(x) \, dx \le M.$$

这表明数值 $\frac{1}{b-a} \int_a^b f(x) \, dx$ 介于函数 $f(x)$ 的最小值与最大值之间. 由闭区间上连续函数的介值定理知, 在区间 $[a, b]$ 上至少存在一个点 $\xi$, 使得

$$\frac{1}{b-a} \int_a^b f(x) \, dx = f(\xi),$$

即

$$\int_a^b f(x) \, dx = f(\xi)(b - a) \quad (a \le \xi \le b). \qquad ■$$

**注**: 定积分中值定理在几何上表示, 在 $[a, b]$ 上至少存在一点 $\xi$, 使得以 $[a, b]$ 为底、$y = f(x)$ 为曲边的曲边梯形的面积 $\int_a^b f(x) \, dx$ 等于底边相同而高为 $f(\xi)$ 的矩形的面积 $f(\xi)(b - a)$ (见图 5–2–2).

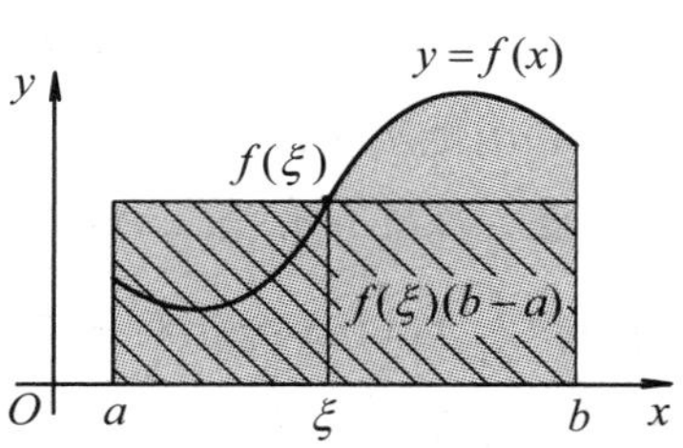

图 5–2–2

由上述几何解释易见, 数值 $\frac{1}{b-a} \int_a^b f(x) \, dx$ 表示连续曲线 $f(x)$ 在区间 $[a, b]$ 上的平均高度, 我们称其为**函数 $f(x)$ 在区间 $[a, b]$ 上的平均值**. 这一概念是对有限个数的平均值概念的拓展. 例如, 我们可用它来计算作变速直线运动的物体在指定时间间隔内的平均速度等.

**例3** 设 $f(x)$ 在 $[a, b]$ 上连续, 在 $(a, b)$ 内可导, 且存在 $c \in (a, b)$ 使得

$$\int_a^c f(x)\mathrm{d}x = f(b)(c - a),$$

证明在 $(a, b)$ 内存在一点 $\xi$, 使得 $f'(\xi) = 0$.

**证明** 由于 $f(x)$ 在 $[a, b]$ 上连续, $f(x)$ 在 $[a, c]$ 上连续, 又由定积分中值定理知存在 $\eta \in [a, c]$, 使得

$$\int_a^c f(x)\mathrm{d}x = f(\eta)(c - a),$$

因此 $\eta \neq b$ 且 $f(\eta) = f(b)$, 由罗尔中值定理知存在一点 $\xi \in (\eta, b) \subset (a, b)$, 使得

$$f'(\xi) = 0.$$ ∎

**例4** 设 $f(x)$ 可导, 且 $\lim\limits_{x \to +\infty} f(x) = 1$, 求 $\lim\limits_{x \to +\infty} \int_x^{x+2} t \sin \dfrac{3}{t} f(t) \mathrm{d}t$.

**解** 由积分中值定理知, 存在 $\xi \in [x, x+2]$, 使得

$$\int_x^{x+2} t \sin \frac{3}{t} f(t) \mathrm{d}t = \xi \sin \frac{3}{\xi} f(\xi)(x + 2 - x),$$

从而

$$\lim_{x \to +\infty} \int_x^{x+2} t \sin \frac{3}{t} f(t) \mathrm{d}t = 2 \lim_{\xi \to +\infty} \xi \sin \frac{3}{\xi} f(\xi)$$

$$= 2 \lim_{\xi \to +\infty} \frac{\xi}{3} \sin \frac{3}{\xi} \cdot \lim_{\xi \to +\infty} 3 f(\xi) = 2 \lim_{\xi \to +\infty} 3 f(\xi) = 6.$$ ∎

## 习题 5-2

1. 证明定积分性质:

(1) $\displaystyle\int_a^b kf(x)\mathrm{d}x = k \int_a^b f(x)\mathrm{d}x$ ($k$ 是常数);　　　(2) $\displaystyle\int_a^b 1 \cdot \mathrm{d}x = \int_a^b \mathrm{d}x = b - a$.

2. 估计下列各积分的值:

(1) $\displaystyle\int_1^4 (x^2 + 1)\mathrm{d}x$;　　　(2) $\displaystyle\int_0^1 \mathrm{e}^{x^2}\mathrm{d}x$;　　　(3) $\displaystyle\int_{\frac{1}{\sqrt{3}}}^{\sqrt{3}} x \arctan x \mathrm{d}x$;

(4) $\displaystyle\int_1^2 \frac{x}{1 + x^2}\mathrm{d}x$;　　　(5) $\displaystyle\int_0^{-2} x\mathrm{e}^x \mathrm{d}x$.

3. 设 $f(x)$ 及 $g(x)$ 在 $[a, b]$ 上连续, 证明:

(1) 若在 $[a, b]$ 上, $f(x) \geq 0$, 且 $\displaystyle\int_a^b f(x)\mathrm{d}x = 0$, 则在 $[a, b]$ 上, $f(x) \equiv 0$;

(2) 若在 $[a, b]$ 上, $f(x) \geq 0$, 且 $f(x) \not\equiv 0$, 则 $\displaystyle\int_a^b f(x)\mathrm{d}x > 0$;

(3) 若在 $[a, b]$ 上, $f(x) \geq g(x)$, 且 $\displaystyle\int_a^b f(x)\mathrm{d}x = \int_a^b g(x)\mathrm{d}x$, 则在 $[a, b]$ 上, $f(x) \equiv g(x)$.

4. 假定 $f(z)$ 是连续的, 而且 $\int_0^3 f(z)\,\mathrm{d}z = 3$ 和 $\int_0^4 f(z)\,\mathrm{d}z = 7$, 求下列各值.

(1) $\int_3^4 f(z)\,\mathrm{d}z$;　　　　　　　　(2) $\int_4^3 f(z)\,\mathrm{d}z$.

5. 根据定积分性质比较下列每组积分的大小:

(1) $\int_0^1 x^2\,\mathrm{d}x$, $\int_0^1 x^3\,\mathrm{d}x$;　　　　　　(2) $\int_0^1 \mathrm{e}^x\,\mathrm{d}x$, $\int_0^1 \mathrm{e}^{x^2}\,\mathrm{d}x$;

(3) $\int_0^1 \mathrm{e}^x\,\mathrm{d}x$, $\int_0^1 (x+1)\,\mathrm{d}x$;　　　　(4) $\int_0^{\frac{\pi}{2}} x\,\mathrm{d}x$, $\int_0^{\frac{\pi}{2}} \sin x\,\mathrm{d}x$;

(5) $\int_{-\frac{\pi}{2}}^0 \sin x\,\mathrm{d}x$, $\int_0^{\frac{\pi}{2}} \sin x\,\mathrm{d}x$;　　　(6) $\int_1^0 \ln(1+x)\,\mathrm{d}x$, $\int_1^0 \dfrac{x}{1+x}\,\mathrm{d}x$.

6. 利用定积分中值定理证明:

$$\lim_{n \to \infty} \int_0^{1/2} \frac{x^n}{1+x}\,\mathrm{d}x = 0.$$

7. 如果函数 $f(x)$ 在区间 $[a,b]$ 上连续且 $\int_a^b f(x)\,\mathrm{d}x = 0$, 证明在 $[a,b]$ 上至少存在一个零点.

8. 设函数 $f(x)$ 在 $[0,1]$ 上连续, 在 $(0,1)$ 内可导, 且 $3\int_{2/3}^1 f(x)\,\mathrm{d}x = f(0)$, 证明在 $(0,1)$ 内至少存在一点 $\xi$, 使 $f'(\xi) = 0$.

# §5.3　微积分基本公式

积分学要解决两个问题:第一个问题是原函数的求法问题, 我们在第 4 章中已经对它做了讨论;第二个问题就是定积分的计算问题. 如果我们要按定积分的定义来计算定积分, 那将是十分困难的. 因此, 寻求一种计算定积分的有效方法便成为积分学发展的关键. 我们知道, 不定积分作为原函数的概念与定积分作为积分和的极限的概念是完全不相干的. 但是, 牛顿和莱布尼茨不仅发现而且找到了这两个概念之间存在着的深刻的内在联系, 即所谓的 "**微积分基本定理**", 并由此巧妙地开辟了求定积分的新途径 —— **牛顿–莱布尼茨公式**, 从而使积分学与微分学一起构成变量数学的基础学科 —— 微积分学. 因此, 牛顿和莱布尼茨作为微积分学的奠基人也载入了史册.

## 一、引例

设有一物体在一直线上运动. 在这一直线上取定原点、正向及单位长度, 使其成为一数轴. 设时刻 $t$ 时物体所在位置为 $s(t)$, 速度为 $v(t)(v(t) \geq 0)$, 则从 §5.1 知道, 物体在时间间隔 $[T_1, T_2]$ 内经过的路程为

$$s = \int_{T_1}^{T_2} v(t)\,\mathrm{d}t;$$

另一方面,这段路程又可表示为位置函数 $s(t)$ 在 $[T_1, T_2]$ 上的增量

$$s(T_2) - s(T_1).$$

由此可见,位置函数 $s(t)$ 与速度函数 $v(t)$ 有如下关系:

$$\int_{T_1}^{T_2} v(t)\,\mathrm{d}t = s(T_2) - s(T_1). \tag{3.1}$$

因为 $s'(t) = v(t)$,即位置函数 $s(t)$ 是速度函数 $v(t)$ 的原函数,所以,求速度函数 $v(t)$ 在时间间隔 $[T_1, T_2]$ 内所经过的路程就转化为求 $v(t)$ 的原函数 $s(t)$ 在 $[T_1, T_2]$ 上的增量.

这个结论是否具有普遍性呢?即,一般地,函数 $f(x)$ 在区间 $[a, b]$ 上的定积分 $\int_a^b f(x)\,\mathrm{d}x$ 是否等于 $f(x)$ 的原函数 $F(x)$ 在 $[a, b]$ 上的增量呢?下面我们将具体进行讨论.

## 二、积分上限的函数及其导数

设函数 $f(x)$ 在区间 $[a, b]$ 上连续,$x$ 是 $[a, b]$ 上的一点,则由

$$\Phi(x) = \int_a^x f(x)\,\mathrm{d}x \tag{3.2}$$

定义的函数称为**积分上限的函数**(或**变上限的函数**).

式 (3.2) 中积分变量和积分上限有时都用 $x$ 表示,但它们的含义并不相同,为了区别它们,常将积分变量改用 $t$ 来表示,即

$$\Phi(x) = \int_a^x f(x)\,\mathrm{d}x = \int_a^x f(t)\,\mathrm{d}t.$$

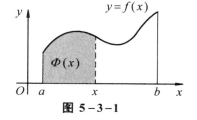

**图 5-3-1**

$\Phi(x)$ 的几何意义是右侧直线可移动的曲边梯形的面积. 如图 5-3-1所示,曲边梯形的面积 $\Phi(x)$ 随 $x$ 的位置的变动而改变,当 $x$ 给定后,面积 $\Phi(x)$ 就随之确定.

关于函数 $\Phi(x)$ 的可导性,我们有:

**定理1** 若函数 $f(x)$ 在区间 $[a, b]$ 上连续,则积分上限的函数

$$\Phi(x) = \int_a^x f(t)\,\mathrm{d}t, \ x \in [a, b]$$

在 $[a, b]$ 上可导,且

$$\Phi'(x) = \frac{\mathrm{d}}{\mathrm{d}x} \int_a^x f(t)\,\mathrm{d}t = f(x) \quad (a \le x \le b). \tag{3.3}$$

**证明** 设 $x \in (a, b)$,$\Delta x > 0$,使得 $x + \Delta x \in (a, b)$,则有

$$\Delta \Phi = \Phi(x + \Delta x) - \Phi(x) = \int_a^{x+\Delta x} f(t)\,\mathrm{d}t - \int_a^x f(t)\,\mathrm{d}t$$

$$= \int_a^x f(t)\,\mathrm{d}t + \int_x^{x+\Delta x} f(t)\,\mathrm{d}t - \int_a^x f(t)\,\mathrm{d}t$$

$$= \int_x^{x+\Delta x} f(t)\,\mathrm{d}t = f(\xi)\Delta x, \ \ \xi \in [x, x+\Delta x].$$

由于函数 $f(x)$ 在点 $x$ 处连续，所以

$$\Phi'(x) = \lim_{\Delta x \to 0} \frac{\Delta \Phi}{\Delta x} = \lim_{\Delta x \to 0} f(\xi) = f(x).$$

若 $x=a$，取 $\Delta x > 0$，同理可证 $\Phi'_+(a)=f(a)$；若 $x=b$，取 $\Delta x<0$，同理可证 $\Phi'_+(b)=f(b)$；综上即有

$$\frac{\mathrm{d}}{\mathrm{d}x}\int_a^x f(t)\mathrm{d}t = f(x) \quad (a \le x \le b). \qquad \blacksquare$$

**注**：定理 1 揭示了微分（或导数）与定积分这两个不相干的概念之间的内在联系，因而称为 **微积分基本定理**.

如果 $f(x)$ 是正的，定理 1 就有了一个完美的解释. $f(x)$ 从 $a$ 到 $x$ 的积分是高度为 $f(t)$ 的线段在区间 $[a,x]$ 上扫过的面积.

设想公共汽车挡风玻璃上雨刮器工作的情形（见图 5-3-2），雨刮器移动至点 $x$ 时，刷片的垂直高度为 $f(x)$，被雨刮器刷洗的面积为

$$\Phi(x) = \int_a^x f(t)\,\mathrm{d}t.$$

由此可见，雨刮器的刷片刷洗挡风玻璃的速率就等于刷片的高度，即

图 5-3-2

$$\frac{\mathrm{d}\Phi}{\mathrm{d}x} = \frac{\mathrm{d}}{\mathrm{d}x}\int_a^x f(t)\mathrm{d}t = f(x).$$

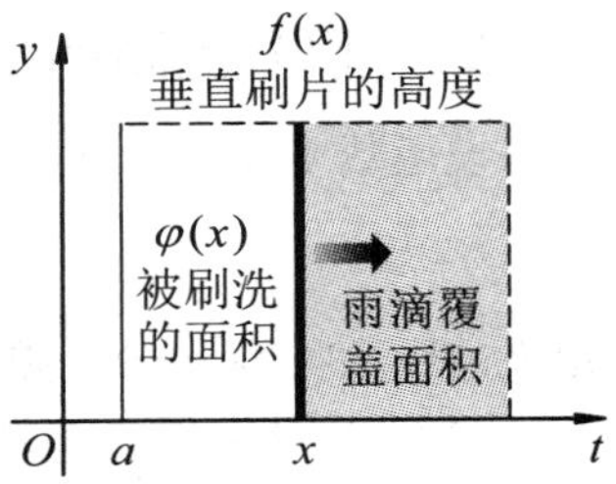

利用复合函数的求导法则，可进一步得到下列公式：

(1) $\dfrac{\mathrm{d}}{\mathrm{d}x}\displaystyle\int_a^{\varphi(x)} f(t)\mathrm{d}t = f[\varphi(x)]\varphi'(x)$; $\qquad\qquad\qquad$ (3.4)

(2) $\dfrac{\mathrm{d}}{\mathrm{d}x}\displaystyle\int_{\psi(x)}^{\varphi(x)} f(t)\mathrm{d}t = f[\varphi(x)]\varphi'(x) - f[\psi(x)]\psi'(x)$. $\qquad$ (3.5)

上述公式的证明请读者自己完成.

**例 1**　求 $\dfrac{\mathrm{d}}{\mathrm{d}x}\left[\displaystyle\int_0^x \cos^2 t\,\mathrm{d}t\right]$.

**解**　$\dfrac{\mathrm{d}}{\mathrm{d}x}\left[\displaystyle\int_0^x \cos^2 t\,\mathrm{d}t\right] = \cos^2 x$. $\qquad\qquad\qquad\qquad\qquad$ $\blacksquare$

**例 2**　求 $\dfrac{\mathrm{d}}{\mathrm{d}x}\left[\displaystyle\int_1^{x^3} \mathrm{e}^{t^2}\,\mathrm{d}t\right]$.

**解**　这里 $\displaystyle\int_1^{x^3} \mathrm{e}^{t^2}\mathrm{d}t$ 是 $x^3$ 的函数，因而是 $x$ 的复合函数，令 $x^3 = u$，则 $\Phi(u) = \displaystyle\int_1^u \mathrm{e}^{t^2}\mathrm{d}t$，根据复合函数求导法则，有

$$\frac{\mathrm{d}}{\mathrm{d}x}\left[\int_1^{x^3}\mathrm{e}^{t^2}\mathrm{d}t\right]=\frac{\mathrm{d}}{\mathrm{d}u}\left[\int_1^u\mathrm{e}^{t^2}\mathrm{d}t\right]\cdot\frac{\mathrm{d}u}{\mathrm{d}x}=\Phi'(u)\cdot 3x^2=\mathrm{e}^{u^2}\cdot 3x^2=3x^2\mathrm{e}^{x^6}. \quad\blacksquare$$

**例3** 求 $\lim\limits_{x\to 0}\dfrac{\displaystyle\int_{\cos x}^1\mathrm{e}^{-t^2}\mathrm{d}t}{x^2}$.

**解** 题设极限式是 $\dfrac{0}{0}$ 型未定式，可应用洛必达法则. 由

$$\frac{\mathrm{d}}{\mathrm{d}x}\int_{\cos x}^1\mathrm{e}^{-t^2}\mathrm{d}t=-\frac{\mathrm{d}}{\mathrm{d}x}\int_1^{\cos x}\mathrm{e}^{-t^2}\mathrm{d}t$$

$$=-\mathrm{e}^{-\cos^2 x}\cdot(\cos x)'=\sin x\cdot\mathrm{e}^{-\cos^2 x},$$

所以

$$\lim_{x\to 0}\frac{\displaystyle\int_{\cos x}^1\mathrm{e}^{-t^2}\mathrm{d}t}{x^2}=\lim_{x\to 0}\frac{\sin x\cdot\mathrm{e}^{-\cos^2 x}}{2x}=\frac{1}{2\mathrm{e}}. \quad\blacksquare$$

**例4** 设函数 $y=y(x)$ 由方程 $\displaystyle\int_0^{y^2}\mathrm{e}^{t^2}\mathrm{d}t+\int_x^0\sin t\mathrm{d}t=0$ 确定，求 $\dfrac{\mathrm{d}y}{\mathrm{d}x}$.

**解** 在方程两边同时对 $x$ 求导：

$$\frac{\mathrm{d}}{\mathrm{d}x}\left(\int_0^{y^2}\mathrm{e}^{t^2}\mathrm{d}t\right)+\frac{\mathrm{d}}{\mathrm{d}x}\left(\int_x^0\sin t\mathrm{d}t\right)=0,$$

于是

$$\frac{\mathrm{d}}{\mathrm{d}y}\left(\int_0^{y^2}\mathrm{e}^{t^2}\mathrm{d}t\right)\cdot\frac{\mathrm{d}y}{\mathrm{d}x}+\frac{\mathrm{d}}{\mathrm{d}x}\left(\int_x^0\sin t\mathrm{d}t\right)=0,$$

即

$$\mathrm{e}^{y^4}\cdot(2y)\cdot\frac{\mathrm{d}y}{\mathrm{d}x}+(-\sin x)=0,$$

故

$$\frac{\mathrm{d}y}{\mathrm{d}x}=\frac{\sin x}{2y\mathrm{e}^{y^4}}. \quad\blacksquare$$

**例5** 设 $f(x)$ 在 $[0,+\infty)$ 上连续且满足 $\displaystyle\int_0^{x(x^2+x+1)}f(t)\mathrm{d}t=2x$，求 $f(3)$.

**解** 方程 $\displaystyle\int_0^{x(x^2+x+1)}f(t)\mathrm{d}t=2x$ 的两边对 $x$ 求导，得

$$f[x(x^2+x+1)]\cdot[x(x^2+x+1)]'=2,$$

即

$$f(x^3+x^2+x)\cdot(3x^2+2x+1)=2,$$

令 $x=1$，得 $f(3)=\dfrac{1}{3}$. $\quad\blacksquare$

**例6** 设 $f(x)$ 在 $(-\infty,+\infty)$ 内连续且 $f(x)>0$，证明：函数

$$F(x)=\frac{\displaystyle\int_0^x tf(t)\mathrm{d}t}{\displaystyle\int_0^x f(t)\mathrm{d}t}$$

在 $(0,+\infty)$ 内为单调增加函数.

**证明**　由公式 (3.3), 得

$$\frac{d}{dx}\int_0^x tf(t)\,dt = xf(x), \qquad \frac{d}{dx}\int_0^x f(t)\,dt = f(x),$$

所以

$$F'(x) = \frac{xf(x)\int_0^x f(t)\,dt - f(x)\int_0^x tf(t)\,dt}{\left(\int_0^x f(t)\,dt\right)^2} = \frac{f(x)\int_0^x (x-t)f(t)\,dt}{\left(\int_0^x f(t)\,dt\right)^2}.$$

按题设, 当 $t \in [0, x]$ 时, 有

$$f(x) > 0 \ (x > 0), \qquad (x-t)f(t) \geq 0,$$

且 $(x-t)f(t)$ 不恒等于 0, 故

$$\int_0^x f(t)\,dt > 0, \qquad \int_0^x (x-t)f(t)\,dt > 0,$$

即 $F'(x) > 0 \ (x > 0)$, 从而 $F(x)$ 在 $(0, +\infty)$ 内为单调增加函数.

## 三、牛顿 – 莱布尼茨公式

定理 1 是在被积函数连续的条件下证得的, 因而, 这也就证明了"连续函数必存在原函数"的结论, 故有如下原函数的存在定理.

**定理 2**　若函数 $f(x)$ 在区间 $[a, b]$ 上连续, 则函数 $\Phi(x) = \int_a^x f(t)\,dt$ 就是 $f(x)$ 在 $[a, b]$ 上的一个原函数.

定理 2 的重要意义在于: 一方面肯定了连续函数的原函数是存在的, 另一方面初步揭示了积分学中定积分与原函数的联系. 因此, 我们就有可能通过原函数来计算定积分.

**定理 3**　若函数 $F(x)$ 是连续函数 $f(x)$ 在区间 $[a, b]$ 上的一个原函数, 则

$$\int_a^b f(x)\,dx = F(b) - F(a). \tag{3.6}$$

公式 (3.6) 称为**牛顿 – 莱布尼茨公式**.

**证明**　已知函数 $F(x)$ 是 $f(x)$ 的一个原函数, 又根据定理 2 知,

$$\Phi(x) = \int_a^x f(t)\,dt$$

也是 $f(x)$ 的一个原函数, 所以

$$F(x) - \Phi(x) = C, \qquad x \in [a, b].$$

在上式中令 $x = a$, 得 $F(a) - \Phi(a) = C$. 而

$$\Phi(a) = \int_a^a f(t)\,dt = 0,$$

所以 $F(a) = C$, 故 $\int_a^x f(t)\,dt = F(x) - F(a)$.

在上式中再令 $x=b$, 即得公式 (3.6). 该公式也常记作

$$\int_a^b f(x)\mathrm{d}x = F(x)\big|_a^b = F(b)-F(a).$$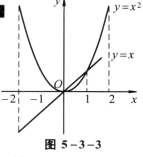

**注**: 根据上一节定积分的补充规定可知, 当 $a>b$ 时, 牛顿－莱布尼茨公式 (3.6) 仍成立.

由于 $f(x)$ 的原函数 $F(x)$ 一般可通过求不定积分求得, 因此, 牛顿－莱布尼茨公式巧妙地把定积分的计算问题与不定积分联系起来, 将其转化为求被积函数的一个原函数在区间 $[a,b]$ 上的增量的问题.

牛顿－莱布尼茨公式 (3.6) 也称为**微积分基本公式**.

**例 7** 求定积分 $\int_0^1 x^2 \mathrm{d}x$.

**解** 因 $\dfrac{x^3}{3}$ 是 $x^2$ 的一个原函数, 由牛顿－莱布尼茨公式, 有

$$\int_0^1 x^2 \mathrm{d}x = \frac{x^3}{3}\bigg|_0^1 = \frac{1}{3} - \frac{0}{3} = \frac{1}{3}.$$

**例 8** 求定积分 $\int_{-\pi/2}^{\pi/3} \sqrt{1-\cos^2 x}\,\mathrm{d}x$.

**解**
$$\int_{-\pi/2}^{\pi/3} \sqrt{1-\cos^2 x}\,\mathrm{d}x = \int_{-\pi/2}^{\pi/3} \sqrt{\sin^2 x}\,\mathrm{d}x = \int_{-\pi/2}^{\pi/3} |\sin x|\,\mathrm{d}x$$

$$= -\int_{-\pi/2}^{0} \sin x\,\mathrm{d}x + \int_0^{\pi/3} \sin x\,\mathrm{d}x$$

$$= \cos x\big|_{-\pi/2}^{0} - \cos x\big|_0^{\pi/3} = \frac{3}{2}.$$

**例 9** 求定积分 $\int_{-2}^{2} \max\{x, x^2\}\,\mathrm{d}x$.

**解** 如图 $5-3-3$ 所示, 我们有

$$f(x) = \max\{x, x^2\} = \begin{cases} x^2, & -2 \le x < 0 \\ x, & 0 \le x < 1, \\ x^2, & 1 \le x \le 2 \end{cases}$$

图 $5-3-3$

所以
$$\int_{-2}^{2} \max\{x, x^2\}\,\mathrm{d}x = \int_{-2}^{0} x^2 \mathrm{d}x + \int_0^1 x\,\mathrm{d}x + \int_1^2 x^2 \mathrm{d}x = \frac{11}{2}.$$

**例 10** 汽车以每小时 $36\,\mathrm{km}$ 的速度行驶, 到某处需要减速停车. 设汽车以等加速度 $a = -5\,\mathrm{m/s^2}$ 刹车. 问从开始刹车到停车, 汽车驶过了多长距离?

**解** 首先要算出从开始刹车到停车经过的时间. 设开始刹车的时刻为 $t=0$, 此时汽车速度为

$$v_0 = 36\,\mathrm{km/h} = \frac{36 \times 1\,000}{3\,600}\,\mathrm{m/s} = 10\,\mathrm{m/s}.$$

刹车后汽车减速行驶, 其速度为

$$v(t) = v_0 + at = 10 - 5t.$$

当汽车停住时，速度 $v(t) = 0$，故从 $v(t) = 10 - 5t = 0$ 解得

$$t = 10/5 = 2(\mathrm{s}).$$

于是，在这段时间内汽车所驶过的距离为

$$s = \int_0^2 v(t)\mathrm{d}t = \int_0^2 (10 - 5t)\mathrm{d}t = \left[10t - 5 \times \frac{t^2}{2}\right]\Big|_0^2 = 10(\mathrm{m}),$$

即在刹车后，汽车需驶过 $10\,\mathrm{m}$ 才能停住. ■

**例 11**　设函数 $f(x)$ 在闭区间 $[a, b]$ 上连续，证明：在开区间 $(a, b)$ 内至少存在一点 $\xi$，使

$$\int_a^b f(x)\mathrm{d}x = f(\xi)(b - a) \quad (a < \xi < b).$$

**证明**　因为 $f(x)$ 连续，故它的原函数存在，设为 $F(x)$，即设在 $[a, b]$ 上，$F'(x) = f(x)$. 根据牛顿－莱布尼茨公式，有

$$\int_a^b f(x)\mathrm{d}x = F(b) - F(a).$$

显然函数 $F(x)$ 在区间 $[a, b]$ 上满足微分中值定理的条件，因此，按微分中值定理，在开区间 $(a, b)$ 内至少存在一点 $\xi$，使

$$F(b) - F(a) = F'(\xi)(b - a), \qquad \xi \in (a, b),$$

故　　　　　　　$$\int_a^b f(x)\mathrm{d}x = f(\xi)(b - a), \qquad \xi \in (a, b). ■$$

**注**：本例的结论是对积分中值定理的改进. 从其证明不难看出积分中值定理与微分中值定理的联系.

**\*数学实验**

**实验 5.2**　试用计算软件计算下列定积分：

(1) $\displaystyle\int_0^{2\pi} \frac{\mathrm{d}x}{1 + a\cos x}$ $(0 \le a < 1)$；　　　(2) $\displaystyle\int_0^{\frac{\pi}{2}} \frac{\mathrm{d}x}{a^2 \sin^2 x + b^2 \cos^2 x}$ $(ab \ne 0)$；

(3) $\displaystyle\int_0^1 x^{15}\sqrt{1 + 3x^8}\,\mathrm{d}x$；　　　(4) $\displaystyle\int_0^{2\pi} \frac{\mathrm{d}x}{(2 + \cos x)(3 + \cos x)}$；

(5) $\displaystyle\int_0^x t\sin^2 \mathrm{d}t$.

计算实验

微信扫描右侧二维码，即可进行重复或修改实验(详见教材配套的网络学习空间).

## 习题 5-3

1. 设 $y = \displaystyle\int_0^x \sin t\mathrm{d}t$，求 $y'(0)$，$y'\left(\dfrac{\pi}{4}\right)$.

2. 计算下列各导数:

(1) $\dfrac{\mathrm{d}}{\mathrm{d}x}\displaystyle\int_1^x \sin \mathrm{e}^t \mathrm{d}t$;

(2) $\dfrac{\mathrm{d}}{\mathrm{d}x}\displaystyle\int_{x^2}^{x^3} \dfrac{\mathrm{d}t}{\sqrt{1+t^4}}$;

(3) $\dfrac{\mathrm{d}}{\mathrm{d}x}\displaystyle\int_{\sin x}^{\cos x} \cos(\pi t^2)\mathrm{d}t$.

3. 设 $g(x)=\displaystyle\int_0^{x^2}\dfrac{\mathrm{d}x}{1+x^3}$,求 $g''(1)$.

4. 设函数 $y=y(x)$ 由方程 $\displaystyle\int_0^y \mathrm{e}^t \mathrm{d}t+\int_0^x \cos t \mathrm{d}t=0$ 所确定,求 $\dfrac{\mathrm{d}y}{\mathrm{d}x}$.

5. 设 $x=\displaystyle\int_0^t \sin u \mathrm{d}u,\ y=\int_0^t \cos u \mathrm{d}u$,求 $\dfrac{\mathrm{d}y}{\mathrm{d}x}$.

6. 求下列极限:

(1) $\displaystyle\lim_{x\to 0}\dfrac{\int_0^x \cos t^2 \mathrm{d}t}{x}$;

(2) $\displaystyle\lim_{x\to 0}\dfrac{\int_0^x \arctan t \mathrm{d}t}{x^2}$;

(3) $\displaystyle\lim_{x\to 0}\dfrac{\int_0^{x^2}\sqrt{1+t^2}\mathrm{d}t}{x^2}$.

7. 当印刷了 $x$ 份广告时印刷一份广告的边际成本是 $\dfrac{\mathrm{d}C}{\mathrm{d}x}=\dfrac{1}{2\sqrt{x}}$ 元,求:

(1) 印刷 2~100 份广告的成本 $C(100)-C(1)$;

(2) 印刷 101~400 份广告的成本 $C(400)-C(100)$.

8. 设 $f(x)$ 在 $0\le t<+\infty$ 上连续,若 $\displaystyle\int_0^{f(x)}t^2 \mathrm{d}t=x^2(1+x)$,求 $f(2)$.

9. 当 $x$ 为何值时,函数 $I(x)=\displaystyle\int_0^x t\mathrm{e}^{-t^2}\mathrm{d}t$ 有极值?

10. 计算下列各定积分:

(1) $\displaystyle\int_1^2\left(x^2+\dfrac{1}{x^4}\right)\mathrm{d}x$;

(2) $\displaystyle\int_0^2 |x-1|\mathrm{d}x$;

(3) $\displaystyle\int_0^{\sqrt{3}a}\dfrac{\mathrm{d}x}{a^2+x^2}$;

(4) $\displaystyle\int_{-1/2}^{1/2}\dfrac{\mathrm{d}x}{\sqrt{1-x^2}}$;

(5) $\displaystyle\int_0^{\frac{\pi}{4}}\tan^2\theta \mathrm{d}\theta$;

(6) $\displaystyle\int_0^{\frac{3}{4}\pi}\sqrt{1+\cos 2x}\mathrm{d}x$.

11. 求右图中阴影区域的面积.

12. 设 $f$ 是一个可导函数,其图形如图所示,一个沿坐标轴运动的质点在时刻 $t$(秒)的位置是 $s(t)=\displaystyle\int_0^t f(x)\mathrm{d}x$ 米,利用图形回答下列问题,并给出理由.

(1) 质点在时刻 $t=5$ 时的速度是多少?

(2) 质点在时刻 $t=5$ 时的加速度是正还是负?

(3) 质点在时刻 $t=3$ 时的位置在哪里?

(4) 在前 9 秒内的什么时刻 $s$ 有最大值?

(5) 大约何时加速度是零?

(6) 质点何时向原点运动?何时离开原点运动?

(7) 质点在时刻 $t=9$ 时在原点的哪一侧?

13. 设 $f(x)=\begin{cases}\dfrac{1}{2}\sin x, & 0\le x\le \pi \\ 0, & x<0 \text{ 或 } x>\pi\end{cases}$,求

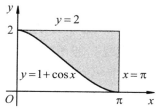

题11图

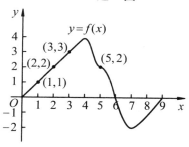

题12图

$\Phi(x) = \int_0^x f(t)\mathrm{d}t$ 在 $(-\infty, +\infty)$ 内的表达式.

14. 设 $f(x)$ 连续, 若 $f(x)$ 满足 $\int_0^1 f(xt)\mathrm{d}t = f(x) + x\mathrm{e}^x$, 求 $f(x)$.

15. 设 $f(x) = \int_1^x \dfrac{\ln(1+t)}{t}\,\mathrm{d}t \ (x>0)$, 求 $f(x) + f\left(\dfrac{1}{x}\right)$.

16. 设 $f(x)$ 在 $[a, b]$ 上连续, 在 $(a, b)$ 内可导且 $f'(x) \leq 0$, $F(x) = \dfrac{1}{x-a}\int_a^x f(t)\mathrm{d}t$, 证明: 在 $(a, b)$ 内有 $F'(x) \leq 0$.

17. 求:

(1) 函数 $f(x) = 2 - \int_2^{x+1} \dfrac{9}{1+t}\,\mathrm{d}t$ 在 $x = 1$ 处的线性化;

(2) 函数 $f(x) = 3 + \int_0^{x^2} \sec(t-1)\mathrm{d}t$ 在 $x = -1$ 处的线性化.

18. 某公司估计, 其销售额将会以函数 $S'(t) = 20\,\mathrm{e}^t$ 所给出的速度连续增长, 其中 $S'(t)$ 是在时间 $t$ 天的销售额的增长速度, 以元/天为单位.

(1) 求初始 5 天的累积销售额;

(2) 求第 2 天到第 5 天的销售额. (这是从 1 到 5 的积分.)

# §5.4　定积分的换元积分法和分部积分法

由微积分基本公式知道, 求定积分 $\int_a^b f(x)\mathrm{d}x$ 的问题可以转化为求被积函数 $f(x)$ 的原函数 $F(x)$ 在区间 $[a, b]$ 上的增量问题. 从而求不定积分时应用的换元积分法和分部积分法在求定积分时仍适用, 本节将具体讨论, 请读者注意其与不定积分的差异.

## 一、定积分的换元积分法

**定理 1**　设函数 $f(x)$ 在闭区间 $[a, b]$ 上连续, 函数 $x = \varphi(t)$ 满足条件:

(1) $\varphi(\alpha) = a$, $\varphi(\beta) = b$, 且 $a \leq \varphi(t) \leq b$,

(2) $\varphi(t)$ 在 $[\alpha, \beta]$ (或 $[\beta, \alpha]$) 上具有连续导数,

则有
$$\int_a^b f(x)\mathrm{d}x = \int_\alpha^\beta f[\varphi(t)]\varphi'(t)\mathrm{d}t. \tag{4.1}$$

公式 (4.1) 称为定积分的**换元公式**.

**证明**　因为 $f(x)$ 在 $[a, b]$ 上连续, 故它在 $[a, b]$ 上可积, 且原函数存在. 设 $F(x)$ 是 $f(x)$ 的一个原函数, 则
$$\int_a^b f(x)\mathrm{d}x = F(b) - F(a);$$

另一方面, $\Phi(t) = F[\varphi(t)]$, 由复合函数求导法则, 得
$$\Phi'(t) = \frac{\mathrm{d}F}{\mathrm{d}x} \cdot \frac{\mathrm{d}x}{\mathrm{d}t} = f(x)\varphi'(t) = f[\varphi(t)]\varphi'(t),$$

即 $\Phi(t)$ 是 $f[\varphi(t)]\varphi'(t)$ 的一个原函数，从而

$$\int_\alpha^\beta f[\varphi(t)]\varphi'(t)\mathrm{d}t = \Phi(\beta) - \Phi(\alpha).$$

注意到 $\Phi(t) = F[\varphi(t)]$, $\varphi(\alpha) = a$, $\varphi(\beta) = b$, 则

$$\Phi(\beta) - \Phi(\alpha) = F[\varphi(\beta)] - F[\varphi(\alpha)] = F(b) - F(a),$$

$$\int_a^b f(x)\mathrm{d}x = F(b) - F(a) = \Phi(\beta) - \Phi(\alpha) = \int_\alpha^\beta f[\varphi(t)]\varphi'(t)\mathrm{d}t. \qquad \blacksquare$$

定积分的换元公式与不定积分的换元公式类似. 但是, 在应用定积分的换元公式时应注意以下两点:

(1) 用 $x = \varphi(t)$ 把变量 $x$ 换成新变量 $t$ 时, 积分限也要换成对应于新变量 $t$ 的积分限, 且上限对应于上限, 下限对应于下限;

(2) 求出 $f[\varphi(t)]\varphi'(t)$ 的一个原函数 $\Phi(t)$ 后, 不必像计算不定积分那样再把 $\Phi(t)$ 变换成原变量 $x$ 的函数, 只需直接求出 $\Phi(t)$ 在新变量 $t$ 的积分区间上的增量即可.

**例1** 求定积分 $\displaystyle\int_0^{\pi/2} \cos^5 x \sin x \mathrm{d}x$.

**解** 令 $t = \cos x$, 则 $\mathrm{d}t = -\sin x \mathrm{d}x$, 且当 $x = \pi/2$ 时, $t = 0$; 当 $x = 0$ 时, $t = 1$. 所以

$$\int_0^{\pi/2} \cos^5 x \sin x \mathrm{d}x = -\int_1^0 t^5 \mathrm{d}t = \int_0^1 t^5 \mathrm{d}t = \frac{t^6}{6}\bigg|_0^1 = \frac{1}{6}. \qquad \blacksquare$$

**注**: 本例中, 如果不明确写出新变量 $t$, 则定积分的上、下限就不需改变, 重新计算如下:

$$\int_0^{\pi/2} \cos^5 x \sin x \mathrm{d}x = -\int_0^{\pi/2} \cos^5 x \mathrm{d}(\cos x) = -\frac{\cos^6 x}{6}\bigg|_0^{\pi/2} = -\left(0 - \frac{1}{6}\right) = \frac{1}{6}.$$

**例2** 求定积分 $\displaystyle\int_0^a \sqrt{a^2 - x^2}\,\mathrm{d}x \ (a > 0)$.

**解** 令 $x = a\sin t$, 则 $\mathrm{d}x = a\cos t \mathrm{d}t$, 且当 $x = 0$ 时, $t = 0$; 当 $x = a$ 时, $t = \pi/2$.

$$\sqrt{a^2 - x^2} = a\sqrt{1 - \sin^2 t} = a|\cos t| = a\cos t.$$

所以

$$\int_0^a \sqrt{a^2 - x^2}\,\mathrm{d}x = a^2 \int_0^{\pi/2} \cos^2 t \mathrm{d}t = a^2 \int_0^{\pi/2} \frac{1 + \cos 2t}{2}\mathrm{d}t$$

$$= \frac{a^2}{2}\int_0^{\pi/2}(1 + \cos 2t)\mathrm{d}t = \frac{a^2}{2}\left(t + \frac{1}{2}\sin 2t\right)\bigg|_0^{\pi/2} = \frac{\pi a^2}{4}. \qquad \blacksquare$$

**注**: 利用定积分的几何意义, 易直接得到本例的计算结果.

**例3** 求定积分 $\displaystyle\int_0^\pi \sqrt{\sin^3 x - \sin^5 x}\,\mathrm{d}x$.

**解** 因为 $f(x) = \sqrt{\sin^3 x - \sin^5 x} = |\cos x|(\sin x)^{3/2}$, 所以

$$\int_0^\pi \sqrt{\sin^3 x - \sin^5 x}\, dx = \int_0^\pi |\cos x|(\sin x)^{3/2}\, dx$$

$$= \int_0^{\pi/2} \cos x(\sin x)^{3/2}\, dx - \int_{\pi/2}^\pi \cos x(\sin x)^{3/2}\, dx$$

$$= \int_0^{\pi/2} (\sin x)^{3/2}\, d(\sin x) - \int_{\pi/2}^\pi (\sin x)^{3/2}\, d(\sin x)$$

$$= \frac{2}{5}(\sin x)^{5/2}\Big|_0^{\pi/2} - \frac{2}{5}(\sin x)^{5/2}\Big|_{\pi/2}^\pi$$

$$= \frac{2}{5} - \left(-\frac{2}{5}\right) = \frac{4}{5}.$$ ∎

**注**：若忽略 $\cos x$ 在 $[\pi/2, \pi]$ 上的非正性将会导致错误.

**例 4**　求定积分 $\displaystyle\int_0^4 \frac{x+2}{\sqrt{2x+1}}\, dx$.

**解**　令 $t = \sqrt{2x+1}$，则 $x = \dfrac{t^2-1}{2}$，$dx = t\,dt$. 当 $x=0$ 时，$t=1$；当 $x=4$ 时，$t=3$，所以

$$\int_0^4 \frac{x+2}{\sqrt{2x+1}}\, dx = \int_1^3 \frac{\dfrac{t^2-1}{2}+2}{t} t\,dt = \frac{1}{2}\int_1^3 (t^2+3)\,dt = \frac{1}{2}\left(\frac{1}{3}t^3+3t\right)\Big|_1^3$$

$$= \frac{1}{2}\left[\left(\frac{27}{3}+9\right) - \left(\frac{1}{3}+3\right)\right] = \frac{22}{3}.$$ ∎

**例 5**　若 $f(x)$ 在 $[-a, a]$ 上连续，则

(1) 当 $f(x)$ 为偶函数时，有 $\displaystyle\int_{-a}^a f(x)\,dx = 2\int_0^a f(x)\,dx$；

(2) 当 $f(x)$ 为奇函数时，有 $\displaystyle\int_{-a}^a f(x)\,dx = 0$.

**证明**　因为 $\displaystyle\int_{-a}^a f(x)\,dx = \int_{-a}^0 f(x)\,dx + \int_0^a f(x)\,dx$,

在上式右端第一项中令 $x = -t$，则

$$\int_{-a}^0 f(x)\,dx = -\int_a^0 f(-t)\,dt = \int_0^a f(-t)\,dt = \int_0^a f(-x)\,dx,$$

于是 $\displaystyle\int_{-a}^a f(x)\,dx = \int_0^a f(x)\,dx + \int_0^a f(-x)\,dx$.

(1) 当 $f(x)$ 为偶函数，即 $f(-x) = f(x)$ 时，

$$\int_{-a}^a f(x)\,dx = 2\int_0^a f(x)\,dx;$$

(2) 当 $f(x)$ 为奇函数，即 $f(-x) = -f(x)$ 时，

$$\int_{-a}^a f(x)\,dx = 0.$$ ∎

**例 6** 求定积分 $\int_{-1}^{1}(|x|+\sin x)x^2\,\mathrm{d}x$.

**解** 因为积分区间关于原点对称，且 $|x|x^2$ 为偶函数，$\sin x \cdot x^2$ 为奇函数，所以

$$\int_{-1}^{1}(|x|+\sin x)x^2\,\mathrm{d}x = \int_{-1}^{1}|x|x^2\,\mathrm{d}x = 2\int_{0}^{1}x^3\,\mathrm{d}x = 2 \cdot \frac{x^4}{4}\bigg|_{0}^{1} = \frac{1}{2}. \qquad\blacksquare$$

**例 7** 设 $f(x)$ 在 $[0, 1]$ 上连续，证明：

(1) $\displaystyle\int_{0}^{\pi/2}f(\sin x)\,\mathrm{d}x = \int_{0}^{\pi/2}f(\cos x)\,\mathrm{d}x$；

(2) $\displaystyle\int_{0}^{\pi}xf(\sin x)\,\mathrm{d}x = \frac{\pi}{2}\int_{0}^{\pi}f(\sin x)\,\mathrm{d}x$，由此计算 $\displaystyle\int_{0}^{\pi}\frac{x\sin x}{1+\cos^2 x}\,\mathrm{d}x$.

**证明** (1) 观察等式两端，易知所作变换应使 $f(\sin x)$ 变成 $f(\cos x)$，为此可设 $x = \dfrac{\pi}{2} - t$，则 $\mathrm{d}x = -\mathrm{d}t$，且当 $x = 0$ 时，$t = \dfrac{\pi}{2}$；当 $x = \dfrac{\pi}{2}$ 时，$t = 0$，所以

$$\int_{0}^{\pi/2}f(\sin x)\,\mathrm{d}x = -\int_{\pi/2}^{0}f\left[\sin\left(\frac{\pi}{2}-t\right)\right]\mathrm{d}t = \int_{0}^{\pi/2}f(\cos t)\,\mathrm{d}t = \int_{0}^{\pi/2}f(\cos x)\,\mathrm{d}x.$$

(2) 观察等式两端，易知所作变换应使 $xf(\sin x)$ 变成 $f(\sin x)$，为此可设 $x = \pi - t$，则 $\mathrm{d}x = -\mathrm{d}t$，且当 $x = 0$ 时，$t = \pi$；当 $x = \pi$ 时，$t = 0$，所以

$$\int_{0}^{\pi}xf(\sin x)\,\mathrm{d}x = -\int_{\pi}^{0}(\pi - t)f[\sin(\pi - t)]\,\mathrm{d}t = \int_{0}^{\pi}(\pi - t)f(\sin t)\,\mathrm{d}t$$

$$= \pi\int_{0}^{\pi}f(\sin t)\,\mathrm{d}t - \int_{0}^{\pi}tf(\sin t)\,\mathrm{d}t = \pi\int_{0}^{\pi}f(\sin x)\,\mathrm{d}x - \int_{0}^{\pi}xf(\sin x)\,\mathrm{d}x,$$

故

$$\int_{0}^{\pi}xf(\sin x)\,\mathrm{d}x = \frac{\pi}{2}\int_{0}^{\pi}f(\sin x)\,\mathrm{d}x.$$

利用上述结果，即得

$$\int_{0}^{\pi}\frac{x\sin x}{1+\cos^2 x}\,\mathrm{d}x = \frac{\pi}{2}\int_{0}^{\pi}\frac{\sin x}{1+\cos^2 x}\,\mathrm{d}x = -\frac{\pi}{2}\int_{0}^{\pi}\frac{1}{1+\cos^2 x}\,\mathrm{d}(\cos x)$$

$$= -\frac{\pi}{2}[\arctan(\cos x)]\big|_{0}^{\pi} = -\frac{\pi}{2}\left(-\frac{\pi}{4}-\frac{\pi}{4}\right) = \frac{\pi^2}{4}. \qquad\blacksquare$$

## 二、定积分的分部积分法

设函数 $u = u(x)$，$v = v(x)$ 在区间 $[a, b]$ 上具有连续导数，则

$$\mathrm{d}(uv) = u\mathrm{d}v + v\mathrm{d}u,$$

移项得

$$u\mathrm{d}v = \mathrm{d}(uv) - v\mathrm{d}u,$$

于是

$$\int_{a}^{b}u\mathrm{d}v = \int_{a}^{b}\mathrm{d}(uv) - \int_{a}^{b}v\mathrm{d}u,$$

即

$$\int_{a}^{b}u\mathrm{d}v = (uv)\big|_{a}^{b} - \int_{a}^{b}v\mathrm{d}u, \qquad (4.2)$$

$$\int_a^b uv'\mathrm{d}x = (uv)\Big|_a^b - \int_a^b vu'\mathrm{d}x. \tag{4.3}$$

或

　　这就是**定积分的分部积分公式**. 与不定积分的分部积分公式不同的是，这里可将原函数已经积出的部分 $uv$ 先用上、下限代入.

　　**例 8**　求定积分 $\int_0^{1/2}\arcsin x\,\mathrm{d}x$.

　　**解**　$\int_0^{1/2}\arcsin x\,\mathrm{d}x = [x\arcsin x]\Big|_0^{1/2} - \int_0^{1/2}\dfrac{x\,\mathrm{d}x}{\sqrt{1-x^2}} = \dfrac{1}{2}\cdot\dfrac{\pi}{6} + \dfrac{1}{2}\int_0^{1/2}\dfrac{1}{\sqrt{1-x^2}}\,\mathrm{d}(1-x^2)$

　　　　　　$= \dfrac{\pi}{12} + \left(\sqrt{1-x^2}\right)\Big|_0^{1/2} = \dfrac{\pi}{12} + \dfrac{\sqrt{3}}{2} - 1.$ ■

　　**例 9**　求定积分 $\int_0^{\pi/4}\dfrac{x\,\mathrm{d}x}{1+\cos 2x}$.

　　**解**　$\int_0^{\pi/4}\dfrac{x\,\mathrm{d}x}{1+\cos 2x} = \int_0^{\pi/4}\dfrac{x\,\mathrm{d}x}{2\cos^2 x} = \int_0^{\pi/4}\dfrac{x}{2}\,\mathrm{d}(\tan x)$

　　　　　　$= \dfrac{1}{2}(x\tan x)\Big|_0^{\pi/4} - \dfrac{1}{2}\int_0^{\pi/4}\tan x\,\mathrm{d}x$

　　　　　　$= \dfrac{\pi}{8} - \dfrac{1}{2}(\ln|\sec x|)\Big|_0^{\pi/4} = \dfrac{\pi}{8} - \dfrac{\ln 2}{4}.$ ■

　　**例 10**　求定积分 $\int_{1/2}^1 \mathrm{e}^{-\sqrt{2x-1}}\,\mathrm{d}x$.

　　**解**　令 $t=\sqrt{2x-1}$，则 $t\,\mathrm{d}t=\mathrm{d}x$，且当 $x=1/2$ 时，$t=0$；当 $x=1$ 时，$t=1$，于是有

$$\int_{1/2}^1 \mathrm{e}^{-\sqrt{2x-1}}\,\mathrm{d}x = \int_0^1 t\mathrm{e}^{-t}\,\mathrm{d}t.$$

再次使用分部积分法，得

$$\int_0^1 t\mathrm{e}^{-t}\,\mathrm{d}t = -(t\mathrm{e}^{-t})\Big|_0^1 + \int_0^1 \mathrm{e}^{-t}\,\mathrm{d}t = -\dfrac{1}{\mathrm{e}} - (\mathrm{e}^{-t})\Big|_0^1 = 1 - \dfrac{2}{\mathrm{e}}.$$ ■

　　**例 11**　求定积分 $\int_{\mathrm{e}^{-2}}^{\mathrm{e}^2}\dfrac{|\ln x|}{\sqrt{x}}\,\mathrm{d}x$.

　　**解**　由 $\int_{\mathrm{e}^{-2}}^{\mathrm{e}^2}\dfrac{|\ln x|}{\sqrt{x}}\,\mathrm{d}x = \int_{\mathrm{e}^{-2}}^1\dfrac{-\ln x}{\sqrt{x}}\,\mathrm{d}x + \int_1^{\mathrm{e}^2}\dfrac{\ln x}{\sqrt{x}}\,\mathrm{d}x$，及

$$\int\dfrac{\ln x}{\sqrt{x}}\,\mathrm{d}x = \int \ln x\,\mathrm{d}(2\sqrt{x}) = (2\sqrt{x}\ln x) - \int\dfrac{2}{\sqrt{x}}\,\mathrm{d}x = 2\sqrt{x}(\ln x - 2),$$

得

$$\int_{\mathrm{e}^{-2}}^{\mathrm{e}^2}\dfrac{|\ln x|}{\sqrt{x}}\,\mathrm{d}x = [-2\sqrt{x}(\ln x-2)]\Big|_{\mathrm{e}^{-2}}^1 + [2\sqrt{x}(\ln x-2)]\Big|_1^{\mathrm{e}^2} = 8(1-\mathrm{e}^{-1}).$$ ■

　　**例 12**　已知 $f(x)$ 满足方程 $f(x) = 3x - \sqrt{1-x^2}\int_0^1 f^2(x)\,\mathrm{d}x$，求 $f(x)$.

　　**解**　设 $\int_0^1 f^2(x)\,\mathrm{d}x = C$，则 $f(x) = 3x - C\sqrt{1-x^2}$，故

$$\int_0^1 (3x - C\sqrt{1-x^2})^2\,\mathrm{d}x = C,$$

$$\int_0^1 [9x^2 - 6Cx\sqrt{1-x^2} + C^2(1-x^2)]\,\mathrm{d}x = C,$$

积分得
$$3 + \frac{2}{3}C^2 - 2C = C,$$

解得 $C = 3$ 或 $C = \dfrac{3}{2}$，所以

$$f(x) = 3x - 3\sqrt{1-x^2} \quad 或 \quad f(x) = 3x - \frac{3}{2}\sqrt{1-x^2}.$$

**例13** 导出 $I_n = \displaystyle\int_0^{\pi/2} \sin^n x\,\mathrm{d}x$ ($n$ 为非负整数) 的递推公式.

**解** 易见 $\quad I_0 = \displaystyle\int_0^{\pi/2}\mathrm{d}x = \frac{\pi}{2},\qquad I_1 = \displaystyle\int_0^{\pi/2}\sin x\,\mathrm{d}x = 1.$

当 $n \geqslant 2$ 时, 设 $u = \sin^{n-1}x,\ \mathrm{d}v = \sin x\,\mathrm{d}x$, 则

$$\mathrm{d}u = (n-1)\sin^{n-2}x\cos x\,\mathrm{d}x,\quad v = -\cos x,$$

于是
$$I_n = (-\sin^{n-1}x\cos x)\Big|_0^{\pi/2} + (n-1)\int_0^{\pi/2}\sin^{n-2}x\cos^2 x\,\mathrm{d}x$$

$$= (n-1)\int_0^{\pi/2}\sin^{n-2}x(1-\sin^2 x)\,\mathrm{d}x$$

$$= (n-1)\int_0^{\pi/2}\sin^{n-2}x\,\mathrm{d}x - (n-1)\int_0^{\pi/2}\sin^n x\,\mathrm{d}x = (n-1)I_{n-2} - (n-1)I_n.$$

从而得到关于下标 $n$ 的递推公式

$$I_n = \frac{n-1}{n}I_{n-2}.$$

当 $n$ 为偶数时, 设 $n = 2m$, 则有

$$I_{2m} = \frac{2m-1}{2m}\cdot\frac{2m-3}{2m-2}\cdot\frac{2m-5}{2m-4}\cdot\cdots\cdot\frac{5}{6}\cdot\frac{3}{4}\cdot\frac{1}{2}\cdot I_0$$

$$= \frac{2m-1}{2m}\cdot\frac{2m-3}{2m-2}\cdot\frac{2m-5}{2m-4}\cdot\cdots\cdot\frac{5}{6}\cdot\frac{3}{4}\cdot\frac{1}{2}\cdot\frac{\pi}{2};$$

当 $n$ 为奇数时, 设 $n = 2m+1$, 则有

$$I_{2m+1} = \frac{2m}{2m+1}\cdot\frac{2m-2}{2m-1}\cdot\frac{2m-4}{2m-3}\cdot\cdots\cdot\frac{6}{7}\cdot\frac{4}{5}\cdot\frac{2}{3}\cdot I_1$$

$$= \frac{2m}{2m+1}\cdot\frac{2m-2}{2m-1}\cdot\frac{2m-4}{2m-3}\cdot\cdots\cdot\frac{6}{7}\cdot\frac{4}{5}\cdot\frac{2}{3}.$$

**注**: 根据例 7 中 (1) 的结果, 有

$$\int_0^{\pi/2}\cos^n x\,\mathrm{d}x = \int_0^{\pi/2}\sin^n x\,\mathrm{d}x.$$

在计算定积分时, 本例的结果可作为已知结果使用. 例如, 计算定积分

$$\int_0^{\pi}\sin^5\frac{x}{2}\,\mathrm{d}x.$$

令 $x/2=t$，则 $\mathrm{d}x=2\mathrm{d}t$，当 $x=0$ 时，$t=0$；当 $x=\pi$ 时，$t=\pi/2$．于是

$$\int_0^{\pi}\sin^5\frac{x}{2}\,\mathrm{d}x=2\int_0^{\pi/2}\sin^5 t\,\mathrm{d}t=2\cdot\frac{4}{5}\cdot\frac{2}{3}=\frac{16}{15}.$$

**\*数学实验**

**实验 5.3**　试用计算软件计算下列定积分：

(1) $\displaystyle\int_0^{\ln2}x\mathrm{e}^{-x}\,\mathrm{d}x$；

(2) $\displaystyle\int_0^{\sqrt{3}}x\arctan x\mathrm{d}x$；

(3) $\displaystyle\int_0^a x^2\sqrt{a^2-x^2}\,\mathrm{d}x\,(a>0)$；

(4) $\displaystyle\int_{\frac{1}{2}}^2\left(1+x-\frac{1}{x}\right)\mathrm{e}^{x+\frac{1}{x}}\,\mathrm{d}x$．

计算实验

微信扫描右侧二维码，即可进行重复或修改实验（详见教材配套的网络学习空间）．

## 习题 5-4

1. 用换元积分法计算下列定积分：

(1) $\displaystyle\int_{\frac{\pi}{3}}^{\pi}\sin\left(x+\frac{\pi}{3}\right)\mathrm{d}x$；

(2) $\displaystyle\int_{-2}^1\frac{\mathrm{d}x}{(11+5x)^3}$；

(3) $\displaystyle\int_0^{\frac{\pi}{2}}\sin\varphi\cos^3\varphi\mathrm{d}\varphi$；

(4) $\displaystyle\int_{\frac{\pi}{6}}^{\frac{\pi}{2}}\cos^2 u\mathrm{d}u$；

(5) $\displaystyle\int_0^5\frac{x^3}{x^2+1}\,\mathrm{d}x$；

(6) $\displaystyle\int_0^5\frac{2x^2+3x-5}{x+3}\,\mathrm{d}x$；

(7) $\displaystyle\int_{-1}^1\frac{x\mathrm{d}x}{(x^2+1)^2}$；

(8) $\displaystyle\int_1^2\frac{\mathrm{e}^{1/x}}{x^2}\,\mathrm{d}x$；

(9) $\displaystyle\int_0^1 t\mathrm{e}^{-\frac{t^2}{2}}\,\mathrm{d}t$；

(10) $\displaystyle\int_0^{\sqrt{2}a}\frac{x\mathrm{d}x}{\sqrt{3a^2-x^2}}$；

(11) $\displaystyle\int_1^{\mathrm{e}^2}\frac{\mathrm{d}x}{x\sqrt{1+\ln x}}$；

(12) $\displaystyle\int_{-\frac{\pi}{2}}^{\frac{\pi}{2}}\sin x\cos 2x\mathrm{d}x$；

(13) $\displaystyle\int_{-\frac{\pi}{2}}^{\frac{\pi}{2}}\sqrt{\cos x-\cos^3 x}\,\mathrm{d}x$；

(14) $\displaystyle\int_0^1\sqrt{2x-x^2}\,\mathrm{d}x$；

(15) $\displaystyle\int_0^{\sqrt{2}}\sqrt{2-x^2}\,\mathrm{d}x$；

(16) $\displaystyle\int_1^{\sqrt{3}}\frac{\mathrm{d}x}{x^2\sqrt{1+x^2}}$；

(17) $\displaystyle\int_0^1(1+x^2)^{-\frac{3}{2}}\,\mathrm{d}x$；

(18) $\displaystyle\int_{-1}^1\frac{x\mathrm{d}x}{\sqrt{5-4x}}$；

(19) $\displaystyle\int_{\frac{3}{4}}^1\frac{\mathrm{d}x}{\sqrt{1-x}-1}$；

(20) $\displaystyle\int_{-3}^0\frac{x+1}{\sqrt{x+4}}\,\mathrm{d}x$；

(21) $\displaystyle\int_0^1\frac{\sqrt{\mathrm{e}^{-x}}}{\sqrt{\mathrm{e}^x+\mathrm{e}^{-x}}}\,\mathrm{d}x$．

2. 用分部积分法计算下列定积分：

(1) $\displaystyle\int_0^1 x\mathrm{e}^{-x}\,\mathrm{d}x$；

(2) $\displaystyle\int_1^{\mathrm{e}}x\ln x\mathrm{d}x$；

(3) $\displaystyle\int_0^1 x\arctan x\mathrm{d}x$；

(4) $\displaystyle\int_1^{\mathrm{e}}\sin(\ln x)\mathrm{d}x$；

(5) $\displaystyle\int_0^{\pi/2}x\sin 2x\mathrm{d}x$；

(6) $\displaystyle\int_0^{2\pi}x\cos^2 x\mathrm{d}x$；

(7) $\displaystyle\int_1^2 x\log_2 x\mathrm{d}x$；

(8) $\displaystyle\int_1^4\frac{\ln x}{\sqrt{x}}\,\mathrm{d}x$；

(9) $\displaystyle\int_{\pi/4}^{\pi/3}\frac{x}{\sin^2 x}\,\mathrm{d}x$．

(10) $\int_0^{\sqrt{\ln 2}} x^3 e^{x^2} dx$;　　　　　(11) $\int_0^{\pi/4} \dfrac{x \sec^2 x}{(1+\tan x)^2} dx$;　　　　(12) $\int_0^{\pi/2} e^{2x} \cos x dx$;

(13) $\int_0^2 \ln(x+\sqrt{x^2+1}) dx$;　　　　(14) $\int_{1/2}^1 e^{\sqrt{2x-1}} dx$.

3. 利用函数的奇偶性计算下列定积分:

(1) $\int_{-\pi}^{\pi} x^4 \sin x dx$;　　　　(2) $\int_{-\frac{\pi}{2}}^{\frac{\pi}{2}} 4\cos^4\theta d\theta$;　　　　(3) $\int_{-\frac{1}{2}}^{\frac{1}{2}} \dfrac{(\arcsin x)^2}{\sqrt{1-x^2}} dx$;

(4) $\int_{-5}^5 \dfrac{x^3 \sin^2 x dx}{x^4+2x^2+1}$;　　　　(5) $\int_{-\sqrt{3}}^{\sqrt{3}} |\arctan x| dx$;　　　　(6) $\int_{-2}^2 \dfrac{x+|x|}{2+x^2} dx$.

4. 已知 $2\int_{-1}^1 \sqrt{1-x^2} dx = \pi$, 试利用此结果求下列积分:

(1) $\int_{-3}^3 \sqrt{9-x^2} dx$;　　　　(2) $\int_0^2 \sqrt{1-\dfrac{1}{4}x^2} dx$;　　　　(3) $\int_{-2}^2 (x-3)\sqrt{4-x^2} dx$.

5. 证明: $\int_0^{\pi} \sin^n x dx = 2\int_0^{\pi/2} \sin^n x dx$.

6. 计算定积分 $I_m = \int_0^1 (1-x^2)^{\frac{m}{2}} dx$ ($m$ 为自然数).

7. 已知 $f(x)$ 是连续函数, 证明:

(1) $\int_a^b f(x) dx = (b-a)\int_0^1 f[a+(b-a)x] dx$;

(2) $\int_0^{2a} f(x) dx = \int_0^a [f(x)+f(2a-x)] dx$.

8. 证明: $\int_0^1 x^m (1-x)^n dx = \int_0^1 x^n (1-x)^m dx$.

9. 计算定积分 $J_m = \int_0^{\pi} x \sin^m x dx$ ($m$ 为自然数).

10. 设 $f(t)$ 是连续函数, 证明:

(1) 当 $f(t)$ 是偶函数时, $\phi(x) = \int_0^x f(t) dt$ 为奇函数;

(2) 当 $f(t)$ 是奇函数时, $\phi(x) = \int_0^x f(t) dt$ 为偶函数.

11. 若 $f''(x)$ 在 $[0, \pi]$ 上连续, $f(0)=2$, $f(\pi)=1$, 证明:

$$\int_0^{\pi} [f(x)+f''(x)] \sin x dx = 3.$$

12. 设 $f(x) = \int_1^{x^2} \dfrac{\sin t}{t} dt$, 求 $\int_0^1 xf(x) dx$.

13. 设连续函数 $f(x)$ 是一个以 $T$ 为周期的周期函数.

(1) 证明: $\int_0^{nT} f(x) dx = n\int_0^T f(x) dx$ ($n \in \mathbf{N}$);

(2) 计算: $\int_0^{n\pi} \sqrt{1+\sin 2x} dx$.

# §5.5　广　义　积　分

我们前面介绍的定积分有两个最基本的约束条件：积分区间的有限性和被积函数的有界性.但在某些实际问题中,常常需要突破这些约束条件.因此,在定积分的计算中,我们还要研究无穷区间上的积分和无界函数的积分.这两类积分通称为**广义积分**或**反常积分**,相应地,前面的定积分则称为**常义积分**或**正常积分**.

## 一、无穷限的广义积分

**定义1**　设函数 $f(x)$ 在区间 $[a, +\infty)$ 上连续,如果极限

$$\lim_{b \to +\infty} \int_a^b f(x)\,dx$$

存在,则称此极限为**函数 $f(x)$ 在无穷区间 $[a, +\infty)$ 上的广义积分**,记为 $\int_a^{+\infty} f(x)\,dx$,

即
$$\int_a^{+\infty} f(x)\,dx = \lim_{b \to +\infty} \int_a^b f(x)\,dx.$$

这时也称**广义积分 $\int_a^{+\infty} f(x)\,dx$ 收敛**；如果极限 $\lim\limits_{b \to +\infty} \int_a^b f(x)\,dx$ 不存在,则称**广义积分 $\int_a^{+\infty} f(x)\,dx$ 发散**.

类似地,可定义**函数 $f(x)$ 在无穷区间 $(-\infty, b]$ 上的广义积分**

$$\int_{-\infty}^b f(x)\,dx = \lim_{a \to -\infty} \int_a^b f(x)\,dx.$$

**定义2**　函数 $f(x)$ 在无穷区间 $(-\infty, +\infty)$ 上的广义积分定义为

$$\int_{-\infty}^{+\infty} f(x)\,dx = \int_{-\infty}^a f(x)\,dx + \int_a^{+\infty} f(x)\,dx,$$

其中 $a$ 为任意实数,当上式右端两个积分都收敛时,称**广义积分 $\int_{-\infty}^{+\infty} f(x)\,dx$ 是收敛的**,否则,称**广义积分 $\int_{-\infty}^{+\infty} f(x)\,dx$ 是发散的**.

上述广义积分统称为**无穷限的广义积分**.

若 $F(x)$ 是 $f(x)$ 的一个原函数,记

$$F(+\infty) = \lim_{x \to +\infty} F(x), \quad F(-\infty) = \lim_{x \to -\infty} F(x),$$

则广义积分可表示为(如果极限存在):

$$\int_a^{+\infty} f(x)\,dx = F(x)\big|_a^{+\infty} = F(+\infty) - F(a);$$

$$\int_{-\infty}^b f(x)\,dx = F(x)\big|_{-\infty}^b = F(b) - F(-\infty);$$

$$\int_{-\infty}^{+\infty} f(x)\,dx = F(x)\big|_{-\infty}^{+\infty} = F(+\infty) - F(-\infty).$$

**例1** 计算广义积分 $\int_0^{+\infty} e^{-x} dx$.

**解** 对于任意 $b > 0$, 有

$$\int_0^b e^{-x} dx = -e^{-x} \big|_0^b = -e^{-b} - (-1) = 1 - e^{-b}.$$

于是 $$\lim_{b \to +\infty} \int_0^b e^{-x} dx = \lim_{b \to +\infty} (1 - e^{-b}) = 1 - 0 = 1,$$

所以 $$\int_0^{+\infty} e^{-x} dx = \lim_{b \to +\infty} \int_0^b e^{-x} dx = 1.$$

在理解了广义积分定义的实质后, 上述求解过程也可直接写成

$$\int_0^{+\infty} e^{-x} dx = -e^{-x} \big|_0^{+\infty} = 0 - (-1) = 1.$$ ■

**例2** 判断广义积分 $\int_0^{+\infty} \sin x dx$ 的敛散性.

**解** 对于任意 $b > 0$, 有

$$\int_0^b \sin x dx = -\cos x \big|_0^b = -\cos b + (\cos 0) = 1 - \cos b,$$

因为 $\lim_{b \to +\infty} (1 - \cos b)$ 不存在, 所以广义积分 $\int_0^{+\infty} \sin x dx$ 发散. ■

**例3** 计算广义积分 $\int_{-\infty}^{+\infty} \dfrac{dx}{1 + x^2}$.

**解** $\int_{-\infty}^{+\infty} \dfrac{dx}{1 + x^2} = [\arctan x] \big|_{-\infty}^{+\infty} = \lim_{x \to +\infty} \arctan x - \lim_{x \to -\infty} \arctan x = \dfrac{\pi}{2} - \left( -\dfrac{\pi}{2} \right) = \pi$. ■

**例4** 计算广义积分 $\int_0^{+\infty} t e^{-pt} dt$ ($p$ 是常数, 且 $p > 0$).

**解** $\int_0^{+\infty} t e^{-pt} dt = -\dfrac{1}{p} \int_0^{+\infty} t d(e^{-pt}) = -\dfrac{1}{p} t e^{-pt} \big|_0^{+\infty} + \dfrac{1}{p} \int_0^{+\infty} e^{-pt} dt$

$$= -\dfrac{1}{p} t e^{-pt} \big|_0^{+\infty} - \dfrac{1}{p^2} e^{-pt} \big|_0^{+\infty} = -\dfrac{1}{p} \lim_{t \to +\infty} t e^{-pt} + 0 - \dfrac{1}{p^2} (0 - 1)$$

$$= \dfrac{1}{p^2}.$$ ■

**注**: 其中未定式的极限 $\lim_{t \to +\infty} t e^{-pt} = \lim_{t \to +\infty} \dfrac{t}{e^{pt}} = \lim_{t \to +\infty} \dfrac{1}{p e^{pt}} = 0$.

**例5** 讨论广义积分 $\int_1^{+\infty} \dfrac{1}{x^p} dx$ 的敛散性.

**证明** 当 $p \neq 1$ 时, 有

$$\int_1^{+\infty} \dfrac{1}{x^p} dx = \dfrac{x^{1-p}}{1-p} \Big|_1^{+\infty} = \begin{cases} +\infty, & p < 1 \\ \dfrac{1}{p-1}, & p > 1 \end{cases},$$

当 $p=1$ 时，有

$$\int_1^{+\infty} \frac{1}{x^p}\,dx = \int_1^{+\infty} \frac{1}{x}\,dx = \ln x\,\Big|_1^{+\infty} = +\infty.$$

因此，当 $p>1$ 时，题设广义积分收敛，其值为 $\dfrac{1}{p-1}$；当 $p\leq 1$ 时，题设广义积分发散. ■

## 二、无界函数的广义积分

另一类广义积分就是无界函数的积分问题.

**定义 3**　设函数 $f(x)$ 在区间 $(a,b]$ 上连续，而在点 $a$ 的右半邻域内 $f(x)$ 无界. 取 $\varepsilon>0$，如果极限

$$\lim_{\varepsilon\to 0^+} \int_{a+\varepsilon}^b f(x)\,dx$$

存在，则称此极限为函数 $f(x)$ 在区间 $(a,b]$ 上的**广义积分**，记作

$$\int_a^b f(x)\,dx = \lim_{\varepsilon\to 0^+} \int_{a+\varepsilon}^b f(x)\,dx.$$

当极限存在时，称**广义积分 $\int_a^b f(x)\,dx$ 是收敛的**，点 $a$ 称为**瑕点**. 否则称**广义积分 $\int_a^b f(x)\,dx$ 是发散的**.

　　类似地，可定义**函数 $f(x)$ 在区间 $[a,b)$ 上的广义积分**

$$\int_a^b f(x)\,dx = \lim_{\varepsilon\to 0^+} \int_a^{b-\varepsilon} f(x)\,dx.$$

**定义 4**　设函数 $f(x)$ 在区间 $[a,b]$ 上除点 $c\,(a<c<b)$ 外连续，而在点 $c$ 的邻域内无界，则函数 $f(x)$ 在区间 $[a,b]$ 上的广义积分定义为

$$\int_a^b f(x)\,dx = \int_a^c f(x)\,dx + \int_c^b f(x)\,dx.$$

当上式右端两个积分都收敛时，称**广义积分 $\int_a^b f(x)\,dx$ 是收敛的**，否则，称**广义积分 $\int_a^b f(x)\,dx$ 是发散的**.

　　无界函数的广义积分又称为**瑕积分**. 定义中函数 $f(x)$ 的无界间断点（如定义 3 中点 $a$ 和定义 4 中的点 $c$ 等）称为**瑕点**.

**例 6**　计算广义积分 $\int_0^a \dfrac{dx}{\sqrt{a^2-x^2}}\ (a>0)$.

**解**　原式 $= \lim\limits_{\varepsilon\to 0^+} \int_0^{a-\varepsilon} \dfrac{dx}{\sqrt{a^2-x^2}} = \lim\limits_{\varepsilon\to 0^+} \left(\arcsin\dfrac{x}{a}\right)\Big|_0^{a-\varepsilon}$

$$= \lim_{\varepsilon\to 0^+} \left(\arcsin\dfrac{a-\varepsilon}{a} - 0\right) = \dfrac{\pi}{2}.$$

**例7** 计算广义积分 $\int_1^2 \dfrac{\mathrm{d}x}{x\ln x}$.

**解** $\int_1^2 \dfrac{\mathrm{d}x}{x\ln x} = \lim\limits_{\varepsilon\to 0^+} \int_{1+\varepsilon}^2 \dfrac{\mathrm{d}x}{x\ln x} = \lim\limits_{\varepsilon\to 0^+} \int_{1+\varepsilon}^2 \dfrac{\mathrm{d}(\ln x)}{\ln x} = \lim\limits_{\varepsilon\to 0^+} [\ln(\ln x)]\big|_{1+\varepsilon}^2$

$\qquad = \lim\limits_{\varepsilon\to 0^+} [\ln(\ln 2) - \ln(\ln(1+\varepsilon))] = +\infty.$

故原广义积分发散.

**例8** 讨论广义积分 $\int_0^1 \dfrac{1}{x^q}\,\mathrm{d}x$ 的敛散性.

**解** 当 $q=1$ 时, 有

$$\int_0^1 \frac{1}{x^q}\,\mathrm{d}x = \int_0^1 \frac{1}{x}\,\mathrm{d}x = \ln x\big|_0^1 = +\infty;$$

当 $q\neq 1$ 时, 有

$$\int_0^1 \frac{1}{x^q}\,\mathrm{d}x = \frac{x^{1-q}}{1-q}\bigg|_0^1 = \begin{cases} +\infty, & q>1 \\[2mm] \dfrac{1}{1-q}, & q<1 \end{cases},$$

因此, 当 $q<1$ 时广义积分收敛, 其值为 $\dfrac{1}{1-q}$; 当 $q\geq 1$ 时广义积分发散.

**例9** 计算广义积分 $\int_0^1 \dfrac{\arcsin\sqrt{x}}{\sqrt{x(1-x)}}\,\mathrm{d}x$.

**解** 被积函数有两个可疑的瑕点: $x=0$ 和 $x=1$. 因为

$$\lim\limits_{x\to 0^+} \frac{\arcsin\sqrt{x}}{\sqrt{x(1-x)}} = 1,$$

故 $x=1$ 是其唯一的瑕点, 所以

$$\int_0^1 \frac{\arcsin\sqrt{x}}{\sqrt{x(1-x)}}\,\mathrm{d}x = 2\int_0^1 \arcsin\sqrt{x}\,\mathrm{d}(\arcsin\sqrt{x})$$

$$= (\arcsin\sqrt{x})^2\big|_0^1 = \frac{\pi^2}{4}.$$

**\*数学实验**

**实验5.4** 试用计算软件计算下列广义积分:

(1) $\displaystyle\int_{-\infty}^{+\infty} \frac{\mathrm{d}x}{(x^2+x+1)^2}$;

(2) $\displaystyle\int_0^1 \frac{\mathrm{d}x}{(2-x)\sqrt{1-x}}$;

(3) $\displaystyle\int_0^{+\infty} \frac{x\ln x}{(1+x^2)^2}\,\mathrm{d}x$;

(4) $\displaystyle\int_0^{\frac{\pi}{2}} \ln\cos x\,\mathrm{d}x$.

计算实验

微信扫描右侧二维码, 即可进行重复或修改实验(详见教材配套的网络学习空间).

## 习题 5-5

1. 判断下列各广义积分的敛散性，若收敛，计算其值：

(1) $\displaystyle\int_1^{+\infty}\frac{\mathrm{d}x}{x^3}$;

(2) $\displaystyle\int_1^{+\infty}\frac{\mathrm{d}x}{\sqrt{x}}$;

(3) $\displaystyle\int_0^{+\infty}\mathrm{e}^{-ax}\mathrm{d}x\ (a>0)$;

(4) $\displaystyle\int_{-\infty}^{+\infty}\frac{\mathrm{d}x}{x^2+4x+5}$;

(5) $\displaystyle\int_{\mathrm{e}}^{+\infty}\frac{\ln x}{x}\mathrm{d}x$;

(6) $\displaystyle\int_1^{+\infty}\frac{\mathrm{d}x}{x(x^2+1)}$;

(7) $\displaystyle\int_0^1\frac{x\mathrm{d}x}{\sqrt{1-x^2}}$;

(8) $\displaystyle\int_0^2\frac{\mathrm{d}x}{(1-x)^2}$;

(9) $\displaystyle\int_1^2\frac{x\mathrm{d}x}{\sqrt{x-1}}$.

2. 求当 $k$ 为何值时, 广义积分 $\displaystyle\int_2^{+\infty}\frac{\mathrm{d}x}{x(\ln x)^k}$ 收敛? 当 $k$ 为何值时, 该广义积分发散? 又当 $k$ 为何值时, 该广义积分取得最小值?

3. 下列计算是否正确? 为什么?

(1) $\displaystyle\int_{-1}^1\frac{\mathrm{d}x}{x^2}=-\frac{1}{x}\Big|_{-1}^1=-2$;

(2) $\displaystyle\int_{-\infty}^{+\infty}\frac{x}{\sqrt{1+x^2}}\mathrm{d}x=0$（因为被积函数为奇函数）.

4. 计算广义积分 $I_n=\displaystyle\int_0^{+\infty}x^n\mathrm{e}^{-x}\mathrm{d}x$ ($n$ 为自然数).

# §5.6　广义积分审敛法

判定一个广义积分的收敛性, 是一个重要的问题. 当被积函数的原函数求不出来, 或者求原函数的计算过于复杂时, 利用广义积分的定义来判断它的收敛性就不适用了. 因此, 我们需要其他判断广义积分的收敛性的方法.

## 一、无穷限广义积分的审敛法

我们只就积分区间 $[a,+\infty)$ 的情况加以讨论, 但所得的结果不难类推到 $(-\infty,b]$ 上的广义积分.

设函数 $f(x)$ 在 $[a,+\infty)$ 上非负连续, 当 $x>a$ 时, 定义函数

$$F(x)=\int_a^x f(t)\,\mathrm{d}t,$$

由于 $F'(x)=f(x)\geq 0$, 所以 $F(x)$ 是单调增加函数. 利用单调有界函数必有极限的准则, 极限 $\lim\limits_{x\to+\infty}F(x)$ 存在的充分必要条件是 $F(x)$ 在 $[a,+\infty)$ 上有界, 即有:

**定理 1**　设函数 $f(x)$ 在 $[a,+\infty)$ 上非负连续, 则广义积分

$$\int_a^{+\infty}f(x)\,\mathrm{d}x$$

收敛的充分必要条件是函数 $F(x) = \int_a^x f(t)\mathrm{d}t$ 在 $[a, +\infty)$ 上有界.

由此, 进一步得定理 2.

**定理 2 (比较审敛原理)** 设函数 $f(x), g(x)$ 在 $[a, +\infty)$ 上连续, 且 $0 \le f(x) \le g(x)$ $(a \le x < +\infty)$, 于是

(1) 若积分 $\int_a^{+\infty} g(x)\mathrm{d}x$ 收敛, 则 $\int_a^{+\infty} f(x)\mathrm{d}x$ 也收敛;

(2) 若积分 $\int_a^{+\infty} f(x)\mathrm{d}x$ 发散, 则 $\int_a^{+\infty} g(x)\mathrm{d}x$ 也发散.

**证明** (1) 设 $a < b < +\infty$, 若 $\int_a^{+\infty} g(x)\mathrm{d}x$ 收敛, 则 $\int_a^b g(x)\mathrm{d}x$ 在 $[a, +\infty)$ 上有上界, 又由 $0 \le f(x) \le g(x)$, 有

$$\int_a^b f(x)\mathrm{d}x \le \int_a^b g(x)\mathrm{d}x,$$

即 $\int_a^b f(x)\mathrm{d}x$ 在 $[a, +\infty)$ 上有上界, 从而 $\int_a^{+\infty} f(x)\mathrm{d}x$ 收敛.

(2) 用反证法. 假设 $\int_a^{+\infty} g(x)\mathrm{d}x$ 收敛, 由 (1) 知 $\int_a^{+\infty} f(x)\mathrm{d}x$ 收敛, 这与 (2) 的条件假设矛盾. 由此证得 (2). ■

注意到广义积分 $\int_a^{+\infty} \dfrac{\mathrm{d}x}{x^p}$ $(a > 0)$ 当 $p > 1$ 时收敛, 当 $p \le 1$ 时发散. 在定理 2 中, 取比较函数 $g(x) = \dfrac{C}{x^p}$ (常数 $C > 0$), 则有:

**推论 1** 设函数 $f(x)$ 在 $[a, +\infty)$ $(a > 0)$ 上非负连续. 如果存在常数 $M > 0$ 及 $p > 1$, 使得

$$f(x) \le \frac{M}{x^p} \quad (a \le x < +\infty),$$

则 $\int_a^{+\infty} f(x)\mathrm{d}x$ 收敛;

如果存在常数 $N > 0$ 及 $q \le 1$, 使得

$$f(x) \ge \frac{N}{x^q} \quad (a \le x < +\infty),$$

则 $\int_a^{+\infty} f(x)\mathrm{d}x$ 发散.

推论 1 也可以改写成极限形式, 判断更为方便.

**推论 2** 设函数 $f(x)$ 在 $[a, +\infty)$ $(a > 0)$ 上非负连续, 则

(1) 当 $\lim\limits_{x \to +\infty} x^p f(x)$ $(p > 1)$ 存在时, $\int_a^{+\infty} f(x)\mathrm{d}x$ 收敛;

(2) 当 $\lim\limits_{x \to +\infty} x^p f(x)$ $(p \le 1)$ 存在且不等于零或等于无穷大时, $\int_a^{+\infty} f(x)\mathrm{d}x$ 发散.

**证明** 略. ■

**例1** 判别广义积分 $\int_1^{+\infty} \dfrac{\mathrm{d}x}{\sqrt[3]{x^4+1}}$ 的敛散性.

**解** 因为 $f(x) = \dfrac{1}{\sqrt[3]{x^4+1}}$ 在 $[1, +\infty)$ 上非负连续，且

$$\frac{1}{\sqrt[3]{x^4+1}} < \frac{1}{\sqrt[3]{x^4}} = \frac{1}{x^{\frac{4}{3}}},$$

这里 $p = \dfrac{4}{3} > 1$，故由推论 1 知，题设广义积分收敛. ■

**例2** 判别广义积分 $\int_1^{+\infty} \dfrac{\mathrm{d}x}{x\sqrt{1+x^2}}$ 的敛散性.

**解** 因为 $f(x) = \dfrac{1}{x\sqrt{1+x^2}}$ 在 $[1, +\infty)$ 上非负连续，且

$$\lim_{x \to +\infty} x^2 \cdot \frac{1}{x\sqrt{1+x^2}} = 1,$$

这里 $p = 2 > 1$，故由推论 2 知，题设广义积分收敛. ■

**例3** 判别广义积分 $\int_1^{+\infty} \dfrac{1+\mathrm{e}^{-x}}{x} \mathrm{d}x$ 的敛散性.

**解** 因为当 $x \geq 1$ 时，$\dfrac{1+\mathrm{e}^{-x}}{x} > \dfrac{1}{x}$，故由推论 1 知，题设广义积分发散. ■

**例4** 判别广义积分 $\int_1^{+\infty} \dfrac{\arctan x}{x} \mathrm{d}x$ 的敛散性.

**解** 因为 $\lim\limits_{x \to +\infty} x \dfrac{\arctan x}{x} = \lim\limits_{x \to +\infty} \arctan x = \dfrac{\pi}{2}$，故由推论 2 知，题设广义积分发散. ■

上述判定方法都是在当 $x$ 充分大时函数 $f(x) \geq 0$ 的条件下才能使用. 对于 $f(x) \leq 0$ 的情形，可化为 $-f(x)$ 来讨论. 对于一般的可变号函数 $f(x)$，就不能直接判断了，但可对 $\int_a^{+\infty} |f(x)| \mathrm{d}x$ 运用上述方法来判定，从而确定 $\int_a^{+\infty} f(x) \mathrm{d}x$ 的收敛性.

**定义1** 设函数 $f(x)$ 在 $[a, +\infty)$ 上连续，如果广义积分

$$\int_a^{+\infty} |f(x)| \mathrm{d}x$$

收敛，则称 $\int_a^{+\infty} f(x) \mathrm{d}x$ **绝对收敛**.

**定理3** 绝对收敛的广义积分 $\int_a^{+\infty} f(x) \mathrm{d}x$ 必定收敛.

**证明** 令 $\varphi(x) = \dfrac{1}{2}(f(x) + |f(x)|)$，则 $\varphi(x) \geq 0$，且 $\varphi(x) \leq |f(x)|$.

因为 $\int_a^{+\infty} |f(x)| \mathrm{d}x$ 收敛，故 $\int_a^{+\infty} \varphi(x) \mathrm{d}x$ 也收敛. 而

$$f(x) = 2\varphi(x) - |f(x)|,$$

$$\int_a^{+\infty} f(x)\mathrm{d}x = 2\int_a^{+\infty} \varphi(x)\mathrm{d}x - \int_a^{+\infty} |f(x)|\,\mathrm{d}x,$$

故广义积分 $\int_a^{+\infty} f(x)\,\mathrm{d}x$ 收敛.

**例 5** 判别广义积分 $\int_a^{+\infty} \dfrac{\sin x^3}{x^2}\mathrm{d}x \ (a>0)$.

**解** 由于 $\left| \dfrac{\sin x^3}{x^2} \right| \le \dfrac{1}{x^2}$，而 $\int_a^{+\infty} \dfrac{1}{x^2}\,\mathrm{d}x$ 收敛，故 $\int_a^{+\infty} \left| \dfrac{\sin x^3}{x^2} \right| \mathrm{d}x$ 收敛，

即 $\int_a^{+\infty} \dfrac{\sin x^3}{x^2}\mathrm{d}x$ 绝对收敛．

## 二、无界函数广义积分的审敛法

类似于无穷区间上广义积分的判别法，无界函数(对于区间 $[a, b]$，$b$ 是瑕点；对于区间 $(a, b]$，$a$ 是瑕点)的广义积分也有以下判别法(证明方法类似)：

**定理 4(比较审敛法)** 设函数 $f(x)$，$g(x)$ 在 $(a, b]$ 上连续，且当 $x$ 充分靠近点 $a$ 时，有 $0 \le f(x) \le g(x)$，于是

(1) 若积分 $\int_a^b g(x)\mathrm{d}x$ 收敛，则 $\int_a^b f(x)\mathrm{d}x$ 也收敛；

(2) 若积分 $\int_a^b f(x)\mathrm{d}x$ 发散，则 $\int_a^b g(x)\mathrm{d}x$ 也发散．

在定理 4 中取比较函数 $g(x) = \dfrac{C}{(x-a)^p}$ (常数 $C > 0$，$p > 0$)，则有：

**推论 3** 设函数 $f(x)$ 在 $(a, b]$ 上连续，且

$$f(x) \ge 0, \quad \lim_{x \to a+0} f(x) = +\infty.$$

如果存在常数 $M > 0$ 及 $0 < p < 1$，使得

$$f(x) \le \dfrac{M}{(x-a)^p} \quad (a < x \le b),$$

则广义积分 $\int_a^b f(x)\mathrm{d}x$ 收敛；

如果存在常数 $N > 0$ 及 $p \ge 1$，使得

$$f(x) \ge \dfrac{N}{(x-a)^p} \quad (a < x \le b),$$

则广义积分 $\int_a^b f(x)\mathrm{d}x$ 发散．

将推论 3 改写成极限形式，即有：

**推论 4** 设函数 $f(x)$ 在区间 $(a, b]$ 上连续，且

$$f(x) \ge 0, \quad \lim_{x \to a+0} f(x) = +\infty.$$

如果存在常数 $0 < p < 1$，使得

$$\lim_{x \to a+0} (x-a)^p f(x)$$

存在且非负，则广义积分 $\int_a^b f(x)\mathrm{d}x$ 收敛；

如果存在常数 $p \geq 1$，使得

$$\lim_{x \to a+0} (x-a)^p f(x) = d > 0 \quad \left( \text{或} \lim_{x \to a+0} (x-a)^p f(x) = +\infty \right),$$

则广义积分 $\int_a^b f(x)\mathrm{d}x$ 发散.

**例6**　判别广义积分 $\int_1^3 \dfrac{\mathrm{d}x}{\ln x}$ 的收敛性.

**解**　被积函数在点 $x = 1$ 的右邻域内无界，由洛必达法则知

$$\lim_{x \to 1+0} (x-1) \frac{1}{\ln x} = \lim_{x \to 1+0} \frac{1}{1/x} = 1 > 0,$$

根据推论 4 知，题设广义积分发散.

**例7**　判别广义积分 $\int_0^{\pi/2} \dfrac{1-\cos x}{x^m} \mathrm{d}x$ 的收敛性.

**解**　由于 $x = 0$ 是 $f(x) = \dfrac{1-\cos x}{x^m}$ 的瑕点，且

$$\frac{1-\cos x}{x^m} \sim \frac{\dfrac{1}{2}x^2}{x^m} = \frac{1}{2} \frac{1}{x^{m-2}} \quad (x \to 0),$$

所以，当 $m - 2 < 1$，即 $m < 3$ 时，题设广义积分收敛；当 $m - 2 \geq 1$，即 $m \geq 3$ 时，题设广义积分发散.

## 三、$\Gamma$ 函数

### 1. $\Gamma$ 函数的定义

先来讨论广义积分 $\int_0^{+\infty} x^{s-1}\mathrm{e}^{-x}\mathrm{d}x$ 的收敛性.

$$\int_0^{+\infty} x^{s-1}\mathrm{e}^{-x}\mathrm{d}x = \int_0^1 x^{s-1}\mathrm{e}^{-x}\mathrm{d}x + \int_1^{+\infty} x^{s-1}\mathrm{e}^{-x}\mathrm{d}x = I_1 + I_2,$$

其中，$I_1$ 是无界函数的广义积分，$x = 0$ 是瑕点，且

$$\mathrm{e}^{-x} \cdot x^{s-1} = \frac{1}{x^{1-s}} \cdot \frac{1}{\mathrm{e}^x} < \frac{1}{x^{1-s}}.$$

当 $1 - s < 1$，即 $s > 0$ 时，$I_1$ 收敛. $I_2$ 是无穷限的广义积分，由

$$\lim_{x \to +\infty} x^2 \cdot (x^{s-1}\mathrm{e}^{-x}) = \lim_{x \to +\infty} \frac{x^{s+1}}{\mathrm{e}^x} = 0$$

知,当 $s > 0$ 时, $I_2$ 收敛.

上述广义积分是工程技术上很有用的积分,当 $s > 0$ 时,
我们把它记作 $\Gamma(s)$(参数 $s$ 的函数),即

$$\Gamma(s) = \int_0^{+\infty} x^{s-1} e^{-x} dx \quad (s > 0),$$

称为 **$\Gamma$(Gamma) 函数**. 它是数学、物理中常用的一种较
简单的特殊函数 (见图 $5-6-1$).

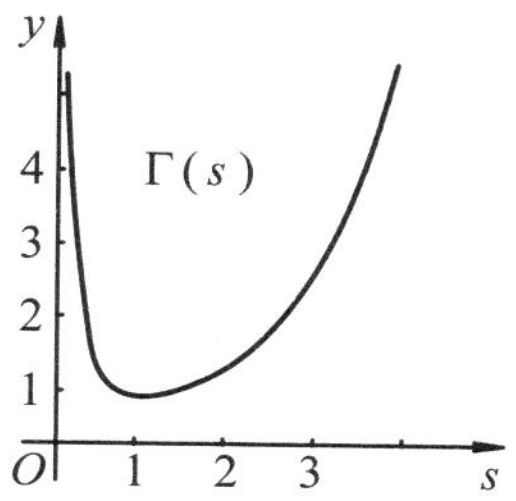

**图 5 − 6 − 1**

**2. $\Gamma$ 函数的性质**

(1) $\Gamma(s+1) = s\Gamma(s)\,(s > 0)$. 　　　　　　(6.1)

**证明** $\Gamma(s+1) = \int_0^{+\infty} x^{s+1-1} e^{-x} dx = \int_0^{+\infty} x^s e^{-x} dx = -\int_0^{+\infty} x^s d(e^{-x})$

$= -x^s e^{-x} \big|_0^{+\infty} + \int_0^{+\infty} s x^{s-1} e^{-x} dx = s \int_0^{+\infty} x^{s-1} e^{-x} dx = s\Gamma(s).$ ■

特别地,当 $s$ 是正整数 $n$ 时,有

$$\Gamma(n+1) = n\Gamma(n) = n(n-1)\Gamma(n-1) = \cdots = n!\Gamma(1).$$

由于 $\Gamma(1) = \int_0^{+\infty} e^{-x} dx = 1$, 故

$$\Gamma(n+1) = n!.$$ 　　　　　　(6.2)

所以,我们可以把 $\Gamma$ 函数看成是阶乘的推广.

(2) 当 $s \to 0^+$ 时, $\Gamma(s) \to +\infty$. 　　　　　　(6.3)

**证明** 因为 $\Gamma(s) = \dfrac{\Gamma(s+1)}{s}$, $\Gamma(1) = 1$,

所以当 $s \to 0^+$ 时, $\Gamma(s) \to +\infty$. ■

(3) $\Gamma(s)\Gamma(1-s) = \dfrac{\pi}{\sin \pi s}\,(0 < s < 1)$. 　　　　　　(6.4)

**证明** 略. ■

此公式称为**余元公式**,当 $s = \dfrac{1}{2}$,则得

$$\Gamma\left(\frac{1}{2}\right) = \sqrt{\pi}.$$

(4) 在 $\Gamma$ 函数中,作代换 $x = u^2$,得

$$\Gamma(s) = 2\int_0^{+\infty} u^{2s-1} e^{-u^2} du.$$ 　　　　　　(6.5)

再令 $2s - 1 = t$ 或 $s = \dfrac{1+t}{2}$,即有

$$\int_0^{+\infty} u^t e^{-u^2} du = \frac{1}{2}\Gamma\left(\frac{1+t}{2}\right)\ (t > -1).$$

上式左端是应用中常见的积分, 它的值可以通过上式用 $\Gamma$ 函数计算出来.

在式 (6.5) 中, 令 $s = \dfrac{1}{2}$, 即有

$$2\int_0^{+\infty} e^{-u^2}\,du = \Gamma\left(\frac{1}{2}\right) = \sqrt{\pi}.$$

从而得到在概率论中常用的一个积分公式

$$\int_0^{+\infty} e^{-u^2}\,du = \frac{\sqrt{\pi}}{2}. \tag{6.6}$$

### *数学实验

**实验 5.5**　试用计算软件计算下列广义积分:

(1) $\displaystyle\int_1^{+\infty} \frac{\mathrm{d}x}{x\sqrt{1+x^2}}$ ;

(2) $\displaystyle\int_0^{+\infty} x^n e^{-x}\,\mathrm{d}x$ ;

(3) $\displaystyle\int_0^1 x^p \ln^q \frac{1}{x}\,\mathrm{d}x\ (p>0,\ q>0)$ ;

(4) $\displaystyle\int_0^1 \frac{x^n}{\sqrt{1-x^2}}\,\mathrm{d}x\ (n\in\mathbf{N}^*)$ .

计算实验

微信扫描右侧二维码, 即可进行重复或修改实验(详见教材配套的网络学习空间).

## 习题 5-6

1. 判别下列广义积分的敛散性:

(1) $\displaystyle\int_1^{+\infty} \frac{\ln^2 x}{x^2}\,\mathrm{d}x$ ;

(2) $\displaystyle\int_1^{+\infty} \sin\frac{1}{x^2}\,\mathrm{d}x$ ;

(3) $\displaystyle\int_0^1 \ln x\,\mathrm{d}x$ ;

(4) $\displaystyle\int_1^2 \frac{\mathrm{d}x}{\sqrt[3]{x^2-3x+2}}$ ;

(5) $\displaystyle\int_0^{+\infty} \frac{x^2 \ln x}{x^4-x^3+1}\,\mathrm{d}x$ .

2. 讨论 $\displaystyle\int_0^{+\infty} \frac{x^m}{1+x^n}\,\mathrm{d}x\ (m>0, n>0)$ 的敛散性.

3. 计算:

(1) $\dfrac{\Gamma(7)}{2\Gamma(4)\Gamma(3)}$ ;

(2) $\dfrac{\Gamma(3)\Gamma\left(\dfrac{3}{2}\right)}{\Gamma\left(\dfrac{9}{2}\right)}$ ;

(3) $\displaystyle\int_0^{+\infty} x^4 e^{-x}\,\mathrm{d}x$ ;

(4) $\displaystyle\int_0^{+\infty} x^2 e^{-2x^2}\,\mathrm{d}x$ .

4. 用 $\Gamma$ 函数表示下列积分, 并指出积分的收敛范围:

(1) $\displaystyle\int_0^{+\infty} e^{-x^n}\,\mathrm{d}x\ (n>0)$ ;

(2) $\displaystyle\int_0^1 \left(\ln\frac{1}{x}\right)^p \mathrm{d}x$ ;

(3) $\displaystyle\int_{-\infty}^{+\infty} \frac{1}{\sqrt{2\pi}} e^{-\frac{x^2}{2}}\,\mathrm{d}x$ .

5. 证明: $\sqrt{\pi}\,\Gamma(2n) = 2^{2n-1}\Gamma(n)\Gamma\left(n+\dfrac{1}{2}\right)$ ($n$ 为自然数).

# 总 习 题 五

1. 估计下列各积分的值:

(1) $\displaystyle\int_{2}^{0} e^{x^2-x}\,dx$;　　　　　　　　　　(2) $\displaystyle\int_{0}^{1}\frac{dx}{\sqrt{4-x^2+x^3}}$.

2. 利用定积分中值定理证明: $\displaystyle\lim_{n\to\infty}\int_{n}^{n+p}\frac{\sin x}{x}\,dx=0$.

3. 求极限 $\displaystyle\lim_{n\to\infty}\int_{n}^{n+2}\frac{x^2}{e^{x^2}}\,dx$.

4. 求极限 $\displaystyle\lim_{n\to\infty}\sum_{k=1}^{n}\sqrt{\frac{(n+k)(n+k+1)}{n^4}}$.

5. 证明: $\ln(1+n)<1+\dfrac{1}{2}+\dfrac{1}{3}+\cdots+\dfrac{1}{n}<1+\ln n$.

6. 设函数 $f(x)$ 在 $[a,b]$ 上连续, 且 $f(x)>0$, 证明:

$$\ln\left[\frac{1}{b-a}\int_{a}^{b}f(x)\,dx\right]\geq\frac{1}{b-a}\int_{a}^{b}\ln f(x)\,dx.$$

7. 设 $f(x)$ 在 $[0,a]\,(a>0)$ 上有连续导数, 且 $f(0)=0$, 证明:

$$\left|\int_{0}^{a}f(x)\,dx\right|\leq\frac{Ma^2}{2},$$

其中 $M=\max\limits_{0\leq x\leq a}|f'(x)|$.

8. 设 $f(x)$ 在 $[0,1]$ 上连续且单调减少, 试证: 对于任意 $a\in(0,1)$, 有

$$\int_{0}^{a}f(x)\,dx\geq a\int_{0}^{1}f(x)\,dx.$$

9. $\varphi(x)$ 在 $[a,b]$ 上连续, $f(x)=(x-b)\displaystyle\int_{a}^{x}\varphi(t)\,dt$, 则由罗尔定理, 必有 $\xi\in(a,b)$, 使 $f'(\xi)=(\quad)$.

(A) 1;　　　　　(B) $-1$;　　　　　(C) 0;　　　　　(D) $\varphi(\xi)$.

10. 已知 $\displaystyle\int_{0}^{x}[2f(t)-1]\,dt=f(x)-1$, 则 $f'(0)=(\quad)$.

(A) 2;　　　　　(B) $2e-1$;　　　　　(C) 1;　　　　　(D) $e-1$.

11. 若 $f(x)=\begin{cases}\dfrac{\displaystyle\int_{0}^{x}(e^{t^2}-1)\,dt}{x^2}, & x\neq 0,\\[2mm] 0, & x=0\end{cases}$　求 $f'(0)$.

12. 设函数 $y=y(x)$ 由方程 $\displaystyle\int_{0}^{y^2}e^{-t}\,dt+\int_{x}^{0}\cos t^2\,dt=0$ 确定, 求 $\dfrac{dy}{dx}$.

13. 设 $x=\displaystyle\int_{1}^{t^2}u\ln u\,du$, $y=\displaystyle\int_{t^2}^{1}u^2\ln u\,du\,(t>1)$, 求 $\dfrac{d^2y}{dx^2}$.

14. 求极限 $\displaystyle\lim_{x\to 0}\dfrac{\left(\int_0^x \mathrm{e}^{t^2}\mathrm{d}t\right)^2}{\int_0^x t\mathrm{e}^{2t^2}\mathrm{d}t}$.

15. 设 $f(t)$ 在 $0\le t<+\infty$ 上连续, 若 $\displaystyle\int_0^{x^2}f(t)\mathrm{d}t=x^2(1+x)$, 求 $f(2)$.

16. 求函数 $F(x)=\displaystyle\int_0^x t(t-4)\mathrm{d}t$ 在 $[-1,5]$ 上的最大值与最小值.

17. 已知 $f(x)$ 为连续函数, 且 $\displaystyle\int_0^{2x}xf(t)\mathrm{d}t+2\int_x^0 tf(2t)\mathrm{d}t=2x^3(x-1)$, 求 $f(x)$ 在 $[0,2]$ 上的最值.

18. 设 $f(x)=\begin{cases}x^2, & x\in[0,1)\\ x, & x\in[1,2)\end{cases}$, 求 $\varphi(x)=\displaystyle\int_0^x f(t)\mathrm{d}t$ 在 $[0,2]$ 上的表达式, 并讨论 $\varphi(x)$ 在 $(0,2)$ 内的连续性.

19. 已知 $f(x)=x^2-x\displaystyle\int_0^2 f(x)\mathrm{d}x+2\int_0^1 f(x)\mathrm{d}x$, 求 $f(x)$.

20. 设 $f(x)$ 连续, 若 $f(x)$ 满足 $\displaystyle\int_0^x tf(2x-t)\mathrm{d}t=\mathrm{e}^x$, 且 $f(1)=1$, 求 $\displaystyle\int_1^2 f(x)\mathrm{d}x$.

21. 用换元积分法计算下列定积分:

(1) $\displaystyle\int_0^\pi (1-\sin^3\theta)\mathrm{d}\theta$;　　　　(2) $\displaystyle\int_0^3 \dfrac{\mathrm{d}x}{(1+x)\sqrt{x}}$;　　　　(3) $\displaystyle\int_{\sqrt{e}}^{e} \dfrac{\mathrm{d}x}{x\sqrt{\ln x(1-\ln x)}}$;

(4) $\displaystyle\int_{-\sqrt{2}}^{\sqrt{2}} \sqrt{8-2y^2}\,\mathrm{d}y$;　　　(5) $\displaystyle\int_{1/\sqrt{2}}^{1} \dfrac{\sqrt{1-x^2}}{x^2}\mathrm{d}x$;　　　(6) $\displaystyle\int_0^a x^2\sqrt{a^2-x^2}\,\mathrm{d}x$;

(7) $\displaystyle\int_0^1 \dfrac{\sqrt{x}}{2-\sqrt{x}}\mathrm{d}x$;　　　(8) $\displaystyle\int_0^2 \dfrac{\mathrm{d}x}{\sqrt{x+1}+\sqrt{(x+1)^3}}$;　　　(9) $\displaystyle\int_{-3}^2 \min(2,x^2)\mathrm{d}x$.

22. 用分部积分法计算下列定积分:

(1) $\displaystyle\int_{\frac{1}{e}}^{e} |\ln x|\,\mathrm{d}x$;　　　　(2) $\displaystyle\int_0^1 x^5\ln^3 x\,\mathrm{d}x$;　　　　(3) $\displaystyle\int_0^1 \dfrac{\ln(1+x)}{(2-x)^2}\mathrm{d}x$.

23. 利用函数的奇偶性计算下列定积分:

(1) $\displaystyle\int_{-1}^1 (2x+|x|+1)^2\mathrm{d}x$;　　　　　　　　(2) $\displaystyle\int_{-\pi}^{\pi} (\sqrt{1+\cos 2x}+|x|\sin x)\mathrm{d}x$.

24. 设定积分 $I_1=\displaystyle\int_1^e \ln x\mathrm{d}x$, $I_2=\displaystyle\int_1^e \ln^2 x\mathrm{d}x$, 则(　　).

(A) $I_2-I_1^2=0$;　　　(B) $I_2-2I_1=0$;　　　(C) $I_2+2I_1=e$;　　　(D) $I_2-2I_1=e$.

25. 填空: $\displaystyle\int_{-1}^1 (x+\sqrt{1-x^2})^2\mathrm{d}x=$ _____ .

26. 填空: 设 $f(5)=2$, $\displaystyle\int_0^5 f(x)\mathrm{d}x=3$, 则 $\displaystyle\int_0^5 xf'(x)\mathrm{d}x=$ _____ .

27. 证明: $\displaystyle\int_{-a}^a \varphi(x^2)\mathrm{d}x=2\int_0^a \varphi(x^2)\mathrm{d}x$, 其中 $\varphi(x)$ 为连续函数.

28. 证明：$\int_x^1 \dfrac{\mathrm{d}x}{1+x^2} = \int_1^{1/x} \dfrac{\mathrm{d}x}{1+x^2}$ $(x>0)$.

29. 已知 $f(x)=\tan^2 x$，求 $\int_0^{\pi/4} f'(x)f''(x)\,\mathrm{d}x$.

30. 设连续函数 $f(x)$ 是一个以 $T$ 为周期的周期函数，试证明：对于任意常数 $a$，有
$$\int_a^{a+T} f(x)\,\mathrm{d}x = \int_0^T f(x)\,\mathrm{d}x,$$
并说明其几何意义.

31. 设 $f(x)=\begin{cases} x^2, & 0\le x\le 1 \\ 2-x, & 1<x<2 \end{cases}$，求 $\int_0^2 f(x)\,\mathrm{d}x$.

32. 求定积分 $\int_{-2}^4 \left(x^2-3|x|+\dfrac{1}{|x|+1}\right)\mathrm{d}x$.

33. 设函数 $f(x)$ 在 $[a,b]$ 上连续，且 $f(x)$ 在关于 $x=\dfrac{a+b}{2}$ 对称的点处取相同的值. 试证：
$$\int_a^b f(x)\,\mathrm{d}x = 2\int_a^{\frac{a+b}{2}} f(x)\,\mathrm{d}x.$$

34. 证明：$\int_1^a f\left(x^2+\dfrac{a^2}{x^2}\right)\dfrac{\mathrm{d}x}{x} = \int_1^a f\left(x+\dfrac{a^2}{x}\right)\dfrac{\mathrm{d}x}{x}$.

35. 设 $f(x)$ 在 $[a,b]$ 上连续，且严格单调增加，证明：
$$(a+b)\int_a^b f(x)\,\mathrm{d}x < 2\int_a^b xf(x)\,\mathrm{d}x.$$

36. 设 $f(x)\ge 0$ 与 $f''(x)\le 0$ 对 $x\in[a,b]$ 成立，试证：
$$f(x)\le \dfrac{2}{b-a}\int_a^b f(x)\,\mathrm{d}x.$$

37. 设函数 $f(x)$ 在 $(-\infty,+\infty)$ 内满足 $f(x)=f(x-\pi)+\sin x$，且 $f(x)=x$，$x\in[0,\pi)$，求 $\int_\pi^{3\pi} f(x)\,\mathrm{d}x$.

38. 设在 $[1,+\infty)$ 上，$0<f'(x)<\dfrac{1}{x^2}$，证明极限 $\lim\limits_{n\to\infty} f(n)$ 存在.

39. 判断下列各广义积分的敛散性，若收敛，计算其值：

(1) $\int_{-\infty}^{+\infty} (x^2+x+1)\mathrm{e}^{-x^2}\,\mathrm{d}x$;                     (2) $\int_{-\infty}^{+\infty} (|x|+x)\mathrm{e}^{-|x|}\,\mathrm{d}x$;

(3) $\int_1^{\mathrm{e}} \dfrac{\mathrm{d}x}{x\sqrt{1-(\ln x)^2}}$.

40. 已知 $\int_0^{+\infty} \dfrac{\sin x}{x}\,\mathrm{d}x = \dfrac{\pi}{2}$，则 $\int_0^{+\infty} \dfrac{\sin^2 x}{x^2}\,\mathrm{d}x = \underline{\qquad\qquad}$.

41. 计算广义积分 $\int_1^{+\infty} \dfrac{\mathrm{d}x}{\mathrm{e}^{x+1}+\mathrm{e}^{3-x}}$.

42. 求 $c$ 的值，使 $\lim\limits_{x\to+\infty}\left(\dfrac{x+c}{x-c}\right)^x = \int_{-\infty}^c t\mathrm{e}^{2t}\,\mathrm{d}t$.

## 数学家简介 [5]

# 莱布尼茨
—— 博学多才的符号大师

莱布尼茨

　　莱布尼茨 (Leibniz), 1646 年 7 月 1 日出生于德国莱比锡的一个书香门第之家, 其父亲是莱比锡大学的哲学教授, 在莱布尼茨 6 岁时去世了. 莱布尼茨自幼聪慧好学, 童年时代便自学他父亲遗留的藏书, 并自学了中小学课程. 1661 年, 15 岁的莱布尼茨进入了莱比锡大学学习法律, 17 岁获得学士学位, 同年夏季, 莱布尼茨前往耶拿大学, 跟随魏格尔 (E.Weigel) 系统地学习了欧氏几何, 他开始确信毕达哥拉斯 – 柏拉图 (Pythagoras – Plato) 的宇宙观: 宇宙是一个由数学和逻辑原则统率的和谐的整体. 1664 年, 18 岁的莱布尼茨获得哲学硕士学位. 20 岁在阿尔特道夫获得博士学位. 1672 年, 莱布尼茨以外交官身份出访巴黎, 在那里结识了惠更斯 (Huygens , 荷兰人) 以及许多其他杰出学者, 从而更加激发了莱布尼茨对数学的兴趣. 在惠更斯的指导下, 莱布尼茨系统地研究了当时一批著名数学家的著作. 1673 年出访伦敦期间, 莱布尼茨又与英国学术界知名学者建立了联系, 从此, 他以非凡的理解力和创造力进入了数学研究的前沿阵地. 1676 年定居德国汉诺威, 任腓特烈公爵的法律顾问及图书馆馆长, 直到 1716 年 11 月 4 日逝世, 长达 40 年. 莱布尼茨曾历任英国皇家学会会员、巴黎科学院院士, 创建了柏林科学院并担任第一任院长.

　　莱布尼茨的研究兴趣非常广泛. 他的学识涉及哲学、历史、语言、数学、生物、地质、物理、机械、神学、法学、外交等领域, 并在每个领域中都有杰出的成就. 然而, 由于他独立创建了微积分, 并精心设计了非常巧妙而简洁的微积分符号, 从而他以伟大数学家的称号闻名于世.

　　莱布尼茨在从事数学研究的过程中深受他的哲学思想的支配. 他说 $dx$ 和 $x$ 相比, 如同点和地球, 或地球半径与宇宙半径相比. 在其积分法论文中, 他从求曲线所围面积的积分概念出发, 把积分看作是无穷小的和, 并引入积分符号 $\int$ ( 它是通过把拉丁文 "Summa" 的字头 S 拉长而得到的 ). 他的这个符号, 以及微积分的要领和法则一直保留在当今的教材中. 莱布尼茨也发现了微分和积分是一对互逆的运算, 并建立了沟通微分与积分内在联系的微积分基本定理, 从而使原本各自独立的微分学和积分学构成了统一的微积分学的整体.

　　莱布尼茨是数学史上最伟大的符号学者之一, 堪称符号大师. 他曾说: "要发明, 就要挑选恰当的符号, 要做到这一点, 就要用含义简明的少量符号来表达和比较忠实地描绘事物的内在本质, 从而最大限度地减少人的思维劳动." 正像印度 — 阿拉伯的数学促进了算术和代数发展一样, 莱布尼茨所创造的这些数学符号对微积分的发展起了很大的促进作用. 欧洲大陆的数学得以迅速发展, 莱布尼茨的巧妙符号功不可没. 除积分、微分符号外, 他创设的符号还有商 "$a/b$"、比 "$a:b$"、相似 "$\backsim$"、全等 "$\cong$"、并 "$\cup$"、交 "$\cap$" 以及函数和行列式等符号.

牛顿和莱布尼茨对微积分都作出了巨大贡献, 但两人的方法和途径是不同的. 牛顿是在力学研究的基础上, 运用几何方法研究微积分; 莱布尼茨主要是在研究曲线的切线和面积的问题上, 运用分析学方法引进微积分要领. 牛顿在微积分的应用上更多地结合了运动学, 造诣精深; 但莱布尼茨的表达形式简洁准确, 胜过牛顿. 在对微积分具体内容的研究上, 牛顿先有导数概念, 后有积分概念; 莱布尼茨则先有求积分概念, 后有导数概念. 除此之外, 牛顿与莱布尼茨的学风也迥然不同. 作为科学家的牛顿, 治学严谨. 他迟迟不发表微积分著作《流数术》的原因, 很可能是他没有找到合理的逻辑基础, 也可能是"害怕别人反对的心理"所致. 但作为哲学家的莱布尼茨比较大胆, 富于想象, 勇于推广, 结果造成虽然创作年代上牛顿先于莱布尼茨 10 年, 而在发表的时间上, 莱布尼茨却早于牛顿 3 年.

虽然牛顿和莱布尼茨研究微积分的方法各异, 但殊途同归. 各自独立地完成了创建微积分的盛业, 光荣应由他们两人共享. 然而, 在历史上曾出现过一场围绕发明微积分优先权的激烈争论. 牛顿的支持者, 包括数学家泰勒和麦克劳林, 认为莱布尼茨剽窃了牛顿的成果. 争论把欧洲科学家分成誓不两立的两派: 英国和欧洲大陆. 争论双方停止学术交流, 不仅影响了数学的正常发展, 也波及了自然科学领域, 以致发展成为英德两国之间的政治摩擦. 自尊心很强的英国抱住牛顿的概念和记号不放, 拒绝使用更为合理的莱布尼茨的微积分符号和技巧, 致使后来的两百多年间英国在数学发展上大大落后于欧洲大陆. 一场旷日持久的争论变成了科学史上的前车之鉴.

莱布尼茨的科研成果大部分出自青年时代, 随着这些成果的广泛传播, 荣誉纷纷而来, 他也变得越来越保守. 到了晚年, 他在科学方面已无所作为. 他开始为宫廷唱赞歌, 为上帝唱赞歌, 沉醉于神学和公爵家族的研究. 莱布尼茨生命中的最后 7 年, 是在别人带来的他和牛顿关于微积分发明权的争论中痛苦地度过的. 他和牛顿一样, 都终生未娶.

# 第6章 定积分的应用

定积分是求某种总量的数学模型，它在几何学、物理学、经济学、社会学等方面都有着广泛的应用，这显示了它巨大的魅力. 也正是这些广泛的应用，推动着积分学不断地发展和完善. 因此，在学习的过程中，我们不仅要掌握计算某些实际问题的公式，更重要的还在于要深刻领会用定积分解决实际问题的基本思想和方法 —— **微元法**，不断积累和提高数学的应用能力.

## §6.1 定积分的微元法

定积分的所有应用问题一般总可按"分割、求和、取极限"三个步骤把所求量表示为定积分的形式. 为更好地说明这种方法，我们先来回顾第 5 章中讨论过的求曲边梯形面积的问题.

假设一曲边梯形由连续曲线 $y=f(x)(f(x)\geq 0)$、$x$ 轴与两条直线 $x=a$ 和 $x=b$ 围成，试求其面积 $A$.

(1) **分割** 用任意一组分点把区间 $[a,b]$ 分成长度为 $\Delta x_i\,(i=1,\,2,\cdots,n)$ 的 $n$ 个小区间，相应地把曲边梯形分成 $n$ 个小曲边梯形，记第 $i$ 个小曲边梯形的面积为 $\Delta A_i$，则

$$\Delta A_i \approx f(\xi_i)\Delta x_i\ (x_{i-1}\leq \xi_i\leq x_i); \tag{1.1}$$

(2) **求和** 得面积 $A$ 的近似值

$$A=\sum_{i=1}^{n}\Delta A_i \approx \sum_{i=1}^{n}f(\xi_i)\Delta x_i; \tag{1.2}$$

(3) **求极限** 得面积 $A$ 的精确值

$$A=\lim_{\lambda\to 0}\sum_{i=1}^{n}f(\xi_i)\Delta x_i=\int_a^b f(x)\,\mathrm{d}x, \tag{1.3}$$

其中 $\lambda=\max\{\Delta x_1,\,\Delta x_2,\cdots,\,\Delta x_n\}$.

由上述过程可见，当把 $[a,b]$ 分割成 $n$ 个小区间时，所求面积 $A$(**总量**)也被相应地分割成 $n$ 个小曲边梯形(**部分量**)，而所求总量等于各部分量之和(即 $A=\sum\limits_{i=1}^{n}\Delta A_i$)，这一性质称为所求总量对于区间 $[a,b]$ 具有**可加性**. 此外，以 $f(\xi_i)\Delta x_i$ 近似代替部分量 $\Delta A_i$ 时，其误差是一个比 $\Delta x_i$ 高阶的无穷小. 这两点保证了求和、取极限后能得到所求总量的精确值.

对于上述分析过程，在实际应用中可略去其下标，改写如下：

(1) **分割** 把区间 $[a,b]$ 分割为 $n$ 个小区间，任取其中一个小区间 $[x, x+\mathrm{d}x]$ (**区间微元**)，用 $\Delta A$ 表示 $[x, x+\mathrm{d}x]$ 上小曲边梯形的面积，于是，所求面积为

$$A = \sum \Delta A.$$

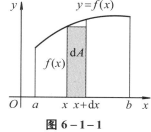

图 6-1-1

取 $[x, x+\mathrm{d}x]$ 的左端点 $x$ 为 $\xi$，以点 $x$ 处的函数值 $f(x)$ 为高、$\mathrm{d}x$ 为底的小矩形的面积 $f(x)\mathrm{d}x$ (**面积微元**，记为 $\mathrm{d}A$) 作为 $\Delta A$ 的近似值 (见图 6-1-1)，即

$$\Delta A \approx \mathrm{d}A = f(x)\mathrm{d}x. \tag{1.4}$$

(2) **求和** 得面积 $A$ 的近似值

$$A \approx \sum \mathrm{d}A = \sum f(x)\mathrm{d}x. \tag{1.5}$$

(3) **求极限** 得面积 $A$ 的精确值

$$A = \lim \sum f(x)\mathrm{d}x = \int_a^b f(x)\mathrm{d}x. \tag{1.6}$$

由上述分析，我们可以抽象出在应用学科中广泛采用的将所求量 $U$(**总量**) 表示为定积分的方法——**微元法**，这个方法的主要步骤如下：

(1) **由分割写出微元** 根据具体问题，选取一个积分变量，例如 $x$ 为积分变量，并确定它的变化区间 $[a,b]$，任取 $[a,b]$ 的一个区间微元 $[x, x+\mathrm{d}x]$，求出对应于这个区间微元上的部分量 $\Delta U$ 的近似值，即求出所求总量 $U$ 的**微元**

$$\mathrm{d}U = f(x)\mathrm{d}x.$$

(2) **由微元写出积分** 根据 $\mathrm{d}U = f(x)\mathrm{d}x$ 写出表示总量 $U$ 的定积分

$$U = \int_a^b \mathrm{d}U = \int_a^b f(x)\mathrm{d}x.$$

应用微元法解决实际问题时，应注意如下两点：

(1) 所求总量 $U$ 关于区间 $[a,b]$ 应具有可加性，即如果把区间 $[a,b]$ 分成许多部分区间，则 $U$ 相应地分成许多部分量，而 $U$ 等于所有部分量 $\Delta U$ 之和．这一要求是由定积分概念本身决定的．

(2) 使用微元法的关键在于正确给出部分量 $\Delta U$ 的近似表达式 $f(x)\mathrm{d}x$，即使得

$$f(x)\mathrm{d}x = \mathrm{d}U \approx \Delta U.$$

在通常情况下，要检验 $\Delta U - f(x)\mathrm{d}x$ 是否为 $\mathrm{d}x$ 的高阶无穷小并非易事，因此，在实际应用中要注意 $\mathrm{d}U = f(x)\mathrm{d}x$ 的合理性．

微元法在几何学、物理学、经济学、社会学等领域中具有广泛的应用，本章后面几节主要介绍微元法在几何学与物理学中的应用．

# §6.2　平面图形的面积

## 一、直角坐标系下平面图形的面积

根据定积分的几何意义，对于非负函数 $f(x)$，定积分

$$\int_a^b f(x)\mathrm{d}x$$

表示由曲线 $y = f(x)$，直线 $x = a$，$x = b$ 与 $x$ 轴围成的平面图形的面积．被积表达式 $f(x)\mathrm{d}x$ 就是面积微元 $\mathrm{d}A$（见图 6-1-1），即

$$\mathrm{d}A = f(x)\mathrm{d}x.$$

若 $f(x)$ 不是非负的，则所围成的如图 6-2-1 所示的图形的面积应为

$$A = \int_a^b |f(x)|\mathrm{d}x.$$

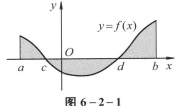

图 6-2-1

一般地，由两条曲线 $y = f(x)$、$y = g(x)$ 与直线 $x = a$、$x = b$ 围成的如图 6-2-2 (a)、(b) 所示的图形的面积为

$$A = \int_a^b |f(x) - g(x)|\mathrm{d}x.$$

更一般地，对于任意曲线所围成的图形，我们可以用平行坐标轴的直线将其分割成几个部分，使每一部分都可以利用上面的公式来计算面积（见图 6-2-3）．

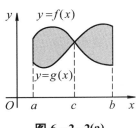

图 6-2-2(a)

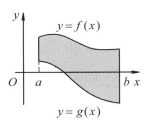

图 6-2-2(b)

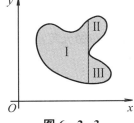

图 6-2-3

**例 1**　求由 $y^2 = x$ 和 $y = x^2$ 围成的图形的面积．

**解**　画出草图（见图 6-2-4），并由方程组

$$\begin{cases} y^2 = x, \\ y = x^2 \end{cases}$$

解得它们的交点为 $(0, 0)$，$(1, 1)$．

选 $x$ 为积分变量，则 $x$ 的变化范围是 $[0, 1]$，任取其上的一个区间微元 $[x, x+\mathrm{d}x]$，则可得到对应于 $[x, x+\mathrm{d}x]$ 的面积微元为

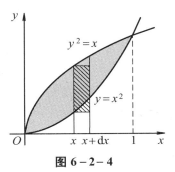

图 6-2-4

$$dA = (\sqrt{x} - x^2)\,dx,$$

从而所求面积为

$$A = \int_0^1 (\sqrt{x} - x^2)\,dx = \left( \frac{2}{3}x^{\frac{3}{2}} - \frac{x^3}{3} \right)\bigg|_0^1 = \frac{1}{3}.$$

**例 2** 求由抛物线 $y + 1 = x^2$ 与直线 $y = 1 + x$ 围成的面积.

**解** 画出草图(见图 $6-2-5$),并由方程组

$$\begin{cases} y + 1 = x^2, \\ y = 1 + x \end{cases}$$

解得它们的交点为 $(-1, 0)$, $(2, 3)$.

选 $x$ 为积分变量,则 $x$ 的变化范围是 $[-1, 2]$,任取其上的一个区间微元 $[x, x+dx]$,则可得到对应于 $[x, x+dx]$ 的面积微元为

$$dA = [(1 + x) - (x^2 - 1)]\,dx.$$

从而所求面积为

$$A = \int_{-1}^2 [(1 + x) - (x^2 - 1)]\,dx = \frac{9}{2}.$$

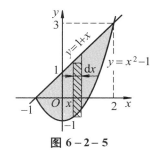

图 $6-2-5$

**例 3** 求由 $y^2 = 2x$ 和 $y = x - 4$ 围成的图形的面积.

**解** 画出草图(见图 $6-2-6$),并由方程组

$$\begin{cases} y^2 = 2x, \\ y = x - 4 \end{cases}$$

解得它们的交点为 $(2, -2)$, $(8, 4)$.

选 $y$ 为积分变量,则 $y$ 的变化范围是 $[-2, 4]$,任取其上的一个区间微元 $[y, y+dy]$,则可得到对应于 $[y, y+dy]$ 的面积微元为

$$dA = \left( y + 4 - \frac{y^2}{2} \right) dy,$$

从而所求面积为

$$A = \int_{-2}^4 dA = \int_{-2}^4 \left( y + 4 - \frac{y^2}{2} \right) dy = 18.$$

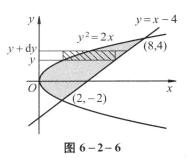

图 $6-2-6$

**注**: 本例如果选 $x$ 为积分变量,则计算过程将会复杂许多. 因此,在实际应用中,应根据具体情况合理选择积分变量,以达到简化计算的目的.

**例 4** 求椭圆 $\dfrac{x^2}{a^2} + \dfrac{y^2}{b^2} = 1$ 所围成的面积.

**解** 如图 $6-2-7$ 所示,由于椭圆关于两坐标轴对称,设 $A_1$ 为第一象限部分的面积,则利用微元法可知,所求椭圆面积为

$$A = 4A_1 = 4\int_0^a y\mathrm{d}x.$$

为方便计算, 利用椭圆的参数方程

$$\begin{cases} x = a\cos t \\ y = b\sin t \end{cases} (0 \le t \le 2\pi),$$

当 $x$ 由 0 变到 $a$ 时, $t$ 由 $\pi/2$ 变到 0, 所以

$$A = 4\int_0^a y\mathrm{d}x = 4\int_{\pi/2}^0 b\sin t\,\mathrm{d}(a\cos t)$$

$$= 4ab\int_0^{\pi/2}\sin^2 t\,\mathrm{d}t = \pi ab.$$

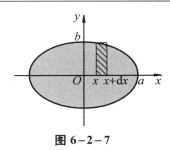

图 6-2-7

当 $a = b$ 时, 椭圆变成圆, 即半径为 $a$ 的圆的面积 $A = \pi a^2$.

## 二、极坐标系下平面图形的面积

设曲线的方程由极坐标形式给出

$$r = r(\theta) \quad (\alpha \le \theta \le \beta),$$

现在要求由曲线 $r = r(\theta)$、射线 $\theta = \alpha$ 和 $\theta = \beta$ 所围成的**曲边扇形**(见图 6-2-8)的面积 $A$. 我们可利用微元法来解决.

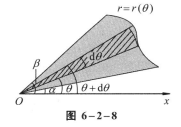

图 6-2-8

选取极角 $\theta$ 为积分变量, 其变化范围为 $[\alpha, \beta]$. 任取其一个区间微元 $[\theta, \theta+\mathrm{d}\theta]$, 则对应于 $[\theta, \theta+\mathrm{d}\theta]$ 区间的小曲边扇形的面积可以用半径为 $r = r(\theta)$、中心角为 $\mathrm{d}\theta$ 的圆扇形的面积来近似代替, 从而曲边扇形的面积微元

$$\mathrm{d}A = \frac{1}{2}[r(\theta)]^2\mathrm{d}\theta.$$

所求曲边扇形的面积为

$$A = \int_\alpha^\beta \frac{1}{2}[r(\theta)]^2\mathrm{d}\theta.$$

**例 5** 求双纽线 $r^2 = a^2\cos 2\theta$ 所围平面图形的面积.

**解** 因 $r^2 \ge 0$, 故 $\theta$ 的变化范围是

$$\left[-\frac{\pi}{4}, \frac{\pi}{4}\right], \quad \left[\frac{3\pi}{4}, \frac{5\pi}{4}\right],$$

如图 6-2-9 所示, 图形关于极点和极轴均对称, 因此, 只需计算在 $\left[0, \frac{\pi}{4}\right]$ 上的图形面积, 再乘以 4 倍即可. 任取其上的一个区间微元 $[\theta, \theta+\mathrm{d}\theta]$, 相应地得到面积微元为

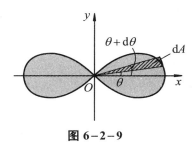

图 6-2-9

$$dA = \frac{1}{2}a^2\cos 2\theta\,d\theta,$$

从而所求面积为

$$A = 4\int_0^{\pi/4} dA = 4\int_0^{\pi/4}\frac{1}{2}a^2\cos 2\theta\,d\theta = a^2. \quad \blacksquare$$

**例 6**　求心形线 $r = a(1+\cos\theta)$ 所围平面图形的面积 $(a>0)$.

**解**　心形线所围成的图形如图 $6-2-10$ 所示. 该
图形关于极轴对称, 因此, 所求面积 $A$ 是 $[0,\pi]$ 上的图
形面积的 2 倍. 任取其上的一个区间微元 $[\theta,\theta+d\theta]$,
相应地得到面积微元为

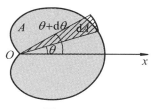

**图 6-2-10**

$$dA = \frac{1}{2}a^2(1+\cos\theta)^2\,d\theta,$$

从而所求面积为

$$A = 2\int_0^\pi dA = a^2\int_0^\pi(1+2\cos\theta+\cos^2\theta)\,d\theta$$

$$= a^2\int_0^\pi\left(\frac{3}{2}+2\cos\theta+\frac{1}{2}\cos 2\theta\right)d\theta$$

$$= a^2\left(\frac{3\theta}{2}+2\sin\theta+\frac{1}{4}\sin 2\theta\right)\Big|_0^\pi = \frac{3}{2}\pi a^2 \quad \blacksquare$$

## *数学实验

**实验 6.1**　试用计算软件计算下列曲线围成的面积:

(1) $y^2 = \dfrac{x^3}{2a-x}$, $x = 2a$;

(2) $y^2 = \dfrac{x^n}{(1+x^{n+2})^2}$ $(x>0, n>-2)$;

(3) $y = e^{-x}\sin x$, $y = 0(0\le x\le 2\pi)$;

(4) 摆线 $x = a(t-\sin t)$, $y = a(1-\cos t)$ $(0\le t\le 2\pi)$, $y = 0$;

(5) $r = 1+2^{\sin(5\theta)}(0\le\theta\le 2\pi)$.

详见教材配套的网络学习空间.

计算实验

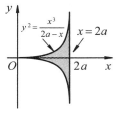

**(1) 参考图**

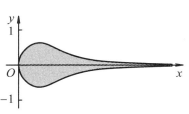

**(2) 参考图**

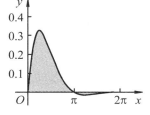

**(3) 参考图**

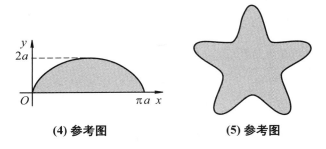

(4) 参考图　　　　　　　　(5) 参考图

## 习题 6-2

1. 求曲线 $y = \sqrt{x}$ 与直线 $y = x$ 所围图形的面积.

2. 求在区间 $[0, \pi/2]$ 上，曲线 $y = \sin x$ 与直线 $x = 0$、$y = 1$ 所围图形的面积.

3. 求曲线 $y^2 = x$ 与 $y^2 = -x + 4$ 所围图形的面积.

4. 求曲线 $y = x^2$、$4y = x^2$ 及直线 $y = 1$ 所围图形的面积.

5. 求曲线 $y = \dfrac{1}{x}$ 与直线 $y = x$ 及 $x = 2$ 所围图形的面积.

6. 抛物线 $y^2 = 2x$ 分圆 $x^2 + y^2 = 8$ 的面积为两部分，求这两部分的面积.

7. 求曲线 $y = e^x$、$y = e^{-x}$ 与直线 $x = 1$ 所围图形的面积.

8. 求曲线 $y = \ln x$ 与直线 $y = \ln a$ 及 $y = \ln b$ 所围图形的面积 $(b > a > 0)$.

9. 求通过 $(0, 0)$, $(1, 2)$ 的抛物线，要求它具有以下性质：

(1) 它的对称轴平行于 $y$ 轴，且向下弯；　　　　　　(2) 它与 $x$ 轴所围图形的面积最小.

10. 求位于曲线 $y = e^x$ 下方，该曲线过原点的切线的左方以及 $x$ 轴上方之间的图形的面积.

11. 求曲线 $r = 2a \cos \theta$ 所围图形的面积.

12. 求三叶玫瑰线 $r = a \sin 3\theta$ 的面积 $S$.

13. 求曲线 $r = 2a(2 + \cos \theta)$ 所围图形的面积.

14. 求对数螺线 $\rho = a e^{\theta}$ $(-\pi \leqslant \theta \leqslant \pi)$ 及射线 $\theta = \pi$ 所围图形的面积.

15. 求曲线 $r = 3 \cos \theta$ 及 $r = 1 + \cos \theta$ 所围图形的面积.

16. 求曲线 $r = \sqrt{2} \sin \theta$ 及 $r^2 = \cos 2\theta$ 所围图形的面积.

17. 求摆线 $x = a(t - \sin t)$、$y = a(1 - \cos t)$ $(0 \leqslant t \leqslant 2\pi)$ 及 $x$ 轴所围图形的面积.

# §6.3　体　　积

## 一、旋转体

由一个平面图形绕该平面内一条直线旋转一周而成的立体称为**旋转体**. 这条直线称为**旋转轴**.

例如，圆柱可视为由矩形绕它的一条边旋转一周而成的立体，圆锥可视为直角三角形绕它的一条直角边旋转一周而成的立体，而球体可视为半圆绕它的直径旋转一周而成的立体．

我们主要考虑以 $x$ 轴和 $y$ 轴为旋转轴的旋转体，下面利用微元法来推导求旋转体体积的公式．

设旋转体是由连续曲线 $y=f(x)$、直线 $x=a$、$x=b$ 与 $x$ 轴所围平面图形绕 $x$ 轴旋转而成的（见图 6-3-1）．现在我们来求旋转体的体积 $V$．

取 $x$ 为自变量，其变化区间为 $[a,b]$．设想用垂直于 $x$ 轴的平面将旋转体分成 $n$ 个小薄片，即把 $[a,b]$ 分成 $n$ 个区间微元，其中任一区间微元 $[x,x+\mathrm{d}x]$ 所对应的小薄片的体积可近似视为以 $f(x)$ 为底半径、$\mathrm{d}x$ 为高的扁圆柱体的体积（见图 6-3-2），即该旋转体的体积微元为

$$\mathrm{d}V=\pi[f(x)]^2\mathrm{d}x,$$

从而所求旋转体的体积为

$$V=\pi\int_a^b[f(x)]^2\mathrm{d}x.$$

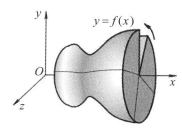

图 6-3-1

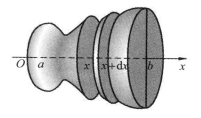

图 6-3-2

**例1**　求高为 $h$、底半径为 $r$ 的正圆锥体的体积．

**解**　此正圆锥体可看成是由直线 $y=\dfrac{r}{h}x$，$y=0$，$x=h$ 围成的平面图形绕 $x$ 轴旋转而成的旋转体（见图 6-3-3）．

取 $x$ 为自变量，其变化区间为 $[0,h]$，任取其上一区间微元 $[x,x+\mathrm{d}x]$，对应于该微元的体积微元为

$$\mathrm{d}V=\pi\left(\frac{r}{h}x\right)^2\mathrm{d}x,$$

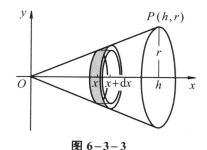

图 6-3-3

从而所求旋转体的体积为

$$V=\int_0^h\pi\left(\frac{r}{h}x\right)^2\mathrm{d}x=\frac{\pi r^2}{h^2}\left[\frac{x^3}{3}\right]\Big|_0^h=\frac{\pi hr^2}{3}.$$

**例2**　计算由椭圆 $\dfrac{x^2}{a^2}+\dfrac{y^2}{b^2}=1$ 围成的平面图形绕 $x$ 轴旋转而成的旋转椭球体的体积.

**解**　该旋转体可视为由上半椭圆 $y=\dfrac{b}{a}\sqrt{a^2-x^2}$ 及 $x$ 轴围成的图形绕 $x$ 轴旋转而成的立体.

取 $x$ 为自变量,其变化区间为 $[-a,a]$,任取其上一区间微元 $[x,x+\mathrm{d}x]$,对应微元的小薄片的体积近似等于底半径为 $\dfrac{b}{a}\sqrt{a^2-x^2}$、高为 $\mathrm{d}x$ 的扁圆柱体的体积(见图6–3–4),即体积微元为

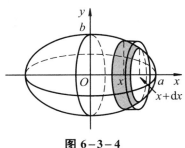

$$\mathrm{d}V=\pi\frac{b^2}{a^2}(a^2-x^2)\mathrm{d}x,$$

故所求旋转椭球体的体积为

**图 6–3–4**

$$V=\int_{-a}^{a}\mathrm{d}V=\int_{-a}^{a}\pi\frac{b^2}{a^2}(a^2-x^2)\mathrm{d}x$$

$$=2\pi\frac{b^2}{a^2}\int_{0}^{a}(a^2-x^2)\mathrm{d}x=2\pi\frac{b^2}{a^2}\left(a^2x-\frac{x^3}{3}\right)\Big|_{0}^{a}$$

$$=\frac{4}{3}\pi ab^2.$$

特别地,当 $a=b=R$ 时,可得半径为 $R$ 的球体的体积为

$$V=\frac{4}{3}\pi R^3.$$

用上述类似的方法可以推出:由连续曲线 $x=\varphi(y)$、直线 $y=c$、$y=d(c<d)$ 及 $y$ 轴围成的曲边梯形绕 $y$ 轴旋转一周而成的旋转体(见图6–3–5)的体积为

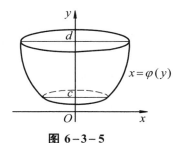

$$V=\int_{c}^{d}\pi[\varphi(y)]^2\mathrm{d}y.$$

**例3**　求曲线 $xy=4$、$y\geq1$、$x>0$ 所围成的图形绕 $y$ 轴旋转而成的旋转体的体积.

**图 6–3–5**

**解**　画出草图(见图6–3–6),易见体积微元

$$\mathrm{d}V=\pi x^2\mathrm{d}y=\pi\frac{16}{y^2}\mathrm{d}y.$$

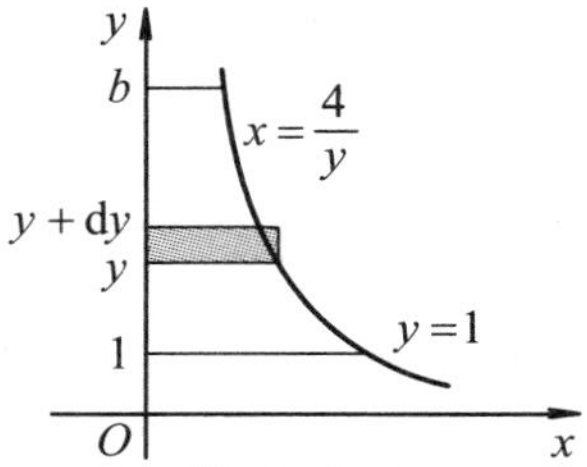

故所求体积为

$$V=\lim_{b\to+\infty}\pi\int_{1}^{b}\frac{16}{y^2}\mathrm{d}y=\pi\int_{1}^{+\infty}\frac{16}{y^2}\mathrm{d}y$$

**图 6–3–6**

$$= \pi \left( -\frac{16}{y} \right) \Bigg|_1^{+\infty} = 16\pi.$$

**例4** 求曲线 $y = 4 - x^2$ 及 $y = 0$ 所围成的图形绕直线 $x = 3$ 旋转而成的旋转体的体积.

**解** 画出草图(见图6-3-7),解方程组

$$\begin{cases} y = 4 - x^2, \\ y = 0 \end{cases}$$

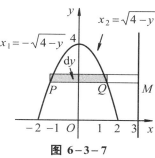

得交点 $(-2, 0)$, $(2, 0)$. 取 $y$ 为自变量,其变化区间为 $[0, 4]$,任取其上一区间微元 $[y, y+\mathrm{d}y]$,对应于该区间微元的小薄片的体积近似等于内半径为 $\overline{QM}$、外半径为 $\overline{PM}$、高为 $\mathrm{d}y$ 的扁圆环柱体的体积,即体积微元

$$\mathrm{d}V = \left[ \pi \overline{PM}^2 - \pi \overline{QM}^2 \right] \mathrm{d}y$$

**图 6-3-7**

$$= \left[ \pi \left( 3 + \sqrt{4-y} \right)^2 - \pi \left( 3 - \sqrt{4-y} \right)^2 \right] \mathrm{d}y = 12\pi \sqrt{4-y} \, \mathrm{d}y.$$

故所求旋转体的体积为

$$V = 12\pi \int_0^4 \sqrt{4-y} \, \mathrm{d}y = 64\pi.$$

## 二、平行截面面积为已知的立体的体积

如果一个立体不是旋转体,但知道该立体上垂直于一定轴的各个截面的面积,那么,这个立体的体积也可用定积分来计算.

如图6-3-8所示,取上述定轴为 $x$ 轴,并设该立体在过点 $x = a$、$x = b$ 且垂直于 $x$ 轴的两平面之间,以 $A(x)$ 表示过点 $x$ 且垂直于 $x$ 轴的截

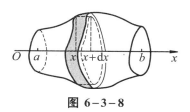

**图 6-3-8**

面面积. 这里假定 $A(x)$ 是 $x$ 的连续函数. 取 $x$ 为积分变量,它的变化区间为 $[a, b]$,任取其中一个区间微元 $[x, x+\mathrm{d}x]$,对应于该微元的一薄片的体积近似于底面积为 $A(x)$、高为 $\mathrm{d}x$ 的扁圆柱体的体积,即体积微元为

$$\mathrm{d}V = A(x)\mathrm{d}x,$$

从而所求立体的体积为

$$V = \int_a^b A(x)\mathrm{d}x.$$

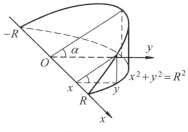

**例5** 一平面经过半径为 $R$ 的圆柱体的底圆中心,并与底面成角 $\alpha$ (见图6-3-9),计算该平面截圆柱体所得立体的体积.

**图 6-3-9**

**解**　取该平面与圆柱体底面的交线为 $x$ 轴，底面上过圆心且垂直于 $x$ 轴的直线为 $y$ 轴，则底圆的方程为

$$x^2+y^2=R^2.$$

立体中过点 $x$ 且垂直于 $x$ 轴的截面是一个直角三角形．它的两条直角边的边长分别为 $y$ 及 $y\tan\alpha$，即

$$\sqrt{R^2-x^2}\ \text{及}\ \sqrt{R^2-x^2}\tan\alpha,$$

从而，截面面积为

$$A(x)=\frac{1}{2}(R^2-x^2)\tan\alpha,$$

所求立体的体积为

$$V=\frac{1}{2}\int_{-R}^{R}(R^2-x^2)\tan\alpha\,\mathrm{d}x=\frac{2}{3}R^3\tan\alpha.\qquad\blacksquare$$

**例 6**　求以半径为 $R$ 的圆为底、平行且等于底圆直径的线段为顶、高为 $h$ 的正劈锥体的体积．

**解**　取底圆所在的平面为 $xOy$ 平面，圆心 $O$ 为原点，并使 $x$ 轴与正劈锥的顶平行（见图 6-3-10）．底圆的方程为

$$x^2+y^2=R^2.$$

过 $x$ 轴上的点 $x\,(-R\leq x\leq R)$ 作垂直于 $x$ 轴的平面，截正劈锥体得等腰三角形．该截面的面积为

$$A(x)=h\cdot y=h\sqrt{R^2-x^2},$$

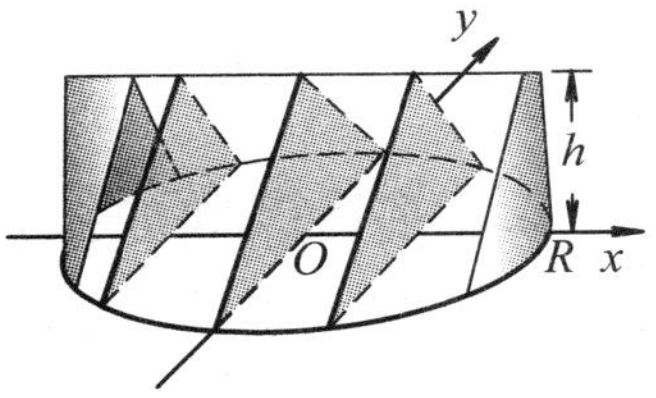

**图 6-3-10**

于是，所求正劈锥体的体积为

$$V=\int_{-R}^{R}A(x)\,\mathrm{d}x=h\int_{-R}^{R}\sqrt{R^2-x^2}\,\mathrm{d}x$$

$$\xrightarrow{x=R\sin\theta}2R^2h\int_{0}^{\pi/2}\cos^2\theta\,\mathrm{d}\theta=\frac{\pi R^2 h}{2}.$$

即正劈锥体的体积等于同底同高的圆柱体体积的一半．　　　　$\blacksquare$

**\*数学实验**

**实验 6.2**　试用计算软件计算下列各题：

（1）曲线 $y=b\left(\dfrac{x}{a}\right)^{2/3}\,(0\leq x\leq a)$ 绕 $Ox$ 轴旋转所成的旋转体的体积；

（2）曲线 $x^2-xy+y^2=a^2\,(a>0)$ 绕 $Ox$ 轴旋转所成的旋转体的体积；

（3）曲线 $y=\mathrm{e}^{-x}\sqrt{\sin x}\,(0\leq x\leq\pi)$ 绕 $Ox$ 轴旋转所成的旋转体的体积；

（4）曲线 $y=x\sin^2 x\,(0\leq x\leq\pi)$ 与 $x$ 轴所围成的图形分别绕 $x$ 轴和 $y$ 轴旋转所成的旋转体的体积．

详见教材配套的网络学习空间．

计算实验

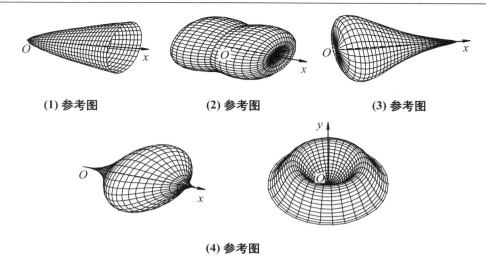

**(1) 参考图**　　　**(2) 参考图**　　　**(3) 参考图**

**(4) 参考图**

## 习题 6-3

1. 求下列平面图形分别绕 $x$ 轴、$y$ 轴旋转产生的立体的体积:

(1) 曲线 $y = \sqrt{x}$ 与直线 $x = 1$、$x = 4$、$y = 0$ 所围成的图形;

(2) 在区间 $\left[0, \dfrac{\pi}{2}\right]$ 上, 曲线 $y = \sin x$ 与直线 $x = \dfrac{\pi}{2}$、$y = 0$ 所围成的图形;

(3) 曲线 $y = x^3$ 与直线 $x = 2$、$y = 0$ 所围成的图形.

2. 求曲线 $y = x^2$、$x = y^2$ 所围成的图形绕 $y$ 轴旋转一周所产生的旋转体的体积.

3. 求曲线 $y = \sin x$ ($0 \le x \le \pi$) 与 $x$ 轴所围成的平面图形绕 $y$ 轴旋转一周所成的旋转体的体积.

4. 求曲线 $y = a\operatorname{ch}\dfrac{x}{a}$、$x = 0$、$x = a$、$y = 0$ 所围成的图形绕 $x$ 轴旋转而成的立体的体积.

5. 求摆线 $x = a(t - \sin t)$、$y = a(1 - \cos t)$ 的一拱与 $y = 0$ 所围图形绕直线 $y = 2a$ 旋转而成的旋转体的体积.

6. 求 $x^2 + y^2 \le a^2$ 绕 $x = -b$ ($b > a > 0$) 旋转而成的旋转体的体积.

7. 计算由心形线 $\rho = 4(1 + \cos\theta)$ 和直线 $\theta = 0$ 及 $\theta = \dfrac{\pi}{2}$ 所围图形绕极轴旋转而成的旋转体的体积.

8. 计算底面是半径为 $R$ 的圆, 而垂直于底面上一条固定直径的所有截面都是等边三角形的立体的体积.

9. 求曲线 $xy = a$ ($a > 0$) 与直线 $x = a$、$x = 2a$ 及 $y = 0$ 所围成的图形分别绕 $Ox$ 轴、$Oy$ 轴旋转一周所得旋转体的体积.

10. 设直线 $y = ax + b$ 与直线 $x = 0$、$x = 1$ 及 $y = 0$ 所围成的梯形面积等于 $A$, 试求 $a$、$b$, 使这个梯形绕 $x$ 轴旋转所得旋转体的体积最小 ($a \ge 0$, $b > 0$).

# §6.4　平面曲线的弧长

## 一、平面曲线弧长的概念

直线的长度是可以直接度量的，而一条曲线段的长度一般不能直接度量. 在介绍如何计算平面曲线的弧长之前，我们首先要建立平面的连续曲线弧长的概念.

在初等几何中，我们知道求圆周长的方法是：以圆内接正多边形的周长作为圆周长的近似值，令多边形的边数无限增多而取极限，就可定出圆周的周长. 这里，我们也可以类似地来定义平面曲线弧长的概念.

**定义 1**　设 $A$、$B$ 是曲线弧 $L$ 上的两个端点，在 $L$ 上插入分点
$$A = M_0, M_1, \cdots, M_i, \cdots, M_{n-1}, M_n = B, \quad i = 1, 2, \cdots, n,$$
并依次连接相邻分点得一内接折线(见图 6-4-1)，
设曲线弧 $L$ 的弧长为 $s$，记 $|M_{i-1}M_i|$ 为线段 $M_{i-1}M_i$
的长，则

$$s \approx \sum_{i=1}^{n} |M_{i-1}M_i|.$$

记　　$\lambda = \max\{|M_0 M_1|, \cdots, |M_{n-1} M_n|\}.$

图 6-4-1

如果极限 $\displaystyle\lim_{\lambda \to 0} \sum_{i=1}^{n} |M_{i-1}M_i|$ 存在，则称此极限值为平面曲线弧 $L$ 的**弧长**，并称曲线 $L$ 是**可求长的**，即

$$s = \lim_{\lambda \to 0} \sum_{i=1}^{n} |M_{i-1}M_i|.$$

满足什么条件的曲线弧是可求长的呢？我们不加证明地给出如下结论：

**定理 1**　光滑曲线弧是可求长的.

**注**：由 §3.7 知，所谓光滑曲线是指其对应函数具有一阶连续导数. 定理 1 的结论还可以进一步推广到分段光滑曲线的情形，即分段光滑曲线弧也是可求长的. 这里，所谓**分段光滑曲线**是指其对应函数的导函数除在有限个点外，在其他点处都连续. 如图 6-4-2所示，函数 $y = f(x)$ 在 $P$，$Q$ 处不可导，但分段来看，曲线弧 $\overset{\frown}{AP}$、$\overset{\frown}{PQ}$ 与 $\overset{\frown}{QB}$ 均为光滑曲线.

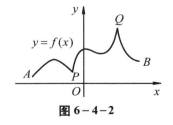

图 6-4-2

## 二、平面曲线的弧长的计算

由于光滑曲线弧是可求长的，故可应用定积分来计算弧长. 下面我们利用定积分的微元法来讨论弧长的计算公式.

**1. 直角坐标情形**

设函数 $f(x)$ 在区间 $[a, b]$ 上有一阶连续导数, 即曲线 $y = f(x)$ 为 $[a, b]$ 上的光滑曲线. 求此光滑曲线的弧长 $s$.

如图 6-4-2 所示, 取 $x$ 为积分变量, 它的变化区间为 $[a, b]$, 任取其上一区间微元 $[x, x + \mathrm{d}x]$, 对应于该微元上的一小段弧的长度近似等于该曲线在点 $(x, f(x))$ 处的切线上相应的一小段的长度 (见图 6-4-3). 而切线上相应小段的长度

$$PT = \sqrt{(\mathrm{d}x)^2 + (\mathrm{d}y)^2} = \sqrt{1 + y'^2}\, \mathrm{d}x,$$

从而得到弧长微元 (弧微分)

$$\mathrm{d}s = \sqrt{1 + y'^2}\, \mathrm{d}x,$$

所求光滑曲线的弧长为

$$s = \int_a^b \sqrt{1 + y'^2}\, \mathrm{d}x \quad (a < b). \tag{4.1}$$

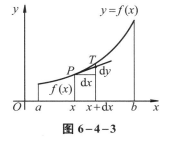

**图 6-4-3**

**2. 参数方程情形**

如果曲线弧 $L$ 由参数方程

$$\begin{cases} x = \varphi(t) \\ y = \psi(t) \end{cases} \quad (\alpha \le t \le \beta)$$

给出, 其中 $\varphi(t), \psi(t)$ 在 $[\alpha, \beta]$ 上具有一阶连续导数, 则弧长微元

$$\mathrm{d}s = \sqrt{(\mathrm{d}x)^2 + (\mathrm{d}y)^2} = \sqrt{\varphi'^2(t) + \psi'^2(t)}\, \mathrm{d}t,$$

所求光滑曲线的弧长为

$$s = \int_\alpha^\beta \sqrt{\varphi'^2(t) + \psi'^2(t)}\, \mathrm{d}t. \tag{4.2}$$

**3. 极坐标情形**

如果曲线由极坐标方程

$$r = r(\theta) \quad (\alpha \le \theta \le \beta)$$

给出, 其中 $r(\theta)$ 在 $[\alpha, \beta]$ 上具有连续导数, 此时可把极坐标方程化为参数方程

$$\begin{cases} x = r(\theta)\cos\theta \\ y = r(\theta)\sin\theta \end{cases} \quad (\alpha \le \theta \le \beta),$$

注意到

$$\mathrm{d}x = [r'(\theta)\cos\theta - r(\theta)\sin\theta]\mathrm{d}\theta, \quad \mathrm{d}y = [r'(\theta)\sin\theta + r(\theta)\cos\theta]\mathrm{d}\theta,$$

则得到弧长微元

$$\mathrm{d}s = \sqrt{(\mathrm{d}x)^2 + (\mathrm{d}y)^2} = \sqrt{r^2(\theta) + r'^2(\theta)}\, \mathrm{d}\theta,$$

所求光滑曲线的弧长为

$$s = \int_\alpha^\beta \sqrt{r^2(\theta) + r'^2(\theta)}\, \mathrm{d}\theta. \tag{4.3}$$

**例1**　求圆 $x^2 + y^2 = R^2$ 的周长.

**解**　将圆的方程化为参数方程

$$\begin{cases} x = R\cos\theta \\ y = R\sin\theta \end{cases} \quad (0 \leqslant \theta \leqslant 2\pi),$$

则所求圆周长为　$s = \int_0^{2\pi} \sqrt{(-R\sin\theta)^2 + (R\cos\theta)^2}\, \mathrm{d}\theta = R\int_0^{2\pi} \mathrm{d}\theta = 2\pi R.$　■

**例2**　求曲线 $y = \dfrac{2}{3} x^{3/2}$ 上对应于 $x$ 从 $a$ 到 $b$ 的一段弧的长度.

**解**　如图 6-4-4 所示，$y' = x^{1/2}$，从而弧长微元

$$\mathrm{d}s = \sqrt{1 + y'^2}\, \mathrm{d}x = \sqrt{1 + x}\, \mathrm{d}x,$$

所求弧长为

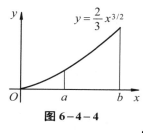

图 6-4-4

$$s = \int_a^b \sqrt{1+x}\, \mathrm{d}x = \left[ \frac{2}{3}(1+x)^{3/2} \right]\Big|_a^b$$

$$= \frac{2}{3}\left[ (1+b)^{3/2} - (1+a)^{3/2} \right].$$　■

**例3**　两根电线杆之间的电线，由于其本身的重量，下垂成曲线形. 这种曲线称为**悬链线**. 适当选取坐标系后，悬链线的方程为

$$y = k\,\mathrm{ch}\,\frac{x}{k},$$

其中 $k$ 为常数. 计算悬链线上介于 $x = -b$ 与 $x = b$ 之间的一段弧的长度.

**解**　如图 6-4-5 所示，由于对称性，要计算的弧长为对应于 $x$ 从 0 到 $b$ 的一段曲线弧长的两倍.

由 $y' = \mathrm{sh}\,\dfrac{x}{k}$，弧长微元

$$\mathrm{d}s = \sqrt{1 + \mathrm{sh}^2 \frac{x}{k}}\, \mathrm{d}x = \mathrm{ch}\,\frac{x}{k}\, \mathrm{d}x.$$

故所求弧长为

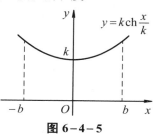

图 6-4-5

$$s = 2\int_0^b \mathrm{ch}\,\frac{x}{k}\, \mathrm{d}x = 2k\left[ \mathrm{sh}\,\frac{x}{k} \right]\Big|_0^b = 2k\,\mathrm{sh}\,\frac{b}{k}.$$　■

**例4**　求星形线 $x = a\cos^3 t$，$y = a\sin^3 t$ 的全长.

**解**　如图 6-4-6 所示，由于对称性，只需求出第一象限的弧长的四倍即可.

由 $x = a\cos^3 t$ 知，当 $x = a$ 时，$t = 0$；当 $x = 0$ 时，$t = \dfrac{\pi}{2}$. 于是，所求弧长为

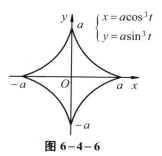

图 6-4-6

$$s = 4\int_0^{\pi/2} \sqrt{9a^2\cos^4 t\sin^2 t + 9a^2\sin^4 t\cos^2 t}\,\mathrm{d}t$$

$$= 4\int_0^{\pi/2} 3a\,|\sin t\cos t|\,\mathrm{d}t = 4\int_0^{\pi/2}\frac{3}{2}a\,\mathrm{d}(\sin^2 t) = 6a.$$

**例 5** 求心形线 $r = a(1+\cos\theta)$ 的周长.

**解** 由 $r' = -a\sin\theta$，得弧长微元

$$\mathrm{d}s = a\sqrt{(1+\cos\theta)^2 + \sin^2\theta}\,\mathrm{d}\theta$$

$$= a\sqrt{2+2\cos\theta}\,\mathrm{d}\theta = 2a\left|\cos\frac{\theta}{2}\right|\mathrm{d}\theta,$$

由对称性知，所求心形线的周长等于它在 $[0,\pi]$ 上的弧长的 2 倍（见图 6-4-7），所以

$$s = 2\int_0^\pi 2a\cos\frac{\theta}{2}\,\mathrm{d}\theta = 8a\left(\sin\frac{\theta}{2}\right)\Big|_0^\pi = 8a.$$

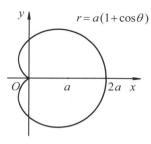

图 6-4-7

### *数学实验

**实验 6.3** 试用计算软件计算下列曲线的弧长：

(1) $y = a\ln\dfrac{a^2}{a^2-x^2}$ $(0 \le x \le b < a)$;

(2) $x = \dfrac{3}{2}\cos^3 t$, $y = 3\sin^3 t$（椭圆 $\dfrac{x^2}{4} + y^2 = 1$ 的渐屈线）;

(3) $r = a\operatorname{th}\dfrac{\theta}{2}(0 \le \theta \le 2\pi)$;

(4) $\theta = \dfrac{1}{2}\left(r + \dfrac{1}{r}\right)(1 \le r \le 3)$. （提示：$s = \displaystyle\int_a^b \sqrt{1 + r^2\theta'^2(r)}\,\mathrm{d}r$.）

详见教材配套的网络学习空间.

计算实验

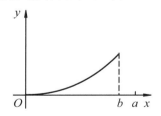

**(1) 参考图**

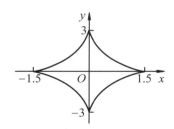

**(2) 参考图**

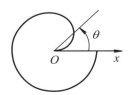

**(3) 参考图**

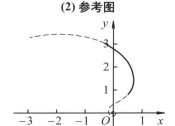

**(4) 参考图**

## 习题 6-4

1. 用定积分表示双曲线 $xy=1$ 上点 $(1,1)$ 到点 $(2,1/2)$ 之间的一段弧长.

2. 计算曲线 $y=\ln x$ 上对应于 $\sqrt{3} \leq x \leq \sqrt{8}$ 的一段弧的弧长.

3. 计算曲线 $y=\dfrac{1}{3}\sqrt{x}\,(3-x)$ 上对应于 $1 \leq x \leq 3$ 的一段弧的弧长.

4. 计算曲线 $x=\dfrac{1}{4}y^2-\dfrac{1}{2}\ln y\ (1 \leq y \leq \mathrm{e})$ 的弧长.

5. 计算抛物线 $y^2=2px\,(p>0)$ 从顶点到其上点 $M(x,y)$ 的弧长.

6. 证明曲线 $y=\sin x$ 的一个周期 $(0 \leq x \leq 2\pi)$ 的弧长等于椭圆 $x^2+2y^2=2$ 的周长.

7. 求对数螺线 $r=\mathrm{e}^{a\theta}$ 对应于自 $\theta=0$ 至 $\theta=\varphi$ 的一段弧的弧长.

8. 求曲线 $r\theta=1$ 对应于自 $\theta=3/4$ 至 $\theta=4/3$ 的一段弧的弧长.

9. 求曲线 $x=\arctan t,\ y=\dfrac{1}{2}\ln(1+t^2)$ 自 $t=0$ 到 $t=1$ 的一段弧的弧长.

# §6.5 功、水压力和引力

## 一、变力沿直线所作的功

根据初等物理知识，一个与物体位移方向一致而大小为 $F$ 的常力，将物体移动了距离 $s$ 时所作的功为 $W=F\cdot s$.

如果物体在运动过程中受到变力的作用，则可利用定积分微元法来计算物体受变力沿直线所作的功.

一般地，假设 $F(x)$ 是 $[a,b]$ 上的连续函数，我们来讨论在变力 $F(x)$ 的作用下，物体从 $x=a$ 移动到 $x=b$ 时所作的功 $W$.

任取微元 $[x,x+\mathrm{d}x]$，物体由点 $x$ 移动到 $x+\mathrm{d}x$ 的过程中受到的变力近似视为物体在点 $x$ 处受到的常力 $F(x)$，则**功微元**为

$$\mathrm{d}W=F(x)\mathrm{d}x,$$

于是，物体受变力 $F(x)$ 的作用从 $x=a$ 移动到 $x=b$ 时所作的**功**

$$W=\int_a^b \mathrm{d}W=\int_a^b F(x)\mathrm{d}x.$$

在实际应用中，许多问题都可以转化为物体受变力作用沿直线所作的功的情形. 下面我们通过具体例子来说明.

**例 1**　设 $40\,\mathrm{N}$ 的力使弹簧从自然长度 $10$ 厘米拉长到 $15$ 厘米，问需要作多大的功才能克服弹性恢复力，将伸长的弹簧从 $15$ 厘米处再拉长 $3$ 厘米？

**解**　如图6-5-1所示,根据胡克定律,有
$$F(x)=kx.$$
当弹簧从10厘米拉长到15厘米时,其伸长量为5厘米=0.05米. 因有 $F(0.05)=40$, 即
$$0.05k=40,$$
故得
$$k=800.$$
于是,可写出
$$F(x)=800x.$$
这样,弹簧从15厘米拉长到18厘米,所作的功为
$$W=\int_{0.05}^{0.08}800x\mathrm{d}x=400x^2\Big|_{0.05}^{0.08}$$
$$=400(0.0064-0.0025)=1.56\,(\mathrm{J}).$$

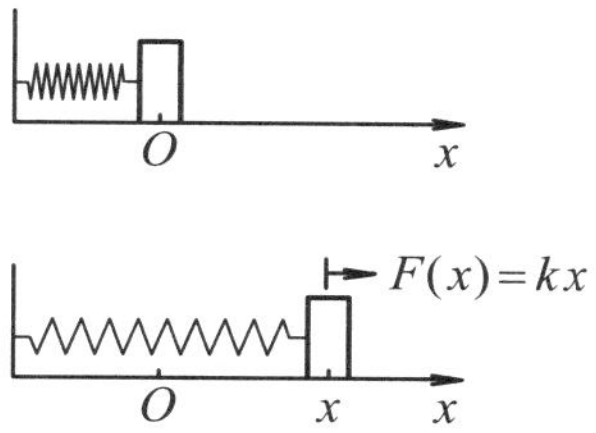

**图 6-5-1**

**例2**　把一个带 $+q$ 电量的点电荷放在 $r$ 轴上的坐标原点处,它产生一个电场,这个电场对周围的电荷有作用力. 由物理学知道,如果一个单位正电荷放在这个电场中距离原点为 $r$ 的地方,那么电场对它的作用力的大小为
$$F=k\frac{q}{r^2}\quad(k\text{ 是常数}).$$
如图6-5-2所示,试计算:当这个单位正电荷在电场中从 $r=a$ 处沿 $r$ 轴移动到 $r=b$ 处时,电场力 $F$ 对它所作的功.

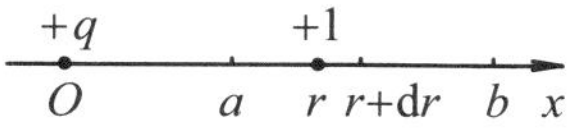

**图 6-5-2**

**解**　注意到将单位正电荷在 $r$ 轴上从点 $a$ 移动到点 $b$ 的过程中,电场对该单位正电荷的作用力是变化的,问题可归结为变力沿直线作功的情形来处理.

取 $r$ 为积分变量,其变化区间为 $[a,b]$, 任取微元 $[r,r+\mathrm{d}r]$. 当单位正电荷从 $r$ 移动到 $r+\mathrm{d}r$ 时,电场力对它所作的功近似等于 $\dfrac{kq}{r^2}\mathrm{d}r$, 即功微元为
$$\mathrm{d}W=\frac{kq}{r^2}\mathrm{d}r,$$
从而所求功为
$$W=\int_a^b\frac{kq}{r^2}\mathrm{d}r=kq\left[-\frac{1}{r}\right]\Big|_a^b=kq\left(\frac{1}{a}-\frac{1}{b}\right).$$

在计算电场中某点的电位时,要考虑将单位正电荷从该点 $(r=a)$ 移动到无穷远处时电场力所作的功 $W$, 此时有
$$W=\int_a^{+\infty}\frac{kq}{r^2}\mathrm{d}r=kq\left[-\frac{1}{r}\right]\Big|_a^{+\infty}=\frac{kq}{a}.$$

**例3**　设有一直径为20m的半球形水池,池内贮满水,若要把水抽尽,问至少需作多少功?

**解**　本题要计算克服重力所作的功. 要将水抽出,池中水至少要升高到池的表

面. 由此可见对不同深度 $x$ 的单位质点所需作的功不同,
而对同一深度 $x$ 的单位质点所需作的功相同.

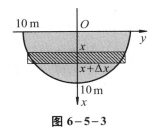

图 6 − 5 − 3

建立如图 6-5-3 所示的坐标系, 即 $Oy$ 轴取在水平
面上, 将原点置于球心处, 而 $Ox$ 轴向下 (此时 $x$ 表示
深度). 这样, 半球形可看作曲线 $x^2 + y^2 = 100$ 在第一
象限的部分绕 $Ox$ 轴旋转而成的旋转体, 深度 $x$ 的变化
区间是 $[0, 10]$. 因同一深度的质点升高的高度相同, 故
计算功时, 宜用平行于水平面的平面截半球而成的许多小片来计算.

选取区间微元 $[x, x+\Delta x]$, 对应于该微元的一层水的体积
$$\Delta V \approx \pi y^2 \Delta x = \pi (100 - x^2) \Delta x (\mathrm{m}^3),$$
抽出这层水需作的功为
$$\Delta W \approx g\rho\pi(100-x^2)\Delta x \cdot x = g\pi\rho x(100-x^2)\Delta x\,(\mathrm{J}).$$
其中 $\rho = 1\,000\,(\mathrm{kg/m^3})$ 是水的密度, $g = 9.8\,(\mathrm{m/s^2})$ 是重力加速度, 故功微元
$$\mathrm{d}W = g\pi\rho x(100-x^2)\mathrm{d}x.$$
所求的功为
$$W = \int_0^{10} g\pi\rho x(100-x^2)\mathrm{d}x = g\pi\rho \int_0^{10} x(100-x^2)\mathrm{d}x$$
$$= \left( -g\frac{\pi\rho}{4}(100-x^2)^2 \right)\bigg|_0^{10} = g\frac{\pi\rho}{4}\times 10^4$$
$$= 2\,500\,\pi\rho g \approx 7.693\times 10^7\,(\mathrm{J}).$$

## 二、水压力

根据初等物理知识, 在水深为 $h$ 处的压强为 $p = \rho g h$, 其中 $\rho$ 是水的密度, $g$ 是
重力加速度. 如果有一面积为 $A$ 的平板水平地放置在水深为 $h$ 处, 则平板一侧所受
的水压力为
$$P = p \cdot A.$$

如果平板垂直放置在水中 (见图 6-5-4), 由于水
深不同的点处压强 $p$ 不相等, 平板一侧不同深度处所
受的水压力是不同的, 此时, 可采用微元法来计算.

任取微元 $[x, x+\mathrm{d}x]$, 则小矩形上的压强近似为
$p = \rho g x$, 从而小矩形片的压力微元为
$$\mathrm{d}P = p \cdot \mathrm{d}A,$$
其中 $\mathrm{d}A, f(x)$ 分别表示小矩形片的面积和长. 所求
平板一侧所受的水压力为

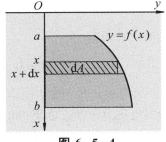

图 6 − 5 − 4

$$P = \int_a^b \mathrm{d}P = \int_a^b \rho g x f(x)\mathrm{d}x.$$

下面我们通过具体例子来说明.

**例4** 一个圆柱形水桶盛有半桶水，横放，设桶底的半径为 $R$，水的密度是 $\rho$，计算桶的圆侧面一端所受到的水压力.

**解** 在桶的一端面建立坐标系 (见图 6-5-5)，取 $x$ 为积分变量，它的变化范围为 $[0, R]$，任取微元 $[x, x+\mathrm{d}x]$，则小矩形片上各处压强近似为

$$p = \rho g x,$$

而小矩形片的面积为

$$2\sqrt{R^2-x^2}\,\mathrm{d}x.$$

因此，该小矩形片一侧所受的水压力的近似值，即压力微元为

$$\mathrm{d}P = 2\rho g x \sqrt{R^2-x^2}\,\mathrm{d}x,$$

所以，一端面上所受的压力为

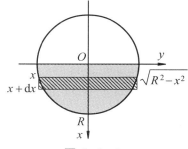

图 6-5-5

$$P = \int_0^R 2\rho g x \sqrt{R^2-x^2}\,\mathrm{d}x = -\rho g \int_0^R \sqrt{R^2-x^2}\,\mathrm{d}(R^2-x^2)$$

$$= -\rho g \left[ \frac{2}{3}\left(\sqrt{R^2-x^2}\right)^3 \right]\Big|_0^R = \frac{2\rho g}{3} R^3.$$

**例5** 将直角边分别为 $a$ 及 $2a$ 的直角三角形薄板垂直地浸入水中，斜边朝下，边长为 $2a$ 的直角边与水面平行，且该边到水面的距离恰等于该边的边长，求薄板所受的侧压力.

**解** 见图6-5-6，建立坐标系. 取 $x$ 为积分变量，它的变化范围为 $[0, a]$，任取微元 $[x, x+\mathrm{d}x]$，则小矩形片的面积为 $2(a-x)\mathrm{d}x$，小矩形片上各处的压强近似为

$$p = (x+2a)\cdot\rho g.$$

因此，压力微元为

$$\mathrm{d}P = (x+2a)\cdot\rho g \cdot 2(a-x)\mathrm{d}x,$$

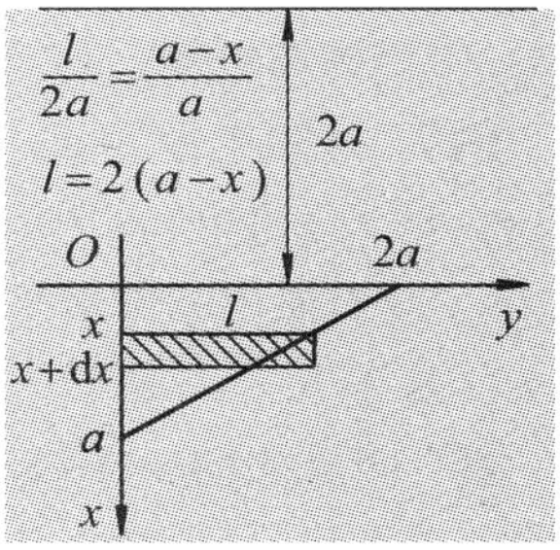

故所求薄板的侧压力为

$$P = \int_0^a 2\rho g(x+2a)(a-x)\mathrm{d}x = \frac{7}{3}\rho g a^3.$$

图 6-5-6

## 三、引力

根据初等物理知识，质量分别为 $m_1$，$m_2$，相距为 $r$ 的两个质点间的引力的大小为 $F = G\dfrac{m_1 m_2}{r^2}$（G 为引力系数），引力的方向为两质点的连线方向.

如果要计算一根细棒或一平面对一个质点的引力，由于细棒或平面上各点与该质点的距离是变化的，且各点对该质点的引力方向也是变化的，那么此时应如何计算呢？下面通过具体例子来说明该问题的计算方法.

**例 6**　假设有一长度为 $l$、线密度为 $\rho$ 的均匀细棒,在其中垂线上距棒 $a$ 单位处有一质量为 $m$ 的质点 $M$,试计算该棒对质点 $M$ 的引力.

**解**　如图 6-5-7 所示,建立坐标系,使棒位于 $y$ 轴上,质点 $M$ 位于 $x$ 轴上,取 $y$ 为积分变量,它的变化范围为 $\left[-\dfrac{l}{2},\dfrac{l}{2}\right]$,任取微元 $[y,y+\mathrm{d}y]$,把细棒上相应于 $[y,y+\mathrm{d}y]$ 的一段近似看成质点,其质量为 $\rho\,\mathrm{d}y$,与质点 $M$ 的距离为 $r=\sqrt{a^2+y^2}$,因此,小段对质点的引力 $\Delta F$ 的大小为

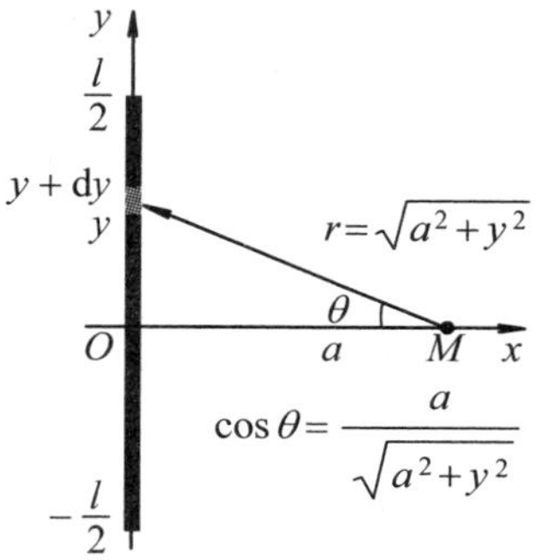

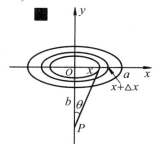

图 6-5-7

$$\Delta F\approx \mathrm{G}\frac{m\rho\,\mathrm{d}y}{a^2+y^2},$$

从而可求出 $\Delta F$ 在水平方向的分力的近似值,即细棒对质点 $M$ 的引力在水平方向的分力微元为

$$\mathrm{d}F_x=-\mathrm{G}\frac{am\rho\,\mathrm{d}y}{(a^2+y^2)^{3/2}},$$

故所求引力在水平方向的分力为

$$F_x=-\int_{-l/2}^{l/2}\mathrm{G}\frac{am\rho\,\mathrm{d}y}{(a^2+y^2)^{3/2}}=\frac{-2Gm\rho l}{a(4a^2+l^2)^{1/2}}.$$

另外,由对称性可知,引力在铅直方向的分力为 $F_y=0$.

**例 7**　计算半径为 $a$、密度为 $\mu$、均质的圆形薄板对质量为 $m$ 的质点 $P$ 的引力. 此质点位于通过薄板中心 $O$ 且垂直于薄板平面的垂直直线上,最短距离 $PO$ 等于 $b$.

**解**　建立如图 6-5-8 所示的坐标系. 由于薄板均质且关于两坐标轴对称,$P$ 在圆心的中垂线上,显然引力在水平方向的分力为 0,在垂直方向的分力指向 $y$ 轴的正向,于是,所求的引力 $F$ 即为圆形薄板与质点 $P$ 在竖直方向上的引力.

图 6-5-8

选取区间微元 $[x,x+\Delta x]$,对于以 $x$ 为内半径的圆环,其质量

$$\Delta m\approx \mu 2\pi x\Delta x=2\pi\mu x\Delta x,$$

对质点 $P$ 的引力

$$\Delta F_y\approx 2\pi \mathrm{G}m\mu\frac{x\cos\theta}{b^2+x^2}\Delta x=2\pi \mathrm{G}m\mu\frac{bx}{(b^2+x^2)^{3/2}}\Delta x.$$

即对应于微元 $[x,x+\mathrm{d}x]$ 的引力微元

$$\mathrm{d}F_y=2\pi \mathrm{G}m\mu\frac{bx}{(b^2+x^2)^{3/2}}\mathrm{d}x.$$

从而

$$F_y = dF_y = 2\pi Gm\mu \int_0^a \frac{bx}{(b^2+x^2)^{3/2}} \mathrm{d}x$$

$$= 2\pi Gm\mu \left(1 - \frac{b}{\sqrt{a^2+b^2}}\right).$$

即所求引力 $F$ 的大小 $|F| = |F_y| = F_y$，方向指向 $y$ 轴的正向.

## 习题 6-5

1. 设一质点距原点 $x$ 米时，受 $F(x) = x^2 + 2x\,(\text{N})$ 力的作用，问质点在 $F$ 作用下，从 $x=1$ 移动到 $x=3$，力所作的功有多大？

2. 某物体作直线运动，速度为 $v = \sqrt{1+t}\,(\text{m/s})$，求该物体自运动开始到 $10\,\text{s}$ 末所经过的路程，并求物体在前 $10\,\text{s}$ 内的平均速度.

3. 直径为 $20\,\text{cm}$、高为 $80\,\text{cm}$ 的圆柱体内充满压强为 $10\,\text{N/cm}^2$ 的蒸汽，设温度保持不变，要使蒸汽体积缩小一半，问需要作多少功？

4. 半径为 $R$ 的球形水塔充满了水，要从最顶端把塔内的水全部抽尽，需作多少功？

5. 设有一半径为 $R$、长度为 $l$ 的圆柱体平放在深度为 $2R$ 的水池中（圆柱体的侧面与水面相切），设圆柱体的密度为 $\rho\,(\rho > 1)$，现将圆柱体从水中移出水面，问需作多少功？

6. 有一闸门，它的形状和尺寸如下图所示，水面超过门顶 $2\text{m}$，求闸门上所受的水的压力.

7. 洒水车的水箱是一个横放的椭圆柱体，尺寸如下图所示，当水箱装满水时，计算水箱的椭圆侧面的一端所受到的水压力.

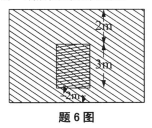

题 6 图                                          题 7 图

8. 一等腰梯形闸门与铅直平面倾斜 $30°$ 角置于水中，其闸门顶部位于水面处，上下底宽分别为 $100\,\text{m}$ 和 $10\,\text{m}$，高为 $70\,\text{m}$，求此闸门一侧面所受到的水的静压力（当水静止不动时，对容器表面形成的水压力）.

9. 设一旋转抛物面内盛有高为 $H\text{cm}$ 的液体，把另一同轴旋转抛物面浸沉在它里面，深达 $h\text{cm}$，问液面上升多少？

10. 设有长度为 $l$、线密度为 $\rho$ 的均匀细直棒，在与棒的一端垂直距离为 $a$ 单位处有一质量为 $m$ 的质点 $M$，试求该细棒对质点 $M$ 的引力.

11. 长为 $2l$ 的杆，质量均匀分布，其总质量为 $M$，在其中垂线上高为 $h$ 处有一质量为 $m$ 的质点，求它们之间引力的大小.

# 总 习 题 六

1. 求由曲线 $y^2 = (4-x)^3$ 与纵轴所围图形的面积.

2. 求介于直线 $x=0$, $x=2\pi$ 之间、由曲线 $y=\sin x$ 和 $y=\cos x$ 围成的平面图形的面积.

3. 直线 $y=x$ 将椭圆 $x^2+3y^2=6y$ 分成两块, 设小块面积为 $A$, 大块面积为 $B$, 求 $A/B$ 的值.

4. 求椭圆 $x^2 + \frac{1}{3}y^2 = 1$ 和 $\frac{1}{3}x^2 + y^2 = 1$ 的公共部分的面积.

5. 求由曲线 $x = a\cos^3 t$, $y = a\sin^3 t$ $(a>0)$ 所围图形的面积.

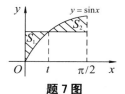
题 7 图

6. 圆 $\rho = 1$ 被心形线 $\rho = 1 + \cos\theta$ 分割成两部分, 求这两部分的面积.

7. 设 $y = \sin x$, $0 \le x \le \frac{\pi}{2}$. 问: $t$ 取何值时, 右图中阴影部分的面积 $S_1$ 与 $S_2$ 之和 $S$ 最小? 最大?

8. 由曲线 $y = 1 - x^2$ $(0 \le x \le 1)$ 与 $x$, $y$ 轴围成的区域被曲线 $y = ax^2$ $(a>0)$ 分为面积相等的两部分, 求 $a$ 的值.

9. 求星形线 $x^{2/3} + y^{2/3} = a^{2/3}$ $(a>0)$ 所围图形绕 $x$ 轴旋转而成的旋转体的体积.

10. 求由圆 $x^2 + (y-5)^2 = 16$ 绕 $x$ 轴旋转而成的旋转体的体积.

11. 证明: 由平面图形 $0 \le a \le x \le b$, $0 \le y \le f(x)$ 绕 $y$ 轴旋转而成的旋转体的体积为

$$V = 2\pi \int_a^b x f(x) \, \mathrm{d}x.$$

12. 曲线 $y = (x-1)(2-x)$ 和 $x$ 轴围成一平面图形, 计算此平面图形绕 $y$ 轴旋转所成的旋转体的体积.

13. 设抛物线 $y = ax^2 + bx + c$ 过原点, 当 $0 \le x \le 1$ 时, $y \ge 0$, 又已知该抛物线与直线 $x=1$ 及 $x$ 轴所围图形的面积为 $1/3$, 求 $a$、$b$、$c$, 使此图形绕 $x$ 轴旋转一周而成的旋转体的体积 $V$ 最小.

14. 在由椭圆域 $x^2 + \frac{y^2}{4} \le 1$ 绕 $y$ 轴旋转而成的椭球体上, 以 $y$ 轴为中心轴打一个圆孔, 使剩下部分的体积恰好等于椭球体体积的一半, 求圆孔的直径.

15. 求柱体 $x^2 + y^2 \le a^2$ 与 $x^2 + z^2 \le a^2$ 相贯部分的体积.

16. 将曲线 $y = \frac{\sqrt{x}}{1+x^2}$ 绕 $x$ 轴旋转得一旋转体.

(1) 求此旋转体的体积 $V_\infty$;

(2) 记此旋转体介于 $x=0$ 与 $x=a$ 之间的体积为 $V(a)$, 问 $a$ 为何值时有

$$V(a) = V_\infty/2 \, ?$$

17. 将抛物线 $y = x^2 - ax$ 在横坐标 $0$ 与 $c$ $(c>a>0)$ 之间的弧段绕 $x$ 轴旋转, 问 $c$ 为何值时, 所得旋转体积 $V$ 等于弦 $OP$ $(P$ 为抛物线与 $x=c$ 的交点) 绕 $x$ 轴旋转所得锥体的体积 $V_{锥}$?

18. 计算半立方抛物线 $y^2 = \frac{2}{3}(x-1)^3$ 被抛物线 $y^2 = \frac{x}{3}$ 截得的一段弧的长度.

19. 证明双纽线 $r^2 = 2a^2\cos 2\theta$ 的全长 $L$ 可表示为 $L = 4\sqrt{2}\,a\displaystyle\int_0^1 \frac{\mathrm{d}x}{\sqrt{1-x^4}}$.

20. 在摆线 $x = a(t-\sin t)$，$y = a(1-\cos t)$ 上，求分摆线第一拱成 $1:3$ 的点的坐标.

21. 求曲线 $y = y(x)$，该曲线上两点 $(0,1)$ 及 $(x,y)$ 之间的弧长为 $s = \sqrt{y^2-1}$.

22. 设有一半径为 $R$ 的平面圆板，其面密度为 $\mu = 4\rho^2 + 3\rho$，$\rho$ 为圆板上的点到圆板中心的距离，求该圆板的质量 $M$.

23. 一物体按规律 $x = ct^3$ 作直线运动，介质的阻力与速度的平方成正比，计算物体由 $x = 0$ 移至 $x = a$ 时，克服介质阻力所作的功.

24. 用铁锤把钉子钉入木板，设木板对铁钉的阻力与铁钉进入木板的深度成正比，铁锤在第一次锤击时将铁钉击入 $1\,\text{cm}$，若每次锤击所作的功相等，问第 $n$ 次锤击时又将铁钉击入多少？

25. 以每秒 $a$ 的流量往半径为 $R$ 的半球形水池内注水.

(1) 求在池中水深 $h(0 < h < R)$ 时水面上升的速度；

(2) 若再将满池水全部抽出，至少需作功多少？

26. 一等腰梯形闸门，梯形的上下底分别为 $50\,\text{m}$ 和 $30\,\text{m}$，高为 $20\,\text{m}$，若闸门顶部高出水面 $4\,\text{m}$，求闸门一侧所受的水的静压力(当水静止不动时，对容器表面形成的水压力).

27. 设有一半径为 $R$，中心角为 $\varphi$ 的圆弧形细棒，其线密度为常数 $\rho$，在圆心处有一质量为 $m$ 的质点 $M$，试求该细棒对质点 $M$ 的引力.

28. 设有半径为 $a$，面密度为 $\sigma$ 的均匀圆板，质量为 $m$ 的质点 $P$ 位于通过圆板中心 $O$ 且垂直于圆板的直线上，$\overline{PO} = b$，求圆板对质点的引力.

# 第7章 微 分 方 程

对自然界的深刻研究是数学最富饶的源泉.
—— 傅里叶

微积分研究的对象是函数关系,但在实际问题中,往往很难直接得到所研究的变量之间的函数关系,却比较容易建立起这些变量与它们的导数或微分之间的联系,从而得到一个关于未知函数的导数或微分的方程,即**微分方程**. 通过求解这种方程,同样可以找到指定未知量之间的函数关系. 因此, 微分方程是数学联系实际并应用于实际的重要途径和桥梁, 是各个学科进行科学研究的强有力的工具.

如果说"数学是一门理性思维的科学,是研究、了解和知晓现实世界的工具",那么微分方程就是数学的这种威力和价值的一种体现. 现实世界中的许多实际问题都可以抽象为微分方程问题. 例如, 物体的冷却、人口的增长、琴弦的振动、电磁波的传播等都可以归结为微分方程问题. 这时微分方程也称为所研究的问题的**数学模型**.

微分方程是一门独立的数学学科,有完整的理论体系. 本章我们主要介绍微分方程的一些基本概念、几种常用的微分方程的求解方法, 以及线性微分方程解的理论.

## §7.1 微分方程的基本概念

一般地, 含有未知函数及未知函数的导数或微分的方程称为**微分方程**. 微分方程中出现的未知函数的最高阶导数的阶数称为微分方程的**阶**.

在物理学、力学、经济管理科学等领域,我们可以看到许多表述自然定律和运行机理的微分方程的例子.

**例1** 设一物体的温度为100℃, 将其放置在空气温度为 20℃ 的环境中冷却. 根据冷却定律: 物体温度的变化率与物体温度和当时空气温度之差成正比. 设物体的温度 $T$ 与时间 $t$ 的函数关系为 $T = T(t)$, 则可建立起函数 $T(t)$ 满足的微分方程

$$\frac{\mathrm{d}T}{\mathrm{d}t} = -k(T-20), \tag{1.1}$$

其中 $k\,(k>0)$ 为比例常数. 这就是**物体冷却的数学模型**.

根据题意, $T = T(t)$ 还需满足条件

$$T|_{t=0} = 100.$$ ■ (1.2)

**例2** 设一质量为 $m$ 的物体只受重力的作用由静止开始自由垂直降落. 根据牛顿第二定律: 物体所受的力 $F$ 等于物体的质量 $m$ 与物体运动的加速度 $\alpha$ 的乘积, 即 $F = m\alpha$, 若取物体降落的铅垂线为 $x$ 轴, 其正向朝下, 物体下落的起点为原点, 并设开始下落的时间 $t = 0$, 物体下落的距离 $x$ 与时间 $t$ 的函数关系为 $x = x(t)$, 则可建立起函数 $x(t)$ 满足的微分方程

$$\frac{\mathrm{d}^2 x}{\mathrm{d}t^2} = g,$$ (1.3)

其中 $g$ 为重力加速度常数. 这就是**自由落体运动的数学模型**.

根据题意, $x = x(t)$ 还需满足条件

$$x(0) = 0, \quad \frac{\mathrm{d}x}{\mathrm{d}t}\bigg|_{t=0} = 0.$$ ■ (1.4)

我们把未知函数为一元函数的微分方程称为**常微分方程**. 如例 1 中的微分方程 (1.1) 称为一阶常微分方程, 例 2 中的微分方程 (1.3) 称为二阶常微分方程.

本章我们只讨论常微分方程. $n$ 阶常微分方程的一般形式为

$$F(x, y, y', y'', \cdots, y^{(n)}) = 0,$$ (1.5)

其中 $x$ 为自变量, $y = y(x)$ 是未知函数. 在方程 (1.5) 中, $y^{(n)}$ 必须出现, 而其余变量可以不出现. 例如, 在 $n$ 阶微分方程

$$y^{(n)} + 1 = 0$$

中, 其余变量都没有出现.

如果能从方程 (1.5) 中解出最高阶导数, 就得到微分方程

$$y^{(n)} = f(x, y, y', \cdots, y^{(n-1)}).$$ (1.6)

以后我们讨论的微分方程主要是形如式 (1.6) 的微分方程, 并且假设式 (1.6) 右端的函数 $f$ 在所讨论的范围内连续.

如果方程 (1.6) 可表示为如下形式:

$$y^{(n)} + a_1(x)y^{(n-1)} + \cdots + a_{n-1}(x)y' + a_n(x)y = g(x),$$ (1.7)

则称方程 (1.7) 为 **$n$ 阶线性微分方程**. 其中 $a_1(x), a_2(x), \cdots, a_n(x)$ 和 $g(x)$ 均为自变量 $x$ 的已知函数.

我们把不能表示成形如式 (1.7) 的方程, 统称为**非线性微分方程**.

**例3** 试指出下列方程是什么方程, 并指出微分方程的阶数.

(1) $\dfrac{\mathrm{d}y}{\mathrm{d}x} = x^2 + y$;  (2) $x\left(\dfrac{\mathrm{d}y}{\mathrm{d}x}\right)^2 - 2\dfrac{\mathrm{d}y}{\mathrm{d}x} + 4x = 0$;

(3) $x\dfrac{\mathrm{d}^2 y}{\mathrm{d}x^2} - 2\left(\dfrac{\mathrm{d}y}{\mathrm{d}x}\right)^3 + 5xy = 0$;  (4) $\cos(y'') + \ln y = x + 1$.

**解**　方程 (1) 是一阶线性微分方程, 因为方程中含有的 $\dfrac{dy}{dx}$ 和 $y$ 都是一次的;

方程 (2) 是一阶非线性微分方程, 因为方程中含有 $\dfrac{dy}{dx}$ 的平方项;

方程 (3) 是二阶非线性微分方程, 因为方程中含有 $\dfrac{dy}{dx}$ 的三次方;

方程 (4) 是二阶非线性微分方程, 因为方程中含有非线性函数 $\cos(y'')$ 和 $\ln y$. ■

下面我们引入微分方程的解的概念.

在研究实际问题时, 首先要建立表达该问题的微分方程, 然后找出满足该微分方程的函数 (即解微分方程), 也就是说, 把这个函数代入微分方程能使方程成为恒等式, 我们称此函数为该 **微分方程的解**. 更确切地说, 设函数 $y = \varphi(x)$ 在区间 $I$ 上有 $n$ 阶连续导数, 如果在区间 $I$ 上, 有

$$F(x, \varphi(x), \varphi'(x), \varphi''(x), \cdots, \varphi^{(n)}(x)) \equiv 0,$$

则称函数 $y = \varphi(x)$ 为微分方程 (1.5) 在区间 $I$ 上的解.

例如, 可以验证函数

(a)　$T = 20 + 80\,e^{-kt}$　　和　(b)　$T = 20 + Ce^{-kt}$

都是微分方程 (1.1) 的解, 其中 $C$ 为任意常数; 而函数

(c)　$x = \dfrac{1}{2} gt^2$　　　　和　(d)　$x = \dfrac{1}{2} gt^2 + C_1 t + C_2$

都是微分方程 (1.3) 的解, 其中 $C_1, C_2$ 均为任意常数.

从上述例子可见, 微分方程的解可能含有也可能不含有任意常数. 一般地, 微分方程的不含有任意常数的解称为微分方程的 **特解**. 含有相互独立的任意常数, 且任意常数的个数与微分方程的阶数相等的解称为微分方程的 **通解 (一般解)**. 所谓通解是指, 当其中的任意常数取遍所有实数时, 就可以得到微分方程的所有解 (至多有个别例外).

**注**: 这里所说的相互独立的任意常数, 是指它们不能通过合并而使得通解中的任意常数的个数减少.

例如, 上述 (a) 和 (c) 分别为微分方程 (1.1) 和 (1.3) 的特解, 而 (b) 和 (d) 分别为微分方程 (1.1) 和 (1.3) 的通解.

许多实际问题都要求寻找满足某些附加条件的解, 此时, 这类附加条件就可以用来确定通解中的任意常数, 这类附加条件称为 **初始条件**, 也称为 **定解条件**. 例如, 条件 (1.2) 和 (1.4) 是微分方程 (1.1) 和 (1.3) 的初始条件.

一般地, 一阶微分方程 $y' = f(x, y)$ 的初始条件为

$$y\big|_{x=x_0} = y_0, \tag{1.8}$$

其中 $x_0$, $y_0$ 都是已知常数.

二阶微分方程 $y'' = f(x, y, y')$ 的初始条件为

$$y|_{x=x_0} = y_0, \qquad y'|_{x=x_0} = y_0', \tag{1.9}$$

其中 $x_0$, $y_0$ 和 $y_0'$ 都是已知常数.

带有初始条件的微分方程称为微分方程的**初值问题**.

例如, 一阶微分方程的初值问题, 记为

$$\begin{cases} y' = f(x, y) \\ y|_{x=x_0} = y_0 \end{cases}. \tag{1.10}$$

微分方程的解的图形是一条曲线, 称为微分方程的**积分曲线**.

初值问题 (1.10) 的几何意义是: 求微分方程的通过点 $(x_0, y_0)$ 的那条积分曲线.

二阶微分方程的初值问题, 记为

$$\begin{cases} y'' = f(x, y, y') \\ y|_{x=x_0} = y_0, \ y'|_{x=x_0} = y_0' \end{cases}, \tag{1.11}$$

其几何意义是: 求微分方程的通过点 $(x_0, y_0)$ 且在该点处的切线斜率为 $y_0'$ 的那条积分曲线.

**例 4** 求曲线族 $x^2 + Cy^2 = 1$ 满足的微分方程, 其中 $C$ 为任意常数.

**解** 求曲线族所满足的方程, 就是求一微分方程, 使所给的曲线族正好是该微分方程的积分曲线族. 因此, 所求的微分方程的阶数应与已知曲线族中的任意常数的个数相等. 这里, 我们通过消去任意常数的方法来得到所求的微分方程.

在等式 $x^2 + Cy^2 = 1$ 两端对 $x$ 求导, 得

$$2x + 2Cyy' = 0.$$

再从 $x^2 + Cy^2 = 1$ 解出 $C = \dfrac{1 - x^2}{y^2}$, 代入上式得

$$2x + 2 \cdot \frac{1 - x^2}{y^2} y \cdot y' = 0,$$

化简即得到所求的微分方程

$$xy + (1 - x^2) y' = 0.$$

**例 5** 验证函数 $y = (x^2 + C) \sin x$ ($C$ 为任意常数) 是方程

$$\frac{\mathrm{d}y}{\mathrm{d}x} - y \cot x - 2x \sin x = 0$$

的通解, 并求满足初始条件 $y|_{x=\frac{\pi}{2}} = 0$ 的特解.

**解** 要验证一个函数是否为方程的通解, 只需将函数代入方程, 看是否恒等, 再

看函数式中所含的独立的任意常数的个数是否与方程的阶数相同.

对 $y = (x^2 + C)\sin x$ 求一阶导数,得

$$\frac{\mathrm{d}y}{\mathrm{d}x} = 2x\sin x + (x^2 + C)\cos x.$$

把 $y$ 和 $\dfrac{\mathrm{d}y}{\mathrm{d}x}$ 代入方程左边,得

$$\frac{\mathrm{d}y}{\mathrm{d}x} - y\cot x - 2x\sin x$$

$$= 2x\sin x + (x^2 + C)\cos x - (x^2 + C)\sin x\cot x - 2x\sin x \equiv 0.$$

因方程两边恒等,且 $y$ 中含有一个任意常数,故 $y = (x^2 + C)\sin x$ 是题设方程的通解.

将初始条件 $y\big|_{x=\frac{\pi}{2}} = 0$ 代入通解 $y = (x^2 + C)\sin x$ 中,得

$$0 = \frac{\pi^2}{4} + C, \ \text{即} \ C = -\frac{\pi^2}{4}.$$

从而所求特解为

$$y = \left(x^2 - \frac{\pi^2}{4}\right)\sin x.$$

**\*数学实验**

一阶微分方程的方向场:一般地,我们可以把一阶微分方程写为

$$y' = f(x, y),$$

式中 $f(x, y)$ 是已知函数.上述微分方程表明:未知函数 $y$ 在点 $x$ 处的斜率等于函数 $f$ 在点 $(x, y)$ 处的函数值. 因此,可在 $xOy$ 平面上的每点处作出过该点的以 $f(x, y)$ 为斜率的一条很短的直线(即未知函数 $y$ 的切线). 这样得到的一个图形就是上述**一阶微分方程的方向场**. 为了便于观察,实际上只要在 $xOy$ 平面上取适当多的点,作出在这些点处的函数切线,顺着斜率的走向画出符合初始条件的解,就可以得到上述微分方程的近似的积分曲线.

**实验 7.1** 验证 $\dfrac{1}{15}(-5x^3 - 30y + 3y^5) = C$ 是微分方程 $y' = \dfrac{x^2}{y^4 - 2}$ 的通解,并利用计算软件绘制出该微分方程的积分曲线与方向场.

事实上,在方程

$$\frac{1}{15}(-5x^3 - 30y + 3y^5) = C$$

两边对 $x$ 求导,得

$$-x^2 - 2y' + y^4 y' = 0 \Rightarrow y' = \frac{x^2}{y^4 - 2},$$

计算实验

从而完成了验证.

下面三个图分别绘制了题设微分方程的积分曲线 (a)、方向场 (b) 以及在同一坐标系下的积分曲线和方向场 (c).

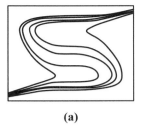 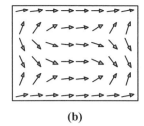 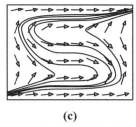

    (a)                (b)                (c)

微信扫描上页二维码, 即可进行重复实验或修改实验(详见教材配套的网络学习空间).

## 习题 7-1

1. 指出下列微分方程的阶数:

(1) $x(y')^2 - 4yy' + 3xy = 0$;

(2) $xy'' + 2y' + x^2 y = 0$;

(3) $xy''' + 5y'' + 2y = 0$;

(4) $(7x - 6y)\mathrm{d}x + (x + y)\mathrm{d}y = 0$.

2. 指出下列各题中的函数是否为所给微分方程的解:

(1) $xy' = 2y$, $y = 5x^2$;

(2) $y'' + \omega^2 y = 0$, $y = C_1 \cos \omega x + C_2 \sin \omega x$;

(3) $y'' - \dfrac{2}{x} y' + \dfrac{2y}{x^2} = 0$, $y = C_1 x + C_2 x^2$;

(4) $y'' - (\lambda_1 + \lambda_2) y' + \lambda_1 \lambda_2 y = 0$, $y = C_1 \mathrm{e}^{\lambda_1 x} + C_2 \mathrm{e}^{\lambda_2 x}$.

3. 验证由方程 $y = \ln(xy)$ 确定的函数为微分方程 $(xy - x)y'' + xy'^2 + yy' - 2y' = 0$ 的解.

4. 验证 $y = Cx + \dfrac{1}{C}$ ($C$ 是任意常数) 是方程 $x(y')^2 - yy' + 1 = 0$ 的通解, 并求满足初始条件 $y\big|_{x=0} = 2$ 的特解.

5. 验证 $y = (C_1 + C_2 x) \mathrm{e}^{-x}$ ($C_1, C_2$ 为任意常数) 是方程 $y'' + 2y' + y = 0$ 的通解, 并求满足初始条件 $y\big|_{x=0} = 4$, $y'\big|_{x=0} = -2$ 的特解.

6. 设函数 $y = (1 + x)^2 u(x)$ 是方程 $y' - \dfrac{2}{x+1} y = (x+1)^3$ 的通解, 求 $u(x)$.

7. 设曲线上点 $P(x, y)$ 处的法线与 $x$ 轴的交点为 $Q$, 且线段 $PQ$ 被 $y$ 轴平分, 试写出该曲线所满足的微分方程.

8. 求连续函数 $f(x)$, 使它满足 $\displaystyle\int_0^1 f(tx)\,\mathrm{d}t = f(x) + x \sin x$.

# §7.2 可分离变量的微分方程

    微分方程的类型是多种多样的, 它们的解法也各不相同. 从本节开始我们将根据微分方程的不同类型, 给出相应的解法. 本节我们将介绍可分离变量的微分方程以及一些可以化为这类方程的微分方程, 如齐次方程等.

## 一、可分离变量的微分方程

设有一阶微分方程

$$\frac{\mathrm{d}y}{\mathrm{d}x} = F(x, y),$$

如果其右端函数能分解成 $F(x, y) = f(x)g(y)$, 即有

$$\frac{\mathrm{d}y}{\mathrm{d}x} = f(x)g(y), \tag{2.1}$$

则称方程 (2.1) 为**可分离变量的微分方程**, 其中 $f(x)$, $g(y)$ 都是连续函数. 根据这种方程的特点, 我们可通过积分来求解.

设 $g(y) \neq 0$, 用 $g(y)$ 除方程的两端, 用 $\mathrm{d}x$ 乘以方程的两端, 以使得未知函数与自变量置于等号的两边, 得

$$\frac{1}{g(y)} \mathrm{d}y = f(x)\mathrm{d}x.$$

再在上述等式两边积分, 即得

$$\int \frac{1}{g(y)} \mathrm{d}y = \int f(x)\mathrm{d}x.$$

如果 $g(y_0) = 0$, 则易知 $y = y_0$ 也是方程 (2.1) 的解.

上述求解可分离变量的微分方程的方法称为**分离变量法**.

一般地, 用分离变量法求解微分方程得到的是由 $F(x, y) = 0$ 表示的隐函数解, 称其为微分方程的 **隐式解**.

**例 1**　求微分方程 $\frac{\mathrm{d}y}{\mathrm{d}x} = 2xy$ 的通解.

**解**　题设方程是可分离变量的, 分离变量得

$$\frac{\mathrm{d}y}{y} = 2x\mathrm{d}x,$$

两端积分 $\int \frac{\mathrm{d}y}{y} = \int 2x\mathrm{d}x$, 得 $\ln|y| = x^2 + C_1$, 从而

$$y = \pm \mathrm{e}^{x^2 + C_1} = \pm \mathrm{e}^{C_1} \cdot \mathrm{e}^{x^2}.$$

记 $C = \pm \mathrm{e}^{C_1}$, 则得到题设方程的通解

$$y = C\mathrm{e}^{x^2}.$$

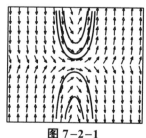

图 7-2-1

**注**: 利用计算软件易绘制出例 1 中微分方程的方向场和积分曲线 (见图 7-2-1).

微信扫描右侧二维码, 即可进行重复实验或修改实验 (详见教材配套的网络学习空间).

计算实验

**例2** 求微分方程 $\mathrm{d}x + xy\mathrm{d}y = y^2\mathrm{d}x + y\mathrm{d}y$ 的通解.

**解** 先合并 $\mathrm{d}x$ 及 $\mathrm{d}y$ 的各项, 得

$$y(x-1)\mathrm{d}y = (y^2-1)\mathrm{d}x.$$

设 $y^2 - 1 \neq 0, x - 1 \neq 0$, 分离变量得

$$\frac{y}{y^2-1}\mathrm{d}y = \frac{1}{x-1}\mathrm{d}x.$$

两端积分

$$\int \frac{y}{y^2-1}\mathrm{d}y = \int \frac{1}{x-1}\mathrm{d}x,$$

得 $\quad\quad \frac{1}{2}\ln|y^2-1| = \ln|x-1| + \ln|C_1|.$

于是

$$y^2 - 1 = \pm C_1^2 (x-1)^2.$$

记 $C = \pm C_1^2$, 则得到题设方程的通解

$$y^2 - 1 = C(x-1)^2. \quad\blacksquare$$

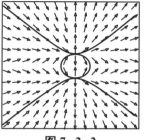

**图 7−2−2**

计算实验

**注**: 利用计算软件易绘制出例2中微分方程的方向场和积分曲线(见图7−2−2).

微信扫描右侧二维码, 即可进行重复实验或修改实验(详见教材配套的网络学习空间).

在用分离变量法解可分离变量的微分方程的过程中, 我们在假定 $g(y) \neq 0$ 的前提下, 用它除方程两边, 这样得到的通解不包含使 $g(y) = 0$ 的特解. 但是, 有时如果我们扩大任意常数 $C$ 的取值范围, 则其失去的解仍包含在通解中. 如在例2中, 我们得到的通解中应该有 $C \neq 0$, 但这样方程就失去特解 $y = \pm 1$, 而如果允许 $C = 0$, 则 $y = \pm 1$ 仍包含在通解 $y^2 - 1 = C(x-1)^2$ 中.

**例3** 在一次谋杀发生后, 尸体的温度从原来的 $37\,℃$ 按照牛顿冷却定律开始下降. 假设两小时后尸体温度变为 $35\,℃$, 并且假定周围空气的温度保持 $20\,℃$ 不变, 试求出尸体温度 $T$ 随时间 $t$ 的变化规律. 又如果尸体被发现时的温度是 $30\,℃$, 时间是下午4点整, 那么谋杀是何时发生的(见图7−2−3)?

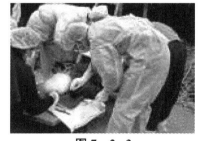

**图 7−2−3**

**解** 根据物体冷却的数学模型, 有

$$\begin{cases} \dfrac{\mathrm{d}T}{\mathrm{d}t} = -k(T-20), \quad k > 0, \\ T(0) = 37. \end{cases}$$

其中 $k > 0$ 是常数. 分离变量并求解得

$$T - 20 = Ce^{-kt},$$

代入初始条件 $T(0) = 37$, 可求得 $C = 17$. 于是得该初值问题的解为

$$T = 20 + 17e^{-kt}.$$

为求出 $k$ 值, 根据两小时后尸体温度为 35℃ 这一条件, 有

$$35 = 20 + 17e^{-k \cdot 2},$$

求得 $k \approx 0.063$, 于是温度函数为

$$T = 20 + 17e^{-0.063t}, \tag{2.2}$$

将 $T = 30$ 代入式 (2.2) 求解 $t$, 有

$$\frac{10}{17} = e^{-0.063t}, \quad \text{即得} \ t \approx 8.4 \text{(小时)}.$$

于是, 可以判定谋杀发生在下午 4 点尸体被发现前的 8.4 小时, 即 8 小时 24 分钟, 所以谋杀是在上午 7 点 36 分发生的. ■

**例 4**　设降落伞从跳伞塔下落后, 所受空气阻力与速度成正比, 并设降落伞离开跳伞塔时 ($t = 0$) 速度为零, 求降落伞下落速度与时间的关系.

**解**　设降落伞下落速度为 $v(t)$, 降落伞下落时同时受到重力 $P$ 与阻力 $R$ 的作用 (见图 7-2-4). 重力大小为 $mg$, 方向与 $v$ 一致; 阻力大小为 $kv$ ($k$ 为比例系数), 方向与 $v$ 相反. 从而降落伞所受外力为

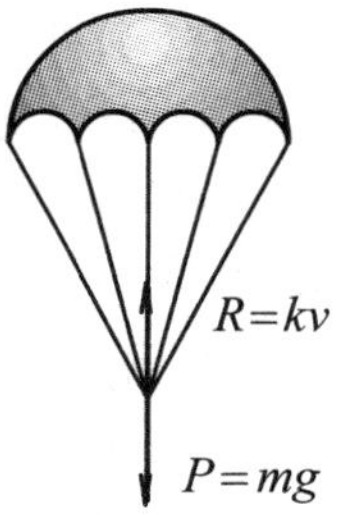

$$F = mg - kv.$$

根据牛顿第二定律:

$$F = ma,$$

其中 $a$ 为加速度, 得到函数 $v(t)$ 应满足的微分方程

$$m\frac{dv}{dt} = mg - kv. \tag{2.3}$$

按题意, 初始条件为

$$v|_{t=0} = 0. \tag{2.4}$$

方程 (2.3) 是可分离变量的, 分离变量后得

$$\frac{dv}{mg - kv} = \frac{dt}{m}, \quad \text{两边积分} \int \frac{dv}{mg - kv} = \int \frac{dt}{m}.$$

注意到 $mg - kv > 0$, 得

$$-\frac{1}{k}\ln(mg - kv) = \frac{t}{m} + C_1,$$

即

$$mg - kv = e^{-k\left(\frac{t}{m} + C_1\right)},$$

或

$$v = \frac{mg}{k} + Ce^{-\frac{k}{m}t} \quad \left(C = -\frac{e^{-kC_1}}{k}\right). \tag{2.5}$$

图 7-2-4

将初始条件 (2.4) 代入 , 得 $C = -\dfrac{mg}{k}$ , 于是所求特解为

$$v = \frac{mg}{k}\left(1 - \mathrm{e}^{-\frac{k}{m}t}\right). \tag{2.6}$$

由式 (2.6) 可见 , 随着时间 $t$ 的增大 , 速度 $v$ 逐渐接近于常数 $\dfrac{mg}{k}$ , 且不会超过 $\dfrac{mg}{k}$ , 也就是说 , 跳伞后开始阶段是加速运动 , 但以后逐渐接近于匀速运动 . ■

下面再介绍一种在许多领域有着广泛应用的数学模型 —— **逻辑斯蒂方程**.

为方便理解 , 这里我们通过一棵小树的生长过程的例子说明该模型的建立过程.

一棵小树刚栽下去的时候长得比较慢 , 渐渐地 , 小树长高了而且长得越来越快 , 几年不见 , 绿荫底下已经可乘凉了 ; 但长到某一高度后 , 它的生长速度趋于稳定 , 然后再慢慢降下来. 这一现象具有普遍性. 现在我们来建立这种现象的数学模型.

如果假设树的生长速度与它目前的高度成正比 , 则显然不符合两头尤其是后期的生长情形 , 因为树不可能越长越快 ; 但如果假设树的生长速度正比于最大高度与目前高度的差 , 则又明显不符合中间一段的生长过程. 折中一下 , 我们假定它的生长速度既与目前的高度成对比 , 又与最大高度和目前高度之差成正比.

设树生长的最大高度为 $H(\mathrm{m})$ , 在 $t$ (年) 时的高度为 $h(t)$ , 则有

$$\frac{\mathrm{d}h(t)}{\mathrm{d}t} = kh(t)[H - h(t)], \tag{2.7}$$

其中 $k > 0$ 是比例常数. 这个方程称为**逻辑斯蒂 (Logistic) 方程**. 它是可分离变量的一阶常微分方程.

下面来求解方程 (2.7). 分离变量得

$$\frac{\mathrm{d}h}{h(H-h)} = k\mathrm{d}t, \quad \text{两边积分} \quad \int \frac{\mathrm{d}h}{h(H-h)} = \int k\mathrm{d}t,$$

得　　　$\dfrac{1}{H}\left[\ln h - \ln(H-h)\right] = kt + C_1$ , 　　$\dfrac{h}{H-h} = \mathrm{e}^{kHt + C_1 H} = C_2 \mathrm{e}^{kHt}$ ,

故所求通解为

$$h(t) = \frac{C_2 H \mathrm{e}^{kHt}}{1 + C_2 \mathrm{e}^{kHt}} = \frac{H}{1 + C\mathrm{e}^{-kHt}},$$

其中 $C\left(C = \dfrac{1}{C_2} = \mathrm{e}^{-C_1 H} > 0\right)$ 是正常数 .

函数 $h(t)$ 的图形称为**逻辑斯蒂曲线**. 图 $7-2-5$ 所示的是一条典型的逻辑斯蒂曲线 , 由于它的形状 , 一般也称为 **S 曲线**. 可以看到 , 它基本符合我们描述的树的生长情形. 另外还可以计算得到

$$\lim_{t \to +\infty} h(t) = H.$$

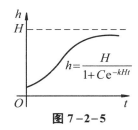

图 $7-2-5$

这说明树的生长有一个限制, 因此也称为**限制性增长模式**.

　　**注**: Logistic 的中文音译名是 "逻辑斯蒂". "逻辑"在字典中的解释是 "客观事物发展的规律性", 因此许多现象本质上都符合这种 S 规律. 除了生物种群的繁殖外, 还有信息的传播、新技术的推广、传染病的扩散以及某些商品的销售等. 例如流感的传染, 在任其自然发展 (例如初期未引起人们注意) 的阶段, 可以设想它的速度既正比于得病的人数又正比于未传染到的人数. 开始时患病的人不多, 因而传染速度较慢; 但随着健康人与患者接触, 受传染的人越来越多, 传染的速度也越来越快; 最后, 传染速度自然而然地渐渐降低, 因为已经没有多少人可被传染了.

　　下面举一个例子说明逻辑斯蒂方程的应用.

　　**人口阻滞增长模型**　　1837 年, 荷兰生物学家弗尔哈斯特 (Verhulst) 提出一个人口模型:

$$\frac{\mathrm{d}y}{\mathrm{d}t} = y(k - by), \qquad y(t_0) = y_0, \tag{2.8}$$

其中 $k, b$ 称为生命系数.

　　我们不详细讨论这个模型, 只介绍应用它预测世界人口数时得到的两个有趣的结果.

　　有生态学家估计 $k$ 的自然值是 0.029. 利用 20 世纪 60 年代世界人口年平均增长率 2% 以及 1965 年人口总数 33.4 亿这两个数据, 计算得 $b = 2$, 从而估计得:

　　(1) 世界人口总数将趋于极限 107.6 亿.

　　(2) 到 2014 年时世界人口总数为 70.03 亿.

　　事实上, 2014 年世界总人口是 72.08 亿, 与模型估计得到的数据很接近.

## 二、齐次方程

　　形如

$$\frac{\mathrm{d}y}{\mathrm{d}x} = f\left(\frac{y}{x}\right) \tag{2.9}$$

的一阶微分方程称为**齐次微分方程**, 简称 **齐次方程**.

　　齐次方程 (2.9) 通过变量替换, 可化为可分离变量的方程来求解, 即令

$$u = y/x \ \text{或} \ y = ux,$$

其中 $u = u(x)$ 是新的未知函数, 则有

$$\frac{\mathrm{d}y}{\mathrm{d}x} = u + x\frac{\mathrm{d}u}{\mathrm{d}x}.$$

将其代入式 (2.9), 得

$$u + x\frac{\mathrm{d}u}{\mathrm{d}x} = f(u). \tag{2.10}$$

分离变量, 得

$$\frac{\mathrm{d}u}{f(u)-u} = \frac{\mathrm{d}x}{x}.$$

两边积分

$$\int \frac{\mathrm{d}u}{f(u)-u} = \int \frac{\mathrm{d}x}{x}.$$

求出积分后, 再将 $u = \dfrac{y}{x}$ 回代, 便得到方程 (2.9) 的通解.

**注**: 如果有 $u_0$, 使得 $f(u_0) - u_0 = 0$, 则显然 $u = u_0$ 也是方程 (2.10) 的解, 从而 $y = u_0 x$ 也是方程 (2.9) 的解; 如果 $f(u) - u \equiv 0$, 则方程 (2.9) 变成 $\dfrac{\mathrm{d}y}{\mathrm{d}x} = \dfrac{y}{x}$, 这是一个可分离变量的方程.

**例 5** 求微分方程 $\dfrac{\mathrm{d}y}{\mathrm{d}x} = \dfrac{y}{x} + \tan\dfrac{y}{x}$ 满足初始条件 $y\big|_{x=1} = \dfrac{\pi}{6}$ 的特解.

**解** 题设方程为齐次方程, 设 $u = \dfrac{y}{x}$, 有

$$\frac{\mathrm{d}y}{\mathrm{d}x} = u + x\frac{\mathrm{d}u}{\mathrm{d}x},$$

代入原方程, 得

$$u + x\frac{\mathrm{d}u}{\mathrm{d}x} = u + \tan u,$$

分离变量得 $\cot u \, \mathrm{d}u = \dfrac{1}{x}\mathrm{d}x$. 两边积分, 得

$$\ln|\sin u| = \ln|x| + \ln|C|,$$

即 $\sin u = Cx$, 将 $u = \dfrac{y}{x}$ 回代, 则得到题设方程的通解为

$$\sin\frac{y}{x} = Cx.$$

利用初始条件 $y\big|_{x=1} = \dfrac{\pi}{6}$, 得到 $C = \dfrac{1}{2}$. 从而题设方程的特解为

$$\sin\frac{y}{x} = \frac{1}{2}x. \qquad \blacksquare$$

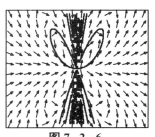

图 7-2-6

**注**: 利用计算软件易绘制出例 5 中微分方程的方向场和积分曲线 (见图 7-2-6).

微信扫描右侧二维码, 即可进行重复实验或修改实验 (详见教材配套的网络学习空间).

计算实验

**例 6** 求解微分方程 $y^2 + x^2\dfrac{\mathrm{d}y}{\mathrm{d}x} = xy\dfrac{\mathrm{d}y}{\mathrm{d}x}$.

**解** 原方程可写成

$$\frac{\mathrm{d}y}{\mathrm{d}x} = \frac{y^2}{xy - x^2} = \frac{\left(\dfrac{y}{x}\right)^2}{\dfrac{y}{x} - 1},$$

易见题设方程是齐次方程. 令 $\dfrac{y}{x} = u$, 则

$$y = ux, \quad \frac{\mathrm{d}y}{\mathrm{d}x} = u + x\frac{\mathrm{d}u}{\mathrm{d}x},$$

于是, 原方程变为

$$u + x\frac{\mathrm{d}u}{\mathrm{d}x} = \frac{u^2}{u-1}, \quad 即 \quad x\frac{\mathrm{d}u}{\mathrm{d}x} = \frac{u}{u-1}.$$

分离变量, 得

$$\left(1 - \frac{1}{u}\right)\mathrm{d}u = \frac{\mathrm{d}x}{x}.$$

两端积分, 得

$$u - \ln|u| + C = \ln|x| \quad 或 \quad \ln|xu| = u + C.$$

将 $u = \dfrac{y}{x}$ 回代, 则得到题设方程的通解为

$$\ln|y| = \frac{y}{x} + C.$$

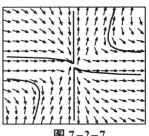

图 7-2-7

计算实验

**注**: 利用计算软件易绘制出例 6 中微分方程的方向场和积分曲线(见图 7-2-7).

　　微信扫描右侧二维码, 即可进行重复实验或修改实验(详见教材配套的网络学习空间).

　　**例 7**　设河边点 $O$ 的正对岸为点 $A$, 河宽 $OA = h$, 两岸为平行直线, 水流速度大小为 $a$, 有一鸭子从点 $A$ 游向点 $O$, 设鸭子(在静水中)游速的大小为 $b(b > a)$, 且鸭子游动方向始终朝着点 $O$, 求鸭子游过的迹线的方程.

　　**解**　设水流速度向量为 $\boldsymbol{a}(|\boldsymbol{a}| = a)$, 鸭子游速向量为 $\boldsymbol{b}(|\boldsymbol{b}| = b)$, 则鸭子实际运动速度为 $\boldsymbol{v} = \boldsymbol{a} + \boldsymbol{b}$.

　　取 $O$ 为坐标原点, 河岸朝水流方向为 $x$ 轴, $y$ 轴指向对岸, 如图 7-2-8 所示.

　　设在时刻 $t$ 鸭子位于点 $P(x, y)$, 则鸭子运动速度

$$\boldsymbol{v} = \{v_x, v_y\} = \{x_t', y_t'\},$$

故有

$$\frac{\mathrm{d}x}{\mathrm{d}y} = \frac{x_t'}{y_t'} = \frac{v_x}{v_y}.$$

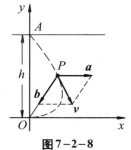

图 7-2-8

　　现在 $\boldsymbol{a} = (a, 0)$, 而 $\boldsymbol{b} = b\boldsymbol{e}_{\overrightarrow{PO}}$. 其中 $\boldsymbol{e}_{\overrightarrow{PO}}$ 为与 $\overrightarrow{PO}$ 同方向的单位向量. 由 $\overrightarrow{PO} = -\{x, y\}$, 故

$$e_{\overrightarrow{PO}} = -\frac{1}{\sqrt{x^2+y^2}}\{x, y\},$$

于是

$$\boldsymbol{b} = -\frac{b}{\sqrt{x^2+y^2}}\{x, y\},$$

从而

$$\boldsymbol{v} = \boldsymbol{a} + \boldsymbol{b} = \left\{a - \frac{bx}{\sqrt{x^2+y^2}}, \ -\frac{by}{\sqrt{x^2+y^2}}\right\}.$$

由此得微分方程

$$\frac{\mathrm{d}x}{\mathrm{d}y} = \frac{v_x}{v_y} = -\frac{a\sqrt{x^2+y^2}}{by} + \frac{x}{y},$$

即

$$\frac{\mathrm{d}x}{\mathrm{d}y} = -\frac{a}{b}\sqrt{\left(\frac{x}{y}\right)^2 + 1} + \frac{x}{y},$$

初始条件为 $x|_{y=h} = 0$.

令 $\dfrac{x}{y} = u$, 则 $x = yu$, $\dfrac{\mathrm{d}x}{\mathrm{d}y} = y\dfrac{\mathrm{d}u}{\mathrm{d}y} + u$, 代入上面的方程, 得

$$y\frac{\mathrm{d}u}{\mathrm{d}y} = -\frac{a}{b}\sqrt{u^2+1},$$

分离变量, 得

$$\frac{\mathrm{d}u}{\sqrt{u^2+1}} = -\frac{a}{by}\mathrm{d}y,$$

积分得

$$\mathrm{arsh}\,u = -\frac{a}{b}(\ln y + \ln C).$$

## 三、可化为齐次方程的微分方程

有些方程本身虽然不是齐次的, 但通过适当变换, 可以化为齐次方程.

例如, 对于形如

$$\frac{\mathrm{d}y}{\mathrm{d}x} = f\left(\frac{a_1 x + b_1 y + c_1}{a_2 x + b_2 y + c_2}\right)$$

的方程, 先求出两条直线

$$a_1 x + b_1 y + c_1 = 0, \quad a_2 x + b_2 y + c_2 = 0$$

的交点 $(x_0, y_0)$, 然后作平移变换

$$\begin{cases} X = x - x_0 \\ Y = y - y_0 \end{cases}, \quad \text{即} \quad \begin{cases} x = X + x_0 \\ y = Y + y_0 \end{cases}.$$

这时，$\dfrac{\mathrm{d}y}{\mathrm{d}x} = \dfrac{\mathrm{d}Y}{\mathrm{d}X}$，于是，原方程就化为齐次方程

$$\frac{\mathrm{d}Y}{\mathrm{d}X} = f\left(\frac{a_1 X + b_1 Y}{a_2 X + b_2 Y}\right).$$

**例 8**　求 $\dfrac{\mathrm{d}y}{\mathrm{d}x} = \dfrac{x - y + 1}{x + y - 3}$ 的通解.

**解**　直线 $x - y + 1 = 0$ 和直线 $x + y - 3 = 0$ 的交点是 $(1, 2)$，因此作变换 $x = X + 1$，$y = Y + 2$. 代入题设方程，得

$$\frac{\mathrm{d}Y}{\mathrm{d}X} = \frac{X - Y}{X + Y} = \left(1 - \frac{Y}{X}\right)\Big/\left(1 + \frac{Y}{X}\right).$$

令 $u = \dfrac{Y}{X}$，则 $Y = uX$，$\dfrac{\mathrm{d}Y}{\mathrm{d}X} = u + X\dfrac{\mathrm{d}u}{\mathrm{d}X}$，代入上式，得

$$u + X\frac{\mathrm{d}u}{\mathrm{d}X} = \frac{1 - u}{1 + u},$$

分离变量，得

$$\frac{1 + u}{1 - 2u - u^2}\,\mathrm{d}u = \frac{\mathrm{d}x}{X},$$

两边积分，得

$$-\frac{1}{2}\ln|1 - 2u - u^2| = \ln|X| + \ln C_1,$$

即　　　　　$1 - 2u - u^2 = \dfrac{C}{X^2}\quad (C = C_1^{-2}).$

将 $u = \dfrac{Y}{X}$ 回代得

$$X^2 - 2XY - Y^2 = C,$$

再将 $X = x - 1$，$Y = y - 2$ 回代，则可整理得到所求题设方程的通解

$$x^2 - 2xy - y^2 + 2x + 6y = C. \quad\blacksquare$$

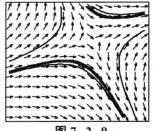

**图 7-2-9**

计算实验

**注**：利用计算软件易绘制出例 8 中微分方程的方向场和积分曲线 (见图 7-2-9).

微信扫描右侧二维码，即可进行重复实验或修改实验 (详见教材配套的网络学习空间).

此外，对具体问题应具体分析，根据所给方程的特点，有时可作变量代换将方程化为齐次方程或可分离变量的方程.

**例 9**　利用变量代换法求方程 $\dfrac{\mathrm{d}y}{\mathrm{d}x} = (x + y)^2$ 的通解.

**解**　令 $x + y = u$，则

$$\frac{\mathrm{d}y}{\mathrm{d}x} = \frac{\mathrm{d}u}{\mathrm{d}x} - 1,$$

代入题设方程, 得

$$\frac{\mathrm{d}u}{\mathrm{d}x} = 1 + u^2.$$

分离变量, 得

$$\frac{\mathrm{d}u}{1 + u^2} = \mathrm{d}x,$$

两边积分, 得

$$\arctan u = x + C,$$

回代 $x + y = u$, 得

$$\arctan(x + y) = x + C,$$

于是, 所求题设方程的通解为

$$y = \tan(x + C) - x.$$

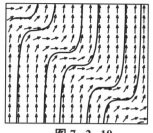

**图 7−2−10**

**注**: 利用计算软件易绘制出例 9 中微分方程的方向场和积分曲线 (见图 7−2−10).

微信扫描右侧二维码, 即可进行重复实验或修改实验 (详见教材配套的网络学习空间).

计算实验

### *数学实验

**实验 7.2** 试用计算软件求解下列微分方程, 并画出积分曲线和方向场:

(1) $\dfrac{\mathrm{d}y}{\mathrm{d}x} = 1 - y^2$, $y(0) = 0$; \qquad (2) $(x^3 + 1)y^3 y' + 1 = 5y^2$;

(3) $3x^3 y' = y(4x^2 - 5y^2)$, $y\big|_{x=1} = 1$; \qquad (4) $\dfrac{\mathrm{d}y}{\mathrm{d}x} = \dfrac{3x - 2y + 3}{2x + y + 5}$;

计算实验

(5) 求解初值问题 $(1 + xy)y + (1 - xy)y' = 0$, $y\big|_{x=1.2} = 1$ 在区间 $[1.2, 4]$ 上的近似解并作图.

微信扫描右侧二维码, 即可进行重复实验或修改实验 (详见教材配套的网络学习空间).

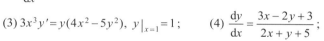

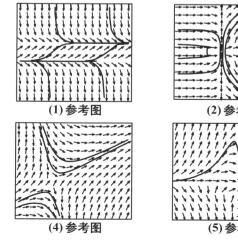

**(1) 参考图** \qquad **(2) 参考图** \qquad **(3) 参考图**

**(4) 参考图** \qquad **(5) 参考图**

## 习题 7 - 2

1. 求下列微分方程的通解：

(1) $xy' - y\ln y = 0$；

(2) $x(y^2 - 1)dx + y(x^2 - 1)dy = 0$；

(3) $xydx + \sqrt{1 - x^2}dy = 0$；

(4) $xdy + dx = e^y dx$；

(5) $\tan x \dfrac{dy}{dx} = 1 + y$；

(6) $\dfrac{dy}{dx} = 10^{x+y}$；

(7) $x^2 y dx = (1 - y^2 + x^2 - x^2 y^2)dy$；

(8) $y' + \sin\dfrac{x+y}{2} = \sin\dfrac{x-y}{2}$.

2. 求下列齐次方程的通解：

(1) $xy' - y - \sqrt{y^2 - x^2} = 0$；

(2) $x\dfrac{dy}{dx} = y\ln\dfrac{y}{x}$；

(3) $\left(x + y\cos\dfrac{y}{x}\right)dx - x\cos\dfrac{y}{x}dy = 0$；

(4) $y' = e^{\frac{y}{x}} + \dfrac{y}{x}$；

(5) $y(x^2 - xy + y^2)dx + x(x^2 + xy + y^2)dy = 0$.

3. 求下列各初值问题的解：

(1) $\dfrac{x}{1+y}dx - \dfrac{y}{1+x}dy = 0$，$y\big|_{x=0} = 0$；

(2) $y' = \dfrac{x}{y} + \dfrac{y}{x}$，$y\big|_{x=-1} = 2$.

4. 化下列方程为齐次方程，并求出其通解：

(1) $\dfrac{dy}{dx} = \dfrac{2y - x + 5}{2x - y - 4}$；

(2) $(x - y - 1)dx + (4y + x - 1)dy = 0$.

5. 利用变量代换法求

$$(x + y)dx + (3x + 3y - 4)dy = 0$$

的通解.

6. 质量为 1g 的质点受外力作用作直线运动，该外力和时间成正比，和质点运动的速度成反比. 在 $t = 10s$ 时，速度等于 $50cm/s$，外力为 $4g\cdot cm/s^2$，问运动 1 分钟后的速度是多少？

7. 求一曲线的方程，该曲线通过点 $(0, 1)$ 且曲线上任一点处的切线垂直于此点与原点的连线.

8. 设有连接点 $O(0, 0)$ 和 $A(1, 1)$ 的一段向上凸的曲线 $\overset{\frown}{OA}$，对于 $\overset{\frown}{OA}$ 上任一点 $P(x, y)$，曲线弧 $\overset{\frown}{OP}$ 与直线 $OP$ 所围图形的面积为 $x^2$，求曲线弧 $\overset{\frown}{OA}$ 的方程.

9. 某林区现有木材 10 万米$^3$，如果在每一瞬时木材的变化率与当时木材数成正比，假设 10 年内该林区能有木材 20 万米$^3$，试确定木材数 $p$ 与时间 $t$ 的关系.

10. 一个煮熟了的鸡蛋有 98℃，把它放在 18℃ 的水池里，5 分钟后，鸡蛋的温度是 38℃. 假定没有感到水变热，鸡蛋冷却到 20℃ 需多长时间？

11. 在某池塘内养鱼，该池塘最多能养鱼 1 000 尾. 在时刻 $t$，鱼数 $y$ 是时间 $t$ 的函数 $y = y(t)$，其变化率与鱼数 $y$ 及 $1 000 - y$ 成正比. 已知在池塘内放养鱼 100 尾，3 个月后池塘内有鱼 250 尾，求放养 $t$ 月后池塘内鱼数 $y(t)$ 的公式.

# §7.3 一阶线性微分方程

## 一、一阶线性微分方程

形如

$$\frac{\mathrm{d}y}{\mathrm{d}x} + P(x)y = Q(x) \tag{3.1}$$

的方程称为**一阶线性微分方程**. 其中函数 $P(x)$、$Q(x)$ 是某一区间 $I$ 上的连续函数. 当 $Q(x) \equiv 0$ 时, 方程 (3.1) 变为

$$\frac{\mathrm{d}y}{\mathrm{d}x} + P(x)y = 0, \tag{3.2}$$

这个方程称为**一阶齐次线性方程**. 相应地, 方程 (3.1) 称为**一阶非齐次线性方程**.

一阶齐次线性方程 (3.2) 是可分离变量的方程, 分离变量, 得

$$\frac{\mathrm{d}y}{y} = -P(x)\,\mathrm{d}x,$$

两边积分, 得

$$\ln|y| = -\int P(x)\,\mathrm{d}x + C_1,$$

由此得到方程 (3.2) 的通解

$$y = C\mathrm{e}^{-\int P(x)\,\mathrm{d}x}, \tag{3.3}$$

其中 $C(C = \pm \mathrm{e}^{C_1})$ 为任意常数.

下面再来讨论一阶非齐次线性方程 (3.1) 的通解.

将方程 (3.1) 变形为

$$\frac{\mathrm{d}y}{y} = \left[\frac{Q(x)}{y} - P(x)\right]\mathrm{d}x,$$

两边积分, 得

$$\ln|y| = \int \frac{Q(x)}{y}\,\mathrm{d}x - \int P(x)\,\mathrm{d}x.$$

若记 $\displaystyle\int \frac{Q(x)}{y}\,\mathrm{d}x = v(x)$, 则

$$\ln|y| = v(x) - \int P(x)\,\mathrm{d}x,$$

即

$$y = \pm \mathrm{e}^{v(x)}\mathrm{e}^{-\int P(x)\,\mathrm{d}x} \xlongequal{\text{记为}} u(x)\mathrm{e}^{-\int P(x)\,\mathrm{d}x}. \tag{3.4}$$

这个解与齐次方程的通解 (3.3) 相比较, 易见其表达形式一致, 只需将式 (3.3) 中的常数 $C$ 换为函数 $u(x)$. 由此我们引入求解一阶非齐次线性微分方程的**常数变易法**, 即在求出对应的齐次方程的通解 (3.3) 后, 将通解中的常数 $C$ 变易为待定函

数 $u(x)$，并设一阶非齐次方程的通解为

$$y = u(x)e^{-\int P(x)\,\mathrm{d}x},$$

求导，得

$$y' = u'e^{-\int P(x)\,\mathrm{d}x} + u[-P(x)]e^{-\int P(x)\,\mathrm{d}x}.$$

将 $y$ 和 $y'$ 代入方程 (3.1)，得

$$u'(x)e^{-\int P(x)\,\mathrm{d}x} = Q(x),$$

积分，得

$$u(x) = \int Q(x)e^{\int P(x)\,\mathrm{d}x}\,\mathrm{d}x + C,$$

从而一阶非齐次线性方程 (3.1) 的通解为

$$y = \left[\int Q(x)e^{\int P(x)\,\mathrm{d}x}\,\mathrm{d}x + C\right]e^{-\int P(x)\,\mathrm{d}x}. \tag{3.5}$$

公式 (3.5) 可写成

$$y = Ce^{-\int P(x)\,\mathrm{d}x} + e^{-\int P(x)\,\mathrm{d}x}\cdot\int Q(x)e^{\int P(x)\,\mathrm{d}x}\,\mathrm{d}x.$$

从中可以看出，一阶非齐次线性方程的通解是对应的齐次线性方程的通解与其本身的一个特解之和. 以后还可看到，这个结论对高阶非齐次线性方程亦成立.

**例 1**　求方程 $y' + \dfrac{1}{x}y = \dfrac{\sin x}{x}$ 的通解.

**解**　题设方程是一阶非齐次线性方程，这里

$$P(x) = \frac{1}{x}, \quad Q(x) = \frac{\sin x}{x},$$

于是，所求通解为

$$
\begin{aligned}
y &= e^{-\int \frac{1}{x}\,\mathrm{d}x}\left(\int \frac{\sin x}{x}\cdot e^{\int \frac{1}{x}\,\mathrm{d}x}\,\mathrm{d}x + C\right)\\
&= e^{-\ln x}\left(\int \frac{\sin x}{x}\cdot e^{\ln x}\,\mathrm{d}x + C\right)\\
&= \frac{1}{x}\left(\int \sin x\,\mathrm{d}x + C\right) = \frac{1}{x}(-\cos x + C).
\end{aligned}
$$

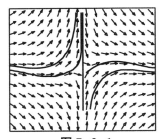

图 7-3-1

计算实验

**注**：利用计算软件易绘制出例 1 中微分方程的方向场和积分曲线 (见图 7-3-1).

微信扫描右侧二维码，即可进行重复实验或修改实验 (详见教材配套的网络学习空间).

**例 2**　求方程 $\dfrac{\mathrm{d}y}{\mathrm{d}x} - \dfrac{2y}{x+1} = (x+1)^{5/2}$ 的通解.

**解**　题设方程是一阶非齐次线性方程. 下面我们不直接套用公式 (3.5)，而采用常数变易法来求解.

先求对应的齐次方程的通解. 由

$$\frac{\mathrm{d}y}{\mathrm{d}x} - \frac{2}{x+1}y = 0,$$

分离变量,得

$$\frac{\mathrm{d}y}{y} = \frac{2\mathrm{d}x}{x+1}.$$

两端积分,得对应的齐次方程的通解为

$$y = C_1(x+1)^2, \text{ 其中 } C_1 \text{ 为任意常数.}$$

利用常数变易法,设题设方程的通解为

$$y = u(x)(x+1)^2, \tag{3.6}$$

求导,得

$$\frac{\mathrm{d}y}{\mathrm{d}x} = u'(x)(x+1)^2 + 2u(x)(x+1),$$

代入题设方程,得

$$u'(x) = (x+1)^{1/2}.$$

两端积分,得

$$u(x) = \frac{2}{3}(x+1)^{3/2} + C.$$

将上式代入式(3.6),即得到题设方程的通解为

$$y = (x+1)^2\left[\frac{2}{3}(x+1)^{3/2} + C\right]. \blacksquare$$

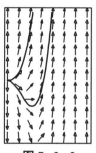

图 7-3-2

计算实验

**注**: 利用计算软件易绘制出例 2 中微分方程的方向场和积分曲线(见图 7-3-2).

微信扫描右侧二维码,即可进行重复实验或修改实验(详见教材配套的网络学习空间).

**例 3** 求方程 $y^3\mathrm{d}x + (2xy^2-1)\mathrm{d}y = 0$ 的通解.

**解** 如果将 $y$ 看作 $x$ 的函数,则方程变为

$$\frac{\mathrm{d}y}{\mathrm{d}x} = \frac{y^3}{1-2xy^2},$$

这个方程不是一阶线性微分方程,不便求解.如果将 $x$ 看作 $y$ 的函数,则方程可改写为

$$y^3\frac{\mathrm{d}x}{\mathrm{d}y} + 2y^2x = 1,$$

它是一阶线性微分方程,其对应的齐次方程为

$$y^3\frac{\mathrm{d}x}{\mathrm{d}y} + 2y^2x = 0.$$

分离变量,并积分得 $\displaystyle\int\frac{\mathrm{d}x}{x} = -\int\frac{2\mathrm{d}y}{y}$,即 $x = C_1\dfrac{1}{y^2}$,其中 $C_1$ 为任意常数.利用常数变易法,设题设方程的通解为

$$x = u(y)\frac{1}{y^2},$$

代入原方程, 得

$$u'(y) = \frac{1}{y},$$

积分, 得

$$u(y) = \ln|y| + C.$$

于是, 原方程的通解为

$$x = \frac{1}{y^2}(\ln|y| + C), \quad \text{其中 } C \text{ 为任意常数.} \quad \blacksquare$$

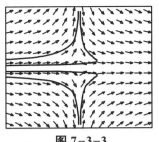

**图 7–3–3**

计算实验

**注**: 利用计算软件易绘制出例 3 中微分方程的方向场和积分曲线 (见图 7–3–3).

微信扫描右侧二维码, 即可进行重复实验或修改实验 (详见教材配套的网络学习空间).

**例 4**　在一个石油精炼厂, 一个存储罐装 8 000L 的汽油, 其中包含 100g 的添加剂. 为了过冬, 将每升含 2g 添加剂的石油以 40L/min 的速度注入存储罐. 充分混合的溶液以 45L/min 的速度泵出 (见图 7–3–4). 在混合过程开始后 20 分钟罐中的添加剂有多少?

40L/min 含 2g/L 添加剂

45L/min 含 $\frac{y}{v}$ g/L 添加剂

**图 7–3–4**

**解**　令 $y$ 是时刻 $t$ 罐中的添加剂的总量, 易知 $y(0) = 100$. 在时刻 $t$ 罐中的溶液的总量为

$$V(t) = 8\,000 + (40 - 45)t = 8\,000 - 5t,$$

因此, 添加剂流出的速率为

$$\frac{y(t)}{V(t)} \cdot \text{溶液流出的速率} = \frac{y(t)}{8\,000 - 5t} \cdot 45 = \frac{45y(t)}{8\,000 - 5t},$$

添加剂流入的速率为 $2 \times 40 = 80\,(\text{g/min})$, 故得到微分方程

$$\frac{dy}{dt} = 80 - \frac{45y}{8\,000 - 5t},$$

即

$$\frac{dy}{dt} + \frac{45}{8\,000 - 5t} \cdot y = 80.$$

于是, 所求通解为

$$y = e^{-\int \frac{45}{8\,000 - 5t}\,dt}\left(\int 80 \cdot e^{\int \frac{45}{8\,000 - 5t}\,dt}\,dt + C\right) = (16\,000 - 10t) + C(t - 1\,600)^9,$$

由 $y(0) = 100$ 确定 $C$, 得

$$(16\,000 - 10 \times 0) + C(0 - 1\,600)^9 = 0, \quad C = \frac{10}{1\,600^8},$$

故初值问题的解是

$$y = (16\,000 - 10t) + \frac{10}{1\,600^8}(t-1\,600)^9,$$

所以注入开始后 20 分钟时的添加剂总量是

$$y(20) = (16\,000 - 10 \times 20) + \frac{10}{1\,600^8}(20 - 1\,600)^9$$

$$\approx 1\,512.58\,\text{g}.$$

**注**：液体溶液中(或散布在气体中)的一种化学品流入装有液体(或气体)的容器中，容器中可能还装有一定量的溶解了的该化学品．把混合物搅拌均匀并以一个已知的速率流出容器．在这个过程中，知道在任何时刻容器中的该化学品的浓度往往是重要的．描述这个过程的微分方程用下列公式表示：

容器中总量的变化率＝化学品流入的速率－化学品流出的速率．

## 二、伯努利方程

形如

$$\frac{\mathrm{d}y}{\mathrm{d}x} + P(x)y = Q(x)y^n \tag{3.7}$$

的方程称为**伯努利方程**，其中 $n$ 为常数，且 $n \neq 0,1$．

伯努利方程是一类非线性方程，但是通过适当的变换，就可以把它化为线性方程．事实上，在方程 (3.7) 两端除以 $y^n$，得

$$y^{-n}\frac{\mathrm{d}y}{\mathrm{d}x} + P(x)y^{1-n} = Q(x),$$

或

$$\frac{1}{1-n} \cdot (y^{1-n})' + P(x)y^{1-n} = Q(x).$$

于是，令 $z = y^{1-n}$，就得到关于变量 $z$ 的一阶线性方程

$$\frac{\mathrm{d}z}{\mathrm{d}x} + (1-n)P(x)z = (1-n)Q(x).$$

利用线性方程的求解方法求出通解后，再回代原变量，便可得到伯努利方程 (3.7) 的通解为

$$y^{1-n} = \mathrm{e}^{-\int(1-n)P(x)\mathrm{d}x}\left(\int Q(x)(1-n)\mathrm{e}^{\int(1-n)P(x)\mathrm{d}x}\mathrm{d}x + C\right).$$

**例 5** 求方程 $\dfrac{\mathrm{d}y}{\mathrm{d}x} + \dfrac{y}{x} = (a\ln x)y^2$ 的通解．

**解** 以 $y^2$ 除方程的两端，得

$$y^{-2}\frac{\mathrm{d}y}{\mathrm{d}x} + \frac{1}{x}y^{-1} = a\ln x,$$

即

$$-\frac{\mathrm{d}(y^{-1})}{\mathrm{d}x} + \frac{1}{x}y^{-1} = a\ln x.$$

令 $z = y^{-1}$，则上述方程变为

$$\frac{\mathrm{d}z}{\mathrm{d}x} - \frac{1}{x}z = -a\ln x.$$

解此线性微分方程，得

$$z = x\left[C - \frac{a}{2}(\ln x)^2\right].$$

以 $y^{-1}$ 代替 $z$，得所求通解为

$$yx\left[C - \frac{a}{2}(\ln x)^2\right] = 1. \quad ■$$

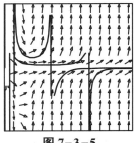

图 7-3-5

计算实验

**注**：利用计算软件易绘制出例 5 中微分方程的方向场和积分曲线(见图 7-3-5).

微信扫描右侧二维码，即可进行重复实验或修改实验(详见教材配套的网络学习空间).

利用变量代换把一个微分方程化为可分离变量的微分方程或一阶线性微分方程等已知可解的方程，这是解微分方程最常用的方法.下面再通过两个例题加以说明.

**例 6**　求方程 $\frac{\mathrm{d}y}{\mathrm{d}x} + x(y-x) + x^3(y-x)^2 = 1$ 的通解.

**解**　令 $y - x = u$，则 $\frac{\mathrm{d}y}{\mathrm{d}x} = \frac{\mathrm{d}u}{\mathrm{d}x} + 1$，于是得到伯努利方程

$$\frac{\mathrm{d}u}{\mathrm{d}x} + xu = -x^3 u^2.$$

令 $z = u^{1-2} = \frac{1}{u}$，上式即变为一阶线性方程

$$\frac{\mathrm{d}z}{\mathrm{d}x} - xz = x^3.$$

其通解为

$$z = \mathrm{e}^{\frac{x^2}{2}}\left(\int x^3 \mathrm{e}^{-\frac{x^2}{2}}\mathrm{d}x + C\right) = C\mathrm{e}^{\frac{x^2}{2}} - x^2 - 2.$$

回代原变量，即得到题设方程的通解

$$y = x + \frac{1}{z} = x + \frac{1}{C\mathrm{e}^{\frac{x^2}{2}} - x^2 - 2}.$$

此外，由于 $u = 0$ 也是 $\frac{\mathrm{d}u}{\mathrm{d}x} + xu = -x^3 u^2$ 的解，故 $y = x$ 也是题设方程的解. $\quad ■$

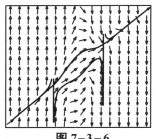

图 7-3-6

计算实验

**注**：利用计算软件易绘制出例 6 中微分方程的方向场和积分曲线(见图 7-3-6).

微信扫描右侧二维码，即可进行重复实验或修改实验(详见教材配套的网络学习空间).

**例7** 求解微分方程 $\dfrac{\mathrm{d}y}{\mathrm{d}x} = \dfrac{1}{x\sin^2(xy)} - \dfrac{y}{x}$.

**解** 令 $z = xy$，则有 $\dfrac{\mathrm{d}z}{\mathrm{d}x} = y + x\dfrac{\mathrm{d}y}{\mathrm{d}x}$，所以

$$\frac{\mathrm{d}z}{\mathrm{d}x} = y + x\left(\frac{1}{x\sin^2(xy)} - \frac{y}{x}\right) = \frac{1}{\sin^2 z}.$$

分离变量，得

$$\sin^2 z\,\mathrm{d}z = \mathrm{d}x,$$

两端积分，得

$$2z - \sin 2z = 4x + C,$$

回代原变量，即得到题设微分方程的通解

$$2xy - \sin(2xy) = 4x + C.$$

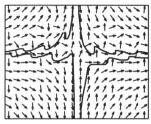

图 7-3-7

计算实验

**注**：利用计算软件易绘制出例7中微分方程的方向场和积分曲线(见图7-3-7).

微信扫描右侧二维码，即可进行重复实验或修改实验(详见教材配套的网络学习空间).

**\*数学实验**

**实验7.3** 试用计算软件求解下列微分方程，并绘出其方向场和积分曲线：

计算实验

(1) $(1-2xy)y' = x^2 + y^2 - 2$；

(2) $y' + \dfrac{2x}{x^2-5}y = 3x^5 - x + 1$；

(3) $4y' = y^5\cos x + y\tan x$；

(4) $(x+1)\dfrac{\mathrm{d}y}{\mathrm{d}x} - ny = \mathrm{e}^x(x+1)^{n+1}$.

微信扫描右侧二维码，即可进行重复实验或修改实验(详见教材配套的网络学习空间).

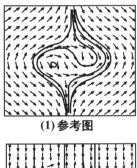

**(1) 参考图**

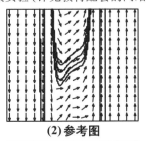

**(2) 参考图**

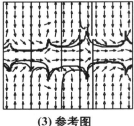

**(3) 参考图**

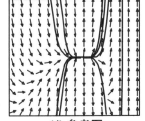

**(4) 参考图**

## 习题 7 - 3

1. 求下列微分方程的解：

(1) $\dfrac{dy}{dx} + 2xy = 4x$；

(2) $\dfrac{dy}{dx} - \dfrac{1}{x}y = 2x^2$；

(3) $(x-2)\dfrac{dy}{dx} = y + 2(x-2)^3$；

(4) $(x^2+1)y' + 2xy = 4x^2$；

(5) $(y^2 - 6x)y' + 2y = 0$；

(6) $ydx + (1+y)xdy = e^y dy$；

(7) $\dfrac{dy}{dx} = \dfrac{1}{x\cos y + \sin 2y}$；

(8) $(x - 2xy - y^2)\dfrac{dy}{dx} + y^2 = 0$；

(9) $y' + f'(x)y = f(x)f'(x)$．

2. 求下列微分方程满足初始条件的特解：

(1) $\dfrac{dy}{dx} + 3y = 8$，$y\big|_{x=0} = 2$；

(2) $\dfrac{dy}{dx} - y\tan x = \sec x$，$y\big|_{x=0} = 0$．

3. 求一曲线的方程，该曲线通过原点，并且它在点 $(x,y)$ 处的切线斜率等于 $2x + y$．

4. 设连续函数 $y(x)$ 满足方程 $y(x) = \displaystyle\int_0^x y(t)\,dt + e^x$，求 $y(x)$．

5. 一个槽内起初盛有 100L 的盐水，内含 50g 已经溶解的盐．将每升含 2g 盐的盐水以 5L/min 的速度注入槽内．充分混合的溶液以 4L/min 的速度泵出．在混合过程开始后 25 分钟槽中的盐的浓度是多少？

6. 求下列伯努利方程的通解：

(1) $y' - 3xy = xy^2$；

(2) $3xy' - y - 3xy^4 \ln x = 0$；

(3) $\dfrac{dy}{dx} + \dfrac{1}{3}y = \dfrac{1}{3}(1 - 2x)y^4$；

(4) $\dfrac{dy}{dx} = \dfrac{\ln x}{x}y^2 - \dfrac{1}{x}y$；

(5) $y' + \dfrac{2}{x}y = x^2 y^{\frac{4}{3}}$；

(6) $\dfrac{dy}{dx} + x(y - x) + x^3(y - x)^2 = 1$．

7. 做适当的变换求下列方程的通解：

(1) $x\dfrac{dy}{dx} + x + \sin(x + y) = 0$；

(2) $\dfrac{dy}{dx} = \dfrac{1}{x - y} + 1$；

(3) $(y + xy^2)dx + (x - x^2y)dy = 0$；

(4) $\dfrac{dy}{dx} = \dfrac{xy^2 + \sin x}{2y}$；

(5) $\cos y\dfrac{dy}{dx} - \cos x\sin^2 y = \sin y$；

(6) $\dfrac{dy}{dx} + x(x + y) - x^3(x + y)^2 + 1 = 0$．

# §7.4　可降阶的二阶微分方程

对于一般的二阶微分方程没有普遍的解法，本节讨论三种特殊形式的二阶微分方程，它们有的可以通过积分求得，有的经过适当的变量替换可降为一阶微分方程，求解一阶微分方程后，再将变量回代，从而求得所给二阶微分方程的解.

## 一、$y'' = f(x)$ 型

这是最简单的二阶微分方程，求解方法是逐次积分.

在方程 $y'' = f(x)$ 两端积分，得

$$y' = \int f(x)\,\mathrm{d}x + C_1,$$

再次积分，得

$$y = \int\left[\int f(x)\,\mathrm{d}x + C_1\right]\mathrm{d}x + C_2.$$

**注**：这种类型的方程的解法可推广到 $n$ 阶微分方程

$$y^{(n)} = f(x),$$

只要连续积分 $n$ 次，就可得到这个方程的含有 $n$ 个任意常数的通解.

**例 1**　求方程 $y'' = \mathrm{e}^{2x} - \cos x$ 满足 $y(0) = 0$，$y'(0) = 1$ 的特解.

**解**　对所给方程连续积分两次，得

$$y' = \frac{1}{2}\mathrm{e}^{2x} - \sin x + C_1, \tag{4.1}$$

$$y = \frac{1}{4}\mathrm{e}^{2x} + \cos x + C_1 x + C_2, \tag{4.2}$$

在式 (4.1) 中代入条件 $y'(0) = 1$，得 $C_1 = 1/2$，在式 (4.2) 中代入条件 $y(0) = 0$，得 $C_2 = -5/4$，从而所求题设方程的特解为

$$y = \frac{1}{4}\mathrm{e}^{2x} + \cos x + \frac{1}{2}x - \frac{5}{4}.$$

**例 2**　求方程 $xy^{(4)} - y^{(3)} = 0$ 的通解.

**解**　设 $y''' = P(x)$，代入题设方程，得

$$xP' - P = 0, \ (P \neq 0)$$

解线性方程，得

$$P = C_1 x \ (C_1 \text{ 为任意常数})，即 \ y''' = C_1 x.$$

两端积分，得

$$y'' = \frac{1}{2}C_1 x^2 + C_2, \quad y' = \frac{C_1}{6}x^3 + C_2 x + C_3,$$

再积分得到所求题设方程的通解为

$$y = \frac{C_1}{24}x^4 + \frac{C_2}{2}x^2 + C_3 x + C_4,$$

其中 $C_i \ (i = 1, 2, 3, 4)$ 为任意常数. 进一步通解可改写为

$$y = d_1 x^4 + d_2 x^2 + d_3 x + d_4.$$

其中 $d_i \ (i = 1, 2, 3, 4)$ 为任意常数.

## 二、$y'' = f(x, y')$ 型

这种方程的特点是不显含未知函数 $y$, 求解的方法是:

令 $y' = p(x)$, 则 $y'' = p'(x)$, 原方程化为以 $p(x)$ 为未知函数的一阶微分方程

$$p' = f(x, p).$$

设其通解为

$$p = \varphi(x, C_1),$$

然后再根据关系式 $y' = p$, 又得到一个一阶微分方程

$$\frac{\mathrm{d}y}{\mathrm{d}x} = \varphi(x, C_1).$$

对它积分, 即可得到原方程的通解

$$y = \int \varphi(x, C_1)\mathrm{d}x + C_2.$$

**例 3**　求方程 $(1 + x^2)\dfrac{\mathrm{d}^2 y}{\mathrm{d}x^2} - 2x\dfrac{\mathrm{d}y}{\mathrm{d}x} = 0$ 的通解.

**解**　这是一个不显含未知函数 $y$ 的方程. 令 $\dfrac{\mathrm{d}y}{\mathrm{d}x} = p(x)$, 则

$$\frac{\mathrm{d}^2 y}{\mathrm{d}x^2} = \frac{\mathrm{d}p}{\mathrm{d}x},$$

于是, 题设方程降阶为

$$(1 + x^2)\frac{\mathrm{d}p}{\mathrm{d}x} - 2px = 0, \quad 即 \quad \frac{\mathrm{d}p}{p} = \frac{2x}{1 + x^2}\mathrm{d}x.$$

两边积分, 得

$$\ln|p| = \ln(1 + x^2) + \ln|C_1|,$$

即

$$p = C_1(1 + x^2) \quad 或 \quad \frac{\mathrm{d}y}{\mathrm{d}x} = C_1(1 + x^2).$$

再积分一次, 得原方程的通解为

$$y = C_1\left(x + \frac{x^3}{3}\right) + C_2.$$

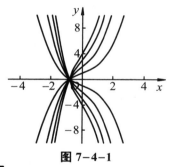

图 7-4-1

计算实验

**注**: 利用计算软件易绘制出例 3 中微分方程的积分曲线 (见图 7-4-1).

微信扫描右侧二维码, 即可进行重复实验或修改实验 (详见教材配套的网络学习空间).

## 三、$y'' = f(y, y')$ 型

这种方程的特点是不显含自变量 $x$. 解决的方法是: 把 $y$ 暂时看作自变量, 并作变换 $y' = p(y)$, 于是, 由复合函数的求导法则有

$$y'' = \frac{\mathrm{d}p}{\mathrm{d}x} = \frac{\mathrm{d}p}{\mathrm{d}y} \cdot \frac{\mathrm{d}y}{\mathrm{d}x} = p\frac{\mathrm{d}p}{\mathrm{d}y}.$$

这样就将原方程化为

$$p\frac{\mathrm{d}p}{\mathrm{d}y} = f(y, p).$$

这是一个关于变量 $y$, $p$ 的一阶微分方程. 设它的通解为

$$y' = p = \varphi(y, C_1),$$

这是可分离变量的方程, 对其积分即得到原方程的通解

$$\int \frac{\mathrm{d}y}{\varphi(y, C_1)} = x + C_2.$$

**例 4** 求方程 $yy'' - y'^2 = 0$ 的通解.

**解** 所给方程不显含自变量 $x$. 设 $y' = p(y)$, 则

$$y'' = p\frac{\mathrm{d}p}{\mathrm{d}y},$$

代入题设方程得

$$y \cdot p\frac{\mathrm{d}p}{\mathrm{d}y} - p^2 = 0,$$

即

$$p\left(y \cdot \frac{\mathrm{d}p}{\mathrm{d}y} - p\right) = 0.$$

当 $y \neq 0$, $p \neq 0$ 时, 约去 $p$ 并分离变量, 得

$$\frac{\mathrm{d}p}{p} = \frac{\mathrm{d}y}{y},$$

两端积分, 得

$$\ln|p| = \ln|y| + \ln|C_1|,$$

即

$$p = C_1 y \quad \text{或} \quad y' = C_1 y.$$

再分离变量并在两端积分, 就可得所给方程的通解

$$y = C_2 \mathrm{e}^{C_1 x} \quad (C_1, C_2 \text{ 为任意常数}).$$

**注**: 上述通解实际上也包含了 $p = 0$ (即 $C_1 = 0$ 的情形) 和 $y = 0$ (即 $C_2 = 0$ 的情形) 这两个平凡解.

**\*数学实验**

**实验 7.4** 试用计算软件求解下列微分方程, 并作出其积分曲线:

(1) $\dfrac{\mathrm{d}^2 y}{\mathrm{d}x^2} = a\sin(bx + c) + \mathrm{e}^{nx}$;

(2) $\dfrac{\mathrm{d}^2 y}{\mathrm{d}x^2} + \dfrac{2}{t}\dfrac{\mathrm{d}y}{\mathrm{d}x} + x = 0$, $y(0) = 0$, $y'(0) = 1$;

(3) $yy'' - (y')^2 - y^2 y' = 0$.

计算实验

微信扫描右侧二维码, 即可进行重复实验或修改实验 (详见教材配套的网络学习空间).

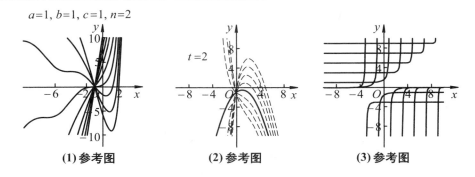

(1) 参考图　　　　　(2) 参考图　　　　　(3) 参考图

### 习题 7-4

1. 求下列微分方程的通解：

(1) $y'' = e^{3x} + \sin x$；　　(2) $y'' = 1 + y'^2$；　　(3) $y'' = y' + x$；

(4) $y'' + \dfrac{y'^2}{1-y} = 0$；　　(5) $xy'' = y' + x \sin \dfrac{y'}{x}$；　　(6) $y'' = y'^3 + y'$.

2. 求微分方程 $y'' = \dfrac{3}{2} y^2$ 满足初始条件 $y|_{x=0} = 1$，$y'|_{x=0} = 1$ 的特解.

3. 试求 $y'' = x$ 的经过点 $M(0,1)$ 且在此点与直线 $y = \dfrac{x}{2} + 1$ 相切的积分曲线.

4. 已知某曲线在第一象限内且过坐标原点，其上任一点 $M$ 的切线 $MT$（与 $x$ 轴交于 $T$ 点）、点 $M$ 与点 $M$ 在 $x$ 轴上的投影 $P$ 连成的线段 $MP$、$x$ 轴所成的三角形 $MPT$ 的面积与曲边三角形 $OMP$ 的面积之比恒为常数（$k > 1/2$），又知道点 $M$ 处的导数总为正，试求该曲线的方程.

## §7.5　二阶线性微分方程解的结构

**二阶线性微分方程**的一般形式是

$$\frac{\mathrm{d}^2 y}{\mathrm{d}x^2} + P(x) \frac{\mathrm{d}y}{\mathrm{d}x} + Q(x)y = f(x), \tag{5.1}$$

其中 $P(x)$，$Q(x)$ 及 $f(x)$ 是自变量 $x$ 的已知函数，函数 $f(x)$ 称为方程 (5.1) 的**自由项**. 当 $f(x) = 0$ 时，方程 (5.1) 变为

$$\frac{\mathrm{d}^2 y}{\mathrm{d}x^2} + P(x) \frac{\mathrm{d}y}{\mathrm{d}x} + Q(x)y = 0, \tag{5.2}$$

这个方程称为**二阶齐次线性微分方程**，相应地，方程 (5.1) 称为**二阶非齐次线性微分方程**.

本节所讨论的二阶线性微分方程的解的一些性质，还可以推广到 $n$ 阶线性微分方程

$$y^{(n)} + P_1(x)y^{(n-1)} + \cdots + P_{n-1}(x)y' + P_n(x)y = f(x).$$

对于二阶齐次线性微分方程，有下述两个定理.

**定理 1** 如果函数 $y_1(x)$ 与 $y_2(x)$ 是方程 (5.2) 的两个解，则

$$y = C_1 y_1(x) + C_2 y_2(x) \tag{5.3}$$

也是方程 (5.2) 的解，其中 $C_1, C_2$ 是任意常数.

**证明** 将式 (5.3) 代入方程 (5.2) 的左端，有

$$(C_1 y_1 + C_2 y_2)'' + P(x)(C_1 y_1 + C_2 y_2)' + Q(x)(C_1 y_1 + C_2 y_2)$$
$$= (C_1 y_1'' + C_2 y_2'') + P(x)(C_1 y_1' + C_2 y_2') + Q(x)(C_1 y_1 + C_2 y_2)$$
$$= C_1[y_1'' + P(x)y_1' + Q(x)y_1] + C_2[y_2'' + P(x)y_2' + Q(x)y_2] = 0,$$

所以式 (5.3) 是方程 (5.2) 的解.

齐次线性方程的这个性质表明它的解符合**叠加原理**.

虽然将齐次线性方程 (5.2) 的两个解 $y_1$ 与 $y_2$ 按式 (5.3) 叠加起来仍是该方程的解，并且形式上也含有两个任意常数 $C_1$ 与 $C_2$，但它却不一定是方程 (5.2) 的通解，这是因为定理的条件中并没有保证 $y_1(x)$ 与 $y_2(x)$ 这两个函数是相互独立的. 为了解决这个问题，我们要引入一个新的概念，即函数的线性相关与线性无关的概念.

**定义 1** 设 $y_1(x), y_2(x)$ 是定义在区间 $I$ 内的两个函数. 如果存在两个不全为零的常数 $k_1, k_2$，使得在区间 $I$ 内恒有

$$k_1 y_1(x) + k_2 y_2(x) \equiv 0,$$

则称这两个函数在区间 $I$ 内**线性相关**. 否则称为**线性无关**.

根据定义 1 可知，在区间 $I$ 内两个函数是否线性相关，只需看它们的比是否为常数. 如果比为常数，则它们线性相关，否则线性无关.

例如，函数 $y_1(x) = \sin 2x$，$y_2(x) = 6\sin x \cos x$ 是两个线性相关的函数，因为

$$\frac{y_2(x)}{y_1(x)} = \frac{6\sin x \cos x}{\sin 2x} = 3.$$

而 $y_1(x) = \mathrm{e}^{4x}$，$y_2(x) = \mathrm{e}^x$ 是两个线性无关的函数，因为

$$\frac{y_2(x)}{y_1(x)} = \frac{\mathrm{e}^x}{\mathrm{e}^{4x}} = \mathrm{e}^{-3x}.$$

有了函数线性无关的概念后，我们就进一步有下面的定理：

**定理 2** 如果 $y_1(x)$ 与 $y_2(x)$ 是方程 (5.2) 的两个线性无关的特解，则

$$y = C_1 y_1(x) + C_2 y_2(x)$$

就是方程 (5.2) 的通解，其中 $C_1, C_2$ 是任意常数.

**证明** 由定理 1 知，$y = C_1 y_1(x) + C_2 y_2(x)$ 是方程 (5.2) 的解，因为 $y_1(x)$ 与 $y_2(x)$

线性无关，所以其中两个任意常数 $C_1$ 与 $C_2$ 不能合并，即它们是相互独立的，所以 $y = C_1 y_1(x) + C_2 y_2(x)$ 是方程 (5.2) 的通解.

例如，对于方程 $y'' + y = 0$，容易验证 $y_1 = \cos x$ 与 $y_2 = \sin x$ 是它的两个特解，又

$$\frac{y_2}{y_1} = \frac{\sin x}{\cos x} = \tan x \neq 常数,$$

所以 $y = C_1 \cos x + C_2 \sin x$ 就是该方程的通解.

在一阶线性微分方程的讨论中，我们已经看到，一阶非齐次线性微分方程的通解可以表示为对应的齐次方程的通解与一个非齐次方程的特解的和. 实际上，不仅一阶非齐次线性微分方程的通解具有这样的结构，而且二阶甚至更高阶的非齐次线性微分方程的通解也具有同样的结构.

**定理 3**　设 $y^*$ 是方程 (5.1) 的一个特解，而 $Y$ 是其对应的齐次方程 (5.2) 的通解，则

$$y = Y + y^* \tag{5.4}$$

就是二阶非齐次线性微分方程 (5.1) 的通解.

**证明**　把式 (5.4) 代入方程 (5.1) 的左端，得

$$(Y + y^*)'' + P(x)(Y + y^*)' + Q(x)(Y + y^*)$$
$$= (Y'' + y^{*''}) + P(x)(Y' + y^{*'}) + Q(x)(Y + y^*)$$
$$= [Y'' + P(x)Y' + Q(x)Y] + [y^{*''} + P(x)y^{*'} + Q(x)y^*]$$
$$= 0 + f(x) = f(x),$$

即 $y = Y + y^*$ 是方程 (5.1) 的解. 由于对应的齐次方程的通解

$$Y = C_1 y_1(x) + C_2 y_2(x)$$

含有两个相互独立的任意常数 $C_1, C_2$，所以 $y = Y + y^*$ 是方程 (5.1) 的通解.

例如，方程 $y'' + y = x^2$ 是二阶非齐次线性微分方程，已知其对应的齐次方程 $y'' + y = 0$ 的通解为 $y = C_1 \cos x + C_2 \sin x$. 又容易验证 $y = x^2 - 2$ 是该方程的一个特解，故

$$y = C_1 \cos x + C_2 \sin x + x^2 - 2$$

是所给方程的通解.

**定理 4**　设 $y_1^*$ 与 $y_2^*$ 分别是方程

$$y'' + P(x)y' + Q(x)y = f_1(x) \quad 与 \quad y'' + P(x)y' + Q(x)y = f_2(x)$$

的特解，则 $y_1^* + y_2^*$ 是方程

$$y'' + P(x)y' + Q(x)y = f_1(x) + f_2(x) \tag{5.5}$$

的特解.

**证明**　将 $y_1^* + y_2^*$ 代入方程 (5.5) 左端，得

$$(y_1^* + y_2^*)'' + P(x)(y_1^* + y_2^*)' + Q(x)(y_1^* + y_2^*)$$

$$= [(y_1^{*\prime\prime} + P(x)y_1^{*\prime} + Q(x)y_1^*)] + [y_2^{*\prime\prime} + P(x)y_2^{*\prime} + Q(x)y_2^*]$$
$$= f_1(x) + f_2(x).$$

所以 $y_1^* + y_2^*$ 是方程 (5.5) 的一个特解.　　■

这个定理通常称为非齐次线性微分方程的解的**叠加原理**.

**定理5**　设 $y_1 + \mathrm{i}y_2$ 是方程

$$y'' + P(x)y' + Q(x)y = f_1(x) + \mathrm{i}f_2(x) \tag{5.6}$$

的解, 其中 $P(x)$, $Q(x)$, $f_1(x)$, $f_2(x)$ 为实值函数, i 为纯虚数, 则 $y_1$ 与 $y_2$ 分别是方程

$$y'' + P(x)y' + Q(x)y = f_1(x) \ \ \text{与} \ \ y'' + P(x)y' + Q(x)y = f_2(x)$$

的解.

**证明**　由定理的假设, 有

$$(y_1 + \mathrm{i}y_2)'' + P(x)(y_1 + \mathrm{i}y_2)' + Q(x)(y_1 + \mathrm{i}y_2) = f_1(x) + \mathrm{i}f_2(x),$$

即 　　$[(y_1'' + P(x)y_1' + Q(x)y_1] + \mathrm{i}[y_2'' + P(x)y_2' + Q(x)y_2] = f_1(x) + \mathrm{i}f_2(x).$

由于恒等式两边的实部与虚部分别相等, 所以

$$y_1'' + P(x)y_1' + Q(x)y_1 = f_1(x),$$
$$y_2'' + P(x)y_2' + Q(x)y_2 = f_2(x),$$

从而证得结论.　　■

在二阶线性方程 (5.1) 中, 系数 $P(x)$ 与 $Q(x)$ 是随 $x$ 变化的, 对于这种变系数线性方程, 要求其解一般是很困难的. 这里我们介绍处理这类方程的两种方法. 一种是利用变量替换使方程降阶 —— **降阶法**; 另一种是在求出对应的齐次方程的通解后, 通过常数变易的方法来求得非齐次线性方程的通解 —— **常数变易法**.

**1. 降阶法**

在 §7.4 中, 我们曾利用变量替换法使方程降阶, 从而求得方程的解. 这种方法也可用于二阶变系数线性方程的求解.

考虑二阶齐次线性方程

$$\frac{\mathrm{d}^2 y}{\mathrm{d}x^2} + P(x)\frac{\mathrm{d}y}{\mathrm{d}x} + Q(x)y = 0, \tag{5.7}$$

设 $y_1$ 是方程 (5.7) 的一个已知非零特解, 作变量替换

$$y = uy_1, \tag{5.8}$$

其中 $u = u(x)$ 为待定函数, 求 $y$ 的一阶和二阶导数, 得

$$\frac{\mathrm{d}y}{\mathrm{d}x} = y_1 \frac{\mathrm{d}u}{\mathrm{d}x} + u\frac{\mathrm{d}y_1}{\mathrm{d}x}, \quad \frac{\mathrm{d}^2 y}{\mathrm{d}x^2} = y_1 \frac{\mathrm{d}^2 u}{\mathrm{d}x^2} + 2\frac{\mathrm{d}u}{\mathrm{d}x}\frac{\mathrm{d}y_1}{\mathrm{d}x} + u\frac{\mathrm{d}^2 y_1}{\mathrm{d}x^2},$$

将它们代入方程 (5.7), 得

$$y_1 \frac{\mathrm{d}^2 u}{\mathrm{d}x^2} + \left(2\frac{\mathrm{d}y_1}{\mathrm{d}x} + P(x)y_1\right)\frac{\mathrm{d}u}{\mathrm{d}x} + \left(\frac{\mathrm{d}^2 y_1}{\mathrm{d}x^2} + P(x)\frac{\mathrm{d}y_1}{\mathrm{d}x} + Q(x)y_1\right)u = 0. \tag{5.9}$$

这是一个关于 $u$ 的二阶齐次线性方程, 各项系数是 $x$ 的已知函数, 因为 $y_1$ 是方程 (5.7) 的解, 所以, 其中 $u$ 的系数

$$\frac{\mathrm{d}^2 y_1}{\mathrm{d}x^2} + P(x)\frac{\mathrm{d}y_1}{\mathrm{d}x} + Q(x)y_1 \equiv 0.$$

故式 (5.9) 化为

$$y_1 \frac{\mathrm{d}^2 u}{\mathrm{d}x^2} + \left(2\frac{\mathrm{d}y_1}{\mathrm{d}x} + P(x)y_1\right)\frac{\mathrm{d}u}{\mathrm{d}x} = 0.$$

再作变量替换 $\dfrac{\mathrm{d}u}{\mathrm{d}x} = z$, 得

$$y_1 \frac{\mathrm{d}z}{\mathrm{d}x} + \left(2\frac{\mathrm{d}y_1}{\mathrm{d}x} + P(x)y_1\right)z = 0,$$

分离变量

$$\frac{1}{z}\mathrm{d}z = -\left[\frac{2}{y_1}\frac{\mathrm{d}y_1}{\mathrm{d}x} + P(x)\right]\mathrm{d}x,$$

两边积分, 得其通解

$$z = \frac{C_2}{y_1^2}\mathrm{e}^{-\int P(x)\mathrm{d}x} \quad (C_2\text{ 为任意常数}).$$

对 $\dfrac{\mathrm{d}u}{\mathrm{d}x} = z$ 积分, 得

$$u = C_2 \int \frac{1}{y_1^2}\mathrm{e}^{-\int P(x)\mathrm{d}x}\mathrm{d}x + C_1 \quad (C_1\text{ 为任意常数}).$$

代回原变量, 就得到方程 (5.7) 的通解

$$y = y_1\left[C_1 + C_2 \int \frac{1}{y_1^2}\mathrm{e}^{-\int P(x)\mathrm{d}x}\mathrm{d}x\right].$$

这个公式称为二阶线性微分方程的**刘维尔公式**.

综上所述, 对于二阶齐次线性方程, 如果已知其一个非零特解, 作变量替换 $y = y_1 \int z\mathrm{d}x$, 就可将其降为一阶齐次线性方程, 从而求得通解.

对于二阶非齐次线性方程, 若已知其对应的齐次方程的一个特解, 作同样的变量替换 (因为这种变换并不影响方程的右端), 也能使非齐次方程降低一阶.

**例 1**　已知 $y_1 = \dfrac{\sin x}{x}$ 是方程 $\dfrac{\mathrm{d}^2 y}{\mathrm{d}x^2} + \dfrac{2}{x}\dfrac{\mathrm{d}y}{\mathrm{d}x} + y = 0$ 的一个解, 试求方程的通解.

**解**　作变换 $y = y_1 \int z\mathrm{d}x$, 则有

$$\frac{\mathrm{d}y}{\mathrm{d}x} = y_1 z + \frac{\mathrm{d}y_1}{\mathrm{d}x}\int z\mathrm{d}x, \qquad \frac{\mathrm{d}^2 y}{\mathrm{d}x^2} = y_1\frac{\mathrm{d}z}{\mathrm{d}x} + 2\frac{\mathrm{d}y_1}{\mathrm{d}x}z + \frac{\mathrm{d}^2 y_1}{\mathrm{d}x^2}\int z\mathrm{d}x.$$

代入题设方程, 并注意到 $y_1$ 是题设方程的解, 有

$$y_1 \frac{\mathrm{d}z}{\mathrm{d}x} + \left( 2 \frac{\mathrm{d}y_1}{\mathrm{d}x} + \frac{2y_1}{x} \right) z = 0,$$

将 $y_1 = \dfrac{\sin x}{x}$ 代入, 并化简整理, 得

$$\frac{\mathrm{d}z}{\mathrm{d}x} = -2z \cot x,$$

两端积分, 得

$$z = \frac{C_1}{\sin^2 x}.$$

于是, 所求题设方程的通解为

$$y = y_1 \int z \mathrm{d}x = \frac{\sin x}{x} \left[ \int \frac{C_1}{\sin^2 x} \mathrm{d}x + C_2 \right]$$

$$= \frac{\sin x}{x} (-C_1 \cot x + C_2) = \frac{1}{x} (C_2 \sin x - C_1 \cos x),$$

其中 $C_1$, $C_2$ 为任意常数.

## 2. 常数变易法

求一阶非齐次线性方程的通解时, 对于其对应的齐次方程的通解, 我们曾利用常数变易法求得非齐次方程的通解. 这种方法也可用于二阶非齐次线性方程的求解.

设有二阶非齐次线性方程

$$\frac{\mathrm{d}^2 y}{\mathrm{d}x^2} + P(x) \frac{\mathrm{d}y}{\mathrm{d}x} + Q(x) y = f(x), \tag{5.10}$$

其中 $P(x)$, $Q(x)$, $f(x)$ 在某区间上连续, 如果其对应的齐次方程

$$\frac{\mathrm{d}^2 y}{\mathrm{d}x^2} + P(x) \frac{\mathrm{d}y}{\mathrm{d}x} + Q(x) y = 0$$

的通解 $y = C_1 y_1 + C_2 y_2$ 已经求得, 那么也可通过如下的常数变易法求得非齐次方程的通解.

设非齐次方程 (5.10) 具有形如

$$y^* = u_1 y_1 + u_2 y_2 \tag{5.11}$$

的特解, 其中 $u_1 = u_1(x)$, $u_2 = u_2(x)$ 是两个待定函数, 对 $y^*$ 求导数, 得

$$y^{*'} = u_1 y_1' + u_2 y_2' + y_1 u_1' + y_2 u_2',$$

把特解 (5.11) 代入方程 (5.10) 中, 可得到确定 $u_1$, $u_2$ 的一个方程. 因为这里有两个未知函数, 所以还需添加一个条件, 为计算方便, 我们补充如下条件:

$$y_1 u_1' + y_2 u_2' = 0.$$

这样,

$$y^{*'} = u_1 y_1' + u_2 y_2',$$

$$y^{*\prime\prime} = u_1 y_1'' + u_2 y_2'' + u_1' y_1' + u_2' y_2',$$

代入方程 (5.10) 中, 并注意到 $y_1$, $y_2$ 是齐次方程的解, 经整理得

$$u_1' y_1' + u_2' y_2' = f(x).$$

与补充条件联立, 得方程组

$$\begin{cases} y_1 u_1' + y_2 u_2' = 0 \\ y_1' u_1' + y_2' u_2' = f(x) \end{cases} \tag{5.12}$$

因为 $y_1$, $y_2$ 线性无关, 即 $\dfrac{y_2}{y_1} \neq$ 常数, 所以

$$\left( \frac{y_2}{y_1} \right)' = \frac{y_1 y_2' - y_2 y_1'}{y_1^2} \neq 0.$$

设 $w(x) = y_1 y_2' - y_2 y_1'$, 则有 $w(x) \neq 0$, 所以上述方程组有唯一解. 解得

$$\begin{cases} u_1' = \dfrac{-y_2 f(x)}{y_1 y_2' - y_2 y_1'} = \dfrac{-y_2 f(x)}{w(x)} \\ u_2' = \dfrac{y_1 f(x)}{y_1 y_2' - y_2 y_1'} = \dfrac{y_1 f(x)}{w(x)} \end{cases}.$$

积分并取其一个原函数, 得

$$u_1 = -\int \frac{y_2 f(x)}{w(x)} \, \mathrm{d}x, \qquad u_2 = \int \frac{y_1 f(x)}{w(x)} \, \mathrm{d}x,$$

于是, 所求特解为

$$y^* = y_1 \int \frac{-y_2 f(x)}{w(x)} \, \mathrm{d}x + y_2 \int \frac{y_1 f(x)}{w(x)} \, \mathrm{d}x.$$

所以, 所求方程 (5.10) 的通解为

$$y = Y + y^* = C_1 y_1 + C_2 y_2 + y_1 \int \frac{-y_2 f(x)}{w(x)} \, \mathrm{d}x + y_2 \int \frac{y_1 f(x)}{w(x)} \, \mathrm{d}x.$$

**例 2**　求方程 $\dfrac{\mathrm{d}^2 y}{\mathrm{d}x^2} - \dfrac{1}{x} \dfrac{\mathrm{d}y}{\mathrm{d}x} = x$ 的通解.

**解**　先求对应的齐次方程

$$\frac{\mathrm{d}^2 y}{\mathrm{d}x^2} - \frac{1}{x} \frac{\mathrm{d}y}{\mathrm{d}x} = 0$$

的通解. 由于

$$\frac{\mathrm{d}^2 y}{\mathrm{d}x^2} = \frac{1}{x} \frac{\mathrm{d}y}{\mathrm{d}x}, \quad 即 \quad \frac{1}{\dfrac{\mathrm{d}y}{\mathrm{d}x}} \cdot \mathrm{d}\left( \frac{\mathrm{d}y}{\mathrm{d}x} \right) = \frac{1}{x} \mathrm{d}x,$$

两边积分, 得

$$\ln \left| \frac{\mathrm{d}y}{\mathrm{d}x} \right| = \ln |x| + \ln |C|, \quad 即 \quad \frac{\mathrm{d}y}{\mathrm{d}x} = Cx,$$

从而得到对应的齐次方程的通解

$$y = C_1 x^2 + C_2.$$

易见对应的齐次方程的两个线性无关的特解是 $x^2$ 和 $1$.

为求非齐次方程的一个解 $y^*$, 将 $C_1, C_2$ 换成待定函数 $u_1, u_2$, 设

$$y^* = u_1 x^2 + u_2,$$

则根据式 (5.12), $u_1, u_2$ 满足下列方程组

$$\begin{cases} x^2 u_1' + 1 \cdot u_2' = 0 \\ 2x u_1' + 0 \cdot u_2' = x \end{cases}.$$

解上述方程组, 得

$$u_1' = \frac{1}{2}, \qquad u_2' = -\frac{1}{2}x^2.$$

积分并取其一个原函数, 得

$$u_1 = \frac{1}{2}x, \qquad u_2 = -\frac{x^3}{6}.$$

于是, 题设原方程的一个特解为

$$y^* = u_1 \cdot x^2 + u_2 \cdot 1 = \frac{x^3}{2} - \frac{x^3}{6} = \frac{x^3}{3}.$$

从而题设方程的通解为

$$y = C_1 x^2 + C_2 + \frac{x^3}{3}. \qquad ■$$

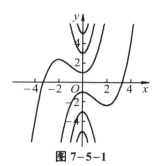

**图 7-5-1**

**注**: 利用计算软件易绘制出例2中微分方程的积分曲线 (见图7-5-1).

微信扫描右侧二维码, 即可进行重复实验或修改实验 (详见教材配套的网络学习空间).

计算实验

利用降阶法和常数变易法, 为求得二阶非齐次线性微分方程的通解, 实际上只需先求出其对应的齐次方程的一个特解 $y_1$, 然后再利用刘维尔公式求出对应的齐次方程的另一个特解 $y_2$, 这样就求出了对应的齐次方程的通解 $Y = C_1 y_1 + C_2 y_2$, 最后利用常数变易法可求出所求的非齐次方程的一个特解 $y^*$, 将此特解与对应的齐次方程的通解 $Y = C_1 y_1 + C_2 y_2$ 叠加, 就得到所求的非齐次方程的通解

$$y = C_1 y_1 + C_2 y_2 + y^*.$$

**例3** 求方程 $y'' + \dfrac{x}{1-x} y' - \dfrac{1}{1-x} y = x - 1$ 的通解.

**解** 因为 $1 + \dfrac{x}{1-x} - \dfrac{1}{1-x} = 0$, 故题设方程对应的齐次方程的一个特解为

$$y_1 = e^x,$$

由刘维尔公式求出该齐次方程的另一个特解

$$y_2 = \mathrm{e}^x \int \frac{1}{\mathrm{e}^{2x}} \mathrm{e}^{-\int \frac{x}{1-x} \mathrm{d}x} \mathrm{d}x = x,$$

从而对应的齐次方程的通解为

$$y = C_1 x + C_2 \mathrm{e}^x.$$

设题设方程的一个特解为

$$y^* = u_1 x + u_2 \mathrm{e}^x,$$

则根据式 (5.12)，$u_1, u_2$ 满足下列方程组

$$\begin{cases} x u_1' + \mathrm{e}^x u_2' = 0 \\ u_1' + \mathrm{e}^x u_2' = x - 1 \end{cases},$$

解上述方程组，得

$$u_1' = -1, \quad u_2' = x \mathrm{e}^{-x},$$

积分并取其一个原函数，得

$$u_1 = -x, \quad u_2 = -x \mathrm{e}^{-x} - \mathrm{e}^{-x},$$

于是，题设方程的通解为

$$y = C_1 x + C_2 \mathrm{e}^x - x^2 - x - 1. \quad ■$$

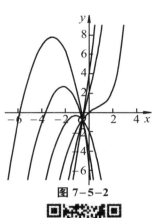

图 7-5-2

计算实验

注：利用计算软件易绘制出例 2 中微分方程的积分曲线 (见图 7-5-2).

微信扫描右侧二维码，即可进行重复实验或修改实验 (详见教材配套的网络学习空间).

### *数学实验

**实验 7.5**　试用计算软件求解下列各题：

(1) 求微分方程 $(x^2 - 2x) y'' - (x^2 - 2) y' + (2x - 2) y = 6x - 6$ 的通解；

(2) 求微分方程 $x^2 y'' - 2xy' + 2y = 5x^3 + \dfrac{2}{x^3}$ 的通解；

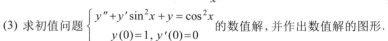

计算实验

(3) 求初值问题 $\begin{cases} y'' + y' \sin^2 x + y = \cos^2 x \\ y(0) = 1, \ y'(0) = 0 \end{cases}$ 的数值解，并作出数值解的图形.

微信扫描右侧二维码，即可进行重复实验或修改实验 (详见教材配套的网络学习空间).

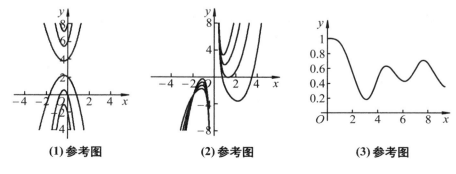

(1) 参考图　　　　　　(2) 参考图　　　　　　(3) 参考图

## 习题 7-5

1. 判断下列各组函数是否线性相关:

(1) $x^2$, $x^3$;　　　(2) $\cos 3x$, $\sin 3x$;　　　(3) $\ln x$, $x \ln x$;　　　(4) $e^{ax}$, $e^{bx}$ ($a \neq b$).

2. 验证 $y_1 = \cos \omega x$ 及 $y_2 = \sin \omega x$ 都是方程 $y'' + \omega^2 y = 0$ 的解, 并写出该方程的通解.

3. 验证 $y_1 = e^{x^2}$ 及 $y_2 = x e^{x^2}$ 都是方程 $y'' - 4xy' + (4x^2 - 2)y = 0$ 的解, 并写出该方程的通解.

4. 已知 $y_1 = 3$, $y_2 = 3 + x^2$, $y_3 = 3 + x^2 + e^x$ 都是微分方程

$$(x^2 - 2x)y'' - (x^2 - 2)y' + (2x - 2)y = 6x - 6$$

的解, 求此方程的通解.

5. 验证 $y = C_1 e^{C_2 - 3x} - 1$ 是 $y'' - 9y = 9$ 的解. 说明它不是通解. 其中 $C_1, C_2$ 是两个任意常数.

6. 已知 $y_1(x) = x$ 是齐次线性方程 $x^2 y'' - 2xy' + 2y = 0$ 的一个解, 求非齐次线性方程

$$x^2 y'' - 2xy' + 2y = 2x^3$$

的通解.

# §7.6　二阶常系数齐次线性微分方程

由二阶线性微分方程解的结构可知, 求解二阶线性微分方程关键在于如何求得二阶齐次方程的通解和非齐次方程的一个特解. 本节和下一节讨论二阶线性方程的一种特殊类型, 即**二阶常系数线性微分方程**及其解法. 本节先讨论二阶常系数齐次线性微分方程及其解法.

## 一、二阶常系数齐次线性微分方程及其解法

设给定二阶常系数齐次线性方程为

$$y'' + py' + qy = 0, \tag{6.1}$$

其中 $p$, $q$ 是常数, 根据 §7.5 的定理 2, 要求方程 (6.1) 的通解, 只要求出其任意两个线性无关的特解 $y_1$, $y_2$ 就可以了, 下面讨论这两个特解的求法.

先来分析方程 (6.1) 可能具有什么形式的特解, 从方程的形式上看, 它的特点是 $y''$, $y'$ 与 $y$ 各乘以常数因子后相加等于零. 如果能找到一个函数 $y$, 其 $y''$, $y'$ 与 $y$ 之间只相差一个常数, 这样的函数就有可能是方程 (6.1) 的特解. 易知在初等函数中, 指数函数 $e^{rx}$ 符合上述要求, 于是, 令

$$y = e^{rx}$$

来尝试求解, 其中 $r$ 为待定常数. 将 $y = e^{rx}$, $y' = r e^{rx}$, $y'' = r^2 e^{rx}$ 代入方程 (6.1), 得

$$(r^2 + pr + q)\mathrm{e}^{rx} = 0,$$

因为 $\mathrm{e}^{rx} \neq 0$, 故有

$$r^2 + pr + q = 0, \tag{6.2}$$

由此可见, 如果 $r$ 是二次方程 $r^2 + pr + q = 0$ 的根, 则 $y = \mathrm{e}^{rx}$ 就是方程 (6.1) 的特解. 这样, 齐次方程 (6.1) 的求解问题就转化为代数方程 (6.2) 的求根问题, 称方程 (6.2) 为微分方程 (6.1) 的**特征方程**, 并称特征方程的两个根 $r_1, r_2$ 为**特征根**. 根据初等代数的知识, 特征根有三种可能的情况, 下面分别进行讨论.

**1. 特征方程 (6.2) 有两个不相等的实根 $r_1, r_2$**

此时 $p^2 - 4q > 0$, $\mathrm{e}^{r_1 x}, \mathrm{e}^{r_2 x}$ 是方程 (6.1) 的两个特解, 因为

$$\frac{\mathrm{e}^{r_1 x}}{\mathrm{e}^{r_2 x}} = \mathrm{e}^{(r_1 - r_2)x} \neq 常数,$$

所以 $\mathrm{e}^{r_1 x}, \mathrm{e}^{r_2 x}$ 为线性无关函数, 由解的结构定理知, 齐次方程 (6.1) 的通解为

$$y = C_1 \mathrm{e}^{r_1 x} + C_2 \mathrm{e}^{r_2 x}, \tag{6.3}$$

其中 $C_1, C_2$ 为任意常数.

**2. 特征方程 (6.2) 有两个相等的实根 $r_1 = r_2$**

此时 $p^2 - 4q = 0$, 特征根 $r_1 = r_2 = -\dfrac{p}{2}$, 这样只能得到方程 (6.1) 的一个特解 $y_1 = \mathrm{e}^{r_1 x}$. 因此, 我们还要设法找出另一个特解 $y_2$, 并使得 $y_1$ 与 $y_2$ 的比不是常数, 为此可设

$$y_2 = u\mathrm{e}^{r_1 x},$$

其中 $u = u(x)$ 为待定函数. 将 $y_2, y_2', y_2''$ 的表达式代入方程 (6.1), 得

$$(r_1^2 u + 2r_1 u' + u'')\mathrm{e}^{r_1 x} + p(u' + r_1 u)\mathrm{e}^{r_1 x} + qu\mathrm{e}^{r_1 x} = 0.$$

合并整理, 并在方程两端消去非零因子 $\mathrm{e}^{r_1 x}$, 得

$$u'' + (2r_1 + p)u' + (r_1^2 + pr_1 + q)u = 0.$$

因 $r_1$ 是特征方程 (6.2) 的根, 所以, 在上述关于函数 $u$ 的方程的第 2 项和第 3 项中的系数均等于零, 于是上式成为 $u'' = 0$, 取这个方程的最简单的一个解 $u(x) = x$, 就得到方程 (6.1) 的另一个特解 $y_2 = x\mathrm{e}^{r_1 x}$, 且 $y_1$ 与 $y_2$ 线性无关, 从而得到方程 (6.1) 的通解为

$$y = (C_1 + C_2 x)\mathrm{e}^{r_1 x}, \tag{6.4}$$

其中 $C_1, C_2$ 为任意常数.

**3. 特征方程 (6.2) 有一对共轭复根 $r_1 = \alpha + \mathrm{i}\beta, r_2 = \alpha - \mathrm{i}\beta$**

此时 $p^2 - 4q < 0$, 方程 (6.1) 有两个特解

$$y_1 = \mathrm{e}^{(\alpha + \mathrm{i}\beta)x}, \quad y_2 = \mathrm{e}^{(\alpha - \mathrm{i}\beta)x},$$

所以, 方程 (6.1) 的通解为

$$y = C_1 e^{(\alpha + i\beta)x} + C_2 e^{(\alpha - i\beta)x}.$$

由于这种复数形式的解在应用上不方便, 在实际问题中, 常常需要实数形式的通解, 为此可借助欧拉公式对上述两个特解重新组合, 得到方程 (6.1) 的另外两个特解 $\bar{y}_1$, $\bar{y}_2$. 实际上, 令

$$\bar{y}_1 = \frac{1}{2}(y_1 + y_2) = e^{\alpha x} \cos \beta x, \quad \bar{y}_2 = \frac{1}{2i}(y_1 - y_2) = e^{\alpha x} \sin \beta x,$$

则由 §7.5 的定理 1 知, $\bar{y}_1$, $\bar{y}_2$ 是方程 (6.1) 的两个特解, 从而方程 (6.1) 的通解又可表示为

$$y = e^{\alpha x}(C_1 \cos \beta x + C_2 \sin \beta x), \tag{6.5}$$

其中 $C_1$, $C_2$ 为任意常数.

综上所述, 求二阶常系数齐次线性微分方程 (6.1) 的通解, 只需先求出其特征方程 (6.2) 的根, 再根据根的情况确定其通解, 现列表总结如下:

| 特征方程 $r^2 + pr + q = 0$ 的根 | 微分方程 $y'' + py' + qy = 0$ 的通解 |
| --- | --- |
| 有两个不相等的实根 $r_1$, $r_2$ | $y = C_1 e^{r_1 x} + C_2 e^{r_2 x}$ |
| 有二重根 $r_1 = r_2$ | $y = (C_1 + C_2 x) e^{r_1 x}$ |
| 有一对共轭复根 $r_1 = \alpha + i\beta$, $r_2 = \alpha - i\beta$ | $y = e^{\alpha x}(C_1 \cos \beta x + C_2 \sin \beta x)$ |

这种根据二阶常系数齐次线性方程的特征方程的根直接确定其通解的方法称为**特征方程法**.

**例 1** 求方程 $y'' - 2y' - 3y = 0$ 的通解.

**解** 所给微分方程的特征方程为

$$r^2 - 2r - 3 = 0,$$

它有两个不相等的实根 $r_1 = -1$, $r_2 = 3$, 故所求通解为

$$y = C_1 e^{-x} + C_2 e^{3x}.$$

**例 2** 求方程 $y'' + 4y' + 4y = 0$ 的通解.

**解** 所给微分方程的特征方程为

$$r^2 + 4r + 4 = 0,$$

它有两个相等的实根 $r_1 = r_2 = -2$, 故所求通解为

$$y = (C_1 + C_2 x) e^{-2x}.$$

**例 3** 求方程 $y'' + 2y' + 5y = 0$ 满足 $y|_{x=0} = 3$, $y'|_{x=0} = 1$ 的特解.

**解** 所给微分方程的特征方程为

$$r^2 + 2r + 5 = 0,$$

它有一对共轭复根 $r_1 = -1 + 2i$，$r_2 = -1 - 2i$，故所求通解为

$$y = e^{-x}(C_1 \cos 2x + C_2 \sin 2x).$$

求导得

$$y' = e^{-x}[(2C_2 - C_1)\cos 2x - (C_2 + 2C_1)\sin 2x],$$

将 $y|_{x=0} = 3$，$y'|_{x=0} = 1$ 分别代入通解及其导数，得

$$\begin{cases} 3 = C_1 \\ 1 = 2C_2 - C_1 \end{cases},$$

解得

$$\begin{cases} C_1 = 3 \\ C_2 = 2 \end{cases},$$

所以，所求特解为

$$y = e^{-x}(3\cos 2x + 2\sin 2x).\ ■$$

## 二、$n$ 阶常系数齐次线性微分方程的解法

上面讨论的关于二阶常系数齐次线性微分方程所用的方法以及通解的形式，可推广到 $n$ 阶常系数齐次线性微分方程的情形. 这里，我们不再详细讨论，只简单叙述如下：

$n$ 阶常系数齐次线性微分方程的一般形式为

$$y^{(n)} + p_1 y^{(n-1)} + \cdots + p_{n-1} y' + p_n y = 0, \tag{6.6}$$

其特征方程为

$$r^n + p_1 r^{n-1} + \cdots + p_{n-1} r + p_n = 0. \tag{6.7}$$

根据特征方程的根，可按下表形式直接写出其对应的微分方程的解：

| 特征方程的根 | 通解中的对应项 |
|---|---|
| 是 $k$ 重实根 $r$ | $(C_0 + C_1 x + \cdots + C_{k-1} x^{k-1})e^{rx}$ |
| 是 $k$ 重共轭复根 $\alpha \pm i\beta$ | $[(C_0 + C_1 x + \cdots + C_{k-1} x^{k-1})\cos\beta x$ $+ (D_0 + D_1 x + \cdots + D_{k-1} x^{k-1})\sin\beta x]e^{\alpha x}$ |

**注**：$n$ 次代数方程有 $n$ 个根，而特征方程的每一个根都对应着通解中的一项，且每一项各含一个任意常数. 这样就得到 $n$ 阶常系数齐次线性微分方程的通解为

$$y = C_1 y_1 + C_2 y_2 + \cdots + C_n y_n.$$

**例 4**　求方程 $y^{(4)} - 2y''' + 5y'' = 0$ 的通解.

**解**　特征方程为 $r^4 - 2r^3 + 5r^2 = 0$，即

$$r^2(r^2 - 2r + 5) = 0.$$

它的特征根为 $r_1 = r_2 = 0$ 和 $r_3 = 1 + 2i$，$r_4 = 1 - 2i$. 故所求通解为

$$y = C_1 + C_2 x + e^x(C_3 \cos 2x + C_4 \sin 2x).\ ■$$

**例5** 已知一个四阶常系数齐次线性微分方程的四个线性无关的特解为

$$y_1 = e^x, \quad y_2 = xe^x, \quad y_3 = \cos 2x, \quad y_4 = 3\sin 2x,$$

求这个四阶微分方程及其通解.

**解** 由 $y_1$ 与 $y_2$ 可知，它们对应的特征根为二重根 $r_1 = r_2 = 1$，由 $y_3$ 与 $y_4$ 可知，它们对应的特征根为一对共轭复根 $r_{3,4} = \pm 2i$. 故所求的微分方程的特征方程为

$$(r-1)^2(r^2+4) = 0,$$

即

$$r^4 - 2r^3 + 5r^2 - 8r + 4 = 0,$$

从而它所对应的微分方程为

$$y^{(4)} - 2y''' + 5y'' - 8y' + 4y = 0,$$

这个方程的通解为

$$y = (C_1 + C_2 x)e^x + C_3 \cos 2x + C_4 \sin 2x.$$

**\*数学实验**

**实验7.6** 试用计算软件求解下列微分方程，并作出积分曲线：

(1) $y'' + 3y' + 2y = 0$;

(2) $y'' + 4y' + 29y = 0$, $y(0) = 0$, $y'(0) = 15$;

(3) 求 $y'' + xy' + y = 0$, $y(1) = 0$, $y'(1) = 5$ 在区间 $[0,4]$ 上的近似解.

微信扫描右侧二维码，即可进行重复实验或修改实验 (详见教材配套的网络学习空间).

计算实验

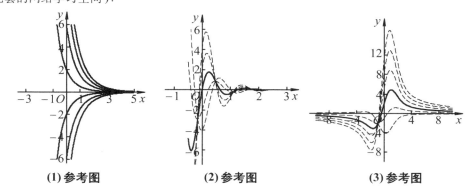

**(1) 参考图**　　　　**(2) 参考图**　　　　**(3) 参考图**

# 习题 7 - 6

1. 求下列微分方程的通解：

(1) $y'' + 5y' + 6y = 0$;　　(2) $16y'' - 24y' + 9y = 0$;　　(3) $y'' + y = 0$;

(4) $y'' + 8y' + 25y = 0$;　　(5) $4\dfrac{d^2 x}{dt^2} - 20\dfrac{dx}{dt} + 25x = 0$;　　(6) $y'' - 4y' + 5y = 0$;

(7) $y^{(4)} + 5y'' - 36y = 0$;　　(8) $y''' - 4y'' + y' + 6y = 0$;　　(9) $y^{(5)} + 2y''' + y' = 0$.

2. 求下列微分方程满足所给初始条件的特解:

(1) $4y'' + 4y' + y = 0$, $y\big|_{x=0} = 2$, $y'\big|_{x=0} = 0$;

(2) $y'' + 4y' + 29y = 0$, $y\big|_{x=0} = 0$, $y'\big|_{x=0} = 15$.

3. 求微分方程 $yy'' - (y')^2 = y^2 \ln y$ 的通解.

# §7.7　二阶常系数非齐次线性微分方程

二阶常系数非齐次线性方程的一般形式为

$$y'' + py' + qy = f(x). \tag{7.1}$$

根据线性微分方程的解的结构定理可知, 要求方程 (7.1) 的通解, 只需求出它的一个特解和其对应的齐次方程的通解, 两个解相加就得到了方程 (7.1) 的通解. 在§7.6中我们已经解决了求其对应的齐次方程的通解的方法, 因此, 本节要解决的问题是如何求得方程 (7.1) 的一个特解 $y^*$.

方程 (7.1) 的特解的形式与右端的自由项 $f(x)$ 有关, 在一般情形下, 要求出方程 (7.1) 的特解是非常困难的, 所以, 下面仅仅就 $f(x)$ 的两种常见的情形进行讨论.

(1) $f(x) = P_m(x)\mathrm{e}^{\lambda x}$, 其中 $\lambda$ 是常数, $P_m(x)$ 是 $x$ 的一个 $m$ 次多项式:

$$P_m(x) = a_0 x^m + a_1 x^{m-1} + \cdots + a_{m-1} x + a_m;$$

(2) $f(x) = P_m(x)\mathrm{e}^{\lambda x} \cos \omega x$ 或 $P_m(x)\mathrm{e}^{\lambda x} \sin \omega x$, 其中 $\lambda, \omega$ 是常数, $P_m(x)$ 是 $x$ 的一个 $m$ 次多项式.

## 一、$f(x) = P_m(x)\mathrm{e}^{\lambda x}$ 型

要求方程 (7.1) 的一个特解 $y^*$ 就是要求一个满足方程 (7.1) 的函数, 在 $f(x) = P_m(x)\mathrm{e}^{\lambda x}$ 的情况下, 方程 (7.1) 的右端是多项式 $P_m(x)$ 与指数函数 $\mathrm{e}^{\lambda x}$ 的乘积, 而多项式与指数函数乘积的导数仍是同类型的函数, 因此, 我们可以推测方程 (7.1) 具有如下形式的特解:

$$y^* = Q(x)\mathrm{e}^{\lambda x} \quad (\text{其中 } Q(x) \text{ 为某个多项式}).$$

再进一步考虑如何选取多项式 $Q(x)$, 使 $y^* = Q(x)\mathrm{e}^{\lambda x}$ 满足方程 (7.1). 为此, 将

$$y^* = Q(x)\mathrm{e}^{\lambda x},$$

$$y^{*\prime} = [\lambda Q(x) + Q'(x)]\mathrm{e}^{\lambda x},$$

$$y^{*\prime\prime} = [\lambda^2 Q(x) + 2\lambda Q'(x) + Q''(x)]\mathrm{e}^{\lambda x}$$

代入方程 (7.1), 并消去因子 $\mathrm{e}^{\lambda x}$, 得

$$Q''(x) + (2\lambda + p)Q'(x) + (\lambda^2 + p\lambda + q)Q(x) = P_m(x). \tag{7.2}$$

于是, 根据 $\lambda$ 是否为方程 (7.1) 的特征方程

$$r^2 + pr + q = 0 \tag{7.3}$$

的特征根, 有下列三种情况:

(1) 如果 $\lambda$ 不是特征方程 (7.3) 的根, 则 $\lambda^2 + p\lambda + q \neq 0$, 由于 $P_m(x)$ 是 $x$ 的一个 $m$ 次多项式, 要使方程 (7.2) 两端恒等, 就应设 $Q(x)$ 为另一个 $m$ 次多项式:

$$Q_m(x) = b_0 x^m + b_1 x^{m-1} + \cdots + b_{m-1} x + b_m,$$

将其代入式 (7.2), 比较等式两端 $x$ 的同次幂的系数, 就得到以 $b_0, b_1, \cdots, b_m$ 为未知数的 $m+1$ 个方程的联立方程组. 从而可确定出这些待定系数 $b_i\,(i = 0, 1, 2, \cdots, m)$, 并得到所求特解

$$y^* = Q_m(x) \mathrm{e}^{\lambda x}.$$

(2) 如果 $\lambda$ 是特征方程 (7.3) 的单根, 则

$$\lambda^2 + p\lambda + q = 0, \quad 2\lambda + p \neq 0,$$

要使方程 (7.2) 两端恒等, 则 $Q'(x)$ 必须是 $m$ 次多项式, 故可设

$$Q(x) = x Q_m(x),$$

并且可用同样的方法来确定 $Q_m(x)$ 的待定系数 $b_i\,(i = 0, 1, 2, \cdots, m)$. 于是, 所求特解为

$$y^* = x\, Q_m(x) \mathrm{e}^{\lambda x}.$$

(3) 如果 $\lambda$ 是特征方程 (7.3) 的重根, 则

$$\lambda^2 + p\lambda + q = 0, \quad 2\lambda + p = 0,$$

要使方程 (7.2) 两端恒等, 则 $Q''(x)$ 必须是 $m$ 次多项式, 故可设

$$Q(x) = x^2 Q_m(x),$$

并用同样的方法来确定 $Q_m(x)$ 的待定系数. 于是, 所求特解为

$$y^* = x^2 Q_m(x) \mathrm{e}^{\lambda x}.$$

综上所述, 当 $f(x) = P_m(x) \mathrm{e}^{\lambda x}$ 时, 二阶常系数非齐次线性微分方程 (7.1) 具有形如

$$y^* = x^k Q_m(x) \mathrm{e}^{\lambda x} \tag{7.4}$$

的特解, 其中 $Q_m(x)$ 是与 $P_m(x)$ 同次 ($m$ 次) 的多项式, 而 $k$ 按 $\lambda$ 是不是特征方程的根、是特征方程的单根或是特征方程的重根依次取 0, 1 或 2.

上述结论可推广到 $n$ 阶常系数非齐次线性微分方程, 但要注意式 (7.4) 中的 $k$ 是特征方程的根 $\lambda$ 的重数 (即若 $\lambda$ 不是特征方程的根, $k$ 取 0; 若 $\lambda$ 是特征方程的 $s$ 重根, $k$ 取 $s$).

**例 1**　下列方程具有什么形式的特解?

(1) $y'' + 5y' + 6y = \mathrm{e}^{3x}$;　　　　　　(2) $y'' + 5y' + 6y = 3x\mathrm{e}^{-2x}$;

(3) $y'' + 2y' + y = -(3x^2 + 1)\mathrm{e}^{-x}$.

**解**　(1) 因 $\lambda = 3$ 不是特征方程 $r^2 + 5r + 6 = 0$ 的根，故方程具有形如 $y^* = b_0 \mathrm{e}^{3x}$ 的特解；

(2) 因 $\lambda = -2$ 是特征方程 $r^2 + 5r + 6 = 0$ 的单根，故方程具有形如 $y^* = x(b_0 x + b_1)\mathrm{e}^{-2x}$ 的特解；

(3) 因 $\lambda = -1$ 是特征方程 $r^2 + 2r + 1 = 0$ 的二重根，所以方程具有形如

$$y^* = x^2(b_0 x^2 + b_1 x + b_2)\mathrm{e}^{-x}$$

的特解.

**例 2**　求方程 $y'' - 2y' - 3y = 3x + 1$ 的一个特解.

**解**　题设方程右端的自由项为 $f(x) = P_m(x)\mathrm{e}^{\lambda x}$ 型，其中

$$P_m(x) = 3x + 1, \quad \lambda = 0.$$

与题设方程对应的齐次方程的特征方程为

$$r^2 - 2r - 3 = 0,$$

特征根为 $r_1 = -1$，$r_2 = 3$.

由于这里 $\lambda = 0$ 不是特征方程的根，所以应设特解为

$$y^* = b_0 x + b_1,$$

把它代入题设方程，得

$$-3b_0 x - 2b_0 - 3b_1 = 3x + 1,$$

比较系数，得

$$\begin{cases} -3b_0 = 3 \\ -2b_0 - 3b_1 = 1 \end{cases}, \quad \text{解得} \quad \begin{cases} b_0 = -1 \\ b_1 = 1/3 \end{cases}.$$

于是，所求特解为

$$y^* = -x + \frac{1}{3}.$$

**例 3**　求方程 $y'' - 3y' + 2y = x\mathrm{e}^{2x}$ 的通解.

**解**　题设方程右端的自由项为 $f(x) = P_m(x)\mathrm{e}^{\lambda x}$ 型，其中

$$P_m(x) = x, \quad \lambda = 2,$$

与题设方程对应的齐次方程的特征方程为

$$r^2 - 3r + 2 = 0,$$

特征根为 $r_1 = 1$，$r_2 = 2$. 于是，该齐次方程的通解为

$$Y = C_1 \mathrm{e}^x + C_2 \mathrm{e}^{2x},$$

因为 $\lambda = 2$ 是特征方程的单根，故可设题设方程有下列形式的特解

$$y^* = x(b_0 x + b_1)\mathrm{e}^{2x},$$

代入题设方程，得

$$2b_0 x + b_1 + 2b_0 = x,$$

比较等式两端同次幂的系数，得

$$b_0 = \frac{1}{2}, \quad b_1 = -1,$$

于是，求得题设方程的一个特解

$$y^* = x\left(\frac{1}{2}x - 1\right)e^{2x}.$$

从而，所求题设方程的通解为

$$y = C_1 e^x + C_2 e^{2x} + x\left(\frac{1}{2}x - 1\right)e^{2x}. \qquad \blacksquare$$

　　以上求二阶常系数非齐次方程的特解的方法，可以用于一阶微分方程，也可以推广到更高阶的情况.

　　**例 4**　求方程 $y''' + 3y'' + 3y' + y = e^x$ 的通解.

　　**解**　对应的齐次方程的特征方程为 $r^3 + 3r^2 + 3r + 1 = 0$，特征根 $r_1 = r_2 = r_3 = -1$. 所求齐次方程的通解为

$$Y = (C_1 + C_2 x + C_3 x^2)e^{-x}.$$

　　由于 $\lambda = 1$ 不是特征方程的根，因此方程的特解形式可设为 $y^* = b_0 e^x$，代入题设方程，易解得 $b_0 = \dfrac{1}{8}$，故所求方程的通解为

$$y = Y + y^* = (C_1 + C_2 x + C_3 x^2)e^{-x} + \frac{1}{8}e^x. \qquad \blacksquare$$

## 二、$f(x) = P_m(x)e^{\lambda x}\cos\omega x$ 或 $P_m(x)e^{\lambda x}\sin\omega x$ 型

　　本部分介绍如何求得形如

$$y'' + py' + qy = P_m(x)e^{\lambda x}\cos\omega x \qquad (7.5)$$

或

$$y'' + py' + qy = P_m(x)e^{\lambda x}\sin\omega x \qquad (7.6)$$

的二阶常系数非齐次线性微分方程的特解.

　　由欧拉公式可知，$P_m(x)e^{\lambda x}\cos\omega x$ 和 $P_m(x)e^{\lambda x}\sin\omega x$ 分别是

$$P_m(x)e^{(\lambda + i\omega)x} = P_m(x)e^{\lambda x}(\cos\omega x + i\sin\omega x)$$

的实部和虚部.

　　我们先考虑方程

$$y'' + py' + qy = P_m(x)e^{(\lambda + i\omega)x}. \qquad (7.7)$$

这个方程的特解的求法在前面已经讨论过. 假定已经求出方程 (7.7) 的一个特解，则由 §7.5 的定理 5 可知，方程 (7.7) 的特解的实部就是方程 (7.5) 的特解，而方程 (7.7) 的特解的虚部就是方程 (7.6) 的特解.

　　方程 (7.7) 的指数函数 $e^{(\lambda + i\omega)x}$ 中的 $\lambda + i\omega$（$\omega \neq 0$）是复数，特征方程是实系数的二次方程，所以 $\lambda + i\omega$ 只有两种可能的情形：或者不是特征根，或者是特征方程的单根. 因此，方程 (7.7) 具有形如

$$y^* = x^k Q_m(x)e^{(\lambda + i\omega)x} \qquad (7.8)$$

的特解, 其中 $Q_m(x)$ 是与 $P_m(x)$ 同次 ( $m$ 次) 的多项式, 而 $k$ 按 $\lambda + \mathrm{i}\omega$ 不是特征方程的根或是特征方程的单根依次取 0 或 1.

上述结论可推广到 $n$ 阶常系数非齐次线性微分方程, 但要注意式 (7.8) 中的 $k$ 是特征方程含根 $\lambda + \mathrm{i}\omega$ 的重复次数.

**例 5**　求方程 $y'' + y = x\cos 2x$ 的通解.

**解**　题设方程的自由项为 $f(x) = P_m(x)\mathrm{e}^{\lambda x}\cos\omega x$ 型, 其中

$$P_m(x) = x, \quad \lambda = 0, \quad \omega = 2,$$

与题设方程对应的齐次方程的特征方程为

$$r^2 + 1 = 0,$$

特征根为 $r_1 = \mathrm{i}$, $r_2 = -\mathrm{i}$, 故对应的齐次方程的通解为

$$Y = C_1\cos x + C_2\sin x,$$

其中 $C_1$, $C_2$ 为任意常数. 为求得题设方程的一个特解, 先求方程

$$y'' + y = x\mathrm{e}^{2\mathrm{i}x} \tag{7.9}$$

的一个特解, 因为 $\lambda + \mathrm{i}\omega = 2\mathrm{i}$ 不是特征方程的根, 故设方程 (7.9) 的特解为

$$y^* = (b_0 x + b_1)\mathrm{e}^{2\mathrm{i}x},$$

将其代入方程 (7.9), 并消去因子 $\mathrm{e}^{2\mathrm{i}x}$, 得

$$4b_0\mathrm{i} - 3b_0 x - 3b_1 = x,$$

即 $4b_0\mathrm{i} - 3b_1 = 0$, $-3b_0 = 1$, 解得 $b_0 = -\dfrac{1}{3}$, $b_1 = -\dfrac{4}{9}\mathrm{i}$. 这样就得到方程 (7.9) 的一个特解为

$$y^* = \left(-\frac{1}{3}x - \frac{4}{9}\mathrm{i}\right)\mathrm{e}^{2\mathrm{i}x} = \left(-\frac{1}{3}x - \frac{4}{9}\mathrm{i}\right)(\cos 2x + \mathrm{i}\sin 2x)$$

$$= -\frac{1}{3}x\cos 2x + \frac{4}{9}\sin 2x - \mathrm{i}\left(\frac{4}{9}\cos 2x + \frac{1}{3}x\sin 2x\right).$$

取其实部就得到题设方程的一个特解为

$$\widetilde{y} = -\frac{1}{3}x\cos 2x + \frac{4}{9}\sin 2x.$$

从而所求题设方程的通解为

$$y = C_1\cos x + C_2\sin x - \frac{1}{3}x\cos 2x + \frac{4}{9}\sin 2x. \qquad \blacksquare$$

**例 6**　求以 $y = (C_1 + C_2 x + x^2)\mathrm{e}^{-2x}$ (其中 $C_1$, $C_2$ 为任意常数) 为通解的线性微分方程.

**解** 方法一　通过对 $y = (C_1 + C_2 x + x^2)\mathrm{e}^{-2x}$ 求导并消去 $C_1$, $C_2$ 来确定函数 $y$ 满足的线性微分方程. 求导得

$$y' = -2y + (C_2 + 2x)\mathrm{e}^{-2x}, \tag{7.10}$$

$$y'' = -2y' + 2\mathrm{e}^{-2x} - 2(C_2 + 2x)\mathrm{e}^{-2x}. \tag{7.11}$$

由式 (7.10), 得

$$(C_2 + 2x)\,\mathrm{e}^{-2x} = y' + 2y,$$

将其代入式 (7.11), 得

$$y'' = -2y' + 2\mathrm{e}^{-2x} - 2y' - 4y,$$

故所求的线性微分方程为

$$y'' + 4y' + 4y = 2\mathrm{e}^{-2x}.$$

**方法二**　因 $y = (C_1 + C_2 x + x^2)\mathrm{e}^{-2x}$, 由解的结构定理知, 所求方程为二阶常系数非齐次线性微分方程, 其对应的齐次线性方程有两个特解 $\mathrm{e}^{-2x}$, $x\mathrm{e}^{-2x}$, 故其特征方程有二重特征根 $r_1 = r_2 = -2$, 于是, 特征方程为 $(r+2)^2 = 0$, 即

$$r^2 + 4r + 4 = 0,$$

从而对应的齐次线性方程为

$$y'' + 4y' + 4y = 0.$$

设所求的非齐次方程为

$$y'' + 4y' + 4y = f(x),$$

因为 $x^2 \mathrm{e}^{-2x}$ 为它的一个特解, 故

$$f(x) = (x^2\mathrm{e}^{-2x})'' + 4(x^2\mathrm{e}^{-2x})' + 4x^2\mathrm{e}^{-2x} = 2\mathrm{e}^{-2x},$$

从而所求的非齐次线性微分方程为

$$y'' + 4y' + 4y = 2\mathrm{e}^{-2x}.$$

### *数学实验

**实验7.7**　试用计算软件求解下列微分方程, 并作出积分曲线:

(1) $y'' + y - \mathrm{e}^x = 0$;　　　　　　　(2) $y'' - 2y' + y = \dfrac{\mathrm{e}^x}{x}$;

(3) $y'' + 3y' + 2y = \mathrm{e}^x + 1$;

(4) 求范德波尔 (Van der Pel) 方程

$$y'' + (y^2 - 1)y' + y = 0, \quad y|_{x=0} = 0, \ y'|_{x=0} = -0.5$$

在区间 $[0, 20]$ 上的近似解.

计算实验

微信扫描右侧二维码, 即可进行重复实验或修改实验 (详见教材配套的网络学习空间).

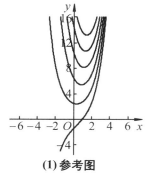

**(1) 参考图**

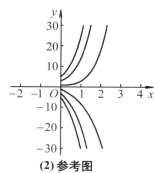

**(2) 参考图**

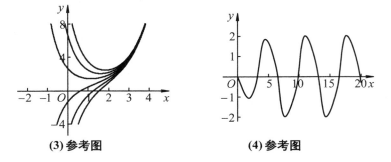

(3) 参考图　　　　　　　(4) 参考图

## 习题 7 - 7

1. 下列微分方程具有何种形式的特解？

(1) $y'' + 4y' - 5y = x$;　　　　　(2) $y'' + 4y' = x$;　　　　　(3) $y'' + y = 2e^x$;

(4) $y'' + y = x^2 e^x$;　　　　　(5) $y'' + y = \sin 2x$;　　　　　(6) $y'' + y = 3\sin x$.

2. 求下列各题所给微分方程的通解：

(1) $y'' + y' + 2y = x^2 - 3$;　　　　　(2) $y'' + a^2 y = e^x$;

(3) $y'' + y' = 2x^2 e^x$;　　　　　(4) $y'' + y = (x-2)e^{3x}$;

(5) $y'' - 6y' + 9y = e^x \cos x$;　　　　　(6) $y'' + y' = e^x + \cos x$.

3. 求下列微分方程满足所给初始条件的特解：

(1) $y'' - 3y' + 2y = 5$, $y|_{x=0} = 1$, $y'|_{x=0} = 2$;

(2) $y'' - y = 4xe^x$, $y|_{x=0} = 0$, $y'|_{x=0} = 1$.

4. 设二阶常系数线性微分方程 $y'' + \alpha y' + \beta y = \gamma e^x$ 的一个特解为

$$y = e^{2x} + (1+x)e^x,$$

试确定 $\alpha$, $\beta$, $\gamma$, 并求该方程的通解.

# §7.8　欧 拉 方 程

　　变系数的线性微分方程，一般来说都是不容易求解的. 但是有些特殊的变系数线性微分方程可以通过变量替换化为常系数线性微分方程，因而容易求出其解，欧拉方程就是其中的一种.

　　形如

$$x^n y^{(n)} + p_1 x^{n-1} y^{(n-1)} + \cdots + p_{n-1} x y' + p_n y = f(x) \tag{8.1}$$

的方程称为**欧拉方程**，其中 $p_1$, $p_2$, $\cdots$, $p_n$ 为常数.

　　欧拉方程的特点是：方程中各项未知函数导数的阶数与其乘积因子自变量的幂

次相同.

作变量替换 $x = e^t$ 或 $t = \ln x$，将自变量 $x$ 替换为 $t$，则有

$$\frac{dy}{dx} = \frac{dy}{dt} \cdot \frac{dt}{dx} = \frac{1}{x} \frac{dy}{dt},$$

$$\frac{d^2 y}{dx^2} = \frac{d}{dx}\left(\frac{1}{x}\frac{dy}{dt}\right) = \frac{1}{x}\frac{d}{dx}\left(\frac{dy}{dt}\right) + \frac{dy}{dt}\frac{d}{dx}\left(\frac{1}{x}\right)$$

$$= \frac{1}{x}\frac{d^2 y}{dt^2}\frac{dt}{dx} - \frac{1}{x^2}\frac{dy}{dt} = \frac{1}{x^2}\left(\frac{d^2 y}{dt^2} - \frac{dy}{dt}\right),$$

同理，有

$$\frac{d^3 y}{dx^3} = \frac{1}{x^3}\left(\frac{d^3 y}{dt^3} - 3\frac{d^2 y}{dt^2} + 2\frac{dy}{dt}\right), \cdots.$$

如果采用记号 $D$ 表示对自变量 $t$ 求导的运算 $\dfrac{d}{dt}$，则上述结果可以写为

$$xy' = Dy, \qquad x^2 y'' = D(D-1)y,$$

$$x^3 y''' = (D^3 - 3D^2 + 2D)y = D(D-1)(D-2)y,$$

一般地，有

$$x^k y^{(k)} = D(D-1)\cdots(D-k+1)y. \tag{8.2}$$

将上述变换代入欧拉方程，则方程 (8.1) 化为以 $t$ 为自变量的常系数线性微分方程，求出该方程的解后，把 $t$ 换为 $\ln x$，即得到原方程的解.

**例1** 求欧拉方程 $x^2 y'' + xy' = 6\ln x - \dfrac{1}{x}$ 的通解.

**解** 作变量替换 $x = e^t$，或 $t = \ln x$，则题设方程化为

$$D(D-1)y + Dy = 6t - e^{-t},$$

即

$$\frac{d^2 y}{dt^2} = 6t - e^{-t}.$$

两次积分，可求得其通解为

$$y = C_1 + C_2 t + t^3 - e^{-t}.$$

代回原来的变量，得原方程的通解

$$y = C_1 + C_2 \ln x + (\ln x)^3 - \frac{1}{x}.$$ ∎

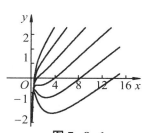

图 7-8-1

**注**：利用计算软件易绘制出例1中微分方程的积分曲线 (见图 7-8-1).

微信扫描右侧二维码，即可进行重复实验或修改实验 (详见教材配套的网络学习空间).

计算实验

**例2** 求欧拉方程 $x^3 y''' + x^2 y'' - 4xy' = 3x^2$ 的通解.

**解** 作变量变换 $x = e^t$ 或 $t = \ln x$，则题设方程化为

$$D(D-1)(D-2)y + D(D-1)y - 4Dy = 3e^{2t},$$

即
$$D^3 y - 2D^2 y - 3Dy = 3e^{2t},$$

或
$$\frac{d^3 y}{dt^3} - 2\frac{d^2 y}{dt^2} - 3\frac{dy}{dt} = 3e^{2t}. \qquad (8.3)$$

方程 (8.3) 所对应的齐次方程为

$$\frac{d^3 y}{dt^3} - 2\frac{d^2 y}{dt^2} - 3\frac{dy}{dt} = 0,$$

特征方程 $r^3 - 2r^2 - 3r = 0$，特征根 $r_1 = 0$，$r_2 = -1$，$r_3 = 3$，所以对应的齐次方程的通解为

$$Y = C_1 + C_2 e^{-t} + C_3 e^{3t} = C_1 + \frac{C_2}{x} + C_3 x^3.$$

因为方程 (8.3) 的自由项为 $3e^{2t}$，故它有形如 $y^* = be^{2t}$ 的特解，即题设方程具有形如 $y^* = be^{2t} = bx^2$ 的特解，将其代入题设，可得 $b = -\dfrac{1}{2}$，即所求特解为

$$y^* = -\frac{x^2}{2},$$

从而题设方程的通解为

$$y = C_1 + \frac{C_2}{x} + C_3 x^3 - \frac{1}{2}x^2.$$

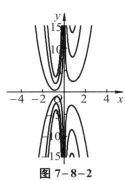

图 7-8-2

**注**: 利用计算软件易绘制出例2中微分方程的积分曲线 (见图7-8-2).

微信扫描右侧二维码，即可进行重复实验或修改实验(详见教材配套的网络学习空间).

计算实验

\***数学实验**

**实验7.8**　试用计算软件求解下列微分方程，并作出积分曲线:

(1) $y'' + \dfrac{y'}{x} - \dfrac{y}{x^2} = e^{-x}\sin(x)$;

(2) $x^2 y'' + 3xy' + y = 4x^2 - 5$, $y|_{x=2} = 3$, $y'|_{x=2} = 2$;

(3) $x^2 y'' + xy' - 4y = x^3$.

微信扫描右侧二维码，即可进行重复实验或修改实验 (详见教材配套的网络学习空间).

计算实验

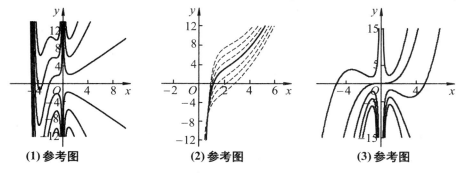

**(1) 参考图**　　　　**(2) 参考图**　　　　**(3) 参考图**

## 习题 7-8

求下列欧拉方程的通解:

1. $x^2 y'' + xy' - 4y = x^3$ ;

2. $y'' - \dfrac{y'}{x} + \dfrac{y}{x^2} = \dfrac{2}{x}$ ;

3. $x^2 y''' + xy'' - 4y' = 3x$ ;

4. $x^2 y'' + xy' + y = 2\cos\ln x$ .

# §7.9 常系数线性微分方程组

前面讨论的微分方程所含的未知函数及方程的个数都只有一个,但在实际问题中,会遇到由几个微分方程联立起来共同确定几个具有同一自变量的函数的情形. 这些联立的微分方程称为**微分方程组**. 如果微分方程组中的每一个方程都是常系数线性微分方程,则称这种微分方程组为**常系数线性微分方程组**.

本节只讨论常系数线性微分方程组,所用到的求解方法是:利用代数的方法消去微分方程组中的一些未知函数及其各阶导数,将所给方程组的求解问题转化为含有一个未知函数的高阶常系数线性微分方程的求解问题. 下面我们通过实例来说明.

**例1** 求解微分方程组

$$\begin{cases} \dfrac{\mathrm{d}x}{\mathrm{d}t} + \dfrac{\mathrm{d}y}{\mathrm{d}t} + 2x + y = 0 & (9.1) \\[3mm] \dfrac{\mathrm{d}y}{\mathrm{d}t} + 5x + 3y = 0 & (9.2) \end{cases}.$$

**解** 由式 (9.2) 得

$$x = -\frac{1}{5}\frac{\mathrm{d}y}{\mathrm{d}t} - \frac{3}{5}y, \quad \frac{\mathrm{d}x}{\mathrm{d}t} = -\frac{1}{5}\frac{\mathrm{d}^2 y}{\mathrm{d}t^2} - \frac{3}{5}\frac{\mathrm{d}y}{\mathrm{d}t}, \tag{9.3}$$

把式 (9.3) 代入式 (9.1), 得

$$\frac{\mathrm{d}^2 y}{\mathrm{d}t^2} + y = 0.$$

这是一个二阶常系数线性微分方程,易求出它的通解为

$$y = C_1 \cos t + C_2 \sin t.$$

将上式代入式 (9.3), 得

$$x = \frac{1}{5}(C_1 - 3C_2)\sin t - \frac{1}{5}(3C_1 + C_2)\cos t.$$

于是, 题设方程组的通解为

$$\begin{cases} x = \dfrac{1}{5}(C_1 - 3C_2)\sin t - \dfrac{1}{5}(3C_1 + C_2)\cos t, \\ y = C_1 \cos t + C_2 \sin t \end{cases}$$

其中 $C_1, C_2$ 为任意常数.■

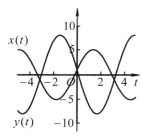

图 7-9-1

注: 利用计算软件易绘制出例 1 中微分方程的积分曲线 (见图 7-9-1).

微信扫描右侧二维码, 即可进行重复实验或修改实验 (详见教材配套的网络学习空间).

计算实验

**例 2**　求方程组

$$\begin{cases} 2\dfrac{\mathrm{d}x}{\mathrm{d}t} + \dfrac{\mathrm{d}y}{\mathrm{d}t} = t - y & (9.4) \\ \dfrac{\mathrm{d}x}{\mathrm{d}t} + \dfrac{\mathrm{d}y}{\mathrm{d}t} = x + y + 2t & (9.5) \end{cases}$$

的通解.

**解**　为消去变量 $y$, 先消去 $\dfrac{\mathrm{d}y}{\mathrm{d}t}$. 为此用式 (9.4) − 式 (9.5), 得

$$\frac{\mathrm{d}x}{\mathrm{d}t} + x + 2y + t = 0,$$

即有

$$y = -\frac{1}{2}\left(\frac{\mathrm{d}x}{\mathrm{d}t} + x + t\right). \tag{9.6}$$

将其代入方程 (9.5), 得

$$\frac{\mathrm{d}x}{\mathrm{d}t} - \frac{1}{2}\frac{\mathrm{d}}{\mathrm{d}t}\left(\frac{\mathrm{d}x}{\mathrm{d}t} + x + t\right) - x + \frac{1}{2}\left(\frac{\mathrm{d}x}{\mathrm{d}t} + x + t\right) - 2t = 0,$$

即

$$\frac{\mathrm{d}^2 x}{\mathrm{d}t^2} - 2\frac{\mathrm{d}x}{\mathrm{d}t} + x = -3t - 1.$$

这是一个二阶常系数非齐次线性微分方程, 解得

$$x = C_1 \mathrm{e}^t + C_2 t \mathrm{e}^t - 3t - 7.$$

将上式代入式 (9.6), 得

$$y = -C_1 \mathrm{e}^t - C_2\left(\frac{1}{2} + t\right)\mathrm{e}^t + t + 5.$$

所以, 题设方程组的通解为

$$\begin{cases} x = C_1 \mathrm{e}^t + C_2 t \mathrm{e}^t - 3t - 7 \\ y = -C_1 \mathrm{e}^t - C_2\left(\dfrac{1}{2} + t\right)\mathrm{e}^t + t + 5 \end{cases}$$

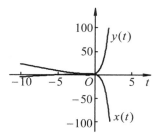

图 7-9-2

其中 $C_1, C_2$ 为任意常数.■

注: 利用计算软件易绘制出例 2 中微分方程的积分曲线 (见图 7-9-2).

微信扫描右侧二维码, 即可进行重复实验或修改实

计算实验

验 (详见教材配套的网络学习空间).

**例 3** 求解微分方程组 $\begin{cases} \dfrac{\mathrm{d}^2 x}{\mathrm{d}t^2} + \dfrac{\mathrm{d}y}{\mathrm{d}t} - x = \mathrm{e}^t \\ \dfrac{\mathrm{d}^2 y}{\mathrm{d}t^2} + \dfrac{\mathrm{d}x}{\mathrm{d}t} + y = 0 \end{cases}$ .

**解** 记 $\mathrm{D} = \dfrac{\mathrm{d}}{\mathrm{d}t}$, 则方程组可写成

$$\begin{cases} (\mathrm{D}^2 - 1)x + \mathrm{D}y = \mathrm{e}^t & (9.7) \\ \mathrm{D}x + (\mathrm{D}^2 + 1)y = 0 & (9.8) \end{cases},$$

设法消去变量 $x$, 为此作如下运算:

式 (9.7) − 式 (9.8) × D, 得

$$-x - \mathrm{D}^3 y = \mathrm{e}^t, \tag{9.9}$$

式 (9.8) + 式 (9.9) × D, 得

$$(-\mathrm{D}^4 + \mathrm{D}^2 + 1)y = \mathrm{D}\mathrm{e}^t,$$

即

$$(-\mathrm{D}^4 + \mathrm{D}^2 + 1)y = \mathrm{e}^t. \tag{9.10}$$

方程 (9.10) 对应的齐次方程的特征方程为

$$-r^4 + r^2 + 1 = 0,$$

特征根为

$$r_{1,2} = \pm \alpha = \pm \sqrt{\frac{1 + \sqrt{5}}{2}}, \quad r_{3,4} = \pm \mathrm{i}\beta = \pm \sqrt{\frac{\sqrt{5} - 1}{2}} \, \mathrm{i}.$$

又易求得方程 (9.10) 的一个特解为 $y^* = \mathrm{e}^t$, 故方程 (9.7) 的通解为

$$y = C_1 \mathrm{e}^{-\alpha t} + C_2 \mathrm{e}^{\alpha t} + C_3 \cos \beta t + C_4 \sin \beta t + \mathrm{e}^t.$$

将其代入方程 (9.9), 可得

$$x = \alpha^3 C_1 \mathrm{e}^{-\alpha t} - \alpha^3 C_2 \mathrm{e}^{\alpha t} - \beta^3 C_3 \sin \beta t + \beta^3 C_4 \cos \beta t - 2\mathrm{e}^t.$$

从而所求题设方程组的通解为

$$\begin{cases} x = \alpha^3 C_1 \mathrm{e}^{-\alpha t} - \alpha^3 C_2 \mathrm{e}^{\alpha t} - \beta^3 C_3 \sin \beta t + \beta^3 C_4 \cos \beta t - 2\mathrm{e}^t \\ y = C_1 \mathrm{e}^{-\alpha t} + C_2 \mathrm{e}^{\alpha t} + C_3 \cos \beta t + C_4 \sin \beta t + \mathrm{e}^t \end{cases},$$

其中 $C_1, C_2, C_3, C_4$ 为任意常数. ■

## *数学实验

**实验 7.9** 试用计算软件求解下列微分方程组, 并作出积分曲线:

(1) $\begin{cases} \dfrac{\mathrm{d}x}{\mathrm{d}t} + x + 2y = \mathrm{e}^t \\ \dfrac{\mathrm{d}y}{\mathrm{d}t} - x - y = 0 \end{cases}, x|_{t=0} = 1, y|_{t=0} = 0;$

$$(2)\begin{cases} \dfrac{d^2}{dx^2}f(x)+\dfrac{d}{dx}g(x)+3f(x)=5e^{-x} \\[2mm] \dfrac{d^2}{dx^2}g(x)-4\dfrac{d}{dx}f(x)+3g(x)=6\sin x \\[2mm] f(0)=3,\, f'(0)=-4,\, g(0)=2,\, g'(0)=-5 \end{cases};$$

(3) 洛伦兹 (Lorenz) 方程组是由三个一阶微分方程组成的方程组. 这三个方程看似简单, 也没有包含复杂的函数, 但它的解却很有趣且耐人寻味. 试求解洛伦兹方程组

$$\begin{cases} x'(t)=16y-16x(t) \\ y'(t)=-x(t)z(t)+45x(t)-y(t) \\ z'(t)=x(t)y(t)-4z(t) \\ x(0)=12,\, y(0)=4,\, z(0)=0 \end{cases},$$

并画出其积分曲线.

详见教材配套的网络学习空间.

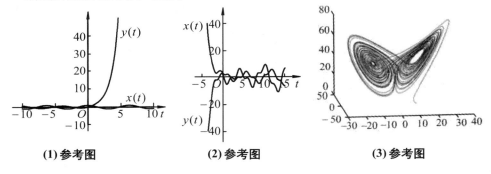

**(1) 参考图**　　　　**(2) 参考图**　　　　**(3) 参考图**

## 习题 7-9

1. 求下列微分方程组的通解:

$$(1)\begin{cases} \dfrac{d^2x}{dt^2}=y \\[2mm] \dfrac{d^2y}{dt^2}=x \end{cases};$$

$$(2)\begin{cases} \dfrac{dx}{dt}+\dfrac{dy}{dt}=-x+y+3 \\[2mm] \dfrac{dx}{dt}-\dfrac{dy}{dt}=x+y-3 \end{cases};$$

$$(3)\begin{cases} \dfrac{dx}{dt}=y+1 \\[2mm] \dfrac{dy}{dt}=2e^t-x \end{cases};$$

$$(4)\begin{cases} \dfrac{dx}{dt}=2x-4y+4e^{-2t} \\[2mm] \dfrac{dy}{dt}=2x-2y \end{cases}.$$

2. 求下列微分方程组满足所给初始条件的特解:

$$(1)\begin{cases} \dfrac{d^2x}{dt^2}+2\dfrac{dy}{dt}-x=0,\ x\big|_{t=0}=1 \\[2mm] \dfrac{dx}{dt}+y=0,\qquad\quad y\big|_{t=0}=0 \end{cases};$$

$$(2)\begin{cases} 2\dfrac{dx}{dt}-4x+\dfrac{dy}{dt}-y=e^t,\ x\big|_{t=0}=\dfrac{3}{2} \\[2mm] \dfrac{dx}{dt}+3x+y=0,\qquad\quad y\big|_{t=0}=0 \end{cases}.$$

# §7.10　数学建模 —— 微分方程的应用举例

微分方程在几何、力学和物理等实际问题中具有广泛的应用，本节我们将集中讨论微分方程在实际应用中的几个实例．读者可从中感受到应用数学建模的理论和方法解决实际问题的魅力．

## 一、衰变问题

**例1**　放射性物质因不断放射出各种射线而逐渐减少其质量的现象称为衰变．根据实验得知，衰变速度与现存物质的质量成正比，求放射性元素在时刻 $t$ 的质量．

**解**　用 $x$ 表示该放射性物质在时刻 $t$ 的质量，则 $\dfrac{\mathrm{d}x}{\mathrm{d}t}$ 表示 $x$ 在时刻 $t$ 的衰变速度，于是"衰变速度与现存物质的质量成正比"可表示为

$$\frac{\mathrm{d}x}{\mathrm{d}t} = -kx. \tag{10.1}$$

这是一个以 $x$ 为未知函数的一阶方程，它就是放射性元素**衰变的数学模型**，其中 $k > 0$ 是比例常数，称为衰变常数，因元素的不同而异．方程右端的负号表示当时间 $t$ 增加时，质量 $x$ 减少．

解方程 (10.1) 得通解 $x = C\mathrm{e}^{-kt}$．若已知当 $t = t_0$ 时，$x = x_0$，代入通解 $x = C\mathrm{e}^{-kt}$ 中可得 $C = x_0 \mathrm{e}^{kt_0}$，则可得到特解

$$x = x_0 \mathrm{e}^{-k(t-t_0)},$$

它反映了某种放射性元素衰变的规律．

特殊地，当 $t_0 = 0$ 时，得到了放射性元素的衰变规律

$$x = x_0 \mathrm{e}^{-kt}.$$

**例2**　碳 14($^{14}$C) 是放射性物质，随时间而衰减，碳 12 是非放射性物质．活性人体因吸纳食物和空气，恰好补偿碳 14 衰减损失量而保持碳 14 和碳 12 含量不变，因而所含碳 14 与碳 12 之比为常数．通过测量，已知一古墓中(见图 7–10–1)遗体所含碳 14 的数量为原有碳 14 数量的 80%，试确定遗体的死亡年代．

**图 7–10–1**

**解**　放射性物质的衰减速度与该物质的含量成比例，它符合指数函数的变化规律．设遗体当初死亡时 $^{14}$C 的含量为 $p_0$，$t$ 时的含量为 $p = f(t)$，于是，$^{14}$C 含量的函数模型为

$$p = f(t) = p_0 e^{kt},$$

其中 $p_0 = f(0)$，$k$ 是一常数.

常数 $k$ 可以这样确定：由化学知识可知，$^{14}C$ 的半衰期为 5 730 年，即 $^{14}C$ 经过 5 730 年后其含量衰减一半，故有

$$\frac{p_0}{2} = p_0 e^{5\,730\,k}, \quad 即 \quad \frac{1}{2} = e^{5\,730\,k}.$$

两边取自然对数，得

$$5\,730\,k = \ln \frac{1}{2} \approx -0.693\,15, \quad 即 \quad k \approx -0.000\,120\,97.$$

于是，$^{14}C$ 含量的函数模型为

$$p = f(t) = p_0 e^{-0.000\,120\,97t}.$$

由题设条件可知，遗体中 $^{14}C$ 的含量为原含量 $p_0$ 的 80%，故有

$$0.8 p_0 = p_0 e^{-0.000\,120\,97t}, \quad 即 \quad 0.8 = e^{-0.000\,120\,97t}.$$

两边取自然对数，得

$$\ln 0.8 = -0.000\,120\,97t,$$

于是　　　　$$t = \frac{\ln 0.8}{-0.000\,120\,97} \approx \frac{-0.223\,14}{-0.000\,120\,97} \approx 1\,845.$$

由此可知，遗体的活性人体大约死亡于 1 845 年前. ■

## 二、追迹问题

**例 3**　设开始时甲、乙的水平距离为 1 单位，乙从 $A$ 点沿垂直于 $OA$ 的直线以等速 $v_0$ 向正北行走；甲从乙的左侧 $O$ 点出发，始终对准乙以 $nv_0 (n > 1)$ 的速度追赶. 求追迹曲线方程，并问乙行多远时，被甲追到？

**解**　建立如图 $7 - 10 - 2$ 所示的坐标系，设所求追迹曲线方程为 $y = y(x)$. 经过时刻 $t$，甲在追迹曲线上的点为 $P(x, y)$，乙在点 $B(1, v_0 t)$. 于是有

$$\tan \theta = y' = \frac{v_0 t - y}{1 - x}. \tag{10.2}$$

由题设，曲线的弧长 $OP$ 为

$$\int_0^x \sqrt{1 + y'^2}\, dx = nv_0 t,$$

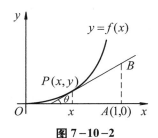

**图 7 – 10 – 2**

解出 $v_0 t$，代入式 (10.2)，得

$$(1 - x) y' + y = \frac{1}{n} \int_0^x \sqrt{1 + y'^2}\, dx.$$

两边对 $x$ 求导，整理得

$$(1 - x) y'' = \frac{1}{n} \sqrt{1 + y'^2}.$$

这就是**追迹问题的数学模型**.

这是一个不显含 $y$ 的可降阶的方程, 设 $y' = p(x)$, $y'' = p'$, 代入方程得

$$(1-x)p' = \frac{1}{n}\sqrt{1+p^2} \quad \text{或} \quad \frac{\mathrm{d}p}{\sqrt{1+p^2}} = \frac{\mathrm{d}x}{n(1-x)}.$$

两边积分, 得

$$\ln(p+\sqrt{1+p^2}) = -\frac{1}{n}\ln|1-x| + \ln|C_1|,$$

即

$$p + \sqrt{1+p^2} = \frac{C_1}{\sqrt[n]{1-x}}.$$

将初始条件 $y'|_{x=0} = p|_{x=0} = 0$ 代入上式, 得 $C_1 = 1$. 于是

$$y' + \sqrt{1+y'^2} = \frac{1}{\sqrt[n]{1-x}}. \tag{10.3}$$

两边同乘 $y' - \sqrt{1+y'^2}$, 并化简得

$$y' - \sqrt{1+y'^2} = -\sqrt[n]{1-x}, \tag{10.4}$$

式 (10.3) 与式 (10.4) 相加, 得

$$y' = \frac{1}{2}\left(\frac{1}{\sqrt[n]{1-x}} - \sqrt[n]{1-x}\right),$$

两边积分, 得

$$y = \frac{1}{2}\left[-\frac{n}{n-1}(1-x)^{\frac{n-1}{n}} + \frac{n}{n+1}(1-x)^{\frac{n+1}{n}}\right] + C_2.$$

代入初始条件 $y|_{x=0} = 0$, 得 $C_2 = \dfrac{n}{n^2-1}$, 故所求追迹曲线方程为

$$y = \frac{n}{2}\left[\frac{(1-x)^{\frac{n+1}{n}}}{n+1} - \frac{(1-x)^{\frac{n-1}{n}}}{n-1}\right] + \frac{n}{n^2-1} \quad (n>1).$$

甲追到乙时, 即曲线上点 $P$ 的横坐标 $x=1$, 此时 $y = \dfrac{n}{n^2-1}$. 即乙行走至离 $A$ 点 $\dfrac{n}{n^2-1}$ 个单位的距离时被甲追到.

## 三、自由落体问题

**例4** 一个离地面很高的物体, 受地球引力的作用由静止开始落向地面. 求它落到地面时的速度和所需的时间(不计空气阻力).

**解** 取连结地球中心与该物体的直线为 $y$ 轴, 其方向铅直向上, 取地球的中心为原点 $O$ (见图 7–10–3).

设地球的半径为 $R$, 物体的质量为 $m$, 物体开始下落时与地球中心的距离为 $l\,(l>R)$, 在时刻 $t$ 物体所在位置为 $y=y(t)$,

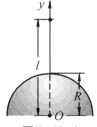

**图 7–10–3**

于是速度为 $v(t) = \dfrac{\mathrm{d}y}{\mathrm{d}t}$. 根据万有引力定律, 即得微分方程

$$m \frac{\mathrm{d}^2 y}{\mathrm{d}t^2} = -\frac{kmM}{y^2}, \quad 即 \quad \frac{\mathrm{d}^2 y}{\mathrm{d}t^2} = -\frac{kM}{y^2}, \tag{10.5}$$

其中 $M$ 为地球的质量, $k$ 为引力常数. 因为

$$\frac{\mathrm{d}^2 y}{\mathrm{d}t^2} = \frac{\mathrm{d}v}{\mathrm{d}t},$$

且当 $y = R$ 时, $\dfrac{\mathrm{d}^2 y}{\mathrm{d}t^2} = -g$ ( 这里取负号是因为物体运动的加速度方向与 $y$ 轴正向相反 ), 所以

$$g = \frac{kM}{R^2}, \quad k = \frac{gR^2}{M}.$$

于是方程 (10.5) 化为

$$\frac{\mathrm{d}^2 y}{\mathrm{d}t^2} = -\frac{gR^2}{y^2}, \tag{10.6}$$

初始条件为 $y|_{t=0} = l$, $y'|_{t=0} = 0$.

先求物体到达地面时的速度. 由 $\dfrac{\mathrm{d}y}{\mathrm{d}t} = v$, 得

$$\frac{\mathrm{d}^2 y}{\mathrm{d}t^2} = \frac{\mathrm{d}v}{\mathrm{d}t} = \frac{\mathrm{d}v}{\mathrm{d}y} \cdot \frac{\mathrm{d}y}{\mathrm{d}t} = v \frac{\mathrm{d}v}{\mathrm{d}y}.$$

代入方程 (10.6) 并分离变量, 得

$$v \mathrm{d}v = -\frac{gR^2}{y^2} \mathrm{d}y,$$

两边积分, 得

$$v^2 = \frac{2gR^2}{y} + C_1.$$

把初始条件代入上式, 得 $C_1 = -2gR^2/l$, 于是

$$v^2 = 2gR^2 \left( \frac{1}{y} - \frac{1}{l} \right), \quad v = -R\sqrt{2g\left( \frac{1}{y} - \frac{1}{l} \right)}. \tag{10.7}$$

这里取负号是由于物体运动的方向与 $y$ 轴的正向相反.

在式 (10.7) 中令 $y = R$, 就得到物体到达地面时的速度 $v$ 为

$$v = -\sqrt{\frac{2gR(l-R)}{l}}.$$

再来求物体落到地面所需的时间. 由式 (10.7), 有

$$\frac{\mathrm{d}y}{\mathrm{d}t} = v = -R\sqrt{2g\left( \frac{1}{y} - \frac{1}{l} \right)}.$$

分离变量, 得

$$\mathrm{d}t = -\frac{1}{R}\sqrt{\frac{l}{2g}}\sqrt{\frac{y}{l-y}}\,\mathrm{d}y.$$

两端积分 ( 对右端积分利用变换 $y = l\cos^2 u$ ), 得

$$t = \frac{1}{R}\sqrt{\frac{l}{2g}}\left(\sqrt{ly-y^2} + l\arccos\sqrt{\frac{y}{l}}\right) + C_2.$$

由条件 $y|_{t=0} = l$, 得 $C_2 = 0$. 于是

$$t = \frac{1}{R}\sqrt{\frac{l}{2g}}\left(\sqrt{ly-y^2} + l\arccos\sqrt{\frac{y}{l}}\right). \tag{10.8}$$

在上式中令 $y = R$, 便得到物体到达地面所需的时间 $t$ 为

$$t = \frac{1}{R}\sqrt{\frac{l}{2g}}\left(\sqrt{lR-R^2} + l\arccos\sqrt{\frac{R}{l}}\right).$$

## 四、弹簧振动问题

**例 5** 设有一个弹簧, 它的一端固定, 另一端系有质量为 $m$ 的物体, 物体受力作用沿 $x$ 轴运动, 其平衡位置取坐标原点 ( 见图 7 - 10 - 4 ). 如果使物体具有一个初始速度 $v_0 \neq 0$, 那么物体便离开平衡位置, 并在平衡位置附近做上下振动. 在此过程中, 物体的位置 $x$ 随时间 $t$ 变化. 要确定物体的振动规律, 就是要求出函数 $x = x(t)$.

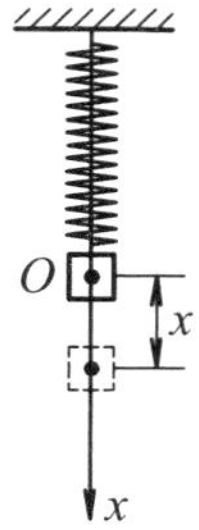

根据胡克定律知, 弹簧的弹性恢复力 $f$ ( 不包括在平衡位置时和重力 $mg$ 相平衡的那一部分弹性力 ) 与弹簧变形 $x$ 成正比:

图 7 - 10 - 4

$$f = -kx,$$

其中 $k > 0$ ( 称为弹性系数 ), 负号表示弹性恢复力与物体位移方向相反. 在不考虑介质阻力的情况下, 由牛顿第二定律, 得

$$m\frac{\mathrm{d}^2 x}{\mathrm{d}t^2} = -kx \quad \text{或} \quad m\frac{\mathrm{d}^2 x}{\mathrm{d}t^2} + kx = 0. \tag{10.9}$$

方程 (10.9) 称为**无阻尼自由振动的微分方程**. 它是一个二阶常系数齐次线性方程.

如果物体在运动过程中还受到阻尼介质 ( 如空气、油、水等 ) 的阻力的作用, 设阻力 $R$ 与质点运动的速度成正比, 且阻力的方向与物体运动方向相反, 则有

$$R = -\mu\frac{\mathrm{d}x}{\mathrm{d}t},$$

其中 $\mu > 0$ ( 称为阻尼系数 ). 从而物体运动满足方程

$$m\frac{\mathrm{d}^2 x}{\mathrm{d}t^2} = -kx - \mu\frac{\mathrm{d}x}{\mathrm{d}t}$$

或

$$m\frac{\mathrm{d}^2 x}{\mathrm{d}t^2} + \mu\frac{\mathrm{d}x}{\mathrm{d}t} + kx = 0. \tag{10.10}$$

这个方程称为**有阻尼自由振动的微分方程**，它也是一个二阶常系数齐次线性微分方程.

如果物体在振动过程中所受到的外力除了弹性恢复力与介质阻力之外，还受到周期性干扰力

$$G(t) = H \sin pt$$

的作用，那么物体的运动方程为

$$m \frac{\mathrm{d}^2 x}{\mathrm{d}t^2} = -kx - \mu \frac{\mathrm{d}x}{\mathrm{d}t} + H \sin pt$$

或

$$\frac{\mathrm{d}^2 x}{\mathrm{d}t^2} + 2v \frac{\mathrm{d}x}{\mathrm{d}t} + \omega^2 x = h \sin pt, \tag{10.11}$$

其中 $2v = \dfrac{\mu}{m}$，$\omega^2 = \dfrac{k}{m}$，$h = \dfrac{H}{m}$（对方程 (10.9) 和方程 (10.10) 也常采用此记号）. 这个方程称为**强迫振动的微分方程**.

下面就三种情形分别讨论物体运动方程的解：

(1) 无阻尼自由振动. 这时方程为

$$\frac{\mathrm{d}^2 x}{\mathrm{d}t^2} + \omega^2 x = 0.$$

它的特征方程 $r^2 + \omega^2 = 0$ 的根为 $r = \pm i\omega$，故方程的通解为

$$x(t) = C_1 \cos \omega t + C_2 \sin \omega t = A \sin(\omega t + \varphi).$$

这个函数反映的运动就是**简谐振动**，这个振动的振幅为 $A$；初相为 $\varphi$；周期为 $T = \dfrac{2\pi}{\omega}$，$\omega$ 称为系统的固有频率，它完全由振动系统本身确定.

(2) 有阻尼的自由振动. 此时方程为

$$\frac{\mathrm{d}^2 x}{\mathrm{d}t^2} + 2v \frac{\mathrm{d}x}{\mathrm{d}t} + \omega^2 x = 0,$$

其特征方程为

$$r^2 + 2vr + \omega^2 = 0,$$

特征方程的根为

$$r = \frac{-2v \pm \sqrt{4v^2 - 4\omega^2}}{2} = -v \pm \sqrt{v^2 - \omega^2}.$$

1° 小阻尼情形：$v < \omega$，特征根 $r = -v \pm \beta i (\beta = \sqrt{\omega^2 - v^2})$ 是一对共轭复根，这时方程的通解为

$$x(t) = \mathrm{e}^{-vt}[C_1 \cos \beta t + C_2 \sin \beta t] = A \mathrm{e}^{-vt} \sin(\beta t + \varphi).$$

由此可知，这时有物体在平衡位置上下振动的现象，但振动的振幅 $A\mathrm{e}^{-vt}$ 随时间 $t$ 的增大而逐渐减小，因此，物体随时间增大而趋于平衡位置（见图 7−10−5）.

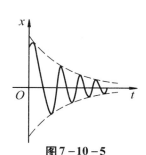

**图 7−10−5**

2° 大阻尼情形：$v > \omega$，此时特征方程有两个相异实根：

$$r_{1,2} = -v \pm \sqrt{v^2 - \omega^2} < 0,$$

故方程的通解为

$$x(t) = C_1 e^{r_1 t} + C_2 e^{r_2 t}.$$

由于 $r_1$，$r_2$ 都是负数，故有 $x(t) \to 0$ ($t \to +\infty$)，这表明物体随时间增大而趋于平衡位置，不产生物体在平衡位置上下振动的现象 (见图 7−10−6).

3° 临界阻尼情形：$v = \omega$，此时特征方程有重根 $r = -v < 0$，故方程的通解为

$$x(t) = (C_1 + C_2 t) e^{-vt}.$$

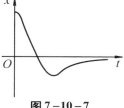

**图 7−10−6**

同样，物体也随时间增大而趋于平衡位置，这时也不产生物体在平衡位置上下振动的现象 (见图 7−10−7).

(3) 无阻尼的强迫振动. 此时方程为

$$\frac{d^2 x}{dt^2} + \omega^2 x = h \sin pt. \qquad (10.12)$$

它对应的齐次方程的通解为

$$x_c = A \sin(\omega t + \varphi).$$

**图 7−10−7**

1° 当 $\omega \neq p$ 时，设 $x^* = M \cos pt + N \sin pt$，其中 $M$，$N$ 为待定常数，代入方程 (10.12)，得

$$(\omega^2 - p^2) M \cos pt + (\omega^2 - p^2) N \sin pt = h \sin pt.$$

比较系数，求得 $M = 0$，$N = \dfrac{h}{\omega^2 - p^2}$，于是

$$x^* = \frac{h}{\omega^2 - p^2} \sin pt.$$

所以方程 (10.12) 的通解为

$$x(t) = A \sin(\omega t + \varphi) + \frac{h}{\omega^2 - p^2} \sin pt.$$

上式表示，无阻尼强迫振动由两部分组成，第 1 项表示自由振动，第 2 项所表示的振动称为强迫振动，它是由外加力 (即强迫力) 引起，当 $p$ 与 $\omega$ 相差很小时，它的振幅 $\left| \dfrac{h}{\omega^2 - p^2} \right|$ 可以很大.

2° 当 $\omega = p$ 时，将 $x^* = t(M \cos pt + N \sin pt)$ 代入方程 (10.12)，求得

$$M = -\frac{h}{2\omega}, \quad N = 0.$$

所以方程 (10.12) 的通解为

$$x(t) = A\sin(\omega t + \varphi) - \frac{h}{2\omega}t\cos pt.$$

由上式第 2 项可看出, 当 $t \to \infty$ 时, $\frac{h}{2\omega}t$ 将无限增大, 这就会发生所谓的共振现象.
因此在考虑弹性体的振动问题时, 必须注意共振问题.

对于有阻尼的强迫振动问题可作类似的讨论. 这里从略. ■

## 五、串联电路问题

如图 7-10-8 所示, 由电阻 $R$、电感 $L$ 及电容 $C$ (其中
$R, L, C$ 是常数) 串联而成的回路, $t = 0$ 时合上开关, 接入电
源电动势 $E(t)$, 求电路中任意时刻的电流 $I(t)$.

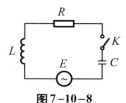

图 7-10-8

根据基尔霍夫回路电压定律, 有

$$L\frac{\mathrm{d}I}{\mathrm{d}t} + RI + \frac{Q}{C} = E(t), \tag{10.13}$$

其中 $RI$ 为电流在电阻上的电压降, 而 $\frac{Q}{C}$ ( $Q$ 为电容器两极板间的电量, 是时间 $t$ 的函
数) 为电容在电感上的电压降, $L\frac{\mathrm{d}I}{\mathrm{d}t}$ 则为电流在电感上的电压降. 由电学知, $I = \frac{\mathrm{d}Q}{\mathrm{d}t}$,
于是, 方程 (10.13) 变为

$$L\frac{\mathrm{d}^2Q}{\mathrm{d}t^2} + R\frac{\mathrm{d}Q}{\mathrm{d}t} + \frac{1}{C}Q = E(t). \tag{10.14}$$

这是一个二阶常系数非齐次线性微分方程. 若当 $t = 0$ 时, 已知电量为 $Q_0$ 和电流为 $I_0$,
则有初始条件:

$$Q(0) = Q_0, \quad Q'(0) = I(0) = I_0.$$

此时, 能求出方程 (10.14) 初始问题的解.

在方程 (10.14) 两边对 $t$ 求导, 再以 $I = \frac{\mathrm{d}Q}{\mathrm{d}t}$ 代入, 得到 $I(t)$ 所满足的微分方程为

$$L\frac{\mathrm{d}^2I}{\mathrm{d}t^2} + R\frac{\mathrm{d}I}{\mathrm{d}t} + \frac{1}{C}I = E'(t).$$

它也是一个二阶常系数非齐次线性微分方程, 可采用与上一段中振动方程类似的方
法进行讨论.

**例6**　在图 7-10-8 的电路中, 设

$$R = 40\Omega, \quad L = 1\mathrm{H}, \quad C = 16 \times 10^{-4}\mathrm{F}, \quad E(t) = 100\cos 10t,$$

且初始电量和电流均为 0, 求电量 $Q(t)$ 和电流 $I(t)$.

**解**　由已知条件知, 方程 (10.14) 成为

$$\frac{\mathrm{d}^2Q}{\mathrm{d}t^2} + 40\frac{\mathrm{d}Q}{\mathrm{d}t} + 625Q = 100\cos 10t,$$

其特征方程为

$$r^2 + 40r + 625 = 0,$$

特征根

$$r_{1,2} = \frac{-40 \pm \sqrt{-900}}{2} = -20 \pm 15\,\mathrm{i},$$

故其对应的齐次方程的通解为

$$Q_c(t) = \mathrm{e}^{-20t}(C_1 \cos 15t + C_2 \sin 15t).$$

而非齐次方程的特解可设为

$$Q_p = A \cos 10t + B \sin 10t.$$

代入方程，并比较系数可得

$$A = \frac{84}{697}, \qquad B = \frac{64}{697}.$$

所以

$$Q_p(t) = \frac{1}{697}(84 \cos 10t + 64 \sin 10t).$$

从而所求方程的通解为

$$Q(t) = Q_c(t) + Q_p(t) = \mathrm{e}^{-20t}(C_1 \cos 15t + C_2 \sin 15t) + \frac{4}{697}(21 \cos 10t + 16 \sin 10t).$$

利用初始条件 $Q(0) = 0$，得到

$$Q(0) = C_1 + \frac{84}{697} = 0, \qquad C_1 = -\frac{84}{697}.$$

利用另一个初始条件，我们对 $Q(t)$ 求导得出电流：

$$I(t) = \frac{\mathrm{d}Q}{\mathrm{d}t} = \mathrm{e}^{-20t}[(-20C_1 + 15C_2)\cos 15t$$

$$+ (-15C_1 - 20C_2)\sin 15t + \frac{40}{697}(-21 \sin 10t + 16 \cos 10t)],$$

由 $I(0) = -20C_1 + 15C_2 + \dfrac{640}{697} = 0$，得 $C_2 = -\dfrac{464}{2\,091}$. 于是，电量和电流分别为

$$Q(t) = \frac{4}{697}\left[\frac{\mathrm{e}^{-20t}}{3}(-63 \cos 15t - 116 \sin 15t) + (21 \cos 10t + 16 \sin 10t)\right],$$

$$I(t) = \frac{1}{2\,091}[\mathrm{e}^{-20t}(-1\,920 \cos 15t + 13\,060 \sin 15t)$$

$$+ 120(-21 \sin 10t + 16 \cos 10t)].$$

解 $Q(t)$ 中含有两部分，其中第一部分

$$Q_c(t) = \frac{1}{2\,091}[\mathrm{e}^{-20t}(-63 \cos 15t - 116 \sin 15t)] \to 0 \ (t \to \infty),$$

即当 $t$ 充分大时，有

$$Q(t) \approx Q_p(t) = \frac{4}{697}(21\cos 10t + 16\sin 10t).$$

因此，$Q_p(t)$ 称为**稳态解**.

### *数学实验

**实验7.10**（蹦极运动）　蹦极是近年来新兴的一项非常刺激的户外休闲活动. 跳跃者从 40 米以上（相当于 10 层楼以上）的高度跳下，把一端固定的一根长长的橡皮绳绑在踝关节处，然后两臂伸开，双腿并拢，头朝下跳下去. 绑在跳跃者踝部的橡皮绳很长，足以使跳跃者在空中享受几秒钟的"自由落体". 当人体落到离地面一定距离时，橡皮绳被拉开、绷紧，阻止人体继续下落，当到达最低点时，橡皮绳再次弹起，人被拉起，随后又落下，这

样反复多次直到橡皮绳的弹性消失为止，这就是蹦极的全过程. 迄今为止，美国科罗拉多河上的皇家峡谷大桥仍然是世界上最高的蹦极之地. 每天，这里都会上演一系列惊心动魄的蹦极活动.

**问题**：在不考虑空气阻力和考虑空气阻力等多种情况下，研究蹦极运动中，蹦极者与蹦极绳设计之间的各种关系.

**建模**：蹦极绳是一根相当粗的橡皮筋绳子. 当受到的张力使之超过其自然长度时，绳子会产生一个线性回复力，即绳子会产生一个力使它恢复到自然长度，而这个力的大小与它被拉伸的长度成正比. 下面要分析的是蹦极者从跳出那一瞬间起的运动规律.

首先建立坐标系. 假设蹦极者的运动轨迹是垂直的，因此我们用一个坐标来确定他在时刻 $t$ 的位置. 设 $y$ 是垂直坐标轴，单位为英尺(ft)，正向朝上，选择 $y=0$ 为桥平面，时间 $t$ 的单位为秒，蹦极者跳出的瞬间为 $t=0$，则 $y(t)$ 表示时刻 $t$ 蹦极者的位置. 下面我们要求 $y(t)$ 的表达式.

由牛顿第二定律，物体的质量乘以加速度等于物体所受的力. 我们假设蹦极者所受的力只有重力、空气阻力和蹦极绳产生的回复力. 当然，直到蹦极者降落的距离大于蹦极绳的自然长度时，蹦极绳才会产生回复力. 为简单起见，假设空气阻力的大小与速度成正比，比例系数为 1，蹦极绳回力的比例系数为 0.4. 这些假设是合理的，所得到的数学结果与研究所做的蹦极实验非常吻合. 重力加速度 $g=32\,\text{ft/s}^2$.

现在考虑一次具体的蹦极. 假设绳的自然长度为 $L=200\,\text{ft}$，蹦极者的体重为 $w=160\,\text{lb}$[①]，则他的质量为 $m=160/32=5$ 斯[②]. 在他到达绳的自然长度（即 $y=-L=-200$）前，蹦极者的坠落满足下列初值问题：

$$\begin{cases} \dfrac{\mathrm{d}y(t)}{\mathrm{d}t} = v(t), & y(0)=0 \\[2mm] \dfrac{\mathrm{d}v(t)}{\mathrm{d}t} = -g - \dfrac{1}{m}v(t), & v(0)=0 \end{cases}.$$

利用计算软件求解得

① 英制质量单位，1 lb = 0.453 592 37 kg.
② 英制质量单位，1 斯 = 32.2 磅.

$$\begin{cases} y(t) = 160(5 - t - 5e^{-t/5}), \\ v(t) = 160(e^{-t/5} - 1) \end{cases},$$

解方程 $y(t_1) = -L$ 得蹦极者坠落 $L$ ft 所用的时间为

$$t_1 = 4.006\,\mathrm{s},$$

此时的速度为

$$v_1(t_1) = -88.195\,\mathrm{ft/s}.$$

现在我们需要找到绳产生回复力后的运动条件. 当 $t > t_1$ 时, 蹦极者的坠落满足下列初值问题:

$$\begin{cases} \dfrac{\mathrm{d}y(t)}{\mathrm{d}t} = v(t), & y(t_1) = -L \\ \dfrac{\mathrm{d}v(t)}{\mathrm{d}t} = -g - \dfrac{1}{m}v(t) - \dfrac{0.4}{m}(L + y(t)), & v(t_1) = v_1(t_1) \end{cases}.$$

同上, 可利用计算软件继续研究蹦极者回弹及下落的振动过程(详见本书配套的网络学习空间), 作出蹦极者位置—时间图形(见右图).

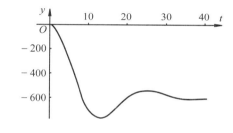

由计算和图形可知, 蹦极者在大约 13 秒内由桥面坠落 770ft, 然后弹回到桥面下 550ft, 上下振动几次, 最终降落到桥面下大约 600ft 处.

详细过程见教材配套的网络学习空间.

**实验习题:**

1. 在上述问题中 ($L = 200, w = 160$), 求出需要多长时间蹦极者才能到达他运动轨迹上的最低点. 他能下降到桥面下多少英尺?

2. 用图描述一个体重为 195lb、用 200ft 长的蹦极绳的蹦极者的坠落. 在绳子对他产生力之前, 他能做多长时间的"自由"降落?

3. 假设你有一根 300ft 长的蹦极绳, 在一组坐标轴上画出你所在实验组的全体成员的运动轨迹草图.

4. 一个 55 岁、体重 185lb 的蹦极者用一根 250ft 长的蹦极绳蹦极. 在降落过程中, 他达到的最大速度是多少? 当他最终停止运动时, 他被挂在桥面下多少英尺?

5. 用不同的空气阻力系数和蹦极绳常数做实验, 确定一组合理的参数, 使得在这组参数下, 一个 160lb 的蹦极者可以回弹到蹦极绳的自然长度以上.

6. 科罗拉多的皇家峡谷大桥(它跨越皇家峡谷)距谷底 1 053ft, 一个 175lb 的蹦极者希望能正好碰到谷底, 则他应使用多长的绳子?

7. 假如上题中的蹦极者体重增加 10lb, 再用同样长的绳子从皇家峡谷大桥上跳下, 则当他撞到峡谷谷底时, 他的坠落速度是多少?

## 习题 7-10

1. 设有一质量为 $m$ 的质点做直线运动, 从速度等于零的时刻起, 有一个与运动方向一致、大小与时间成正比(比例系数为 $k_1$)的力作用于它, 此外还受一与速度成正比(比例系数为 $k_2$)的阻力作用, 求质点运动的速度与时间的函数关系.

2. 设有一个由电阻 $R = 10\Omega$、电感 $L = 2\mathrm{H}$(亨)和电源电压 $E = 20\sin 5t\,\mathrm{V}$(伏)串联组成的电路. 开关 $K$ 合上后, 电路中有电流通过. 求电流 $i$ 与时间 $t$ 的函数关系.

3. 设有一质量为 $m$ 的物体, 在空中由静止开始下落, 若空气阻力为
$$R = c^2 v^2\ (其中\ c\ 为常数,\ v\ 为运动的速度),$$
试求物体下落的距离 $s$ 与时间 $t$ 的函数关系.

4. 设已知跳伞运动员打开降落伞时, 其速度是 $176\,\mathrm{m/s}$. 假设空气阻力是 $\dfrac{w}{256}v^2$(其中 $w$ 为人伞系统的总重量), 试求降落伞打开后 $t$ 秒时的运动速度以及极限速度.

5. 点 $Q$ 沿一直线由南向北匀速运动, 而点 $P$ 沿一曲线追赶 $Q$, 在开始时刻 $P$ 在 $Q$ 正东, 距离 $Q$ 两个单位, 在追赶过程中, $P$ 点运动的方向始终朝向 $Q$, 又已知 $P$ 点速率与 $Q$ 点速率之比为 $\lambda(\lambda > 1)$. 试选择适当坐标系, 求出 $P$ 点运动的轨迹方程.

6. 一质量为 $m$ 的物体, 在黏性液体中由静止自由下落, 假设液体阻力与运动速度成正比, 试求物体的运动规律.

7. 一个单位质量的质点在数轴上运动, 开始时质点在原点 $O$ 处且速度为 $v_0$, 在运动过程中, 它受到一个力的作用, 这个力的大小与质点到原点的距离成正比(比例系数 $k_1 > 0$), 而方向与初速度一致, 又知介质的阻力与速度成正比(比例系数 $k_2 > 0$), 求反映该质点的运动规律的函数.

8. 设圆柱形浮筒, 直径为 $0.5\,\mathrm{m}$, 铅直放在水中, 当稍向下压后突然放开, 浮筒在水中上下振动的周期为 $2\mathrm{s}$, 求浮筒的质量.

9. 长 $6\,\mathrm{m}$ 的链条自桌面上无摩擦地向下滑动, 假定在运动开始时, 链条自桌面上垂下部分已有一半长, 试问需要多少时间链条才全部滑过桌面.

10. 在 $R, L, C$ 含源串联电路中, 电动势为 $E$ 的电源对电容器 $C$ 充电, 已知 $E = 20\,\mathrm{V}$, $C = 0.2\,\mu\mathrm{F}$(微法), $L = 0.1\,\mathrm{H}$(亨), $R = 1\,000\,\Omega$, 试求合上开关 $K$ 后的电源 $i(t)$ 及电压 $U_c(t)$.

11. 一链条悬挂在一钉子上, 起动时一端离开钉子 $8\,\mathrm{m}$, 另一端离开钉子 $12\,\mathrm{m}$, 分别在以下两种情况下求链条滑下来所需要的时间:

(1) 不计钉子对链条所产生的摩擦力;

(2) 若摩擦力大小等于 $1\mathrm{m}$ 长的链条的重力.

# 总 习 题 七

1. 求下列微分方程的通解:

(1) $(xy^2 + x)\mathrm{d}x + (y - x^2 y)\mathrm{d}y = 0$;

(2) $(\mathrm{e}^{x+y} - \mathrm{e}^x)\mathrm{d}x + (\mathrm{e}^{x+y} + \mathrm{e}^y)\mathrm{d}y = 0$;

(3) $\dfrac{\mathrm{d}y}{\mathrm{d}x} = -\dfrac{4x + 3y}{x + y}$;

(4) $\left(1 + 2\mathrm{e}^{\frac{x}{y}}\right)\mathrm{d}x + 2\mathrm{e}^{\frac{x}{y}}\left(1 - \dfrac{x}{y}\right)\mathrm{d}y = 0$.

2. 求下列初值问题的解：

(1) $\cos y \, dx + (1 + e^{-x}) \sin y \, dy = 0$, $y\big|_{x=0} = \dfrac{\pi}{4}$；

(2) $(x^2 + 2xy - y^2) \, dx + (y^2 + 2xy - x^2) \, dy = 0$, $y\big|_{x=1} = 1$.

3. 求解方程 $2x^4 y \dfrac{dy}{dx} + y^4 = 4x^6$.

4. 求黎卡提微分方程 $(x^2 - 1) y' + y^2 - 2xy + 1 = 0$ 的通解.

5. 求方程 $y' = 2\left(\dfrac{y+2}{x+y-1}\right)^2$ 的通解.

6. 小船从河边点 $O$ 处出发驶向对岸（两岸为平行直线），设船速为 $a$，船行方向始终与河岸垂直，设河宽为 $h$，河中任意点处的水流速度与该点到岸距离的乘积成正比（比例系数为 $k$），求小船的航行路线.

7. 若曲线 $y = f(x)$ ($f(x) \geq 0$) 和以 $[0, x]$ 为底围成的曲边梯形的面积与纵坐标 $y$ 的 4 次幂成正比，已知 $f(0) = 0$, $f(1) = 1$，求此曲线方程.

8. 求下列微分方程的解：

(1) $y' + y \tan x = \sin 2x$；

(2) $xy' \ln x + y = ax(\ln x + 1)$；

(3) $x \, dy - [y + xy^3(1 + \ln x)] \, dx = 0$.

9. 求下列微分方程满足初始条件的特解：

(1) $\dfrac{dy}{dx} + y \cot x = 5e^{\cos x}$, $y\big|_{x=\frac{\pi}{2}} = -4$；

(2) $xy' + (1-x)y = e^{2x}$ $(0 < x < +\infty)$, $\lim\limits_{x \to 0^+} y(x) = 1$.

10. 已知一曲线通过点 $(e, 1)$，且在曲线上任一点 $(x, y)$ 处的法线的斜率等于 $\dfrac{-x \ln x}{x + y \ln x}$，求该曲线的方程.

11. 有一子弹以 $v_0 = 200 \, \text{m/s}$ 的速度射入厚度为 $h = 10 \, \text{cm}$ 的木板，穿过木板后仍有速度 $v_1 = 80 \, \text{m/s}$，假设木板对子弹的阻力与其速度的平方成正比，求子弹通过木板所需的时间.

12. 求下列微分方程的通解：

(1) $y'' = \dfrac{1}{\sqrt{y}}$；　　　　　　　　　　(2) $y'' = \dfrac{1 + y'^2}{2y}$.

13. 已知 $y_1(x) = e^x$ 是齐次线性方程 $(2x-1)y'' - (2x+1)y' + 2y = 0$ 的一个解，求此方程的通解.

14. 用降阶法求解方程：$(1+x)y'' - y' - xy = 0$.

15. 已知齐次线性方程 $x^2 y'' - xy' + y = 0$ 的通解为 $Y(x) = C_1 x + C_2 x \ln|x|$，求非齐次线性方程 $x^2 y'' - xy' + y = x$ 的通解.

16. 求下列微分方程满足所给初始条件的特解：

(1) $y'' - 3y' - 4y = 0$, $y\big|_{x=0} = 0$, $y'\big|_{x=0} = -5$；

(2) $y'' - 4y' + 13y = 0$, $y\big|_{x=0} = 0$, $y'\big|_{x=0} = 3$.

17. 求下列微分方程的通解:

(1) $2y'' + 5y' = 5x^2 - 2x - 1$;

(2) $y'' + 3y' + 2y = 3xe^{-x}$;

(3) $y'' + 4y = x\cos x$;

(4) $y'' - y = \sin^2 x$.

18. 设 $\varphi(x)$ 连续, 且 $\varphi(x) = e^x + \int_0^x t\varphi(t)\,dt - x\int_0^x \varphi(t)\,dt$, 求 $\varphi(x)$.

19. 求微分方程 $y'' - 2y' + y = xe^x - e^x$ 满足初始条件 $y(1) = y'(1) = 1$ 的特解.

20. 求解方程: $y'' + 4y = \dfrac{1}{2}(x + \cos 2x)$.

21. 求解欧拉方程: $x^2 y'' - 3xy' - 5y = x^2 \ln x$.

22. 求以 $(x+C)^2 + y^2 = 1$ ($C$ 为任意常数) 为通解的微分方程.

23. 设方程 $y'' + p(x)y' + q(x)y = f(x)$ 的三个解为

$$y_1 = x, \quad y_2 = e^x, \quad y_3 = e^{2x},$$

求此方程满足初始条件 $y(0) = 1$, $y'(0) = 3$ 的解.

24. 当 $\Delta x \to 0$ 时, $\alpha$ 是比 $\Delta x$ 高阶的无穷小, 函数 $y(x)$ 在任意点处的增量

$$\Delta y = \frac{y\Delta x}{x^2 + x + 1} + \alpha, \quad \text{且 } y(0) = \pi,$$

则 $y(1) = $ _____.

25. 设 $f(x)$ 可微, 对于任意实数 $a, b$ 满足

$$f(a+b) = e^a f(b) + e^b f(a),$$

又 $f'(0) = e$, 试求 $f(x)$.

26. 求解微分方程组:

$$\frac{dy}{dx} = z - y + e^x, \quad \frac{dz}{dx} = y - z + e^x, \quad y(0) = 1, \quad z(0) = 3.$$

27. 设在同一水域中生存着食草鱼与食鱼之鱼 (或同一环境中的两种生物), 它们的数量分别为 $x(t)$ 与 $y(t)$, 不妨设 $x$ 与 $y$ 是连续变化的. 其中鱼数 $x$ 受 $y$ 的影响而减少 (大鱼吃了小鱼), 减少的速率与 $y(t)$ 成正比; 而鱼数 $y$ 也受 $x$ 的影响而减少 (小鱼吃了大鱼卵), 减少的速率与 $x(t)$ 成正比. 如果 $x(0) = x_0$, $y(0) = y_0$, 试建立这一问题的数学模型, 并求这两种鱼数量的变化规律.

28. 位于点 $P_0(l, 0)$ 的军舰向位于原点的目标发射制导鱼雷并始终对准目标. 设目标以最大速度 $a$ 沿 $y$ 轴正方向运动, 鱼雷的速度为 $b$, 求鱼雷轨迹的曲线方程 (见右图). 若设 $l = 1$ (海里), $b = 5a$, 问目标行驶多远、经多少时间将被鱼雷击中?

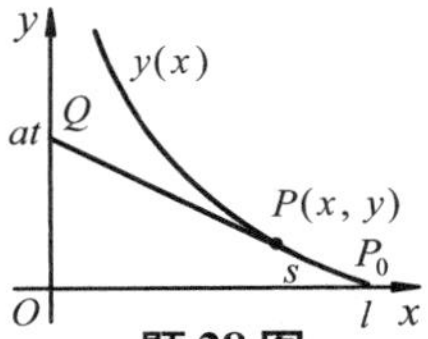

题 28 图

29. 要设计一形状为旋转体的水泥桥墩, 桥墩高为 $h$, 上底面直径为 $2a$, 要求桥墩在任意水平截面上所受上部桥墩的平均压强为常数 $p$. 设水泥的比重为 $\rho$, 试求桥墩的形状.

# 附　　录

# 附录 I　预备知识

## 一、常用初等代数公式

1. 一元二次方程 $ax^2 + bx + c = 0\ (a \neq 0)$

根的判别式 $\Delta = b^2 - 4ac$.

当 $\Delta > 0$ 时，方程有两个相异实根；

当 $\Delta = 0$ 时，方程有两个相等实根；

当 $\Delta < 0$ 时，方程有共轭复根.

求根公式为 $x_{1,2} = \dfrac{-b \pm \sqrt{b^2 - 4ac}}{2a}$.

2. 指数的运算性质

(1) $a^m \cdot a^n = a^{m+n}$；　　　　　　(2) $\dfrac{a^m}{a^n} = a^{m-n}$；　　　　　　(3) $(a^m)^n = a^{m \cdot n}$；

(4) $(a \cdot b)^m = a^m \cdot b^m$；　　　　　(5) $\left(\dfrac{a}{b}\right)^m = \dfrac{a^m}{b^m}$.

3. 对数的运算性质

(1) 若 $a^y = x$，则 $y = \log_a x$；　　　　　(2) $\log_a a = 1$，$\log_a 1 = 0$，$\ln e = 1$，$\ln 1 = 0$；

(3) $\log_a(x \cdot y) = \log_a x + \log_a y$；　　(4) $\log_a \dfrac{x}{y} = \log_a x - \log_a y$；

(5) $\log_a x^b = b \cdot \log_a x$；　　　　　　(6) $a^{\log_a x} = x$，$e^{\ln x} = x$.

(7) $\log_a b = \dfrac{\log_c b}{\log_c a}$，$\log_a b = \dfrac{1}{\log_b a}$；　　(8) $\log_{a^n} b^m = \dfrac{m}{n} \log_a b$.

4. 排列组合公式

(1) $n! = n(n-1)(n-2) \cdots 2 \cdot 1$，$0! = 1$；

(2) 排列数 $P_n^m = n(n-1)(n-2) \cdots (n-m+1)$，$P_n^0 = 1$，$P_n^n = n!$；

(3) 组合数 $C_n^m = \dfrac{n(n-1)(n-2) \cdots (n-m+1)}{m!} = \dfrac{n!}{m!(n-m)!}$，$C_n^0 = 1$，$C_n^n = 1$.

5. 常用二项展开及分解公式

(1) $(a+b)^2 = a^2 + 2ab + b^2$；　　　　　(2) $(a-b)^2 = a^2 - 2ab + b^2$；

(3) $(a+b)^3 = a^3 + 3a^2b + 3ab^2 + b^3$；　(4) $(a-b)^3 = a^3 - 3a^2b + 3ab^2 - b^3$；

(5) $a^2 - b^2 = (a+b)(a-b)$；　　　　　(6) $a^3 - b^3 = (a-b)(a^2 + ab + b^2)$；

(7) $a^3 + b^3 = (a+b)(a^2 - ab + b^2)$；

(8) $a^n - b^n = (a-b)(a^{n-1} + a^{n-2}b + a^{n-3}b^2 + \cdots + b^{n-1})$；

(9) $(a+b)^n = C_n^0 a^n + C_n^1 a^{n-1}b + C_n^2 a^{n-2}b^2 + \cdots + C_n^k a^{n-k}b^k + \cdots + C_n^n b^n$.

**6. 常用不等式及其运算性质**

如果 $a > b$, 则有

(1) $a \pm c > b \pm c$;　　　　　　　　　　　　　(2) $ac > bc$ $(c > 0)$, $ac < bc$ $(c < 0)$;

(3) $\dfrac{a}{c} > \dfrac{b}{c}$ $(c > 0)$, $\dfrac{a}{c} < \dfrac{b}{c}$ $(c < 0)$;

(4) $a^n > b^n$ $(n > 0, a > 0, b > 0)$, $a^n < b^n$ $(n < 0, a > 0, b > 0)$;

(5) $\sqrt[n]{a} > \sqrt[n]{b}$ ($n$ 为正整数, $a > 0, b > 0$);

对于任意实数 $a, b$, 均有

(6) $||a| - |b|| \leq |a+b| \leq |a| + |b|$;

(7) $a^2 + b^2 \geq 2ab$.

**7. 常用数列公式**

(1) 等差数列: $a_1, a_1 + d, a_1 + 2d, \cdots, a_1 + (n-1)d$, 其公差为 $d$, 前 $n$ 项的和为

$$s_n = a_1 + (a_1 + d) + (a_1 + 2d) + \cdots + [a_1 + (n-1)d] = \frac{a_1 + [a_1 + (n-1)d]}{2} \cdot n.$$

(2) 等比数列 $a_1, a_1 q, a_1 q^2, \cdots, a_1 q^{n-1}$, 公比为 $q$, 前 $n$ 项的和为

$$s_n = a_1 + a_1 q + a_1 q^2 + \cdots + a_1 q^{n-1} = \frac{a_1(1 - q^n)}{1 - q}.$$

(3) 一些常见数列的前 $n$ 项和

$1 + 2 + 3 + \cdots + n = \dfrac{1}{2}n(n+1)$;　　　　　$2 + 4 + 6 + \cdots + 2n = n(n+1)$;

$1 + 3 + 5 + \cdots + (2n-1) = n^2$;　　　　　$1^2 + 2^2 + 3^2 + \cdots + n^2 = \dfrac{1}{6}n(n+1)(2n+1)$;

$1^2 + 3^2 + 5^2 + \cdots + (2n-1)^2 = \dfrac{1}{3}n(4n^2-1)$;　　$1 \cdot 2 + 2 \cdot 3 + 3 \cdot 4 + \cdots + n(n+1) = \dfrac{1}{3}n(n+1)(n+2)$;

$\dfrac{1}{1 \cdot 2} + \dfrac{1}{2 \cdot 3} + \dfrac{1}{3 \cdot 4} + \cdots + \dfrac{1}{n(n+1)} = 1 - \dfrac{1}{n+1}$;

$1^3 + 2^3 + \cdots + n^3 = (1 + 2 + \cdots + n)^2$, 即 $\displaystyle\sum_{i=1}^{n} i^3 = \left(\sum_{i=1}^{n} i\right)^2 = \left[\dfrac{n(n+1)}{2}\right]^2$.

## 二、常用基本三角公式

**1. 基本公式**

$\sin^2 x + \cos^2 x = 1$; $\quad 1 + \tan^2 x = \sec^2 x$; $\quad 1 + \cot^2 x = \csc^2 x$.

**2. 倍角公式**

$\sin 2x = 2\sin x \cos x$; $\quad \cos 2x = \cos^2 x - \sin^2 x = 1 - 2\sin^2 x = 2\cos^2 x - 1$; $\quad \tan 2x = \dfrac{2\tan x}{1 - \tan^2 x}$;

$\sin 3x = 3\sin x - 4\sin^3 x$; $\quad \cos 3x = 4\cos^3 x - 3\cos x$; $\quad \tan 3x = \dfrac{3\tan x - \tan^3 x}{1 - 3\tan^2 x}$.

**3. 半角公式**

$\sin^2 \dfrac{x}{2} = \dfrac{1 - \cos x}{2}$; $\quad \cos^2 \dfrac{x}{2} = \dfrac{1 + \cos x}{2}$; $\quad \tan \dfrac{x}{2} = \dfrac{1 - \cos x}{\sin x}$.

**4. 加法公式**

$\sin(x \pm y) = \sin x \cos y \pm \cos x \sin y$;

$\cos(x \pm y) = \cos x \cos y \mp \sin x \sin y$;

$\tan(x \pm y) = \dfrac{\tan x \pm \tan y}{1 \mp \tan x \tan y}$.

**5. 和差化积公式**

$\sin x + \sin y = 2 \sin \dfrac{x+y}{2} \cos \dfrac{x-y}{2}$; $\qquad$ $\sin x - \sin y = 2 \cos \dfrac{x+y}{2} \sin \dfrac{x-y}{2}$;

$\cos x + \cos y = 2 \cos \dfrac{x+y}{2} \cos \dfrac{x-y}{2}$; $\qquad$ $\cos x - \cos y = -2 \sin \dfrac{x+y}{2} \sin \dfrac{x-y}{2}$.

**6. 积化和差公式**

$\sin x \cos y = \dfrac{1}{2} [\sin(x+y) + \sin(x-y)]$; $\qquad$ $\cos x \sin y = \dfrac{1}{2} [\sin(x+y) - \sin(x-y)]$;

$\cos x \cos y = \dfrac{1}{2} [\cos(x+y) + \cos(x-y)]$; $\qquad$ $\sin x \sin y = -\dfrac{1}{2} [\cos(x+y) - \cos(x-y)]$.

**7. 万能公式**

$\sin x = \dfrac{2 \tan \frac{x}{2}}{1 + \tan^2 \frac{x}{2}}$; $\quad$ $\cos x = \dfrac{1 - \tan^2 \frac{x}{2}}{1 + \tan^2 \frac{x}{2}}$; $\quad$ $\tan x = \dfrac{2 \tan \frac{x}{2}}{1 - \tan^2 \frac{x}{2}}$.

**8. 正弦定理**

$\dfrac{a}{\sin A} = \dfrac{b}{\sin B} = \dfrac{c}{\sin C} = 2R$，$a, b, c$ 为角 $A, B, C$ 的对边，$R$ 为三角形 $ABC$ 外接圆的半径.

**9. 余弦定理**

$a^2 = b^2 + c^2 - 2bc \cdot \cos A$;

$b^2 = c^2 + a^2 - 2ca \cdot \cos B$; $\qquad$ $a, b, c$ 为角 $A, B, C$ 的对边

$c^2 = a^2 + b^2 - 2ab \cdot \cos C$.

## 三、常用求面积和体积的公式

1. 圆：

周长 $= 2\pi r$

面积 $= \pi r^2$

2. 平行四边形：

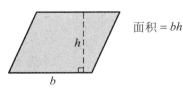

面积 $= bh$

3. 三角形：

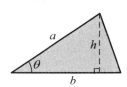

面积 $= \dfrac{1}{2} bh$

面积 $= \dfrac{1}{2} ab \sin \theta$

4. 梯形：

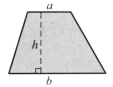

面积 $= \dfrac{a+b}{2} h$

5. 圆扇形：

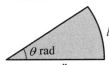

$$面积 = \frac{1}{2}r^2\theta$$

$$弧长 \ l = r\theta$$

6. 扇环：

$$面积 = \pi(r_1 + r_2)l$$

7. 正圆柱体：

$$体积 = \pi r^2 h$$

$$侧面积 = 2\pi rh$$

$$表面积 = 2\pi r(r+h)$$

8. 圆锥体：

$$体积 = \frac{1}{3}\pi r^2 h$$

$$侧面积 = \pi rl$$

$$表面积 = \pi r(r+l)$$

9. 圆台：

$$体积 = \frac{1}{3}\pi(r^2 + rR + R^2)h$$

$$侧面积 = \pi(r+R)l$$

$$表面积 = \pi(r+R)l + \pi(r^2 + R^2)$$

10. 球体：

$$体积 = \frac{4}{3}\pi r^3$$

$$表面积 = 4\pi r^2$$

# 附录 Ⅱ　　常用曲线

(1) 三次抛物线

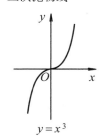

$$y = x^3$$

(2) 半立方抛物线

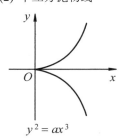

$$y^2 = ax^3$$

(3) 概率曲线

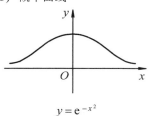

$$y = e^{-x^2}$$

(4) 箕舌线

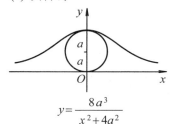

$$y = \frac{8a^3}{x^2 + 4a^2}$$

(5) 蔓叶线

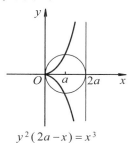

$$y^2(2a-x)=x^3$$

(6) 笛卡儿叶形线

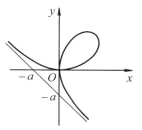

$$x^3+y^3-3axy=0$$

$$x=\frac{3at}{1+t^3}\,,\ y=\frac{3at^2}{1+t^3}$$

(7) 星形线

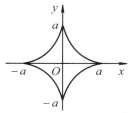

$$x^{\frac{2}{3}}+y^{\frac{2}{3}}=a^{\frac{2}{3}}\,,\ \begin{cases} x=a\cos^3\theta \\ y=a\sin^3\theta \end{cases}$$

(8) 摆线

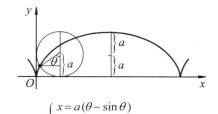

$$\begin{cases} x=a(\theta-\sin\theta) \\ y=a(1-\cos\theta) \end{cases}$$

(9) 心形线

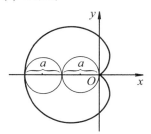

$$x^2+y^2+ax=a\sqrt{x^2-y^2}$$

$$\rho=a(1-\cos\theta)$$

(10) 心形线

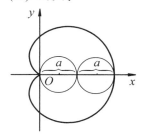

$$x^2+y^2-ax=a\sqrt{x^2-y^2}$$

$$\rho=a(1+\cos\theta)$$

(11) 阿基米德螺线

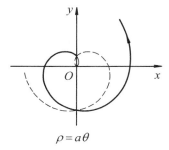

$$\rho=a\theta$$

(12) 对数螺线

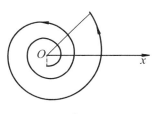

$$\rho=\mathrm{e}^{\,\alpha\theta}$$

(13) 双曲螺线

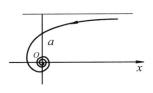

$$\rho\theta = a$$

(14) 悬链线

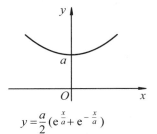

$$y = \frac{a}{2}(e^{\frac{x}{a}} + e^{-\frac{x}{a}})$$

(15) 伯努利双纽线

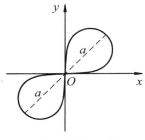

$$(x^2+y^2)^2 = 2a^2xy$$
$$r^2 = a^2\sin 2\theta$$

(16) 伯努利双纽线

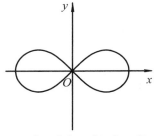

$$(x^2+y^2)^2 = a^2(x^2-y^2)$$
$$r^2 = a^2\cos 2\theta$$

(17) 三叶玫瑰线

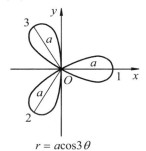

$$r = a\cos 3\theta$$

(18) 三叶玫瑰线

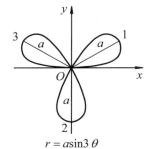

$$r = a\sin 3\theta$$

(19) 四叶玫瑰线

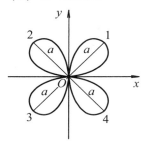

$$r = a\sin 2\theta$$

(20) 四叶玫瑰线

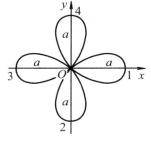

$$r = a\cos 2\theta$$

(21) 圆

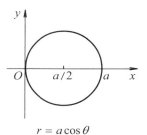

$$r = a\cos\theta$$

(22) 圆

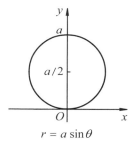

$$r = a\sin\theta$$

(23) 椭圆

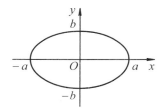

$$\frac{x^2}{a^2} + \frac{y^2}{b^2} = 1, \begin{cases} x = a\cos\theta \\ y = b\sin\theta \end{cases}$$

(24) 抛物线

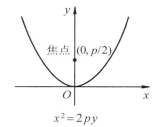

$$x^2 = 2py$$

(25) 抛物线

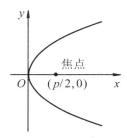

$$y^2 = 2px, \quad r = \frac{p}{1-\cos\theta}$$

(26) 抛物线

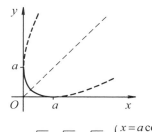

$$\sqrt{x} + \sqrt{y} = \sqrt{a}, \begin{cases} x = a\cos^4 t \\ y = a\sin^4 t \end{cases}$$

(27) 双曲线

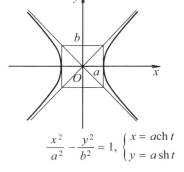

$$\frac{x^2}{a^2} - \frac{y^2}{b^2} = 1, \begin{cases} x = a\operatorname{ch} t \\ y = a\operatorname{sh} t \end{cases}$$

(28) 双曲线

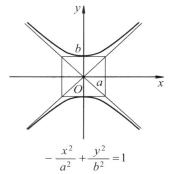

$$-\frac{x^2}{a^2} + \frac{y^2}{b^2} = 1$$

# 习题答案

## 第1章　答案

### 习题 1-1

1. (1) $[-1,0)\cup(0,1]$;　　　　(2) $[-1,3]$;　　　　(3) $(-\infty,0)\cup(0,3]$;

　(4) $(-\infty,-1)\cup(1,3)$;　　(5) $(1,2)\cup(2,4)$.

2. (1) 不相同;　　(2) 相同.　　4. (1) 单调增加;　　(2) 单调增加.

7. (1) 既非奇函数又非偶函数;　　(2) 偶函数;　　(3) 偶函数;　　(4) 奇函数.

8. (1) 是周期函数, 周期 $l=2\pi$;　　(2) 不是周期函数;　　(3) 是周期函数, 周期 $l=\pi$.

10. $f(x)=\begin{cases}0.15x, & 0<x\le 50\\ 7.5+0.25(x-50), & x>50\end{cases}$.

11. (1) $p=\begin{cases}90, & 0\le x\le 100\\ 90-0.01(x-100), & 100<x\le 1\,600;\\ 75, & x>1\,600\end{cases}$

　(2) $L=\begin{cases}30x, & 0\le x\le 100\\ 31x-0.01x^2, & 100<x\le 1\,600;\\ 15x, & x>1\,600\end{cases}$　　　　(3) $L=21\,000(元)$.

*12. (1) $e=(4\times10^8)S-2.5\times10^6$;　　　　(2) $7.75\times10^7\,(\text{in./in.})$.

*13. (1) $y=1.813x+2.356$;　　(2) $52.214$.

*14. (1) $y=770\mathrm{e}^{-0.336x}$;　　(2) 第13天.

### 习题 1-2

1. (1) $y=\dfrac{1-x}{1+x}$;　　(2) $y=\log_2\dfrac{x}{1-x}$;　　(3) $y=1+\mathrm{e}^{x-1}$;　　(4) $y=\sqrt[3]{x^3-1}$.

2. $f(x-1)=\begin{cases}1, & x<1\\ 0, & x=1,\\ 1, & x>1\end{cases}$　$f(x^2-1)=\begin{cases}1, & |x|<1\\ 0, & |x|=1.\\ 1, & |x|>1\end{cases}$　　　　3. $-3/8,\ 0$.

4. $f[f(x)]=\dfrac{x}{1-2x}$,　$f\{f[f(x)]\}=\dfrac{x}{1-3x}$.　　　　5. $f(x)=2(1-x^2)$.

6. (1) $[-1,1]$.　　　　　　　　　　(2) $\bigcup\limits_{n\in\mathbf{Z}}[2n\pi,(2n+1)\pi]$.

　(3) 若 $0<a\le 1/2$, 则 $D=[a,1-a]$; 若 $a>1/2$, 则 $D=\varnothing$.　　　　(4) $[-1,1]$.

7. (1) $(-\infty,+\infty)$;　　(2) $f(x)$.　　　　8. $\varphi(x)=\arcsin(1-x^2)$, $[-\sqrt{2},\sqrt{2}]$.

9. (1) $100$;　　(2) $6\,394$;　　(3) 1小时后.　　　　10. (1) $y=6.6\left(\dfrac{1}{2}\right)^{\frac{x}{14}}$; (2) 大约38天后.

### 习题 1-3

1. (1) $0$;　　(2) $0$;　　(3) $2$;　　(4) $1$;　　(5) 没有极限.

3. $\lim\limits_{n\to\infty} x_n = 0$, $N = [1/\varepsilon]$；当 $\varepsilon = 0.001$ 时，取数 $N = 1\,000$.

## 习题 1-4

1. (1) 0；    (2) 2；    (3) 3；    (4) 2.

2. 不一定.    3. $\delta = 0.000\,2$.    4. $\delta = 0.5$.

6. $f(x) = \begin{cases} 0, & x = 0 \\ 1/x, & x \neq 0 \end{cases}$.

7. $\lim\limits_{x\to 0^-} f(x) = -1$, $\lim\limits_{x\to 0^+} f(x) = 1$, $\lim\limits_{x\to 0} f(x)$ 不存在.    9. 不存在.

## 习题 1-5

1. (1) ×；    (2) √；    (3) √；    (4) ×；    (5) ×.

2. (1) 无穷小；    (2) 无穷小；    (3) 无穷大.

4. (1) 3；    (2) 2；    (3) ∞.

5. 极限 $\lim\limits_{x\to\infty} e^{1/x}$ 存在；极限 $\lim\limits_{x\to 0} e^{1/x}$ 不存在.

6. $y = x\cos x$ 在 $(-\infty, +\infty)$ 内无界，但当 $x \to +\infty$ 时，此函数不是无穷大.

## 习题 1-6

1. (1) 0；    (2) 0；    (3) 2；    (4) 0；    (5) 2/3；    (6) 1/2；

    (7) $2x$；    (8) 2；    (9) 0；    (10) $-2$；    (11) ∞；    (12) 1/2；

    (13) 0；    (14) $-1$；    (15) $(3/2)^{20}$；    (16) 1.

2. (1) 2；    (2) 1/2；    (3) 1/5；    (4) 3/2.    3. $\lim\limits_{x\to 0} f(x)$ 不存在；$\lim\limits_{x\to 1} f(x) = 2$.

4. (1) $-1$；    (2) $\sqrt{2}$.    5. (1) 1/4；    (2) 0；    (3) 4；    (4) 0；    (5) ∞.

6. $k = -3$.    7. $a = 1$, $b = -1$.    8. 1/2.

## 习题 1-7

1. (1) 5；    (2) 1；    (3) 0；    (4) 2；    (5) $\sqrt{2}$；    (6) 1；    (7) 2/3；    (8) 0.

2. (1) 1/e；    (2) $e^2$；    (3) $e^3$；    (4) $e^{-k}$；    (5) $e^{-1}$；    (6) $e^{2a}$；    (7) e；    (8) 1.

3. $-1$.    4. $c = \ln 3$.

5. (1) 提示：$\dfrac{n}{n+\pi} \leq n\left(\dfrac{1}{n^2+\pi} + \dfrac{1}{n^2+2\pi} + \cdots + \dfrac{1}{n^2+n\pi}\right) \leq \dfrac{n^2}{n^2+\pi}$；

    (2) 提示：当 $x > 0$ 时，$1 < \sqrt[n]{1+x} < 1+x$；当 $-1 < x < 0$ 时，$1+x < \sqrt[n]{1+x} < 1$.

6. $\dfrac{1+\sqrt{13}}{2}$.    7. $-1$.

## 习题 1-8

1. $x \to 0$ 时，$x^2 - x^3$ 是比 $x - x^2$ 高阶的无穷小.

2. 同阶，但不是等价无穷小.    3. 三阶无穷小.    4. $m = 1/2$, $n = 2$.

5. (1) 3/5；    (2) 2；    (3) 3；    (4) 1/2；    (5) 5；    (6) 5.

## 习题 1-9

1. (1) $f(x)$ 在 $[0,2]$ 上连续；

    (2) $f(x)$ 在 $(-\infty,-1)$ 与 $(-1,+\infty)$ 内连续，$x=-1$ 为跳跃间断点.

2. (1) 连续；                (2) 连续.

3. (1) $x=-2$ 为第二类的无穷间断点；

    (2) $x=1$ 为第一类的可去间断点，补充 $y(1)=-2$，$x=2$ 为第二类的无穷间断点；

    (3) $x=0$ 为可去间断点，补充 $y(0)=-1$；      (4) $x=0$ 为第二类的振荡间断点.

5. $a=1$.      6. $a=1$, $b=\mathrm{e}$.      7. 左不连续，右连续.      9. $a=0$, $b=1$.

## 习题 1-10

1. 连续区间：$(-\infty,-3)$, $(-3,2)$, $(2,+\infty)$；$\lim\limits_{x\to 0} f(x)=1/2$，$\lim\limits_{x\to -3} f(x)=-8/5$，$\lim\limits_{x\to 2} f(x)=\infty$.

2. (1) $\sqrt{5}$；    (2) 1；    (3) 0；    (4) $1/2$；    (5) 0；    (6) 0.

8. 提示：$m \le \dfrac{f(x_1)+f(x_2)+\cdots+f(x_n)}{n} \le M$，其中 $m$, $M$ 分别为 $f(x)$ 在 $[x_1,x_n]$ 上的最小值及最大值.

## 总习题一

1. $[-1,3]$.      2. $[0,+\infty)$.      3. $\delta=\sqrt{2}$.      5. 周期 $T=2(b-a)$.

7. (1) $y=\begin{cases} x+\sqrt{x^2-1}, & x\ge 1 \\ x-\sqrt{x^2-1}, & x\le -1 \end{cases}$；    (2) $y=\begin{cases} x, & -\infty<x<1 \\ \sqrt{x}, & 1\le x\le 4 \\ \log_3 x, & 9<x<+\infty \end{cases}$.

8. $f(x)=-2x+\dfrac{1}{1-x}$，$0<x<1$.

9. $f(x)=\dfrac{1}{a^2-b^2}\left(a\sin x + b\sin\dfrac{1}{x}\right)$.      10. $\sqrt{\ln(1-x)}$，$x\le 0$.

11. $f[g(x)]=\begin{cases} 1, & x<0 \\ 0, & x=0 \\ -1, & x>0 \end{cases}$；$g[f(x)]=\begin{cases} \mathrm{e}, & |x|<1 \\ 1, & |x|=1 \\ \mathrm{e}^{-1}, & |x|>1 \end{cases}$.

12. $f[f(x)]=\begin{cases} 0, & x\le 0 \\ x, & x>0 \end{cases}=f(x)$；  $g[g(x)]=0$；

    $f[g(x)]=0$；    $g[f(x)]=\begin{cases} 0, & x\le 0 \\ -x^2, & x>0 \end{cases}=g(x)$.

13. $\lim\limits_{n\to\infty} x_n=1/2$.      14. 1.

19. $p=-5$, $q=0$ 时，$f(x)$ 为无穷小；$q\ne 0$，$p$ 为任意常数时，$f(x)$ 为无穷大.

20. (1) $n$；    (2) $\dfrac{2\sqrt{2}}{3}$；    (3) $\dfrac{p+q}{2}$；    (4) 0；    (5) 0；    (6) $1/9$.

21. $\lim\limits_{x\to 0} f(x)$ 不存在；$\lim\limits_{x\to 2} f(x)=0$；$\lim\limits_{x\to -\infty} f(x)=0$；$\lim\limits_{x\to +\infty} f(x)=+\infty$.

22. (1) $x$；    (2) $6/5$；    (3) $1/2$.    23. (1) $-\dfrac{1}{a^2}$；    (2) $\mathrm{e}^{1/2}$.

24. $\lim\limits_{n\to\infty} x_n = \dfrac{1+\sqrt{5}}{2}$.

26. (1) $0\,(n>m$ 时$)$, $1\,(m=n$ 时$)$, $\infty\,(n<m$ 时$)$;　　(2) 9/4;　　(3) $-3$;　　(4) $a/n$;　　(5) 4.

27. 2.　　　　　　　　　28. $p(x) = x^3 + 2x^2 + x$.　　　　　　　　29. $a=1$, $b=-2$.

30. $\beta = \dfrac{1}{1\,992}$, $\alpha = -\dfrac{1\,991}{1\,992}$.　　　　31. (1) 连续;　(2) 不连续.

32. (1) $x=0$ 和 $x=k\pi+\pi/2$ 为第一类的可去间断点, 补充 $y(0)=1$, $y(k\pi+\pi/2)=0$, $x=k\pi$ $(k\neq 0)$ 为第二类的无穷间断点;

　　　(2) $x=0$ 为第二类的无穷间断点, $x=1$ 为第一类的跳跃间断点.

33. $a=0$.　　　　　　34. $f(x) = \begin{cases} x, & |x|<1 \\ 0, & |x|=1; \\ -x, & |x|>1 \end{cases}$ $x=1$ 和 $x=-1$ 为第一类间断点.

35. $(-\infty, -\sqrt{e})$, $(-\sqrt{e}, 0)$, $(0, \sqrt{e})$, $(\sqrt{e}, +\infty)$.

# 第 2 章　答案

## 习题 2-1

1. 3.　　　　　2. 4 (m/s).　　　　3. (1) $-f'(x_0)$;　　(2) $2f'(x_0)$;　　(3) $\dfrac{3}{2} f'(x_0)$.

4. 2.　　　　　5. 切线方程为 $y=x+1$, 法线方程为 $y=-x+3$.

6. 切线方程为 $x-y+1=0$, 法线方程为 $x+y-1=0$.

7. 不可导 $(f_-'(1)\neq f_+'(1))$.　　　　8. 1.　　　　9. $f'(x) = \begin{cases} \cos x, & x<0 \\ 1, & x\geq 0 \end{cases}$.

10. 在 $x=0$ 处连续且可导.　　　　11. $2a\varphi(a)$.

12. $x=0$ 是 $\dfrac{f(x)}{x}$ 的可去间断点.　　　13. $\dfrac{\mathrm{d}T}{\mathrm{d}t} = T'(t)$.

## 习题 2-2

1. (1) $3 + \dfrac{5}{2\sqrt{x}}$;　　　　　(2) $15x^2 - 2^x \ln 2 + 3\mathrm{e}^x$;　　　(3) $\sec x\,(2\sec x + \tan x)$;

　　(4) $\cos 2x$;　　　　　　(5) $x^2(3\ln x + 1)$;　　　　　(6) $\mathrm{e}^x(\cos x - \sin x)$;

　　(7) $\dfrac{1-\ln x}{x^2}$;　　　　　(8) $(x-2)(x-3)+(x-1)(x-3)+(x-1)(x-2)$;

　　(9) $\dfrac{1+\sin t + \cos t}{(1+\cos t)^2}$;　　　(10) $\dfrac{1}{3} x^{-2/3}\sin x + \sqrt[3]{x}\cos x + \mathrm{e}^x a^x \ln a + a^x \mathrm{e}^x$;

　　(11) $\log_2 x + \dfrac{1}{\ln 2}$;　　　(12) $\dfrac{3(x^2 - 6x + 1)}{(x^2-1)^2}$.

2. (1) 1/3;　　(2) $-2$.　　　3. 切线方程为 $y=2x$, 法线方程为 $y=-x/2$.

4. 点 $(1, 0)$ 处的切线方程: $y=2(x-1)$, 点 $(-1,0)$ 处的切线方程: $y=2(x+1)$.

5. (1) $3\sin(4-3x)$;　　　(2) $-6x\mathrm{e}^{-3x^2}$;　　　(3) $-\dfrac{x}{\sqrt{a^2-x^2}}$;　　　(4) $2x\sec^2(x^2)$;

(5) $\dfrac{e^x}{1+e^{2x}}$;　　　(6) $-\dfrac{1}{\sqrt{x-x^2}}$;　　　(7) $\dfrac{|x|}{x^2\sqrt{x^2-1}}$;　　　(8) $\sec x$;　　　(9) $\csc x$.

6. (1) $\dfrac{45x^3+16x}{\sqrt{1+5x^2}}$;　　(2) $\dfrac{1}{2x}\left(1+\dfrac{1}{\sqrt{\ln x}}\right)$;　　(3) $\dfrac{1}{(1-x)\sqrt{x}}$;　　(4) $\csc x$;　　(5) $\dfrac{1}{x\ln x}$;

(6) $2\sqrt{1-x^2}$;　　(7) $\dfrac{2\arcsin(x/2)}{\sqrt{4-x^2}}$;　　(8) $\dfrac{\ln x}{x\sqrt{1+\ln^2 x}}$;　　(9) $\dfrac{e^{\arctan\sqrt{x}}}{2\sqrt{x}(1+x)}$;

(10) $10^{x\tan 2x}\ln 10(\tan 2x+2x\sec^2 2x)$;　　(11) $\dfrac{2}{e^{4x}+1}$;　　(12) $\dfrac{1}{x^2}\sin\dfrac{2}{x}\cdot e^{-\sin^2\frac{1}{x}}$.

7. (1) $3x^2 f'(x^3)$;　　　　　　　　　　(2) $\sin 2x[f'(\sin^2 x)-f'(\cos^2 x)]$;

(3) $\dfrac{-1}{|x|\sqrt{x^2-1}}f'\left(\arcsin\dfrac{1}{x}\right)$.

8. $-xe^{x-1}$.　　　　9. $f'(x+3)=5x^4,\ f'(x)=5(x-3)^4$.　　　10. $-\dfrac{1}{(1+x)^2}$.

13. (1) $\text{sh}(\text{sh}x)\cdot\text{ch}x$;　　　　(2) $e^{\text{ch}x}(\text{ch}x+\text{sh}^2 x)$;　　　(3) $1/[x\text{ch}^2(\ln x)]$;

(4) $\text{sh}x\text{ch}x(3\text{sh}x+2)$;　　(5) $\dfrac{2e^{2x}}{\sqrt{e^{4x}-1}}$;　　　　(6) $\dfrac{2x}{\sqrt{x^4+2x^2+2}}$.

14. $f'(x)=\begin{cases}2\sec^2 x, & x<0\\ e^x, & x>0.\\ \text{不存在}, & x=0\end{cases}$　　15. (1) $4\pi r^2$;　　(2) $400\pi\,(\text{cm}^3)$.

16. 对于 $s_1$, (1) $1.25\,\text{m/s}$; (2) $v(0)=-3\,\text{m/s},\ v(2)=1\,\text{m/s}$; (3) $t=\dfrac{3}{2}\,\text{s}$ 的时刻方向发生改变.

对于 $s_2$, (1) $3\,\text{m/s}$; (2) $v(0)=-3\,\text{m/s},\ v(3)=-12\,\text{m/s}$; (3) 物体的运动方向未发生改变.

17. (1) $\dfrac{t}{10}-1$;　　(2) 当 $t=0$ 时下降最快；当 $t=10$ 时下降最慢；

(3) 在 $t$ 由 $0$ 逐渐增大到 $10$ 的过程中，$\dfrac{\mathrm{d}h}{\mathrm{d}t}$ 值逐渐增大.

18. (1) $880\,(\text{元})$;　　(2) $740\,(\text{元})$.　　　19. (1) $5\,(\text{元})$.

20. $\dfrac{2an^2}{V^3}-\dfrac{nRT}{(V-nb)^2}$.　　　　21. (1) 第 $137$ 天；　　(2) $0.142\,8$ 度.

## 习题 2-3

1. (1) $20x^3+24x$;　　　　　(2) $9e^{3x-2}$;　　　　　(3) $2\cos x-x\sin x$;

(4) $-2e^{-t}\cos t$;　　　　(5) $-\dfrac{1}{\sqrt{(1-x^2)^3}}$;　　　(6) $-\dfrac{2(1+x^2)}{(1-x^2)^2}$;

(7) $2\sec^2 x\tan x$;　　　(8) $\dfrac{6x^2-2}{(x^2+1)^3}$;　　　(9) $2xe^{x^2}(2x^2+3)$.

2. $19\,440$.　　　　3. $\dfrac{\mathrm{d}^2 s}{\mathrm{d}t^2}=-A\omega^2\sin\omega t$.　　　5. $2g(a)$.

6. (1) $6xf'(x^3)+9x^4 f''(x^3)$;　　(2) $\dfrac{f''(x)f(x)-[f'(x)]^2}{[f(x)]^2}$.　　　7. $a=-1/2,\ b=1,\ c=0$.

8. (1) $-4e^x\cos x$;　　　　　　(2) $\ln x+1\ (n=1),\ (-1)^n\dfrac{(n-2)!}{x^{n-1}}\ (n\geqslant 2)$;

(3) $(-1)^n n!\left[\dfrac{2}{(x-2)^{n+1}}-\dfrac{1}{(x-1)^{n+1}}\right]$;　　　　　(4) $4^{n-1}\cos\left(4x+n\cdot\dfrac{\pi}{2}\right)$.

9. $\dfrac{\mathrm{d}^2 y}{\mathrm{d}t^2}+y=0$.

11. (1) $t=2-\dfrac{\sqrt{15}}{3}\,\mathrm{s}$ 或 $2+\dfrac{\sqrt{15}}{3}\,\mathrm{s}$.　　　(2) $t=2-\dfrac{\sqrt{15}}{3}\,\mathrm{s}$ 或 $2+\dfrac{\sqrt{15}}{3}\,\mathrm{s}$.

　　(3) 当 $a>0$ 时, $t\in[2,4]$, 运动速度加快; 当 $a<0$ 时, $t\in[0,2]$, 速度变慢.

　　(4) 当 $t=2\,\mathrm{s}$ 时, 速度 $v$ 值最小; 当 $t=0\,\mathrm{s}$ 或 $4\,\mathrm{s}$ 时, 速度 $v$ 值最大.

　　(5) 当 $t=2-\dfrac{\sqrt{15}}{3}\,\mathrm{s}$ 时取得最大位移, 当 $t=2+\dfrac{\sqrt{15}}{3}\,\mathrm{s}$ 时取得最小位移.

12. (1) $v=9.8t\ \mathrm{m/s}$;　　　　　(2) $a=9.8\ \mathrm{m/s}^2$.

## 习题 2-4

1. (1) $\dfrac{\mathrm{e}^{x+y}-y}{x-\mathrm{e}^{x+y}}$;　(2) $\dfrac{y}{2\pi y\cos(\pi y^2)-x}$;　(3) $\dfrac{5-y\mathrm{e}^{xy}}{x\mathrm{e}^{xy}+3y^2}$;　(4) $\dfrac{\mathrm{e}^y}{1-x\mathrm{e}^y}$;　(5) $\dfrac{x+y}{x-y}$.

2. (1) $-\dfrac{b^4}{a^2 y^3}$;　　　(2) $-\dfrac{(x+y)\cos^2 y-(x+y)\sin y}{[(x+y)\cos y-1]^3}$;　　　(3) $\dfrac{2\tan^3(x-y)+2\tan(x-y)}{[\tan^2(x-y)+2]^3}$.

3. (1) $(1+x^2)^{\tan x}\left[\sec^2 x\ln(1+x^2)+\dfrac{2x\tan x}{1+x^2}\right]$;

　　(2) $\dfrac{\sqrt[5]{x-3}\sqrt[3]{3x-2}}{\sqrt{x+2}}\left[\dfrac{1}{5(x-3)}+\dfrac{1}{3x-2}-\dfrac{1}{2(x+2)}\right]$;

　　(3) $\dfrac{\sqrt{x+2}(3-x)^4}{(x+1)^5}\left[\dfrac{1}{2(x+2)}-\dfrac{4}{3-x}-\dfrac{5}{x+1}\right]$.

4. $y'(0)=\mathrm{e}$, 切线方程为 $y=\mathrm{e}x+1$, 法线方程为 $y=-\dfrac{1}{\mathrm{e}}x+1$.　　　　　　5. $-2$.

6. 切线方程为 $y-\dfrac{\pi}{4}=\dfrac{1}{2}(x-\ln 2)$, 法线方程为 $y-\dfrac{\pi}{4}=-2(x-\ln 2)$.

7. (1) $\dfrac{3b}{2a}t$;　　　(2) $\dfrac{\cos t-\sin t}{\sin t+\cos t}$;　　　(3) $-1$.

8. (1) $\dfrac{4}{9}\mathrm{e}^{3t}$;　　　(2) $-\dfrac{1+3t^2}{4t^3}$;　　　(3) $\dfrac{1+t^2}{4t}$.　　　9. $\arctan 2$.　　　10. $144\pi\ (\mathrm{m}^2/\mathrm{s})$.

11. (1) $\dfrac{3}{8}$;　　　(2) $\dfrac{1}{5}$ 弧度/秒.　　　12. $-2.8$ 公里/小时.　　　13. $v=1$ 厘米/分钟.

14. (1) $-18t+15, -\dfrac{5}{3}\leqslant t\leqslant\dfrac{10}{3}$;　(2) $0, -\dfrac{5}{3}\leqslant t\leqslant\dfrac{10}{3}$;　(3) $\dfrac{18t-15}{\sqrt{18t^2-30t+125}}, -\dfrac{5}{3}\leqslant t\leqslant\dfrac{10}{3}$.

15. $4.05$ 米/秒.　　　　　16. (1) $\dfrac{2}{15\pi}$ (分米/分钟);　(2) $\dfrac{3}{10\pi}$ (分米/分钟).

17. (1) $\dfrac{\mathrm{d}h}{\mathrm{d}t}=\dfrac{1}{10\pi(0.4-h)^2}$;　　　(2) $\dfrac{10}{\pi}$ (分米/分钟).

## 习题 2-5

1. $\Delta x=1$ 时, $\Delta y=19, \mathrm{d}y=12$; $\Delta x=0.1$ 时, $\Delta y=1.261, \mathrm{d}y=1.2$;

$\Delta x = 0.01$ 时, $\Delta y = 0.120\,601$, $dy = 0.12$.

2. (1) $\frac{5}{2}x^2 + C$;  (2) $-\frac{1}{\omega}\cos\omega x + C$;  (3) $\ln(2+x) + C$;

(4) $-\frac{1}{2}e^{-2x} + C$;  (5) $2\sqrt{x} + C$;  (6) $\frac{1}{2}\tan 2x + C$.

3. (1) $\left(\frac{1}{x} + \frac{1}{\sqrt{x}}\right)dx$;  (2) $(\sin 2x + 2x\cos 2x)dx$;  (3) $2x(1+x)e^{2x}dx$;

(4) $-\frac{3x^2}{2(1-x^3)}dx$;  (5) $2(e^{2x} - e^{-2x})dx$;  (6) $\frac{2\sqrt{x}-1}{4\sqrt{x}\sqrt{x-\sqrt{x}}}dx$;

(7) $-\frac{2x}{1+x^4}dx$;  (8) $-\frac{a^{2x}\ln a \arccos(a^x)}{\sqrt{1-a^{2x}}}dx$.

4. $\frac{2+\ln(x-y)}{3+\ln(x-y)}dx$.  5. $-\frac{y}{x}dx$.  7. (1) $\frac{47}{24}$;  (2) $\frac{21}{40}$.

8. $L(x) = \frac{3}{2}x + 1$, $L_1(x) = \frac{1}{2}x + 1$, $L_2(x) = x$, $L(x) = L_1(x) + L_2(x)$.

9. (1) $1.000\,02$;  (2) $0.874\,75$;  (3) $30°47''$.

10. $0.33\%$.  11. $0.033\,55\,(\text{g})$.  12. $\delta_\alpha = 0.000\,56\,(\text{弧度}) = 1'55''$.

13. 无关；相关.  14. $0.05\%$.

## 总习题二

1. $5f'(x)$.  2. $1\,000!$.  3. $2C$.  5. (1) $\frac{x}{1+xe^x}$;  (2) $\frac{1}{3}$.  6. $(2, 4)$.

7. $y - 9x - 10 = 0$ 及 $y - 9x + 22 = 0$.  8. 可导.  9. $a = 2$, $b = -1$.

10. $a = b = -1$.  12. 0.

13. (1) $(3x+5)^2(5x+4)^4(120x+161)$;  (2) $-\frac{1}{x^2+1}$;  (3) $\frac{1}{\sqrt{1-x^2}+1-x^2}$;

(4) $\frac{1-n\ln x}{x^{n+1}}$;  (5) $\frac{1}{\text{ch}^2 t}$;  (6) $ax^{a-1} + a^x\ln a$;  (7) $-\frac{1}{x^2}\sec^2\frac{1}{x}\cdot e^{\tan\frac{1}{x}}$;

(8) $\frac{2\sqrt{x}+1}{4\sqrt{x}\sqrt{x+\sqrt{x}}}$;  (9) $\arcsin\frac{x}{2}$.

14. $-\frac{1}{(2x+x^3)\sqrt{1+x^2}}$.

15. (1) $f'(e^x + x^e)\cdot(e^x + ex^{e-1})$;  (2) $e^{f(x)}[f'(e^x)e^x + f(e^x)f'(x)]$.

16. $f'(x) = 2 + 1/x^2$.  17. $3\pi/4$.

18. (1) $2\arctan x + \frac{2x}{1+x^2}$;  (2) $-\frac{x}{(1+x^2)^{3/2}}$.  20. A.

21. (1) $(-1)^n n!\left[\frac{1}{(x-3)^{n+1}} - \frac{1}{(x-2)^{n+1}}\right]$;  (2) $\frac{3}{2}(-1)^n n!\left[\frac{1}{(x-1)^{n+1}} - \frac{1}{(x+1)^{n+1}}\right]$;

(3) $2^{50}\left(\frac{1\,225}{2}\sin 2x + 50x\cos 2x - x^2\sin 2x\right)$.

22. $f^{(2k)}(0)=0$, $f^{(2k+1)}(0)=(-1)^k(2k)!$ $\quad(k=0,1,2,\cdots)$.

23. 切线方程为 $x+y-\dfrac{\sqrt{2}}{2}a=0$, 法线方程为 $x-y=0$. $\qquad$ 24. 1.

25. (1) $\dfrac{1}{2}\sqrt{x\sin x\sqrt{1-\mathrm{e}^x}}\left[\dfrac{1}{x}+\cot x-\dfrac{\mathrm{e}^x}{2(1-\mathrm{e}^x)}\right]$;

$\quad$ (2) $(\tan x)^{\sin x}(\cos x\ln\tan x+\sec x)+x^x(\ln x+1)$.

26. $\mathrm{e}^{-2}$. $\qquad$ 27. (1) $\dfrac{2(x^2+y^2)}{(x-y)^3}$; $\qquad$ (2) $-\dfrac{4\sin y}{(2-\cos y)^3}$.

28. $-\dfrac{[1-f'(y)]^2-f''(y)}{x^2[1-f'(y)]^3}$. $\qquad$ 29. (1) $-\dfrac{b}{a^2\sin^3 t}$; $\quad$ (2) $\dfrac{1}{f''(t)}$. $\qquad$ 30. B.

31. $\dfrac{y(\ln y+1)^2-x(\ln x+1)^2}{xy(\ln y+1)^3}$. $\qquad$ 32. $-\cot\dfrac{3}{2}\theta$. $\qquad$ 33. $5\omega$; $5\omega^2$.

34. (1) $\mathrm{e}^{-x}[\sin(3-x)-\cos(3-x)]\mathrm{d}x$; $\qquad$ (2) $\mathrm{d}y=\begin{cases}\dfrac{\mathrm{d}x}{\sqrt{1-x^2}}, & -1<x<0 \\[3mm] -\dfrac{\mathrm{d}x}{\sqrt{1-x^2}}, & 0<x<1\end{cases}$;

$\quad$ (3) $8x\tan(1+2x^2)\sec^2(1+2x^2)\mathrm{d}x$.

35. $\mathrm{e}^{f(x)}\left[f(\ln x)f'(x)+\dfrac{1}{x}f'(\ln x)\right]\mathrm{d}x$.

36. $-2x\sin x^2$, $-\sin x^2$, $\dfrac{-2\sin x^2}{3x}$, $-2\sin x^2-4x^2\cos x^2$.

37. 25 秒; $\dfrac{6\,250}{9}$ 米. $\qquad$ 38. (1)13.7 米/秒; (2)15.4 米/秒; (3)第 10 浪; (4) 第 1 浪.

39. 40 人; 32 元. $\qquad$ 40. 0.09; 0.01. $\qquad$ 41. 2 米.

42. (1) $5\sqrt{2}$; $\quad$ (2) 10; $\quad$ (3) $v=0$, $a=-10$; $\quad$ (4)1/4 个周期, $v=-10$, $a=0$.

44. $L(x)=\dfrac{3}{2}x+\dfrac{1}{2}$. $\qquad$ 45. $L(x)=\dfrac{5}{2}x-\dfrac{1}{10}$. $\qquad$ 46.1%; 3%. $\qquad$ 47. 6 米; $\dfrac{-8\Delta a}{5}$ 米.

# 第 3 章 答案

## 习题 3-1

1. (1) 满足, $\xi=1/4$; $\qquad\qquad$ (2) 满足, $\xi=2$.

3. $\xi=\sqrt[3]{\dfrac{15}{4}}\in(1,2)$. $\qquad\qquad$ 8. 满足, $\xi=14/9$.

13. 有分别位于区间 $(1,2)$, $(2,3)$ 及 $(3,4)$ 内的三个根.

## 习题 3-2

1. (1) 2; $\quad$ (2) $\cos a$; $\quad$ (3) $-1/8$; $\quad$ (4) 1; $\quad$ (5) 1; $\quad$ (6) 4/e;

$\quad$ (7) 2; $\quad$ (8) 1/2; $\quad$ (9) $+\infty$; $\quad$ (10) 1; $\quad$ (11) 1/2; $\quad$ (12) 1/2;

$\quad$ (13) $\mathrm{e}^a$; $\quad$ (14) 1; $\quad$ (15) 1; $\quad$ (16) $-1/2$; $\quad$ (17) e; $\quad$ (18) 1;

(19) 1; 　　　(20) $e^{1/3}$.

4. 連續. 　　　　　5. $a = g'(0)$, $f'(0) = \dfrac{1}{2} g''(0)$.

## 習題 3-3

1. $8 + 10(x-1) + 9(x-1)^2 + 4(x-1)^3 + (x-1)^4$.

2. $\sqrt{x} = 2 + \dfrac{1}{4}(x-4) - \dfrac{1}{64}(x-4)^2 + \dfrac{1}{512}(x-4)^3 - \dfrac{5(x-4)^4}{128[4+\theta(x-4)]^{7/2}}$　$(0 < \theta < 1)$.

3. $f(x) = 1 + 2x + 2x^2 - 2x^4 + o(x^4)$, $f^{(3)}(0) = 0$.

4. $\ln x = \ln 2 + \dfrac{1}{2}(x-2) - \dfrac{1}{2^3}(x-2)^2 + \dfrac{1}{3 \cdot 2^3}(x-2)^3$

$$- \cdots + (-1)^{n-1} \dfrac{1}{n \cdot 2^n}(x-2)^n + o[(x-2)^n].$$

5. $\dfrac{1}{x} = -[1 + (x+1) + (x+1)^2 + \cdots + (x+1)^n] + (-1)^{n+1} \dfrac{(x+1)^{n+1}}{[-1+\theta(x+1)]^{n+2}}$　$(0 < \theta < 1)$.

6. $xe^x = x + x^2 + \dfrac{x^3}{2!} + \cdots + \dfrac{x^n}{(n-1)!} + o(x^n)$　$(0 < \theta < 1)$. 　　　　7. $\sqrt{e} \approx 1.646$.

8. $\ln 1.2 = \ln(1+0.2) \approx 0.182\,3$, $|R_5(0.2)| \leq 0.000\,010\,7$. 　　　9. (1) $\dfrac{1}{2}$; 　(2) $-1/12$.

## 習題 3-4

2. 單調增加.

3. (1) 在 $(-\infty, -1]$, $[3, +\infty)$ 內單調增加, 在 $[-1, 3]$ 內單調減少;

　　(2) 在 $(0, 2]$ 內單調減少, 在 $[2, +\infty)$ 內單調增加;

　　(3) 在 $(-\infty, 0]$, $[1, +\infty)$ 內單調增加, 在 $[0,1]$ 內單調減少;

　　(4) 在 $(-\infty, +\infty)$ 內單調增加; 　　　　　　(5) 在 $[0, +\infty)$ 內單調增加;

　　(6) 在 $(0, 1/2]$ 內單調減少, 在 $[1/2, +\infty)$ 內單調增加.

6. 不一定. $f(x) = x + \sin x$ 在 $(-\infty, +\infty)$ 內單調, 但 $f'(x)$ 在 $(-\infty, +\infty)$ 內不單調.

7. (1) 沒有拐點, 在正半軸上是凹的;

　　(2) 拐點為 $(0, 0)$, 在 $(-\infty, -1] \bigcup [0,1)$ 上是凸的, 在 $(-1, 0] \bigcup (1, +\infty)$ 上是凹的;

　　(3) 沒有拐點, 在 **R** 上是凹的; 　　　　　(4) 沒有拐點, 在 **R** 上是凹的;

　　(5) 拐點為 $(-1, \ln 2)$, $(1, \ln 2)$, 在 $(-\infty, -1]$, $[1, +\infty)$ 內是凸的, 在 $[-1, 1]$ 上是凹的;

　　(6) 拐點為 $(1/2, e^{\arctan(1/2)})$, 在 $(-\infty, 1/2]$ 內是凹的, 在 $[1/2, +\infty)$ 內是凸的.

9. $(-1, -1)$, $\left(2-\sqrt{3}, \dfrac{1-\sqrt{3}}{4(2-\sqrt{3})}\right)$ 及 $\left(2+\sqrt{3}, \dfrac{1+\sqrt{3}}{4(2+\sqrt{3})}\right)$ 都是曲線的拐點.

10. $a = -3/2$, $b = 9/2$. 　　　　11. $a = 1$, $b = -3$, $c = -24$, $d = 16$.

12. $k = \pm\sqrt{2}/8$. 　　　　13. $(x_0, f(x_0))$ 為拐點.

14. (1) 極大值 $f(-1) = 5/3$, 極小值 $f(3) = -9$; 　　　　(2) 極小值 $y(0) = 0$;

　　(3) 極小值 $y(1) = 0$, 極大值 $y(e^2) = 4/e^2$; 　　　　(4) 極大值 $y(3/4) = 5/4$;

(5) 极大值 $y(\pi/4 + 2k\pi) = \dfrac{\sqrt{2}}{2}\, \mathrm{e}^{\frac{\pi}{4}+2k\pi}$,

极小值 $y(\pi/4 + (2k+1)\pi) = -\dfrac{\sqrt{2}}{2}\, \mathrm{e}^{\frac{\pi}{4}+(2k+1)\pi}$ $(k = 0, \pm1, \pm2, \cdots)$;

(6) 极小值 $f(0) = 0$.

16. $a = 2$, $f(\pi/3) = \sqrt{3}$ 为极大值.

## 习题 3-5

1. (1) 最小值 $y|_{x=2} = -14$, 最大值 $y|_{x=3} = 11$;

   (2) 最小值 $y|_{x=\frac{5\pi}{4}} = -\sqrt{2}$, 最大值 $y|_{x=\frac{\pi}{4}} = \sqrt{2}$;

   (3) 最小值 $y|_{x=-5} = -5 + \sqrt{6}$, 最大值 $y|_{x=3/4} = 5/4$;

   (4) 最小值 $y|_{x=0} = 0$, 最大值 $y|_{x=2} = \ln 5$.

2. (1) $\dfrac{7^5}{2^7}$ 是数列 $\left\{\dfrac{n^5}{2^n}\right\}$ 的最大项;    (2) $\sqrt[3]{3}$ 是数列 $\sqrt[n]{n}$ 的最大项.

3. 正方形的四个角各截去边长为 $\dfrac{a}{6}$ 的小正方形时, 能做成容积最大的盒子.

4. 有盖圆柱形容器的高与底圆直径相等时用料最省.

5. 应切去圆心角为 $2\pi(1 - \sqrt{6}/3)$ 弧度的扇形.

6. 当 $\alpha = \arctan 0.25 \approx 14°2'$ 时, 可使力 $F$ 最小.

7. 杆长为 1.4 m.        8. $x_0 = \dfrac{a\tau}{a+b}$, 即入射角等于反射角.        9. 2 小时.

10. 50 秒.        11. 15.5 千米/秒.        13. 把水下输油管建到离炼油厂 11 公里的地方.

14. $\dfrac{100+C}{2}$ 元.    15. 当日产量是 50 吨时可使平均成本最低, 最低平均成本 300 (元/吨).

16. (1) $\dfrac{\sqrt{2}}{2}$ 秒, 4.5 米;        (2) 约 1.66 秒, 约 11.71 米.

17. (1) $t = 1.5$ 秒, $y_{\max} = 11.75$ 米;    (2) $t = 3$ 秒, $x_{\max} = 45\sqrt{3}$ 米.

## 习题 3-6

1. (1) $y = 1$, $x = 0$;        (2) $y = 0$, $x = -1$;        (3) $y = x$.

## 习题 3-7

1. $\dfrac{2}{3\sqrt{3}}$.        2. $K = \dfrac{1}{13\sqrt{26}}$, $\rho = 13\sqrt{26}$.        3. $K = \dfrac{\sqrt{2}}{4a}$.

4. $(\pi/2, 1)$; 1.        5. $K = 0$.        6. 约 45 400 (N).

7. $(x-3)^2 + (y+2)^2 = 8$.

8. $\begin{cases} \alpha = \dfrac{3y^2}{2p} + p \\ \beta = -\dfrac{y^3}{p^2} \end{cases}$ 或 $\begin{cases} x = \dfrac{3t^2}{2p} + p \\ y = -\dfrac{t^3}{p^2} \end{cases}$, 其中 $y$ 或 $t$ 为参数.

## 总习题三

3. D.　　13. (1) 1;　　　(2) $2/\pi$;　　　(3) $-1/2$;　　　(4) $\mathrm{e}^{-1/3}$;　　　(5) $\mathrm{e}^2$;　　　(6) $\dfrac{1}{\sqrt[6]{\mathrm{e}}}$.

14. $ka$.　　　　　　15. $a=-3$, $b=9/2$.　　　　　17. $f(0)=0$; $f'(0)=0$; $f''(0)=4$.

18. $1+x-\dfrac{1}{3}x^3-\dfrac{1}{3!}x^4\mathrm{e}^{\theta x}\cos\theta x$ $(0<\theta<1)$.　　22. (1) $1/2$;　　(2) $1/6$.

23. $p_2(x)=1+x\ln 2+\dfrac{x^2}{2}\ln^2 2$.

24. (1) 在 $(-\infty, 2a/3]$, $[a, +\infty)$ 内单调增加, 在 $[2a/3, a]$ 上单调减少;

　　(2) 在 $[0, n]$ 上单调增加, 在 $(n, +\infty)$ 内单调减少;

　　(3) 在 $[k\pi/2, k\pi/2+\pi/3]$ 上单调增加, 在 $[k\pi/2+\pi/3, k\pi/2+\pi/2]$ 上单调减少

　　　　　　　　　　　　　　　　　　　　　　　　$(k=0, \pm 1, \pm 2, \cdots)$.

27. (1) 拐点为 $(1, -7)$, 在 $(0, 1]$ 内是凸的, 在 $[1, +\infty)$ 内是凹的;

　　(2) 拐点为 $(2, 2/\mathrm{e}^2)$, 在 $(-\infty, 2]$ 内是凸的, 在 $[2, +\infty)$ 内是凹的;

　　(3) 拐点为 $(2, 1)$, 在 $(-\infty, 2)$ 内是凹的, 在 $(2, +\infty)$ 内是凸的.

29. $a=0$, $b=-3$, 极值点为 $x=1$ 和 $x=-1$, 拐点为 $(0, 0)$.

31. (1) 极大值 $y(12/5)=\sqrt{205}/10$;　　(2) 极小值 $y\left(-\dfrac{1}{2}\ln 2\right)=2\sqrt{2}$;　　(3) 没有极值.

32. 极小值 $f(0)=0$, 极大值 $f(1)=1$, 极大值 $f(-1)=\mathrm{e}^{-2}$.

33. (1) 最小值 $y|_{x=0}=0$, 最大值 $y|_{x=-1/2}=y|_{x=1}=1/2$;　　(2) 最大值 $\mathrm{e}^{1/\mathrm{e}}$, 无最小值.

34. $\dfrac{2+a}{1+a}$.　　　　35. 最小项的项数为 $n=5$, 该项的数值为 $\dfrac{27}{2}$.

37. (1) 25 510.2 米; (2) 4 020 米; (3) 6 377.6 米.　　38. $\sqrt{\dfrac{ac}{2b}}$ 批.　　39. (1) 1 000 件; (2) 6 000 件.

40. 12 次/日, 6 只/次.　　　　　41. $x+y+a=0$.　　　　42. $K=|\cos x|$, $\rho=|\sec x|$.

44. 曲率半径 $R=3\left|axy\right|^{1/3}$, 曲率圆心坐标为 $(\alpha, \beta)$, 其中

　　　　$\alpha=x^{1/3}(a^{2/3}+2y^{2/3})$,　　$\beta=y^{1/3}(a^{2/3}+2x^{2/3})$.

## 第4章　答案

### 习题 4-1

1. (1) 错误; (2) 正确.

2. (1) $-\dfrac{2}{3}x^{-3/2}+C$;　　　　(2) $\dfrac{3}{4}x^{4/3}-2x^{1/2}+C$;　　　(3) $\dfrac{2^x}{\ln 2}+\dfrac{1}{3}x^3+C$;

　(4) $\dfrac{2}{5}x^{5/2}-2x^{3/2}+C$;　　(5) $x^3+\arctan x+C$;　　　(6) $x-\arctan x+C$;

　(7) $\dfrac{1}{4}x^2-\ln|x|-\dfrac{3}{2}x^{-2}+\dfrac{4}{3}x^{-3}+C$;　　　(8) $3\arctan x-2\arcsin x+C$;

　(9) $\dfrac{8}{15}x^{\frac{15}{8}}+C$;　　　(10) $-\dfrac{1}{x}-\arctan x+C$;　　(11) $\mathrm{e}^t+t+C$;

(12) $\dfrac{3^x e^x}{\ln 3 + 1} + C$;　　　　　　　(13) $-\cot x - x + C$;　　　　　(14) $2x - \dfrac{5(2/3)^x}{\ln(2/3)} + C$;

(15) $\dfrac{x + \sin x}{2} + C$;　　　　　　　(16) $\dfrac{1}{2}\tan x + C$;　　　　　(17) $\sin x - \cos x + C$;

(18) $-(\cot x + \tan x) + C$;　　(19) $2\arcsin x + C$;　　　　(20) $\dfrac{1}{2}\tan x + \dfrac{1}{2}x + C$.

3. $\dfrac{-1}{x\sqrt{1-x^2}}$.　　4. $C_1 x - \sin x + C_2$.　　6. $y = \ln|x| + 1$.　　7. (1) $16(\mathrm{m})$;　　(2) $100(\mathrm{s})$.

## 习题 4-2

1. (1) $1/7$;　　　(2) $-1/2$;　　(3) $1/12$;　　(4) $1/2$;　　(5) $1/5$;

　(6) $-1/5$;　　(7) $2$;　　　(8) $1/2$;　　　(9) $1/3$.

2. (1) $(1/3)e^{3t} + C$;　　　(2) $-(1/20)(3-5x)^4 + C$;　　　(3) $-(1/2)\ln|3-2x| + C$;

　(4) $-(1/2)(5-3x)^{2/3} + C$;　　(5) $-(1/a)\cos ax - be^{x/b} + C$;　　(6) $2\sin\sqrt{t} + C$;

　(7) $(1/11)\tan^{11}x + C$;　　　(8) $\ln|\ln\ln x| + C$;　　(9) $-\ln|\cos\sqrt{1+x^2}| + C$;

(10) $\ln|\tan x| + C$;　　　　(11) $\arctan e^x + C$;　　(12) $\dfrac{1}{2}\sin(x^2) + C$;

(13) $-\dfrac{1}{3}\sqrt{2-3x^2} + C$;　　(14) $-\dfrac{1}{3\omega}\cos^3(\omega t) + C$;　　(15) $-\dfrac{3}{4}\ln|1-x^4| + C$;

(16) $\dfrac{1}{2}\sec^2 x + C$;　　(17) $\dfrac{1}{10}\arcsin\left(\dfrac{x^{10}}{\sqrt{2}}\right) + C$;　　(18) $\dfrac{1}{2}\arcsin\dfrac{2x}{3} + \dfrac{1}{4}\sqrt{9-4x^2} + C$;

(19) $\dfrac{1}{2\sqrt{2}}\ln\left|\dfrac{\sqrt{2}x-1}{\sqrt{2}x+1}\right| + C$;　　(20) $\dfrac{1}{25}\ln|4-5x| + \dfrac{4}{25}\cdot\dfrac{1}{4-5x} + C$;

(21) $-\dfrac{1}{97}\cdot\dfrac{1}{(x-1)^{97}} - \dfrac{1}{49}\cdot\dfrac{1}{(x-1)^{98}} - \dfrac{1}{99}\cdot\dfrac{1}{(x-1)^{99}} + C$;

(22) $\dfrac{1}{8}\ln\left|\dfrac{x^2-1}{x^2+1}\right| - \dfrac{1}{4}\arctan x^2 + C$;　　(23) $\sin x - \dfrac{\sin^3 x}{3} + C$;

(24) $\dfrac{t}{2} + \dfrac{1}{4\omega}\sin 2(\omega t + \varphi) + C$;　　(25) $\dfrac{1}{2}\cos x - \dfrac{1}{10}\cos 5x + C$;

(26) $\dfrac{1}{4}\sin 2x - \dfrac{1}{24}\sin 12x + C$;　　(27) $\dfrac{1}{3}\sec^3 x - \sec x + C$;　　(28) $-\dfrac{10^{\arccos x}}{\ln 10} + C$;

(29) $-\dfrac{1}{\arcsin x} + C$;　　(30) $(\arctan\sqrt{x})^2 + C$;　　(31) $\dfrac{1}{2}(\ln\tan x)^2 + C$;

(32) $-\dfrac{1}{x\ln x} + C$;　　(33) $-\ln|e^{-x}-1| + C$;　　(34) $\dfrac{1}{4}\ln x - \dfrac{1}{24}\ln(x^6+4) + C$;

(35) $-\dfrac{1}{7x^7} - \dfrac{1}{5x^5} - \dfrac{1}{3x^3} - \dfrac{1}{x} - \dfrac{1}{2}\ln\left|\dfrac{1-x}{1+x}\right| + C$.

3. (1) $\arcsin x - \dfrac{1-\sqrt{1-x^2}}{x} + C$;　　　　　　(2) $\sqrt{x^2-9} - 3\arccos\dfrac{3}{|x|} + C$;

(3) $\dfrac{x}{\sqrt{1+x^2}}+C$;　　　　　　　　　　　　(4) $\dfrac{1}{a^2}\dfrac{x}{\sqrt{x^2+a^2}}+C$;

(5) $\dfrac{1}{2}\left[\ln(\sqrt{1+x^4}+x^2)+\ln\left(\dfrac{\sqrt{x^4+1}-1}{x^2}\right)\right]+C$;

(6) $\dfrac{9}{2}\arcsin\dfrac{x+2}{3}+\dfrac{x+2}{2}\sqrt{5-4x-x^2}+C$.

4. $f(x)=2\sqrt{x+1}-1$.　　　　　　　　5. $f(x)=(x-1)(x^2-2x+3)$.

## 习题 4-3

1. (1) $x\arcsin x+\sqrt{1-x^2}+C$;　　　　　　(2) $x\ln(x^2+1)-2x+2\arctan x+C$;

(3) $x\arctan x-\dfrac{1}{2}\ln(1+x^2)+C$;　　　　(4) $-\dfrac{2}{17}\mathrm{e}^{-2x}\left(\cos\dfrac{x}{2}+4\sin\dfrac{x}{2}\right)+C$;

(5) $\dfrac{1}{3}x^3\arctan x-\dfrac{1}{6}x^2+\dfrac{1}{6}\ln(1+x^2)+C$;　　(6) $2x\sin\dfrac{x}{2}+4\cos\dfrac{x}{2}+C$;

(7) $-\dfrac{1}{2}x^2+x\tan x+\ln|\cos x|+C$;　　(8) $x\ln^2 x-2x\ln x+2x+C$;

(9) $\dfrac{1}{2}(x^2-1)\ln(x-1)-\dfrac{1}{4}x^2-\dfrac{1}{2}x+C$;　　(10) $-\dfrac{1}{x}(\ln^2 x+2\ln x+2)+C$;

(11) $\dfrac{x}{2}(\cos\ln x+\sin\ln x)+C$;　　　　(12) $-\dfrac{1}{x}(\ln x+1)+C$;

(13) $\dfrac{1}{n+1}x^{n+1}\left(\ln|x|-\dfrac{1}{n+1}\right)+C$;　　(14) $-(x^2+2x+2)\mathrm{e}^{-x}+C$;

(15) $\dfrac{1}{8}x^4\left(2\ln^2 x-\ln x+\dfrac{1}{4}\right)+C$;　　(16) $(\ln\ln x-1)\ln x+C$;

(17) $-\dfrac{1}{4}x\cos 2x+\dfrac{1}{8}\sin 2x+C$;　　(18) $\dfrac{x^3}{6}+\dfrac{1}{2}x^2\sin x+x\cos x-\sin x+C$;

(19) $-\dfrac{1}{2}\left(x^2-\dfrac{3}{2}\right)\cos 2x+\dfrac{x}{2}\sin 2x+C$;　　(20) $3\mathrm{e}^{\sqrt[3]{x}}(\sqrt[3]{x^2}-2\sqrt[3]{x}+2)+C$;

(21) $x(\arcsin x)^2+2\sqrt{1-x^2}\arcsin x-2x+C$;　　(22) $\dfrac{1}{2}\mathrm{e}^x-\dfrac{1}{5}\mathrm{e}^x\sin 2x-\dfrac{1}{10}\mathrm{e}^x\cos 2x+C$;

(23) $2\sqrt{x}\ln(1+x)-4\sqrt{x}+4\arctan\sqrt{x}+C$;　　(24) $-\mathrm{e}^{-x}\ln(\mathrm{e}^x+1)-\ln(\mathrm{e}^{-x}+1)+C$;

(25) $\dfrac{1}{2}(x^2-1)\ln\dfrac{1+x}{1-x}+x+C$;　　(26) $\dfrac{1}{2\cos x}+\dfrac{1}{2}\ln\left|\csc x-\cot x\right|+C$.

*2. (1) $\dfrac{1}{3}\left(x-\dfrac{1}{3}\right)\mathrm{e}^{3x}+C$;　　　　　　(2) $x\mathrm{e}^x+C$;

(3) $x^2\sin x+2x\cos x-2\sin x+C$;　　(4) $-(x^2+2x+3)\mathrm{e}^{-x}+C$;

(5) $\dfrac{1}{2}(x^2-1)\ln(x-1)-\dfrac{1}{4}x^2-\dfrac{1}{2}x+C$;　　(6) $\dfrac{1}{2}\mathrm{e}^{-x}(\sin x-\cos x)+C$.

3. $\cos x-\dfrac{2\sin x}{x}+C$.　　　　4. $\left(1-\dfrac{2}{x}\right)\mathrm{e}^x+C$.　　　　6. $xf^{-1}(x)-F(f^{-1}(x))+C$.

## 习题 4-4

1. (1) $\dfrac{1}{3}x^3 - \dfrac{3}{2}x^2 + 9x - 27\ln|x+3| + C$;

(2) $\dfrac{1}{3}x^3 + \dfrac{1}{2}x^2 + x + 8\ln|x| - 3\ln|x-1| - 4\ln|x+1| + C$;

(3) $\ln|x+1| - \dfrac{1}{2}\ln(x^2 - x + 1) + \sqrt{3}\arctan\dfrac{2x-1}{\sqrt{3}} + C$;

(4) $-\dfrac{1}{x-1} - \dfrac{1}{(x-1)^2} + C$;　　　　(5) $2\ln\left|\dfrac{x}{x+1}\right| + \dfrac{4x+3}{2(x+1)^2} + C$;

(6) $\ln\left(\dfrac{x+3}{x+2}\right)^2 - \dfrac{3}{x+3} + C$;　　　　(7) $\ln\dfrac{|x-1|}{\sqrt{x^2+x+1}} + \sqrt{3}\arctan\dfrac{2x+1}{\sqrt{3}} + C$;

(8) $\dfrac{2x+1}{2(x^2+1)} + C$;　　　　(9) $2\ln|x+2| - \dfrac{1}{2}\ln|x+1| - \dfrac{3}{2}\ln|x+3| + C$;

(10) $\dfrac{1}{2}\ln|x^2-1| + \dfrac{1}{x+1} + C$;　　　　(11) $\ln|x| - \dfrac{1}{2}\ln(x^2+1) + C$;

(12) $\ln|x| - \dfrac{1}{2}\ln|x+1| - \dfrac{1}{4}\ln(x^2+1) - \dfrac{1}{2}\arctan x + C$;

(13) $\dfrac{\sqrt{2}}{4}\arctan\dfrac{x^2-1}{\sqrt{2}x} - \dfrac{\sqrt{2}}{8}\ln\dfrac{x^2-\sqrt{2}x+1}{x^2+\sqrt{2}x+1} + C$;

(14) $-\dfrac{4}{\sqrt{3}}\arctan\dfrac{2x+1}{\sqrt{3}} - \dfrac{x+1}{x^2+x+1} + C$.

2. (1) $\dfrac{1}{2\sqrt{3}}\arctan\dfrac{2\tan x}{\sqrt{3}} + C$;　　　　(2) $\dfrac{1}{\sqrt{2}}\arctan\dfrac{\tan\dfrac{x}{2}}{\sqrt{2}} + C$;

(3) $\dfrac{2}{\sqrt{3}}\arctan\dfrac{2\tan\dfrac{x}{2}+1}{\sqrt{3}} + C$;　　　　(4) $\dfrac{1}{2}\left[\ln|1+\tan x| + x - \dfrac{1}{2}\ln(1+\tan^2 x)\right] + C$;

(5) $\ln\left|1+\tan\dfrac{x}{2}\right| + C$;　　　　(6) $\dfrac{1}{\sqrt{5}}\arctan\dfrac{3\tan\dfrac{x}{2}+1}{\sqrt{5}} + C$;

(7) $-\dfrac{4}{9}\ln|5+4\sin x| + \dfrac{1}{2}\ln|1+\sin x| - \dfrac{1}{18}\ln|1-\sin x| + C$;

(8) $\dfrac{1}{2}\ln\left|\tan\dfrac{x}{2}\right| + \tan\dfrac{x}{2} + \dfrac{1}{4}\tan^2\left(\dfrac{x}{2}\right) + C$;

(9) $\dfrac{3}{2}\sqrt[3]{(1+x)^2} - 3\sqrt[3]{x+1} + 3\ln|1+\sqrt[3]{1+x}| + C$;

(10) $\dfrac{1}{2}x^2 - \dfrac{2}{3}\sqrt{x^3} + x + C$;　　　　(11) $x - 4\sqrt{x+1} + 4\ln(\sqrt{1+x}+1) + C$;

(12) $2\sqrt{x} - 4\sqrt[4]{x} + 4\ln(\sqrt[4]{x}+1) + C$;　　　　(13) $\dfrac{1}{3}(1+x^2)^{3/2} - \sqrt{1+x^2} + C$;

(14) $a\cdot\arcsin\dfrac{x}{a} - \sqrt{a^2-x^2} + C$;　　　　(15) $-\dfrac{3}{2}\sqrt[3]{\dfrac{x+1}{x-1}} + C$.

## 总习题四

1. B.　　　　2. $-\dfrac{1}{3}\sqrt{(1-x^2)^3}+C$.　　　3. $x+2\ln|x-1|+C$.　　　4. $\dfrac{\sin^2 2x}{\sqrt{x-\frac{1}{4}\sin 4x+1}}$.

5. (1) $-\dfrac{30x+8}{375}(2-5x)^{3/2}+C$;　　　　　　　　(2) $-\arcsin\dfrac{1}{x}+C$;

(3) $\dfrac{1}{2(\ln 3-\ln 2)}\ln\left|\dfrac{3^x-2^x}{3^x+2^x}\right|+C$;　　　　　(4) $\dfrac{1}{6a^3}\ln\left|\dfrac{a^3+x^3}{a^3-x^3}\right|+C$;

(5) $2\ln(\sqrt{x}+\sqrt{1+x})+C$ 或 $\ln\left|x+\dfrac{1}{2}+\sqrt{x(1+x)}\right|+C$;

(6) $\dfrac{1}{2}\ln|x|-\dfrac{1}{20}\ln(x^{10}+2)+C$;　　　　　(7) $x+\ln|5\cos x+2\sin x|+C$;

(8) $\mathrm{e}^x\tan\dfrac{x}{2}+C$.

6. $\dfrac{1}{2}\left[\dfrac{f(x)}{f'(x)}\right]^2+C$.　　　7. $\dfrac{1}{4}\tan^4 x-\dfrac{1}{2}\tan^2 x-\ln|\cos x|+C$.　　　8. B.　　　9. D.

10. (1) $\dfrac{1}{2}\ln\dfrac{\sqrt{1+x^4}-1}{x^2}+C$;　　　　　(2) $\dfrac{\sqrt{x^2-1}}{x}-\arcsin\dfrac{1}{x}+C$;

(3) $\ln\left|\dfrac{1}{x}-\dfrac{\sqrt{1-x^2}}{x}\right|-\dfrac{2\sqrt{1-x^2}}{x}+C$;　　　(4) $\dfrac{1}{\sqrt{2}}\arctan\dfrac{\sqrt{2}x}{\sqrt{1-x^2}}+C$;

(5) $\dfrac{1}{4}\ln\left|\dfrac{\sqrt{4-x^2}-2}{\sqrt{4-x^2}+2}\right|+C$.

11. (1) $x\ln(x+\sqrt{1+x^2})-\sqrt{x^2+1}+C$;　　　(2) $x\ln(x^2+2)-2x+2\sqrt{2}\arctan\dfrac{x}{\sqrt{2}}+C$;

(3) $\dfrac{x}{4\cos^4 x}-\dfrac{1}{4}\left(\tan x+\dfrac{1}{3}\tan^3 x\right)+C$;

(4) $x\arctan x-\dfrac{1}{2}\ln(1+x^2)-\dfrac{1}{2}(\arctan x)^2+C$;　　　(5) $\ln\dfrac{|x|}{\sqrt{1+x^2}}-\dfrac{\ln(1+x^2)}{2x^2}+C$;

(6) $x\tan\dfrac{x}{2}+\ln(1+\cos x)+C$.

12. $I_n=\displaystyle\int x^n\mathrm{e}^x\,\mathrm{d}x=x^n\mathrm{e}^x-nI_{n-1}$, $I_1=x\mathrm{e}^x-\mathrm{e}^x+C$.

13. $f(x)=-\ln(1-x)-x^2+C$, $0<x<1$.

14. (1) $\dfrac{1}{4}x^4+\ln\dfrac{\sqrt[4]{x^4+1}}{x^4+2}+C$;　　　　(2) $\ln|x|-\dfrac{1}{4}\ln(1+x^8)+C$;

(3) $-\dfrac{1}{96}\cdot\dfrac{1}{(x-2)^{96}}-\dfrac{6}{97}\cdot\dfrac{1}{(x-2)^{97}}-\dfrac{5}{49}\cdot\dfrac{1}{(x-2)^{98}}-\dfrac{5}{99}\cdot\dfrac{1}{(x-2)^{99}}+C$;

(4) $\dfrac{1}{6}\ln\left(\dfrac{x^2+1}{x^2+4}\right)+C$;　　　(5) $\dfrac{1}{2}\ln\dfrac{x^2+x+1}{x^2+1}+\dfrac{\sqrt{3}}{3}\arctan\dfrac{2x+1}{\sqrt{3}}+C$;

(6) $\ln\dfrac{x}{(\sqrt[6]{x}+1)^6}+C$;　　　(7) $-\dfrac{2}{5}(x+1)^{5/2}+\dfrac{2}{3}(x+1)^{3/2}+\dfrac{2}{3}x^{3/2}+\dfrac{2}{5}x^{5/2}+C$;

(8) $-\arcsin\dfrac{2-x}{\sqrt{2}(x-1)}+C$;

(9) $-\dfrac{3}{2}\sqrt[3]{\dfrac{x+1}{x-1}}+C$;

(10) $2\sqrt{1+\sqrt{1+x^2}}+C$.

15. (1) $\dfrac{1}{4}\left[\ln\left|\tan\dfrac{x}{2}\right|+\dfrac{1}{2}\tan^2\dfrac{x}{2}\right]+C$;

(2) $\tan\dfrac{x}{2}-\ln\left(1+\tan\dfrac{x}{2}\right)+C$;

(3) $\ln|\tan x|-\dfrac{1}{2}\csc^2 x+C$;

(4) $\dfrac{1}{2}(\sin x-\cos x)-\dfrac{1}{2\sqrt{2}}\ln\left|\tan\left(\dfrac{x}{2}+\dfrac{\pi}{8}\right)\right|+C$;

(5) $-\dfrac{1}{16}\cos 4x-\dfrac{1}{8}\cos 2x+\dfrac{1}{24}\cos 6x+C$;

(6) $\dfrac{1}{2}\arctan(\tan^2 x)+C$;

(7) $\arctan\left(\dfrac{1+r}{1-r}\tan\dfrac{x}{2}\right)+C$;

(8) $2x-\ln|\sin x+2\cos x|+C$.

16. $\begin{cases} -\dfrac{x^2}{2}+C, & x<-1 \\ x+\dfrac{1}{2}+C, & -1\le x\le 1. \\ \dfrac{x^2}{2}+1+C, & x>1 \end{cases}$

17. $\dfrac{1}{2}\ln|(x-y)^2-1|+C$.

18. $f(x)$ 在 $(a,b)$ 内不存在原函数.

# 第5章 答案

## 习题 5-1

1. $\dfrac{1}{3}(b^3-a^3)+b-a$.

2. (1) $\dfrac{1}{2}(b^2-a^2)$;    (2) 1.

4. $\dfrac{\pi(b-a)^2}{8}$.

5. (1) $\displaystyle\int_{-7}^{5}(x^2-3x)\,\mathrm{d}x$;

(2) $\displaystyle\int_{0}^{1}\sqrt{4-x^2}\,\mathrm{d}x$.

6. $\displaystyle\int_{0}^{1}x^p\,\mathrm{d}x$.

7. $2\,330\,(\mathrm{m}^2)$.

8. $1.444\,\mathrm{km}$; $1.672\,\mathrm{km}$.

## 习题 5-2

2. (1) $6\le\displaystyle\int_{1}^{4}(x^2+1)\mathrm{d}x\le 51$;

(2) $1\le\displaystyle\int_{0}^{1}\mathrm{e}^{x^2}\mathrm{d}x\le\mathrm{e}$;

(3) $\dfrac{\pi}{9}\le\displaystyle\int_{\frac{1}{\sqrt{3}}}^{\sqrt{3}}x\arctan x\,\mathrm{d}x\le\dfrac{2}{3}\pi$;

(4) $\dfrac{2}{5}\le\displaystyle\int_{1}^{2}\dfrac{x}{1+x^2}\,\mathrm{d}x\le\dfrac{1}{2}$;

(5) $0\le\displaystyle\int_{0}^{-2}x\mathrm{e}^x\,\mathrm{d}x\le\dfrac{2}{\mathrm{e}}$.

4. (1) 4;    (2) $-4$.

5. (1) $\displaystyle\int_{0}^{1}x^2\,\mathrm{d}x>\int_{0}^{1}x^3\,\mathrm{d}x$;

(2) $\displaystyle\int_{0}^{1}\mathrm{e}^x\,\mathrm{d}x>\int_{0}^{1}\mathrm{e}^{x^2}\,\mathrm{d}x$;

(3) $\displaystyle\int_{0}^{1}\mathrm{e}^x\,\mathrm{d}x>\int_{0}^{1}(x+1)\,\mathrm{d}x$;

(4) $\displaystyle\int_{0}^{\pi/2}x\,\mathrm{d}x>\int_{0}^{\pi/2}\sin x\,\mathrm{d}x$;

(5) $\displaystyle\int_{-\pi/2}^{0}\sin x\,\mathrm{d}x<\int_{0}^{\pi/2}\sin x\,\mathrm{d}x$;

(6) $\displaystyle\int_{1}^{0}\ln(1+x)\,\mathrm{d}x<\int_{1}^{0}\dfrac{x}{1+x}\,\mathrm{d}x$.

## 习题 5-3

1. $y'(0) = 0$, $y'\left(\dfrac{\pi}{4}\right) = \dfrac{\sqrt{2}}{2}$.

2. (1) $\sin e^x$; 　　(2) $\dfrac{3x^2}{\sqrt{1+x^{12}}} - \dfrac{2x}{\sqrt{1+x^8}}$; 　　(3) $\cos(\pi\sin^2 x)(\sin x - \cos x)$.

3. $-2$. 　　4. $\dfrac{dy}{dx} = \dfrac{\cos x}{\sin x - 1}$. 　　5. $\dfrac{dy}{dx} = \dfrac{\cos t}{\sin t}$. 　　6. (1) 1; 　(2) 1/2; 　(3) 1.

7. (1) 9 元; (2) 10 元. 　8. $f(2) = \sqrt[3]{36}$. 　　9. $x = 0$ 时，函数 $I(x)$ 取得极小值.

10. (1) $2\dfrac{5}{8}$; 　(2) 1; 　(3) $\dfrac{\pi}{3a}$; 　(4) $\dfrac{\pi}{3}$; 　(5) $1 - \dfrac{\pi}{4}$; 　(6) $2\sqrt{2} - 1$. 　　11. $\pi$.

12. (1) 2 米／秒; 　　(2) 负; 　　(3) $\dfrac{9}{2}$ 米; 　　(4) $t = 6$; 　　(5) $x = 4$ 和 $x = 7$;

   (6) 在 $x = 0$ 和 $x = 6$ 之间质点离开原点，在 $x = 6$ 和 $x = 9$ 之间质点向着原点;

   (7) 质点在原点的右边或正方向.

13. $\Phi(x) = \begin{cases} 0, & x < 0 \\ \sin^2(x/2), & 0 \le x \le \pi. \\ 1, & x > \pi \end{cases}$

14. $f(x) = -(x+1)e^x + C$, $C$ 为任意常数. 　　15. $\dfrac{1}{2}(\ln x)^2$.

17. (1) $L(x) = f(1) + f'(1)(x-1) = 2 - 3(x-1) = -3x + 5$;

   (2) $L(x) = f(-1) + f'(-1)(x+1) = 3 - 2(x+1) = -2x + 1$.

18. (1) 2 948.26 元; 　　(2) 2 913.90 元.

## 习题 5-4

1. (1) 0; 　　(2) $\dfrac{51}{512}$; 　　(3) $\dfrac{1}{4}$; 　　(4) $\dfrac{\pi}{6} - \dfrac{\sqrt{3}}{8}$; 　　(5) $\dfrac{1}{2}(25 - \ln 26)$;

   (6) $10 + 12\ln 2 - 4\ln 3$; 　　(7) 0; 　　(8) $e - \sqrt{e}$; 　　(9) $1 - e^{-1/2}$;

   (10) $(\sqrt{3} - 1)a$; 　　(11) $2(\sqrt{3} - 1)$; 　　(12) 0; 　　(13) $1\dfrac{1}{3}$; 　　(14) $\dfrac{\pi}{4}$;

   (15) $\dfrac{\pi}{2}$; 　(16) $\sqrt{2} - \dfrac{2\sqrt{3}}{3}$; 　　(17) $\dfrac{\sqrt{2}}{2}$; 　　(18) $\dfrac{1}{6}$; 　　(19) $1 - 2\ln 2$;

   (20) $-4/3$; 　　(21) $\ln(1 + \sqrt{2}) - \ln(1 + \sqrt{1 + e^2}) + 1$.

2. (1) $1 - \dfrac{2}{e}$; 　(2) $\dfrac{1}{4}(e^2 + 1)$; 　(3) $\dfrac{\pi}{4} - \dfrac{1}{2}$; 　(4) $\dfrac{1}{2}(e\sin 1 - e\cos 1 + 1)$; 　(5) $\dfrac{\pi}{4}$;

   (6) $\pi^2$; 　　(7) $2 - \dfrac{3}{4\ln 2}$; 　　(8) $4(2\ln 2 - 1)$; 　　(9) $\left(\dfrac{1}{4} - \dfrac{\sqrt{3}}{9}\right)\pi + \dfrac{1}{2}\ln\dfrac{3}{2}$;

   (10) $\ln 2 - \dfrac{1}{2}$; 　(11) $\dfrac{1}{4}\ln 2$; 　(12) $\dfrac{1}{5}(e^\pi - 2)$; 　(13) $2\ln(2 + \sqrt{5}) - \sqrt{5} + 1$; 　(14) 1.

3. (1) 0; 　　(2) $\dfrac{3}{2}\pi$; 　　(3) $\dfrac{\pi^3}{324}$; 　　(4) 0; 　　(5) $\dfrac{2\sqrt{3}}{3}\pi - 2\ln 2$; 　　(6) $\ln 3$.

4. (1) $\dfrac{9}{2}\pi$;　　(2) $\dfrac{\pi}{2}$;　　　(3) $-6\pi$.

6. $I_m = \begin{cases} \dfrac{m!!}{(m+1)!!}\cdot\dfrac{\pi}{2}, & m\ \text{为奇数} \\[3mm] \dfrac{m!!}{(m+1)!!}, & m\ \text{为偶数} \end{cases}$.

9. $J_m = \begin{cases} \dfrac{(m-1)!!}{m!!}\cdot\dfrac{\pi^2}{2}, & m=2n \\[3mm] \dfrac{(m-1)!!}{m!!}\cdot\pi, & m=2n+1 \end{cases}\quad (n\in\mathbf{N}).$

12. $\dfrac{1}{2}(\cos 1 - 1)$.　　　　13. (2) $2\sqrt{2}\,n$.

## 习题 5-5

1. (1) $\dfrac{1}{2}$;　　(2) 发散;　　(3) $\dfrac{1}{a}$;　　　(4) $\pi$;　　　(5) 发散;　　　(6) $\dfrac{1}{2}\ln 2$;

(7) 1;　　(8) 发散;　　(9) $2\dfrac{2}{3}$.

2. 当 $k>1$ 时收敛于 $\dfrac{1}{(k-1)(\ln 2)^{k-1}}$;当 $k\leqslant 1$ 时发散;当 $k=1-\dfrac{1}{\ln\ln 2}$ 时取得最小值.

3. (1) 不正确;　(2) 不正确.　　　　4. $n!$.

## 习题 5-6

1. (1) 收敛;　　(2) 收敛;　　(3) 收敛;　　(4) 收敛;　　(5) 收敛.

2. $n-m>1$ 时积分收敛,$n-m\leqslant 1$ 时积分发散.

3. (1) 30;　　　(2) $\dfrac{16}{105}$;　　(3) 24;　　(4) $\dfrac{\sqrt{\pi}}{8\sqrt{2}}$.

4. (1) $\dfrac{1}{n}\Gamma\left(\dfrac{1}{n}\right),\ n>0$;　　　(2) $\Gamma(p+1),\ p>-1$;　　　(3) 1.

## 总习题五

1. (1) $-2\mathrm{e}^2 \leqslant \displaystyle\int_2^0 \mathrm{e}^{x^2-x}\mathrm{d}x \leqslant -2\mathrm{e}^{-1/4}$;　　　　(2) $\dfrac{1}{2} \leqslant \displaystyle\int_0^1 \dfrac{1}{\sqrt{4-x^2+x^3}}\mathrm{d}x \leqslant \dfrac{\pi}{6}$.

3. 0.　　　4. $\dfrac{3}{2}$.　　　9. C.　　　10. C.　　　11. $\dfrac{1}{3}$.　　　12. $\dfrac{\mathrm{e}^{y^2}\cos x^2}{2y}$ $(y\neq 0)$.

13. $-\dfrac{1}{2t^2\ln t}$.　　　　14. 2.　　　15. $1+\dfrac{3\sqrt{2}}{2}$.

16. $F(0)=0$ 为最大值,$F(4)=-32/3$ 为最小值.

17. $f(2)=6,\ f\left(\dfrac{1}{2}\right)=-\dfrac{3}{4}$ 分别为 $f(x)$ 的最大值与最小值.

18. $\varphi(x) = \begin{cases} \dfrac{1}{3}x^3, & x\in[0,1) \\[3mm] \dfrac{1}{2}x^2-\dfrac{1}{6}, & x\in[1,2] \end{cases}$,$\varphi(x)$ 在 $(0,2)$ 内连续.　　　19. $x^2-\dfrac{4}{3}x+\dfrac{2}{3}$.

20. $\dfrac{1+\mathrm{e}}{2}$.

21. (1) $\pi - 1\dfrac{1}{3}$;　　(2) $\dfrac{2}{3}\pi$;　　(3) $\dfrac{\pi}{2}$;　　(4) $\sqrt{2}(\pi+2)$;　　(5) $1 - \dfrac{\pi}{4}$;　　(6) $\dfrac{\pi a^4}{16}$;

　　(7) $8\ln 2 - 5$;　　(8) $\pi/6$;　　(9) $10 - \dfrac{8}{3}\sqrt{2}$.

22. (1) $2 - \dfrac{2}{e}$;　　(2) $-\dfrac{1}{216}$;　　(3) $\dfrac{1}{3}\ln 2$.　　　　　23. (1) $\dfrac{22}{3}$;　　(2) $4\sqrt{2}$.

24. C.　　　25. 2.　　　26. 7.　　　29. 8.　　　31. 5/6.　　　32. $-6 + \ln 15$.

37. $\pi^2 - 2$.　　39. (1) $\dfrac{3}{2}\sqrt{\pi}$;　　(2) 2;　　(3) $\dfrac{\pi}{2}$.　　40. $\dfrac{\pi}{2}$.　　41. $\dfrac{\pi}{4}e^{-2}$.　　42. $\dfrac{5}{2}$.

# 第6章　答案

## 习题 6-2

1. $\dfrac{1}{6}$.　　　　2. $\dfrac{\pi}{2} - 1$.　　　　3. $\dfrac{16}{3}\sqrt{2}$.　　　　4. $\dfrac{4}{3}$.　　　　5. $\dfrac{3}{2} - \ln 2$.

6. 两部分面积分别为 $2\left(\pi + \dfrac{2}{3}\right)$ 和 $2\left(3\pi - \dfrac{2}{3}\right)$.　　　7. $e + \dfrac{1}{e} - 2$.　　8. $b - a$.

9. $y = -4x^2 + 6x$.　　10. $\dfrac{e}{2}$.　　11. $\pi a^2$.　　12. $\dfrac{\pi}{4}a^2$.　　13. $18\pi a^2$.

14. $\dfrac{a^2}{4}(e^{2\pi} - e^{-2\pi})$.　　15. $\dfrac{5}{4}\pi$.　　16. $\dfrac{\pi}{6} + \dfrac{1 - \sqrt{3}}{2}$.　　17. $3\pi a^2$.

## 习题 6-3

1. (1) $V_x = 7\dfrac{1}{2}\pi$, $V_y = 24\dfrac{4}{5}\pi$;　　(2) $V_x = \pi^2/4$, $V_y = 2\pi$;　　(3) $V_x = 18\dfrac{2}{7}\pi$, $V_y = 12\dfrac{4}{5}\pi$.

2. $\dfrac{3}{10}\pi$.　　　3. $2\pi^2$.　　　4. $\dfrac{\pi a^3}{4}(2 + \text{sh}2)$.　　5. $7\pi^2 a^3$.　　6. $2\pi^2 a^2 b$.

7. $160\pi$.　　　8. $\dfrac{4\sqrt{3}}{3}R^3$.　　9. $\dfrac{a\pi}{2}$, $2\pi a^2$.　　10. $a = 0$, $b = A$.

## 习题 6-4

1. $\displaystyle\int_1^2 \dfrac{\sqrt{x^4 + 1}}{x^2}\,dx$.　　　　2. $1 + \dfrac{1}{2}\ln\dfrac{3}{2}$.　　　　3. $2\sqrt{3} - \dfrac{4}{3}$.　　　　4. $\dfrac{e^2 + 1}{4}$.

5. $\dfrac{y}{2p}\sqrt{p^2 + y^2} + \dfrac{p}{2}\ln\dfrac{y + \sqrt{p^2 + y^2}}{p}$.　　　　7. $\dfrac{\sqrt{1 + a^2}}{a}(e^{a\varphi} - 1)$.

8. $\ln\dfrac{3}{2} + \dfrac{5}{12}$.　　　　9. $\ln(1 + \sqrt{2})$.

## 习题 6-5

1. $16\dfrac{2}{3}$ (J).　　　　2. $\dfrac{2}{3}(11^{3/2} - 1)$ (m), $\dfrac{1}{15}(11^{3/2} - 1)$ (m/s).　　3. $800\pi\ln 2$ (J).

4. $\dfrac{4}{3}\pi\rho gR^4$ (J)　　　5. $(2\rho g - 1)l\pi R^3$.　　6. 205.8 (kN).　　7. 17.3 (kN).

8. 约 $8.317 \times 10^8 (\text{N})$. 　　9. $\sqrt{H^2 + \dfrac{A}{B} h^2} - H$ cm.

10. 取 $y$ 轴通过细直棒，$F_y = Gm\rho \left( \dfrac{1}{a} - \dfrac{1}{\sqrt{a^2 + l^2}} \right)$, $F_x = -\dfrac{Gm\rho l}{a\sqrt{a^2 + l^2}}$.

11. $F_x = 0$, $F_y = \dfrac{GmM}{h\sqrt{h^2 + l^2}}$.

## 总习题六

1. $25\dfrac{3}{5}$. 　　　2. $4\sqrt{2}$. 　　　3. $\dfrac{4\pi - 3\sqrt{3}}{8\pi + 3\sqrt{3}}$. 　　4. $\dfrac{2}{3}\sqrt{3}\pi$. 　　5. $\dfrac{3}{8}\pi a^2$.

6. $\dfrac{5\pi}{4} - 2$, $2 - \dfrac{\pi}{4}$. 　　7. $t = \dfrac{\pi}{4}$ 时, $S$ 最小; $t = 0$ 时, $S$ 最大. 　　8. 3. 　　9. $\dfrac{32}{105}\pi a^3$.

10. $160\pi^2$. 　　12. $\dfrac{1}{2}\pi$. 　　13. $a = -\dfrac{5}{4}$, $b = \dfrac{3}{2}$, $c = 0$. 　　14. $2r = \sqrt{4 - \sqrt[3]{16}}$

15. $\dfrac{16}{3}a^3$. 　　16. (1) $\dfrac{\pi}{2}$; (2) 1. 　　17. $\dfrac{5}{4}a$. 　　18. $\dfrac{8}{9}\left[ \left( \dfrac{5}{2} \right)^{3/2} - 1 \right]$.

20. $\left( \left( \dfrac{2}{3}\pi - \dfrac{\sqrt{3}}{2} \right) a, \dfrac{3}{2}a \right)$. 　　21. $y = \dfrac{1 + e^{2x}}{2e^x}$. 　　22. $2\pi R^3 (R + 1)$.

23. $\dfrac{27}{7} kc^{2/3} a^{7/3}$ (其中 $k$ 为阻力系数). 　　24. $\sqrt{n} - \sqrt{n-1}$ (cm).

25. (1) $\dfrac{a}{\pi(2Rh - h^2)}$; (2) $\dfrac{\pi}{4}R^4$. 　　26. $4.43 \times 10^7 (\text{N})$.

27. 引力的大小为 $\dfrac{2Gm\rho}{R}\sin\dfrac{\varphi}{2}$, 方向为由 $M$ 指向圆弧的中心点.

28. $2\pi Gm\sigma \left[ 1 - \dfrac{b}{\sqrt{a^2 + b^2}} \right]$.

# 第7章　答案

## 习题 7-1

1. (1) 一阶; (2) 二阶; (3) 三阶; (4) 一阶.

2. (1) 是; (2) 是; (3) 是; (4) 是.

4. $y = \dfrac{1}{2}x + 2$. 　　5. $y = (4 + 2x)e^{-x}$. 　　6. $\dfrac{x^2}{2} + x + C$.

7. $yy' + 2x = 0$. 　　8. $\cos x - x\sin x + C$.

## 习题 7-2

1. (1) $y = e^{Cx}$; 　　(2) $(y^2 - 1)(x^2 - 1) = C$; 　　(3) $y = Ce^{\sqrt{1-x^2}}$; 　　(4) $e^{-y} = 1 - Cx$;

(5) $y = C\sin x - 1$; 　　(6) $10^x + 10^{-y} = C$; 　　(7) $\ln y^2 - y^2 = 2x - 2\arctan x + C$;

(8) 当 $\sin\dfrac{y}{2} \neq 0$ 时, 通解为 $\ln\left| \tan\dfrac{y}{4} \right| = C - 2\sin\dfrac{x}{2}$.

当 $\sin\dfrac{y}{2}=0$ 时，特解 $y=2k\pi$ ( $k=0,\ \pm1,\ \pm2,\ \cdots$ ).

2. (1) $y+\sqrt{y^2-x^2}=Cx^2$;　　　　(2) $y=xe^{Cx+1}$;　　　　(3) $\sin\dfrac{y}{x}=\ln|x|+C$;

 (4) $y=-x\ln|C-\ln x|$;　　　　(5) $xy=Ce^{-\arctan(y/x)}$.

3. (1) $\dfrac{y^2}{2}+\dfrac{y^3}{3}=\dfrac{x^2}{2}+\dfrac{x^3}{3}$;　　　　(2) $y^2=2x^2(\ln x+2)$.

4. (1) $y-x+3=C(y+x+1)^3$;　　　　(2) $\ln[4y^2+(x-1)^2]+\arctan\dfrac{2y}{x-1}=C$.

5. $x+3y+2\ln|x+y-2|=C$.　　　　6. $269.3\,(\mathrm{cm/s})$.　　　　7. $x^2+y^2=1$.

8. $y=x(1-4\ln x)$.　　　　9. $p=10\times2^{t/10}(万米^3)$.

10. 8分钟.　　　　11. $y(t)=\dfrac{1\,000\times3^{t/3}}{9+3^{t/3}}$.

## 习题 7-3

1. (1) $y=2+Ce^{-x^2}$;　　　　(2) $y=x^3+Cx$;　　　　(3) $y=(x-2)^3+C(x-2)$;

 (4) $\dfrac{1}{x^2+1}\left(\dfrac{4}{3}x^3+C\right)$;　　(5) $x=Cy^3+y^2/2$;　　(6) $x=\dfrac{Ce^{-y}}{y}+\dfrac{e^y}{2y}$;

 (7) $x=Ce^{\sin y}-2(\sin y+1)$;　(8) $x=y^2+Cy^2e^{1/y},\ y=0$;　(9) $y=f(x)-1+Ce^{-f(x)}$.

2. (1) $y=\dfrac{2}{3}(4-e^{-3x})$;　(2) $y=x\sec x$.　　3. $y=2(e^x-x-1)$.

4. $y(x)=e^x(x+1)$.　　　　5. $1.5\,\mathrm{g/L}$.

6. (1) $\dfrac{3}{2}x^3+\ln\left|1+\dfrac{3}{y}\right|=C$;　　　(2) $xy^{-3}+\dfrac{3}{4}x^2(2\ln x-1)=C$;

 (3) $y^3=(Ce^x-1-2x)^{-1}$;　　　(4) $y=\dfrac{1}{\ln x+Cx+1}$;

 (5) $7y^{-1/3}=Cx^{2/3}-x^3$.　　　(6) $y=x+\left(Ce^{\frac{x^2}{2}}-x^2-2\right)^{-1},\ y=x$.

7. (1) $\csc(x+y)-\cot(x+y)=C/x$;　(2) $(x-y)^2=-2x+C$;　　(3) $x=Cye^{1/xy}$;

 (4) $y^2=e^{-\frac{1}{2}x^2}\left(\int e^{\frac{1}{2}x^2}\sin x\,dx+C\right)$;　(5) $\dfrac{2}{\sin y}+\cos x+\sin x=Ce^{-x},\ y=k\pi,\ k\in\mathbf{Z}$.

 (6) $y(Ce^{\frac{x^2}{2}}+x^2+2)^{-1}-x,\ y=-x$.

## 习题 7-4

1. (1) $y=\dfrac{1}{9}e^{3x}-\sin x+C_1x+C_2$;　　　　(2) $y=-\ln|\cos(x+C_1)|+C_2$;

 (3) $y=C_1e^x-x^2/2-x+C_2$;　　　　(4) $y=1+C_2e^{C_1x}\ (C_2\neq0)$;

 (5) $y=x^2\arctan(C_1x)-\dfrac{x}{C_1}+\dfrac{1}{C_1^2}\arctan(C_1x)+C_2\ (C_1\neq0),\ y=C_2\ (C_1=0)$;

 (6) $y=\arcsin(C_2e^x)+C_1,\ y=C$ 是原方程的奇解.

2. $y=\dfrac{4}{(x-2)^2}$.　　　　3. $y=\dfrac{x^3}{6}+\dfrac{x}{2}+1$.　　　　4. $y=Cx^{\frac{1}{2k-1}}$.

## 习题 7-5

1. (1) 线性无关；　　　　(2) 线性无关；　　　　(3) 线性无关；　　　　(4) 线性无关.

2. $y = C_1 \cos \omega x + C_2 \sin \omega x$.　　　　　3. $y = (C_1 + C_2 x) e^{x^2}$.

4. $y = C_1 e^x + C_2 x^2 + 3$.　　　　　6. $y = C_1 x + C_2 x^2 + x^3$.

## 习题 7-6

1. (1) $y = C_1 e^{-2x} + C_2 e^{-3x}$；　　　　　　(2) $y = (C_1 + C_2 x) e^{3x/4}$；

(3) $y = C_1 \cos x + C_2 \sin x$；　　　　　　(4) $y = e^{-4x}(C_1 \cos 3x + C_2 \sin 3x)$；

(5) $x = (C_1 + C_2 t) e^{2.5t}$；　　　　　　(6) $y = e^{2x}(C_1 \cos x + C_2 \sin x)$；

(7) $y = C_1 e^{2x} + C_2 e^{-2x} + C_3 \cos 3x + C_4 \sin 3x$；　　　(8) $y = C_1 e^{-x} + C_2 e^{2x} + C_3 e^{3x}$；

(9) $y = C_1 + (C_2 + C_3 x) \cos x + (C_4 + C_5 x) \sin x$.

2. (1) $y = (2 + x) e^{-x/2}$；　　(2) $y = 3 e^{-2x} \sin 5x$.　　　　　3. $\ln y = C_1 e^x + C_2 e^{-x}$.

## 习题 7-7

1. (1) $y^* = b_0 x + b_1$；　(2) $y^* = b_0 x^2 + b_1 x$；　(3) $y^* = b_0 e^x$；　(4) $y^* = (b_0 x^2 + b_1 x + b_2) e^x$；

(5) $y^* = b_0 \cos 2x + b_1 \sin 2x$；　　　　(6) $y^* = x(b_0 \cos x + b_1 \sin x)$.

2. (1) $y = e^{-\frac{x}{2}} \left( C_1 \cos \dfrac{\sqrt{7}}{2} x + C_2 \sin \dfrac{\sqrt{7}}{2} x \right) + \dfrac{1}{2} x^2 - \dfrac{1}{2} x - \dfrac{7}{4}$；

(2) $y = C_1 \cos ax + C_2 \sin ax + \dfrac{e^x}{1 + a^2}$；

(3) $y = C_1 + C_2 e^{-x} + e^x (x^2 - 3x + 7/2)$；

(4) $y = C_1 \cos x + C_2 \sin x + \left( \dfrac{1}{10} x - \dfrac{13}{50} \right) e^{3x}$；

(5) $y = e^{3x}(C_1 + C_2 x) + e^x \left( \dfrac{3}{25} \cos x - \dfrac{4}{25} \sin x \right)$；

(6) $y = C_1 + C_2 e^{-x} + \dfrac{1}{2} e^x - \dfrac{1}{2} \cos x + \dfrac{1}{2} \sin x$.

3. (1) $\widetilde{y} = -5 e^x + \dfrac{7}{2} e^{2x} + \dfrac{5}{2}$；　　　　　(2) $\widetilde{y} = e^x - e^{-x} + e^x(x^2 - x)$.

4. $\alpha = -3, \ \beta = 2, \ \gamma = -1, \ y = C_1 e^x + C_2 e^{2x} + x e^x$.

## 习题 7-8

1. $y = C_1 x^2 + C_2 x^{-2} + \dfrac{1}{5} x^3$.　　　　　2. $y = x(C_1 + C_2 \ln|x|) + x \ln^2 |x|$.

3. $y = \dfrac{C_1}{x} + C_2 x^3 + C_3 - \dfrac{x^2}{2}$.　　　　4. $y = (\ln x) \sin \ln x + C_1 \cos \ln x + C_2 \sin \ln x$.

## 习题 7-9

1. (1) $\begin{cases} x = C_1 e^t + C_2 e^{-t} + C_3 \cos t + C_4 \sin t \\ y = C_1 e^t + C_2 e^{-t} - C_3 \cos t - C_4 \sin t \end{cases}$；　　(2) $\begin{cases} x = C_1 \cos t + C_2 \sin t + 3 \\ y = -C_1 \sin t + C_2 \cos t \end{cases}$；

(3) $\begin{cases} x = C_1 \cos t + C_2 \sin t + e^t \\ y = -C_1 \sin t + C_2 \cos t + e^t - 1 \end{cases}$；　　(4) $\begin{cases} x = (C_2 + C_1) \cos 2t + (C_2 - C_1) \sin 2t \\ y = e^{-2t} + C_1 \cos 2t + C_2 \sin 2t \end{cases}$.

2. (1) $\begin{cases} x = \cos t \\ y = \sin t \end{cases}$; 　　　　(2) $\begin{cases} x = 2\cos t - 4\sin t - e^t/2 \\ y = -2\cos t + 14\sin t + 2e^t \end{cases}$.

## 习题 7-10

1. $v = \dfrac{k_1}{k_2} t - \dfrac{k_1 m}{k_2^2} \left( 1 - e^{-\frac{k_2}{m} t} \right)$. 　　　　　2. $i = e^{-5t} + \sqrt{2} \sin\left( 5t - \dfrac{\pi}{4} \right)$.

3. $s = \dfrac{m}{c^2} \ln \operatorname{ch} \left( \sqrt{\dfrac{g}{m}} \, ct \right)$. 　　　　　4. $v = \dfrac{16\left( 6 + 5e^{-\frac{49}{40} t} \right)}{6 - 5e^{-\frac{49}{40} t}}$, $16\,\mathrm{m/s}$.

5. $y = \dfrac{\lambda}{\lambda+1} \left( \dfrac{x}{2} \right)^{\frac{\lambda+1}{\lambda}} - \dfrac{\lambda}{\lambda-1} \left( \dfrac{x}{2} \right)^{\frac{\lambda-1}{\lambda}} + \dfrac{2\lambda}{\lambda^2 - 1}$.

6. $x = \dfrac{mg}{K} t + \dfrac{m^2 g}{K^2} (e^{-\frac{K}{m} t} - 1)$ （$K$ 为比例常数）.

7. $x = \dfrac{v_0}{\sqrt{k_2^2 + 4k_1}} \left( 1 - e^{-\sqrt{k_2^2 + 4k_1} \, t} \right) e^{\left( -\frac{k_2}{2} + \frac{\sqrt{k_2^2 + 4k_1}}{2} \right) t}$.

8. $m = 195\,\mathrm{kg}$. 　　　　　　　9. $t = \sqrt{6/g} \, \ln(2 + \sqrt{3})\,\mathrm{s}$.

10. $U_c(t) = 20 - 20 e^{-5 \times 10^3 t} [\cos(5 \times 10^3 t) + \sin(5 \times 10^3 t)]$;

　　$i(t) = 4 \times 10^{-2} e^{-5 \times 10^3 t} \sin(5 \times 10^3 t)$.

11. (1) $t = \sqrt{\dfrac{10}{g}} \ln(5 + 2\sqrt{6})\,\mathrm{s}$; 　　　　(2) $t = \sqrt{\dfrac{10}{g}} \ln\left( \dfrac{19 + 4\sqrt{22}}{3} \right)\,\mathrm{s}$.

## 总习题七

1. (1) $1 + y^2 = C(x^2 - 1)$; 　　　　(2) $(e^x + 1)(1 - e^y) = C$;

　(3) $\ln[C(y + 2x)] + \dfrac{x}{y + 2x} = 0$; 　　　(4) $x + 2ye^{x/y} = C$.

2. (1) $(1 + e^x)\sec y = 2\sqrt{2}$; 　　　　(2) $x^2 + y^2 = x + y$.

3. $y^2 = (4 + Cx^5)x^3/(Cx^5 - 1)$ （$C$ 为任意常数）, $y^2 = x^3$. 　　　4. $\sqrt{\dfrac{x-1}{x+1}} = Ce^{\frac{1}{y-x}}$ 及 $y = x$.

5. $y = Ce^{-2\arctan \frac{y+2}{x-3}} - 2$.

6. 取 $O$ 为原点，河岸朝顺水方向为 $x$ 轴，$y$ 轴指向对岸，则所求航线为

$$x = \dfrac{k}{a} \left( \dfrac{h}{2} y^2 - \dfrac{1}{3} y^3 \right).$$

7. $y^3 = x$.

8. (1) $y = C\cos x - 2\cos^2 x$; 　　(2) $y = ax + \dfrac{C}{\ln x}$; 　　(3) $\dfrac{x^2}{y^2} = -\dfrac{2}{3} x^3 \left( \dfrac{2}{3} + \ln x \right) + C$.

9. (1) $y\sin x + 5e^{\cos x} = 1$; 　　(2) $y = \dfrac{e^x}{x}(e^x - 1)$. 　　10. $y = x(\ln\ln x + e^{-1})$.

11. $\dfrac{3}{4\,000\ln(5/2)}$ (s).

12. (1) $x = C_2 \pm \left[ \dfrac{2}{3}\left(\sqrt{y}+C_1\right)^{\frac{3}{2}} - 2C_1\sqrt{\sqrt{y}+C_1}\,\right]$;　　　　(2) $\dfrac{2}{C_1}\sqrt{C_1 y - 1} = \pm x + C_2$.

13. $y = C_1 \mathrm{e}^x + C_2(2x+1)$.　　　　　　14. $y = C_1(3+2x)\mathrm{e}^{-x} + C_2\mathrm{e}^x$.

15. $y = C_1 x + C_2 x \ln|x| + x \ln^2|x|/2$.　　　　16.(1) $y = \mathrm{e}^{-x} - \mathrm{e}^{4x}$;　　(2) $y = \mathrm{e}^{2x}\sin 3x$.

17. (1) $y = C_1 + C_2 \mathrm{e}^{-\frac{5}{2}x} + \dfrac{1}{3}x^3 - \dfrac{3}{5}x^2 + \dfrac{7}{25}x$;

(2) $y = C_1 \mathrm{e}^{-x} + C_2 \mathrm{e}^{-2x} + \left(\dfrac{3}{2}x^2 - 3x\right)\mathrm{e}^{-x}$;

(3) $y = C_1 \cos 2x + C_2 \sin 2x + \dfrac{1}{3}x\cos x + \dfrac{2}{9}\sin x$;

(4) $y = C_1 \mathrm{e}^x + C_2 \mathrm{e}^{-x} - \dfrac{1}{2} + \dfrac{1}{10}\cos 2x$.

18. $\varphi(x) = (\cos x + \sin x + \mathrm{e}^x)/2$.　　　19. $y = \left[\left(\dfrac{1}{\mathrm{e}} - \dfrac{1}{6}\right) + \dfrac{1}{2}x\right]\mathrm{e}^x + \dfrac{x^3}{6}\mathrm{e}^x - \dfrac{x^2}{2}\mathrm{e}^x$.

20. $y = C_1 \cos 2x + C_2 \sin 2x + \dfrac{1}{8}x + \dfrac{1}{8}x\sin 2x$.　　21. $y = C_1 x^5 + \dfrac{C_2}{x} - \dfrac{1}{9}x^2 \ln x$.

22. $y^2(1+y'^2) = 1$.　　　23. $y = 2\mathrm{e}^{2x} - \mathrm{e}^x$.　　24. $\pi \mathrm{e}^{\frac{\pi}{3\sqrt{3}}}$.

25. $f(x) = x\mathrm{e}^{x+1}$.　　　　　　26. $y = 1 - \mathrm{e}^{-2x} + \mathrm{e}^x,\ z = 1 + \mathrm{e}^{-2x} + \mathrm{e}^x$.

27. (1) 当 $\Delta \overset{\triangle}{=} x_0 - \sqrt{\dfrac{k_1}{k_2}}y_0 > 0$ 时, 鱼数 $x(t)$ 虽然减少, 但最终不会消失; 而 $y(t)$ 在足够长时间后, 最终将趋向于零(消失).

(2) 当 $\Delta < 0$ 时, $x(t)$ 在足够长时间后, 最终将趋向于零, 而 $y(t)$ 虽然减少, 但不消失.

(3) 当 $\Delta = 0$ 时, 即 $x_0^2 : y_0^2 = k_1 : k_2$ 时, 在足够长时间以后, 两种鱼最终都将消失.

28. 目标行驶 $5/24$ 海里, 经 $5/24\,a$ (s) 将被鱼雷击中.　　　　29. $y = a\mathrm{e}^{-\frac{\rho}{2p}(x-h)}$.

**图书在版编目（CIP）数据**

高等数学：理工类. 上册/吴赣昌主编. —5 版. —北京：中国人民大学出版社，2017.7
21 世纪数学教育信息化精品教材　大学数学立体化教材
ISBN 978-7-300-24381-8

Ⅰ. ①高… Ⅱ. ①吴… Ⅲ. ①高等数学-高等学校-教材 Ⅳ. ①O13

中国版本图书馆 CIP 数据核字（2017）第 109631 号

21 世纪数学教育信息化精品教材
大学数学立体化教材

**高等数学（理工类·第五版）上册**
吴赣昌　主编
Gaodeng Shuxue

| | | | | |
|---|---|---|---|---|
| **出版发行** | 中国人民大学出版社 | | | |
| **社　　址** | 北京中关村大街 31 号 | | **邮政编码** | 100080 |
| **电　　话** | 010－62511242（总编室） | | 010－62511770（质管部） | |
| | 010－82501766（邮购部） | | 010－62514148（门市部） | |
| | 010－62515195（发行公司） | | 010－62515275（盗版举报） | |
| **网　　址** | http://www.crup.com.cn | | | |
| **经　　销** | 新华书店 | | | |
| **印　　刷** | 北京宏伟双华印刷有限公司 | | **版　　次** | 2006 年 4 月第 1 版 |
| **规　　格** | 170 mm×228 mm　16 开本 | | | 2017 年 7 月第 5 版 |
| **印　　张** | 25.5 插页 1 | | **印　　次** | 2019 年 9 月第 2 次印刷 |
| **字　　数** | 522 000 | | **定　　价** | 49.80 元 |